Lewandowski · Prognose- und Informationssysteme 1

Rudolf Lewandowski

Prognose- und Informationssysteme

und ihre Anwendungen

Band 1

Mit 186 Abbildungen und 80 Tabellen

W
DE
G

Walter de Gruyter · Berlin · New York 1974

Dipl. math., Dipl. ec. pol. *Rudolf Lewandowski* ist Geschäftsführer und Gesellschafter der Firma Marketing Systems, Gesellschaft für Markt-, Informations- und Prognosesysteme mbh, Essen.

Für FRANK und MARC

 – Satz: Fotosatz Tutte, Salzweg-Passau – Druck: Gerike, Berlin – Bindearbeiten: Lüderitz und Bauer, Berlin – Printed in Germany
Library of Congress Catalog Card Number 74-76080
ISBN 3 11 004311 4

Vorwort

Mit dieser Veröffentlichung sind drei Hauptziele gesetzt:

1. Darstellung von Prognosemethoden und -techniken, die zu einem Großteil aus meiner zehnjährigen Erfahrung bei der Erstellung von Prognosesystemen für zahlreiche europäische Firmen resultieren und hier zum ersten Mal veröffentlicht werden.
2. Da Prognosen, Prognosemethoden und -modelle Gegenstand vielfältiger Veröffentlichungen sind, gleichzeitig jedoch sowohl in der deutsch-, als auch englisch- und französischsprachigen Fachliteratur keine einzige übersichtliche Darstellung und kritische Analyse der verschiedenen Prognoseansätze zu finden ist, soll mit diesem Buch eine Synthese der bestehenden Prognosemethoden und -modelle geschaffen werden, wobei der praktischen Anwendbarkeit von Modellen eine besondere Bedeutung zukommt. Dieses Buch soll also als Nachschlagewerk und als praktischer Wegweiser dienen.
3. Aufgrund der Komplexität der behandelten Prognosemethoden ist schon aus didaktischen Gründen ein möglichst verständlicher Aufbau erforderlich. Dieser Aufbau wurde erheblich erleichtert durch eine Reihe von Vortragsserien, Spezialvorlesungen, Lehrgängen und Seminaren, die ich in verschiedenen europäischen Ländern durchführen konnte.

Die Mannigfaltigkeit der in der Prognostik auftretenden Aspekte hat mit dazu geführt, daß dieses Buch in zwei Einzelbänden mit folgenden Schwerpunkten erscheint:

Band 1:
- die kurzfristige Prognose
- die langfristige Prognose
- die Prognose des Ersatzbedarfs

Band 2:
- die mittelfristige Prognose
- Prognosen neuer Märkte und neuer Produkte
- Analyse und Prognose der industriellen Konkurrenz
- Prognosen und Marketing-Mix-Systeme
- Technological Forecasting

Das Buch wendet sich vor allem an die Verantwortlichen des Marketing, der Unternehmensplanung, an die Spezialisten der volkswirtschaftlichen Abteilungen, des Operations research, sowie an alle, die mit Prognosen und ihren Techniken konfrontiert und bestrebt sind, fruchtbare Anregungen für die Bewältigung der ihnen gestellten Probleme zu finden.
Um allen, die mit zu komplexen mathematischen Formulierungen nicht vertraut sind, eine gewinnbringende Lektüre zu ermöglichen, wurde versucht, eine möglichst einfache mathematische Sprache anzuwenden. Besondere mathematische Vorkenntnisse, die über das Abiturniveau hinausgehen, werden zum Verständnis des Buches nicht verlangt. Obwohl die einzelnen Abschnitte des Buches aufeinander abgestimmt sind, setzt das Verständnis späterer Kapitel die Lektüre der früheren nicht unbedingt voraus. An entsprechender Stelle wird auf die jeweiligen Formeln und Definitionen verwiesen. Abbildungen und Tabellen sollen das Verständnis des Textes erleichtern. Der Verfasser hat außerdem terminologische Neuerungen eingeführt, wenn dies aus didaktischen bzw. sachgerechten Gründen erforderlich war. Übersichtstabellen dienen schließlich der Einordnung der verschiedenen Hauptcharakteristika und enthalten Literaturangaben im Hinblick auf ihre bisherigen Anwendungen.
Zurückblickend auf die besonders schwierigen Umstände, die mit der Erstellung dieses Buches verknüpft waren, fühle ich mich verpflichtet, all denjenigen zu danken, die mit dazu beigetragen haben, daß das Buch schließlich doch in der vorliegenden Form erscheinen konnte. Ganz besonders gilt mein Dank Frau Karin Junior für ihre unermüdliche Unterstützung in allen Phasen der Entstehung dieses Buches. Ihre Anregungen und Kritikpunkte haben zum Gelingen meines Vorhabens entscheidend beigetragen. Danken möchte ich ebenfalls Herrn H.-O. Horstmann für seine fruchtbaren Anregungen bei der Endfassung des Manuskripts. Nicht zuletzt schulde ich dem Verlag de Gruyter Dank, der stets bemüht war, meine verschiedenen Wünsche zu berücksichtigen.
Der Verfasser ist sich bewußt, daß ein solches Buch trotz gründlichster Vorbereitungen und des angenommenen Umfangs nicht vollständig sein kann. Für alle Hinweise, Anregungen und Kritik sei an dieser Stelle im voraus herzlich gedankt.

Essen, im März 1974 Rudolf Lewandowski

Inhaltsverzeichnis

1. Methoden der kurzfristigen Prognose

1.1 Ökonomische Abgrenzung der kurzfristigen Prognose

1.1.1 Ziele der kurzfristigen Prognose

Absatzprognosen und -analysen sind wesentliche Hilfsmittel jeder modernen Unternehmensführung. Die kurzfristige Prognose kann als die operationelle Grundlage des Managements betrachtet werden, denn jede industrielle Aktivität ist direkt oder indirekt mit Vorhersagen verbunden.
Eine gute Produktionsplanung, die nicht auf Absatzprognosen basiert, ist unvorstellbar. Für alle Unternehmensaktivitäten (Lagerhaltung, Ankauf von Rohstoffen, Personalverwaltung, kurzfristige Marketing-Aktivität, kurzfristige Finanz- und Liquiditätsplanung, usw.) ist sinnvolle Planung nur möglich, wenn der zukünftige Absatz mit berücksichtigt wird.
Da also die kurzfristige Prognose von solcher Bedeutung für die Unternehmensführung ist, stellt sich die Frage nach dem aktuellen Stand ihrer praktischen Anwendung. Bekanntlich werden in der Produktionsplanung schon seit langem die modernsten ökonomischen Methoden angewandt, wie z.B. Operations Research, was in manchen Industriezweigen zu einer starken Automatisierung geführt hat. Absatzanalysen und -prognosen werden dagegen in fast 85% der großen Industriebetriebe Deutschlands noch immer per Hand erstellt. Dieser Kontrast ist dermaßen frappierend, daß man sich fragen muß:

1. Warum wird die kurzfristige Prognose noch immer mit Hilfe solcher Methoden erstellt, die vor 50 Jahren entwickelt wurden, wenn für den Produktionsbereich eine ganze Anzahl von Optimierungssystemen existiert
2. Warum arbeiten Unternehmen im Zeitalter der Monderoberung, der praktischen Nutzung der Atomenergie, der dritten Computergeneration noch immer mit Prognosen, die aus völlig veralteten und intuitiven Methoden resultieren

Versuchen wir zunächst, die erste Frage zu beantworten. Es scheint, daß hier zwei Hauptfaktoren zur Erklärung dieses Zustandes herangezogen werden können:

1. Im Produktionsbereich handelt es sich im allgemeinen um deterministische, formalisierte Systeme. Da der Absatz ein unsicheres, mit Zufallsfaktoren

behaftetes Phänomen darstellt, äußerst komplexen Gesetzen folgt und seine Natur im Verlauf der Zeit sehr schnell ändert, ist seine Analyse durch Prognosemethoden sehr schwierig. Diese Komplexität nimmt noch zu, wenn man berücksichtigt, daß die industrielle Konkurrenz die Unternehmen zwingt, das Marktverhalten durch ihre Verkaufs- und Marketingstrategie kontinuierlich zu ändern oder zu beeinflussen.

2. Der Trend zur Anwendung wissenschaftlicher Methoden wurde selbstverständlich auch von den Verantwortlichen der Absatzplanung erkannt. Da sie aber bei der Anwendung dieser so erwarteten Methoden nicht berücksichtigten, daß auch Prognosesysteme am Anfang ihrer Entwicklung nur Prototypen sein können, hemmten sie indirekt ihren Reifeprozeß. Ferner hat man nicht deutlich auf die Möglichkeiten und Gefahren bei der Anwendung dieser Analyse- und Prognosemethoden hingewiesen und nicht explizit dargestellt, daß diese Methoden am Anfang ihrer Entwicklung aufgrund ihrer Einfachheit nur in der Schnelligkeit mit dem menschlichen Gehirn konkurrieren konnten. Die allgemeine Enttäuschung, die der Anwendung der ersten Prognosemethoden folgte, hat in den meisten Unternehmen zu Mißtrauen modernen Prognosemethoden gegenüber beigetragen.

Es ist an der Zeit, daß sich die Benutzer bewußt werden, was man von der Anwendung solcher Methoden erwarten kann und daß Fachleute die Anwendungsgrenzen präzisieren. Vielleicht wird dann die Diskrepanz zwischen Erwartung und Realität weniger unüberwindlich sein.

Die zweite Frage kann nur bedingt beantwortet werden. Es ist offensichtlich, daß die jüngsten Entwicklungen der mathematischen Analyse der Zeitreihen, der Kybernetik oder der Informationstheorie die Erstellung moderner und effizienter Prognosesysteme ermöglichen. Die praktische Implementierung dieser Systeme hängt jedoch vor allem vom „Entwicklungsstand“ der Unternehmen ab, der durch folgende Punkte charakterisiert werden kann:

1. Das sog. „Know-how“, wodurch das Unternehmen zur entsprechenden Nutzung und Integration dieser Systeme in der Lage ist.
2. Eine kontinuierliche Weiterbildung der Verantwortlichen hinsichtlich moderner Managementmethoden, damit eine kompetente Anwendung dieser Methoden gewährleistet wird.
3. Existenz einer Gesamtkonzeption integrierter Informations- und Managementsysteme für fünf Jahre im voraus, d. h. die Erstellung einer Art „Fünfjahresplanung“, die klar die zu stellenden Anforderungen an kurzfristige Prognosesysteme festlegt.

1.1.2 Allgemeine Definition der kurzfristigen Prognose

Die kurzfristige Prognose kann definiert werden als eine Analyse und Projektion im Hinblick auf die nächste Zukunft der einem temporären Phänomen immanenten Charakteristika.

Die kurzfristige Prognose ist per Definition nur für einen solchen Prognosehorizont relevant, der eine derartige Extrapolation erlaubt, d.h. für einen solchen Zeitraum, in dem sich die Charakteristika des Phänomens nicht wesentlich ändern. Die Definition des für die kurzfristige Prognose geltenden Prognosehorizonts hängt also von der Struktur der analysierten Zeitreihe ab. Weist diese Zeitreihe konstante Eigenschaften und nur eine geringfügige Entwicklung im Verlauf der Zeit auf, dann kann die kurzfristige Prognose für einen größeren Prognosehorizont angewandt werden, als das bei den Zeitreihen der Fall ist, die sehr schnellen Gesetzesveränderungen ihrer Hauptkomponenten unterworfen sind. Es ist daher im allgemeinen schwierig, a priori ein allgemeines Gesetz anzugeben, das den Prognosehorizont der kurzfristigen Prognose definiert. Es ist jedoch möglich, nach dem Stabilitätskriterium der Zeitreihe einige Abgrenzungen zu treffen. Wir werden hier das Stabilitätskriterium oder den Stabilitätsgrad wie folgt definieren:[1]

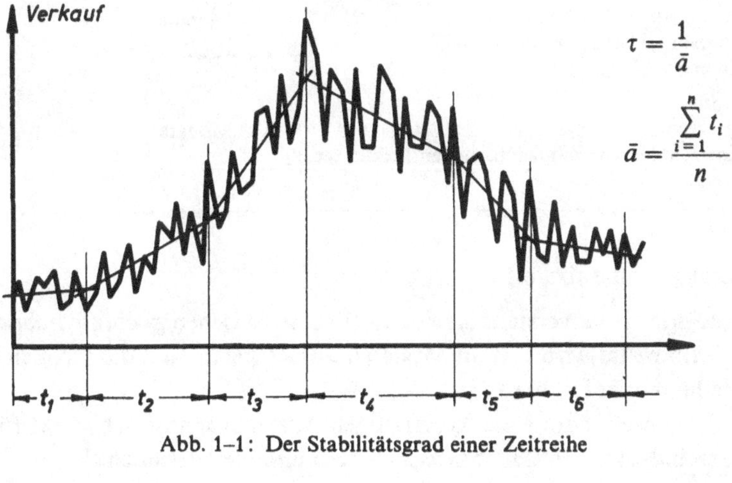

Abb. 1–1: Der Stabilitätsgrad einer Zeitreihe

wobei t_i die Zeitintervalle bezeichnet, in denen sich die Hauptcharakteristika der Zeitreihe kaum ändern und $\bar{a}$ folglich das mittlere Zeitintervall, in denen

[1] Eine genauere Definition des Stabilitätskriteriums einer Zeitreihe muß theoretisch weitere Merkmale berücksichtigen, z.B. die Streuung der t_i usw.

die Charakteristika stabil sind, bezeichnet (s. Abb. 1–1). Tabelle 1–1 gibt einen guten Überblick über die Stabilitätsgrade einiger Zeitreihen und deren relevante Prognosehorizonte.

Tabelle 1–1 Stabilitätsgrad von Zeitreihen und ihr Prognosehorizont

Stabilitätsgrade der Zeitreihe	Maximaler Prognosehorizont kurzfristiger Prognosen 0 1 2 3 4 5 6 7 8 9 10 11 12
Hohe Stabilität ($\tau \leqq 0{,}1$) z. B.: Zeitreihen aus der Makroökonomie $\bar{a}$:≈12 Monate	8–12 Monate
Gute Stabilität ($0{,}1 < \tau \leqq 0{,}15$) z. B.: Umsatzvolumen bestimmter industrieller Branchen $\bar{a}$:≈8 Monate	5–8 Monate
Mittlere Stabilität ($0{,}15 < \tau \leqq 0{,}25$) z. B.: Absatzzahlen überregionaler Massenprodukte $\bar{a}$:≈5 Monate	3–6 Monate
Niedrige Stabilität ($0{,}25 < \tau \leqq 0{,}50$) z. B.: regionaler Absatz von Produkten $\bar{a}$:≈3 Monate	2–4 Monate
Instabilität ($\tau > 0{,}5$) z. B.: Absatzzahlen von modeabhängigen Produkten $\bar{a}$:≈2 Monate	1–3 Monate

Anmerkungen zu Tabelle 1–1:

1. Unter Periodizität versteht man den Zeitraum zwischen zwei Informationen. Die Periodizität wird z. B. in Monaten ausgedrückt, sind die Größen einer Zeitreihe monatlich bekannt.
2. Der Prognosehorizont der kurzfristigen Absatzprognose schwankt für die meisten industriellen Güter zwischen zwei und vier Perioden.
3. Man hat in der Praxis folgende Beziehung zwischen dem Stabilitätsgrad der Zeitreihe ($\bar{a}$) und dem Prognosehorizont P_H festgestellt:

$$P_H \leqq 0{,}6 \cdot \bar{a}$$

Mit Hilfe dieser Gleichung ist es möglich, den relevanten Prognosehorizont der kurzfristigen Prognose a priori zu definieren. Der so ermittelte Prognosehorizont hat jedoch nur einen beschränkten praktischen Wert. Im allgemeinen kann der Prognosehorizont nur a posteriori definiert werden. Die Bestimmung eines relevanten Prognosehorizonts hängt vor allem von folgenden Faktoren ab:

1. den Genauigkeitsanforderungen an die erstellten Prognosen,
2. dem angewandten Prognosesystem,
3. den Eigenschaften des Produkts oder der analysierten Zeitreihe,
4. dem Interpretations- und Integrationsgrad des Systems bezüglich der verschiedenen exogenen Einflußfaktoren.

Ein optimales Zusammenwirken dieser vier Faktoren führt im allgemeinen zu einer beträchtlichen Erweiterung des mit Hilfe des Stabilitätskriteriums ermittelten Prognosehorizonts, wodurch man z. B. in der Lage ist, kurzfristige Absatzprognosen für die gängigen Industriegüter für 12 Monate im voraus zu erstellen.

Wir haben bisher vor allem den Prognoseaspekt behandelt; nicht geringere Bedeutung kommt der Analysefähigkeit der kurzfristigen Prognosemethoden zu, die eine Zerlegung der Zeitreihe in ihre Hauptkomponenten erlaubt und eine sofortige ökonomische Interpretation ermöglicht. Die Analyse der ökonomischen Zeitreihen wird in 1.3 behandelt.

Ziel der kurzfristigen Prognose ist es, Prognosewerte mit einer solchen Genauigkeit zu erstellen, daß sie den Anforderungen der kurzfristigen Unternehmensplanung entsprechen. Vier wichtige Anwendungsbereiche der kurzfristigen Prognose können unterschieden werden:

1. die Produktionsplanung,
2. Marktanalyse und Absatzplanung,
3. Analyse und Kontrolle der kurzfristigen Finanzplanung,
4. Analyse und Filtrierung von multiplen Informationen in Management-Informationssystemen.

Anwendungsbereiche der kurzfristigen Prognose
und ihre Bedeutung als Vorhersage- und Analysesysteme

Anwendung	als Vorhersagesystem	als Analysesystem
Produktion	100%	–
Finanzen	70%	30%
Absatzplanung	40%	60%
Informationsbereich	10%	90%

Die relative Bedeutung der oben erwähnten Zielsetzungen (Prognose unter Analyseaspekt) nach ihrem Anwendungsbereich schematisiert die vorstehende Tabelle.

1.2 Die Anwendungsbereiche der kurzfristigen Prognose

1.2.1 Die Produktionsplanung

Das Ziel der kurzfristigen Produktionsplanung besteht im optimalen Einsatz aller Produktionsgüter des Unternehmens zur Befriedigung der Nachfrage. Bekanntlich spielt der Lagerbestand hierbei die Rolle eines „Puffers" für den gesamten Produktionsprozeß, da er die Schwankungen in der Nachfrage dämpft. Ferner gestattet der Lagerbestand einen gleichmäßigen Einsatz des Personals sowie aller Produktionsfaktoren und führt somit zu einem stabilen Produktionsrhythmus.

Im allgemeinen wird die Produktionsplanung für eine Zeitspanne zwischen 3 und 12 Monaten im voraus festgelegt. Die Produktionsplanung berücksichtigt sowohl die Produktions- und Lagerhaltungsfaktoren als auch die Absatzprognose für diesen Zeitraum. Es ist somit offensichtlich, daß die Güte der Produktionsplanung sowie der Lagerhaltung zum großen Teil abhängig ist von

1. der Genauigkeit der Absatzprognosen für den kurzfristigen Prognosehorihorizont (zwischen 3 und 12 Monaten);
2. der Schnelligkeit, mit der signifikante Absatzänderungen festgestellt werden, damit die Produktionsplanung rechtzeitig diese Änderungen berücksichtigen kann.

Die Beziehung zwischen der Genauigkeit von kurzfristigen Absatzprognosen und den Produktions- bzw. Lagerhaltungskosten kann durch die folgenden vier wichtigen Aspekte verdeutlicht werden:

1. Jede unvorhergesehene Absatzänderung führt zu einer Produktionsumstellung und verursacht somit zusätzliche Kosten. Häufige Produktionsumstellungen können indirekt zu einer Senkung der Produktionskapazität führen.
2. Die Lagerbestände müssen außer den Marktschwankungen zusätzlich die Unsicherheiten der angewandten Prognosen absorbieren. Die Unsicherheiten der Prognosen führen zu zusätzlichen Kosten (hinsichtlich der sog.

Sicherheitsbestände). Die Bestimmung des Sicherheitsbestandes ist u. a. von diesem Unsicherheitsfaktor der Prognose abhängig: Je größer die Unsicherheit, um so größer müssen die Sicherheitsbestände und damit das immobilisierte Kapital in den Lägern sein (2. Kostenfaktor der Prognoseunsicherheit).

3. Befinden sich Bestände außerhalb des Unternehmens (Verkaufsstellen, Außenläger usw.) und obliegt ihre Bedarfsdeckung dem Unternehmen, so führen Prognosefehler zu einer Veränderung der Distributionsplanung. Die dadurch entstehenden Transportkosten stellen einen 3. Kostenfaktor der Prognoseunsicherheit dar.
4. In manchen Unternehmen stellt sich die Notwendigkeit einer kurzfristigen Dispositions- und Einkaufsplanung von Rohprodukten. Auch hier können aufgrund von Prognoseunsicherheiten zusätzliche Kosten entstehen.

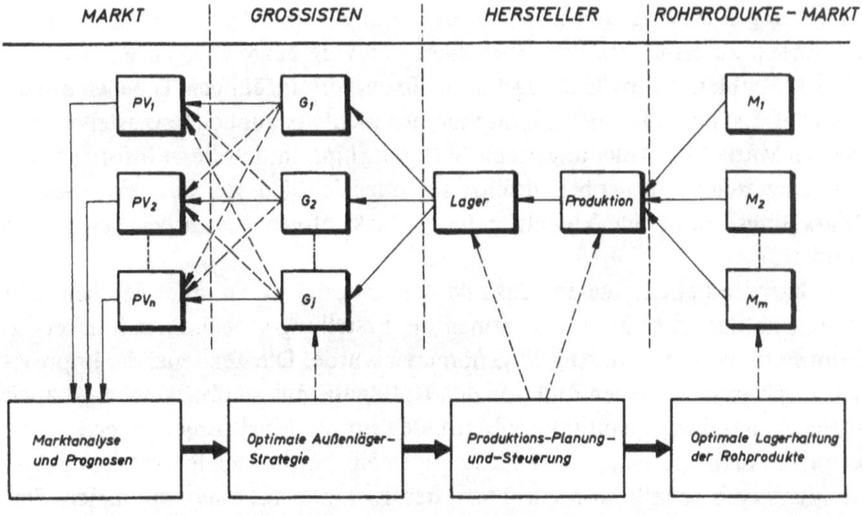

Abb. 1–2: Stellung der kurzfristigen Prognose im Produktionsprozeß

Abb. 1–2 zeigt die Verknüpfungen von kurzfristigen Marktprognosen mit den vier oben genannten Bereichen:
- die Transportplanung und Lagerhaltung der Außenlager,
- die Lagerhaltung der Zentrallager,
- die Produktionsplanung,
- die Einkaufsplanung.

Es ist offensichtlich, daß jede Verbesserung der Prognosegenauigkeit zu erheblichen Kostensenkungen in der Produktionsplanung führen wird.

1.2.2 Absatzplanung und Marktanalyse

Die Verlagerung der relativen Bedeutung der Produktionsplanung auf die Absatzplanung ist eine logische Folge des Entwicklungsphänomens, das die Konsumgesellschaft des 20. Jahrhunderts kennzeichnet. Der finanzielle Erfolg liegt nicht mehr auf der Produktionsebene, sondern vielmehr im Absatzbereich. Deshalb ist die Absatzanalyse ein wesentlicher Faktor des Marketing-Managements. Die Absatzanalyse innerhalb des Marketing-Bereichs muß im allgemeinen folgende Funktionen erfüllen:

- Erstellung von produktspezifischen, nach bestimmten Gesichtspunkten (Abnehmergruppen, Absatzgebiete usw.) strukturierten Absatzprognosen;
- laufende effiziente Kontrolle der gesamten Absatzzahlen des Unternehmens;
- laufende Erstellung von realistischen Absatzzielen.

Informationen sind in jedem Entscheidungsmoment, insbesondere in der Marketing-Funktion, von höchster Bedeutung. Um einen besseren Informationsstand zu erreichen, darf aber nicht der Weg eingeschlagen werden, alle Verkaufszahlen bis ins letzte Detail in Form von unzähligen Tabellen aufzustellen. Es ist daher bei vielen Unternehmen nicht erstaunlich festzustellen, daß bei den Marketing-Abteilungen eine Sättigung hinsichtlich dieser Informationsflut eingetreten ist, wobei gleichzeitig offensichtlich ist, daß eine bessere Marketing-Politik eine Vielfalt anderer Marktinformationen berücksichtigen müßte.

Die Notwendigkeit, diesen Zustand zu ändern, ist so offensichtlich und drängend, daß in bestimmten Firmen die Erstellung sogenannter Marketing-Informationssysteme in Angriff genommen wurde. Die Tendenz, die Improvisationsphase durch einen funktionalen Rationalismus zu überwinden, ist auch in der Anwendung quantitativer Methoden für die Marketing-Strategie zu erkennen. Auch hier sind noch nicht allgemein befriedigende Marketing-Planungssysteme erstellt worden. Trotz der Komplexität einer optimalen Planung des Marketing-Mix weisen die jüngsten Entwicklungen darauf hin, daß man in den nächsten Jahren mit den ersten Prototypen dieser modernen „Waffen" zur Eroberung der Märkte rechnen kann.

Radikale Veränderungen kündigen sich sowohl von den Systemen als auch von der Informationsverarbeitung her an. Da die Computer heute im Zeitalter der dritten Computer-Generation dieses Problem, die Verschränkung zwischen System und Information, bewältigen können, läßt sich für die kommenden fünf Jahre die Entstehung einer wirklichen Marketing-Wissenschaft vorhersehen, was eine Revolution in der internationalen industriellen Konkurrenz bedeuten wird.

1.2.3 Informationssysteme im Marketing-Bereich

Jede Planung der Marketing-Funktion muß von einer lückenlosen Informationsbasis ausgehen.
Im folgenden werden wir die vier Hauptfaktoren, die ein Marketing-Informationssystem zusammensetzen, kurz beschreiben. Diese vier Faktoren lauten:

1. die Informations-Funktion,
2. die analytische Funktion
3. die strategische Funktion,
4. die administrative Funktion.

1.2.3.1 Die Informations-Funktion

Unter Informations-Funktion verstehen wir die Aufbereitung von Informationen, ihre rationelle Speicherung sowie die adäquate Auswahl der Mensch-Maschinen-Kommunikation. Diese typischen Software-Charakteristika müssen in erster Linie von den EDV-Verantwortlichen des Unternehmens behandelt werden. Ferner sind diese Informations-Aspekte direkt mit den jüngsten Entwicklungen der Struktur und der Erstellung von Datenbanken verbunden. Der Begriff der Datenbank kann kurz als ein Software-organisierter Bestand von Daten definiert werden und beinhaltet darüber hinaus die mit diesen Datenbeständen implizierten Bearbeitungsprozeduren, d.h.

a) die kontinuierliche Erweiterung der vorhandenen Datenbestände, also die Generierung von spezifischen Dateien;
b) die Pflege der Datenbestände, d.h. die Veränderung von bestimmten Elementen dieser Datenbestände oder die Erweiterung von spezifischen Dateien;
c) den organisatorischen Strukturaufbau, d.h. eine zweckmäßige Verknüpfung aller vorhandenen Dateien, womit die Problematik der organisatorischen Behandlung von Daten verbunden ist, d.h. der Ordnungskriterien von Dateien, die einen direkten Zugriff und die Wiederauffindung jedes gespeicherten Elements erlauben;
d) die Entwicklung von spezifischen Programmen, die logische Operationen dieser gespeicherten Daten ermöglichen.

Mit dem Begriff der Datenbank eng verbunden ist das Problem der Datenverarbeitungsformen, die Wahl der geeigneten Mensch-Maschine-Kommunikation, was im Bereich des Marketing-Managements eine entscheidende Rolle spielt.

Vier wichtige Verarbeitungsmodi können hier unterschieden werden:

1. Das *Batch-Processing*, d.h. die konventionelle Verarbeitungsart auf EDV-Anlagen, wobei jedes Programm mit den dazugehörigen Daten von dem Operator in sequentieller Form bearbeitet werden muß. Die Ausgaben (Output) werden an den Benutzer weitergeleitet.
2. Das *On-line-Processing*. Es handelt sich hierbei um einen Verarbeitungsmodus, in dem sowohl die Programme als auch die zugrunde liegenden zu benutzenden Dateien permanent im Computer bereitgestellt sein müssen. Das On-line-Processing eignet sich für die simultane Verarbeitung mehrerer Programmsysteme, die logische Verknüpfungen aufweisen, da sie z.B. auf die gleichen Dateien zurückgreifen oder weil die Resultate dieser Programme kaskadenförmig von einem System auf ein anderes übergehen. Diese Art der Verarbeitung fordert eine simultane Speicherung der verschiedenen Programmsysteme in einer sog. „programlibrary".
   Folgendes Beispiel soll das On-line-Processing verdeutlichen:
   In einem pharmazeutischen Großhandel treffen kontinuierlich Anrufe von Apothekern ein (bis zu 50 pro Minute). Diese Anrufe werden von zahlreichen Telefonisten entgegengenommen, die in direkter Verbindung mit einem Zentralcomputer stehen, der die einzelnen Bestellungen registriert und eine sofortige Beantwortung vornehmen kann. Das Programm, das diese Auskünfte erteilt, muß also permanent in der Zentraleinheit des Computers bereitgestellt sein.
3. Das *Off-line-Processing* bedeutet, daß die Zentraleinheit des Computers nur teilweise, zeitlich gesehen, bestimmte Programme aufnimmt, um bestimmte Funktionen wahrzunehmen, z.B. für die Instandhaltung der Dateien. Diese Programme werden in der Zentraleinheit nach einer bestimmten Zeit gelöscht.
   Gehen wir von dem Beispiel des pharmazeutischen Großhandels aus:
   Parallel zum o.g. On-line-Processing werden in bestimmten Zeitabständen andere Programme in der Zentraleinheit gespeichert, um andere Funktionen durchzuführen, z.B. die laufende Fakturierung.
4. Das sog. *Tele-Processing*. Es handelt sich hier um eine Verbindung zwischen Datenstationen (Terminals), die sich geographisch beliebig entfernt vom Zentralcomputer befinden können. Über diese Terminals werden verschiedene Informationen erfaßt und durch bestimmte Übertragungseinrichtungen, z.B. über das gewöhnliche Telefonnetz, an den Zentralcomputer übermittelt. Nachdem die Bearbeitung dieser Informationen erfolgt ist, werden die Resultate an die Terminals zurückgemeldet. Diese Verarbeitungsform ist insbesondere geeignet im Marketing-Bereich, da hier eine Entfremdung

des Benutzers gegenüber den Datenverarbeitungssystemen ausgeschaltet wird.
Der Großteil der in Zukunft zu erstellenden Systeme für die Marketing-Strategie wird auf diesen Verarbeitungsmodus zurückgreifen müssen.

Abschließend sei auf eine Reihe von Datenbank-Organisationssystemen, die in jüngster Zeit entwickelt wurden, hingewiesen.

Mark IV (File Management System)
erstellt von der Informations Inc. (USA)
IDS (Integrated Data Store)
erstellt von der General Electric Comp.
UL–1 System (User Language 1)
erstellt von der RCA Information Systems
MODOC (Univac Dokumentations- und Informationssystem)
erstellt von der Remington Rand
ADAM (Advanced Data Management Systems)
erstellt von der Mitre Co.
ADABAS (Adaptierbares Datenbank-System)
erstellt von der Software AG, Darmstadt
IMS (Information Management System)
erstellt von IBM
BOMPS (Bill of Material Processor)
erstellt von IBM.

1.2.3.2 Die analytische Funktion

In bestimmten Fällen des Marketing-Bereichs steigt die Anzahl der Informationen ständig an, so daß es nicht erstaunlich ist, wenn die Gesamtzahl der zur Verfügung stehenden Informationen die Milliardengrenze überschreitet. Bei einem solchen Umfang wird jede manuelle Behandlung unmöglich. Es stellt sich hier die Notwendigkeit, auf statistisch-mathematische Analysemethoden zurückzugreifen.
Die Hauptfunktion dieser analytischen Phase besteht darin:

1. Eliminierung der irrelevanten Informationen unter Benutzung folgender Techniken:
   a) multiple Regressionsanalyse, insbesondere die sog. schrittweise Regressionsanalyse, die von bestimmten Ausgangsindikatoren auf diejenigen reduziert, die statistisch relevant sind;

b) Anwendung von Segmentations- und Typologietechniken, die zur Herauskristallisierung der wichtigsten Marktsegmente führen und somit eine bessere analytische Beschreibung von Kaufentscheidungsprozessen ermöglichen;

c) Anwendung der Faktoren- bzw. Cluster-Analyse, deren Hauptaufgabe in der Reduzierung der Informationen auf einige hypothetische Faktoren liegt, die möglichst hinreichend den untersuchten Kaufverhaltensprozeß erklären.

2. Anwendung von Filtrierungstechniken, die aus dem bestehenden Informationsvolumen diejenigen Informationen filtrieren, die für die spezifische Fragestellung relevant sind. Jedes „Management by Exception" basiert auf solchen Techniken. Im Rahmen der Absatzprognosen hat die Analysefunktion das Hauptziel, eine laufende Quantifizierung der wichtigsten Eigenschaften jeder Zeitreihe (wie z. B. Mittelwert, linearer Trend, Saisonalitätsstruktur) vorzunehmen. Darüber hinaus gestattet die Anwendung der modernen Filtrierungstechniken eine schnellere Auffindung von signifikanten Veränderungen in den Absatzzahlen, was zu einem effizienten operativen Marketing notwendig ist.

Es soll abschließend noch darauf hingewiesen werden, daß die analytische Funktion die vorrangige unerläßliche Phase jeder strategischen Marketing-Planung ist, wenn wir davon ausgehen, daß die Informationsfunktion die Grundlage der Analysefunktion ist.
Die strategische Funktion kann mit Hilfe mathematischer Modelle nur dann praktisch in Angriff genommen werden, wenn die zwei vorhergehenden Stufen (Informations- und analytische Stufe) realisiert worden sind. Im Verlauf dieses Kapitels wird gezeigt werden, warum Analyse- und Prognosesysteme als die wesentlichen Informationsfilter für die Planung des Marketing-Mix zu betrachten sind.

1.2.3.3 Die strategische Funktion

Es handelt sich hierbei um die Phase, in der die Erstellung allgemeiner Systeme für eine quasi optimale Planung des Marketing-Mix möglich ist.
Obwohl zur Zeit mathematische Methoden existieren, die in bestimmten Marketing-Bereichen zu optimalen Lösungen führen können, wie z. B. bei Problemen

- der Distribution und der Logistik
- der Preispolitik

- der optimalen Definition des Werbebudgets
- der Untersuchung neuer Märkte oder neuer Produkte, d.h. der Innovation,

stößt man bei ihren praktischen Anwendungen auf Schwierigkeiten hinsichtlich einer effizienten Behandlung dieser Marketing-Probleme. Das kann auf eine fehlende Informations- und Analysegrundlage zurückgeführt werden oder auf die Interferenzen zwischen den verschiedenen Marketing-Funktionen, die eine differenzierte Behandlung jeder einzelnen Funktion verhindern. Die Erstellung eines Marketing-Mix-Systems kann somit nur im Rahmen einer integrierten Konzeption in Angriff genommen werden.
Wir werden hier drei Phasen unterscheiden:

1. Analyse jedes spezifischen Marketing-Faktors und Auffindung der dem Kaufprozeß zugrunde liegenden Gesetze.
2. Simulationsmodelle des Marktverhaltens, die unter Anwendung der in Punkt 1 aufgefundenen Gesetze für jeden spezifischen Marketing-Faktor dessen gesamte Interdependenzen berücksichtigen für eine globale dynamische Marktbeschreibung.
3. Nachdem durch die Simulationsphase die charakteristischen Gesetze des globalen Marktverhaltens zumindest in ihren Hauptcharakteristika herauskristallisiert worden sind, ist es möglich, mit Hilfe dieser Simulationssysteme, ein Marketing-Mix-System zu entwickeln, das, ausgehend von den Marktgegebenheiten, zu einer „optimalen" strategischen Marketing-Politik führen kann. In dieser letzten Phase werden zusätzlich die verschiedenen Beschränkungen berücksichtigt, die auf der firmenspezifischen Politik beruhen.

Zeitlich gesehen kann die strategische Funktion in die folgenden drei Unterfunktionen unterteilt werden:

1. Die kurzfristige strategische Funktion, die insbesondere für das operative Management eine Rolle spielt. Ihre Hauptaufgaben liegen in der kurzfristigen (1–6 Monate im voraus) Festlegung der Marketing-Aktivitäten sowie in einer laufenden Kontrolle ihrer Wirkung. An dieser Stelle findet die Anwendung kurzfristiger Analyse- und Prognosesysteme ihre eigentliche Anwendung.
2. Die mittelfristige strategische Funktion, die eine ähnliche Gültigkeit wie die kurzfristige Funktion für den mittelfristigen Bereich hat (je nach Branche zwischen 6 Monaten und 3 Jahren). Die für diesen Zeitraum schwierige strategische Funktion beinhaltet alle Schwierigkeiten eines zukunftsorientierten Marketings, und zwar nicht nur im Hinblick auf eine genaue Erkennung der heutigen Marktgegebenheiten, was aus der kurzfristigen strate-

gischen Funktion abgeleitet werden kann, sondern auch im Hinblick auf die Marktgegebenheiten, die aus der langfristigen Strategie resultieren. Kurzfristige und langfristige strategische Funktion stehen in einem Kontext, wobei die Konkurrenzstrategie eine wesentliche Rolle spielt. Daher kann die mittelfristige strategische Funktion als die Quintessenz der gesamten strategischen Aktivität angesehen werden.
3. Die langfristige strategische Funktion, deren Hauptziele in der Fixierung von langfristigen Marktentwicklungen (zwischen 3 bis 10 Jahren im voraus) liegen sowie in der Vorbereitung der anderen Unternehmensbereiche auf die daraus resultierenden Konsequenzen.

1.2.3.4 Die administrative Funktion

Die administrative Funktion eines Marketing-orientierten Informationssystems besteht im wesentlichen in den verschiedenen Möglichkeiten der Bereitstellung mit markt- bzw. absatzbezogenen Informationen an alle anderen Funktionsbereiche des Unternehmens. Diese Informationsversorgung muß so beschaffen sein, daß sie der hierarchischen Stellung des Empfängers im Unternehmen entspricht.
Die erste Anforderung an die administrative Funktion besteht in der Erstellung eines Berichtssystems (Reporting System), das den strukturellen Gegebenheiten des Unternehmens gerecht wird.
Für ein solches Berichtssystem muß weiterhin gefordert werden, sowohl die vergangenheitsorientierten Informationen als auch die zukunftsorientierten Informationen zu liefern. Der Umfang der Informationen sowie ihr Verdichtungsgrad ist bekanntlich von der Stellung des Berichtsempfängers abhängig. Somit ist der Verdichtungsgrad der Informationen um so größer, je höher die Stellung und Verantwortung des Informationsempfängers in der Unternehmenshierarchie ist.
Ferner kann die Anwendung von Filtrierungstechniken für das Berichtssystem die konkrete Forderung bedeuten, nur diejenigen Informationen aufzulisten, die eine besondere Situation widerspiegeln (Management by Exception). Auch hier muß das Ausmaß der gelieferten Ausnahmeberichte der hierarchischen Stellung des Berichtsempfängers entsprechen sowie den Möglichkeiten ihrer effektiven Bearbeitung.
Das Berichtssystem muß darüber hinaus die automatische Kontrolle der fixierten Zielsetzungen ermöglichen (Management by Objectives) und jede absehbare Abweichung rechtzeitig melden. Diese zukunftsorientierte Kontrolle kann nur unter Benutzung entsprechender Prognosesysteme durchgeführt werden.

Die Abfrage jeder spezifischen Information muß darüber hinaus durch ein spezifisches Retrieval-System ermöglicht werden.

1.2.4 Die Finanzplanung

Die Finanzplanung baut auf detaillierten Prognosen der zwei wichtigsten Finanzkomponenten auf, d. h. auf Ertragsprognosen, die von den Absatzprognosen direkt abgeleitet werden können, und auf Kostenprognosen, die direkt von der Absatzprognose abhängig sind und somit die variablen Kosten bestimmen.
Da diese Finanzkomponenten nur prognostiziert werden können, wenn analytische Absatzprognosen vorhanden sind, sind relevante Absatzprognosen für die Finanzplanung von höchster Bedeutung.

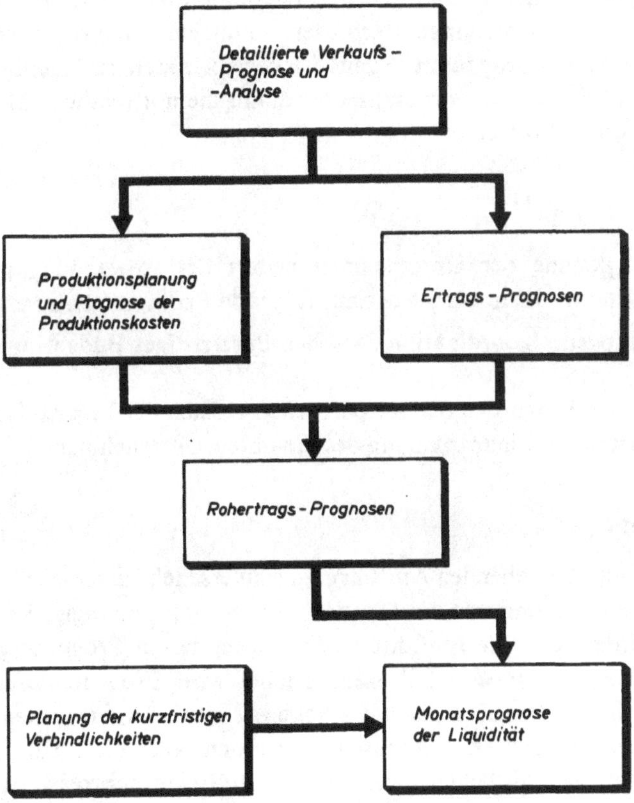

Abb. 1–3: Absatzprognosen in der Finanzplanung

Einen wichtigen Zweig der Finanzplanung stellt die Budgetierung dar, wobei es sich hier um ein analytisches Kontrollinstrument aller Unternehmensaktivitäten handelt. Da die Budgetkontrolle abhängig ist von den von der Unternehmensleitung fixierten Zielen, ist also zu erwarten, daß eine effiziente Anwendung dieses Kontrollinstruments nur dann möglich ist, wenn diese a priori fixierten Ziele dynamisiert werden können, wenn eine Revision der Unternehmensziele rechtzeitig vorgenommen werden kann. Durch eine entsprechende Budgetplanung kann die Motivation der Verantwortlichen erhöht werden, jedoch führen irreale Zielsetzungen schnell zum Gegenteil. Somit scheint eine laufende Anpassung der Budgets an die tatsächlich erreichbaren Ziele notwendig. Eine solche Anpassung kann nur durch die Anwendung dynamischer Prognosesysteme geleistet werden. Die kurzfristige Finanzplanung muß wie die Budgetplanung einer laufenden Revision unterworfen werden, die einerseits von der Preisentwicklung abhängig ist und andererseits von detaillierten Absatzprognosen. Die kontinuierliche Erstellung kurzfristiger Finanzplanungen (und Liquiditätsplanungen) erfordert somit eine integrierte Behandlung analytischer Absatzprognosen. Somit ist gewährleistet, rechtzeitig Veränderungen in der Finanzlage vorherzusehen, damit die notwendigen Maßnahmen getroffen werden können.

Zusammenfassung

Die Finanzplanung der Unternehmen bedarf der Anwendung integrierter Prognosesysteme, die in der Lage sind, folgende Bedingungen zu erfüllen:

1. Eine homogene Koordination zwischen kurzfristiger Budget- und Finanzplanung,
2. strukturierte Prognosen der verschiedenen Kosten der Finanzplanung,
3. eine dynamische Finanzplanung des gesamten Unternehmens.

Schlußfolgerungen

Wie aus den vorhergehenden Ausführungen zu ersehen ist, ist jede kurzfristige Unternehmensplanung von kurzfristigen Prognosen abhängig. Es kann behauptet werden, daß die Einführung eines integrierten Prognosesystems die jährlichen Gewinne um einige Prozent erhöhen wird. Die Anschaffungskosten eines integrierten Prognosesystems können je nach Unternehmen auf DM 100000,– bis DM 500000,– veranschlagt werden, aber diese Summe ist nur ein Minimum der jährlichen Kosten, die durch eine improvisierte Planung entstehen können. Noch ist die Anzahl der europäischen Unternehmen, die ein

integriertes Prognosesystem anwenden, sehr gering, jedoch sind in letzter Zeit die Anstrengungen zur Entwicklung von effizienten Prognose- und Informationssystemen in den meisten Unternehmen verstärkt worden.
Im folgenden werden diejenigen Techniken und Methoden behandelt, die heute für die Entwicklung solcher Systeme angewandt werden können, wobei zu betonen ist, daß das Schwergewicht dieser Behandlung in stärkerem Maße auf der ökonomischen Interpretation liegt als auf einer zu starken formalen Darstellung.

1.3 Die Zeitreihen und ihre ökonomische Interpretation

Die Interpretation der Aktivität jedes Unternehmens oder Industriezweiges kann nur durch eine detaillierte Analyse der aus dieser Aktivität resultierenden quantitativen Elemente durchgeführt werden. Diese Elemente können in drei große Kategorien eingestuft werden:

1. Unternehmensspezifische Informationen:
   detaillierte Statistik des Absatzes,
   Statistik der Produktionskosten,
   Entwicklung der Lagerbestände,
   marktspezifische Statistiken.
2. Informationen über die ökonomische Umwelt des Unternehmens:
   volkswirtschaftliche Informationen,
   Entwicklung des Marktes und seiner Komponenten,
   distributionsspezifische Statistiken,
   Informationen und Dokumentationen im technischen Bereich.
3. Informationen über die Konkurrenz, insbesondere:
   detaillierte Statistik des Absatzes der Konkurrenz,
   Produktionsstatistiken,
   distributionsspezifische Statistiken,
   preisspezifische Statistiken,
   andere spezifische Marketing-Statistiken.

Die Mehrzahl dieser Informationen (im allgemeinen zwischen 80 und 90%) sind in bestimmten Zeitabschnitten bekannt und bilden die sog. Zeitreihen.
Die tägliche Unternehmensplanung muß also eine große Anzahl von Zahlen

berücksichtigen, wobei sich für die Strategie die Notwendigkeit einer schnellen und präzisen Interpretation der Gegenwart sowie der Erstellung möglichst exakter Prognosen stellt. Bevor die Erstellung von Prognosen in Angriff genommen werden kann, ist also eine genaue Analyse der Vergangenheit und somit eine gute Interpretation der Gegenwart unbedingt notwendig. Ziel dieser Analyse muß in der Herauskristallisierung der wichtigsten Eigenschaften des untersuchten temporären Phänomens liegen. Im Anschluß an diese vorangehende Untersuchung der Entwicklung des Phänomens können Grundhypothesen über das wahrscheinliche zukünftige Verhalten erstellt werden.
Die Analyse der Zeitreihen ist so komplex, daß es äußerst schwierig, wenn nicht unmöglich ist, sie mit Hilfe der traditionellen Methoden durchzuführen. Diese Komplexität resultiert aus der Tatsache, daß die Zeitreihe in ihre wichtigsten Komponenten zerlegt werden muß, wobei im allgemeinen folgende Komponenten unterschieden werden können:

a) Der langfristige Trend, d.h. die Entwicklung der Zeitreihe, nachdem alle vorübergehenden oder oszillierenden Variationen eliminiert worden sind. Dieser Trend spiegelt den Lebenszyklus der untersuchten Zeitreihe.
b) Die konjunkturelle Komponente, die die Oszillationen der Zeitreihe um diesen langfristigen Trend darstellt. Diese mittelfristigen Schwankungen sind im allgemeinen eng mit den konjunkturellen Zyklen der wirtschaftlichen Aktivität verwandt, d. h. mit einer Frequenz, die je nach Fall zwischen 2 und 5 Jahren schwankt.
c) Der Mittelwert, der definiert werden kann als das Bezugsniveau in jeder Periode, das man durch die Eliminierung aller Zufallsvariablen und kurzfristigen zyklischen Komponenten der Zeitreihe erhält. Der kurzfristige Trend kann als die Mittelwertänderungen zweier aufeinanderfolgender Perioden definiert werden.
d) Die kurzfristige zyklische Komponente, die alle Schwankungen bezeichnet, die direkt oder indirekt mit der Jahreszeit verbunden sind, wodurch man diese Komponente als die Saisonalitätskomponente bezeichnet.
e) Die Marketing-Komponente, die die verschiedenen Absatzschwankungen charakterisiert, die aus verschiedenen kurzfristigen Marketing-Aktivitäten resultieren, wie z. B. Werbemaßnahmen, Preisänderungen, Sonderangebote, etc. oder aus unternehmensexternen Aktivitäten, z. B. Konkurrenzmaßnahmen, Regierungsmaßnahmen.
f) Die Zufallskomponente, die die Summe einer Reihe komplexer, nicht quantifizierbarer Phänomene ist.

Die Analyse der Zeitreihen besteht in erster Linie darin, so exakt wie möglich jede dieser Komponenten zu quantifizieren. Aus der nachstehenden Abb. 1–4 ist es nicht ohne weiteres möglich, das Verhalten des Phänomens, dem diese Absatzzahlen zugrunde liegen, zu verstehen. In einer ersten Annäherung können jedoch drei Hauptkomponenten unterschieden werden:

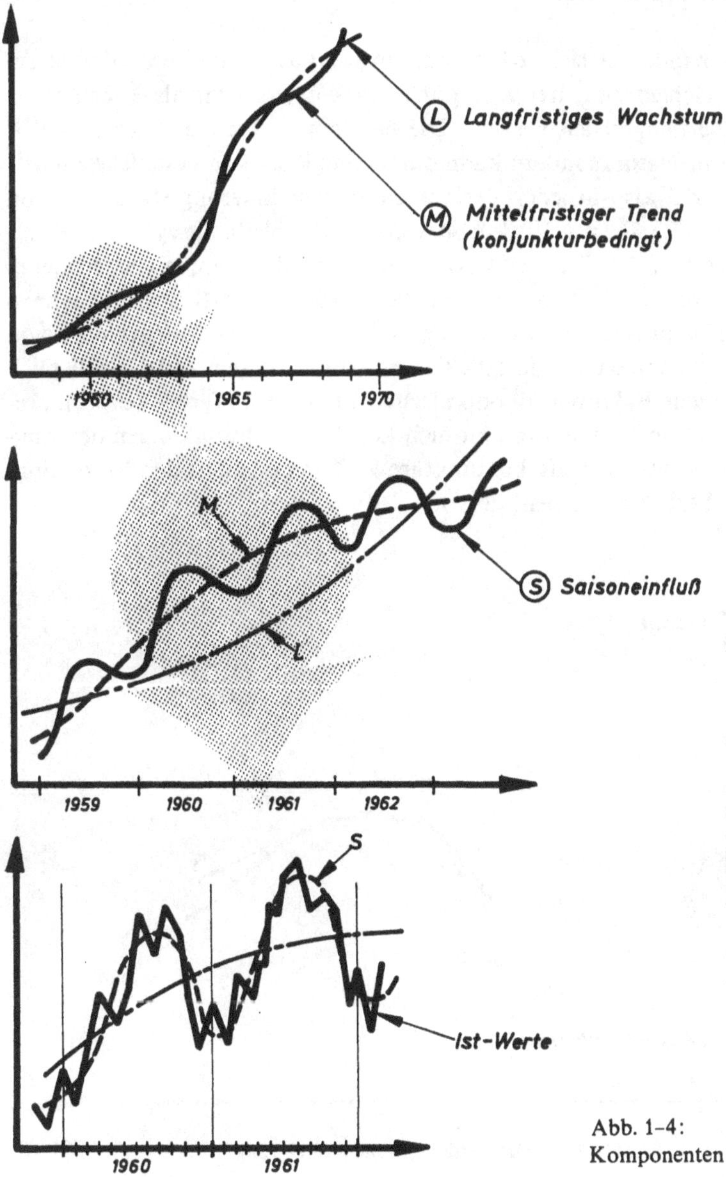

Abb. 1–4:
Komponenten einer Zeitreihe

1. Der langfristige Trend, der charakterisiert ist durch die Wachstumskurve L,
2. eine temporäre Schwankung M, die vor allem auf einer ungünstigen Konjunkturlage beruht oder aus der Aktivität des Unternehmens resultiert, z. B. aus einer Preiserhöhung,
3. die Saisonkomponente S.

In der Praxis handelt es sich jedoch um ein weitaus komplexeres Verhalten. Die hier unterschiedenen drei Komponenten können nicht als konstant im Verlauf der Zeit angesehen werden. Die langfristige Trendentwicklung z. B. ist nicht linearer Natur, sondern kann durch eine Kurve dargestellt werden. Theoretisch findet also in jeder Periode eine Trendänderung statt, z. B. von T_1 zu T_2, von T_2 zu T_3, usw. (vgl. Abb. 1–5). Ferner bleibt die zyklische Komponente im Verlauf der Zeit nicht konstant, da sie die Summe verschiedener Oszillationsfaktoren sein kann und da die Saisonalität z. B. von der jahresspezifischen Nachfrage, der Anzahl der Arbeitstage eines Monats oder von nichtstabilen Phänomenen, wie z. B. Ostern, abhängig sein kann. Schließlich rufen verschiedene Faktoren (ökonomische Aktivitäten, Werbe- oder Marketing-Aktivitäten) im Verlauf der Zeit nichtkonstante Schwankungen des langfristigen Trends, was wir als konjunkturelle Komponente oder Marketing-Komponente bezeichnet haben, hervor.

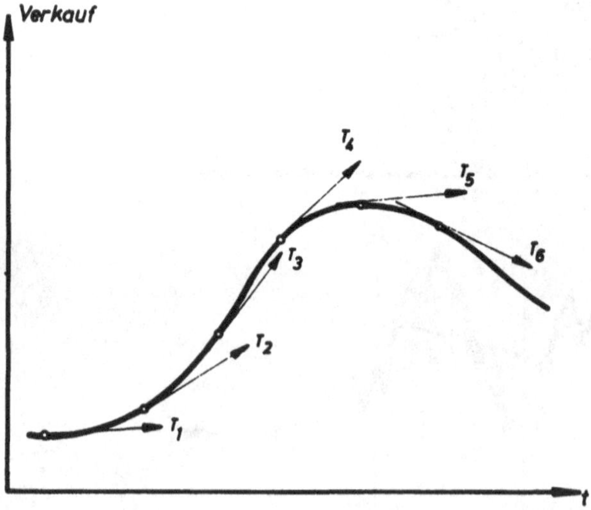

Abb. 1–5: Die zeitliche Trendveränderung

Wenn die wichtigsten Komponenten einer Zeitreihe im Verlauf der Zeit konstant bleiben, spricht man von einem stationären Prozeß. Sind diese Komponenten laufenden Veränderungen unterworfen, so bezeichnet man diesen Sachverhalt als einen nichtstationären Prozeß. Die Analyse der Zeitreihe muß in diesem Fall dynamischer Natur sein. Das Ziel der Analyse solcher Zeitreihen besteht darin, geht man z.B. von Absatzkurven aus, diese Kurven in ihre wesentlichen dynamischen Eigenschaften zu zerlegen. Drei verschiedene Methoden existieren, um eine solche dynamische Analyse durchzuführen:

1. Die traditionelle Analyse der Zeitreihen,
2. die Frequenzanalyse,
3. die dynamische Analyse.

Im folgenden sollen diese Methoden behandelt werden.

1.3.1 Methoden zur Analyse der Zeitreihen

1.3.1.1 Die traditionelle Analyse

Die traditionelle Analyse entspricht den numerischen Methoden zur Berechnung des Trends und der Saisonbereinigung. Diese numerischen Methoden weisen eine Reihe von Variationen auf, basieren jedoch alle auf dem Prinzip der Saisonbereinigung mit Hilfe des gleitenden Durchschnitts. Dieses Prinzip des gleitenden Durchschnitts kann hier als allgemein bekannt vorausgesetzt werden. In diesem Zusammenhang ist es jedoch wichtig, bestimmte Eigenschaften hervorzuheben.
Das Prinzip des gleitenden Durchschnitts ist folgendes:

1. Für das gesamte Vergangenheitsmaterial wird ein Mittelwert errechnet aufgrund von N aufeinanderfolgenden Istwerten. Es soll hier von einem Beispiel von N = 5 Istwerten ausgegangen werden.

$$M_t = \frac{1}{5}(X_{t-2} + X_{t-1} + X_t + X_{t+1} + X_{t+2})$$

Man erhält somit den Mittelwert der Zeitreihe in der Periode t. Für die Berechnung des Mittelwerts der Periode $t + 1$ geht man von den Istwerten der Perioden $t - 1$ bis $t + 3$ aus. Für die Perioden $t + 2$, $t + 3 \cdots t + n$ gilt das gleiche Rechenverfahren. Somit erhalten wir eine Mittelwertreihe der verschiedenen aufeinanderfolgenden Perioden (für $N = 2n + 1$).

$$M_t = \frac{1}{2n+1} \{X_{t-n} + X_{t-n+1} + \cdots + X_{t+n-1} + X_{t+n}\}$$

2. Mit Hilfe des berechneten gleitenden Durchschnitts kann die Saisonkomponente definiert werden als die Abweichung des Istwertes von dem entsprechenden gleitenden Durchschnitt in dieser Periode.
Die nachstehende Tabelle 1–2 verdeutlicht diese Berechnung des gleitenden Durchschnitts für $N = 5$.

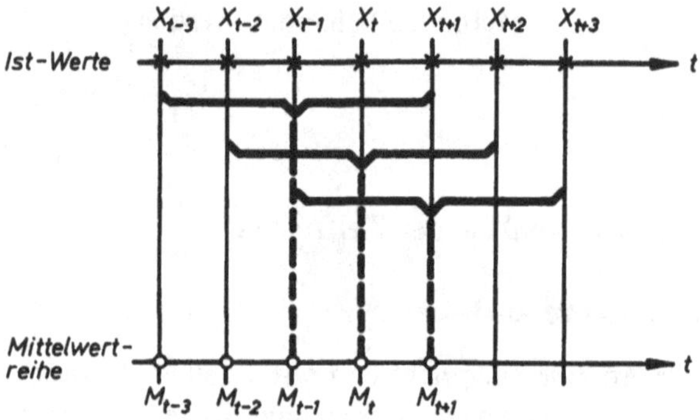

Abb. 1–6: Die Mittelwertreihe

Tabelle 1–2: Verfahren des gleitenden Durchschnitts, Beispiel

t	x_t	$\sum_1^5$	M_t
1	60		
2	80		
3	100	500	100
4	120	500	100
5	140	500	100
6	60	560	112
7	80	620	124
8	160	680	136
9	180	840	168
10	200	1000	200
11	220		
12	240		

Die Hauptnachteile dieser Methoden sind:
Bei Konjunkturschwankungen oder marketingbedingte Schwankungen führt die Methode des gleitenden Durchschnitts im unmittelbaren Bereich dieser Schwankungen zu einer falschen Schätzung des gleitenden Durchschnitts.
Da die Saisonkomponente definiert ist als die Abweichung des Istwertes von dem berechneten gleitenden Durchschnitt der betreffenden Periode, muß die Schätzung der Saisonkomponenten ebenfalls als verzerrt betrachtet werden.
Der tatsächliche gleitende Durchschnitt, der mit Hilfe dieser Methode errechnet wurde, weist ein Time-lag (Zeitverzögerung) von n Perioden auf (wenn N die Anzahl der herangezogenen Istwerte $= 2n + 1$ bedeutet). So ist aus Abb. 1–7 deutlich zu ersehen, daß der gleitende Durchschnitt nur für die Periode 10 ermittelt werden kann, obwohl der Istwert X_t für die Periode 12

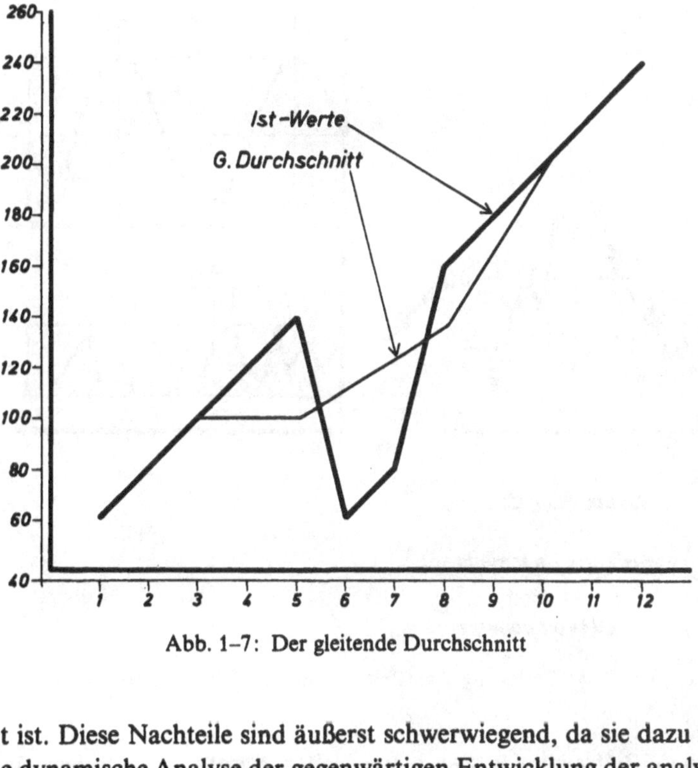

Abb. 1–7: Der gleitende Durchschnitt

bekannt ist. Diese Nachteile sind äußerst schwerwiegend, da sie dazu führen, daß eine dynamische Analyse der gegenwärtigen Entwicklung der analysierten Zeitreihe verhindert wird. Darüber hinaus erfordert diese Methode die Speicherung von mindestens N der letzten Istwerte. In manchen praktischen Fällen, wo Tausende von Zeitreihen zu bearbeiten sind, spielen die Speicherungskapazitäten eine wichtige Rolle, so daß die Verwendung dieser Methode aufgrund ihrer Speicheraufwendigkeit nicht möglich ist.

1.3.1.2 Die Frequenzanalyse

Die Frequenzanalyse basiert auf der *Fourier*-Transformation, die gestattet, die Zeitreihen in eine Anzahl von Frequenzen, die man als Elementarfrequenzen bezeichnet, zu zerlegen. So wird die untersuchte Zeitreihe der Abb. 1–8 in zwei elementare Sinuskurven zerlegt:
Die Komponente *A* mit einer Periodizität von 6 Perioden und einer Amplitude von 2 Einheiten, die Komponente *B* mit einer Periodizität von 1 und einer Amplitude von 0,7 Einheiten.

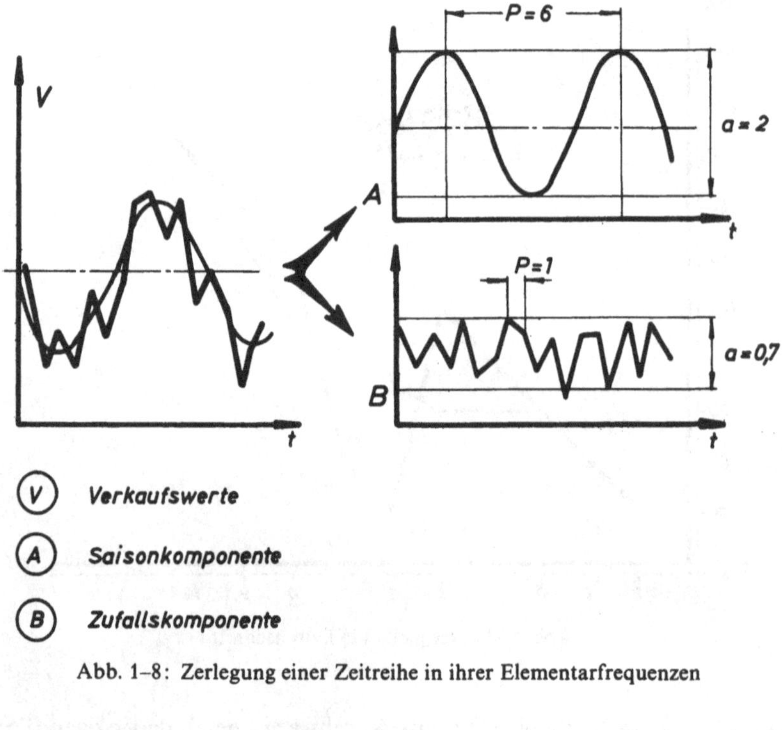

Abb. 1–8: Zerlegung einer Zeitreihe in ihrer Elementarfrequenzen

Wenn diese Zeitreihe z. B. den bimensuellen Absatz repräsentiert, dann sind die zwei Sinuskurven *A* und *B* folgender Natur:
A gibt die Saisonstruktur des Absatzes an, *B* das sog. „Geräusch“, d. h. die Zufallskomponenten.

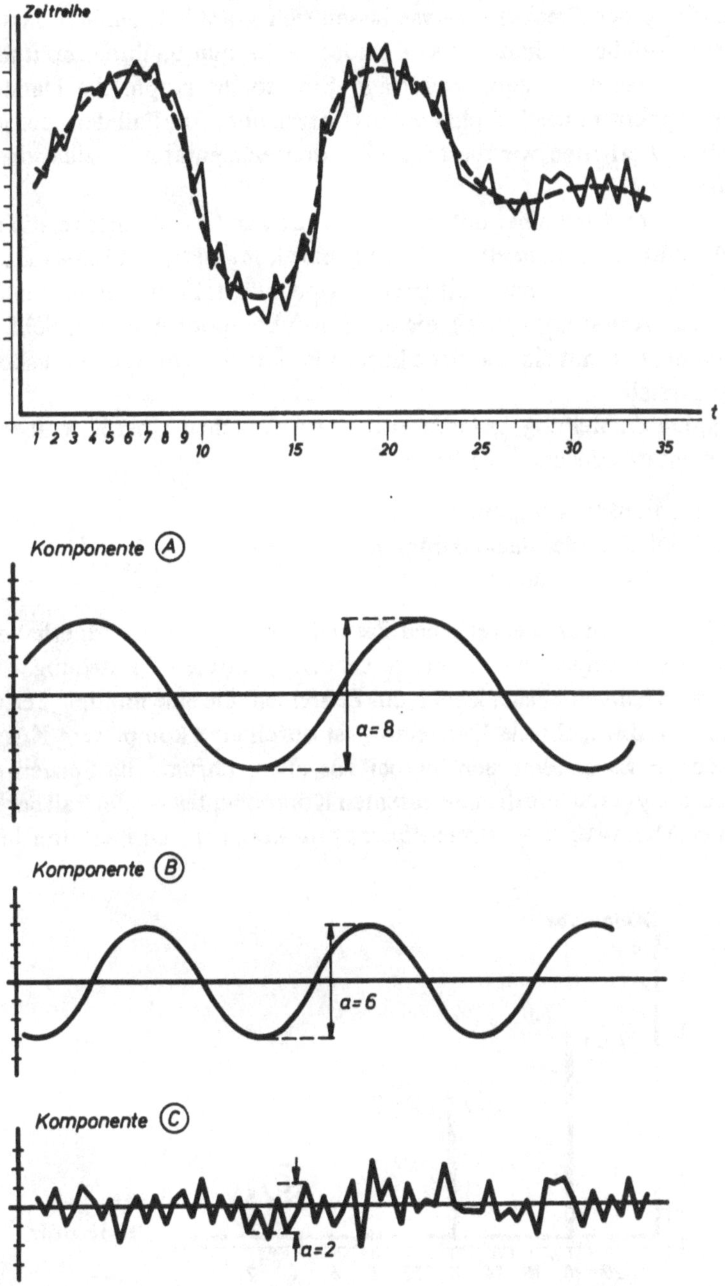

Abb. 1–9: Zerlegung einer theoretischen Zeitreihe in ihrer 3 Elementarfrequenzen

Die Resultate der Frequenzanalyse lassen sich graphisch einfach darstellen, indem man auf die Ordinate für jede entdeckte Oszillation ihre Amplitude und auf die Abszisse die Frequenz einträgt. Eine solche graphische Darstellung wird als „Spektrum des Zeitphänomens" bezeichnet. Im Fall der nachstehenden Abb. 1–9 erhalten wir die folgenden drei elementaren Oszillationskomponenten:

1. Komponente *A* mit einer hohen Periodizität von 18 und einer relativ geringen Amplitude. Es handelt sich hier um eine konjunkturelle Schwankung.
2. Komponente *B* mit einer mittleren Periodizität (12) und einer relativ bedeutenden Amplitude ($a = 6$), die der Saisonkomponenten entspricht.
3. Komponente *C* mit einer äußerst kurzen Periodizität, die die Zufallskomponente darstellt.

Die Frequenzdarstellung gestattet also einen einfachen Überblick über diese drei Elementarfrequenzen des Prozesses:

A Die Konjunkturkomponente
B Die zyklische oder Saisonkomponente
C Die Zufallskomponente

Da wir hier von einer theoretischen Zeitreihe ausgegangen sind, erhalten wir nur diese drei Komponenten in der folgenden spektralen Darstellung.
In der Praxis handelt es sich jedoch um Zeitreihen, die eine multiple Zerlegung ergeben, d.h. die spektrale Darstellung ist durch eine komplexere Kurve gekennzeichnet. Es handelt sich hierbei vor allem darum, die Spitzen dieser Kurve zu analysieren, die die interessanten Komponenten wie im Fall der nachstehenden Abb. 1–10 hervortreten lassen. In Abb. 1–11 können drei interes-

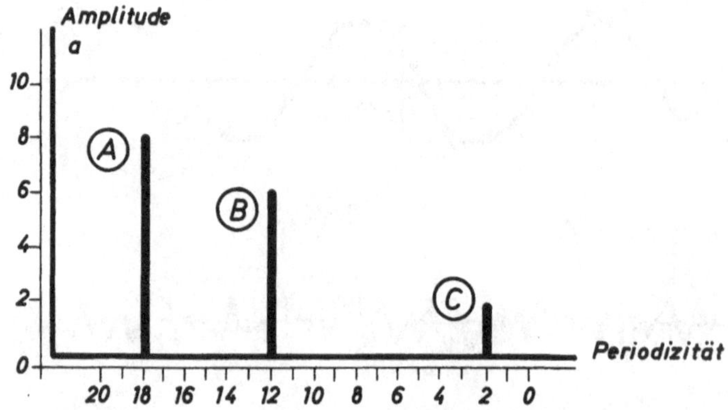

Abb. 1–10: Spektraldarstellung der drei Komponenten A, B, C

sante Spitzen unterschieden werden: Die erste Spitze entspricht hier einer Periodizität von 40 Perioden, die zweite von 12, die dritte von 2 Perioden. Die erste Spitze entspricht außerdem, wie im vorhergehenden Fall, einer konjunkturell bedingten Periodizität, die zweite einer saisonbedingten und die dritte einer zufallsbedingten Periodizität. Alle anderen Periodizitäten haben keine eindeutige ökonomische Bedeutung.

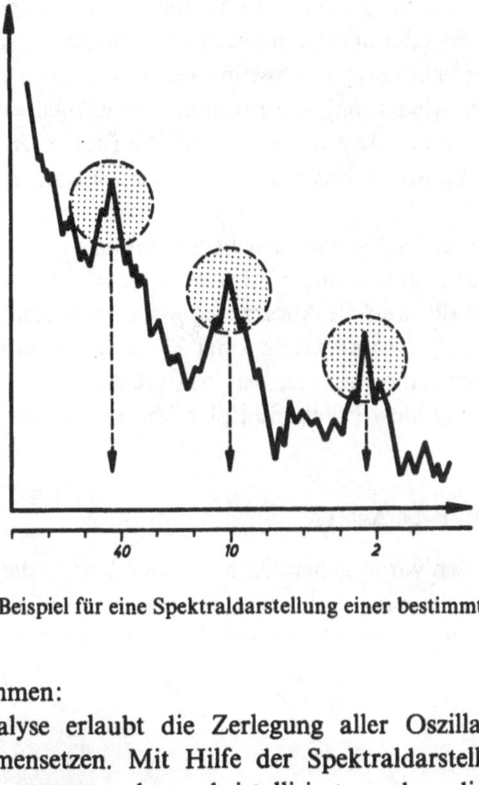

Abb. 1–11: Beispiel für eine Spektraldarstellung einer bestimmten Zeitreihe

Fassen wir zusammen:
Die Frequenzanalyse erlaubt die Zerlegung aller Oszillationen, die eine Zeitreihe zusammensetzen. Mit Hilfe der Spektraldarstellung können die interessanten Komponenten herauskristallisiert werden, die von wirtschaftlicher Bedeutung sind, wie die Saisonkomponente oder Konjunkturkomponente.
Die Methoden der Frequenzanalyse besitzen äußerst interessante Anwendungsmöglichkeiten. Sie werden bevorzugt in der mittelfristigen ökonomischen Analyse eingesetzt, deren Schwerpunkt in der Analyse mittelfristiger oder konjunktureller Oszillationen liegt. Die Anwendung dieser Methoden für die Analyse der Zeitreihen, deren Ziel es ist, als Grundlage kurzfristiger Prognosen zu dienen, stößt jedoch auf bestimmte technische Schwierigkeiten:

1. Aufgrund ihrer Komplexität und der Anwendung bestimmter mathematischer Techniken ist die Anwendung der Frequenzanalyse durch Nichtspezialisten sehr stark eingeschränkt.
2. Da die Anzahl notwendiger Informationen für eine gute Durchführung dieses Analysetyps sehr groß ist (Minimum 100 Informationen), beschränkt sich seine Anwendung auf solche Zeitreihen, die vor allem aus dem Bereich der Makroökonomie stammen.
3. Diese wenn auch elegante Methode ist nicht in der Lage, Phänomene der Strukturänderung oder der dynamischen Entwicklung der zyklischen Komponenten zu berücksichtigen, obwohl diese in fast allen praktischen Fällen der industriellen Absatzanalyse auftreten. Eine effiziente Anwendung dieser Methoden scheitert heutzutage daran, daß die Frequenzanalyse nicht in der Lage ist, die dynamische Entwicklung der verschiedenen Komponenten zu berücksichtigen.
4. Der Übergang von der Analyse – zur Prognosephase kann zur Zeit noch nicht vollzogen werden, und somit wird die automatische Anwendung solcher Analysesysteme für multiple Absatzprognosen verhindert.
5. Die Frequenzanalyse ist aufgrund einer Komplexität in ihrer numerischen Berechnung sehr zeitaufwendig, was das größte Hindernis für eine allgemeine Anwendung hinsichtlich multipler Absatzanalysen ist.

1.3.1.3 Die dynamische Analyse

Im Gegensatz zu den vorhergehenden Methoden basiert die dynamische Analyse, wie ihr Name andeutet, auf einem Rechenverfahren, das in jeder Periode erlaubt, die charakteristischen Werte der Zeitreihe zu bestimmen, insbesondere

- Mittelwert,
- Trend,
- Saisonalität.

Die industriellen Zeitreihen stellen das dynamische Verhalten des modernen Marktes dar und spiegeln folglich die kontinuierlichen Variationen seiner Grundcharakteristika. Die Gründe für solche Variationen sind vielfältig und sehr verschieden. Sie reichen von dem technischen „Know-how" bis zu der Strukturänderung der Distributionspolitik der Konkurrenz. Eine dynamische Analyse der Veränderungen dieser Eigenschaften scheint also aus den folgenden Gründen a priori unbedingt erforderlich:

1. Die Strategie, die auf modernen Absatzanalysen basiert, fordert rechtzeitige

Informationen über Marktveränderungen, damit frühzeitig eine adäquate Politik entwickelt werden kann.
2. Eine dynamische Analyse des Marktverhaltens erlaubt die Auffindung systematischer Veränderungen gegenüber zufallsbedingten Schwankungen in der Nachfrage und kann somit als Grundlage für Informationssysteme zur Absatzanalyse dienen, die z. B. auf dem Prinzip des „Management by Exception" basieren.
3. Die Erstellung relevanter Prognosen, deren Güte die von den Praktikern erstellten Prognosen übertrifft, hängt davon ab, ob man das dynamische Marktverhalten mit Hilfe moderner kybernetischer Techniken analysiert.

Die dynamische Analyse besitzt für die Praxis ein äußerst interessantes Anwendungsfeld. Im Laufe dieses Kapitels werden deshalb die verschiedenen Methoden der dynamischen Analyse eingehend dargestellt.

1.4 Methoden der kurzfristigen Prognose

Die Methoden der kurzfristigen Prognosen, die aus der dynamischen Analyse der Zeitreihen hervorgehen, basieren auf unterschiedlichen Gewichtungstechniken der Informationen.
Obwohl die Mehrzahl dieser Methoden in den letzten 15 Jahren entwickelt wurde, haben sie in der Industrie noch keine allgemeine Verbreitung gefunden. Die Benutzer dieser Methoden führen diesen Zustand in erster Linie auf die Konstrukteure dieser Methoden zurück, die mit ihrem komplexen mathematischen Instrumentarium die den Praktikern gestellten Probleme nicht befriedigend lösen können. Auf der anderen Seite behaupten die Konstrukteure, daß die Benutzer für den heutigen Zustand verantwortlich seien, da diese hinter dem Vorwand ihrer Erfahrungen die Anwendung dieser modernen Waffen der industriellen Strategie ablehnten. Das Mißtrauen der Benutzer ist verständlich, da sie in der Vergangenheit oft von diesen Techniken enttäuscht wurden. Diese Situation hat sich aber in den letzten Jahren geändert. Die Erstellung sog. autoregulativer Techniken sowie von Systemen mit einem hohen Praktikabilitätsniveau hat eine neue Entwicklung eingeleitet. Wir werden im folgenden zwei große Kategorien kurzfristiger Prognosesysteme dynamischer Natur unterscheiden:

1. Die Methoden, die auf dem Prinzip der Autoadaptation basieren und aus

der Theorie des Exponential Smoothing (exponentielle Glättung) hervorgegangen sind.
2. Die sog. stochastischen Methoden, die auf der Autokorrelation der Prognosefehler basieren.

Diese verschiedenen Prognosesysteme sind Gegenstand der folgenden Ausführungen. Wir möchten darauf hinweisen, daß hier keine mathematische Behandlung der kurzfristigen Prognose gegeben werden kann, es sollen vielmehr die notwendigen Grundlagen für die praktische Anwendung und Beurteilung von Prognosesystemen behandelt werden.

1.4.1 Autoadaptative Methoden

1.4.1.1 Die Methode des gewogenen gleitenden Durchschnitts

Die Methode des gleitenden Durchschnitts wurde in 1.3.1.1 kurz beschrieben. Die bei dieser Methode aufgetretenen Nachteile können durch die Einführung einer bestimmten Gewichtung der Informationen beseitigt werden. Die in der Zeitreihe enthaltenen Informationen stellen die momentane Situation des Marktes dar. Sowohl für die Analyse dieser Situation als auch für die Erstellung der fundamentalen Entwicklungstendenzen ist es notwendig, diese Informationen zu gewichten, weil die Informationen, die für die aktuelle Situation repräsentativ sind, stärker gewichtet werden müssen als die früheren Informationen.

Diese Gewichtung besteht in der Praxis darin, jeden Wert der Zeitreihe mit einem Koeffizienten zu multiplizieren. Dieser Koeffizient stellt einen bestimmten Prozentsatz dar, der dem Informationsgehalt dieses Wertes für die Bildung des Mittelwertes entspricht. Der Mittelwert der Zeitreihe in der Periode t ist demnach gegeben durch:

$$M_t = k_0 \cdot X_t + k_1 \cdot X_{t-1} + k_2 \cdot X_{t-2} + \cdots + k_i X_{t-i} + \cdots \tag{1.1}$$

wobei k_0, k_1, k_2 die Gewichtungskoeffizienten der Informationen X_t, X_{t-1}, X_{t-2} usw. darstellen und wobei für die Summe dieser Koeffizienten (da sie den Prozentsatz darstellen) gilt:

$$\sum^{i} k_i = 1 \tag{1.2}$$

Diese Methode führt somit zu einer bestimmten Generalisierung der Methode des gleitenden Durchschnitts, deren Mittelwert lautete:

$$M_{t-n} = \frac{1}{2n+1} \sum_{i=0}^{2n} X_{t-i} \tag{1.3}$$

$$= \frac{1}{2n+1} (X_t + X_{t-1} + X_{t-2} + \cdots + X_{t-2n})$$

wobei jeder Wert der Zeitreihe X_i multipliziert wurde mit einem konstanten und von dem Informationsalter unabhängigen Gewichtskoeffizienten $\frac{1}{2n+1}$.

Tabelle 1–3 gibt einen Einblick in die Berechnungen des gewogenen gleitenden Durchschnitts. Zwei Gewichtungstypen werden hierbei berücksichtigt, wobei der zweite Typ einer stärkeren Gewichtung der jüngeren Informationen entspricht als der erste Typ. Bei diesem zweiten Gewichtungstyp wird der Mittelwert in jeder Periode zu 80% von dem in der letzten Periode aufgetretenen Wert X_i gebildet, zu 15% von dem Wert der vorletzten Information, d. h. der Periode $t-1$, und von nur 5% von dem Wert der Information in der Periode $t-2$.

Tabelle 1–3: Verfahren des gewogenen gleitenden Durchschnitts (Beispiel):

Gewichtungskoeffizienten:		$k_0 = 0{,}6$ $k_1 = 0{,}3$ $k_2 = 0{,}1$	$k_0 = 0{,}8$ $k_1 = 0{,}15$ $k_2 = 0{,}05$
t	Zeitreihe (X_t)	Gewogene gleitende Durchschnitte	
1	100		
2	106		
3	113	109,6	111,30
4	118	115,3	116,65
5	125	121,7	123,35
6	129	126,7	127,85
7	125	126,2	125,60
8	118	121,2	119,60
9	120	119,2	119,95
10	130	125,8	127,90
11	136	132,6	134,30
12	142	139,0	140,50
13	148	145,0	146,50
14	152	149,8	150,90
15	159	155,8	157,50
.	.	.	.
.	.	.	.

z. B.: $M_3 = 0{,}1 \times 100 + 0{,}3 \times 106 + 0{,}6 \times 113 = 109{,}6$

Das Problem, das sich in der Praxis stellt, besteht in der Bestimmung der Struktur dieser Koeffizienten k_i. Wie das vorhergehende numerische Beispiel gezeigt hat, hängt von der Struktur der Koeffizienten k_i der Informationsgehalt des Mittelwerts ab. Da aber unendlich viele Kombinationsmöglichkeiten dieser Gewichtungskoeffizienten existieren, sind unendlich viele Mittelwerte möglich, die alle von der gleichen Zeitreihe abgeleitet werden können. Hier liegt also der größte Nachteil dieser Methode. Gegenüber der Methode des gleitenden Durchschnitts besitzt sie jedoch evidente Vorzüge:

1. Da die jüngsten Informationen der Zeitreihe stärker gewichtet werden, weist der errechnete gewogene gleitende Durchschnitt eine größere zeitliche Zugehörigkeit zu der Periode des letzten Istwertes auf. Diese Zugehörigkeit ist um so größer, je höher die Gewichtung der jüngsten Informationen ist. Im allgemeinen wird dieser errechnete Mittelwert der letzten Periode zugeordnet. Somit reduziert diese Methode den Time-lag-Effekt der Methode des gleitenden Durchschnitts.
2. In Abhängigkeit der für die Gewichtungskoeffizienten k_i festgelegten Struktur ist es möglich, eine gute Anpassung des erhaltenen Mittelwerts an konjunkturelle Trendänderungen zu erzielen. Sind die jüngsten Informationen stärker gewichtet durch entsprechende Gewichtskoeffizienten, so reagiert der gewogene gleitende Durchschnitt sehr rasch auf konjunkturelle Trendänderungen, was in der nachstehenden Abb. 1–12 ersichtlich ist. Leider reagiert der Mittelwert in diesem Fall entsprechend schnell auf zufallsbedingte Änderungen der Zeitreihe.

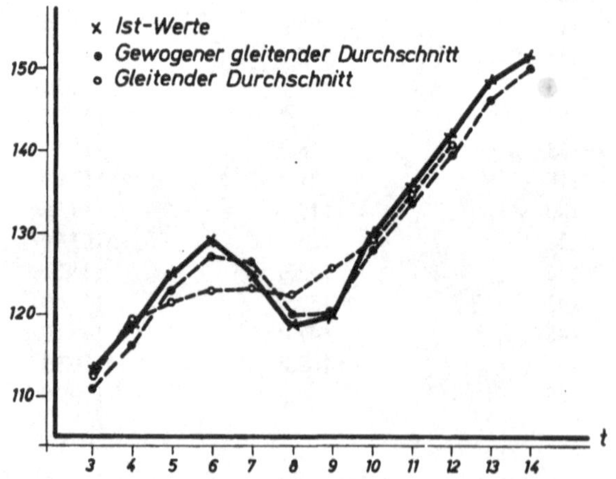

Abb. 1–12: Reaktion des gleitenden Durchschnitts auf konjunkturelle Trendänderungen

Nähert sich im Gegensatz dazu die Struktur dieser Koeffizienten einem konstanten Koeffizienten $\frac{1}{n}$ (n sei die Anzahl der Werte, die in die Ermittlung des Mittelwerts eingehen), so tendiert die Methode des gewogenen gleitenden Durchschnitts zu der Methode des gleitenden Durchschnitts, der bekanntlich durch eine langsame Reaktion auf Trendänderungen, aber durch eine gute Filtrierung der Zufallskomponenten gekennzeichnet ist (vor allem bei großem n).

Die Nachteile der Methode des gewogenen gleitenden Durchschnitts können kurz in folgenden zwei Punkten zusammengefaßt werden:

1. Die Methode des gewogenen gleitenden Durchschnitts weist aus der Sicht der Informationsverarbeitung den Nachteil auf, daß die anzuwendenden Gewichtungskoeffizienten gespeichert werden müssen.
2. Im Fall der Behandlung multipler Zeitreihen muß bei der Mehrzahl damit gerechnet werden, daß man unterschiedliche Gewichtungskoeffizienten anwenden muß und daß die somit erhaltenen Mittelwerte dadurch nicht homogen sein können.

Wie gezeigt werden wird, ist die Methode des gewogenen gleitenden Durchschnitts nur als Einführung in die Methoden des sog. Exponential Smoothing interessant.

1.4.1.2 Das Prinzip des Exponential Smoothing (exponentielle Glättung)

Die Methode des Exponential Smoothing ist ein Sonderfall der Methode des gewogenen gleitenden Durchschnitts. Diese Methode wurde von *R. G. Brown* 1959 entwickelt und basiert auf einer einfachen iterativen Rechenmethode. Die weiteren Entwicklungen dieser Methode haben zu sehr interessanten Systemen geführt, deren Analyse wir in Punkt 1.4.1.3 durchführen werden. Im folgenden wird versucht, die wichtigsten Resultate dieser Methode zu beschreiben.

Das Exponential Smoothing basiert auf dem folgenden Prinzip:

$$\hat{X}_t = \alpha \cdot X_t + (1-\alpha) \cdot \hat{X}_{t-1}; \qquad 0 \leqq \alpha \leqq 1 \tag{1.4}$$

wobei X_t den Wert der Zeitreihe in der Periode t darstellt,
$\hat{X}_t$ der berechnete Mittelwert dieser Zeitreihe in der Periode t ist,

$\hat{X}_{t-1}$ den Mittelwert der Zeitreihe in der vorhergehenden Periode $t-1$ angibt und
α den Gewichtungskoeffizienten (Glättungsparameter) bezeichnet.

Diese Formulierung hat folgende Bedeutung: Der Mittelwert der Zeitreihe in der Periode t wird von $\alpha\%$ der letzten Information X_t der Zeitreihe und von $1-\alpha\%$ des von dieser Zeitreihe ermittelten früheren Mittelwerts $\hat{X}_{t-1}$ gebildet.
Zur Verdeutlichung des Mechanismus dieser Methode werden wir die obige Formulierung (1.4) wie folgt entwickeln:
Die Berechnung des Mittelwerts in der Periode $t-1$ ist gegeben durch:

$$\hat{X}_{t-1} = \alpha \cdot X_{t-1} + (1-\alpha) \cdot \hat{X}_{t-2} \tag{1.5}$$

was der Formel (1.4) entspricht, wobei man hier aber den Zeitindex um eine Periode verändert hat.
Trägt man die Formel (1.5) in die Formel (1.4) ein, erhält man:

$$\hat{X}_t = \alpha \cdot X_t + (1-\alpha)\{\alpha \cdot X_{t-1} + (1-\alpha)\hat{X}_{t-2}\}$$

was der nachstehenden Formulierung entspricht:

$$\hat{X}_t = \alpha \cdot X_t + \alpha(1-\alpha)X_{t-1} + (1-\alpha)^2 \cdot \hat{X}_{t-2} \tag{1.6}$$

Analog dazu:

$$\hat{X}_{t-2} = \alpha \cdot X_{t-2} + (1-\alpha) \cdot \hat{X}_{t-3}$$

und durch Setzen dieser Gleichung in (1.6) erhält man:

$$\hat{X}_t = \alpha \cdot X_t + \alpha(1-\alpha)X_{t-1} + \alpha(1-\alpha)^2 X_{t-2} + (1-\alpha)^3 \cdot \hat{X}_{t-3}$$

Wenn dieses Verfahren beliebig fortgesetzt wird, so lautet der Mittelwert der Zeitreihe in der Periode t:

$$\hat{X}_t = \alpha \cdot \sum_{i=0}^{i=T} (1-\alpha)^i \cdot X_{t-i} + (1-\alpha)^{T+1} \cdot \hat{X}_{t-T-1} \tag{1.7}$$

Ist T genügend groß, kann man schließlich den letzten Ausdruck vernachlässigen:

$$(1-\alpha)^{T+1} \cdot \hat{X}_{t-T-1}$$

Die einfache iterative Formel (1.4) weist also eine äußerst interessante Bedeutung auf:

1. Wie gezeigt wurde, erhält man den Mittelwert $\hat{X}_t$ der Periode t durch eine

Gewichtung des Wertes der letzten Information der Zeitreihe X_t und des ermittelten letzten Mittelwerts $\hat{X}_{t-1}$. Die oben dargestellte Reihenentwicklung (1.7) des Mittelwerts hat gezeigt, daß in dieser Information des letzten Mittelwerts $\hat{X}_{t-1}$ indirekt alle vergangenen Informationen der Zeitreihe beinhaltet sind, d.h. diese Information enthält also ausschließlich den gesamten informativen Gehalt der Zeitreihe.

2. Die Reihenentwicklung des Mittelwerts (1.7) läßt sich auch schreiben:

$$\hat{X}_t = k_0 X_t + k_1 X_{t-1} + k_2 X_{t-2} + \cdots + k_i X_{t-i} +$$

mit $k_0 = \alpha$

$k_1 = \alpha(1-\alpha)$

$k_2 = \alpha(1-\alpha)^2$

\-\-\-\-\-\-\-\-

$k_i = \alpha(1-\alpha)^i$

Wie wir sehen, handelt es sich hier um einen gewogenen gleitenden Durchschnitt, der die Besonderheit aufweist, daß die Koeffizienten k_i eine exponentielle Funktion des Informationsalters i sind, woher die Bezeichnung dieser Methode als Exponential Smoothing stammt. Diese Gewichtungskoeffizienten weisen hier folgenden Vorteil auf: Ist der Glättungskoeffizient α bestimmt, so ist die gesamte Struktur der Koeffizienten k_i automatisch definiert und gegeben durch die Gleichung:

$$k_i = \alpha(1-\alpha)^i$$

3. Die Bedingung, daß die Summe der Koeffizienten $k_i = 1$ sei, ist hier erfüllt: Ersetzt man nämlich in dieser geometrischen Zeitreihe:

$$\sum k_i = \alpha + \alpha(1-\alpha) + \alpha(1-\alpha)^2 + \cdots$$

α durch a und $1-\alpha$ durch q, erhält man:

$$\sum k_i = a + a \cdot q + a \cdot q^2 + a \cdot q^3 + \cdots$$

Die Summe dieser geometrischen Reihe lautet:

$$\sum k_i = \frac{a}{1-q} = \frac{\alpha}{1-(1-\alpha)} = 1$$

d.h.

$$\sum_{i=0}^{\infty} \alpha(1-\alpha)^i = 1$$

4. Wie gezeigt wurde, ist durch die Bestimmung des Glättungskoeffizienten α

die gesamte Gewichtungsstruktur der früheren Informationen definiert. Abb. 1–13 verdeutlicht diese Struktur für verschiedene Werte von α.

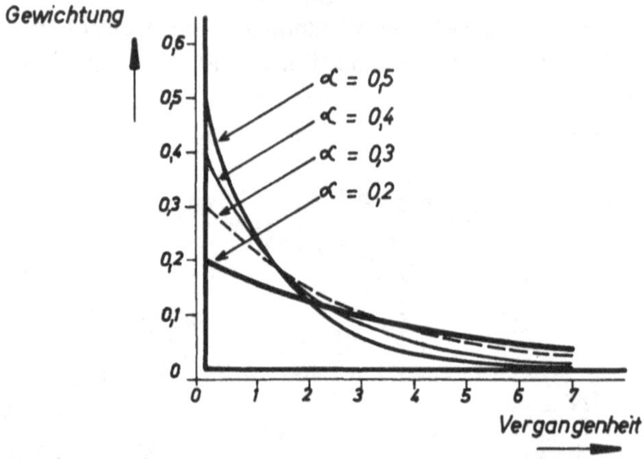

Abb. 1–13: Die Gewichtung der Vergangenheit

Die Gewichtskoeffizienten k_i nehmen sehr stark mit zunehmendem Informationsalter ab. So z. B. gilt bei einem Wert von $\alpha = 0{,}4$:

- Die letzte bekannte Information der Zeitreihe X_t wird mit einem Gewichtungskoeffizienten von 0,4 multipliziert, d. h. daß 40% dieser Information zur Bildung des neuen Mittelwerts beitragen.
- Die vorletzte Information der Zeitreihe X_{t-1} wird mit einem Gewichtungsfaktor von 0,24 multipliziert.
- Die Information der Zeitreihe, die 8 Perioden zurückliegt (X_{t-8}), wird mit einem Gewichtungsfaktor multipliziert, der weniger als 0,01 beträgt.

Tabelle 1–4: Gewichtung der Vergangenheitswerte bei unterschiedlichen Werten von α

i	$\alpha = 0{,}2$	$\alpha = 0{,}3$	$\alpha = 0{,}4$
0	0,2	0,3	0,4
1	0,16	0,21	0,24
2	0,128	0,147	0,144
3	0,1024	0,1029	0,0864
4	0,0819	0,0720	0,0518
5	0,0655	0,0504	0,0311
6	0,0524	0,0352	0,0186
7	0,0419	0,0247	0,0111

5. Aus der Sicht der numerischen Behandlung besitzt diese Methode einen weiteren beachtenswerten Vorteil:
   In der iterativen Grundformulierung (1.4) treten nur 2 Additionen und 2 Multiplikationen auf, d.h. es handelt sich hier um einfache Rechenprozeduren. Darüber hinaus ist es für die Berechnung des Mittelwerts nicht notwendig, das gesamte Vergangenheitsmaterial zu speichern, da alle früheren Informationen in dem Ausdruck $\hat{X}_{t-1}$ implizit enthalten sind. Diese Speichervorteile sind von großer Wichtigkeit z.B. für die Lagerhaltung, wo die Anzahl der Artikel 5000 und mehr betragen kann.

Die Güte des Ansatzes des Exponential Smoothing hängt von der Definition des Glättungskoeffizienten α ab. Bevor wir die auf dem Prinzip des Exponential Smoothing basierenden entwickelten Techniken beschrieben werden, soll ausführlicher auf die Natur und Interpretation des Glättungsparameters α eingegangen werden.

1.4.1.2.1 Einfluß und Interpretation des Glättungsparameters

Zur Vereinfachung der Analyse des Einflusses des Glättungsparameters werden wir uns im folgenden auf den einfachen Ansatz Formel (1.4) stützen. Die für diesen Ansatz geltenden Schlußfolgerungen sollen für alle weiteren Ansätze gültig sein. Wir werden hier eine Zeitreihe untersuchen, die ausschließlich von Mittelwertschwankungen gebildet wird, d.h. die keine Saisonalität aufweist. Es sollen hier zwei Variationstypen der Zeitreihe getrennt analysiert werden, d.h.

1. Analyse der Variationen, die durch eine systematische Mittelwertänderung der Zeitreihe hervorgerufen werden, und
2. Analyse der stochastischen, d.h. zufälligen Variationen.

Ziel dieser Analyse ist es, eine Interpretation des Glättungsoperatoren α zu geben.

a) *Analyse des Einflusses der Zufallsvariablen*

Um den Einfluß von Zufallsschwankungen unterscheiden zu können, werden wir von einer theoretischen Zeitreihe ausgehen, die einen konstanten Mittelwert bis zu der Periode t aufweist und in der Zufallsschwankungen ausschließlich in der Periode t zu verzeichnen sind, d.h. der Mittelwert ist in den folgenden Perioden gleich dem Mittelwert in den vorhergehenden Perioden.

Die Berechnung des Mittelwerts bis zu der Periode t ist somit gegeben durch:

$$\hat{X}_{t-1} = X_{t-1} = \cdots = X_{t-n} = X_0$$

da die Zeitreihe bis zu dieser Periode konstant ist und gleich einem Anfangswert X_0. Geht man von der Hypothese aus, daß die Zufallsvariable multiplikativer Natur sei, gilt für den Wert der Periode t:

$$X_t = a \cdot X_0$$

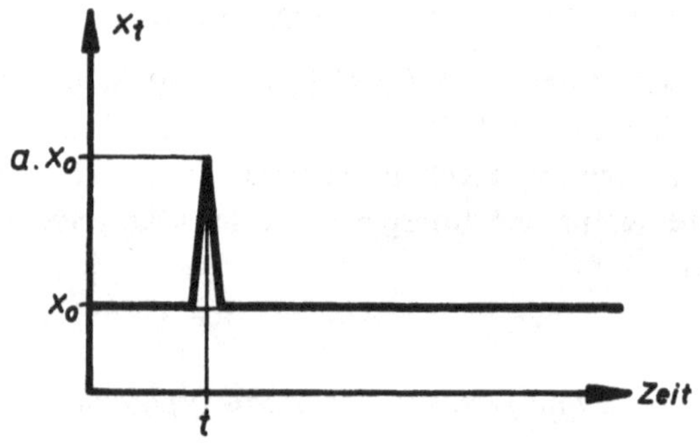

Abb. 1–14: Zufallskomponente einer Zeitreihe

wobei a den multiplikativen Zufallsfehler gegenüber dem Anfangswert X_0 angibt. Für die Berechnung des Mittelwerts gilt folglich:

$$\begin{aligned}\hat{X}_t &= \alpha \cdot X_t + (1-\alpha)\hat{X}_{t-1}\\ &= \alpha \cdot \mathrm{a} \cdot X_0 + (1-\alpha) X_0\\ &= X_0 + X_0 \cdot \alpha \cdot (a-1)\end{aligned}$$

d.h. daß der Einfluß dieses Fehlers auf den Mittelwert in der Periode t definiert ist durch:

$$X_0 \cdot \alpha \cdot (a-1).$$

Die Berechnung des Mittelwerts in der Periode $t+1$, d.h. wenn der Istwert der Zeitreihe X_{t+1} wieder auf den Anfangswert X_0 zurückgekehrt ist (d.h. $X_{t+1} = X_0$)
lautet:

$$\begin{aligned}\hat{X}_{t+1} &= \alpha \cdot X_{t+1} + (1-\alpha)\hat{X}_t\\ &= \alpha \cdot X_0 + (1-\alpha) X_0 \{1 + \alpha(a-1)\}\\ &= X_0 + X_0 \cdot \alpha \cdot (a-1)(1-\alpha)\end{aligned}$$

Der Einfluß des Fehlers a auf den Mittelwert θ Perioden später kann im allgemeinen dargestellt werden durch:

$$\hat{X}_{t+\theta} = X_0 + X_0 \cdot \alpha \cdot (a-1)(1-\alpha)^{\theta} \tag{1.8}$$

oder in anderer Schreibweise:

$$\hat{X}_{t+\theta} = X_0 \cdot \{1 + \alpha \cdot (a-1)(1-\alpha)^{\theta}\} \tag{1.9}$$

Tabelle 1–5 gibt die relevanten Fehler zwischen dem tatsächlichen und dem errechneten Mittelwert für verschiedene Werte von α und für eine Zufallsschwankung, die 100% über dem tatsächlichen Mittelwert liegt, an, d.h. für $a = 2$.

Tabelle 1–5: Reaktion der Mittelwerte auf „Störungen" bei verschiedenen Werten von α

		$\hat{X}_t$ bei		
t	X_t	$\alpha = 0{,}1$	$\alpha = 0{,}2$	$\alpha = 0{,}3$
1	10	10,00000	10,00000	10,00000
2	20	11,00000	12,00000	13,00000
3	10	10,90000	11,60000	12,10000
4	10	10,81000	11,28000	11,47000
5	10	10,72900	11,02400	11,02900
6	10	10,65610	10,81920	10,72030
7	10	10,59049	10,65536	10,50421
8	10	10,53144	10,52429	10,35295
9	10	10,47830	10,41943	10,24706
10	10	10,43047	10,33554	10,17294
11	10	10,38742	10,26844	10,12106
12	10	10,34868	10,21475	10,08474
13	10	10,31381	10,17180	10,05932
14	10	10,28243	10,13744	10,04152
15	10	10,25419	10,10995	10,02907
..	..	....	....	....
20	10	10,15009	10,03603	10,00489

Wie aus dieser Tabelle zu ersehen ist, lautet der Fehler des Mittelwerts für einen Glättungskoeffizienten $\alpha = 0{,}2$ 10 Perioden nach dem Auftreten einer Zufallsvariablen von 100%:

2,15%.

Diese Berechnung zeigt: Je kleiner α wird, um so größer wird die Möglichkeit, den Mittelwert von dem Einfluß der Zufallsschwankungen zu bereinigen.

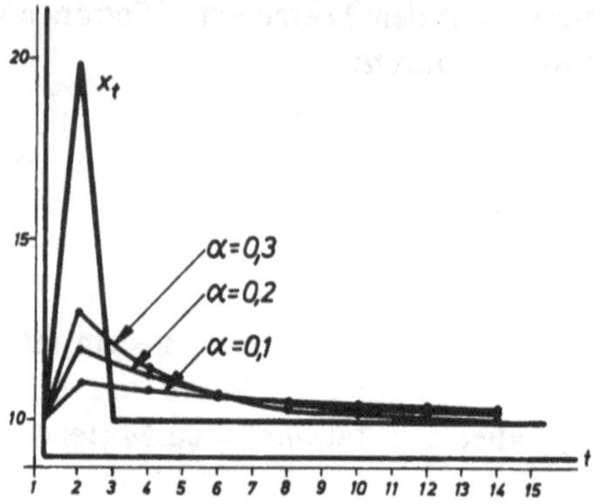

Abb. 1–15: Reaktion des Mittelwertes in Abhängigkeit von α auf eine Zufallskomponente der Zeitreihe

b) *Reaktion auf eine signifikante Mittelwertänderung*

Auch in diesem Fall werden wir von einer theoretischen Zeitreihe ausgehen. Diese Zeitreihe soll folgende Eigenschaften aufweisen:

1. Die Zeitreihe ist bis zu der Periode t konstant und gleich einem Anfangswert X_0.
2. Von der Periode t an ändert sich der Mittelwert der Zeitreihe und erreicht das neue Niveau:

$$a \cdot X_0$$

In diesem Fall gilt für die Istwerte der Zeitreihe vor der Periode t:

$$X_{t-1} = X_{t-2} = X_{t-3} = \cdots = X_0$$

und für die Istwerte nach der Periode t:

$$X_t = X_{t+1} = X_{t+2} = \cdots = a \cdot X_0.$$

Die Berechnung des Mittelwerts in der Periode t durch die Methode des einfachen Exponential Smoothing ergibt:

$$\hat{X}_t = \alpha \cdot X_t + (1-\alpha) \cdot X_0 = \alpha \cdot a \cdot X_0 + (1-\alpha) X_0$$
$$\hat{X}_t = a \cdot X_0 - X_0(a-1)(1-\alpha)$$

Für die Periode $t+1$ lautet der Mittelwert analog dazu:

$$\hat{X}_{t+1} = \alpha \cdot X_{t+1} + (1-\alpha) \cdot \{a \cdot X_0 - X_0(a-1)(1-\alpha)\}$$
$$\hat{X}_{t+1} = a \cdot X_0 - X_0 \cdot (1-\alpha)^2 (a-1)$$

Der Mittelwert für die Periode $t+\theta$ lautet schließlich:

$$\hat{X}_{t+\theta} = a \cdot X_0 - X_0(1-\alpha)^{\theta+1}(a-1)$$

Tabelle 1–6 gibt für verschiedene Werte von α und für einen Veränderungskoeffizienten des Mittelwerts von $a = 2$ (d.h. in dem Fall, wo eine Mittelwertänderung von 100% vorliegt) die Mittelwertschwankungen gegenüber dem tatsächlichen Mittelwert an.

Tabelle 1–6: Reaktion der Mittelwerte auf verschiedene Werte von α

t	X_t	$\hat{X}_t$ bei: $\alpha = 0{,}1$	$\alpha = 0{,}2$	$\alpha = 0{,}3$
1	10	10,00000	10,00000	10,00000
2	20	11,00000	12,00000	13,00000
3	20	11,90000	13,60000	15,10000
4	20	12,71000	14,88000	16,57000
5	20	13,43900	15,90400	17,59900
6	20	14,09510	16,72320	18,31930
7	20	14,68559	17,37856	18,82351
8	20	15,21703	17,90285	19,17646
9	20	15,69533	18,32228	19,42352
10	20	16,12580	18,65782	19,59646
11	20	16,51322	18,92626	19,71752
12	20	16,86189	19,14101	19,80227
13	20	17,17570	19,31281	19,86159
14	20	17,45813	19,45024	19,90311

Je größer α, desto schneller erreicht die geglättete Kurve das neue Niveau.

Im Fall einer systematischen Veränderung der Mittelwerte ergibt sich folgende Schlußfolgerung:

Mit steigendem Wert von α wird eine zunehmend bessere Anpassung des Systems an den neuen Wert des realen Mittelwerts erzielt. Da die Zeitreihen aus kontinuierlichen Mittelwertänderungen und Zufallsvariablen zusammengesetzt sind (läßt man bei einer ersten Annäherung alle anderen Komponenten außer Betracht), folgt:

1. Niedrige Werte von α gestatten eine gute *Filtrierung* der Zufallsvariablen.
2. Hohe Werte von α führen dagegen zu einer schnellen *Adaptation* des Mittelwertes im Fall einer systematischen Mittelwertänderung der Zeitreihe.

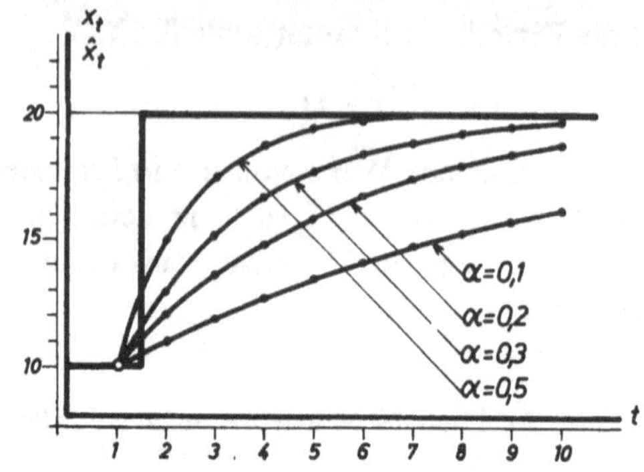

\bb. 1–16: Reaktion des Mittelwertes in Abhängigkeit von α bei einer systematischen Mittelwertänderung

Es handelt sich also darum, ein Optimum zwischen der *Stabilität* und der *Sensibilität* des Systems zu erreichen. Die Bestimmung des optimalen Wertes von α ist im Prinzip nicht schwierig. Die Praxis zeigt jedoch, daß die Auffindung und Bestimmung des optimalen Wertes von α noch längst nicht befriedigend gelöst wurde. Da jedoch eine relevante Anwendung dieser Methode in hohem Maße von einer optimalen Bestimmung des Parameters α abhängt, sind in jünster Zeit interessante Ansätze im Hinblick auf diese Problematik gemacht worden, die wir in 1.6.3 eingehender beschreiben werden. Es handelt sich hierbei insbesondere um dynamische Techniken.
Der einfache Ansatz von *Brown* gestattet, eine Reihe von Modellen zu erstellen, die als Prognosesysteme eingesetzt werden können. Im folgenden werden wir die verschiedenen Prognosemethoden des Exponential Smoothing beschreiben.

1.4.1.2.2 Das mittlere Informationsalter der Zeitreihen

Der Vergleich zwischen dem gleitenden Durchschnitt und der exponentiellen Glättungstechnik führt zu einer besseren Interpretation der Bedeutung der Gewichtungskoeffizienten:

$$\alpha(1-\alpha)^i$$

des Exponential Smoothing. Im Fall des gleitenden Durchschnitts lautet das mittlere Alter der für den Mittelwert berücksichtigten Informationen:

$$\bar{t} = \frac{1}{N}(0 + 1 + 2 + 3 + \cdots + N - 1)$$

was führt zu:

$$\bar{t} = \frac{N-1}{2}$$

Im Gegensatz dazu erhält man für die Berechnung des mittleren Informationsalters im Fall der exponentiellen Glättung:

$$\bar{t} = 0 \cdot \alpha + 1 \cdot \alpha(1-\alpha) + 2 \cdot \alpha(1-\alpha)^2 + \cdots + i\alpha(1-\alpha)^i + \cdots$$

Da gilt:

$$\bar{t} = \alpha \sum_{i=0}^{\infty} i \cdot (1-\alpha)^i \tag{1.10}$$

erhält man schließlich:

$$\sum_{i=0}^{\infty} i \cdot (1-\alpha)^i = \frac{1-\alpha}{\alpha^2}$$

Diese Formeln bedeuten, daß das mittlere Informationsalter, das man durch die exponentielle Glättung erhält, von dem gewählten Glättungsparameter α abhängt. Dabei wird, bei größer werdendem α, das mittlere Informationsalter $\bar{t}$ zunehmend niedriger. Außerdem ist es möglich, diese zwei Methoden im Hinblick auf das erhaltene mittlere Informationsalter zu vergleichen. Wird gefragt, welcher Wert von α der exponentiellen Glättungsmethode dem mittleren Informationsalter der Methode des gleitenden Durchschnitts über N Perioden entspricht, erhält man:

$$\frac{N-1}{2} = \frac{1-\alpha}{\alpha}$$

also

$$\alpha = \frac{2}{N+1}$$

Diese Gleichung gestattet, die folgende Vergleichstabelle zwischen der Anzahl der in dem gleitenden Durchschnitt enthaltenen Perioden und dem Koeffizienten α bei der exponentiellen Glättungsmethode 0-ter Ordnung zu erstellen.

Tabelle 1–7 erlaubt die folgenden Feststellungen:

1. α von 0,143 entspricht einem gleitenden Durchschnitt über ein Jahr (13 Perioden).
2. α von 0,077 entspricht einem gleitenden Durchschnitt über zwei Jahre.
3. α von 0,033 entspricht einem gleitenden Durchschnitt über fünf Jahre.

Tabelle 1–7. Korrespondierende Werte von N und α bei gleichem mittleren Informationsalter für den Mittelwert

Gleitender Mittelwert über N-Perioden	Exponential Smoothing mit
N	α
5	0,333
7	0,250
9	0,200
13	0,143
25	0,077
37	0,053
49	0,040
61	0,033

Im Fall der exponentiellen Glättungsmethode 0-ter Ordnung (konstantes Modell) kann man erwarten, daß α in dem folgenden Intervall liegt:

$$0{,}15 \leqq \alpha \leqq 0{,}3$$

was einem mittleren Informationsalter zwischen drei und zwölf Perioden entspricht.

1.4.1.3 Verschiedene Prognosemethoden des Exponential Smoothing

Die Wahl einer guten Prognosemethode ist die erste Schwierigkeit, mit der der Praktiker konfrontiert wird, wenn man das Problem kurzfristiger Vorhersagen in Angriff nimmt.

Diese Situation ist um so verwirrender, da heute hierüber Hunderte von wissenschaftlichen Abhandlungen existieren und man nicht von einer einzigen Synthese der verschiedenen Prognosemodelle ausgehen kann. Obwohl es in diesem Bereich schwierig ist, allgemeine Anwendungsrezepte anzugeben, so ist es dennoch möglich, Konzepte zu erstellen, die dieses Problem in gewissem Grad erleichtern, was ein Ziel dieses Kapitels sein soll. – Die verschiedenen kurzfristigen Prognosesysteme werden nach ihrer Fähigkeit unterschieden, die vier wichtigsten Hauptcharakteristika einer Zeitreihe zu analysieren sowie zu prognostizieren. Für die kurzfristige Analyse von Zeitreihen unterscheidet man folgende vier Grundkomponenten:

1. Im Modell formulierte Grundhypothesen über die Entwicklung des Mittelwertes, wobei im allgemeinen folgende Hypothesen über diese Entwicklung zugrunde gelegt werden:

a) Hypothese der konstanten Entwicklung,
b) Hypothese der linearen Entwicklung,
c) Hypothese der quadratischen Entwicklung
d) Hypothese spezieller Entwicklungsformen.

2. Saisonalitätsbetrachtung der analysierten Zeitreihe:
   a) konstante Saisonalität,
   b) variable Saisonalität,
   c) Methode zur Behandlung sehr starker Saisonalitäten.
3. Modell zur Analyse und Berücksichtigung exogener Faktoren der behandelten Zeitreihe, insbesondere:
   a) Einfluß der Marketing-Aktivitäten,
   b) Korrelation und Autokorrelation zwischen verschiedenen Zeitreihen,
   c) Budgetbeschränkungen oder markteigene spezifische Beschränkungen.
4. Modelle, die auf verschiedenen Hypothesen über die Prognosefehler basieren.

Im folgenden werden wir diese vier Kategorien schrittweise behandeln.

1.4.1.3.1 Methoden und Grundhypothesen

Wir werden hier die verschiedenen, in der kurzfristigen Prognose angewandten Modelle erörtern, ausgehend von den zugrunde gelegten Hypothesen über die mögliche zukünftige Entwicklung des Mittelwerts. Auf dieser Basis können andere Subsysteme erstellt werden, die erlauben, zusätzlich weitere Charakteristika zu berücksichtigen, wie z.B. die Saisonalitätscharakteristika. Nachdem man die Analyse einer Zeitreihe durchgeführt hat, ist es möglich, verschiedene Hypothesen über die wahrscheinliche Extrapolation des Verhaltens dieses Mittelwerts in einem bestimmten Zeitraum zu erstellen, d.h. es handelt

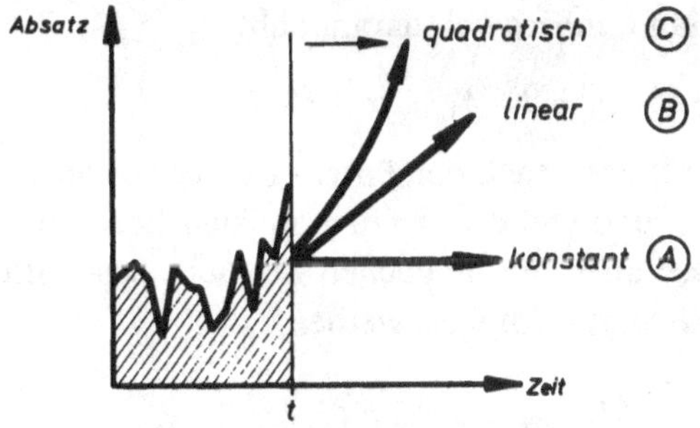

Abb. 1–17: Verschiedene Extrapolationshypothesen des Mittelwerts

sich hier darum, Hypothesen über die Trendentwicklung zu formulieren.
Abb. 1–17 stellt die drei bekanntesten Extrapolationshypothesen dar.
Hypothese *A* entspricht einer gleichbleibenden Extrapolation des Mittelwerts, was zu einer Vernachlässigung des Trends führt. Per Definition ist der Trend die Differenz zwischen zwei aufeinanderfolgenden Mittelwerten, d.h. der Zuwachs des Mittelwerts.
Hypothese *B* entspricht einer linearen Extrapolation des Mittelwerts, wie aus dem rechten Abschnitt der Abb. 1–7 ersichtlich ist. In diesem Fall wird die Hypothese erstellt, daß der Mittelwert in jeder Periode um einen konstanten Wert wächst (der Trend stellt also hier eine Konstante dar).
Hypothese *C* entspricht einer Extrapolation quadratischer Natur, die zusätzlich zu dem linearen Trend einen nichtlinearen (quadratischen) Zuwachs berücksichtigt, den man als den quadratischen Trend bezeichnet. Dieser quadratische Trend stellt den absoluten Zuwachs zwischen zwei aufeinanderfolgenden Perioden des linearen Trends dar.
Die Prognose des Mittelwerts, die man im Fall der Abb. 1–17 in der Periode t für die Periode $t+4$ erstellen kann, führt für die drei oben beschriebenen Hypothesen zu folgenden Werten:

1. Fall des konstanten Modells:

$$\hat{M}_{t+4} = M_t$$

2. Fall des linearen Modells:

$$\hat{M}_{t+4} = M_t + 4 \cdot T_t$$

3. Fall des quadratischen Modells:

$$\hat{M}_{t+4} = M_t + 4 \cdot T_t + 16 \cdot Q_t$$

Die Erstellung von Hypothesen höherer Ordnung als die des quadratischen Modells ließe sich beliebig fortsetzen, was allerdings nur von rein theoretischem Interesse wäre. Man erinnere sich daran, daß:

$$M_t + \theta \cdot T_t + \theta^2 \cdot Q_t + \theta^3 \cdot P_t + \cdots + \theta^n \cdot N_t \qquad (1.11)$$

Polynom n-ter Ordnung (nach der Potenz des Terms höchster Ordnung) genannt wird. Wenn man von dieser polynomialen Bezeichnung ausgeht, kann z.B. die Hypothese über den möglichen Zuwachs des Mittelwerts bei einem linearen Trend wie folgt formuliert werden:

$$\hat{M}_{t+\theta} = M_t + \theta \cdot T_t$$

Diese Formulierung stellt ein Polynom erster Ordnung dar.

1.4.1.3.2 Das Fundamentaltheorem von Brown und Meyer

Bevor wir auf die Beschreibung der in 1.4.1.3.1 aufgeführten Modelle näher eingehen, scheint es uns interessant und notwendig, kurz das Fundamentaltheorem von *Brown* und *Meyer* darzustellen[2].
Ein Prognosesystem kann durch Polynome *n*-ten Grades generalisiert werden. Die Studien von *Brown* und *Meyer* haben gezeigt, daß es theoretisch immer möglich ist, analytisch die einem Prognosesystem zugrunde liegenden Gleichungen für jeden Polynomgrad zu lösen. Für die Praxis ist es allerdings uninteressant, wie noch gezeigt werden wird, Polynome höherer Ordnung als 2 anzuwenden. Es ist jedoch angebracht, den Mechanismus zu beschreiben, der erlaubt, solche generalisierten Prognosesysteme zu erstellen. Gehen wir davon aus, daß das folgende allgemeine Prognosesystem polynomialer Natur angewandt werden soll:

$$\hat{X}_{t+\theta} = A_t^{(0)} + A_t^{(1)} \cdot \theta + A_t^{(2)} \cdot \theta^2 + \cdots + A_t^{(n)} \cdot \theta^n \quad (1.12)$$

d.h. man erstellt in der Periode t eine durch Formel (1.12) definierte Extrapolation des Mittelwerts für die Periode $t + \theta$. Nehmen wir z. B. an, daß man als Prognoseformulierung des Mittelswerts ein Polynom 3. Grades verwendet:

$$\hat{X}_{t+\theta} = 100 + 10 \cdot \theta - 7 \cdot \theta^2 + \theta^3$$

θ	$\hat{X}_{t+\theta}$
0	100
1	104
2	100
3	94
4	92
5	100
6	124
7	170
8	244
9	352
10	500

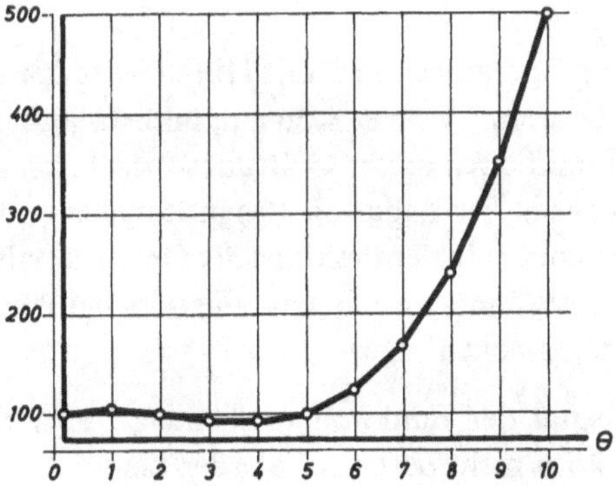

Abb. 1–18: Beispiel eines Prognosesystems 3. Ordnung

Diese Prognoseformel führt zu den in der Abb. 1–18 angegebenen Prognosen. Im obigen Beispiel gilt für $A_t^{(0)} = 100$, für $A_t^{(1)} = 10$, für $A_t^{(2)} = -7$, für $A_t^{(3)} = 1$.

[2] Eine eingehende Beschreibung dieses Fundamentaltheorems ist dem Anhang A.1 zu entnehmen.

Das Fundamentaltheorem von *Brown* und *Meyer* gestattet, die Quantifizierung dieser Koeffizienten A_t. *Brown* und *Meyer* haben gezeigt, daß diese Koeffizienten $A_t^{(i)}$ (oder Grundcharakteristika der Zeitreihe) der polynomialen Formulierung (1.12) immer bestimmt werden können mit Hilfe der folgenden Gleichungen:

$$\left.\begin{array}{l} A_t^{(0)} = f_0(M_t^{(1)}, M_t^{(2)}, \cdots, M_t^{(n)}) \\ A_t^{(1)} = f_1(M_t^{(1)}, M_t^{(2)}, \cdots, M_t^{(n)}) \\ \text{-------------------} \\ A_t^{(n)} = f_n(M_t^{(1)}, M_t^{(2)}, \cdots, M_t^{(n)}) \end{array}\right\} \quad (1.13)$$

Diese Funktionen f_i lassen sich jederzeit analytisch bestimmen. Die Werte $M_t^{(i)}$, die auch als Glättungsoperatoren i-ter Ordnung bezeichnet werden (oder geglättete Mittelwerte i-ter Ordnung) sind durch das folgende iterative Rechenverfahren definiert:

$$\left.\begin{array}{l} M_t^{(1)} = \alpha \cdot X_t + (1-\alpha) \cdot M_{t-1}^{(1)} \\ M_t^{(2)} = \alpha \cdot M_t^{(1)} + (1-\alpha) M_{t-1}^{(2)} \\ M_t^{(3)} = \alpha \cdot M_t^{(2)} + (1-\alpha) M_{t-1}^{(3)} \\ \text{-------------------} \\ M_t^{(n)} = \alpha \cdot M_t^{(n-1)} + (1-\alpha) M_{t-1}^{(n)} \end{array}\right\} \quad (1.14)$$

Da die Glättungsoperatoren $M_t^{(i)}$ mit Hilfe dieser iterativen Funktionen ohne Schwierigkeit bestimmt werden können, und da außerdem die Koeffizienten $A_t^{(i)}$ bekannte Funktionen dieser Glättungsoperatoren sind (1.13), ist man also theoretisch immer in der Lage, ein Prognosesystem polynomialer Natur n-ter Ordnung anzuwenden. In der Praxis ist die Operationalisierung solcher polynomialer Prognosesysteme jedoch vor allem bei höherer Ordnung als 3 mit schwerwiegenden Nachteilen verbunden:

1. Die Komplexität der Funktionen $A_t^{(i)}$ steigt mit i exponentiell so an, daß sie für $i > 4$ noch nicht bestimmt worden sind.
2. Die ökonomische Interpretation dieser Koeffizienten $A_t^{(i)}$ ist bei einem Modell größer als 2. Ordnung äußerst komplex, wodurch eine ökonomische Analyse der Prognosebedeutung der Koeffizienten $A_t^{(i)}$ verhindert wird.
3. Eine Vergleichsanalyse zwischen diesen verschiedenen polynomialen Modellen zeigt, daß die Genauigkeit dieser Prognosesysteme nicht von ihrem Komplexitätsgrad abhängt (Grad des Prognosepolynoms), sondern von ihrer dynamischen Qualität.

1.4.1.3.3 Das konstante Modell

Man erhält das konstante Modell oder das Modell o-ter Ordnung dadurch, daß man in der Gleichung (1.12) nur den Term o-ter Ordnung berücksichtigt, d.h.:

$$\hat{X}_{t+\theta} = A_t^{(0)}$$

Daraus folgt, daß die Prognose des Mittelwerts, die man in der Periode t für die folgenden θ Perioden erstellt, unabhängig von dem Prognosehorizont θ ist. $A_t^{(0)}$ ist hier durch die folgende einfache Gleichung gegeben:

$$A_t^{(0)} = M_t^{(0)} = \alpha \cdot X_t + (1 - \alpha) \cdot M_{t-1}^{(0)} \qquad (1.15)$$

Wie ersichtlich, basiert dieses einfache Modell auf einer Extrapolation des Mittelwerts.

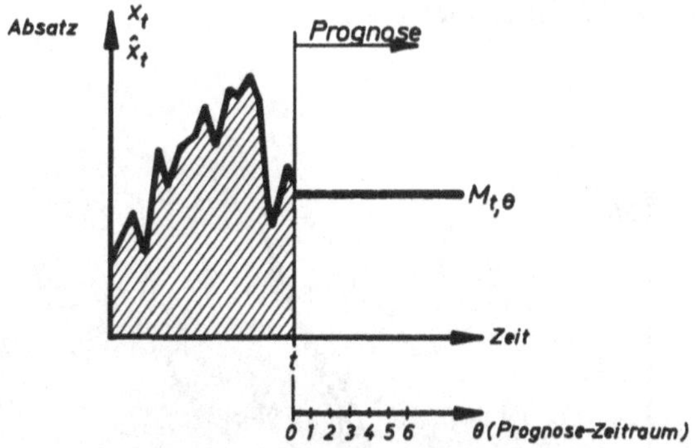

Abb. 1–19: Das konstante Prognosesystem

Die Anwendung des konstanten Modells ist nur dann gerechtfertigt, wenn man dem Trend keine Bedeutung zumißt. In Wirklichkeit ist die Anzahl der Zeitreihen, die diese Bedingung erfüllen, so gering, daß eine praktische Anwendung des konstanten Modells sehr beschränkt ist trotz seiner einfachen numerischen Berechnung.

1.4.1.3.4 Das lineare System

Setzt man in dem Prognosepolynom, definiert durch die Gleichung (1.12), $n = 1$, erhält man das folgende lineare Modell:

$$\hat{X}_{t,\theta} = A_t^{(0)} + \theta \cdot A_t^{(1)} \qquad (1.16)$$

wobei

$\hat{X}_{t,\theta}$ die Prognose des Mittelwerts darstellt, die in der Periode t für die Periode $t+\theta$ erstellt wird,

$A_t^{(0)}$ den Mittelwert der Zeitreihe der Periode t angibt und

$A_t^{(1)}$ den linearen Trend dieser Periode t definiert.

Dieses System hat die folgende ökonomische Bedeutung:
Wenn man bei der Analyse einer Zeitreihe signifikante Mittelwertänderungen beobachten kann, lassen diese auf die Existenz eines Trends schließen. Da der lineare Trend definiert ist als die Veränderung des Mittelwerts zwischen zwei aufeinanderfolgenden Perioden, erhält man:

$$T_t = M_t - M_{t-1}$$

Man geht also von einer Variation des Mittelwerts M_t aus. Daraus folgt für bestimmte Perioden der Zeitreihe:

$$T_t \neq 0$$

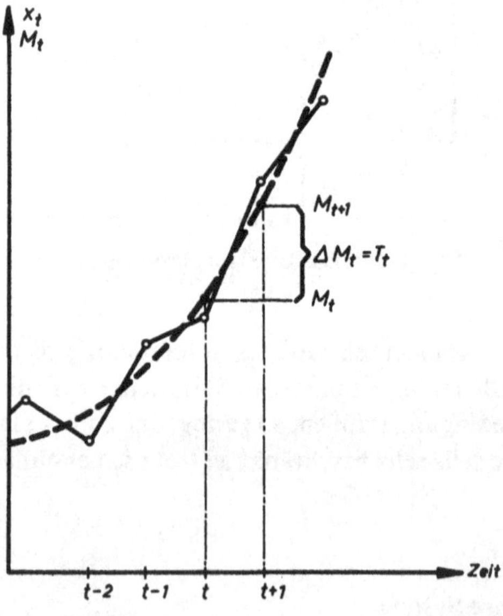

Abb. 1–20: Die Variationen der zwei Komponenten einer Zeitreihe: Mittelwert und Trend

Das lineare System basiert auf einer dynamischen Analyse der zwei Hauptkomponenten der Zeitreihe, d.h. des Mittelwerts und Trends. Diese Analyse ist dynamisch, da in jeder Periode t die neuen Werte dieser Komponenten M_t und T_t untersucht werden. Abb. 1–20 verdeutlicht das Verhalten einer Zeitreihe in diesem Fall. Es ist leicht ersichtlich, daß sich der Mittelwert der Zeitreihe M_t im Verlauf der Zeit verändert, was zu einer äquivalenten Variation des linearen Trends T_t führt. Da diese beiden Komponenten per Definition im Verlauf der Zeit variieren, ist es unbedingt erforderlich, sog. dynamische Prozeduren für ihre numerische Berechnung einzuführen. Die Methode des Exponential Smoothing besitzt, wie wir gesehen haben, diese dynamische Eigenschaft für die Berechnung der Komponenten M_t und T_t. Nach dem Fundamentaltheorem von *Brown* und *Meyer* (siehe Formel 1.14) gelten für den Fall $n = 1$ (lineares Modell) die folgenden Gleichungen:

$$M_t^{(1)} = \alpha \cdot X_t + (1 - \alpha) \cdot M_{t-1}^{(1)}$$
$$M_t^{(2)} = \alpha \cdot M_t^{(1)} + (1 - \alpha) \cdot M_{t-1}^{(2)}$$

Da $M_t^{(1)}$ und $M_t^{(2)}$ die Glättungsoperatoren 1. und 2. Ordnung darstellen, liegt für $M_t^{(1)}$ ein einfach geglätteter Durchschnitt und für $M_t^{(2)}$ ein zweifach geglätteter Durchschnitt vor. Mit Hilfe dieser Operatoren ist es möglich, die Koeffizienten der Zeitreihe $A_t^{(0)}$ und $A_t^{(1)}$ zu definieren, und somit den Mittelwert und linearen Trend der analysierten Zeitreihe in jeder Periode zu bestimmen:

$$\begin{aligned} A_t^{(0)} &= M_t = 2 \cdot M_t^{(1)} - M_t^{(2)} \\ A_t^{(1)} &= T_t = \frac{\alpha}{(1 - \alpha)} \cdot \{M_t^{(1)} - M_t^{(2)}\} \end{aligned} \tag{1.17}$$

Diese Werte gestatten somit, das lineare Prognosesystem zu quantifizieren. Wie aus Abb. 1–21 ersichtlich, erlaubt die quantitative Analyse dieser Komponenten, Prognosen mit Hilfe der folgenden Geraden zu erstellen:

$$\hat{X}_{t,\theta} = M_t + \theta \cdot T_t$$

Diese Gerade stellt hier die wahrscheinliche kurzfristige Entwicklung der Zeitreihe von der Periode t an dar. Trotz der Einfachheit dieses Systems führt es in sehr vielen praktischen Fällen zu einer befriedigenden Anwendung. Das ist im allgemeinen dann der Fall, wenn eine große Anzahl von Zeitreihen zu behandeln ist, wobei die Computerzeit zu einer zusätzlichen Anwendungsbeschränkung werden könnte. Das gilt z.B. für bestimmte Sparten der Lagerhaltung, wo die Anzahl der zu prognostizierenden Artikel mehr als 100000 betragen kann. Das folgende numerische Beispiel verdeutlicht diesen Mechanismus:

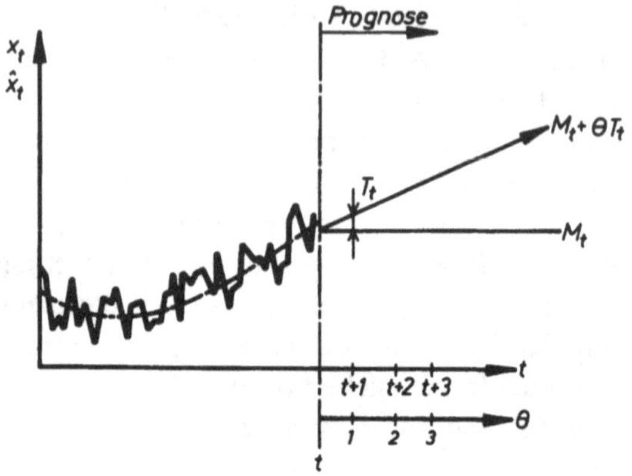

Abb. 1–21: Das lineare System

Nehmen wir an, daß bei der Behandlung einer Zeitreihe in der Periode t folgende Werte auftreten:

$$\alpha = 0{,}2$$
$$M_t^{(1)} = 30$$
$$M_t^{(2)} = 25$$

In der Periode t erhält man dann die folgenden Charakteristika:

den Mittelwert, der gegeben ist durch:

$$M_t = A_t^{(0)} = 2M_t^{(1)} - M_t^{(2)} = 2 \cdot 30 - 25 = 35$$

und den linearen Trend, der definiert ist durch:

$$T_t = A_t^{(1)} = \frac{\alpha}{(1-\alpha)}(M_t^{(1)} - M_t^{(2)}) = \frac{0{,}2}{0{,}8}(30 - 25) = 1{,}25$$

Mit Hilfe dieser beiden Charakteristika können Prognosen für die Perioden $t+1$, $t+2$, usw. erstellt werden:

$$\hat{X}_{t+1} = M_t + T_t = 35 + 1{,}25 = 36{,}25$$
$$\hat{X}_{t+2} = M_t + 2T_t = 35 + 2{,}50 = 37{,}50$$
$$\hat{X}_{t+3} = M_t + 3T_t = 35 + 3{,}75 = 38{,}75$$

Ist der Istwert der Zeitreihe X_{t+1} bekannt, dann ist es in der Periode $t+1$ möglich, mittels der vorhergehenden Gleichungen die Eigenschaften der Zeitreihe in Abhängigkeit dieses Wertes X_{t+1} zu readaptieren und folglich die neuen

Prognosen zu modifizieren, die für die Perioden $t+2$, $t+3$ erstellt werden können. Gehen wir z.B. davon aus, daß der Istwert der Zeitreihe in der Periode $t+1$ lautet:

$$X_{t+1} = 38,$$

d.h. daß dieser Wert größer als der vorher prognostizierte Wert ist. Die neuen Werte der geglätteten Mittelwerte 1. und 2. Ordnung dieses Systems lauten (siehe Formel 1.14):

$$M^{(1)}_{t+1} = 0{,}2 \times 38 + 0{,}8 \times 30 = 31{,}60$$
$$M^{(2)}_{t+1} = 0{,}2 \times 31{,}60 + 0{,}8 \times 25 = 26{,}32$$

Der neue Mittelwert und Trend ist gegeben durch:

$$M_{t+1} = 2 \cdot M^{(2)}_{t+1} - M^{(1)}_{t+1} = 36{,}88$$

$$T_{t+1} = \frac{\alpha}{(1-\alpha)} \{M^{(1)}_{t+1} - M^{(2)}_{t+1}\} = 1{,}32$$

Da der Istwert größer als die Prognose für diese Periode $t+1$ war, sind auch die Werte des Mittelwerts und des Trends größer und folglich die daraus resultierenden Prognosen ebenfalls:

$$\hat{X}_{t+1,1} = 36{,}88 + 1{,}32 = 38{,}20$$
$$\hat{X}_{t+1,2} = 36{,}88 + 2 \times 1{,}32 = 39{,}52$$

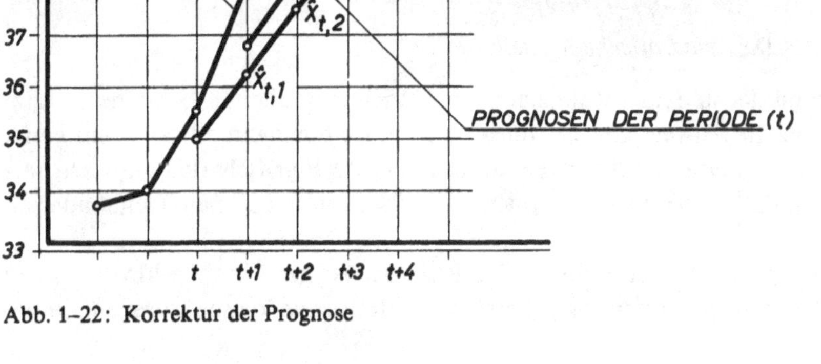

Abb. 1–22: Korrektur der Prognose

Selbstverständlich ist diese Reaktion des Mittelwerts und des Trends auf die Änderung einer Zeitreihe unterschiedlich in Abhängigkeit des Wertes, den man für den Glättungsparameter α festgelegt hat. Es wurde in 1.4.1.2 gezeigt, daß die Reaktion des Systems bei einer Mittelwert- oder Trendänderung um so schneller ist, je größer α ist. Gleichzeitig nimmt die Sensibilität des Systems bei wachsendem α auf Zufallsvariablen der Zeitreihe zu. Das Problem der optimalen Bestimmung von α wird in 1.6 analysiert werden.
Tabelle 1–8 zeigt die numerischen Resultate bei verschiedenen Werten von α, die man bei der Behandlung einer Zeitreihe mit Hilfe des linearen Systems erhält.
Diese Zeitreihe weist vor allem eine starke Variation des linearen Trends auf. Für $\alpha = 0{,}2$ ist ein maximaler Prognosefehler von 90 (in der Periode $t = 8$) zu verzeichnen. Darüber hinaus findet, wie zu erwarten war, die Anpassung des Mittelwerts an die zugrunde gelegte Zeitreihe früher statt: hier in der Periode 15, im Gegensatz zu der Periode 18 im Fall von $\alpha = 0{,}1$. Diese schnellere Anpassung des Systems führt außerdem dazu, daß die maximale Prognoseabweichung von 140 in der Periode 8 für $\alpha = 0{,}1$ auf 90 für $\alpha = 0{,}2$ reduziert wird.
Tabelle 1–8 gibt eine Übersicht über die folgenden Werte:

t Zeitindex der Zeitreihe
X_t Istwert der Zeitreihe in der Periode t
$M^{(1)}$ einfach geglätteter Mittelwert
$M^{(2)}$ zweifach geglätteter Mittelwert
M_t Mittelwert der Zeitreihe in der Periode t
T_t linearer Trend in der Periode t
$\hat{X}_t$ Prognose, die in der Periode t für die Periode $t+1$ erstellt wird ($\hat{X}_t$)
ε_t die Prognosefehler in der Periode t
σ^2 die Summe der Quadrate der Prognosefehler, dividiert durch die Anzahl der Perioden.

1.4.1.3.5 Das quadratische Modell

Aufgrund der in dem vorhergehenden Modell formulierten Hypothese ergibt sich, daß die Anwendung des linearen Modells nur dann effizient sein kann, wenn die analysierte Zeitreihe markante lineare Eigenschaften aufweist, was z. B. der Fall ist bei relativ stabilen Zeitreihen mit langsamen Trendänderungen.
Für eine große Anzahl industrieller Produkte ist der Absatz sehr oft starken Trendänderungen unterworfen, was auf mittelfristige konjunkturelle Kompo-

Tabelle 1–8: Numerisches Beispiel im Fall des linearen Modells

				$\alpha = 0{,}10$			
t	X_t	$M_t^{(1)}$	$M_t^{(2)}$	M_t	T_t	$\hat{X}_t$	ε_t
1	100	100	100	100	0,0	100	+ 0
2	109	101	100	102	0,1	100	− 9
3	121	103	100	105	0,3	102	− 19
4	143	107	101	113	0,7	106	− 37
5	179	114	102	126	1,3	113	− 66
6	226	125	105	146	2,3	127	− 99
7	271	140	108	172	3,5	148	−123
8	317	158	113	202	4,9	175	−142
9	343	176	119	233	6,3	207	−136
10	367	195	127	263	7,6	239	−128
11	397	215	136	295	8,8	271	−126
12	421	236	146	326	10,0	304	−117
13	455	258	157	359	11,2	336	−119
14	469	279	169	389	12,2	370	− 99
15	472	298	182	414	12,9	401	− 71
16	468	315	195	435	13,3	427	— 41
17	477	331	209	454	13,6	448	— 29
18	455	344	223	465	13,5	467	+ 12
19	461	356	236	475	13,3	479	+ 18
20	482	368	249	487	13,2	488	+ 6

$\sigma^2 = 7374{,}837$

				$\alpha = 0{,}20$			
	$M_t^{(1)}$	$M_t^{(2)}$	M_t	T_t	X_t	$\hat{X}_t$	ε_t
1	100	100	100	0,0	100	100	+ 0
2	102	100	103	0,4	109	100	− 9
3	106	101	110	1,1	121	104	−17
4	113	104	122	2,3	143	111	−32
5	126	108	144	4,5	179	125	−54
6	146	116	177	7,6	226	149	−77
7	171	127	215	11,1	271	184	−87
8	200	142	259	14,7	317	227	−90
9	229	159	299	17,5	343	274	−69
10	257	179	334	19,5	367	316	−51
11	285	200	369	21,2	397	354	−43
12	312	222	402	22,4	421	391	−30
13	341	246	435	23,7	455	424	−31
14	366	270	462	24,1	469	459	−10
15	387	293	481	23,5	472	487	+15
16	403	315	492	22,0	468	505	+37
17	418	336	500	20,6	477	514	+37
18	426	354	497	17,9	455	521	+66
19	433	370	496	15,7	461	515	+54
20	443	384	501	14,6	482	511	+29

$\sigma^2 = 2414{,}661$

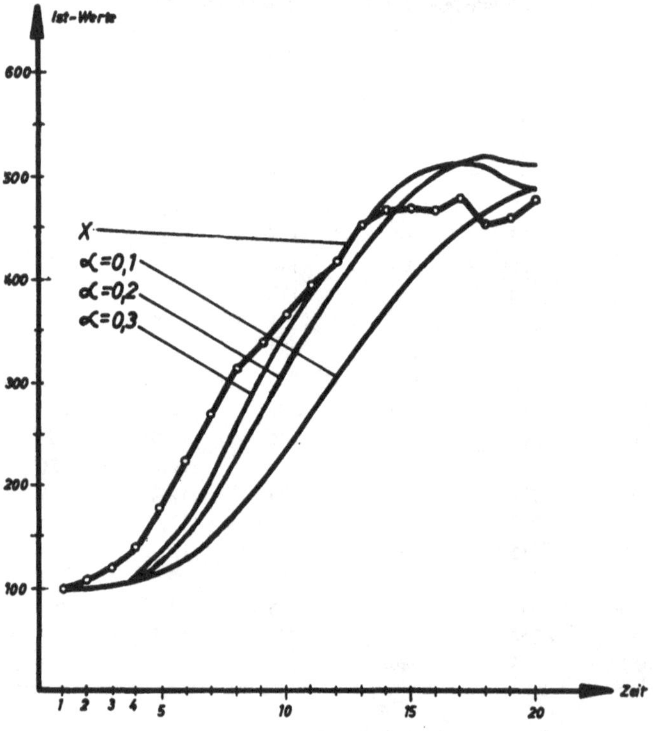

Abb. 1–23: Reaktion des linearen Systems

nenten zurückzuführen ist oder auf die verschiedenen Lebenszyklenphasen dieser Produkte.

Aus Abb. 1–24 sind die vier wichtigsten Lebensphasen eines Produkts zu ersehen.

Phase I stellt die Einführung des Produkts auf dem Markt dar, Phase II seine Ausbreitung. Die Stabilisierung oder Sättigung dieses Produkts auf dem Markt beschreibt Phase III und Phase IV sein technisches Veralten und sein langsames Ausscheiden aus dem Markt.

In jeder dieser Phasen ist eine annähernd lineare Mittelwertentwicklung zu beobachten. Der Übergang von einer Phase zu der nächsten ist im Gegensatz dazu nicht linearer Natur.

Es ist offensichtlich, daß in diesen Übergangsphasen das lineare Modell zu schlechten Resultaten führt.

Zu einer besseren Analyse führt das quadratische Modell, was dem Fall

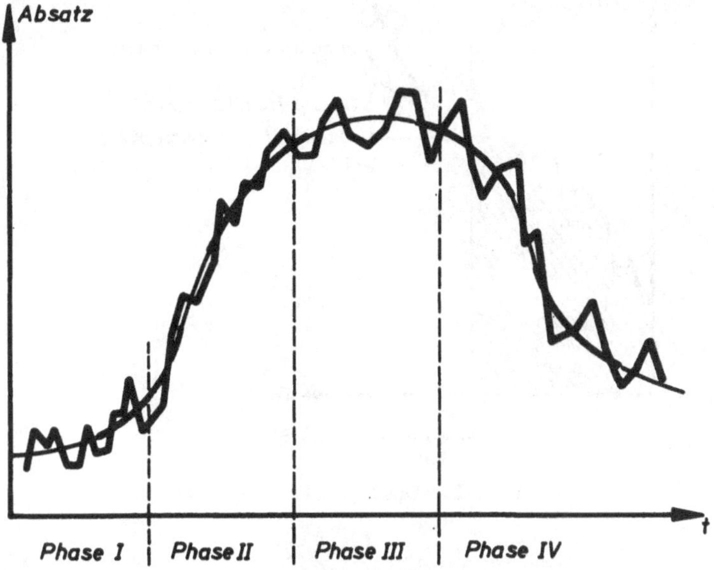

Abb. 1–24: Die vier wichtigsten Lebensphasen eines Produkts

$n = 2$ in der Formel (1.12) entspricht:

$$\hat{X}_{t,\theta} = A_t^{(0)} + \theta \cdot A_t^{(1)} + \theta^2 \cdot A_t^{(2)} \tag{1.18}$$

wobei

$A_t^{(0)}$ und $A_t^{(1)}$ wie vorher jeweils den Mittelwert und den linearen Trend darstellen und

$A_t^{(2)}$ der quadratische Trend ist, d. h. der Faktor, der gestattet, die Variation des linearen Trends zu berücksichtigen.

Abb. 1–25 verdeutlicht die Bedeutung dieser verschiedenen Charakteristika. Dieses System hat also die folgenden interessanten Eigenschaften:

1. Weist die Zeitreihe starke Variationen des linearen Trends auf, dann erlaubt dieses System die Quantifizierung dieser nichtlinearen Komponente $A_t^{(2)}$ und führt zu einer kurzfristigen Qualitätsverbesserung der Prognosen.
2. Ist im Verlauf der Analyse die Zeitreihe in eine lineare Phase eingetreten, dann strebt die quadratische Komponente gegen Null aufgrund der dynamischen (autoadaptativen) Eigenschaften dieses Systems.

Es findet also ein automatischer Übergang von dem quadratischen System zu

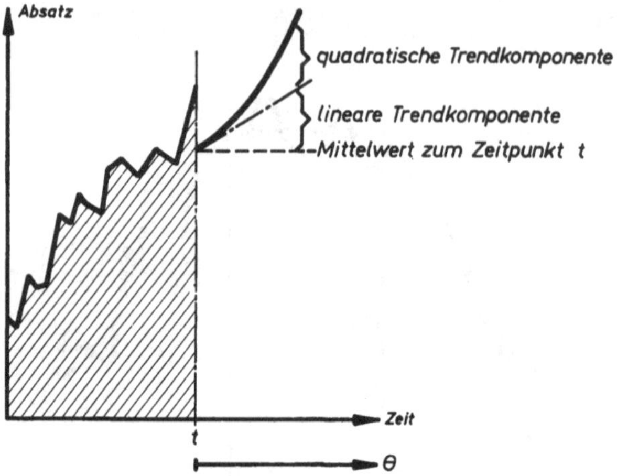

Abb. 1–25: Das quadratische System

dem linearen System statt oder umgekehrt, entsprechend der Entwicklung der Zeitreihe. Diese interessante Eigenschaft ist von großem Wert vor allem bei der Analyse nichtstationärer Zeitreihen, die sowohl durch eine lineare Entwicklung des Mittelwerts als auch durch starke Trendänderungen charakterisiert sind. Die Koeffizienten $A_t^{(i)}$ sind durch die folgenden Gleichungen gegeben:

$$\left.\begin{aligned} A_t^{(0)} &= M_t = 3 \cdot (M_t^{(1)} - M_t^{(2)}) + M_t^{(3)} \\ A_t^{(1)} &= T_t = \frac{\alpha}{2(1-\alpha)^2}\{(6-5\alpha)M_t^{(1)} - 2(5-4\alpha)M_t^{(2)} + (4-3\alpha)M_t^{(3)}\} \\ A_t^{(2)} &= Q_t = \frac{\alpha^2}{2(1-\alpha)^2}\{M_t^{(1)} - 2M_t^{(2)} + M_t^{(3)}\} \end{aligned}\right\} \quad (1\text{–}19)$$

In diesen Gleichungen haben die drei Koeffizienten folgende Bedeutung:

$A_t^{(0)}$ ist der Mittelwert der analysierten Zeitreihe in der Periode t,
$A_t^{(1)}$ stellt den linearen Trend der Zeitreihe in der Periode t dar,
$A_t^{(2)}$ gibt die Variation des linearen Trends, d. h. den quadratischen Trend an.

Zum besseren Verständnis der Bedeutung des letzten Koeffizienten $A_t^{(2)}$ nehmen wir an, daß eine Zeitreihe mit Hilfe des linearen Systems zu behandeln sei:

$$\hat{X}_t = M_t + \theta \cdot T_t \quad (1\text{–}20)$$

Gehen wir weiter davon aus, daß die Analyse dieser Zeitreihe eine nichtstationäre, d.h. nichtkonstante Struktur ergibt.
Die Trendentwicklung kann in einer ersten Approximation als linear betrachtet werden.
Für die Erstellung von Prognosen ist es interessant, die Entwicklung der Komponenten Trend zu berücksichtigen. In Formel (1.20) wird für die Periode $t+\theta$ der Trend der Periode t zugrunde gelegt. Man sieht also hier voraus, daß der Trend zwischen der Periode t und der Periode $t+\theta$ konstant bleibt und gleich T_t. Für eine bessere Beschreibung der Trendentwicklung kann von der Hypothese ausgegangen werden, daß der Trend T_t für den Prognosehorizont θ eine lineare Entwicklung aufweist, d.h.:

$$T_{t+\theta} = T_t + \Delta_t \cdot \theta \qquad (1.21)$$

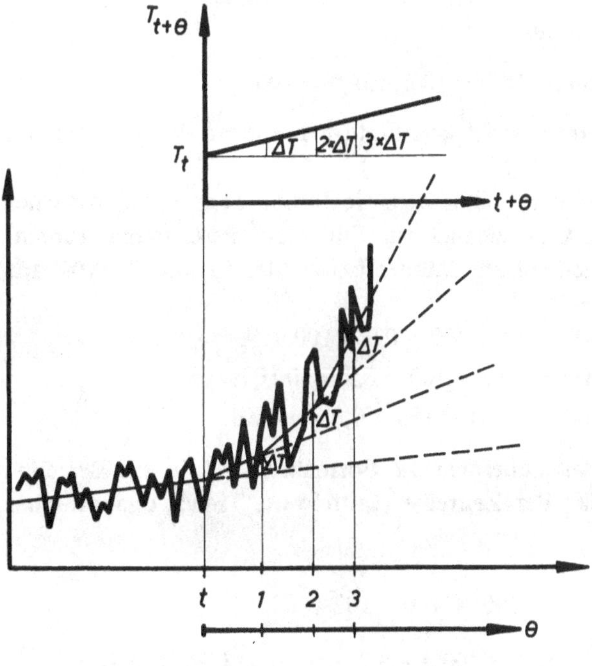

Abb. 1–26: Die lineare Trendentwicklung

In dieser Formel gibt Δ_t die lineare Veränderung des Trends T_t an. Durch Setzen von (1.21) in (1.20) erhält man schließlich:

$$\hat{X}_{t+\theta} = M_t + \theta \cdot T_{t+\theta} = M_t + \theta\{T_t + \Delta_t \cdot \theta\}$$
$$= M_t + \theta \cdot T_t + \theta^2 \cdot \Delta_t$$

was zu dem quadratischen System zurückführt. Δ_t stellt also die lineare Veränderung des Trends in dem Fall dar, wo dieser nicht als konstant im Verlauf der Zeit betrachtet werden kann. Die Werte $M_t^{(1)}$, $M_t^{(2)}$, $M_t^{(3)}$ (geglättete Mittelwerte 1., 2., 3. Ordnung) können mit Hilfe der nachstehenden iterativen Gleichung berechnet werden:

$$M_t^{(1)} = \alpha \cdot X_t + (1-\alpha) \cdot M_{t-1}^{(1)}$$
$$M_t^{(2)} = \alpha \cdot M_t^{(1)} + (1-\alpha) \cdot M_{t-1}^{(2)}$$
$$M_t^{(3)} = \alpha \cdot M_t^{(2)} + (1-\alpha) \cdot M_{t-1}^{(3)}$$

Das folgende numerische Beispiel gestattet, die verschiedenen Operationen des quadratischen Systems zu verdeutlichen. Gehen wir dafür von den folgenden Anfangswerten aus:

$$M_1^{(1)} = 100, \quad M_1^{(2)} = 100, \quad M_1^{(3)} = 100$$

d.h. die Zeitreihe weist konstante Mittelwerte von 100 auf und damit den Wert 0 für T_1 und Q_1.

Betrachten wir den Fall, in dem die Zeitreihe von t an durch einen zunehmenden Trend gekennzeichnet ist. Für diese Berechnung werden wir $\alpha = 0{,}1$ setzen. Nehmen wir an, daß der Istwert der Periode $2 = 109$ lautet, so erhält man:

$$M_2^{(1)} = 109 \times 0{,}1 + 100 \times 0{,}9 = 100{,}9$$
$$M_2^{(2)} = 100{,}9 \times 0{,}1 + 100 \times 0{,}9 = 100{,}09$$
$$M_2^{(3)} = 100{,}09 \times 0{,}1 + 100 \times 0{,}9 = 100{,}01$$

Verwendet man außerdem die Formeln (1.19) für die Berechnung der drei Charakteristika der Zeitreihe (Mittelwert, Trend, quadratischer Trend), so erhält man:

$$M_2 = 3(101 - 100) + 100 = 102{,}4$$
$$T_2 = \frac{0{,}1}{1{,}62}(5{,}5 \times 100{,}9 - 9{,}2 \times 100{,}1 + 3{,}7 \times 100{,}01) = 0{,}25$$
$$Q_2 = 0{,}00617(100{,}9 - 2 \times 100{,}1 + 100{,}01) = 0{,}005$$

Mit Hilfe dieser so bestimmten drei Komponenten der Zeitreihe können für die Periode $t+1$, $t+2$ usw. Prognosen erstellt werden:

$$\hat{X}_{2,1} = 102{,}4 + 0{,}25 + 0{,}005 = 102{,}655$$
$$\hat{X}_{2,2} = 102{,}4 + 0{,}50 + 0{,}02 = 102{,}90$$
$$\hat{X}_{2,3} = 102{,}4 + 0{,}75 + 0{,}045 = 103{,}195$$

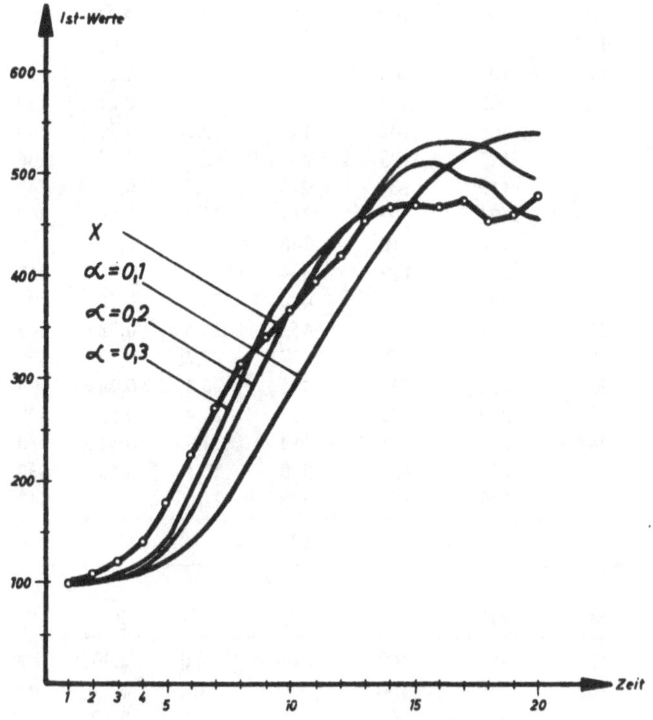

Abb. 1–27: Reaktion des quadratischen Systems

Die nachstehende Tabelle 1–9 zeigt die Werte dieser Komponenten der Zeitreihe für verschiedene Werte von X_t und α.
Verwendet man für die gleiche Berechnung den Glättungsparameter $\alpha = 0{,}2$. so stellt man fest, daß das System schneller auf Mittelwertänderungen reagiert.
Es ist schließlich interessant, die Ergebnisse, die man für das vorhergehende numerische Beispiel erhalten hat, zu vergleichen, indem man zunächst einen Vergleich zwischen dem quadratischen und dem linearen System für verschiedene Werte von α anstellt.
Aus Tabelle 1–10 können allgemein gültige Schlußfolgerungen gezogen werden, die in den folgenden Punkten zusammengefaßt sind:

Tabelle 1–9: Numerisches Beispiel im Falle des quadratischen Modells

$\alpha = 0{,}10$

t	X_t	$M_t^{(1)}$	$M_t^{(2)}$	$M_t^{(3)}$	M_t	T_t	Q_t	$\hat{X}_t$	ε_t
1	100	100	100	100	100	0,0	0,00	100	+ 0
2	109	101	100	100	102	0,3	0,01	100	− 9
3	121	103	100	100	108	0,8	0,03	103	− 18
4	143	107	101	100	118	1,8	0,06	108	− 35
5	179	114	102	100	136	3,6	0,12	120	− 59
6	226	125	105	101	163	6,1	0,21	139	− 87
7	271	140	108	102	197	9,3	0,31	169	−102
8	317	158	113	103	236	12,7	0,42	206	−111
9	343	176	119	104	275	15,8	0,51	249	− 94
10	367	195	127	107	311	18,5	0,59	290	− 77
11	397	215	136	110	348	21,0	0,66	330	− 67
12	421	236	146	113	384	23,1	0,71	369	− 52
13	455	258	157	118	420	25,2	0,76	407	− 48
14	469	279	169	123	452	26,6	0,78	445	− 24
15	472	298	182	129	477	27,2	0,77	479	+ 7
16	468	315	195	135	495	26,9	0,74	504	+ 36
17	477	331	209	143	510	26,4	0,69	522	+ 45
18	455	344	223	151	514	24,8	0,61	536	+ 81
19	461	356	236	159	518	23,1	0,53	539	+ 78
20	482	368	249	168	525	22,0	0,47	542	+ 60

$\sigma^2 = 3989{,}471$

$\alpha = 0{,}20$

t	X_t	$M_t^{(1)}$	$M_t^{(2)}$	$M_t^{(3)}$	M_t	T_t	Q_t	$\hat{X}_t$	ε_t
1	100	100	100	100	100	0,0	0,00	100	+ 0
2	109	102	100	100	104	1,0	0,07	100	− 9
3	121	106	101	100	113	2,7	0,20	105	−16
4	143	113	104	101	129	5,9	0,41	116	−27
5	179	126	108	102	157	11,0	0,76	135	−44
6	226	146	116	105	196	18,0	1,23	168	−58
7	271	171	127	110	242	25,3	1,68	215	−56
8	317	200	142	116	292	32,2	2,07	268	−49
9	343	229	159	125	334	36,2	2,21	325	−18
10	367	257	179	135	369	38,0	2,17	371	+ 4
11	397	285	200	148	403	38,9	2,08	408	+11
12	421	312	222	163	432	38,6	1,91	442	+21
13	455	341	246	180	464	38,7	1,77	471	+16
14	469	366	270	198	487	36,8	1,50	503	+34
15	472	387	293	217	499	32,7	1,08	524	+52
16	468	403	315	237	501	26,9	0,57	532	+64
17	477	418	336	256	503	22,0	0,17	528	+51
18	455	426	354	276	491	14,6	0,39	525	+70
19	461	433	370	295	484	9,4	0,75	505	+44
20	482	443	384	313	487	7,5	0,83	493	+11

$\sigma^2 = 1527{,}681$

Tabelle 1–10. Vergleich zwischen linearem und quadratischem System

	Lineares System				Quadratisches System			
	$\alpha = 0{,}1$	$\alpha = 0{,}20$	$\alpha = 0{,}25$	$\alpha = 0{,}30$	$\alpha = 0{,}1$	$\alpha = 0{,}20$	$\alpha = 0{,}25$	$\alpha = 0{,}30$
Ma. Fehler (ε_{max})	−142	−90	−73	−60	−111	+70	+51	+39
Angleich. Zeit	16	13	12	10	13	8	7	7
σ_ε^2	7375	2415	1648	1163	3989	1528	937	615

1. Angleichungseigenschaften des Systems im Fall einer Trendänderung:
   Wie Tabelle 1–10 zeigt, weist das quadratische Modell für den gleichen Wert von α eine bedeutend kürzere Angleichungszeit als das lineare Modell auf, d.h. in dem Fall, wo eine Mittelwertänderung existiert, erreicht das quadratische Modell schneller den tatsächlichen Mittelwert als das lineare Modell.
2. Maximaler Prognosefehler
   Enthalten die Zeitreihen wichtige signifikante Änderungen des Mittelwerts (wie z. B. im vorhergehenden Fall), sind die maximalen Prognoseabweichungen des quadratischen Systems niedriger als die des linearen Systems.
3. Die Standardabweichungen
   Bekanntlich ist die Qualität von Prognosen eines Modells charakterisiert durch die Standardabweichungen der Prognosefehler.
   Wird das quadratische Modell bei Zeitreihen mit signifikanten Trendänderungen angewandt, führt es in diesem Fall erwartungsgemäß zu besseren Ergebnissen als das lineare Modell. Außerdem befinden sich die berechneten Werte von α, wie in dem vorhergehenden numerischen Fall gezeigt wurde, in den meisten Fällen in einem Variationsbereich, der niedriger ist als der des linearen Modells.

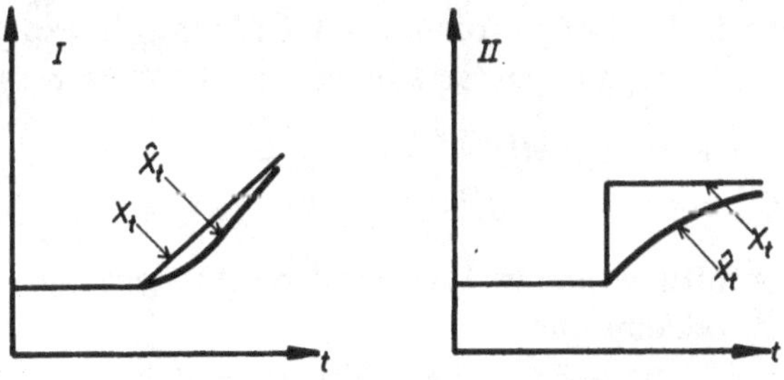

Abb. 1–28: Reaktion des konstanten Systems

Im allgemeinen kann man sagen:
- Im Fall des linearen Modells liegen die Werte von α zwischen 0,10 und 0,30.
- Im Fall des quadratischen Modells liegen die Werte von α zwischen 0,05 und 0,20.

4. Oszillatorische Eigenschaften

Bei der Anwendung eines linearen Prognosesystems entstehen Oszillationen, nachdem das Niveau der Istwerte erreicht worden ist. Im Fall eines quadratischen Systems entstehen ähnliche Oszillationen, die durch besondere Rechenverfahren ausgeschaltet werden müssen.

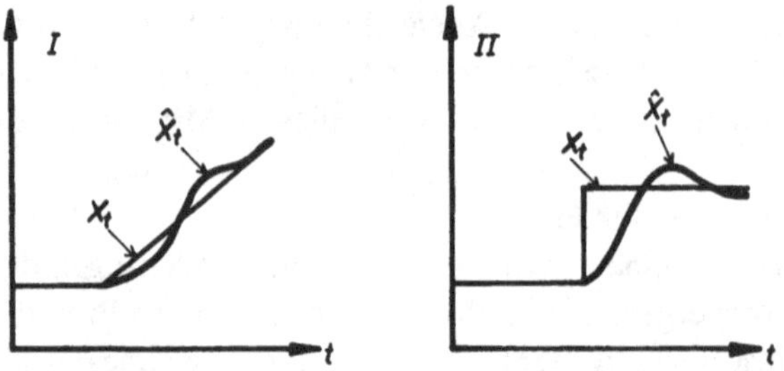

Abb. 1–29: Reaktion des linearen und quadratischen Systems

Abb. 1–30 gibt die verschiedenen Prognosen des Mittelwerts, im Fall des quadratischen Systems für verschiedene Werte von T_t und Q_t an.

1.4.1.3.6 Die Anlaufprozeduren

Für alle Prognosemethoden iterativer Natur ist es notwendig, zunächst bestimmte Anfangsberechnungen durchzuführen, die die Initiierung des anzuwendenden Prognosesystems erlauben.

Betrachten wir z. B. das System von *Brown* 1. Ordnung (die exponentielle Glättung mit linearer Extrapolation), so können die Glättungsoperatoren

$$M_t^{(1)} = X_t \cdot \alpha + (1-\alpha) \cdot M_{t-1}^{(1)}$$
$$M_t^{(2)} = M_t^{(1)} \cdot \alpha + (1-\alpha) \cdot M_{t-1}^{(2)}$$

nur berechnet werden, wenn ihre Werte in den vorhergehenden Perioden, d. h. $M_{t-1}^{(1)}$ und $M_{t-1}^{(2)}$ bekannt sind.

Die Werte von $M_0^{(1)}$ und $M_0^{(2)}$ müssen also am Anfang des Rechenprozesses geschätzt werden.

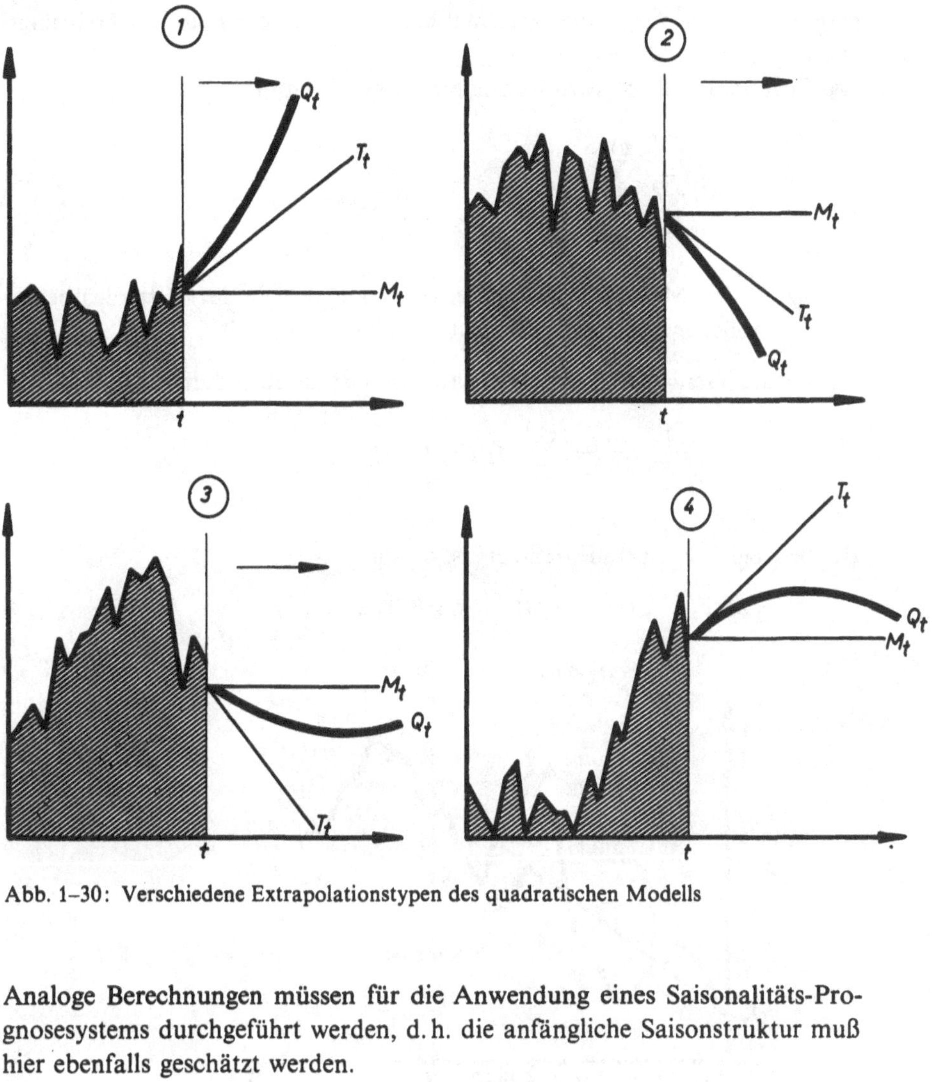

Abb. 1–30: Verschiedene Extrapolationstypen des quadratischen Modells

Analoge Berechnungen müssen für die Anwendung eines Saisonalitäts-Prognosesystems durchgeführt werden, d.h. die anfängliche Saisonstruktur muß hier ebenfalls geschätzt werden.

1.4.1.3.7 Schätzung der Glättungsoperatoren

Die für die Schätzung der Glättungsoperatoren geläufigste Methode besteht darin, die Regressionsgerade zu finden, die sich am besten an die Anfangswerte der Vergangenheit anpaßt (in dem Fall einer saisonabhängigen Zeitreihe muß man mindestens über zwei volle Jahre der Vergangenheit verfügen). Nachdem

man die Regressionsgerade berechnet hat, ist man in der Lage, die Glättungsoperatoren $M_0^{(i)}$ zu schätzen.
Die Regressionsgerade wird folgendermaßen bestimmt:

$$M_{j+1} = \frac{1}{2j+1} \sum_{i=1}^{2j+1} X_i \tag{1.22}$$

wobei

M_{j+1} den Mittelwert in der Periode $j+1$, d.h. in der Mitte des bezüglichen Vergangenheitsmaterials $2j+1$ darstellt.

Der lineare Trend dieser Regressionsgeraden ist gegeben durch:

$$T = \frac{1}{\sum_{i=1}^{2j+1} (i-j-1)^2} \sum_{i=1}^{2j+1} X_i(t-j-1) \tag{1.23}$$

Da die Regressionsgerade definiert ist durch:

$$M_t = M_{j+1} + T(t-j-1); \qquad t = 0, 1, 2, \ldots, 2j+1 \tag{1.24}$$

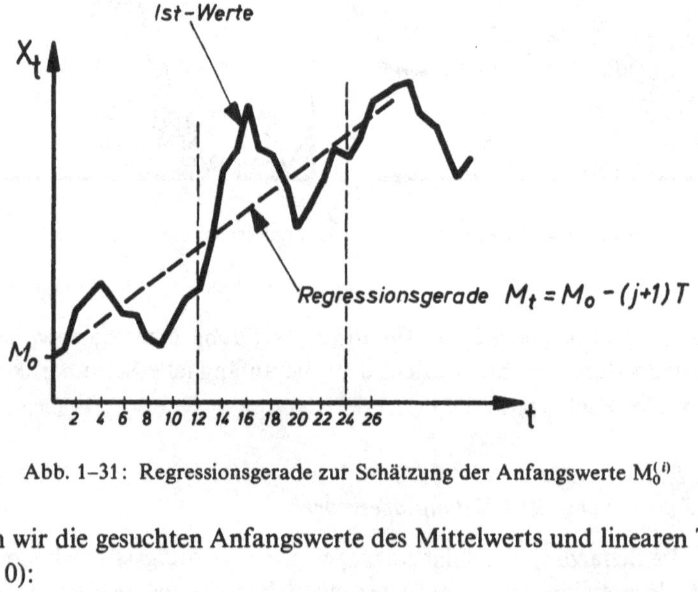

Abb. 1-31: Regressionsgerade zur Schätzung der Anfangswerte $M_0^{(i)}$

erhalten wir die gesuchten Anfangswerte des Mittelwerts und linearen Trends (für $t = 0$):

$$\left.\begin{aligned} M_0 &= M_{j+1} - T(j+1) \\ T_0 &= T \end{aligned}\right\} \tag{1.25}$$

Für das lineare Modell von *Brown* gilt:

$$M_0 = 2M_0^{(1)} - M_0^{(2)}$$

$$T_0 = \frac{\alpha}{1-\alpha}\{M_0^{(1)} - M_0^{(2)}\}$$

Man erhält schließlich die gesuchten Anfangswerte der Glättungsoperatoren $M_0^{(1)}$ und $M_0^{(2)}$ in Abhängigkeit von M_0 und T_0:

$$\left.\begin{aligned} M_0^{(1)} &= M_0 - \frac{(1-\alpha)}{\alpha}\cdot T_0 \\ M_0^{(2)} &= M_0 - 2\cdot\frac{(1-\alpha)}{\alpha}\cdot T_0 \end{aligned}\right\} \quad (1.26)$$

Verfügt man somit über diese beiden Anfangswerte $M_0^{(1)}$ und $M_0^{(2)}$, so ist es möglich, den iterativen Rechenprozeß für die Perioden 1, 2, 3, ... t durchzuführen.

Es soll jedoch hier auf zwei wichtige Fälle hingewiesen werden, wo diese Schätzungsmethode zu Fehlschätzungen führt:

1. Fall einer starken Saisonalität:

   In dem Fall, wo die Zeitreihe eine starke Saisonalität aufweist, wird die Schätzung der Glättungsoperatoren durch die Regressionsgerade um so stärker verfälscht, je größer der Trend ist. Diesen Sachverhalt werden wir hier als Rotationseffekt bezeichnen (siehe Abb. 1–32). In diesem Fall ist es notwendig, bestimmte Methoden anzuwenden, die erlauben, diese Verzerrung der verschiedenen Anfangswerte der Glättungsoperatoren und insbesondere der Saisonkoeffizienten zu eliminieren. Das folgende Beispiel wird diesen Rotationseffekt verdeutlichen.

   Gehen wir von einer Zeitreihe mit einem Anfangsmittelwert $M_0 = 10$ und einem konstanten linearen Trend $T = 5$ aus. Darüber hinaus werden wir eine konstante Saisonalität zugrunde legen. Zur Vereinfachung dieser Berechnung werden wir das Jahr in drei gleiche Perioden unterteilen; für jede dieser Perioden gelten folgende Saisonalitäten:

   $$S_1 = 0{,}5$$
   $$S_2 = 1{,}5$$
   $$S_3 = 1{,}0$$

   Unter Anwendung der die Regressionsgerade definierenden Formel erhält man (vgl. Tabelle 1–11):

$M_4^{(0)} = 22{,}86$ anstatt des zugrunde gelegten Mittelwerts für die Periode 4 von 25 und

$T_4^{(0)} = \ 3{,}39$ anstatt des zugrunde gelegten Trends von 5.

Tabelle 1–11: Numerisches Beispiel zur Verdeutlichung des Rotationseffekts

	Basiswerte						berechnete Werte		Abweichungen
t	$\bar{M}_t$	T_t	S_t	X_t	$t-g-1$	$X_t \cdot (t-g-1)$	X_t^*	S_t^*	$(S_t - S_t^*)/S_t$
1	10	5	0,5	5,0	−3	−15	12,68	0,394	−20%
2	15	5	1,5	22,5	−2	−45	16,07	1,400	− 7%
3	20	5	1,0	20,0	−1	−20	19,47	1,027	+ 2%
4	25	5	0,5	12,5	0	0	22,86	0,545	+10%
5	30	5	1,5	45,0	1	+45	26,25	1,715	+14%
6	35	5	1,0	35,0	2	+70	29,65	1,180	+18%
7	40	5	0,5	20,0	3	+60	33,04	0,606	+22%
				160,0		95			

$$M_4^{(0)} = \frac{1}{7} \sum X_t = \frac{160}{7} = 22{,}86$$

$$T_4^{(0)} = \frac{1}{28} \sum X_t(t-g-1) = \frac{95}{28} = 3{,}39$$

Die Fehlschätzung der Saisonkoeffizienten kann mehr als 20% betragen (vgl. Tabelle 1–11). Diese Fehlschätzung im Hinblick auf die Glättungsoperatoren des Systems führt dazu, daß das zugrunde gelegte Prognosesystem zu erheblichen Prognosefehlern führt und somit eine praktikable Anwendung in Frage gestellt wird. Deshalb ist es immer erforderlich, nach den Anlaufprozeduren die zwei folgenden Beschränkungen zu berücksichtigen:

$$\left.\begin{array}{ll} \sum_{t=1}^{g} S_t = \sum_{t=g+1}^{2g} S_t & \text{Rotationsbeschränkung} \\ \sum_{t=1}^{2g} S_t = 2g & \text{Translationsbeschränkung} \end{array}\right\} \quad (1.27)$$

Es bestehen numerische Methoden, die in dem Fall, wo diese Beschränkungen nicht befriedigend berücksichtigt werden können, erlauben, die notwendigen Korrekturen der berechneten Anfangswerte M_0 und T_0 durchzuführen.

2. In vielen Fällen sind die ersten Perioden der Vergangenheit nicht durch eine

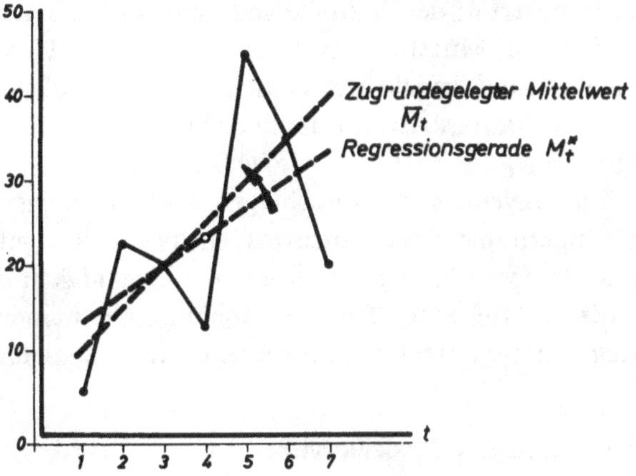

Abb. 1–32: Der Rotationseffekt

lineare Trendentwicklung charakterisiert. Im allgemeinen kann die erste Phase des Absatzes durch eine konkave Kurve dargestellt werden. In diesen Fällen erhält man durch die Regressionsgerade deutlich eine schlechte Annäherung an die Kurve der Istwerte, insbesondere hinsichtlich der Schätzung der Anfangs-Saisonkoeffizienten.

Wie die nachstehende Abb. 1–33 zeigt, besteht in dem Bereich Z zwischen

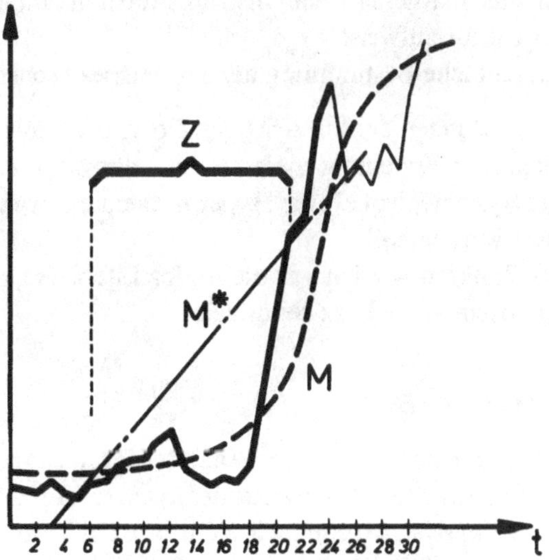

Abb. 1–33: Anwendungsgefahr der linearen Regression bei der Schätzung der Anfangswerte der Glättungsoperatoren bei nicht linearer Zeitreihenentwicklung

dem realen Mittelwert M der Zeitreihe und dem mit Hilfe der Regressionsgeraden geschätzten Mittelwert M^* ein erheblicher Unterschied. Die Schätzung der Saisonkoeffizienten kann folglich erhebliche Fehler aufweisen, da man als Bezugsbasis für die Berechnung der Saisonkoeffizienten nicht M zugrunde legt, sondern die falsche Schätzung M^*.
Deshalb wird im allgemeinen vorgeschlagen, als Schätzungsmethode nicht eine Gerade, sondern eine Parabel anzuwenden, da von einer guten Schätzung der Anfangswerte der Glättungsoperatoren die Genauigkeit des Prognosesystems für die nachfolgenden Perioden abhängt. Die numerische Bestimmung der Regressionsparabel ist dem Anhang A.2 zu entnehmen.

1.4.1.4 Weitere kurzfristige Modellansätze

Die Methode der exponentiellen Glättung, die wir in 1.4.1.3 beschrieben haben, hat zu der Entwicklung einer Reihe autoadaptativer Varianten geführt. Verschiedene Autoren haben, ausgehend von den autoadaptativen Gleichungen der Exponentiellen Glättung, Prognosemodelle allgemeinerer Natur als die des *Brown*schen Modells entwickelt. Die Analyse und Prognose von Zeitreihen ist im allgemeinen folgenden Anforderungen unterworfen:

- Auffindung eines mathematischen Schemas einerseits, das am besten den Prozeß der Zeitreihe beschreibt,
- Forderung an das mathematische Instrumentarium andererseits, daß es eine einfache Struktur aufweist,
- optimale, doch einfache Bestimmung der systemspezifischen Parameter.

Die jüngsten Entwicklungen der kurzfristigen Prognosetheorie zeigen eine zunehmende Tendenz zur Erstellung dynamischer, der ökonomischen Realität besser angepaßter Systeme, wobei eine Hypermathematisierung der Prognosesysteme verhindert werden soll.
In den folgenden Punkten werden wir die in der Literatur am häufigsten beschriebenen Prognosemodelle kurz behandeln.

1.4.1.4.1 Die Methode von Holt

Die Methode von *Holt* basiert auf der Analyse der Basiskomponenten der analysierten Zeitreihe, d.h. des Mittelwerts, des linearen Trends und der Saisonkoeffizienten. Diese Analyse wird jedoch nicht mit Hilfe eines einzigen Glättungsparameters durchgeführt (wie das der Fall war bei dem Modell von *Brown*), sondern geht differenzierter vor.

Der Prognoseansatz von *Holt* im Fall einer linearen Extrapolation des Mittelwerts ist definiert durch:

$$\hat{X}_{t,\theta} = M_t + \theta \cdot T_t \tag{1.28}$$

In dieser Formel werden die zwei Grundcharakteristika der Zeitreihe M_t (Mittelwert) und T_t (linearer Trend) analog zu der Methode von *Brown* berechnet, d. h. der autodaptierte Mittelwert in jeder Periode t wird einerseits in Abhängigkeit der neuen Information X_t der Zeitreihe dieser Periode und andererseits mit Hilfe der Schätzung des Mittelwerts, die in der vorhergehenden Periode erstellt wurde (M_{t-1}), berechnet.

$$M_t = \alpha_1 \cdot X_t + (1 - \alpha_1)\hat{M}_t$$

mit (1.29)

$$\hat{M}_t = \hat{X}_{t-1,1} = M_{t-1} + T_{t-1}$$

führt zu:

$$M_t = \alpha_1 X_t + (1 - \alpha_1)\{M_{t-1} + T_{t-1}\}$$

Ebenso schlägt *Holt* für die Trendkomponente die folgende Gleichung vor:

$$T_t = \alpha_2 (M_t - M_{t-1}) + (1 - \alpha_2) T_{t-1} \tag{1.30}$$

In dieser Gleichung gibt der erste Term (Differenz zwischen den zwei Mittelwerten der Zeitreihe) die momentane Schätzung des Trends in der Periode t an. Der zweite Term dieses Ausdrucks stellt die in der Periode $t - 1$ erstellte Schätzung des Trends dar. Der Unterschied gegenüber dem *Brown*schen System besteht hier darin, daß die Schätzung der Trendkomponenten T_t durch einen anderen Parameter (α_2) durchgeführt wird als mit demjenigen, der zur Autoadaptation des Mittelwerts benutzt wird. Die Glättungskoeffizienten α_1 (für den Mittelwert) und α_2 (für den Trend) haben hier die gleichen Eigenschaften wie im Fall der exponentiellen Glättung des *Brown*schen Typs, d. h.:

$$0 \leqq \alpha_i \leqq 1; \quad i = 1, 2$$

Die Methode von *Holt* besitzt somit einen differenzierten Analyseansatz sowohl für den Mittelwert als auch den Trend als die Methode von *Brown*[3].

[3] In dem Fall, wo gilt:

$$\alpha_1 = \alpha(2 - \alpha)$$

$$\alpha_2 = \frac{1}{(2 - \alpha)}$$

erhalten wir den *Brown*schen Ansatz.

Bevor wir auf eine kurze Darstellung der Vor- und Nachteile der Methode von *Holt* eingehen, soll auf eine interessante Variante dieser Methode hingewiesen werden, die in der Berücksichtigung des sog. Fehler-Differenz-Teils besteht.
Um systematische Prognosefehler, die bei der kurzfristigen Analyse auftreten können, zu erfassen, ist es möglich, in das Prognosemodell diese Prognosefehler für die Mittelwertberechnung einzubeziehen. *Holt* definiert die Schätzung des Mittelwerts in diesem Fall durch:

$$M_t = \alpha_1 \cdot X_t + (1 - \alpha_1)\hat{M}_t + \alpha_3(\varepsilon_t - \varepsilon_{t-1}) \tag{1.31}$$

wobei für ε_t gilt:

$$\varepsilon_t = X_t - \hat{X}_{t-1,1}$$

Wenn folglich zwei aufeinanderfolgende Prognosefehler gleiche Vorzeichen aufweisen, so wird man auf eine systematische Mittelwertänderung schließen. Der Glättungskoeffizient α_3 erlaubt somit die Berücksichtigung dieses systematischen Fehlers bei der Autoadaptation des Mittelwerts in der Periode t.
Durch die soeben beschriebene Variante kann die theoretische Prognosequalität der Methode von *Holt* verbessert werden. Jedoch erfordert die Anwendung jedes kurzfristigen Prognosesystems einen hohen Operationalitätsgrad sowie einen geringen Rechenaufwand. Da die optimale Bestimmung selbst eines einzigen Koeffizienten oder Parameters ein schwieriges Problem darstellt (siehe 1.6.2), so folgt daraus, daß die optimale Bestimmung von fünf Koeffizienten (wie z. B. im System von *Holt* quadratischen Typs mit Saisonalität) ein bis heute noch nicht gelöstes Problem darstellt.
Schlußfolgernd läßt sich feststellen:

1. Die Varianten von *Holt* besitzen im Vergleich zu den *Brown*schen Varianten eine bessere theoretische Prognosequalität, jedoch ist diese Verbesserung im Hinblick auf eine praktische Anwendung relativ geringfügig.
2. Die Anwendung der Methode von *Holt* erfordert eine kontinuierliche Optimierung der verschiedenen Glättungsparameter dieses Modells, was für jedes zu analysierende Produkt durchgeführt werden muß. Dies ist jedoch einerseits, wie gezeigt wurde, mit extrem großen theoretischen Schwierigkeiten verbunden, und andererseits ist die notwendige Rechenzeit für eine solche Optimierung, z. B. im Fall des Gradientenverfahrens, so hoch, daß eine praktische Anwendung vom ökonomischen Standpunkt aus nicht sinnvoll ist.

1.4.1.4.2 Die Methode von Box-Jenkins

Die Methode von *Box-Jenkins* basiert auf der Theorie der Prozeßsteuerung und wurde später für Prognosezwecke für Zeitreihen angewandt. Das Hauptcharakteristikum dieser Methode besteht darin, daß die zugrunde liegende Prognoseformel die in den vorhergehenden Perioden aufgetretenen Prognosefehler berücksichtigt.
Die Grundformulierung dieses Prognosesystems ist gegeben durch:

$$\hat{X}_{t,1} = \hat{X}_t + \alpha_1(\varepsilon_t - \varepsilon_{t-1}) + \alpha_2 \varepsilon_t + \alpha_3 \sum_{i=0}^{t} \varepsilon_t \tag{1.32}$$

mit:

$$\varepsilon_t = X_t - \hat{X}_{t-1,1}$$

und:

$$0 \leqq \alpha_1 \leqq 1$$
$$\alpha_2, \alpha_3 \geqq 0$$

Es läßt sich für $\alpha_1 = 0$ zeigen, daß dieses Prognosesystem mit dem Modell von *Holt* identisch ist. In der Regel eignet sich diese Methode besser als die Methode von *Holt* für die Analyse solcher Zeitreihen, die häufige Trendänderungen aufweisen. Es ist interessant darauf hinzuweisen, daß im Fall der Methode von *Holt* die Erweiterung des Prognosehorizonts zu einem variablen Prognosehorizont mit zusätzlichen Schwierigkeiten verbunden ist. Außerdem sind diese Techniken, wie bei der Behandlung von *Holt*schen Methode gezeigt wurde, mit solchen Anwendungsschwierigkeiten verbunden, daß sie nur vom rein theoretischen Standpunkt her als ökonomisch interessant betrachtet werden können.
Die Grundcharakteristika der Zeitreihe, d.h. der Mittelwert, der lineare Trend usw., sind im Fall des Modells von *Box-Jenkins* nur schwer zu interpretieren. Die Prognoseformulierung von *Box-Jenkins* kann in theoretischer Hinsicht wie folgt interpretiert werden:

1. Der Koeffizient α_1 berücksichtigt die Struktur der Prognoseabweichungen zwischen zwei Perioden, d.h. wenn α_1 gegen 1 tendiert, werden also signifikante Mittelwertänderungen berücksichtigt.
2. Der Koeffizient α_2 erlaubt die Filtrierung der Prognoseabweichung der vorhergehenden Periode, d.h. wenn die analysierte Zeitreihe häufige Unregelmäßigkeiten aufweist, muß α_2 gegen Null tendieren. Wenn die Zeitreihe eine sehr regelmäßige Struktur aufweist, so tendiert α_2 gegen 1.

3. Der Koeffizient α_3 kann als eine Generalisierung des Koeffizienten α_1 betrachtet werden, da er alle Prognoseabweichungen der Vergangenheit berücksichtigt.

Es scheint uns, daß vor allem in diesem letzten Teil des Modells seine relative Schwäche liegt, da in dieser kumulierten Summe der Prognoseabweichungen keine Gewichtung vorgenommen worden ist, was bei der Anwendung des Modells zu unerwünschten Oszillationen führt. In Perioden, in denen die Zeitreihe rasche Veränderungen aufweist, wächst die Summe der Prognoseabweichungen der Vergangenheit sehr schnell. Wenn sich das Prognosesystem an dieses neue Wachstumsniveau adaptiert, so trägt der Term:

$$\alpha_3 \sum \varepsilon_t$$

zur Überschreitung des tatsächlichen Mittelwerts bei, da er die kumulierten Prognosefehler noch berücksichtigt, obwohl das tatsächliche Mittelwertniveau erreicht ist.

Es ist hier interessant, auf eine mögliche Erweiterung der Methode von *Box-Jenkins* hinzuweisen, die in der Dynamisierung des Koeffizienten α_3 besteht. In diesem Fall haben wir die folgende Prognoseformulierung zugrunde gelegt:

$$\hat{X}_{t,1} = \hat{X}_t + \alpha_1(\varepsilon_t - \varepsilon_{t-1}) + \alpha_2 \varepsilon_t + \alpha_{3t} \sum_{i=1}^{t-1} \varepsilon_i \tag{1.33}$$

wobei für den Koeffizienten α_{3t} gilt:

$$\alpha_{3t} = 1 - e^{-\left\{\frac{\varepsilon_t}{\sigma_t}\right\}} \tag{1.34}$$

Diese Dynamisierung weist den Vorteil auf, daß unerwünschte Oszillationen des Systems beseitigt werden können. Trotz dieses möglichen theoretischen Verbesserungsansatzes wird das System von *Box-Jenkins* zur Zeit selten angewandt.

Wir finden hier eine der wichtigsten Regeln für die effiziente Anwendung kurzfristiger Prognosesysteme zur Analyse multipler Zeitreihen:

Das angewandte Prognosesystem darf nur wenige Parameter aufweisen und muß einen hohen Selbststeuerungsgrad besitzen.

1.4.1.4.3 Das Modell von Morlat und Bachelet

Morlat und *Bachelet* gehen zur Bestimmung der Hauptcharakteristika der Zeitreihe, sowie zur Formulierung ihres Prognosesystems von der Behandlung der Zufallsvariablen aus. Dieses Prognosesystem hat eine weite Verbreitung in Frankreich gefunden und ist unter der Bezeichnung „modèle à deux aléas“ bekannt. Wie das System von *Box-Jenkins* gehen diese Autoren von einer Integration der Prognosefehler in die den Mittelwert und Trend definierenden Gleichungen aus.

Das Modell geht von den folgenden Hypothesen aus:

$$\begin{aligned} X_t &= M_t + \varepsilon_t^{(1)} \\ M_t &= M_{t-1} + T_{t-1} + \varepsilon_t^{(2)} \end{aligned} \tag{1.35}$$

wobei $\varepsilon_t^{(1)}$ und $\varepsilon_t^{(2)}$ zwei voneinander unabhängige Zufallsvariable sind und hier als normalverteilt betrachtet werden. Die zugrunde gelegte Prognoseformel, die sich aus diesen zwei Gleichungen ableiten läßt, lautet im Fall des linearen Modells:

$$\hat{X}_{t,1} = T_0 + X_t + \alpha(\hat{X}_{t-1,1} - X_t) \tag{1.36}$$

Diese Prognosegleichung entspricht der folgenden Gleichung:

$$\hat{X}_{t,1} = M_0 \cdot \alpha^{t-1} + (1-\alpha) \sum_{i=1}^{t-1} \alpha^{i-1} \cdot X_{t-1} + T_0 \cdot \frac{1-\alpha^t}{1-\alpha} \tag{1.37}$$

wobei T_0 den mittleren Zuwachs des Mittelwerts zwischen zwei Perioden bezeichnet. Im Fall eines Saisonmodells beinhaltet T_0 ebenfalls die Saisonkomponente. Diese Prognosegleichung stimmt gut mit der autoadaptativen Berechnung der Zeitreihe in Abhängigkeit der verschiedenen Istwerte der Vergangenheit überein. Für verschiedene Werte von α erhalten wir die folgenden Sonderfälle:

1. Für $\alpha = 1$ erhält man:

   $$\hat{X}_{t,} = T_0 + X_{t-1,1}$$

   Aus dieser Formel ist ersichtlich, daß nicht die Prognoseabweichungen vom Modell berücksichtigt werden. Es handelt sich also hier um ein lineares System ohne Selbstregulierung.
2. Für $\alpha = 0$ erhält man:

   $$\hat{X}_{t,1} = M_0 + T_0 \cdot t + \sum_t \varepsilon_t^{(2)} = \hat{X}_{t-1,1} + T_0 + \varepsilon_t^{(2)}$$

   Hier wird jeder Prognosefehler als systematisch angesehen, der automatisch in das Prognosemodell integriert wird.

Tatsächlich ist α in den meisten Fällen relativ klein (Größenordnung 0,05). Im

Fall eines variablen Prognosehorizonts erhält man die folgende Prognoseformulierung:

$$\hat{X}_{t,\theta} = \theta \cdot T + (1-\alpha) X_t + \alpha \cdot \hat{X}_{t-1,1} \tag{1.38}$$

Es soll hier darauf hingewiesen werden, daß das System von *Muth* eine große Ähnlichkeit mit diesem Modell aufweist. Die zwei zufallsbedingten Prognosefehler stehen jedoch im Fall des Modells von *Muth* in einer bestimmten Beziehung, was hier nicht der Fall ist. In den meisten konkreten Fällen besteht jedoch praktisch kein Unterschied zwischen diesen zwei Prognosemethoden.

1.4.1.4.4 Das Modell von Winters

Dieses Modell stellt eine Erweiterung der vorhergehenden Modelle in dem Sinne dar, daß zwei Zufallsvariablen eingeschaltet werden. Der erste Teil des Prognosefehlers wird als zufallsbedingt betrachtet, der zweite Teil als zweifach kumulativ. Die Grundgleichungen dieses Modells lauten:

$$\left.\begin{aligned} X_t &= M_t + \varepsilon_t^{(1)} \\ M_t &= M_{t-1} + T_t \\ T_t &= T_{t-1} + \varepsilon_t^{(2)} \end{aligned}\right\} \tag{1.39}$$

Das Modell von *Winters* [1.170] wurde auf den theoretischen Grundlagen von *Narlove*, *Theil* und *Wage* entwickelt. Diese Gleichungen des zufallsbedingten Prozesses der Zeitreihe führen zu den folgenden Prognoseformeln im Fall eines Saisonmodells:

$$\hat{X}_{t,\theta} = \{M_t + \theta \cdot T_t\} \cdot S_{t,\theta}$$

mit:

$$M_t = \{M_{t-1} + T_{t-1}\} + \alpha^{(1)} \left\{ \frac{X_t}{S_t} - M_{t-1} - T_{t-1} \right\}$$

Aus diesen Gleichungen geht hervor, daß der autoadaptatierte Mittelwert der Zeitreihe den Prognosefehler zwischen dem saisonbereinigten Mittelwert der Periode t und dem Mittelwert, der in der vorhergehenden Periode $t-1$ für die Periode t prognostiziert wurde, einschaltet. Diese Gleichung des Mittelwerts lautet in anderer Schreibweise:

$$M_t = \alpha^{(1)} \frac{X_t}{S_t} + (1-\alpha^{(1)})(M_{t-1} + T_{t-1}) \tag{1.40}$$

Diese Formel entspricht den exponentiellen Glättungsmethoden mit der Ausnahme, daß der zweite Term dieser Gleichung hier die Entwicklung des Mittelwerts berücksichtigt durch die Einbeziehung des Trends T_{t-1}. Die Trendkomponente wird ihrerseits bestimmt durch:

$$T_t = \alpha^{(2)}\{M_t - M_{t-1}\} + (1 - \alpha^{(2)})\, T_{t-1} \tag{1.41}$$

Diese Definition ähnelt der des *Holt*schen Modells. Die Saisonkomponente wird hier nach der autoadaptativen Methode von *Brown* berechnet:

$$S_t = \beta \cdot \frac{X_t}{M_t} + (1 - \beta) S_{t-g} \tag{1.42}$$

In der Regel besteht keine Verbindung zwischen diesen drei Glättungsparametern α_1, α_2 und β. *Theil* und *Wage* [1.150] konnten jedoch im Fall des nichtsaisonbedingten Modells zeigen, daß man die folgende Beziehung erhält:

$$\alpha_2 = \frac{\alpha_1}{2 - \alpha_1} \tag{1.43}$$

In der Praxis müssen jedoch, wie auch in den vorhergehenden Systemen, diejenigen optimalen Werte der verschiedenen Parameter so bestimmt werden, daß die Prognosegenauigkeit des angewandten Prognosesystems für jede Zeitreihe maximal ist (zur optimalen Bestimmung der Parameter vgl. 1.6).

1.4.1.4.5 Die Transformation von Lüttgen

Außer den exponentiellen Glättungssystemen 1., 2. und 3. Ordnung existieren einige Sonderformen, die in der Praxis zu interessanten Ergebnissen führen. Sie entsprechen insbesondere dem Fall, in dem der Absatz eine kontinuierliche negative Tendenz aufweist. Diese Spezialfälle wurden von *H. Lüttgen* [1.102] analysiert.

Wir werden hier verschiedene der von *Lüttgen* analysierten Hypothesen untersuchen. Diese verschiedenen Hypothesen lassen sich leicht mit Hilfe einer adäquaten Transformation zusammenfassen. Für die hier behandelten Fälle soll die folgende Transformation erstellt werden:

$$X_t^* = X_t^K \tag{1.44}$$

wobei

X_t den Absatz in der Periode t darstellt.

Bei unterschiedlichen Werten von K wählt man die folgenden Prognosemodelle:

1. das lineare Modell,
2. das hyperbolische Modell,
3. das exponentielle Modell,
4. das parabolische Modell.

Der Hauptvorteil dieser Transformation besteht darin, daß die Zeitreihen, die einen negativen Trend aufweisen, besser extrapoliert werden können. Außerdem läuft man bei einer Konvergenz gegen Null nicht Gefahr, negative Prognosen zu erhalten, was bei der Anwendung des linearen Modells der Fall war. Der Nachteil dieser Transformation liegt einerseits darin, daß ihre Anwendung ausschließlich auf die Fälle mit einer negativen Tendenz beschränkt ist und daß andererseits die Bestimmung der Komponenten der Zeitreihe, d.h. des Mittelwerts und Trends, zusätzliche Berechnungen erfordert.
Im folgenden sollen einige interessante Fälle der Transformation von *Lüttgen* beschrieben werden.

Das exponentielle Modell ($K = 0$):

- Für den Fall $K = 0$ ist die obige Transformation ohne Bedeutung. Jedoch ist leicht zu zeigen, daß man für $K \to 0$ eine geometrische Reihenentwicklung für den Mittelwert $M^{(i)}$ erhält, wodurch die folgende Transformation erstellt werden kann:

$$X_t^* = ln(X_t) \qquad (1.45)$$

Aufgrund der Transformation von X_t gilt hier für die Glättungsoperatoren $M_t^{(i)}$:

$$M_t^{(1)} = \alpha \cdot X_t^* \quad + (1-\alpha) M_{t-1}^{(1)}$$
$$M_t^{(2)} = \alpha \cdot M_t^{(1)} + (1-\alpha) M_{t-1}^{(2)}$$
$$M_t^{(3)} = \alpha \cdot M_t^{(2)} + (1-\alpha) M_{t-1}^{(3)}$$

Für die Berechnung der Glättungskoeffizienten $A^{(i)}$ gilt analog zu dem *Brown*schen Modell:

$$A_t^{(0)} = 2 \cdot M_t^{(1)} - M_t^{(2)}$$

$$A_t^{(1)} = \frac{\alpha}{1-\alpha} (M_t^{(1)} - M_t^{(2)})$$

Mit Hilfe dieser Koeffizienten ist es möglich, die Prognosewerte durch die folgende Transformation zu bestimmen:

$$\hat{X}_{t,\theta} = e^{\{A_t^{(0)} + A_t^{(1)} \cdot \theta\}} \tag{1.46}$$

Abb. 1–34 ermöglicht einen Vergleich zwischen dem linearen Modell von *Brown* und der hier dargestellten Transformation von *Lüttgen*. Es kann leicht gezeigt werden, daß im Fall einer signifikanten Trendveränderung bzw. im Fall einer positiven Trendentwicklung der Zeitreihe die exponentielle Methode evidente „Explosionsgefahren“ darstellt.

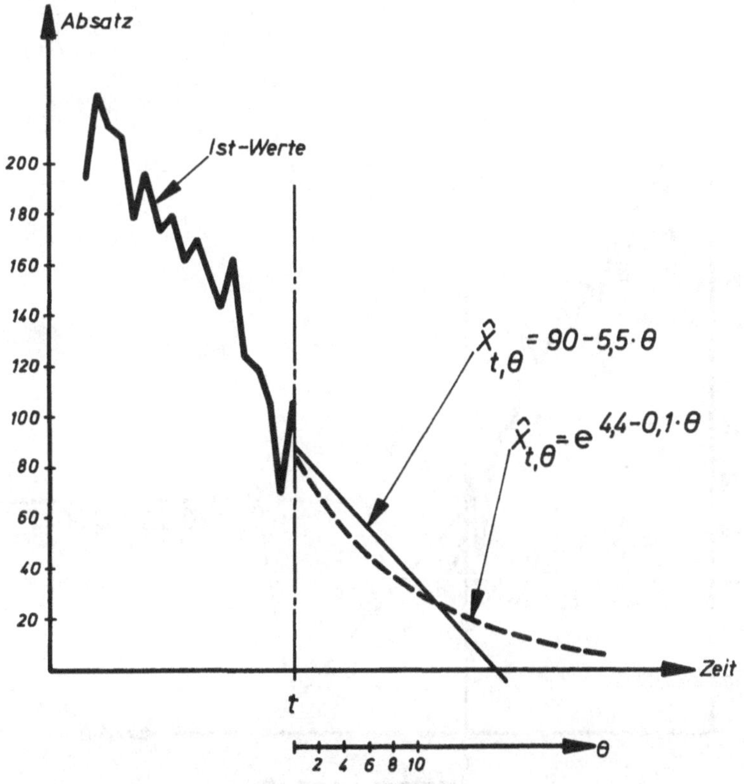

Abb. 1–34: Vergleich des linearen Prognosesystems mit dem exponentiellen Modell (K = 0)

Deshalb kann dieser Transformationstyp nur angewandt werden, wenn die Zeitreihe einen konstanten negativen Trend aufweist.

- Das hyperbolische Modell ($K = -1$):

Geht man von der Transformation aus:

$$X_t^* = \frac{1}{X_t} \tag{1.47}$$

dann kann man mit Hilfe der Glättungsoperatoren $M^{(i)}$ (Formel (1.14)) sowie der Glättungskoeffizienten $A^{(i)}$ (Formel (1.17)) die Prognoseformulierung, die dieser Transformation entspricht, erstellen. Diese Formel lautet:

$$\hat{X}_{t,\theta} = \frac{1}{A_t^{(0)} + \theta \cdot A_t^{(1)}} \tag{1.48}$$

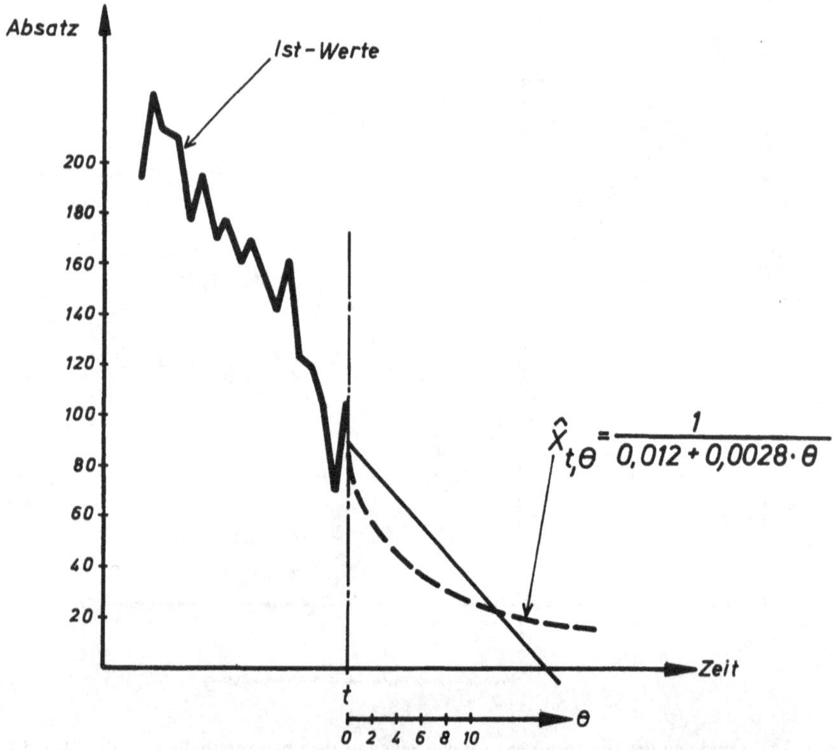

Abb. 1–35: Vergleich des linearen Prognosesystems mit dem hyperbolischen Modell (K = – 1)

Wie Abb. 1–35 zeigt, entspricht diese Formulierung einer Extrapolation hyperbolischer Natur. Wenn die analysierte Zeitreihe einen positiven, wenn auch vorübergehenden Trend aufweist, so tendiert der Nenner der obigen Prognoseformel für ein bestimmtes θ gegen Null (da in diesem Fall A_t negativ ist), und die Prognosewerte streben gegen ∞. Die Anwendung dieser Transformation ist deshalb äußerst gefährlich.

• Das parabolische Modell $\left(K = \frac{1}{2}\right)$:

Die parabolische Extrapolationshypothese basiert auf der folgenden Transformation:

$$X_t^* = \sqrt{X_t} \tag{1.49}$$

was nach der Berechnung der Glättungsoperatoren $M^{(i)}$ und der Glättungskoeffizienten $A^{(i)}$ zu der folgenden Prognoseformel führt:

$$\hat{X}_{t,\theta} = \{A_t^{(0)} + \theta \cdot A_t^{(1)}\}^2 \tag{1.50}$$

Die nachstehende Tabelle 1–12 zeigt eine Reihe interessanter Transformationen, die für eine praktische Anwendung geeignet sind. Es scheint jedoch, daß die exponentielle Transformation (d.h. wenn K gegen ∞ strebt) die höchste Praktikabilität besitzt.

Tabelle 1–12: Die verschiedenen Transformationstypen und ihre Prognoseansätze

Transformationstyp		Prognoseansatz
$X_t^* = X_t^k$	$k = 2$	$X_{t,\theta} = \sqrt{A_t^{(0)} + A_t^{(1)} \cdot \theta}$
	$k = 1$	$X_{t,\theta} = A_t^{(0)} + \theta \cdot A_t^{(1)}$
	$k = \frac{1}{2}$	$X_{t,\theta} = \{A_t^{(0)} + \theta \cdot A_t^{(1)}\}^2$
	$k \to 0$ ($X^* = \ln X_t$)	$X_{t,\theta} = e^{\{A_t^{(0)} + \theta A_t^{(1)}\}}$
	$k = -1$	$X_{t,\theta} = \frac{1}{A_t^{(0)} + \theta \cdot A_t^{(1)}}$
	$k = -2$	$X_{t,\theta} = \frac{1}{\sqrt{A_t^{(0)} + \theta \cdot A_t^{(1)}}}$

1.4.2 Spezielle Analysemethoden

Wenn die analysierte Zeitreihe eine große Diskontinuität aufweist, ist es schwierig, die beschriebenen klassischen Methoden anzuwenden. In diesem Fall müssen bestimmte Methoden hinzugezogen werden, die für die Behandlung dieser Zeitreihen geeigneter sind. Dies ist insbesondere auch dann der Fall, wenn die Anzahl der Zeitreihen sehr groß ist und das zur Verfügung stehende Vergangenheitsmaterial sehr beschränkt ist, was z. B. für modeabhängige Artikel zutrifft.
Wir werden im folgenden einige der Methoden behandeln, die für diesen Typ von Zeitreihen angewandt werden können.

1.4.2.1 Prognosemethoden für unregelmäßige Nachfragen

Eine große Anzahl von Zeitreihen ist durch eine erhebliche Diskontinuität zwischen den jeweils verschiedenen Werten der Zeitreihe (vergleiche Abb. 1–36) gekennzeichnet. Diese Diskontinuität tritt vor allem dann auf, wenn die Bestellungen von einer begrenzten Anzahl von Kunden aufgegeben werden oder wenn kumulierte Bestellaufträge vorliegen.

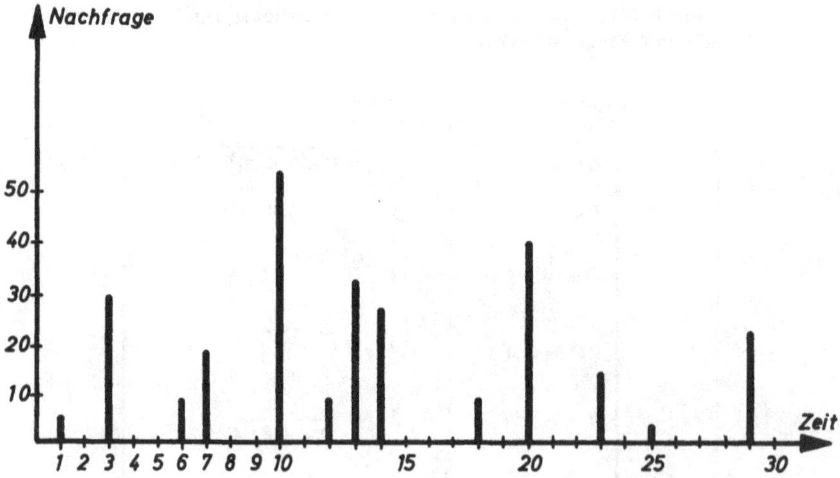

Abb. 1–36: Beispiel für diskontinuierliche Zeitreihen: unregelmäßige Nachfrage

Obwohl in diesem Fall die exponentiellen Glättungsmethoden (in bestimmten abgeleiteten Formen) angewandt werden können, ist jedoch hier die Anwendung von kürzlich für diesen Zweck entwickelten Methoden vorzuziehen.

Eine unregelmäßige Nachfrage werden wir hier durch die folgende Gleichung definieren:

$$SP = \frac{MAD}{M} \tag{1.51}$$

wobei

SP den Störpegel der Zeitreihe darstellt,
MAD die mittlere absolute Abweichung bedeutet[4] und
M der Mittelwert der Zeitreihe ist.

Trux [1.153] definiert eine Zeitreihe dann als unregelmäßig, wenn für den Störpegel gilt:

$$SP \geqq 0{,}5$$

Die verschiedenen Methoden, die für Prognosen unregelmäßiger Zeitreihen angewandt werden können, basieren auf einer Differenzierung der Absatzzahlen der Zeitreihe im Hinblick auf zwei verschiedene Komponenten:

1. Anzahl der Bestellungen für jede Periode ($x_t^{(1)}$),
2. Mittelwert der Stückzahlen pro Bestellung ($x_t^{(2)}$).

Es gilt:

$$X_t = x_t^{(1)} \cdot x_t^{(2)} \tag{1.52}$$

Jede dieser zwei Komponenten kann folgende Eigenschaften aufweisen:

1. Die Anzahl der Bestellungen ($x_t^{(1)}$) kann
   a) stabiler Natur,
   b) stochastischer oder unregelmäßiger Natur sein.
2. Die Verteilung der mittleren Stückzahlen pro Bestellung kann
   a) normalverteilt um den Mittelwert sein, was einen homogenen Kundenstamm impliziert,
   b) asymmetrisch verteilt sein, z. B. log-normal, was bei einem inhomogenen Kundenstamm der Fall ist.

Die Kombination dieser verschiedenen Möglichkeiten führt zu vier Haupttypen von Prognosesystemen, die bei dieser Art von Zeitreihen angewandt werden können. Ist $x_t^{(1)}$ stabil, wird dieser Wert prognostiziert unter Anwendung der in 1.4 dargestellten Techniken für stabile Zeitreihen, wie z. B. der exponentiellen Glättungsmethoden. Weist $x_t^{(1)}$ stochastische Komponenten auf, so wird man, um diese Komponenten zu eliminieren, eine bestimmte Anzahl von Informationen zusammenfassen, um zu untersuchen, ob in diesem

[4] Siehe 1.5.3.

Tabelle 1–13: Die vier Grundtypen von unregelmäßigen Zeitreihen

	$X_t^{(1)}$	
$X_t^{(2)}$	stabil	stochastisch
Homogen	Typ I	Typ II
Inhomogen	Typ III	Typ IV

Intervall die Bestellungen eine bestimmte Stabilität aufweisen. Ist dies der Fall, können die folgenden klassischen Methoden angewandt werden:

$$\dot{X}_t = \sum_{i=0}^{k} x_{t-i}^{(1)} \tag{1.53}$$

Wird ein konstantes Modell der exponentiellen Glättungsmethoden angewandt, so erhält man:

$$\hat{X}_{t+1} = \alpha \cdot \dot{X}_t + (1-\alpha)\hat{X}_t$$

- $x_t^{(2)}$: Die Inhomogenität des Kundenstamms führt in der Praxis dazu, daß keine Normalverteilung der Stückzahlen pro Bestellung die symmetrisch um den Mittelwert ist, vorliegt, sondern eine log-normale Verteilung. In diesem Fall muß von einer log-normalen Funktion ausgegangen werden, bevor die klassischen Methoden angewandt werden können.
Man erhält somit:

$$\begin{aligned} ln\, x_t^{(2)} &= ln\, x_{t-1}^{(2)} + \alpha \cdot (ln \dot{X}_t - ln\, x_{t-1}^{(2)}) \\ &= \alpha\, ln\, \dot{X}_t + (1-\alpha)(ln\, x_{t-1}^{(2)}) \end{aligned} \tag{1.54}$$

- $x_t^{(2)}$ (log-normal): In diesem Fall können die klassischen Methoden aufgrund der Homogenität der Werte $x_t^{(1)}$ angewandt werden.

1.4.2.2 Die Methode von Wedekind

Im Gegensatz zu den hier dargestellten Methoden führt *Wedekind* den Begriff des Zeitintervalls zwischen zwei Bestellungen ein, sowie die Verteilung dieser Intervallwerte.
Das Schema in Abb. 1–37 erlaubt, den Prognoseprozeß nach *Wedekind* [1.158] zu definieren:

In der Periode t (hier Periode 8) soll eine Prognose für ϑ Perioden im voraus erstellt werden.

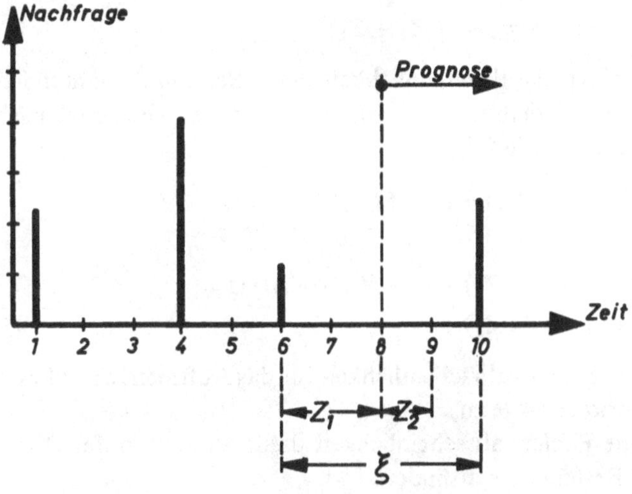

Abb. 1–37: Prognoseansatz nach Wedekind

Z_1 gibt das Zeitintervall an, von dem an eine Bestellung aufgegeben wurde,
Z_2 das Zeitintervall entspricht dem Prognosehorizont,
ξ stellt das Intervall der Perioden dar, das sich zwischen der letzten und der der nächsten Bestellung erstreckt.

Beschreibung des Modells von Wedekind

1. Definition der Bestellzeit
   In der Periode t (hier z.B. 8) will man eine Prognose für die Periode $t+\theta$ erstellen, d.h. man will wissen, ob in dieser Periode eine Bestellung aufgegeben werden wird. Man geht hier von der bedingten Wahrscheinlichkeit aus, daß für den Prognosehorizont, für den man eine Prognose erstellen will, eine Bestellung aufgegeben wird unter der Bedingung, daß in der Vergangenheit eine Bestellung eingetroffen ist, hier z.B. in der Periode 6. Geht man von der Hypothese einer *Weibull*schen Verteilung für dieses Zeitintervall aus, erhält man für die bedingte Wahrscheinlichkeit[5]:

[5] Die *Weibull*sche Verteilung ist in C 3 dargestellt und hier in einfacher Form angewandt mit

$$P(Z) = 1 - e^{-a(Z)^b}$$

$$P(Z_2/Z_1) = \frac{F(Z_1 + Z_2) - F(Z_1)}{1 - F(Z_1)}$$

und es gilt schließlich:

$$P(Z_2/Z_1) = 1 - exp\{-a((Z_1 + Z_2)^b - Z_1^b)\} \tag{1.55}$$

Für die Auftretenswahrscheinlichkeit einer Bestellung während des Prognosehorizonts θ definiert man die folgenden zwei Fehlerwahrscheinlichkeiten N_1 und N_2 wie folgt:

$$N_1 = N \cdot P(Z_2/Z_1) + (1 - P(Z_2/Z_1)) \cdot X_{t,\theta} \tag{1.56}$$

und

$$\begin{aligned} N_2 &= X_{t,\theta} \cdot P(Z_2/Z_1) + (1 - P(Z_2/Z_1)) \cdot O = \\ &= X_{t,\theta} \cdot P(Z_2/Z_1). \end{aligned} \tag{1.57}$$

N_1 gibt die Fehlerwahrscheinlichkeit für das Auftreten einer Bestellung in der Periode $t + \theta$ an,

N_2 gibt die Fehlerwahrscheinlichkeit dafür an, daß in der Periode $t + \theta$ keine Bestellung stattfindet,

$X_{t,\vartheta}$ stellt das Bestellniveau dar.

Für $N_1 < N_2$ kann man eine Bestellung $X_{t,\vartheta}$ erwarten.

Gilt $N_1 > N_2$, so ist die Wahrscheinlichkeit einer Bestellung gleich Null.

Im ersten Fall wird man einen Wert $X_{t,\vartheta}$ prognostizieren, der mit Hilfe der klassischen Methoden, z. B. mit Hilfe der exponentiellen Glättungsmethoden berechnet wird.

1.4.2.3 Ein Prognosesystem zur Analyse von Zeitreihen, die starken Modeeinflüssen unterworfen sind

Das System *MODEFA*

Für den Fall, daß eine große Anzahl von Zeitreihen zu behandeln ist, deren Produkte starken Modeeinflüssen unterworfen sind und somit eine kurze Lebensdauer aufweisen, ist es praktisch unmöglich, Analyse- und Prognosemethoden anzuwenden, wie sie in den vorhergehenden Punkten dargestellt wurden. Darüber hinaus weisen diese Zeitreihen sowohl eine unregelmäßige Struktur auf, als auch starke Saisonalitätseinflüsse, was die Anwendung der konventionellen Methoden ebenfalls erschwert.

Solche Absatzzahlen können analysiert werden, wenn man von kumulierten Absatzzahlen ausgeht, was zu einer teilweisen Eliminierung der Zufallskomponenten der Zeitreihen führt.

Im folgenden soll eine kurze Beschreibung eines Systems gegeben werden, das *Lewandowski* im Rahmen eines Absatzanalysesystems für eine deutsche Schuheinzelhandelsfirma entwickelt hat.
Die wesentlichen Hauptaufgaben dieses Systems bestehen darin, jede vom Markt hervorgerufene Absatzänderung, die in irgendeiner Form den Verlauf beeinflußt, so schnell und exakt wie möglich im Rahmen der Lager- und Einkaufspolitik zu berücksichtigen.
Diese Absatzänderungen können zum größten Teil auf die folgenden beiden Ursachen zurückgeführt werden:

a) die Absatzänderungen sind systematisch und führen zu einer Veränderung des gesamten Jahresverkaufsvolumens.
b) Die Absatzänderung ist nicht auf eine Veränderung des Jahresverkaufsvolumens, sondern auf eine veränderte Saisonalität zurückzuführen.

In den meisten Fällen tritt nur selten eine der o. g. Ursachen isoliert auf. Vielmehr treten in der Regel beide Veränderungen gleichzeitig auf, was im Hinblick auf die rechtzeitige Erkennung dieser Zusammenhänge große Anforderungen an das System stellt.

Durch die folgende Formel:

$$KX_t = \sum_{i=1}^{i=t} X_i; \qquad t = 1, 2, 3, \ldots, g$$

wird die kumulierte Summe der Absatzzahlen eines bestimmten Artikels des Firmensortiments von Beginn der Saison bis zur Periode t definiert, wobei g die Anzahl der einzelnen Perioden eines jeden Saisonzyklus ist ($g = 12$ für Monatswerte, $g = 52$ für Wochenwerte etc. ...) In der Regel erhält man für diesen Wert KX während der Gesamtsaison den in Abb. 1–38 dargestellten Verlauf.
In dieser Abbildung entspricht P_1 den Absatzzahlen der Vorsaison, P_2 den Absatzzahlen der eigentlichen Saison, d. h. den Perioden des maximalen Absatzes, und P_3 den Absatzzahlen der Nachsaison. Aus dieser kumulierten Summe des Absatzes kann indirekt die Saisonstruktur der Absätze wie folgt erschlossen werden:

$$KX_t = X^* \cdot k_t$$

mit

$$k_1 \leqq k_2 \leqq k_3 \cdots \leqq k_{12}; \qquad 0 \leqq k_i \leqq 1$$

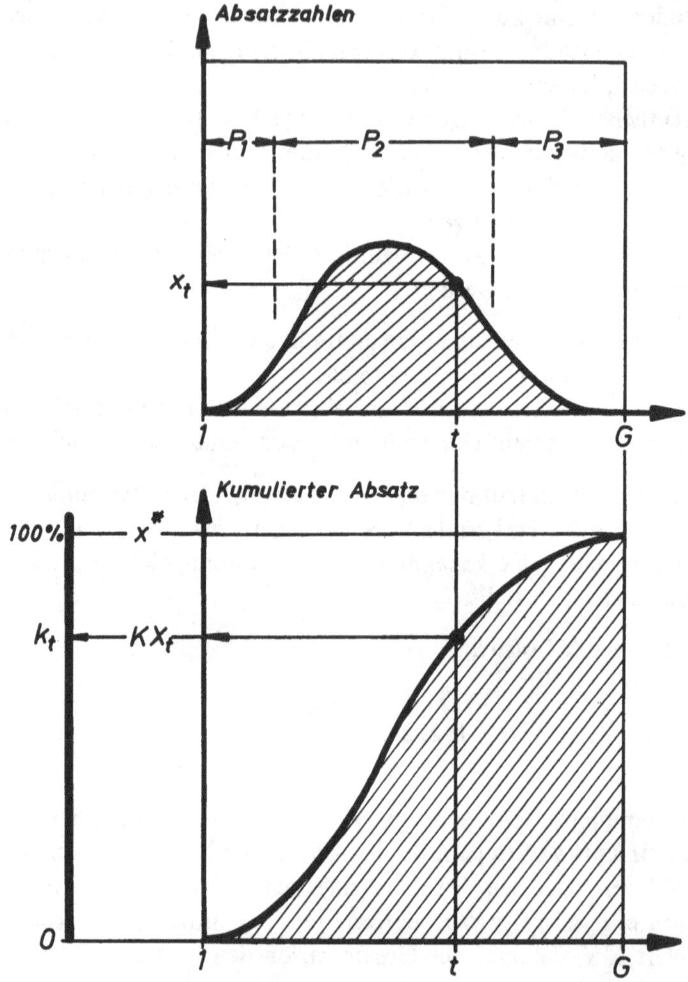

Abb. 1–38: Absatz-Saisonstruktur und ihre kumulierten Absatzzahlen

wobei

X^* den Gesamtabsatz während eines Jahres darstellt.

k_t bezeichnet hier den Prozentsatz des Absatzes X^*, der bis zur Periode t erreicht wurde.

Wir gehen zunächst davon aus, daß man über zwei Anfangsschätzungen der folgenden zwei charakteristischen Werte der Zeitreihe verfügt[6]:

[6] Auf die Schätzungsmöglichkeiten dieser Anfangswerte wird an späterer Stelle eingegangen.

$\hat{X}^*$: Schätzung des gesamten Jahresabsatzes,
$\hat{k}_t$: Struktur der saisonalen Absätze.

Man erhält somit für jede Periode folgende Prognosegleichung:

$$K\hat{X}_t = \hat{k}_t \cdot \hat{X}^* \qquad (1.58)$$

Der Istwert für jede Periode lautet:

$$KX_t = \sum_{i=1}^{t} X_i$$

Die Differenz zwischen diesen zwei Werten führt zu dem kumulierten Prognosefehler:

$$K\varepsilon_t = \sum \varepsilon_t = KX_t - K\hat{X}_t \qquad (1.59)$$

Wenn wir die Theorie des dynamisierten Abweichungssignals anwenden (vgl. 1.5.3), ist es möglich, die signifikanten Abweichungen zwischen dem Prognosewert $K\hat{X}_t$ und dem Istwert der Absätze KX_t aufzufinden. Gehen wir deshalb

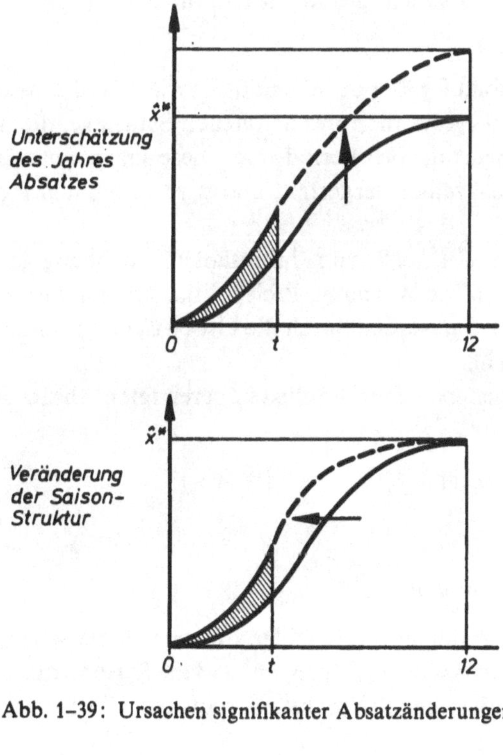

Abb. 1–39: Ursachen signifikanter Absatzänderungen

davon aus, daß in der Periode t der Wert des Abweichungssignals definiert sei durch:

$$AWS_t = \frac{\sum K\varepsilon_t}{MAD_t} \tag{1.60}$$

Dieser Wert sei signifikant, was darauf zurückgeführt werden kann:

1. daß der kumulierte Wert $\hat{X}^*$ nicht exakt angegeben wurde,
2. daß der Saisonstrukturkoeffizient $\hat{k}_t$ nicht dem tatsächlichen Absatz entspricht.

Diese zwei Fälle sind in Abb. 1–39 dargestellt.

Berücksichtigung von exogenen Einflußgrößen

Bevor die Analyse der Struktur der verschiedenen Produkte sowie die Erstellung von Prognosen in Angriff genommen werden kann, müssen exogene Einflüsse, die den Absatz beeinflussen, untersucht werden.
Exogene Einflüsse können grundsätzlich in zwei Typenformen unterteilt werden:

1. an den Jahresablauf gebundene Einflüsse, wie z. B. die beweglichen Feiertage, der Ferienbeginn, die verkaufsoffenen Samstage, die unterschiedliche Anzahl der Arbeitstage pro Periode etc. Diese sogenannte Extrasaisonalität ist unter 1.4.3.2.4 näher dargestellt und wird durch den Koeffizienten $S_t^{(2)}$ quantifiziert;
2. Sonderaktionen (SA), z. B. vom Jahresablauf unabhängige Verkaufsförderungsmaßnahmen wie Werbung, Preispolitik, Maßnahmen der Konkurrenz etc. (siehe 1.7.1). Sie werden durch die Größe ψ_t erfaßt und gehen additiv in die Rechnung ein.
   Für den von allen exogenen Einflüssen bereinigten Absatz X_t der Periode t gilt folglich:

$$\dot{X}_t = (X_t - \psi_t)(1 - S_t^{(2)}) \tag{1.61}$$

Korrektur der Jahressumme

Im ersten Fall rührt der Prognosefehler von einer Unterschätzung des Wertes X^* her (es wird hier davon ausgegangen, daß die Saisonstruktur genau ist). Im zweiten Fall resultiert der Prognosefehler aus einer Deformation der Saisonstruktur. Folglich handelt es sich in jeder Periode darum, in Abhängigkeit des Prognosefehlers diese vorhergehenden Werte zu adaptieren:

$$\hat{X}_t^* = \hat{X}_{t-1}^* \{1 + \alpha_{1t} \cdot K\varepsilon_t \cdot \varphi_t\} \tag{1.62}$$

wobei

$\hat{X}_t^*$ den neu berechneten jährlichen Absatz in der Periode t darstellt.

α_{1t} der Autoadaptationskoeffizient ist
Dieser Koeffizient erlaubt einerseits die Eliminierung der Zufallsvariablen (α_{1t} strebt gegen 0) und andererseits die Berücksichtigung jeder systematischen Veränderung der Zeitreihe (α_{1t} strebt gegen 1). α_{1t} wird mit Hilfe der in 1.6.3 beschriebenen Methode bestimmt und gestattet eine dynamische Analyse der Prognosefehler, was zu einer optimalen Selbststeuerung des Systems führt.

$K\varepsilon_t$ ist die kumulierte Summe der Prognoseabweichungen in der Periode t,

φ_t bezeichnet den Gewichtungskoeffizienten, der die Extrapolation des Prognosefehlers für die folgenden 12-t-Perioden berücksichtigt.
In diesem System gilt für φ_t folgende Beziehung:

$$\varphi_t = \sqrt{\frac{t}{g}}\,(g - t)$$

Die numerischen Werte von φ_t für $g = 12$ (Monatswerte) sind in Tabelle 1–14 angegeben.

Tabelle 1–14. Die Gewichtungskoeffizienten φ_t (für $g = 12$)

t	φ_t
1	3,17
2	4,08
3	4,50
4	4,60
5	4,52
6	4,24
7	3,80
8	3,26
9	2,60
10	1,83
11	0,96
12	0,00

Korrektur der Saisonstruktur

Tritt in der Periode t ein systematischer Fehler auf, so wird sich dieser zweifellos auch auf die nachfolgenden Perioden $t + \theta$ mit

$$0 \leqq \theta \leqq g - t$$

auswirken.

Je größer θ, d.h. je weiter man das Marktverhalten gegenüber der augenblicklichen Periode t betrachtet, umso geringer muß der Einfluß dieses Fehlers und damit die Korrektur der Saisonstruktur sein. Diese Überlegungen werden durch den Ausdruck $\varphi^{(2)}_{t+\theta}$ dargestellt[7].

Für die Saisonstruktur kann hier folgende Korrekturgleichung angewandt werden:

$$\hat{k}^{(n)}_{t+\theta} = \hat{k}^{(a)}_{t+\theta} + \alpha_{2t} \cdot K\varepsilon_t \cdot \varphi^{(2)}_{t+\theta} \tag{1.63}$$

mit:

$$\varphi^{(2)}_{t+\theta} = \frac{1 - \hat{k}^{(a)}_{t+\theta}}{1 - k^{(a)}_t} \tag{1.64}$$

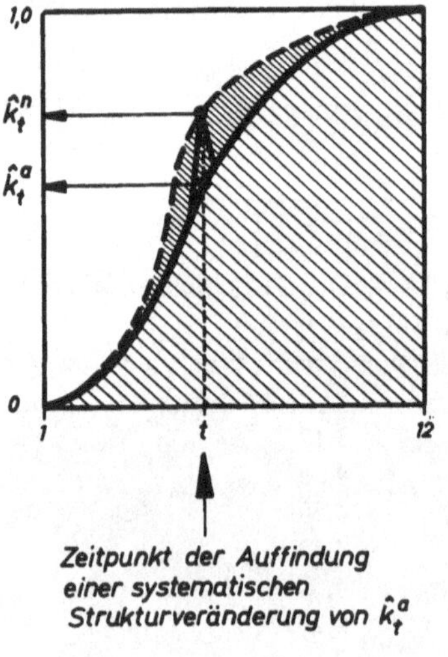

Abb. 1–40: Korrektur der Saisonstruktur

[7] Nachdem diese Strukturkorrektur durchgeführt worden ist, enthält der Profilverlauf von „k" an der Stelle t eine plötzliche „Sprungstelle" (vgl. Abb. 1–40). Folglich ist es unbedingt erforderlich, die Struktur der Periode t vorausgegangenen Perioden ebenfalls den neuen Verhältnissen anzupassen.

Abb. 1–40 verdeutlicht diese Korrektur der Absatzsaisonalität. Der Parameter α_{2t} wird mit Hilfe des gleichen dynamischen Prozesses bestimmt wie der Parameter α_{1t}. Verschiedene Untersuchungen haben gezeigt, daß für α_{2t} gilt

$$\alpha_{2t} = a \cdot \alpha_{1t}$$

wobei *a* in dem Intervall von 0,3 bis 0,6 liegt, je nach Produkttyp. Diese autoadaptativen Formeln gestatten, in jeder Periode die optimalen Prognosewerte für den Rest der Saison neu zu bestimmen, selbst wenn man zu Beginn nur über Näherungswerte dieser zwei Grundcharakteristika der Zeitreihe verfügt. Es ist somit möglich, diese Analyse- und Prognosemodelle für eine Vielzahl von Zeitreihen anzuwenden. Der Vorteil eines solchen Systems besteht in einer sehr schnellen Auffindung unerwarteter Absatzänderungen der modeabhängigen Artikel. Eine solche Auffindung erlaubt eine rasche Änderung der Einkaufspolitik, die das vorrangige Kriterium einer optimalen Lagerhaltung darstellt.

Prognoseformel

Nach der Korrektur von Saisonstruktur und Jahressumme kann man die Prognosen für den kumulierten Absatz $KX_{t+\theta}$, θ Perioden im voraus durch:

$$\widehat{KX}_{t+\theta} = \hat{X}_t^* \cdot \hat{k}_{t+\theta}^{(n)}$$

berechnen.

Bezieht man jedoch exogene Einflüsse in die Berechnung mit ein, so ist es zweckmäßig, nicht den kumulierten Absatz $\widehat{KX}_t$ zu prognostizieren, sondern den voraussichtlichen Absatz der Periode $(t + \theta)$ zu ermitteln, also:

$$\hat{X}_{t,\theta} = \hat{X}_t^* \{\hat{k}_{t+\theta}^{(n)} - \hat{k}_{t+\theta-1}^{(n)}\}(1 + S_{t+\theta}^{(2)}) + \psi_{t+\theta} \qquad (1.65)$$

In Tabelle 1–15 sind die Resultate der Analyse eines Artikels dargestellt, dessen Anfangswerte (Dekadenwerte)

1. eine 20%ige Unterschätzung der Jahressumme des Absatzes (4803 statt 5994) und
2. eine richtige Saisonstruktur aufweisen.

Wie aus dieser Tabelle zu ersehen ist, wird ein systematischer Fehler in der Dekade 4 signalisiert (*AWS*) und entsprechend die Jahressumme verändert, so daß in Dekade 17 der Jahressummenfehler weniger als 2% beträgt (5874 gegenüber dem realen Wert von 5994).

Tabelle 1–15: Numerisches Beispiel im Fall der Anwendung des Prognosesystems MODEFA

Dekade	theoretische Erwartungswerte am Anfang der Saison	reale Absatzzahlen	AWS-Signal	Jahressumme
t	$\hat{X}_{0,t}$	X_t	AWS_t	$\hat{X}_t^*$
1	5	6	0,4	4803
2	8	10	1,5	4807
3	13	16	3,2	4817
4	20	25	5,5	4867
5	35	44	7,3	4976
6	50	62	8,5	5080
7	70	87	9,5	5202
8	95	119	10,4	5340
9	130	162	10,9	5468
10	163	205	10,9	5592
11	185	230	5,0	5617
–	–	–	–	–
–	–	–	–	–
–	–	–	–	–
–	–	–	–	–
16	243	305	3,6	5850
17	248	310	2,8	5874
18	250	312	2,0	5894
19	250	312	1,5	5911
20	248	310	1,3	5927
–	–	–	–	–
30	70	87	0,2	5991
–	–	–	–	–
–	–	–	–	–
34	13	16	0,1	5994
35	8	10	0,2	5994
36	5	6	0,3	5994

Anmerkung

Die Definition der zwei Ausgangscharakteristika, d. h. des kumulierten Jahreswertes und der Saisonstruktur, kann durch eine Untersuchung der Charakteristika ähnlicher oder verwandter Artikel, z. B. der vorhergehenden Saison, erstellt werden. Diese Analogiemethode zwischen Produkten der gleichen Gruppe kann hier angewandt werden. Wenn man also für jedes Produkt und für jedes Jahr die dynamisierten Charakteristika der Vergangenheit speichert, ist es sehr einfach, diesen Wert, der in der Vergangenheit berechnet wurde,

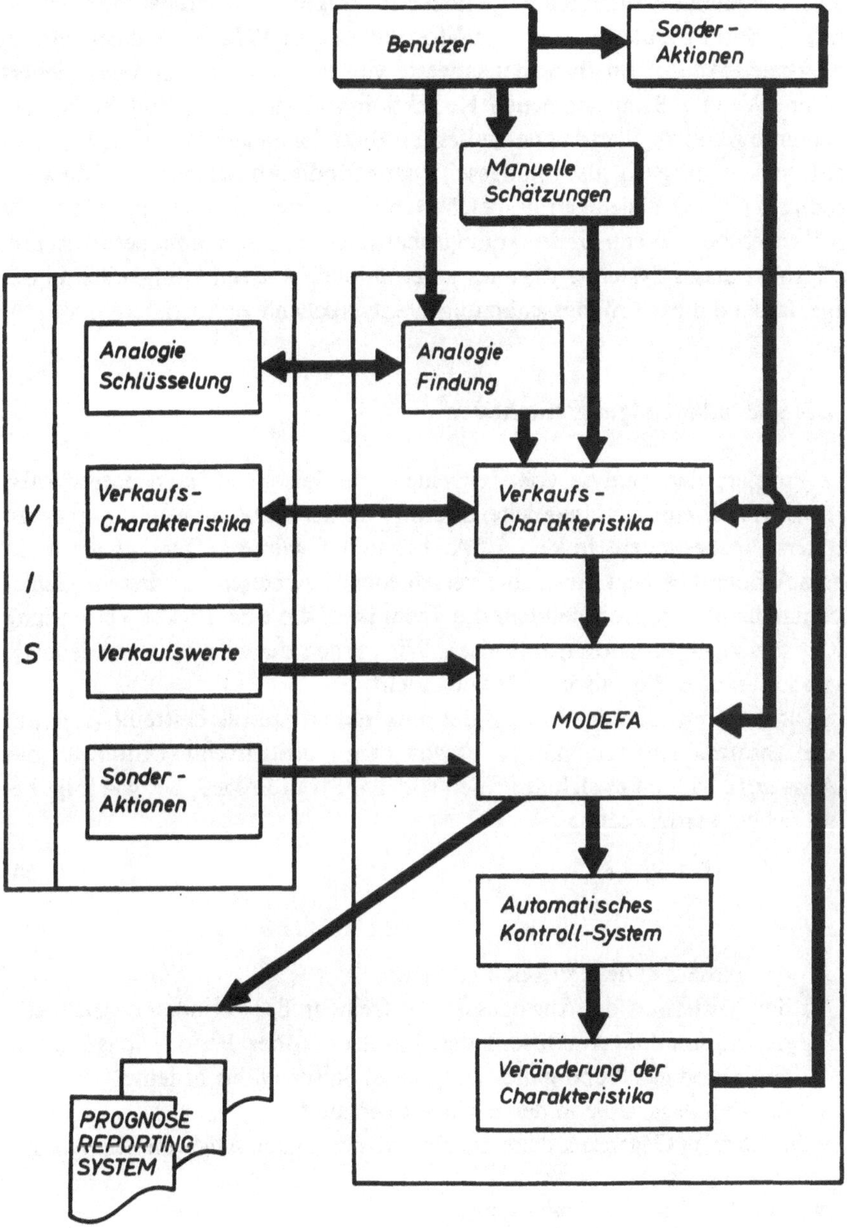

Abb. 1–41: Das Prognosesystem MODEFA (Gesamtübersicht)

wieder aufzufinden, um ihn auf die neuen Produkte zu übertragen. Betrachten wir z. B. das Produkt Nr. 317 der Modekollektion 1972, so können dessen Charakteristika auf der Basis der Istwerte von 1972 ermittelt und gespeichert werden. Wenn z. B. in der neuen Kollektion von 1973 das Produkt Nr. 452 bestimmte Ähnlichkeiten mit dem alten Produkt der Saison 1972 (Nr. 317) aufweist, so ist es möglich, als Anfangsschätzung für die Absatzcharakteristika des Produkts Nr. 452 diejenigen gespeicherten Charakteristika des Produkts 317 zu übernehmen. Wenn diese Anfangscharakteristika nur annähernd richtig sind, so ist dieses System aufgrund seiner autoadaptativen Fähigkeiten in der Lage, laufend diese Anfangsschätzungen entsprechend zu korrigieren.

1.4.3 Saisonbereinigungsmethoden

Das Problem der Analyse von Zeitreihen, die Saisoneinflüssen unterworfen sind, ist durch eine umfangreiche Literatur in der BDR als auch in anderen Ländern, insbesondere in den USA, behandelt worden. Der Schwerpunkt dieses Abschnittes liegt darin, die verschiedenen Arbeiten auf diesem Gebiet zusammenzufassen, insbesondere die Techniken, die eine direkte Verbindung mit kurzfristigen Prognosen aufweisen. Wir werden zunächst die verschiedenen Hypothesen über die Saisonalität behandeln.

1. Stellt man fest, daß der Einfluß der Saisonalität auf die Zeitreihe (z. B. auf die Absatzzahlen) unabhängig ist von dem Absatzniveau (Mittelwert des Absatzes), handelt es sich um einen sog. additiven Prozeß, der wie folgt beschrieben werden kann:

$$X_t = M_t + S_k + \varepsilon_t \tag{1.66}$$

wobei

X_t den Absatz in der Periode t darstellt
M_t den Mittelwert des Absatzes der Zeitreihe in der Periode t bezeichnet
S_k der Saisonalitätskoeffizient des Absatzes in der Periode k ist, wobei $k = t \bmod g$ ist[8] und g die Länge eines Saisonzyklus bedeutet
ε_t die Zufallsvariable in der Periode t bedeutet.

2. Wenn aber im Gegensatz dazu der Einfluß der Saisonalität von dem Absatz-

[8] t mod (g) ist der Rest der Division t durch g.
k ist also der Monatsindex der Periode t, siehe z. B.

$$t = 8, \quad 8 \bmod (12) = 8$$
$$t = 14, \quad 14 \bmod (12) = 2$$

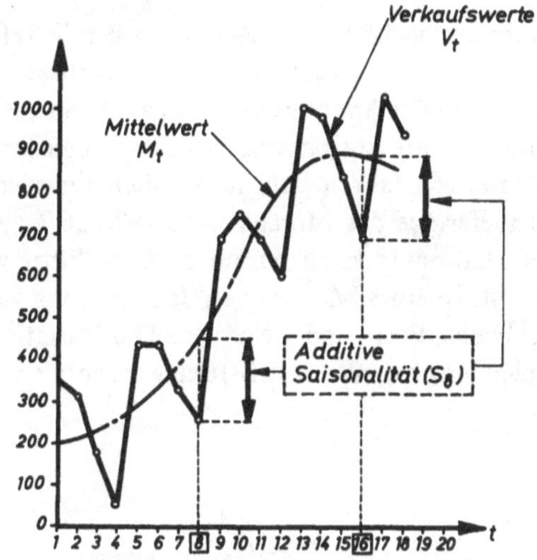

Abb. 1–42: Additiver Saisonalitätsansatz

niveau (Mittelwert des Absatzes) abhängt, was in der Praxis im allgemeinen der Fall ist, handelt es sich um einen sog. multiplikativen Saisonalitätsprozeß. Drei unterschiedliche multiplikative Ansätze können hier unterschieden werden:

$$X_t = M_t \cdot S_k + \varepsilon_t \tag{1.67}$$

Ist in diesem Ansatz $S_k > 1$, dann liegt in der betreffenden Periode eine Steigerung des Absatzes aufgrund der Saisonalität vor. Ist $0 < k < 1$, liegt ein unterdurchschnittlicher Absatz in der betreffenden Periode vor. Ist $k = 1$, ist keine Saisonalität zu verzeichnen.

In der Formel (1.67) sind die Zufallskomponenten vom Mittelwert unabhängig. Es läßt sich aber auch ein System erstellen, wo die Zufallskomponenten ε_t von dem Absatzniveau abhängen:

$$X_t = M_t \cdot S_k \cdot (1 + \varepsilon_t) \tag{1.68}$$

wobei also ε_t von dem Mittelwert abhängt. Schließlich ist ein dritter Fall möglich, der definiert ist durch:

$$X_t = M_t(1 + S_k)(1 + \varepsilon_t) \tag{1.69}$$

Dieser Fall entspricht dem vorhergehenden Ansatz mit dem Unterschied, daß die Saisonkoeffizienten S_k positiv sind im Fall eines überdurchschnittlichen Absatzniveaus. Ist $-1 < S_k < 0$, so liegt eine negative Saisonalität vor, d.h. ein unterdurchschnittlicher Absatz in der betreffenden Periode. Als Grenzfall gilt $S_k = 0$, wenn keine Saisonalität vorliegt.

3. Im allgemeinen wird bei der Analyse der Saisonalität ein zusätzlicher Faktor eingeführt, der auf der Tatsache basiert, daß die verschiedenen Perioden des Jahres (z. B. Monate) von Jahr zu Jahr nicht miteinander vergleichbar sind. So betrugen die Liefertage des Monats April 1970 26 Tage, 1972 dagegen 24 Tage. Dieses Phänomen kann darauf zurückgeführt werden, daß die Anzahl der Arbeitstage eines Monats von Jahr zu Jahr variiert, z. B. aufgrund der beweglichen Fest- und Feiertage. Die Variation des Absatzes, die auf diesen Kalenderschwankungen beruht, werden wir als Extrasaisonali-

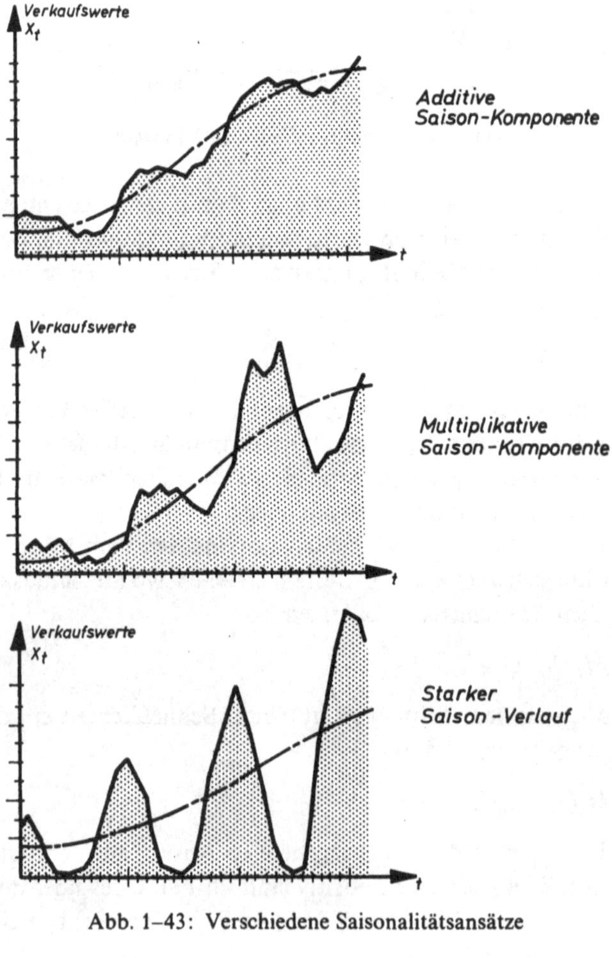

Abb. 1–43: Verschiedene Saisonalitätsansätze

tät bezeichnen. Die quantitative Analyse dieser Saisonalität im Fall des multiplikativen Ansatzes kann durch folgende Formel vorgenommen werden:

$$X_t = M_t \cdot S_k \cdot S_t^{(2)} + \varepsilon_t \tag{1.70}$$

wobei

$S_t^{(2)}$ den für die betreffende Periode spezifizischen Extrasaisonalitätskoeffizienten darstellt.

Die quantitativen Methoden, die diesen Extrasaisonalitätsfaktor $S_t^{(2)}$ berücksichtigen, werden in 1.4.3.2.4 behandelt.

1.4.3.1 Analysemethoden der Saisonkoeffizienten

Das erste Problem, das sich bei der die Analyse der Zeitreihen, die Saisonalitätseinflüssen unterworfen sind, stellt, besteht darin, die Saisonkomponente zu eliminieren und anschließend Untersuchungen über die Mittelwertveränderungen anzustellen. Es gibt z. B. eine bestimmte Anzahl von Methoden, die erlauben, diese saisonbedingten Schwankungen der Zeitreihe zu analysieren. Die erste vergleichende Studie der verschiedenen Methoden wurde 1937 von *H. Mendèrshausen* [1.109] erstellt. Der wesentliche Unterschied dieser Methoden beruht nicht auf dem Grundprinzip (Filtrierung der Informationen), sondern auf den verschiedenen Varianten. Im folgenden werden wir eine kurze Übersicht über die bekanntesten Methoden geben.

1.4.3.1.1 Die sogenannte Mittelwert-Methode

Diese Methode besteht darin, die Mittelwerte jeden Monats für die n bekannten Jahre der Vergangenheit zu berechnen und sie auf den allgemeinen Mittelwert des gesamten Vergangenheitsmaterials zu beziehen. Der Mittelwert des Monats i ist hier gegeben durch:

$$\bar{M}_i = \frac{\sum_{j=1}^{j=n} X_{i,j}}{n}$$

Der gesamte Mittelwert ist definiert durch:

$$\bar{M} = \frac{\sum_{i=1}^{12} \bar{M}_i}{12}$$

Mit Hilfe der folgenden Formel können die Saisonkomponenten berechnet werden:

$$S_i = \frac{\bar{M}_i}{\bar{M}} \tag{1.71}$$

Diese Methode weist den großen Nachteil auf, daß sie von der Hypothese eines streng linearen Trends der Zeitreihe ausgeht, was für die Mehrzahl der industriellen Zeitreihen jedoch nicht zutreffend ist.

1.4.3.1.2 Methoden, die auf einer nicht-linearen Trendentwicklung basieren

Diese Methoden basieren auf den saisonbereinigten Mittelwerten, die z. B. durch Anwendung der Methode des gleitenden Durchschnitts ermittelt werden können. Aufgrund der saisonbereinigten Mittelwerte können nun die verschiedenen Saisonkoeffizienten für jede Periode der Vergangenheit bestimmt werden. Schließlich berechnet man den Mittelwert der verschiedenen Saisonkoeffizienten jeder Saisonperiode.
Die numerische Berechnung dieser Methode weist die folgenden Schritte auf: Der saisonbereinigte Mittelwert wird gegeben durch:

$$M_{t-n} = \frac{1}{2n+1}\{X_{t-2n} + X_{t-2n+1} + \cdots + X_{t-1} + X_t\}; \quad t = 2n+1, \ldots, T$$

Die für jede Periode festgestellten Saisonschwankungen lauten:

$$S_j = \frac{X_j}{M_j}; \qquad j = n+1,\ n+2,\ \cdots,\ T-n \tag{1.72}$$

Schließlich können die gesuchten Saisonkoeffizienten durch die folgende Mittelwertbildung bestimmt werden:

$$S_1 = \frac{S_{n+1} + S_{n+13} + \cdots + S_{n+l\cdot 12}}{l+1}$$

$$S_2 = \frac{S_{n+2} + S_{n+14} + \cdots + S_{n+1+l\cdot 12}}{l+1}$$

Wenn diese Methode auch die Nachteile der vorhergehenden Methode größtenteils eliminiert, da sie nicht von einem linearen Trend ausgeht, sondern von dem zu jeder Periode bestimmten Mittelwert, so führt sie in dem Fall, wo konjunkturelle Schwankungen des Mittelwerts zu verzeichnen sind, einen Dämp-

fungseffekt des Konjunkturverlaufs des Mittelwerts herbei und somit zu einer Verzerrung der Saisonkoeffizienten.
Die hier beschriebene Methode ist durch ihre recht einfache numerische Berechnung eine der meist angewandten Methoden, da sie trotz der aufgezeigten Nachteile in einer ersten Annäherung zu guten Schätzungen für die Saisonkoeffizienten führt und darüber hinaus nicht notwendigerweise den Einsatz von EDV-Anlagen fordert.

1.4.3.1.3 Die Buys-Ballot-Methode

Die *Buys-Ballot*-Methode [1.26] geht von der Annahme einer linearen Trendentwicklung der Zeitreihe und einer additiven Saisonkomponente aus:

$$X_t = M_t + T_t \cdot t + S_t + \varepsilon_t$$

Man versucht zunächst die „Trendgerade" zu bestimmen, d.h. die Koeffizienten M und T zu berechnen und anschließend die Saisonkomponenten S_t zu schätzen.
Diese Methode führt zu einer Verzerrung der Saisonkomponenten, da sie von einer strengen linearen Entwicklung des Mittelwerts ausgeht. Obwohl diese Saisonbereinigungsmethode erweitert werden kann im Hinblick auf die Analyse von Zeitreihen mit einer nichtlinearen Mittelwertentwicklung, bleibt sie durch ihre Starrheit (Vernachlässigung der Konjunkturschwankungen) ein wenig effizientes Verfahren.

1.4.3.1.4 Die Methode von Guirschick[9]

In allen bisher behandelten Methoden weisen die berechneten Saisonkoeffizienten eine große Starrheit auf, da sie nicht die Möglichkeit einer systematischen Veränderung der Saisonkomponenten im Verlauf der Zeit berücksichtigen. Bei der Analyse bestimmter ökonomischer Zeitreihen kann man Variationen dieser Saisonkomponenten beobachten, was z.B. auf Veränderungen im Konsumentenverhalten zurückgeführt werden kann.
Guirschick hat im Rahmen seiner Untersuchungen für das „Bureau of Agricultural Economics" saisonbereinigte Techniken entwickelt, die diesem Sachverhalt gerecht werden. Die von *Guirschick* erstellten Hypothesen beinhalten, daß die Saisonkoeffizienten jeder Periode eine lineare Entwicklung aufweisen:

[9] [1.52; 1.77, S. 41; 1.84, S. 152].

$$S_{i,j} = S_i + a_i \cdot j \tag{1.73}$$

mit

i = Monatsindex
j = Jahresindex

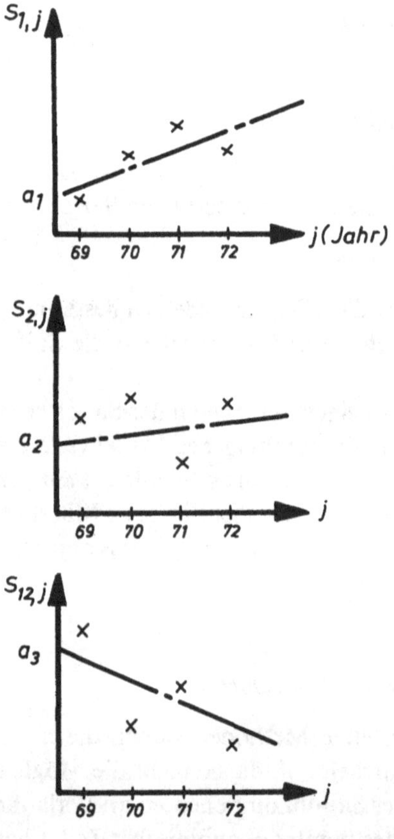

Abb. 1–44: Lineare Entwicklung der Saisonkoeffizienten nach GUIRSCHICK

1.4.3.1.5 Die Methode von Shiskin

Der bekannte amerikanische Experte für die Behandlung von Zeitreihen *Shiskin* stellte 1957 eine Methode zur Eliminierung der Saisonkoeffizienten vor, die als eine Erweiterung der im vorhergehenden Abschnitt beschriebenen Methode betrachtet werden kann [1.141].

Abb. 1–45 soll einen kurzen Überblick der Rechenprozeduren dieser Methode geben.
Diese Methode ist international unter der Bezeichnung „Census Method II" bekannt [1.124, S. 83 ff.]. Es soll hier darauf hingewiesen werden, daß von der *Shiskin*-Methode eine Anzahl von verschiedenen Versionen existiert.

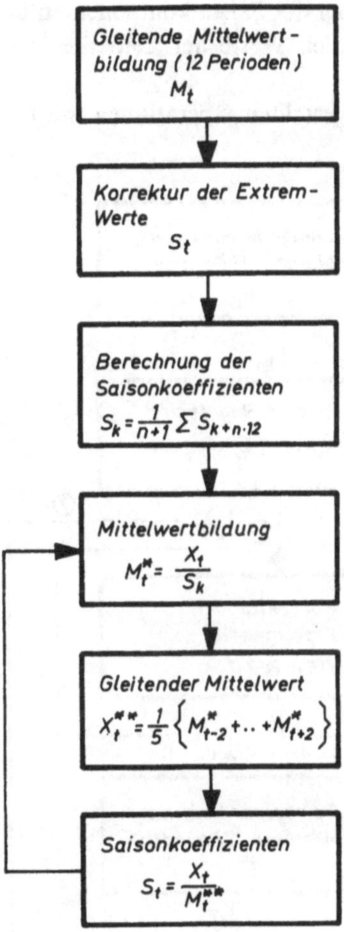

Abb. 1–45: Der Ablauf der SHISKIN-Methode

1.4.3.1.6 Die Methode der Deutschen Bundesbank

Seit 1957 untersucht die Deutsche Bundesbank die Anwendung von Regressionstechniken für die Analyse der Saisonalität ökonomischer und makroökonomischer Zeitreihen [1.4; 1.39].

Das Prinzip dieser Methode soll im folgenden kurz zusammengefaßt werden:

1. Berechnung des saisonbereinigten Mittelwerts mit Hilfe des gleitenden Durchschnitts (über 12 Monate).
2. Linearer Regressionsansatz zwischen dem in 1. errechneten Mittelwert und den ursprünglichen Werten der Zeitreihe. Die Regressionskoeffizienten gestatten die Berechnung der Saisonkomponenten und Zufallskomponenten.
3. Korrektur der extremen Werte der Zeitreihe (als Kontrollgrenzen gelten hier $\pm 2\,\sigma$).
4. Die in 1. und 2. dargestellten Operationen werden mit diesen korrigierten Werten wiederholt.

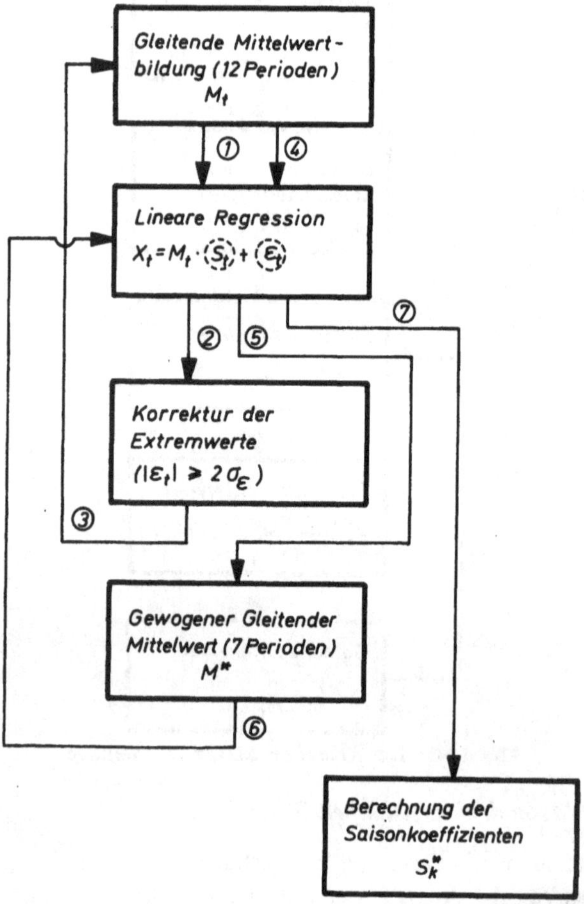

Abb. 1–46: Der Ablauf der Methode der Deutschen Bundesbank

5. Ein neuer saisonbereinigter Mittelwert wird berechnet aufgrund der in 2. erhaltenen Werte. Dieser Mittelwert wird mit Hilfe der Methode des gewogenen gleitenden Durchschnitts über 7 Perioden berechnet.
6. Wiederaufnahme der in 2. definierten Operationen und schließlich Berechnung der Saisonkoeffizienten.

Abb. 1–46 zeigt die verschiedenen Schritte dieser Methode.

1.4.3.1.7 Das Saisonbereinigungsverfahren des SAEG

Die Methode des *SAEG*[10] wurde zur Saisonbereinigung ökonomischer Zeitreihen konzipiert, d. h. sie dient ausschließlich analytischen Zwecken. Da aber jedes endogene Prognosesystem die Reihe der Vergangenheitswerte in ihre Komponenten zerlegt, die dann einzeln extrapoliert und anschließend wieder zum Vorhersagewert überlagert werden, kann die *SAEG*-Methode prinzipiell als die Grundlage eines Prognosesystems betrachtet werden. Der Anstoß zur Entwicklung [1.10] ergab sich Anfang der sechziger Jahre im Gefolge der europäischen Integrationsbestrebungen, die ein schnelles und zuverlässiges Verfahren zur laufenden Überwachung einer Vielzahl wirtschaftlicher Indikatorreihen wünschenswert erscheinen ließen. Die darauf folgenden Jahre brachten eine kontinuierliche Weiterentwicklung[11] insbesondere der Computerprogramme.

Historisch betrachtet bedeutet die Grundidee *Bongards* die erste Abkehr von den herkömmlichen Systemen, die ein festes „Gesetz" in der gegebenen Zeitreihe zu entdecken suchen. Er vertrat zu Recht die Ansicht, daß eine derart willkürliche Annahme das Erkennen von sich ändernden Bedingungen verhindert, also eigentlich der Vorgänge, die das meiste Interesse beanspruchen sollten. Folgerichtig sprach er von „lokalen Modellen", eine Begriffsbildung, die die Veränderung der den Zeitreihen zugrundeliegenden Prozesse beschreiben soll. Von hier war es nur noch ein Schritt zu den kybernetischen Systemen, die ihre Parameter laufend selbst überwachen und anpassen.

Das Verfahren benutzt die übliche Zerlegung der Ursprungswerte X_t in Saisonkomponente S_t, Trendkomponente M_t und Zufallsschwankung E_t:

$$X_t = M_t + S_t + E_t$$

Ziel der Analyse ist die Herauskristallisierung der Saisonstruktur (S_t) und das Erkennen signifikanter Trendänderungen (M_t). Dazu wird zunächst eine

[10] Statistisches Amt der Europäischen Gemeinschaften.

[11] *M. Mesnage*: Bereinigung von Saisonschwankungen. SAEG Nr. 15529/ST/68–D.

Schätzung der Saison vorgenommen und die damit bereinigte Zeitreihe um Extremwerte korrigiert. Letzteres erfolgt nach der Methode der gewogenen gleitenden Mittelwerte.
Annahmeschwelle ist ein Vielfaches der lokalen mittleren Absolutabweichung. Nach der Extremwertkorrektur erfolgt die eigentliche Saisonbereinigung, die mit einer vorläufigen Trendschätzung beginnt. Dazu errechnet man einen gewogenen gleitenden Durchschnitt der Länge 19, somit wird:

$$X_t - XE_t - M_t = S_t + E_t \tag{1.74}$$

wobei XE_t die Extremwertkorrektur darstellt.
Die verbliebenen Komponenten S_t und E_t werden normiert, d.h., auf konstante mittlere Amplitude gebracht. Schließlich wird die irreguläre Komponente filtriert, indem jede der 12 zu einem Monat gehörenden Folgen durch einen gleitenden Mittelwert geglättet wird. Nachdem man dann die gegenüber E_t kleinen Saisonwerte wegen ihrer Unsicherheit Null setzt und je 12 aufeinander folgende Größen zentriert (d.h. ihr Mittel Null setzt), hat man das Saisonprofil. Dies ist wegen der an der rechten Seite von (1.74) vorgenommenen Normierung nur einer der beiden Faktoren, die S_t konstituieren.
Eine Regressionsanalyse zeigt, ob irreguläre und Saisonkomponente mit der Zeitreihe wachsen oder von ihr unabhängig sind. Im ersten Fall ist der Regressionskoeffizient bei 1, es handelt sich um ein multiplikatives Modell. Der allmähliche Übergang zum additiven Modell wird durch fallenden Regressionskoeffizienten bezeichnet, der für eine rein additive Überlagerung zu Null wird. Um diese Verhältnisse in dem nur scheinbar additiven Ansatz berücksichtigen zu können, wird

$$S_t = \Delta \cdot S_t^* \tag{1.75}$$

gesetzt. S_t^* ist das erwähnte Saisonprofil und Δ ein Dilatationskoeffizient, der die Amplitudenschwankung der Saison und damit indirekt deren Kopplungsgrad an die Zeitreihe selbst beschreibt. Anders ausgedrückt beschreibt S_t^* die Form und Δ die Größe der Saisonschwankung. Im Sinne der gleitenden Modelle handelt es sich bei Δ nicht um eine globale Größe, sondern um einen nur lokal in verschieblichen Intervallen festen Parameter:

$$DELT = \frac{\sum Z * PSN}{\sum PSN * PSN} \qquad \Delta = \frac{\sum \times S_t^*}{\sum (S_t^*)^2}$$

worin der Summationsindex über jeweils 12 Werte läuft. Δ hat die interessante Eigenschaft, in zwei Fällen gegen Null zu tendieren:

1. Die Amplitude der Saison wird klein ($S_t \ll \varepsilon_t$).
2. Die Saisonstruktur ändert sich grundlegend (S_t^* instabil).

Von ähnlicher großer Bedeutung wie die Saisonstruktur ist das Erkennen von Trendänderungen. Jeweils drei aufeinander folgende Trendwerte bestimmen Zunahme, Stagnation oder Abnahme, je nachdem ob sie in ihrer graphischen Darstellung ein Tal, eine Gerade oder einen Höcker zeigen. Diese Struktur wird über zwei Biegungskoeffizienten erfaßt, die sequentiell durch die Reihe fortschreitend für jeweils drei aufeinander folgende Werte bestimmt werden. Wegen der Überlagerung durch stochastische Vorgänge ist keine eindeutige Entscheidung möglich, man behilft sich durch Vergleich der aktuellen Koeffizienten mit Häufigkeitsklassen, in die man sämtliche anderen Koeffizienten gruppiert hat.
Das geschilderte Verfahren hat unseres Wissens bisher trotz seiner eleganten Ideen und der aus der relativen Einfachkeit der Berechnungsmethoden folgenden Möglichkeit, regelmäßig eine Vielzahl von Einzelreihen zu analysieren, keine Anwendung in einem Prognosesystem erfahren. Die Ursache hierfür dürfte in dem Umstand zu suchen sein, daß die differenzierte Behandlung der Saisonstruktur eine Mindestlänge der Vergangenheitsdaten von sieben Jahren erfordert. Diese Beschränkung ist bei unternehmensspezifischen Datenreihen allerdings prohibitiv.

1.4.3.2 Autoadaptative Methoden

1.4.3.2.1 Die autoadaptativen Methoden des Exponential Smoothing

Wie in den vorhergehenden Methoden besteht die Analyse der Saisonalität der autoadaptativen Systeme in der Analyse des saisonbereinigten Mittelwerts. Die Saisonbereinigung der Zeitreihen wird hier mit Hilfe der exponentiellen Glättungsmethoden dynamisch vorgenommen. Für die ersten Perioden der Zeitreihe werden die Saisonkoeffizienten berechnet. Das Prinzip der autoadaptiven Techniken besteht in einer dynamischen Aktualisierung dieser ermittelten Anfangswerte. Nehmen wir an, daß für die Periode t eine Schätzung des Mittelwerts vorgenommen worden ist. Der für diese Periode geltende Saisonkoeffizient im Falle eines multiplikativen Saisonalitätsansatzes ist gegeben durch:

$$S_t = \frac{X_t}{M_t}$$

Die Anwendung des exponentiellen Glättungsverfahrens gestattet eine Anpassung der geschätzten Saisonkoeffizienten an die neuen aufgetretenen Saisonschwankungen. Diese Anpassung kann durch folgende Formeln erzielt werden:

$$S_k^{(n)} = \beta \cdot \frac{X_t}{M_t} + (1 - \beta) S_k^{(a)} \tag{1.76}$$

wobei gilt:

$S_k^{(a)}$ alte Schätzung der Saisonkomponenten der Periode k,

$S_k^{(n)}$ neue Schätzung der Saisonkomponenten der Periode k,

S_k die neu ermittelte Saisonkomponente in der Periode k, die sowohl evtl. Veränderungen der Saisonalität beinhaltet als auch den Einfluß der Zufallskomponenten,

β Glättungskoeffizient der Saisonkomponenten, der den oben genannten Einfluß der Zufallskomponenten filtriert und gleichzeitig die Autoadaptation der Saisonkomponenten vornimmt.

Bei der Anwendung dieses autoadaptativen Verfahrens ist es darüber hinaus erforderlich, eine sog. Normierung der Saisonkomponenten vorzunehmen. Unter Anwendung der *Brown*schen Methode (Exponentielle Glättung) können wir die Saisonbereinigungsmethode autoadaptativer Natur folgendermaßen zusammenfassen:

Wird aufgrund eines in der Periode t aufgetretenen Prognosefehlers ε_t der entsprechende Saisonkoeffizient verändert ($\beta = f(\varepsilon_t)$), so ist es erforderlich, eine Normierung sämtlicher Saisonkoeffizienten auf g vorzunehmen, da gelten muß:

$$\sum_{k=1}^{k=g} S_k^{(n)} = g \tag{1.77}$$

Der Index g steht hierbei für die benutzte Länge des Zyklus, bei Monatswerten z. B. wäre $g = 12$.

Daraus folgt für die Normierung:

$$\sum{}^{(1)} = \sum_{k=1}^{g} S_k^{(n)}$$

$$S_k^{(n)} := S_k^{(n)} \left(1 - \frac{\sum^{(1)} - g}{\sum^{(1)}}\right), \qquad k = 1, 2, \ldots, g \tag{1.78}$$

Besonders nachteilig bei der Korrektur der Saisonkoeffizienten wirkt sich aus, daß jeder Saisonkoeffizient, abgesehen von den Änderungen durch die Normierung innerhalb eines Zyklus, nur ein einziges Mal verändert wird im Gegensatz zu Mittelwert, Trend und quadratischem Trend, die in jeder Periode

Änderungen unterworfen sind. Es wird daher für das Prognosesystem sehr viel leichter sein, z.B. einen zunächst falsch bestimmten Trend zu korrigieren als einen Saisonkoeffizienten zu berichtigen. Es muß deshalb einer speziellen Prozedur, der sog. Anlaufprozedur, vorbehalten sein, u.a. die Saisonkomponenten der entsprechenden Zeitreihe so genau wie nur irgend möglich zu bestimmen.

Der für dieses Iterationsverfahren erforderliche Rechenaufwand ist gerechtfertigt, wenn man bedenkt, daß

- die Bestimmung der Saisonkoeffizienten nur einmal vorgenommen wird, und zwar zu Beginn der Simulation der Zeitreihe, und
- daß sich die „normale" Korrektur eines zunächst falsch bestimmten Saisonkoeffizienten über fünf Zyklen, also über fünf Jahre hinziehen kann.

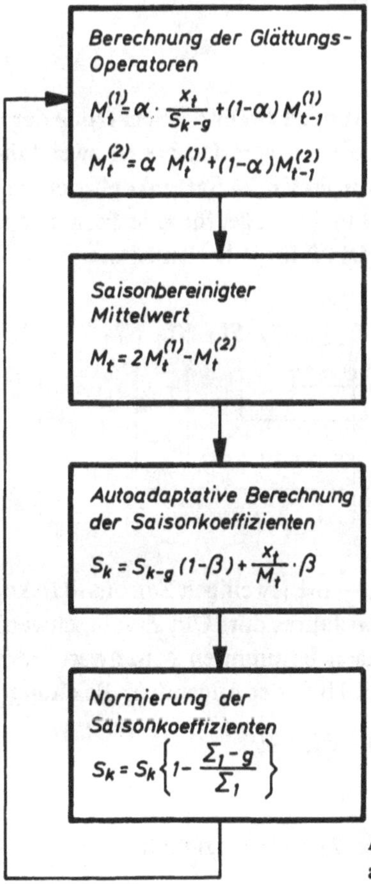

Abb. 1–47: Der Ablauf der autoadaptativen Technik

1.4.3.2.2 Schätzung der Anfangs-Saisonkoeffizienten

Hat man die beste Annäherung an den Mittelwert der Zeitreihe mit starken Saisonalitäten erzielt, z. B. mit Hilfe einer Regressionsparabel, dann ist es möglich, die Saisonalitätskoeffizienten zu bestimmen.
Es gilt:

$$S_t = \frac{X_t}{M_t^*}$$

Stellt M_t^* den mit Hilfe der Regressionsparabel geschätzten Mittelwert dar:

$$M_t^* = a + b \cdot t + c \cdot t^2$$

erhält man für die Schätzung der Saisonalitätskoeffizienten:

$$S_t^* = \frac{X_t}{M_t^*}$$

Wenn wir für die Initiierung, d. h. für die Schätzung der Saisonalitätskoeffizienten in den Anlaufprozeduren von den ersten zwei Jahren der Vergangenheit ausgehen, lassen sich die ersten 24 Saisonkoeffizienten der Vergangenheit berechnen. Man ist somit in der Lage, für jede Periode einen Saisonalitätskoeffizienten zu definieren, d. h. 2 für jede elementare Periode des Zyklus:

$$S_1^* \; S_2^* \; S_3^* \; S_4^* \cdots S_{12}^* \quad S_{13}^* \; S_{14}^* \; S_{15}^* \; S_{16}^* \cdots S_{24}^*$$

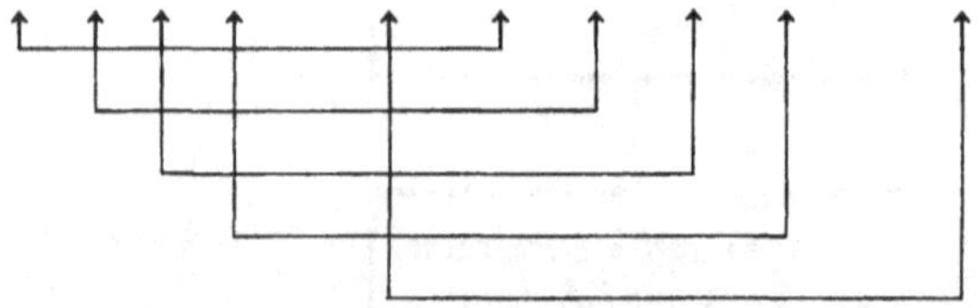

S_i^* und S_{i+12}^* stellen also die jeweiligen Saisonalitätskoeffizienten der Periode i des ersten und zweiten Jahres dar. Um Zufallsschwankungen zu eliminieren, ist es nun möglich, einen bestimmten Mittelwert jedes dieser Koeffizientenpaare zu berechnen mit Hilfe der folgenden Gleichung:

$$S_i^{**} = S_i^* \cdot (1 - \pi) + S_{i+g}^* \cdot \pi \tag{1.79}$$

wobei

g die Periodizität der Zeitreihe darstellt ($g = 12$ z. B. für eine monatliche Zeitreihe).

Ist $\pi > 0{,}5$, wird der Saisonalitätskoeffizient des zweiten Jahres stärker gewichtet als der des ersten Jahres. Ist $\pi = 0{,}5$, erhält man den Mittelwert, d.h. die beiden Saisonalitätskoeffizienten sind gleich gewichtet. Ist $\pi < 0{,}5$, sind die Saisonalitätskoeffizienten des ersten Jahres stärker gewichtet als die des zweiten Jahres (was sehr selten der Fall ist).
Zum Abschluß soll noch darauf hingewiesen werden, daß für S_i gilt:

$$\sum_{i=1}^{i=g} S_i = g$$

Folglich müssen die Saisonalitätskoeffizienten nach diesen Anlaufprozeduren normiert werden, und zwar so, daß die oben aufgezeigten Bedingungen erfüllt sind.

Anmerkung

In dem Fall, wo man nicht über ein ausreichendes Vergangenheitsmaterial verfügt, d.h. wo die Anzahl der Informationen kleiner als 24 ist (2 Jahre), ist es trotzdem möglich, die Anfangswerte der Saisonalitätskoeffizienten zu berechnen. In diesem Fall muß jedoch beachtet werden, daß die Eliminierung der Zufallskomponenten mit Hilfe der Formel (1.79) nicht statthaft ist. Man muß deshalb zumindest für die folgenden 12 Perioden mit einem höheren Glättungskoeffizienten β (Formel (1.76)) operieren. Das gleiche Phänomen tritt auf, wenn man nicht über einen vollständigen Vergangenheitszyklus verfügt (1 Jahr). Wenn man hier jedoch a priori eine gute Saisonstruktur zugrunde legen kann (z.B. durch Analogien zu verwandten Zeitreihen), ist es möglich, von diesen Saisonalitätskoeffizienten für die weiteren Berechnungen auszugehen, wobei man diese jedoch, wie in dem obigen Fall, durch Verwendung eines höheren Wertes von β an die tatsächlichen Saisonalitätskoeffizienten anpassen muß.

1.4.3.2.3 Das Saisonmodell von Harrison

Diese Variante der exponentiellen Glättungsmethoden unterscheidet sich von den vorhergehenden Methoden insbesondere durch einen Saisonalitätsansatz nicht autoadaptativer Natur. Das von *Harrison* [1.64; 1.65] vorgeschlagene Basismodell kann definiert werden durch:

$$\hat{X}_{t,\theta} = \{M_t + \theta \cdot T_t\} \cdot S_{t,\theta}$$

d.h. es handelt sich hier um ein lineares Prognosesystem mit einer multiplikativen Saisonalität. Die zwei Grundcharakteristika dieses Systems, der Mittelwert und der lineare Trend, sind definiert durch:

$$\begin{aligned} M_t &= \hat{M}_t + \alpha_1 \cdot \varepsilon_t = \{M_{t-1} + T_{t-1}\} + \alpha_1 \cdot \varepsilon_t \\ &= M_{t-1} + T_{t-1} + \alpha_1 \{(\dot{M}_t - M_{t-1} - T_{t-1})\} \end{aligned}$$

$\dot{M}$ bezeichnet hier den saisonbereinigten Mittelwert der Zeitreihe.
Für M_t gilt schließlich:

$$M_t = \alpha_1 \cdot \dot{M}_t + (1 - \alpha_1)\{M_{t-1} + T_{t-1}\}$$

Die Trendkomponente wird mit Hilfe der folgenden Gleichungen bestimmt:

$$\begin{aligned} T_t &= T_{t-1} + \alpha_2 \cdot \varepsilon_t \\ &= T_{t-1} + \alpha_2 \{\dot{M}_t - M_{t-1} - T_{t-1}\} \\ &= \alpha_2 (\dot{M}_t - M_{t-1}) + (1 - \alpha_2) T_{t-1} \end{aligned}$$

Es zeigt sich hier, daß diese Methode eine Variante der Methode von *Holt* darstellt. Zur Eliminierung bestimmter Schätzungsschwierigkeiten der zwei Parameter α_1 und α_2 geht *Harrison* davon aus, daß in den meisten Fällen eine funktionale Beziehung zwischen den zwei Parametern besteht, die wie folgt definiert werden kann:

$$\begin{aligned} \alpha_1 &= 1 - \alpha^2 \\ \alpha_2 &= (1 - \alpha)^2 \end{aligned}$$

Diese Annahme führt, wie schon im Fall des Modells von *Holt* gezeigt wurde, zu einer exponentiellen Glättung des *Brown*schen Typs. Die Behandlung der Saisoncharakteristika unterscheidet sich sehr stark von der durch die autoadaptativen Techniken, wie in den vorhergehenden Abschnitten gezeigt wurde. Die Saisonalitätsberechnung wird in der Methode von *Harrison* durch eine *Fourier*-Analyse durchgeführt. Ist also die Struktur der Saisonkoeffizienten eine periodische Funktion, kann sie mit Hilfe einer folgenden *Fourier*-Reihe behandelt werden:

$$S_t = 1 + \sum_{i=1}^{n} \left\{ k_{t,i}^{(1)} \cdot \cos\left(i \cdot \frac{2\pi}{g} t\right) + k_{t,i}^{(2)} \left(i \cdot \frac{2\pi}{g} \cdot t\right) \right\} \qquad (1.80)$$

wobei g die Länge des periodischen Zyklus darstellt.

Für g gilt:

$$g \geqq 2n + 1$$

Da jedoch die notwendige Rechenzeit für die Näherungsrechnungen dieser *Fourier*-Reihe zu berechnen sehr groß ist, schlägt nach ihrem Signifikanzniveau *Harrison* vor, nur einige der Zeitreihenterme. Außerdem führt diese Reduktion der Anzahl der *Fourier*-Koeffizienten zu einer Filtrierung des Einflusses zufallsbedingter Fehler auf die Saisonkomponente. Eine Vergleichsanalyse zwischen der Methode von *Harrison* und der Methode von *Winters* wurde von *Schläger* [1.138] durchgeführt, deren Ergebnisse wie folgt zusammengefaßt werden können:

1. Die Methode von *Harrison* scheint in der Regel zu besseren Ergebnissen zu führen als die von *Winters*.
2. Die Methode von *Harrison* verursacht bedeutend mehr Kosten im Hinblick auf die notwendige Rechenzeit, im allgemeinen um 30% mehr als die Methode von *Winters*.
3. Wenn die Saisonstruktur nicht regelmäßig oszillatorisch ist, wird die Methode von *Harrison* zu komplex, sowie die Rechenzeit zu groß, so daß diese Methode für eine praktische Anwendung wenig sinnvoll erscheint.

1.4.3.2.4 Techniken zur Analyse von Zeitreihen mit starken Saisonalitäten nach Lewandowski

Die Behandlung der Saisonalität der Zeitreihen kann, wie wir bereits gesehen haben, sowohl in einem multiplikativen Ansatz:

$$S_t = \frac{X_t}{M_t}$$

als auch in einem additiven Ansatz:

$$S_t = X_t - M_t$$

erfolgen. Wie gezeigt wurde, ist die autoadaptative Behandlung der Saisonalität durch die Methode von *Brown* definiert durch die folgende rekursive Gleichung (im Fall eines multiplikativen Saisonalitätsansatzes):

$$M_t^{(1)} = M_{t-1}^{(1)} \cdot (1 - \alpha) + \alpha \cdot \frac{X_t}{S_t} \tag{1.81}$$

Diese Gleichung kann jedoch schlecht in dem Fall angewandt werden, wo die Zeitreihe starke Saisonalitäten aufweist, was z. B. bei den Absatzzahlen stark saisonbedingter Artikel der Fall ist, wie Badeanzüge, Medikamente gegen die Grippe, Eis usw.

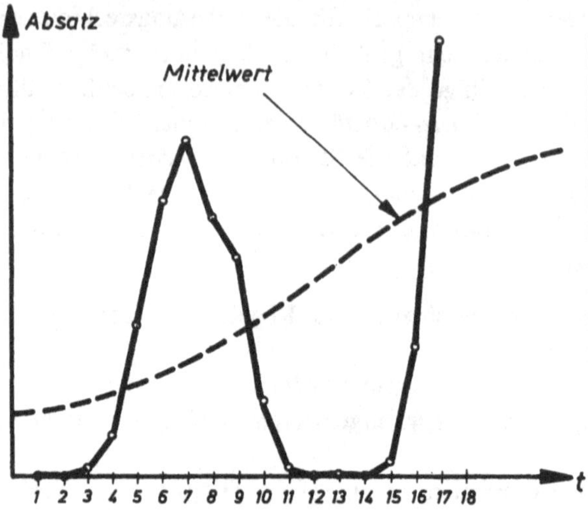

t	S_t
1	0
2	0
3	0,05
4	0,50
5	1,50
6	2,60
7	3,20
8	2,00
9	1,60
10	0,50
11	0,05
12	0

Abb. 1–48: Zeitreihe mit starker Saisonalität

Geht man davon aus, daß der Istwert eine zufallsbedingte Komponente ε_t aufweist, erhält man für den saisonbereinigten Mittelwert:

$$\frac{X_t}{S_t} = \frac{x_t + \varepsilon_t}{S_t} = \frac{x_t}{S_t} + \frac{\varepsilon_t}{S_t}$$

Da in der Vor- oder Nachsaison die Saisonkoeffizienten gegen Null streben, wird der saisonbereinigte Mittelwert also sehr von dem Zufallsfehler ε_t beeinflußt. Dieser Einfluß ist um so stärker, je kleiner der Wert für S_t ist. Ein numerisches Beispiel soll dieses Phänomen veranschaulichen. Nehmen wir an, daß der Absatz eines Produkts, das die folgende Saisonstruktur aufweist, zu behandeln sei:

t	1	2	3	4	5	6	7	8	9	10	11	12
S_t	0,01	0,01	0,02	0,02	0,90	3,00	4,00	3,00	1,00	0,03	0,005	0,005

Der mittlere Absatz im Monat Oktober (Periode 10) sei:

$$M_{10} = 1000$$

Geht man davon aus, daß das mittlere Absatzniveau konstant bleibt, dann wird man für den Monat November einen Absatz der folgenden Größenordnung erreichen:

$$E\{X_t\} = \hat{X}_{11} = M_{11} \cdot S_{11} = 1000 \times 0{,}005 = 5$$

Es soll jedoch hier davon ausgegangen werden, daß der tatsächliche Absatz, z. B. aufgrund einer klimatischen Phasenverschiebung, lautet:

$$X_{11} = 25$$

Legt man Formel (1.81) zugrunde, ergibt die Berechnung des Mittelwerts (mit $\alpha = 0{,}2$):

$$M_{11} = 0{,}8 \times 1000 + 0{,}2 \frac{25}{0{,}005} = 800 + 1000 = 1800$$

Wie man sieht, hat sich der saisonbereinigte Mittelwert im Vergleich zu dem zugrunde gelegten konstanten Mittelwert fast verdoppelt. Jeder Versuch, von diesem Moment an Prognosen zu erstellen, wird also irrelevant. Um diesen Effekt zu eliminieren, führt *Lewandowski* den Begriff des „dynamischen Filters" ein, der auf der Interpretation der Struktur der Saisonkoeffizienten S_t beruht. Wie gezeigt wurde, vervielfacht sich der Einfluß des zufallsbedingten Fehlers bei sinkenden Werten der Saisonkoeffizienten S_t für die Berechnung des Mittelwerts.

Es sei:

$$\tau_t = \frac{S_t}{S_{\max}}; \qquad 0 \leqq \tau \leqq 1 \tag{1.82}$$

wobei

S_t der Saisonkoeffizient in der Periode t ist und
$S_{\max}$ den maximalen Saisonkoeffizienten der Zeitreihe darstellt.

Je kleiner S_t wird, um so kleiner wird auch die obige Beziehung und um so stärker muß dieser multiplikative Effekt berücksichtigt werden. Um dies zu gewährleisten, ist es möglich, in die Berechnung des saisonbereinigten Mittelwerts eine adäquate Funktion einzuführen, die die Berücksichtigung dieser Faktoren τ_t erlaubt.
Kehren wir hier zu der Berechnung des Mittelwerts 1. Ordnung zurück:

$$M_t^{(1)} = M_{t-1}^{(1)}(1 - \alpha) + \alpha \frac{X_t}{S_t}$$

Die Abschwächung des multiplikativen Effekts der zufallsbedingten Fehler ε_t

bei kleinen Werten von S_t kann dadurch erreicht werden, daß der Glättungsparameter α reduziert wird. Man wird also entsprechend den für den Koeffizienten τ_t angenommenen Werten den zugrunde liegenden Parameter α modifizieren.

$$\alpha_t = \alpha^{(0)} \cdot \alpha^{(1)}(\tau_t) \tag{1.83}$$

$\alpha_t^{(1)}$ stellt die Filterfunktion dar, die in jeder Periode die relative Bedeutung der Veränderung der Istwerte X_t in Abhängigkeit der Saisonkoeffizienten berücksichtigt.

Drei Funktionstypen scheinen uns am besten den geläufigsten Fällen gerecht zu werden. Zunächst werden wir den linearen Typ mit zwei Phasen behandeln

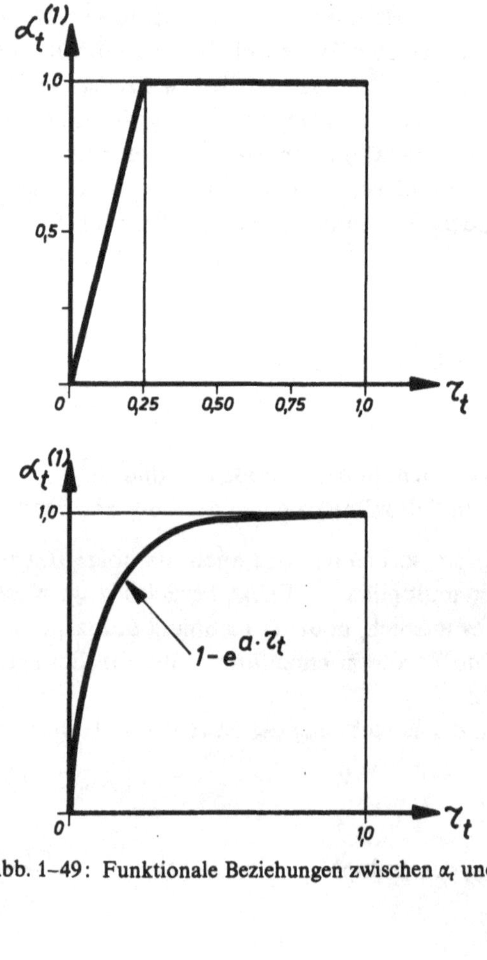

Abb. 1–49: Funktionale Beziehungen zwischen α_t und τ_t

(vergleiche Abb. 1–49). Die erste Phase entspricht den Zeitreihen, die keine großen Veränderungen in der Struktur ihrer Saisonkoeffizienten aufweisen und wobei für τ_t gilt:

$$1 \leqq \tau_t \leqq 0{,}25$$

In dieser ersten Phase beträgt der Koeffizient $\alpha_t^{(1)}$ konstant 1. In der zweiten Phase, der dem Fall starker Saisonalitäten entspricht, gilt für τ_t:

$$0{,}25 \leqq \tau_t \leqq 0$$

Hier nimmt der Koeffizient $\alpha_t^{(1)}$ linear ab.
Ähnlich läßt sich die Anwendung komplexerer Funktionen in Angriff nehmen, wie z. B. aus Abb. 1–49 ersichtlich.
Die numerische Behandlung des vorhergehenden Beispiels dieser Filtermethode ergibt:

$$\tau_{11} = \frac{0{,}005}{4{,}0} = 0{,}00125$$

Wendet man die lineare Zwei-Phasen-Funktion an (siehe Abb. 1–49), erhält man für $\alpha_t^{(1)} = 0{,}005$. Der Mittelwert der Periode 11 lautet in diesem Fall:

$$\alpha_{11} = 0{,}2 \times 0{,}05 = 0{,}001$$

$$M_{11} = (1 - \alpha_t) M_{10} + \alpha_t \cdot \frac{X_t}{S_t}$$

$$= (1 - 0{,}001) \cdot 1000 + 0{,}001 \cdot 5000 = 1004$$

Wie man sieht, ist der Einfluß der zufallsbedingten Fehler ε_t hier deutlich abgeschwächt, da man eine Mittelwertveränderung von nur $4^0/_{00}$ gegenüber 80% der klassischen Zeitreihenbehandlung verzeichnet.
Zusammenfassend kann man sagen, daß in diesem Fall der Behandlung multipler Zeitreihen die angewandte numerische Methode unbedingt die extremen Fälle der Zeitreihen berücksichtigen muß, die starken Saisonalitäten unterworfen sind. Man muß also auf die Anwendung der hier beschriebenen Methode zurückgreifen, wo der Faktor α für jede einzelne Zeitreihe deren charakteristische Saisonstruktur berücksichtigt. Der Faktor $\alpha_t^{(1)}$ wird, wie wir gesehen haben, im Fall der geläufigen Zeitreihen gegen 1, im Fall der Zeitreihen mit stareken Saisonalitäten aber automatisch gegen Null streben.

1.4.3.2.5 Behandlung der Kalender-Saisonalität

Man bezeichnet als Kalender-Saisonalität oder Extrasaisonalität den Sachverhalt, der aus den Schwankungen der Arbeitstage der verschiedenen Monate oder Perioden eines Jahres resultiert.
Die Anzahl der Arbeitstage eines Monats ist von Jahr zu Jahr verschieden aufgrund der variablen Fest- und Feiertage (wie z. B. Ostern, Pfingsten usw.) und kann so für bestimmte Perioden um mehr als 20% variieren. Um diese kalenderbedingten Schwankungen der Arbeitstage zu berücksichtigen, ist es notwendig, in das Prognosesystem einen zusätzlichen Faktor $S_t^{(2)}$ einzuführen:

$$X_{t,\theta} = \{M_t + T_t \cdot \theta\} \cdot S_t \cdot S_t^{(2)} \tag{1.84}$$

Dieser Faktor berücksichtigt die Kalenderstruktur, die von *Lewandowski* mit Hilfe der folgenden mathematischen Gleichung definiert wird:

$$S_t^{(2)} = 1 + \frac{N_t - A_t}{G_t} \cdot \lambda \tag{1.85}$$

wobei

N_t die Anzahl der normierten Tage des Monats t, d.h. den Mittelwert der Arbeitstage der Vergangenheit für diesen Monat,
A_t die Anzahl der in der Periode t betrachteten Arbeitstage bezeichnet.
G_t die Anzahl der Tage des untersuchten Monats bedeutet,
λ der Elastizitätskoeffizient der Nachfrage auf die Schwankungen der Arbeitstage ist.

Ist $\lambda > 0$, nimmt der Konsum zu, wenn die Anzahl der Arbeitstage abnimmt (im Vergleich zu der Norm $[N_t]$). Das ist z. B. der Fall bei feiertagsspezifischen Konsumgütern (Kuchen, Film, Freizeitobjekte).
Ist $\lambda = 0$, dann wird der Verbrauch nicht von den Schwankungen der Arbeitstage beeinflußt.
Ist $\lambda < 0$, nimmt der Konsum mit der Anzahl der Arbeitstage ab.
Die exakte Berechnung des Wertes von λ, der am besten der analysierten Zeitreihe entspricht, kann durch sukzessive Schätzungen ermittelt werden.
Entsprechend der Erklärung der Konsumschwankungen aufgrund von Kalenderschwankungen ist es möglich, jede andere Eigenschaft, die eine Extrasaisonalität anzeigt, zu erklären:

a) Einfluß der Temperatur
In diesem Fall werden in Formel (1.85) die normierten und realen Arbeitstage durch die normierten und tatsächlichen Temperaturen ersetzt. Tem-

peratureinflüsse sind insbesondere bei der Analyse des Elektrizitätsverbrauchs, des Benzinverbrauchs, des Getränkekonsums usw. zu berücksichtigen.

b) Einfluß anderer Zeitreihen, die man als Indikatoren betrachtet, z.B. die Änderung des Diskontsatzes, der Auftragseingänge usw.

Anmerkung

Die Berücksichtigung der Temperaturschwankungen hat nur eine praktische Bedeutung für den Analysebereich und weniger für den Prognoseteil. Trotzdem ist dieses Phänomen sehr wichtig, da die durch die Temperatur hervorgerufenen anormalen Absatzschwankungen so adäquat interpretiert und nicht als eine Mittelwertänderung auf den Trend betrachtet werden.

1.5 Einführung automatischer Kontrollmethoden in Prognosesysteme

1.5.1 Einführung

Die in den letzten Jahren entwickelten Prognosesysteme sind aufgrund ihrer Eigenschaften für eine automatische Berechnung auf elektronischen Datenverarbeitungsanlagen geeignet.
Die Anzahl der Zeitreihen, die in den meisten Unternehmen analysiert werden müssen, ist im allgemeinen sehr groß, selbst wenn das Sortiment der Firma beschränkt ist.
Zur Erstellung eines absatzorientierten Informationssystems ist es notwendig, eine Absatzhierarchie nach einer detaillierten Segmentation der Absatzzahlen aufzustellen. Eine solche Absatzsegmentation kann z.B. dadurch vorgenommen werden, daß die gesamten Absatzzahlen nach den verschiedenen Abnehmergruppen und Absatzgebieten bis zu den Verkaufsstellen hin gegliedert werden.
Unabhängig von dem zugrunde gelegten Prognosesystem muß gewährleistet sein, daß zu jedem Zeitpunkt das System der Dynamik des Marktes entspricht. Eine solche optimale Anpassung kann dadurch erreicht werden, daß die spezifischen Systemparameter (z.B. die Glättungsparameter) ständig der Marktdynamik angepaßt werden. Es handelt sich hier also darum, eine lau-

fende Kontrolle des Systems und seiner Reaktionen zu gewährleisten. Die enorme Anzahl der zu behandelnden Zeitreihen verhindert jede manuelle Steuerungsmöglichkeit des Prognosesystems, d. h. die Festlegung der optimalen Parameter zu jeder Periode und für jede Zeitreihe. Die in den letzten Jahren entwickelten automatischen Kontroll- und Steuerungstechniken gestatten, diese langwierigen und komplexen manuellen Interventionen auszuschalten. Dabei handelt es sich insbesondere um Tests aus der mathematischen Statistik und der Kybernetik, die auf einem bestimmten Signifikanzniveau entscheiden, ob die Prognosefehler als zufällig oder als systematisch zu betrachten sind. Von den Ergebnissen dieser Tests ausgehend, können entsprechende Korrekturen der zugrunde liegenden Parameter des Prognosesystems vorgenommen werden.

Brown führte in seinen Untersuchungen den Begriff des „Tracking-signal" (Abweichungssignal) ein. Dieses Abweichungssignal wird in der Mehrzahl der heutigen Programme angewandt, um die kritischen Reaktionen des zugrunde liegenden Prognosesystems aufzuzeigen. Außerdem kommen bestimmte kybernetische Ansätze für die Parametersteuerung der Prognosesysteme in Frage, indem die Abweichungssignale in die Prognosesysteme für die notwendigen automatischen Regulierungen integriert werden. Diese Autoregulationsverfahren führen dadurch zu einer Verbesserung der dynamischen Eigenschaften der autoadaptiven Prognosesysteme, conditio sine qua non für die funktionale Integration solcher Methoden in absatzorientierte Informationssysteme. Diese kybernetische Autoadaption hat für die Prognosesysteme folgende Bedeutung:

1. Die kybernetische Autoadaption verhindert, daß ein Team von Spezialisten mit der zu jeder Zeit erforderlichen optimalen Bestimmung der Parameter beschäftigt ist, was nicht nur langwierig und von zweifelhafter Qualität, sondern auch mit hohen Kosten verbunden ist.
2. Jedes schlechte Funktionieren des Modells (z. B. zu langsame Reaktionen auf die Marktentwicklung) läuft Gefahr, auch die Struktur der anderen Charakteristika der analysierten Zeitreihe zu verfälschen, beispielsweise die Saisonkomponente. Ist nämlich die Zeitreihe nicht hinreichend gut quantifiziert, erhält man automatisch eine schlechte Schätzung für den Wert der Saisonkomponenten. Deshalb hängt von einer solchen Autoregulation der Prognosesysteme die Effizienz ihrer Anwendung ab.
3. Die Struktur der Zeitreihen und deren Charakteristika wird von bestimmten marktbeeinflussenden Faktoren schnell verändert, wie z. B. durch die Einführung neuer Produkte, Preisänderungen, Technologieentwicklungen usw. Eine detaillierte Analyse der Abweichungssignale erlaubt sehr schnell

die Auffindung jeder signifikanten Änderung des Absatzniveaus, wodurch es den Verantwortlichen unter Anwendung des Prinzips des „Management by Exception“ möglich ist, den Schwerpunkt ihrer Aktivität festzulegen.

Im folgenden werden wir verschiedene dieser Methoden, die zu einer automatischen Kontrolle und Steuerung der Prognosesysteme führen, behandeln.

1.5.2 Einführung in das Prinzip der Kontrollgraphiken

Die ersten Methoden zur Kontrolle der Abweichungen von den sog. Normen wurden Anfang 1920 von *Shewart* und *Dudding* entwickelt. Diese Prinzipien, die auf dem Begriff der industriellen Qualitätskontrolle basieren, können als die Vorläufer der heutigen effizienteren Kontrollmethoden betrachtet werden. Diese Methoden gründen auf der Wahrscheinlichkeitstheorie, die im allgemeinen auf dem normalen Verteilungs- oder *Laplace-Gauss*-Gesetz basiert. Der Prognosefehler sei hier definiert durch:

$$\varepsilon_t = X_t - \hat{X}_t$$

und stellt demnach die Differenz zwischen dem Istwert X_t der Zeitreihe und dem Sollwert $\hat{X}_t$ (Prognose) für diese Periode dar.

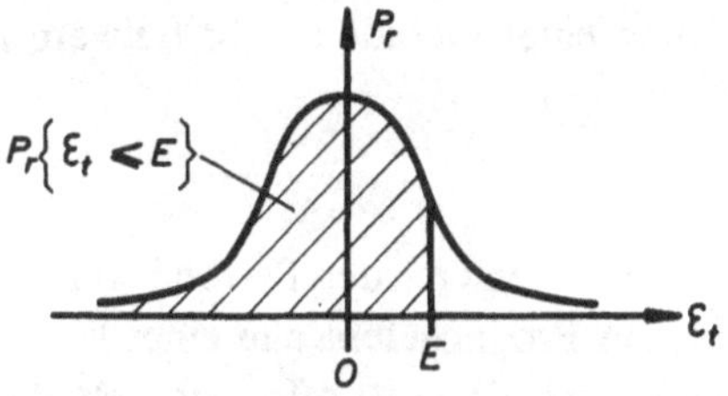

Abb. 1–50: Normalverteilung der Prognosefehler

Gehen wir davon aus, daß die Abweichungen ε_t normalverteilt seien mit einem Mittelwert 0 (d.h. es existiert kein systematischer Prognosefehler) und der Standardabweichung σ. Die Wahrscheinlichkeit dafür, daß der Prognosefehler kleiner gleich einem angegebenen Wert E ist, ist durch die sog. Normalverteilung gegeben.

Bekanntlich ist die Wahrscheinlichkeit dafür, daß ein Prognosefehler auftritt, der größer ist als $\pm 3\,\sigma$, kleiner als 0,3%, d. h. also, eine solche Abweichung ist äußerst unwahrscheinlich.

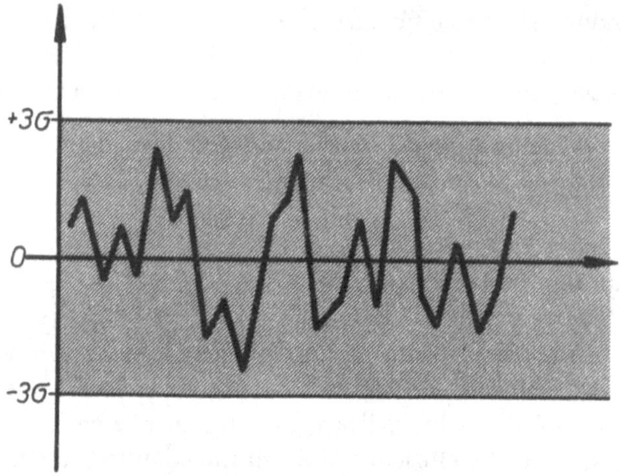

Abb. 1–51: Kontrollgrenzen der Prognosefehler

Taucht also bei einer Berechnung ein Prognosefehler auf, der über diesem angegebenen Wert ($\pm 3\,\sigma$) liegt, so kann man annehmen, daß das System nicht korrekt funktioniert, was z.B. auf eine Mittelwertänderung zurückgeführt werden kann.

Graphisch kann dieser Sachverhalt folgendermaßen analysiert werden:

Man legt zu beiden Seiten einer Geraden 0 (Mittelwert der Abweichung) die zwei Kontrollgrenzen

$$\pm 3\,\sigma$$

fest. Die Werte der Prognosefehler jeder Periode werden in diese Abbildung eingetragen. Übersteigt ein Prognosefehler in einer bestimmten Periode diese zwei fixierten Kontrollgrenzen, dann ist offensichtlich, daß von dieser Periode an das Prognosesystem nicht zufriedenstellend funktioniert. Dieses Verhalten des Prognosesystems kann sowohl von einer Mittelwert- als auch von einer Trendänderung herrühren. Es ist außerdem möglich, daß die Natur des stochastischen Prozesses der Prognosefehler eine dynamische Entwicklung aufweist, d.h. daß der Streubereich dieser Prognosefehler, der durch σ festgelegt ist, nicht mehr im Verlauf der Zeit als konstant betrachtet werden kann. In diesem Fall spricht man von einem nichtstationären stochastischen Prozeß (siehe Abbildung 1–52).

Abb. 1–52. verdeutlicht, daß die Überschreitung der Kontrollgrenzen nicht auf einer Änderung der Charakteristika des Prognosesystems oder schlechte Funk-

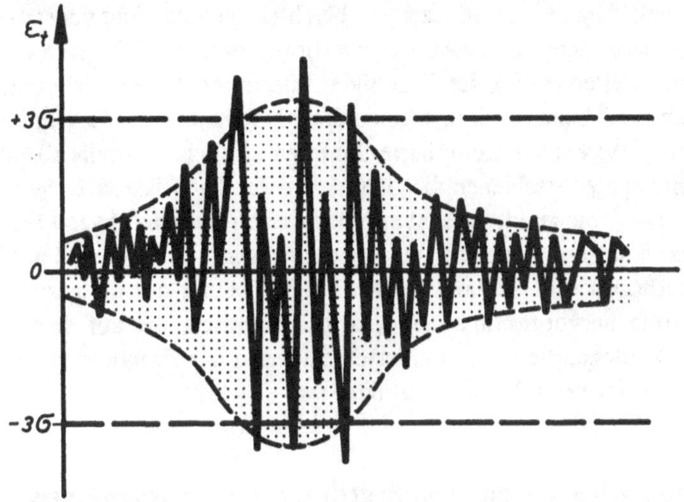

Abb. 1–52: Die zeitliche Veränderung des Streubereichs der Prognosefehler

tionsfähigkeit des Systems zurückzuführen ist, sondern auf die Tatsache, daß sich die Natur der stochastischen Fehler (Prognosefehler) geändert hat. In einem solchen Fall wird man Graphiken erstellen, die erlauben, den Wert der Standardabweichung zu dynamisieren, was auf eine Dynamisierung der Vertrauensgrenzen hinausläuft [s. 1.35a, Kap. 10]. Ein schwerwiegender Nachteil liegt allerdings darin, daß diese graphische Methode nicht in der Lage ist, die Autokorrelationseffekte der verschiedenen ε_t-Werte zu berücksichtigen.
Die Abweichungen ε_t werden hier als unabhängig betrachtet und analysiert. Wie noch gezeigt werden wird, führt dieses Kontrollsystem außerdem nicht notwendigerweise zu einer Überschreitung der Kontrollgrenzen $\pm 3\,\sigma$, obwohl eine Gesetzesänderung der Zeitreihe vorliegt. Um einige der Nachteile, die diese klassische Kontrollmethode aufweist, auszuschalten, sind praktische Regeln entwickelt worden, so z. B.:

1. Befinden sich n aufeinanderfolgende Abweichungen in dem gleichen Bereich der Kontrollgrenzen und überschreitet eine dieser Abweichungen einen bestimmten Wert, dann wird ein Signal ausgelöst (Hinweis auf eine mögliche Änderung der Charakteristika des Prognosesystems).
2. Trägt man zu beiden Seiten der Null-Linie zwei zusätzliche Kontrollgrenzen von $\pm 1\,\sigma$ ein, und überschreiten die Prognosefehler mehrmals hintereinander diese Grenzen, dann kann das ebenfalls auf ein schlechtes Funktionieren des Prognosesystems hinweisen.

Diese Regeln können die aufgezeigten Nachteile jedoch nicht vollständig eliminieren, insbesondere was die Autokorrelationen der Abweichungen anbetrifft[12]. Bestimmte weiterentwickelte Techniken, die unter der Bezeichnung „kumulierte Summen" bekannt sind, können diese Nachteile teilweise eliminieren.
Page führte 1954 schon kumulierte Summen in die industrielle Kontrolle ein. Fünf Jahre später erschienen die Grundzüge der Theorie von *Barnart*, die sog. „V-Methode", die zu interessanten numerischen Anwendungen führte.
Gegenstand unserer weiteren Ausführungen wird die Entwicklung der zwei Hauptmethoden sein, die aus der einfachen Theorie der industriellen Qualitätskontrolle hervorgegangen sind, d.h. Techniken, die auf dem Tracking-signal und solche, die auf kumulierten Summen der Prognosefehler, d.h. auf sog. *Cusum*-Kurven (Cumul Sum) basieren.

1.5.3 Methoden, die auf dem Begriff des Abweichungssignals (Tracking-Signal) basieren

Es handelt sich hierbei um eine Anwendung der industriellen Qualitätskontrolle, die auf kumulierten Summen der Prognoseabweichungen aufbaut. Geht die Funktion des Tracking-signal über bestimmte zu Beginn festgelegte Vertrauensgrenzen hinaus, dann wird dadurch ein schlechtes Funktionieren des Systems signalisiert. Im Rahmen der Abweichungssignal-Methoden werden wir hier die Methode von *Brown* und die Methode von *Trigg* und *Leach* behandeln.

1.5.3.1 Die Methode von Brown

Brown hat in seinen zwei Nachschlagewerken schon die Methode des Tracking--signals vorgeschlagen:
Falls das Tracking-signal die Vertrauensgrenzen überschreitet, dann müssen die Glättungsparameter des von *Brown* verwendeten Prognosesystems neu bestimmt werden.
Die Methode von *Brown* geht von den folgenden zwei Hauptcharakteristika aus:
1. Man definiert durch

$$\varepsilon_t = X_t - \hat{X}_t$$

[12] Detailliertere Angaben über diese verschiedenen Methoden sind dem Kapitel: „Continuous Expansion Schemes". Biometrica 41 (1954) zu entnehmen.

die Prognoseabweichung der Periode t, d.h. die Differenz zwischen dem Istwert in der Periode t und ihrem Sollwert (Prognose). Geht man von diesem Prognosefehler aus, dann kann die kumulierte Summe aller Prognosefehler bis zu der Periode t gebildet werden:

$$\sum_{t} \varepsilon_i = \sum_{t-1} \varepsilon_i + \varepsilon_t \tag{1.86}$$

2. Definiert man ferner durch *MAD* (mean absolute deviation) die mittlere absolute Prognoseabweichung:

$$MAD_t = \frac{1}{t} \sum_{i=1}^{i=t} |\varepsilon_i| \tag{1.87}$$

und verwendet für die Berechnung dieses Wertes von *MAD* eine iterative Näherungsformel, so erhält man:

$$MAD_t = (1-\gamma) MAD_{t-1} + \gamma \cdot |\varepsilon_t| \tag{1.88}$$

Der Vorteil dieser Näherungsformel entspricht dem von *Brown* eingeführten Prinzip des Exponential Smoothing:

1. Gegenüber der Formel (1.87) weist das durch Formel (1–88) definierte *MAD* dynamische Eigenschaften auf, da die letzten Prognoseabweichungen stärker gewichtet und somit besser der veränderlichen Struktur der ε_t-Werte angepaßt sind.
2. Um den Wert für *MAD* zu ermitteln, sind nur zwei Werte zu speichern und nicht, wie in Formel (1.86), die gesamten Vergangenheitsinformationen der ε_t.
3. Der Gewichtungskoeffizient γ gestattet, verschiedene Adaptationsgrade an die ε_t-Werte zu erreichen.

Geht man von den durch Formel (1.87) und Formel (1.88) berechneten Werten aus, so erhält man nach *Brown* für das Abweichungssignal (*AWS*) die folgende Beziehung:

$$AWS_t = \frac{\sum_{t} \varepsilon_i}{MAD_t} \tag{1.89}$$

Da dieses Abweichungssignal ein Wert ohne Dimension ist, kann man ihm eine Wahrscheinlichkeitsverteilung zugrunde legen. *MAD* ist in dem Fall, wo die Prognosefehler ε_t normalverteilt sind mit einem Mittelwert 0 und einer Standardabweichung σ, definiert durch:

$$MAD = E\{|\varepsilon_i|\} =$$

$$= \frac{2}{\sqrt{2\pi}\sigma} \int_0^\infty \varepsilon \cdot e^{-\frac{\varepsilon^2}{2\sigma^2}} d\varepsilon = \sqrt{\frac{2}{\pi}}\sigma \sim 0{,}7979 \cdot \sigma \tag{1.90}$$

Legt man Vertrauensgrenzen von $\pm 3\,\sigma$ fest, die der Wahrscheinlichkeit von 99,7% entsprechen, dann befindet sich das Abweichungssignal zwischen den folgenden zwei Grenzen:

$$AWS \leqq \frac{\pm 3\sigma_\varepsilon}{0{,}8\,\sigma_\varepsilon} \sim \pm 4 \tag{1.91}$$

Die von *Brown* vorgeschlagene Methode basiert also auf den Prinzipien der Kontrollgraphiken, was jedoch hier auf die kumulierte Summe der Prognosefehler bezogen wird.
Sobald das Abweichungssignal die oben aufgezeigten Kontrollgrenzen überschreitet, führt es eine Revision des Prognosesystems und insbesondere eine Aktualisierung der verwendeten Glättungsparameter herbei. Diese Aktualisierung der Glättungsparameter ist bezüglich ihrer numerischen Verarbeitung sehr aufwendig, da eine große Anzahl von Simulationen über das gesamte Vergangenheitsmaterial durchgeführt werden muß, um die neuen Parameterwerte zu finden, die man im allgemeinen als die optimalen Werte bezeichnet. *Brown* gibt Richtlinien an, wieviel Werte berücksichtigt werden müssen, um diese Optimierung durchzuführen. Hat das Abweichungssignal die zugrunde gelegten Vertrauensgrenzen überschritten, wird diese Überschreitung im allgemeinen zu einer neuen Bestimmung der Parameter führen, sei es durch

1. eine numerische Bestimmung der Parameter (z.B. durch eine Simulation) oder
2. durch eine willkürliche Festlegung der neuen Parameterwerte.

Nachdem die neuen Parameterwerte festgelegt sind, kehrt das Abweichungssignal nur sehr langsam auf die Null-Linie zurück. Da der Zähler in Formel (1.89) definiert ist durch:

$$\sum_{t+1} \varepsilon = \sum_{t} \varepsilon + \varepsilon_{t+1}$$

wird der Erwartungswert von ε_t von der Periode t an durch die Einführung der neuen Parameter wieder gegen Null tendieren. Da aber Σ_t den systematischen Fehler der Vergangenheitsperioden beinhaltet, wird das Abweichungssignal diese Verzerrung trotz der Veränderung der Parameter weiterhin aufweisen.

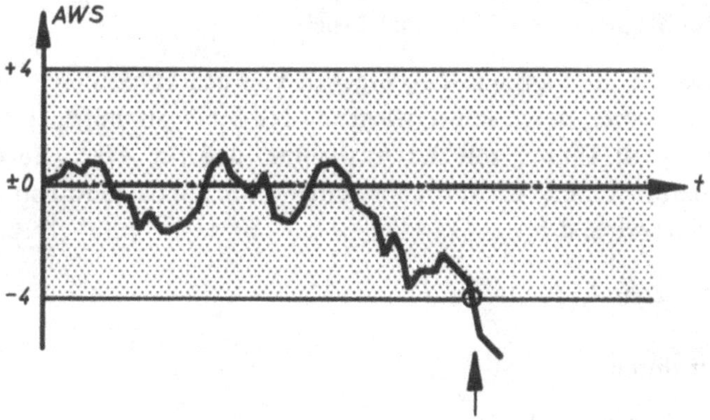

Abb. 1–53: Prinzip des Abweichungssignals nach BROWN

Daher muß im Fall der Neubestimmung der Parameter $\Sigma_t = 0$ gesetzt werden, bevor ein neuer Kontrollvorgang anlaufen kann. Liegt ferner eine Mittelwertänderung vor, tendiert das *AWS* gegen die festgelegten Vertrauensgrenzen. Wenn eine neue Mittelwertänderung in umgekehrter Richtung stattfindet, so signalisiert das *AWS* diese zweite Mittelwertänderung mit einer großen Zeit-

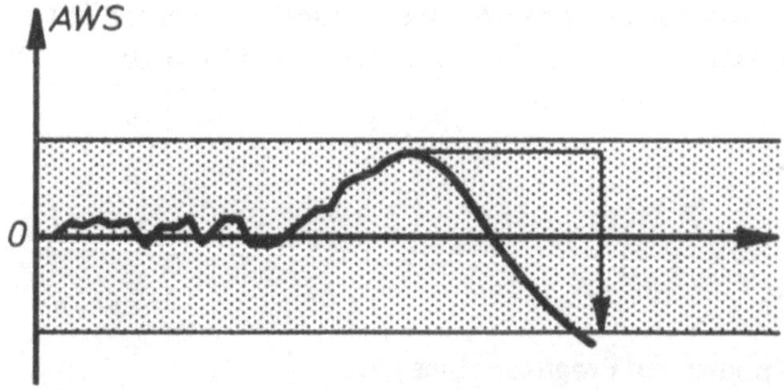

Abb. 1–54: Time-lag-Effekt des AWS zweier aufeinanderfolgender Mittelwertänderungen

verzögerung (Time-lag). Schließlich kann paradoxerweise ein Signal ausgelöst werden, wenn das System sehr gute Prognosen erstellt. Strebt *MAD* nämlich schneller gegen Null als Σ_t, dann überschreitet das Tracking-signal die Kontrollgrenzen, ohne daß ein schlechtes Funktionieren des Systems vorliegt[13].

[13] wenn $\varepsilon_j \to 0$; $j = t, t+1, \ldots$
dann erhalten wir:

$$AWS_j = \frac{\Sigma_j}{MAD_j} = \frac{\Sigma_t(1-\gamma_s)^{j-t}}{MAD_t(1-\gamma)^{j-t}} = AWS_t\left(\frac{1-\gamma_s}{1-\gamma}\right)^{j-t}$$

d.h. für $\gamma > \gamma_s$ nimmt das *AWS* exponentiell zu, obwohl kleine Prognosefehler vorliegen.

1.5.3.2 Die Methoden von Trigg und Leach

Die Methoden von *Trigg* und *Leach* gehen von den Hypothesen von *Brown* aus, versuchen aber, deren schwerwiegende Nachteile zu umgehen. Auch das Rechenprinzip ist ähnlich mit der Ausnahme, daß für *AWS* (Formel 1.89) die kumulierte Summe der Prognosefehler durch eine Gewichtung dieser Summe ersetzt wird, d.h.:

$$\sum_{t} \varepsilon_i = \sum_{t-1} \varepsilon_i + \varepsilon_t \tag{1.92}$$

wird ersetzt durch:

$$\Sigma_t^* = \gamma_s \cdot \varepsilon_t + (1 - \gamma_s) \cdot \Sigma_{t-1}^* \tag{1.93}$$

Diese Formel entspricht einer exponentiellen Gewichtung aller Prognosefehler ε_t der Vergangenheit, d.h. diese Summe Σ_t^* berücksichtigt stärker die jüngsten Prognosefehler. Ist in dieser Methode γ (der Gewichtungsfaktor für *MAD*) gleich γ_s (der Gewichtungsfaktor der Summe Σ_t^*), so kann das *AWS* in den Grenzen von ± 1 variieren. Der Koeffizient γ_s muß aber größer sein als der für die *MAD*-Berechnung verwendete Koeffizient γ, wenn die in der Methode von *Brown* aufgetretene Divergenz verhindert werden soll. Ferner läßt sich zeigen, daß die Vertrauensgrenzen des Tracking-signal eine Funktion des Parameters γ_s sind.

Es gilt[14]:

$$\Sigma_t^* = \sum_{t=0}^{\infty} \varepsilon_t \gamma_s (1 - \gamma_s)^i \tag{1.94}$$

und für die Varianz der Prognosefehler gilt:

$$\sigma_\Sigma^2 = \sum_{0}^{\infty} \{\gamma_s \sigma_\varepsilon (1 - \gamma_s)^i\}^2 \tag{1.95}$$

Diese Reihe ist konvergent mit der Summe:

$$\frac{\gamma_s^2 \sigma_\varepsilon^2}{1 - (1 - \gamma_s)^2} = \sigma_\varepsilon \frac{\gamma_s}{2 - \gamma_s} \tag{1.96}$$

Somit ist Σ_t^* eine normalverteilte Variable mit dem Mittelwert 0 und der Standardabweichung σ_Σ. Für σ_Σ gilt:

[14] Vgl. Formeln (1.5) und (1.7).

$$\sigma_\Sigma = \sigma_\varepsilon \sqrt{\frac{\gamma_s}{2-\gamma_s}} \tag{1.97}$$

und annähernd:

$$\sigma_\Sigma = 1{,}2 \cdot MAD_t \sqrt{\frac{\gamma_s}{2-\gamma_s}}$$

Es ist also möglich, Vertrauensgrenzen von $\pm 2\,\sigma$ für das Tracking-signal zu berechnen. Das Abweichungssignal ist bekanntlich definiert durch:

$$AWS_t = \frac{\Sigma_t^*}{MAD_t}$$

und es gilt für diese Vertrauensgrenzen von $\pm 2\,\sigma$:

$$|AWS_t| \leqq 2{,}4 \sqrt{\frac{\gamma_s}{2-\gamma_s}} \tag{1.98}$$

Die Vertrauensgrenzen für $\gamma_s = 0{,}1$ liegen in diesem Fall bei $\pm 0{,}55$.
Diese Überlegungen berücksichtigen aber nicht die Tatsache, daß große Prognosefehler auf eine zu heftige Reaktion des Prognosesystems zurückgeführt werden können. Es muß deshalb daran erinnert werden, daß das Tracking-signal nur für die Auffindung systematischer Fehler angewendet werden kann, nicht aber für die Auffindung der Prognosefehler, die aus der Anwendung zu hoher Glättungskoeffizienten resultieren (siehe 1.4.1.2.1 a)).

1.5.3.3 Die Methode der kumulierten Summen: die Cusum-Kurven

Verschiedene Autoren haben Kontrollmethoden vorgeschlagen, die auf kumulierten Prognosefehler basieren. Diese Kontrolltechniken greifen auf statistische Tests zurück, mittels derer man in der Lage ist, die Störungen des Prognosesystems aufzufinden und den Zeitpunkt anzugeben, wo neue Parameter einzuführen sind. Diese Methode wird als die „*Cusum*-Methode" bezeichnet. Gehen wir davon aus, daß die Prognosefehler normalverteilt seien mit einem Mittelwert 0 und einer Standardabweichung σ_t. Die kumulierte Summe dieser Abweichungen lautet dann:

$$\Sigma_t = \sum_{i=0}^{t} \varepsilon_i$$

Die Abweichungen ε_t sollen unabhängig sein; die Summe der Abweichungen Σ_t ist folglich eine normalverteilte nichtstationäre Variable mit dem Mittelwert 0 und der Varianz:

$$\sigma_\Sigma^2 = \sigma_\varepsilon^2 \cdot t$$

Geht man für diese Variable Σ_t (kumulierte Summe der Abweichungen) von einem Signifikanzniveau von 96% aus, d.h. von $\sigma_t = \pm 2$, dann gilt für Σ_t:

$$\Sigma_t \leqq 0 \pm 2 \cdot \sigma_\varepsilon \sqrt{t} \tag{1.99}$$

Es handelt sich hier also darum, in jeder Periode festzustellen, ob die ermittelte Summe der Prognosefehler Σ_t innerhalb des obengenannten Vertrauensbereichs $\pm 2\,\sigma_\varepsilon \sqrt{t}$ liegt, was graphisch durch die Parabel der Abb. 1–55 verdeutlicht werden kann.

Schneidet Σ_t (*Cusum*) diese Parabel, dann liegt eine Fehlsteuerung des Prognosesystems vor. Diese Fehlsteuerung kann allerdings nur mit einem Timelag von θ Perioden aufgedeckt werden. Falls die Fehlsteuerung an der Stelle t_i auftritt, zeigt die Methode diese Fehlsteuerung erst in der Periode $t_j(t_i + \theta)$ an. Wenn man annimmt, daß von der Periode t_i an die Prognosefehler nicht um die Null-Linie streuen, (d.h. es liegt ein systematischer Prognosefehler vor) sondern um ein durch Δ verschobenes Niveau (Δ entspricht einem systematischen Prognosefehler), so tendiert Σ nicht gegen Null, wie das bis zu der Periode t_i der Fall war, sondern gegen:

$$\sum_{i=ti}^{t_i+\theta} \varepsilon_i = \theta \cdot \Delta$$

wobei Δ den konstanten Wert dieser Fehlsteuerung angibt.

Es gilt also:

$$\Sigma_{t+\theta} = \sum_{i=0}^{t} \varepsilon_i + \sum_{i=t_i}^{\theta} \varepsilon_i = \theta \cdot \Delta$$

d.h. in dem Fall konstanter systematischer Prognosefehler (Δ) wird die Methode von einer bestimmten Periode an diese Fehlsteuerung anzeigen, d.h. es gilt für $\theta \cdot \Delta$:

$$\theta \cdot \Delta \geqq 2\sigma \sqrt{t_i} + \theta \tag{1.100}$$

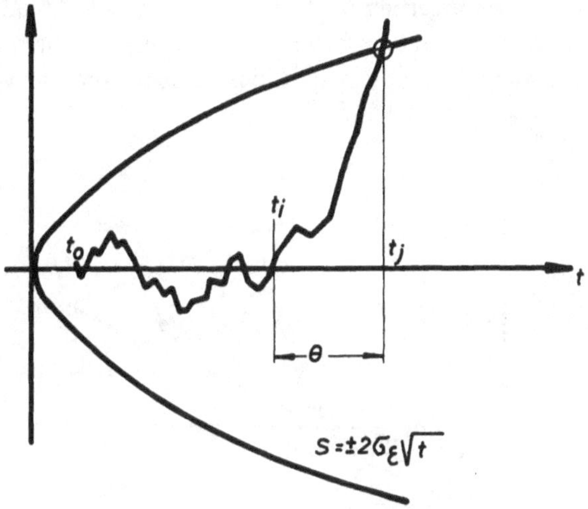

Abb. 1–55: Prinzip der „CUSUM"-Methode

Somit kann das Time-lag (θ), das bei der Auffindung der Fehlsteuerung vorliegt, durch folgende Gleichung definiert werden:

$$\theta = \frac{2 + 2\sqrt{1 + t_i\left(\frac{\Delta}{\sigma}\right)^2}}{\left(\frac{\Delta}{\sigma}\right)^2}$$

Diese Gleichung zeigt, daß die zeitliche Auffindung der Fehlsteuerung des Prognosesystems hier abhängig ist von der Periode t_i, wo diese Fehlsteuerung zum erstenmal aufgetreten ist. Dieser Nachteil läßt sich jedoch einfach ausschalten: Transformiert man die Parabel, indem man ihre Konkavität im Ursprungssinn der Zeitachse dreht, erhält man für:

$$\theta \cdot \Delta \geqq 2\sigma\sqrt{\theta}$$
$$\theta^2 \Delta^2 = 4 \cdot \sigma^2 \theta$$

und schließlich für die Zeitverzögerung der Auffindung dieser Fehlsteuerung:

$$\theta = 4\left(\frac{\sigma_\varepsilon}{\Delta}\right)^2 \quad (1.101)$$

d.h. die Auffindungsverzögerung θ ist abhängig von dem Quadrat der Fehlsteuerung Δ, was gestattet, ein einfaches numerisches Verfahren anzuwenden. Dieses Verfahren kann folgendermaßen beschrieben werden, wie Abb. 1–56 zeigt:

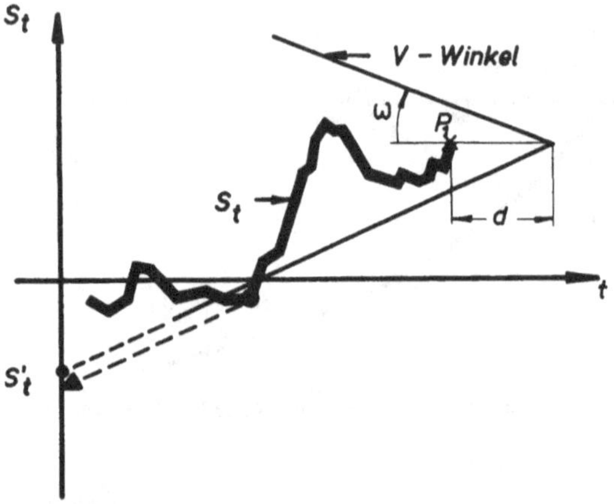

Abb. 1–56: Graphische Darstellung der numerischen Berechnung der CUSUM-Methode

In jeder Periode wird der *Cusum*-Wert Σ_t berechnet, und anstelle der Parabel werden winkelförmige Vertrauensgrenzen festgelegt. Der Grad dieses Winkels ist durch $2\,\omega$ gegeben. Die numerische Berechnung dieser Methode lautet:

1. Zu jeder Periode t wird der *Cusum*-Wert Σ_t ermittelt.
2. Der Wert von Σ_t zu der Periode t wird mit Hilfe des Winkels Ω auf die Σ_t-Achse projiziert (Σ_t').
3. Gespeichert werden allerdings nur die Σ_t'-Werte, deren Projektionen ein Maximum (Minimum) aufweisen.
4. Zu jeder Periode wird der *V*-Winkel auf die Σ_t-Achse projiziert. Diese Projektion gibt zu jeder Periode den maximalen Streubereich der Σ_t'-Projektionen an.
5. Wenn im Laufe der Analyse ein Σ_t'-Wert die Projektion des *V*-Winkels auf der Σ_t-Achse überschreitet, weist diese Überschreitung auf einen systematischen Prognosefehler hin.

Für die Bestimmung der spezifischen Parameter des *V*-Winkels ($\omega + d$) sind numerische Tabellen erstellt worden [1.72].
Diese Methode gestattet also, die Periode zu bestimmen, von der ab eine Fehl-

steuerung aufgetreten ist. In diesem Fall kann von dieser Periode an interveniert werden, und die Parameter des Prognosesystems können neu bestimmt werden.

Schlußfolgerung

1. Die *Cusum*-Methode besitzt gegenüber den klassischen Methoden des Tracking-signal den Vorteil, daß sie die Periode anzeigt, wo eine Fehlsteuerung aufgetreten ist, so daß von dieser Periode an neue Prognosen erstellt werden können.
2. Die Berechnung der notwendigen Parameter d und ω ist äußerst schwierig, selbst bei einer automatischen Berechnung auf dem Computer (die oben genannten Tabellen müssen also gespeichert werden).
3. Ferner liefert diese Methode wie die klassischen Methoden des Tracking-signal keine Angaben über die Werte der neu zu verwendenden Parameter.
4. In dem Fall, daß die Prognoseparameter zu groß gewählt wurden, ist eine heftige Reaktion des Prognosesystems die Folge. Die *Cusum*-Methode ist nicht in der Lage, auf diesen Sachverhalt hinzuweisen.

1.6 Optimale Bestimmung der spezifischen Parameter eines Prognosesystems

Bei der Anwendung eines kurzfristigen Analyse- und Prognosesystems besteht das Hauptproblem in der optimalen Bestimmung seiner spezifischen Parameter. Um den Stellenwert dieses Problems zu verdeutlichen, sei darauf hingewiesen, daß seit der ersten Veröffentlichung der exponentiellen Glättungsmethoden vor 15 Jahren nur wenige Unternehmen zur Zeit solche Methoden kontinuierlich für kurzfristige Prognosen anwenden. Dieser Zustand kann fast ausschließlich auf die Schwierigkeiten einer optimalen Definition der systemspezifischen Koeffizienten oder Parameter zurückgeführt werden. Da also das zentrale Problem der Anwendung kurzfristiger Prognosemethoden in der optimalen Wahl der Parameter besteht, sollen in folgenden Methoden zur optimalen Parameterbestimmung einer detaillierteren Analyse unterzogen werden. Wie in 1.9 gezeigt werden wird, kann das Optimalitätskriterium für die Prognosegenauigkeit definiert werden durch:

$$\sigma_\theta = \left\{\frac{1}{n} \sum_n \varepsilon_{t,\theta}^2\right\}^{\frac{1}{2}}$$

wobei

ε den Prognosefehler,
θ den Prognosehorizont und
σ die Standardabweichung der Prognosefehler darstellt.

Ist also eine Zeitreihe mit den Istwerten $X_1, X_2, X_3 \ldots X_t$ zu behandeln, und wendet man ein Prognosesystem an, das die zwei spezifischen Parameter α und β beinhaltet, so stellen die in jeder Periode erstellten Prognosen eine Funktion der verschiedenen Werte der Zeitreihe, als auch der zwei Parameter α und β dar:

$$\hat{X}_2 = f(X_1, X_2, \alpha, \beta)$$
$$\hat{X}_3 = f(X_1, X_2, X_3, \alpha, \beta)$$
$$- - - - - - - - - - - - - - -$$
$$\hat{X}_t = f(X_1, X_2, \cdots, X_t, \alpha, \beta)$$

Der Prognosefehler ist somit eine Funktion der verschiedenen Zeitreihenwerte als auch der angewandten Parameter:

$$\varepsilon_3 = X_3 - \hat{X}_{2,1} = f(X_3, X_2, X_1, \alpha, \beta)$$
$$\varepsilon_4 = X_4 - \hat{X}_{3,1} = f(X_4, X_3, X_2, X_1, \alpha, \beta)$$
$$\text{-----------------}$$
$$\varepsilon_t = X_t - \hat{X}_{t-1,1} = f(X_t, X_{t-1}, \cdots, X_1, \alpha, \beta)$$

Da man aber hier davon ausgeht, daß die Zeitreihe aus bekannten Istwerten besteht, läßt sich ableiten, daß der Prognosefehler, der aus der Anwendung des zugrunde gelegten Prognosesystems für diese Zeitreihe resultiert, eine Funktion der zwei Parameter α und β ist:

$$\varepsilon_t = f(\alpha, \beta)$$

Daraus folgt, daß das Optimalitätskriterium der Prognosegenauigkeit:

$$\sigma = f(\varepsilon) = f(\alpha, \beta)$$

eine Funktion der Parameter α und β ist.
Im folgenden werden wir zwei große Kategorien von Methoden untersuchen, die zu einem Minimum dieser Funktion σ und folglich zu einer optimalen Definition dieser zwei Parameter α und β führen. Diese Methoden sind:

1. die statischen Methoden,
2. die dynamischen Methoden.

1.6.1 Statische Methoden zur Untersuchung der Parameter

Zur Verdeutlichung dieser Methoden werden wir zunächst davon ausgehen, daß man ein Prognosesystem anwendet, das nur einen einzigen Parameter α beinhaltet. Das Optimalitätskriterium ist somit gegeben durch:

$$\sigma = f(\alpha)$$

d.h. also, σ ist eine Funktion des Parameters α.
Die Untersuchung des Parameters, der diese Funktion optimiert (d.h. zum Minimum dieser Funktion führt), kann mit Hilfe der folgenden Methoden durchgeführt werden:

1. Geht man von der Zeitreihe X_t aus, so können von einem Anfangswert α_0 an für die verschiedenen Vergangenheitsperioden die folgenden Prognosen erstellt werden:

$$\hat{X}_2, \hat{X}_3, \hat{X}_4, \cdots, \hat{X}_t$$

Anschließend können die Prognosefehler jeder dieser Vergangenheitsperioden ermittelt werden:

$$\varepsilon_2, \varepsilon_3, \varepsilon_4, \ldots, \varepsilon_t$$

Schließlich erhält man den gesuchten Wert von σ:

$$\sigma(\alpha_0) = \left\{\frac{1}{t-1} \sum \varepsilon_i^2\right\}^{\frac{1}{2}} \tag{1.102}$$

2. Hat man diese retrospektive Prognoseanalyse der gegebenen Zeitreihe durchgeführt, so kann man einen neuen Wert für den Parameter wählen, wie z. B.:

$$\alpha_1 = \alpha_0 + \Delta\alpha \tag{1.103}$$

Mit Hilfe dieses neuen Parameterwertes wird die retrospektive Prognoseanalyse wiederholt, was zu einem neuen Wert von σ führt:

$$\sigma(\alpha_1)$$

3. Man verringert (oder erhöht) den Wert von α_i solange:

$$\alpha_i = \alpha_{i-1} + \Delta\alpha$$

bis gilt:

$$\sigma(\alpha_{i-1}) < \sigma(\alpha_{i-2})$$

In dem Fall, wo diese Ungleichung nicht erfüllt ist, liegt eine Überschreitung des Minimums der Funktion σ vor. Man reduziert in diesem Fall die Untersuchungsschritte ($\Delta\alpha$) z. B. auf $\Delta\alpha/4$ und führt die Untersuchung in umgekehrter Richtung durch:

$$\Delta\alpha := -\frac{\Delta\alpha}{4} \tag{1.104}$$

4. Wie in 2. dargestellt, wird die retrospektive iterative Analyse solange durchgeführt, bis das Minimum überschritten ist, d. h. bis die in 3. definierte Ungleichung nicht mehr erfüllt ist. Im allgemeinen wird diese iterative Prozedur dann beendet, wenn die Veränderung zwischen zwei Iterationen zwischen 1 und 5% liegt, d. h. wenn gilt:

$$\left|\frac{\sigma_j - \sigma_{j-1}}{\sigma_j}\right| \leqq 0{,}05 \tag{1.105}$$

Ist diese Bedingung erfüllt, ist sicher, daß man mit diesem angegebenen Genauigkeitsgrad das gesuchte Minimum gefunden hat[15], d.h. den Wert von α_{opt}, der die Prognosegenauigkeit des angewandten Prognosesystems optimiert (siehe Abb. 1–57).

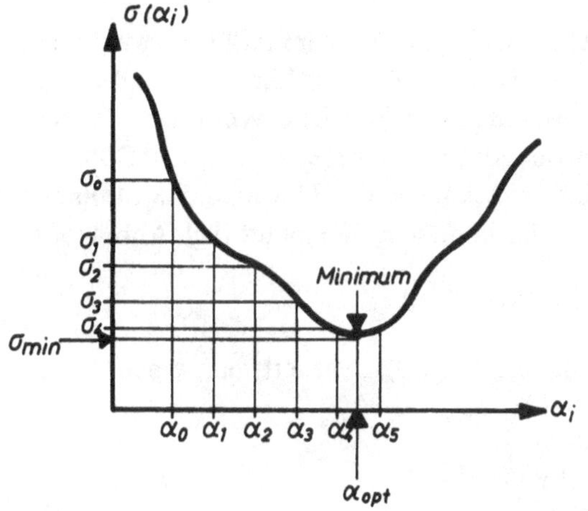

Abb. 1–57: Graphische Darstellung der „Ein-Parameter-Optimierungsmethode"

Im allgemeinen verlangt die Auffindung des Minimums der Prognosefehler im Fall eines einzigen Parameters durchschnittlich 10 bis 15 Simulationen (retrospektive Prognose der Zeitreihe). Sind jedoch mehrere Parameter zu optimieren, wie z. B. im Fall einer Zeitreihe mit einer Saisonalität, können die nachstehenden Techniken angewandt werden, die auf dem hier beschriebenen Prinzip basieren.

1.6.1.1 Die Methode von Friedman

Die Methode von *Friedman* [1.52a] besteht darin, zunächst nur einen Parameter zu optimieren, und den oder die anderen Parameter konstant zu halten. Man erhält in diesem Fall den folgenden Optimierungsprozeß:

[15] Dies gilt nur in dem Fall, wo es sich um eine unimodale Funktion σ handelt, d. h. wo nur ein Minimum vorliegt. In der Praxis findet man jedoch multimodale Funktionstypen vor. Deshalb müssen verschiedene Analysen durchgeführt werden, um die Gefahr der Auffindung eines Scheinminimums auszuschalten.

1°) $\underset{\alpha}{\text{Min}}\, \sigma\{\alpha, \beta, \gamma, \ldots\} = \sigma\{\alpha_{\min}, \beta, \gamma \ldots\}$

2°) $\underset{\beta}{\text{Min}}\, \sigma\{\alpha_{\min}, \beta, \gamma, \ldots\} = \sigma\{\alpha_{\min}, \beta_{\min}, \gamma \ldots\}$

- - - - - - - - - - - - - - - - - - - -

Diese Rechentechnik ist in Abb. 1–58 im Fall von zwei Parametern dargestellt, wobei die sog. Iso-Niveaus diejenigen Linien darstellen, auf denen die Funktion $\sigma\{\}$ (Prognosegenauigkeit) gleiche Werte hat. In diesem Fall geht die Optimierung von den Anfangswerten α_0 und β_0 aus. Durch Variation des Parameters β (α_0 bleibt hier konstant) erhält man das Minimum der Funktion σ für den Wert $\beta_{\min}$, das in diesem Fall lautet (vgl. Abb. 1–58):

$$\underset{\beta}{\text{Min}}\, \sigma = \sigma\{\alpha_0, \beta_{\min}\} = 55$$

Ausgehend von diesem Wert $\beta_{\min}$ variiert man α neu, bis man das Minimum von σ gefunden hat für $\alpha_{\min}$:

$$\underset{\alpha}{\text{Min}}\, \sigma = \sigma\{\alpha_{\min}, \beta_{\min}\} = 45$$

Man kann nun versuchen, von diesen zwei Werten $\alpha_{\min}$ und $\beta_{\min}$ ausgehend, eine Verbesserung der Prognosegenauigkeit zu erreichen. Man wiederholt diesen Variationsprozeß der Parameter α und β, bis der gewünschte Genauigkeitsgrad der gesuchten Funktion erreicht ist, d.h. in diesem Fall, wenn gilt:

$$\sigma\{\alpha^*_{\min}, \beta^*_{\min}\} = 30$$

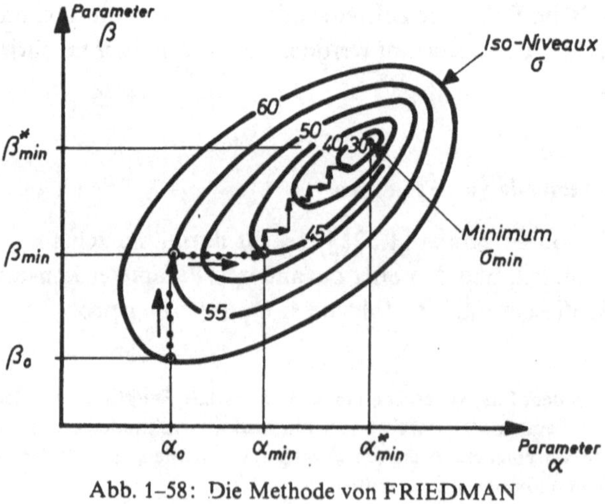

Abb. 1–58: Die Methode von FRIEDMAN

Diese Methode gestattet die Auffindung des Minimums der Funktion σ, sofern die Iso-Niveaus keine Spitzen aufweisen, d.h. Unstetigkeiten der partiellen Ableitungen vorliegen. Im übrigen gilt die Beschränkung der Unimodalität analog zum oben beschriebenen eindimensionalen Fall. Im Fall von zwei Parametern sind ca. 40, bei drei Parametern ca. 90 Simulationen notwendig, um das Minimum hinreichend gut zu approximieren.

1.6.1.2 Das Gradienten-Verfahren

Das sog. Gradienten-Verfahren basiert auf der Untersuchung der Richtung des stärksten Wachstums der Zielfunktion, hier der Funktion σ (Prognosegenauigkeit). Wir nehmen zunächst an, daß wir eine Untersuchung (Simulation der Vergangenheitswerte der Zeitreihe) mit den Anfangswerten der Parameter α_0 und β_0 vornehmen. Zusätzlich führen wir an dieser Stelle zwei weitere Untersuchungen für jeweils kleine Variationen dieser Parameter durch, d.h. für $\alpha_0 + \Delta\alpha$ und für $\beta_0 + \Delta\beta$. Diese drei Untersuchungen führen z.B. zu den folgenden Werten von σ (vgl. Abb. 1–59):

$$\sigma^{(1)}\{\alpha_0, \beta_0) = 60$$

$$\sigma^{(2)}\{\alpha_0 + \Delta\alpha, \beta_0\} = 58$$

$$\sigma^{(3)}\{\alpha_0, \beta_0 + \Delta\beta\} = 59{,}8$$

Der Gradient-Vektor weist an der Stelle α_0 und β_0 folgende Richtung auf, die definiert werden kann durch:

$$\begin{aligned} \Delta\alpha_0 &= \frac{\sigma^1 - \sigma^2}{\sigma^1} \cdot \lambda = \frac{60\text{–}58}{60} \cdot \lambda = 0{,}033\,\lambda \\ \Delta\beta_0 &= \frac{\sigma^1 - \sigma^3}{\sigma^1} \cdot \lambda = \frac{60 \cdot 59{,}8}{60} \cdot \lambda = 0{,}003\,\lambda \end{aligned} \tag{1.106}$$

λ wird hier die Schrittlänge genannt[16]. Somit ist es möglich, von dem Iterationspunkt α_0, β_0 zu dem nächsten Iterationspunkt α_1, β_1 mit Hilfe der folgenden Beziehung zu schreiten:

$$\alpha_1 = \alpha_0 + \Delta\alpha_0 = \alpha_0 + 0{,}003 \cdot \lambda$$

$$\beta_1 = \beta_0 + \Delta\beta_0 = \beta_0 + 0{,}003 \cdot \lambda$$

An dieser Stelle α_1, β_1 können in entsprechender Weise drei weitere Unter-

[16] Für die optimale Bestimmung der Schrittlänge λ sind verschiedene Verfahren entwickelt worden, deren Erörterung hier zu weit führen würde.

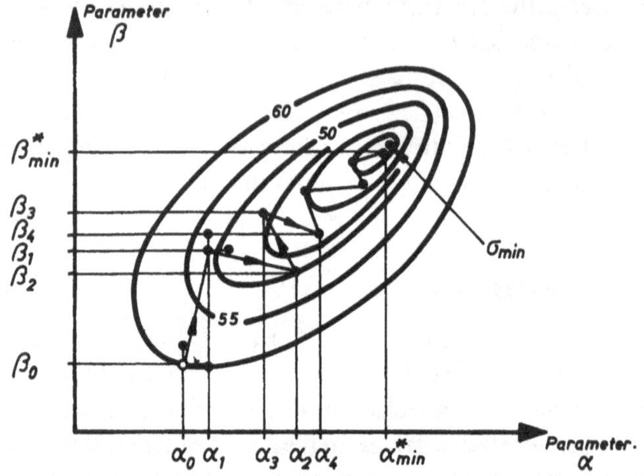

Abb. 1–59: Das Gradienten-Verfahren

suchungen durchgeführt werden, um die neuen Gradienten an der Stelle α_i, β_i zu bestimmen, und um so die neue Untersuchungsrichtung festzulegen. Nach einer bestimmten Anzahl von Iterationsschritten wird das gesuchte Minimum erreicht. Abb. 1–59 verdeutlicht das Gradienten-Verfahren. Im Vergleich zu den anderen Methoden zur optimalen Bestimmung der spezifischen Parameter eines Prognosesystems verlangt diese Methode eine geringere Anzahl von Simulationen, so genügen z. B. zur Optimierung von zwei Parametern im allgemeinen 20 Simulationen.

1.6.1.3 Unzulänglichkeiten und Gefahren der statischen Optimierungsmethoden der Parameter

Die verschiedenen hier behandelten Methoden führen nach einer bestimmten Anzahl von Simulationen der Zeitreihe zu der sog. „optimalen" Definition der Parameter des Prognosesystems. Jedoch basieren diese Optimierungsmethoden auf der Hypothese, daß die systemspezifischen Parameter im Verlauf der Zeit konstant bleiben. Diese statische Konzeption entspricht jedoch nicht der Analyse nichtstationärer Zeitreihen, d. h. dem Fall, wo die Grundcharakteristika der Zeitreihe stark im Verlauf der Zeit variieren. Abb. 1–60 stellt den Absatz eines Produkts dar, das die folgenden drei Hauptphasen aufweist:

Phase 1 Die Absatzzeitreihe weist keine signifikante Änderung des Mittelwerts auf, jedoch einen starken Anteil von Zufallseinflüssen. In diesem Fall ist eine genaue Filtrierung dieser Zufallsschwankungen erforderlich. Diese Filtrierung wird dadurch erreicht, daß für α_0 ein kleiner Wert zugrunde gelegt wird (es wird hier z. B. von der Anwendung der *Brown*schen exponentiellen Glättungsmethode ohne Saisonalität ausgegangen).

Phase 2 Die Zeitreihe stellt eine signifikante Änderung des Mittelwerts dar, wobei der Einfluß der zufallsbedingten Fehler vernachlässigt werden kann. Die Optimierung dieses Mittelwerts wird in diesem Fall mit Hilfe eines relativ großen Wertes des Parameters α durchgeführt. Je kleiner der zufallsbedingte Fehler der Zeitreihe in dieser Phase gegenüber der Mittelwertänderung ist, um so größer muß α sein.

Phase 3 In dieser Phase weist der Mittelwert wieder eine relativ stabile Entwicklung auf, so daß die signifikanten Mittelwertänderungen praktisch vernachlässigt werden können gegenüber den zufallsbedingten Veränderungen, die die Zeitreihe in dieser Phase aufweist. Eine optimale Adaptation des Prognosemodells kann durch die Anwendung eines kleinen Glättungsparameters α erreicht werden.

Wendet man statische Optimierungstechniken des Parameters α an, erhält man einen „optimalen" Wert von α, der jedoch nur als ein mittlerer optimaler Wert betrachtet werden kann. Obwohl effiziente Methoden zur optimalen Bestimmung dieses Parameters angewandt werden können, kann dieser keinesfalls

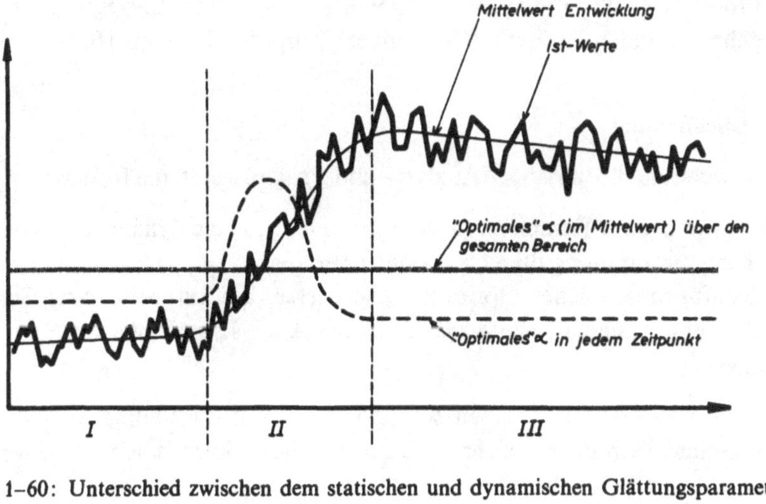

Abb. 1–60: Unterschied zwischen dem statischen und dynamischen Glättungsparameter α

als optimal in jeder Periode der Zeitreihe betrachtet werden. So ist z. B. in dem oben zitierten Fall der gefundene Wert von α_{opt} während der drei Phasen inadäquat: In Phase 1 ist dieses α_{opt} zu groß und führt zu einer schlechten Filtrierung der zufallsbedingten Schwankungen, was starke Mittelwertänderungen der Zeitreihe hervorruft. In Phase 2 ist der gefundene Wert von α_{opt} zu klein, was eine schnelle Adaptation des gesuchten Mittelwerts an den tatsächlichen Mittelwert der Zeitreihe verhindert und somit ebenfalls zu schlechten Prognosen führt. In Phase 3 ist der gefundene Wert von α_{opt} aus dengleichen Gründen wie in der Phase 1 zu groß und führt ebenfalls zu einer schlechten Filtrierung.

Schlußfolgerung

Die statischen Parameter-Optimierungsmethoden (für den Fall, daß die Parameter im Verlauf der Zeit konstant bleiben) weisen nicht die optimalen Eigenschaften auf, die für eine effiziente Behandlung von Zeitreihen erforderlich sind. Obwohl die exponentiellen Glättungsmethoden seit über 15 Jahren bekannt sind und als sehr effiziente kurzfristige Prognosemethoden betrachtet werden können, führt ihre Anwendung zu nicht befriedigenden Ergebnissen, da sie in den meisten Fällen von einer statischen Optimierung der Parameter ausgehen. Darüber hinaus mußten viele Unternehmen auf eine systematische Anwendung dieser statischen Methoden aufgrund der hohen Rechenzeit und der daraus resultierenden Kosten verzichten. So z. B. beträgt die notwendige Rechenzeit für die Bestimmung des Parameters α im Fall einer Analyse von mehr als 100 Absatzzeitreihen mit Hilfe des quadratischen Saisonsystems: 100 Produkte $\times$ 40 Iterationen $\times$ 50 Werte $X_t = 200000$ Einzelprognosen = ungefähr 6 Stunden Rechenzeit auf einem Computer des Typs IBM 360/30.

Zusammenfassung

Die Anwendung kurzfristiger Analyse- und Prognosesysteme fordert:

1. Optimierung der Parameter in jeder Periode, was eine dynamische Konzeption der Bestimmung dieser Parameter verlangt,
2. Durchführung solcher Optimierungsprozesse, die aufgrund ihrer Schnelligkeit eine systematische Anwendung der Analyse multipler Zeitreihen erlauben.

Diese zwei Forderungen haben seit 1964 zu der Entwicklung einer Anzahl dynamischer Techniken geführt, die im folgenden kurz beschrieben werden sollen.

1.6.2 Dynamische Techniken für die Analyse der spezifischen Parameter des Prognosesystems

Der Optimalitätsgrad des angewandten Prognosesystems für die kurzfristige Analyse und Prognose von Zeitreihen hängt vor allem vom Stabilitätskriterium der Zeitreihe ab. Die Anwendung eines Prognosesystems, das nicht die Möglichkeit einer bestimmten automatischen Steuerung seiner Parameter besitzt, hat sich in der Vergangenheit als inadäquat gegenüber den Forderungen der modernen Planung erwiesen.
Im folgenden soll eine kurze Übersicht der bekanntesten Techniken gegeben werden, die eine dynamische Untersuchung der Parameter kurzfristiger Prognosesysteme erlauben:

- Die Methode von *Dobben* de *Bruyn*
- Die Methode von *Chow*
- Die Methode von *Trigg* und *Leach*
- Die Methode von *Matt*
- Die Methode von *Lewandowski* (*OPS*-System).

1.6.2.1 Die Methode von Dobben-de Bruyn

Einer der ersten Autoren, der das Problem der dynamischen Bestimmung der Parameter kurzfristiger Prognosesysteme in Angriff genommen hat, war *van Dobben de Bruyn* [1.36]. Er geht von der Hypothese aus, daß mit größer werdenden Prognoseabweichungen die Wahrscheinlichkeit zunimmt, daß eine Fehlsteuerung des Systems auftritt, d. h. daß eine automatische Selbststeuerung des Parameters α z. B. nicht mehr möglich ist.
Im folgenden soll das System kurz beschrieben werden.

1. Das Prognosesystem ist linearer Natur:

$$\hat{X}_{t+1} = \alpha_t \cdot X_t + (1 - \alpha_t)\hat{X}_t + \beta_t \cdot \varepsilon_t^* \tag{1.107}$$

   Der erste Teil dieses Prognosemodells enthält also ein konstantes Modell des *Brown*schen Typs. Der zweite Teil dieser Prognoseformulierung berücksichtigt den mittleren Prognosefehler ε_t^*, der als eine Korrektur des Mittelwerts betrachtet werden kann (und folglich als linearer Trend).
2. Die Kontrollvariablen dieser Methode sind:
   a) der Prognosefehler jeder Periode:

$$\varepsilon_t = \hat{X}_t - X_t$$

b) der geglättete mittlere Prognosefehler:

$$\varepsilon_t^* = \gamma \cdot \varepsilon_t + (1 - \gamma) \cdot \varepsilon_{t-1}^* \tag{1.108}$$

γ ist hier der Glättungsparameter dieses mittleren Prognosefehlers.

3. Die Methode von *Dobben-de Bruyn* enthält die Bestimmung der zwei Parameter α_t und β_t in Abhängigkeit der oben beschriebenen Kontrollwerte. Der Autor geht von der Hypothese aus, daß bei wachsendem Prognosefehler ε_t^* die Möglichkeit einer signifikanten Mittelwertänderung zunimmt. Der Parameter α, der den Autoadaptationsgrad des Prognosesystems definiert, ist durch die folgende Gleichung gegeben[17]:

$$\alpha_{t+1} = \frac{K_1^a}{1 + K_1^a} \tag{1.109}$$

wobei gilt:

$$K_1 = \frac{|\varepsilon_t^*|}{\sigma_{1_t}^2} \tag{1.110}$$

Durch die Varianz σ_1^2 werden die geglätteten Prognosefehler normiert. a sei hier der Selbststeuerungsparameter des Modells. Je größer a ist, um so größer ist der Selbststeuerungsgrad des Systems. Für $a = 0$ reagiert der Parameter α_t nicht auf Variationen der Prognoseabweichungen (eine bedeutungslose Reaktion des Systems liegt bei negativen Werten von a vor). Ebenso ist der Parameter β_t in jeder Periode definiert durch:

$$\beta_t = \frac{K_2^a}{1 + K_2^a} \tag{1.111}$$

wobei gilt:

$$K_2 = \frac{|\varepsilon_t^*|}{\sigma_{2_t}^2}$$

d. h. durch die Varianz $\sigma_{2_t}^2$ wird der geglättete Prognosefehler normiert. Die notwendigen Anfangswerte für diese Methode lauten:

[17] Der Autor ist von folgender allgemeiner Reaktionsfunktion ausgegangen:

$$\alpha_{t+1} = \lambda \left\{ \frac{m + nK^{2p}}{1 + nK^{2p}} \right\}^q$$

Es wurde jedoch nur der o. g. Ansatz (1.109) getestet.

$$\sigma_{1_7}^2 = \frac{1}{7} \sum_{i=1}^{7} (X_i - M_7)^2$$

$$M_7 = \frac{1}{7} \sum_{i=1}^{7} X_i$$

$$\sigma_{2_7}^2 = \sigma_{1_7}^2 \sqrt{\frac{\alpha}{2-\alpha}}$$

Wie zu ersehen ist, besitzt die Methode von *Dobben-de Bruyn* eine zweifache Möglichkeit der Parametersteuerung: Mit Hilfe des Parameters α_t wird der Mittelwert der Zeitreihe der Natur der beobachteten Prognosefehler angepaßt, und der Parameter β_t berücksichtigt in dem berechneten Mittelwert die systematischen Fehler der Vergangenheit. Jedoch ist es notwendig, die folgenden Sachverhalte hervorzuheben:

In dem Fall, wo der angewandte Parameter α_t zu groß ist, z. B. wenn die Zufallskomponenten der Zeitreihe sehr hoch sind, führt diese Methode zu schlechten Ergebnissen.

Für Werte von $K_1^q > 1$ erhalten wir für α_t:

$$0{,}5 < \alpha_t \leqq 1$$

so daß dieses Verfahren zu großen und raschen Veränderungen von α_t führen kann. Ist der Betrag von $\Delta\alpha_t$ zu groß ($\Delta\alpha > 0{,}3$), so wird im Falle eines linearen Modells die Trendkomponente falsch berechnet.

1.6.2.2 Die Methode von Chow

Die Methode von *Chow* [1.28] basiert auf dem einfachen Prinzip der Untersuchung des optimalen Wertes von α an jeder Stelle. *Chow* erstellt deshalb in jeder Periode drei Prognosen für drei verschiedene Werte von α. Unter diesen drei Werten berücksichtigt man als Ausgangswert von α für die folgende Periode denjenigen Wert, der in der Vergangenheit zu den besten Ergebnissen geführt hat. Die Methode von *Chow* soll im folgenden kurz beschrieben werden.
Die angewandte Prognoseformel nach *Chow* ist definiert durch:

$$\hat{X}_{t+\theta}^{(i)} = M_t^{(i)} + \theta \cdot \frac{1-\alpha_t^{(i)}}{\alpha_t^{(i)}} \cdot T_t^{(i)}; \qquad i = 1, 2, 3 \tag{1.112}$$

mit:

$$\left.\begin{aligned} M_t^{(i)} &= \alpha_t^{(i)} \cdot X_t + (1 - \alpha_t^{(i)}) M_{t-1}^{(i)} && \text{(Mittelwert)} \\ T_t^{(i)} &= \alpha_t^{(i)} (M_t^{(i)} - M_{t-1}^{(i)}) + (1 - \alpha_t^{(i)}) T_{t-1}^{(i)} && \text{(lin. Trend)} \end{aligned}\right\} \tag{1.113}$$

In jeder Periode t werden die zwei Hauptcharakteristika des Prognosesystems, d.h. der Mittelwert M_t und der lineare Trend T_t, in Abhängigkeit der drei Varianten von α, d.h. $\alpha_t^{(1)}$, $\alpha_t^{(2)}$, $\alpha_t^{(3)}$ neu bestimmt. Das von *Chow* angewandte Kriterium für die Definition des optimalen Wertes von α ist durch das Minimum des in jeder Periode geglätteten *MAD* festgelegt, das hier mit demselben Parameter wie der Mittelwert geglättet ist, d.h. mit $\alpha_t^{(i)}$:

$$MAD_t^{(i)} = \alpha_t^{(i)} \{ | \hat{X}_{t-1,1}^{(i)} - X_t | \} + (1 - \alpha_t^{(i)}) MAD_{t-1}^{(i)} \tag{1.114}$$

mit

$X_{t-1,1}^{0i)}$: Vorhersage, die in der Periode $(t-1)$ für die Periode $t(\theta = 1)$ mit $a_t^{(i)}$ erstellt worden ist.

Das heißt also, man aktualisiert in jeder Periode den Wert von *MAD* mit den drei für $\alpha_t^{(i)}$ angewandten Werten. Die Untersuchungsmethode des optimalen Wertes von α basiert auf der Berücksichtigung von $\alpha_t^{(i)}$ in jeder Periode, was zu dem Minimum von *MAD* führt. Für die folgende Periode gilt also:

$$\alpha_{t+1}^{(2)} = \alpha_t^{(i)} \{ MAD_t^{(i)} = \min \} \tag{1.115}$$

Außerdem nimmt man für diese Periode $t+1$ zwei Alternativwerte dieses Wertes von α_t an, d.h. $\alpha_{t+1}^{(1)}$ und $\alpha_{t+1}^{(3)}$:

$$\left.\begin{aligned} \alpha_{t+1}^{(1)} &= \alpha_{t+1}^{(2)} - \Delta\alpha \\ \alpha_{t+1}^{(3)} &= \alpha_{t+1}^{(2)} + \Delta\alpha \end{aligned}\right\} \tag{1.116}$$

wobei:

$$\Delta\alpha \leqq \alpha_{t+1}^{i} \leqq 1 - \Delta\alpha$$

Die Methode von *Chow*, die zu besseren Ergebnissen als die vorhergehend dargestellten Methoden führt, weist folgende Besonderheiten auf:

1. Für große Werte von α reagiert *MAD* zu heftig auf Variationen von ε_t, was zu einer falschen Interpretation des optimalen Wertes von α_t führen kann.
2. Die Rechenzeit ist aufgrund der fortlaufend benötigten simultanen drei Prognoseberechnungen sehr hoch und somit bei einer großen Anzahl von Zeitreihen sehr aufwendig.
3. Die Reaktion des Systems auf systematische Mittelwertänderungen ist zu langsam und weist im Durchschnitt ein Time-lag von 4–6 Perioden auf.

1.6.2.3 Die Methode von Trigg und Leach

Trigg und *Leach* [1.152] haben 1967 eine Methode veröffentlicht, die auf der Interpretation des Abweichungssignals von *Brown* basiert (siehe 1.5.3). Dieses Signal wird von *Trigg* und *Leach* als das Verhältnis des gewichteten Prognosefehlers zu dem absoluten gewichteten Prognosefehler definiert.
Die wesentlichen Charakteristika dieser Methode sind:

1. die Prognoseformel, die definiert ist durch:

$$\hat{X}_{t+\theta} = M_t + \theta \cdot \frac{1-\beta}{\beta} \cdot T$$

$$M_t = \alpha_t \cdot X_t + (1-\alpha_t) M_{t-1}$$

$$T_t = \beta(M_t - M_{t-1}) + (1-\beta) T_{t-1}$$

   d.h. die einer linearen Extrapolation entspricht, wobei das Prognosesystem auf einer exponentiellen Glättung des *Holt*schen Modells basiert. In dieser Methode ist nur der Koeffizient α (für die Autoregulation des Mittelwerts) einer automatischen Steuerung unterworfen. Der Parameter β für die Autoadaptation des linearen Trends bleibt konstant.
2. Die Kontrollvariablen dieses Systems lauten:

$$\left.\begin{aligned} MAD_t &= \gamma|\varepsilon_t| + (1-\gamma) \cdot MAD_{t-1} \\ MD_t &= \gamma \cdot \varepsilon_t + (1-\gamma) \cdot MD_{t-1} \end{aligned}\right\} \quad (1.117)$$

Das Abweichungssignal nach *Trigg* und *Leach* ist eine Größe, die zwischen den folgenden Grenzen variiert:

$$AWS_t = \frac{MD_t}{MAD_t}; \qquad 0 \leqq AWS \leqq 1 \quad (1.118)$$

Der für jede Periode angewandte Parameter α ist durch die folgende Gleichung definiert:

$$\alpha_t = AWS_t \quad (1.119)$$

Diese Methode weist die folgenden Charakteristika auf:

1. Je größer γ ist, um so schneller reagieren die Parameter MD und MAD auf signifikante Mittelwertänderungen und um so stärker berücksichtigt das System diese signifikanten Änderungen mit Hilfe des Parameters α, d.h. schließlich, je größer γ ist, um so größer wird die Selbststeuerung des Systems sein.

2. Wird ein Wert γ^* für die Filtrierung der systematischen und zufallsbedingten Prognosefehler angewandt, so führt dies bei wichtigen zufallsbedingten Fehlern der Zeitreihe zu einer zu langsamen Reaktion des Prognosesystems, da in diesem Fall γ zu klein ist. Folglich reagiert das Abweichungssignal nur sehr langsam auf Mittelwertänderungen. Im allgemeinen ist diese Reaktionsverzögerung des Systems bei systematischen Mittelwertänderungen größer als die der beiden vorhergehenden Systeme. Sie hat jedoch den Vorteil, zu einer besseren Mittelwerberechnung zu führen durch die Berücksichtigung der Zeitreihenveränderungen.
3. Trotz der langsamen Selbststeuerung dieser Methode sind ihre Rechenprozeduren einfach und nicht aufwendig.

1.6.2.4 Die Methode von Matt

Matt veröffentlichte 1966 einen Artikel über die Anwendung der schrittweisen Regressionsanalysen zur Untersuchung des Polynoms, das sich am besten an die Zeitreihe anpaßt. Diese Technik unterscheidet sich von den vorhergehenden hauptsächlich dadurch, daß die Selbststeuerung des Systems in jeder Periode nicht nur durch die Veränderung der spezifischen Systemparameter, sondern auch durch die Veränderung des angewandten Prognosesystems erreicht wird. Das von *Matt* angewandte Prognosesystem ist definiert durch:

$$\hat{X}_{t,\theta} = M_t + T_t \cdot \theta + Q_t \cdot \theta^2$$

Der Wert M_t stellt hier den Mittelwert, T_t den linearen Trend und Q_t den quadratischen Trend dar. Für jede Periode werden diese Werte in Abhängigkeit der Zeitreihenentwicklung bestimmt. Die Regression wird jedoch nicht auf die ursprünglichen Werte der Zeitreihe, sondern auf die mit Hilfe der Gewichtungskoeffizienten transformierten Werte:

$X_t \alpha(1-\alpha)^{t-i}$ angewandt,

d.h. man erstellt zunächst die folgende Transformation der Istwerte der Zeitreihe:

$$\begin{aligned} X_t^* &= \alpha \cdot X_t \\ X_{t-1}^* &= \alpha(1-\alpha)\, X_{t-1} \\ &\text{-------------} \\ X_1^* &= \alpha(1-\alpha)^{t-1}\, X_1 \end{aligned}$$

Mit diesen exponentiell gewichteten Werten X_t^* wird die multiple Regression durchgeführt. Man prüft in jeder Periode, ob systematische Prognosefehler existieren. Wenn die kumulierte Summe der Prognosefehler eine bestimmte Schwelle überschreitet:

$$|\sum \varepsilon_t| \geqq E$$

werden die Grundcharakteristika dieses Prognosesystems durch ein neues Regressionsverfahren bestimmt.

Zusammenfassung der Hauptcharakteristika der Methode von Matt

1. Die Werte der Grundcharakteristika des Prognosesystems, d.h. M, T, Q, werden nur dann neu bestimmt, wenn eine Überschreitung der Kontrollgrenzen *AWS* vorliegt. Der Autor berücksichtigt zusätzlich die Prognosefehler der Vergangenheit, was im allgemeinen dazu führt, daß diese Werte M, T, Q nicht immer direkt interpretiert werden können.
2. Das System von *Matt* reagiert im allgemeinen besser auf Mittelwertänderungen als das Prognosesystem von *Trigg* und *Leach*. Es weist jedoch an der Stelle einer plötzlichen Trendänderung eine zu große Reaktionszeitverzögerung auf.
3. Die Rechenzeit ist aufgrund der Anwendung von Regressionstechniken sehr groß (ungefähr zwei- bis dreimal größer als bei den vorhergehenden Methoden).
4. Die Selbststeuerung des Systems ist abhängig von dem für die Gewichtung der Istwerte angewandten Wert α. *Griese* hat, um diesen Nachteil abzuschwächen, die sog. „Katalogtechnik der drei Werte" (Methode von *Chow*) eingeführt [1.57]. Diese Modifikation führt erwartungsgemäß zu Verbesserungen, die jedoch im Verhältnis zur notwendigen Rechenzeit nur geringfügig sind (die Rechenzeit ist ungefähr viermal größer als bei der Methode von *Dobben-de Bruyn* oder *Trigg* und *Leach*).

1.6.3 Ein System zur optimalen Bestimmung der Glättungsparameter

1.6.3.1 Die Filtertheorie und ihre Anwendung zur Bestimmung der Abweichungssignale

Wie bereits gezeigt wurde, ist das Abweichungssignal (*AWS*) der exponentiellen Glättungsmethode in der Lage, eine Fehlsteuerung des Filtersystems anzuzeigen. Dieses Abweichungssignal spielt eine wichtige Rolle in dem nachfolgenden System der automatischen Regulierung der exponentiellen Glättungskoeffizienten. Das hier benutzte Abweichungssignal wird wie folgt definiert:

$$AWS_t = \frac{\sum\limits^{t}{}^{*} \varepsilon_t}{MAD_t} \tag{1.120}$$

mit:

$$\sum{}^{*} \varepsilon_t = (1 - \gamma_s) \cdot \sum{}^{*} \varepsilon_{t-1} + \varepsilon_t \tag{1.121}$$

und:

$$MAD_t = (1 - \gamma) \cdot MAD_{t-1} + \gamma \cdot |\varepsilon_t| \tag{1.122}$$

wobei gilt:

$$0 \leqq \gamma \leqq 1$$
$$0 \leqq \gamma_s \leqq 1$$

Wie aus dieser Gleichung hervorgeht, ist AWS eine Funktion von ε_t sowie der beiden Glättungsparameter γ und γ_s. Im folgenden soll vor allem die Analyse der beiden Glättungsparameter γ und γ_s behandelt werden, da diese Parameter gewährleisten, daß das Abweichungssignal die erforderlichen optimalen Charakteristika für eine automatische Bestimmung des Glättungsparameters α aufweist.

Fassen wir zunächst die Hauptcharakteristika des Abweichungssignals kurz zusammen:

1. Das Abweichungssignal muß im Fall systematischer Prognosefehler ε_t sehr schnell gegen eine festgelegte Grenze, die jedoch außerhalb von ± 4 liegen muß, konvergieren.
2. Bei Verschwinden der systematischen Prognosefehler muß das AWS so schnell wie möglich gegen Null streben.

Die Theorie des Abweichungssignals zeigt, daß unter Anwendung des Parameters γ_s entweder die erste Bedingung erfüllt wird (wenn γ_s gegen Null tendiert) oder die zweite Bedingung (wenn γ_s gegen 1 tendiert). Eine gleichzeitige Erfüllung dieser beiden Bedingungen ist nicht möglich. Da aber dem Abweichungssignal eine so entscheidende Bedeutung hinsichtlich der automatischen Bestimmung des Glättungsparameters α zukommt, ist es unbedingt erforderlich, daß dieses Signal in jedem Moment die in 1. und 2. dargestellten optimalen Eigenschaften besitzt. Man muß deshalb die Parameter γ und γ_s

als nicht konstant im Verlauf der Zeit und als abhängig von der Struktur der Prognosefehler ε_t betrachten. Diese Analyse der zwei Parameter führt zu dem sog. *Sigelt-Kotelnikow*schen Beobachter [1.27]. In unserem Fall handelt es sich vor allem darum, zwischen systematischen und zufälligen Prognosefehlern zu unterscheiden. Die Anwendung der Filtertheorie für die in jeder Periode erstellte Summe der kumulierten Prognoseabweichungen führt zu dem folgenden Filter:

$$\sum^* \varepsilon_t = (1 - \gamma_s) \cdot \sum^* \varepsilon_{t-1} + \varepsilon_t$$

Diese Transformation lautet für ein kontinuierliches Zeitintervall:

$$\Lambda = \int_0^T \varepsilon_t \cdot \varphi_t \cdot dt \qquad (1.123)$$

ε_t stellt in der obigen Formel die Prognoseabweichungen in der Periode t dar. Jeder Prognosefehler wird außerdem hier mit einem von der Zeit abhängigen Faktor gewichtet. Durch diesen Faktor φ_t wird eine dynamische Filtrierung und Interpretation der Prognoseabweichungen in jeder Periode ermöglicht. Somit kann der Faktor φ_t als die dynamische Beziehung zwischen den zwei Variablen γ_s und γ interpretiert werden. Diese Beziehung kann jedoch, wie wir gesehen haben, nicht konstant sein, wenn die für das Abweichungssignal aufgestellten Prämissen weiterhin gültig sein sollen. Es ist somit offensichtlich, daß φ_t eine Funktion der festgestellten Prognosefehler sein muß. Um die Einführung zu komplexer φ-Funktion zu verhindern, wird von *Lewandowski* eine exponentielle Funktion angewandt. Für die φ-Funktion soll also gelten:

$$\varphi_t = \gamma_{s_t}(\varepsilon_t, \gamma_s^0)$$

ε_t wird hier als Indikator des Filtrierungsgrades der Funktion φ benutzt und somit gilt:

$$\varphi_t = \gamma_s^0 \cdot e^{-NF_t^2} \quad \text{mit} \qquad (1.124)$$

$$NF_t = \frac{\varepsilon_t}{MAD_t} \quad \text{(normierter Prognosefehler)}$$

Dieser dynamische Filter kann folgendermaßen interpretiert werden:

1. Weist das Prognosesystem große Prognosefehler ε_t auf, so interpretiert das Filtersystem diesen Sachverhalt als eine wahrscheinliche Fehlsteuerung. Der Informationsgehalt des Operators:

$$\sum^* \varepsilon_{t-1}$$

muß in diesem Fall erhalten bleiben, d.h. γ_{s_t} muß gegen Null streben, was durch die folgende Formel definiert wird:

$$\gamma_{s_t} = \gamma_s^0 e^{-NF_t^2} \rightarrow 0 \qquad \text{für} \qquad NF_t \ll 1$$

Aus dieser Formel ist ersichtlich, daß bei großen Werten von ε_t der normierte Fehler NF_t auch große Werte aufweist.

2. Tendiert der Prognosefehler gegen Null, so deutet dies darauf hin, daß das Prognosesystem in eine angemessene Stabilitätsphase eingetreten ist, d.h. daß nach einer Fehlsteuerungsphase (systematische Veränderung der Charakteristika der Zeitreihe) eine Adaptation des Prognosesystems an die Zeitreihe stattgefunden hat. In diesem Fall muß der Operator $\sum^*$ die aufsummierten Informationen „vergessen", da sie zu diesem Zeitpunkt irrelevant geworden sind. Dieses Verhalten wird erreicht, wenn der Parameter γ_{s_t} gegen 1 tendiert. Für kleine Prognosefehler erhalten wird:

$$\gamma_{s_t} = \gamma_s^0 \cdot e^{-NF_t} \rightarrow \gamma_s^0 \qquad \text{für} \qquad NF_t \ll 1$$

γ_s^0 kann hier als der „maximale Vergessensfaktor" interpretiert werden. Abb. 1-61 zeigt einen schematischen Überblick über das hier dargestellte Filtersystem nach *Lewandowski.*

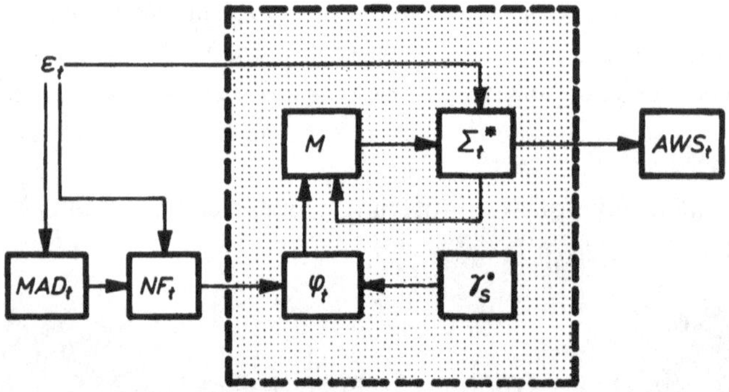

Abb. 1–61: Filtersystem zur dynamischen Bestimmung des Abweichungssignals (AWS)

1.6.3.2 Das OPS-System nach Lewandowski[18]

Wir werden im Anschluß das folgende System diskutieren:

$$\alpha_t = \alpha_0 + \int_0^t \Phi(\alpha_{t-1}, t, \varepsilon_0, \varepsilon_1, \ldots, \varepsilon_t)\,dt$$

wobei Φ eine zu bestimmende Funktion ist.

Die Interpretation der Prognoseabweichungen zeigt, daß zwei wichtige Variablen in Betracht zu ziehen sind:

1. Das Abweichungssignal (*AWS*), das eine sehr schnelle Auffindung *systematischer* Prognosefehler und somit einer Fehlsteuerung des Systems gestattet. Je größer das Abweichungssignal ist, um so mehr ist der Wert des Glättungskoeffizienten α_t inadäquat, d.h. hier zu schwach.
2. Der normierte Prognosefehler NF_t, der definiert ist durch:

$$NF_t = \frac{\varepsilon_t}{MAD_t} \tag{1.125}$$

Dieser normierte Prognosefehler erlaubt die Auffindung einer zu *heftigen* Reaktion des Systems, d.h. wenn der Koeffizient α_t sehr groß ist.

Es handelt sich also bei diesen Variablen um die Grundsignale des Steuerungssystems:

AWS, verantwortlich für die Vergrößerung des Glättungskoeffizienten,

NF, verantwortlich für die Verkleinerung des Glättungskoeffizienten.

Abb. 1–62 verdeutlicht das Prinzip des vorgeschlagenen Regelungssystems. In diesem Schema findet man die beiden Generatoren G1 (das Abweichungssignal betreffend) und G2 (*NF* betreffend) wieder. Diese beiden Generatoren führen durch die Einschaltung der Regler 1 und 2 zu der Bestimmung der Veränderungsrate des zu steuernden Parameters α_t. Dieses Steuerungsschema kann durch die folgende Differentialgleichung dargestellt werden:

$$d(\Delta\alpha) = A(\varepsilon_t) \cdot \Delta\alpha \cdot dt + B(\varepsilon_t) \cdot dt \tag{1.126}$$

wovon sich ableitet:

[18] Vorgestellt von *R. Lewandowski* auf den Jahrestagungen der *AKOR* (Arbeitskreis Operational Research), Berlin 1968 und Aachen 1969.

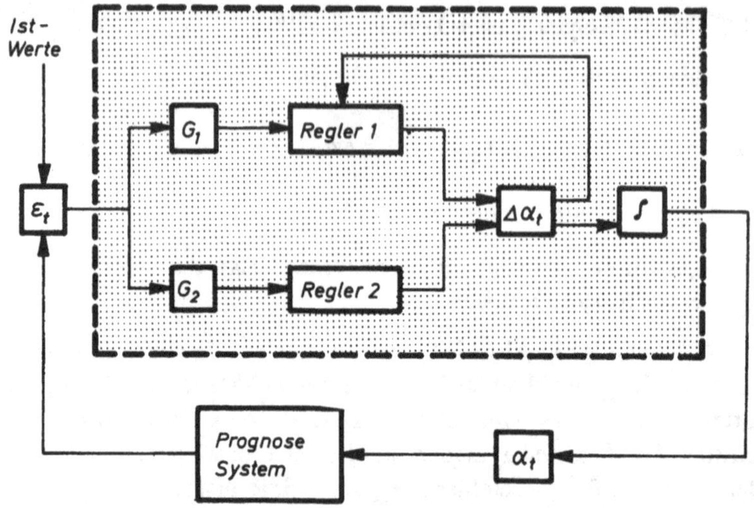

Abb. 1–62: Blockschaltbild des OPS-Systems

$$\frac{d(\Delta\alpha)}{dt} = A(\varepsilon_t) \cdot \Delta\alpha + B(\varepsilon_t)$$

$$\Delta\alpha' = A(\varepsilon_t) \cdot \Delta\alpha + B(\varepsilon_t)$$

Man erhält somit eine nicht homogene Differentialgleichung 1. Ordnung. Ihre Lösung kann mit Hilfe der Methode der Variation der Konstanten ermittelt werden.

Sie lautet:

$$\Delta\alpha = \{A_1(\varepsilon_t) + k\}\, e^{A_2(\varepsilon_t)} \tag{1.127}$$

In dieser Formel wird durch $A_2(\varepsilon_t)$ die Stammfunktion von $A(\varepsilon_t)$ definiert:

$$A_1(\varepsilon_t) + k = \int B(\varepsilon_t) \cdot e^{\int A(\varepsilon_t)dt}$$

Somit kann die Veränderung des Parameters α_t definiert werden durch:

$$\Delta\alpha_t = A_0(\varepsilon_t) e^{A_1(\varepsilon_t)} + k \cdot e^{A_2(\varepsilon_t)} \tag{1.128}$$

oder in anderer Schreibweise:

$$\Delta\alpha_t = k_1 \cdot e^{f_1(\varepsilon_t)} + k_2 \cdot e^{f_2(\varepsilon_t)} \tag{1.129}$$

Um eine zu große Komplexität des Systems zu verhindern, werden wir hier für die beiden Funktionen f_1 und f_2 relativ einfache Funktionen zugrunde legen[19].
In einer ersten Annäherung bestimmen wir für f_1 und f_2:

$$f_1(\varepsilon_t) = f_1(AWS_t) = |AWS_t|^{\lambda_1}$$
$$f_2(\varepsilon_t) = f_2(NF_t) = |NF_t|^{\lambda_2}$$

Die gesuchte Veränderung des Parameters α_t ist somit gegeben durch:

$$\Delta\alpha_t = k_1 \cdot e^{|AWS_t|^{\lambda_1}} - k_2 e^{|NF_t|^{\lambda_2}} \qquad (1.130)$$

Auf die Bedeutung von k_1 und k_2 wird in dem nächsten Abschnitt eingegangen.

1.6.3.3 Analyse der Veränderung von α_t in dem einfachen Modell von Brown 0-ter Ordnung

Die Einführung eines dynamischen Parameters α_t führt zu neuen Filtrierungsfunktionen mit der folgenden Formulierung:

$$\hat{X}_t = \alpha_t \cdot X_t + (1 - \alpha_t) \cdot X_{t-1}$$

mit:

$$\varepsilon_t = X_t - \hat{X}_{t-1}$$

und:

$$\textstyle\sum^* \varepsilon_t = (1 - \gamma_s)\Sigma^* \varepsilon_{t-1} + \varepsilon_t$$
$$MAD_t = (1 - \gamma) MAD_{t-1} + \gamma |\varepsilon_t|$$

Folglich erhält man:

$$\begin{aligned} \varepsilon_t &= X_t - \{\alpha_{t-1} \cdot X_{t-1} + (1 - \alpha_{t-1})\hat{X}_{t-2}\} \\ &= \alpha_{t-1}(\hat{X}_{t-2} - X_{t-1}) + X_t - \hat{X}_{t-2} \\ &= \Gamma_t^{(1)} \cdot \alpha_{t-1} + \Gamma_t^{(2)} \end{aligned}$$

wobei Γ_1 und Γ_2 Funktionen der Zeit in Abhängigkeit der verschiedenen Glättungskoeffizienten α_1, α_2 usw. und den Istwerten der Vergangenheit $x_1, x_2 \dots x_t$

[19] Im System *Forsys* werden jedoch komplexere Funktionen angewandt.

Folglich kann man schreiben:

$$\Delta\alpha_t = k_1 \cdot \exp\left\{\left|\frac{\Sigma_t^*(\Gamma_t^{(1)}\alpha_{t-1} + \Gamma_t^{(2)})}{MAD_{t-1}}\right|\right\}^{\lambda_1}$$

$$- k_2 \cdot \exp\left\{\left|\frac{(\Gamma_t^{(1)} \cdot \alpha_{t-1} + \Gamma_t^{(2)})}{MAD_t}\right|\right\}^{\lambda_2}$$

1.6.3.4 Das Stabilitätsproblem

Es ist offensichtlich, daß in diesem System eines der Hauptprobleme die Behandlung der Stabilität des Prozesses, insbesondere der asymptotischen Stabilität betrifft. Die Definition des Stabilitätskonzepts schließt sich hier an die von *Liapunor* an. In der Formel für α_t tauchen zwei Parameter k_1 und k_2 auf. Diese beiden Parameter bestimmen die asymptotische Stabilität des Systems. Unter der Bedingung, daß der Parameter α_t kurzfristig eine definierte Grenze nicht überschreitet, und daß sich außerdem der Mittelwert des Parameters α_t im Bereich der Anfangsvariablen α_t befindet, kann man davon ausgehen, daß für jeden gegebenen Wert von k_1 ein Wert für k_2^* existiert, der das System stabilisiert. Wenn für alle Werte von k_1 die entsprechenden Werte k_2^*, die der Stabilität des Systems entsprechen, bestimmt werden, erhält man den Vektor:

$$N\{k_1, k_2^*\}$$

wobei

$$k_2^* = \xi(k_1) \tag{1.131}$$

Diesen Vektor werden wir als Stabilitätsvektor des Systems bezeichnen, woraus folgt, daß k_2^* eine Funktion von k_1 ist. Setzt man schließlich k_2^* in die Funktion (1.129), erhält man die Stabilitätsgleichung $\Delta\alpha_t$:

$$\Delta\alpha_t = k_1 e^{|AWS_t|^{\lambda_1}} - \xi(k_1) e^{|NF_t|^{\lambda_2}} \tag{1.132}$$

Man stellt fest, daß diese Funktion nur von einem einzigen Koeffizienten k_1 abhängt, den wir als Steuerungsparameter des dynamischen Systems bezeichnen werden.

1.6.3.5 Ein allgemeines OPS-System für die dynamische Bestimmung der Glättungsparameter des Brownschen Systems

Das Schema 1–63 soll einen allgemeinen Einblick in das von *Lewandowski* entwickelte *OPS*-System zur kontinuierlichen Optimierung der beiden Parameter α_t und β_t des Systems von *Brown* vermitteln (α_t für die laufende Autoadaptation des Mittelwerts, des linearen und quadratischen Trends, β_t für die autoadaptative Bestimmung der Saisonkomponenten).
Der wesentliche Vorteil eines solchen Systems besteht insbesondere in den folgenden Punkten:

1. Es ist nicht notwendig, die Werte α, β und γ für die gesamte Vergangenheit zu simulieren. Das System findet für jede Periode die optimale Kombination des Wertepaares α, β.
2. Das System ist in der Lage, sich bei jeder Änderung der Eigenschaften des Systems sehr schnell an die neuen Eigenschaften anzupassen und somit exaktere kurzfristige Prognosen zu erreichen.
3. Sind die Werte für das Wertepaar k_1, k_2 entsprechend dem Stabilitätskriterium der Systemsteuerung definiert, so führt das System zu einer standardisierten Anwendung für die unterschiedlichsten Zeitreihen.
4. Die Rechenzeit für ein solches System ist im Vergleich zu den klassischen Simulationsmethoden erheblich geringer.
5. Systematische Prognosefehler über einen längeren Zeitraum werden durch die Anwendung dieses Systems vermieden.

Da man systemimmanente Fehler ausgeschaltet hat, ist man in der Lage, Prognoseabweichungen besser interpretieren zu können, was in Abschnitt 1.7 gezeigt werden wird. Tabelle 1–16 stellt die verschiedenen Werte des *OPS*-Systems im Fall einer starken Mittelwertänderung (zwischen der Periode 17 und 27) dar. Das *OPS*-System besteht aus 6 Subsystemen mit der folgenden Bedeutung (vgl. Abb. 1–63):

1. *Σ-Modul*
   Seine Aufgabe besteht in der dynamischen Aufsummierung der Prognosefehler (siehe Formel (1.123)). In diesem Modul wird der sog. „Vergessensfaktor" $\gamma_{s,t}$ vom Generator G_1 ermittelt.
2. *σ-Modul*
   Dieses Modul ist für die laufende Berechnung des *MAD*-Faktors zuständig.
3. *Signal-Modul 1*
   Hier wird das dynamische Abweichungssignal (Formel (1.120)) ermittelt. Es sei hier darauf hingewiesen, daß der Generator G_2 dazu bestimmt ist, den

in der Formel (1.132) benutzten Steuerungsparameter k_1 laufend optimal zu ermitteln.

4. *Signal-Modul 2*
   Dieses Modul erstellt die sog. normierten Fehler (NF) (siehe Formel (1.125)).
5. *Variations-Modul 1*
   Mit Hilfe des in Signal-Modul 1 erstellten AWS wird durch Generator G_2 die laufende Bestimmung des Glättungsparameters β_t gesteuert. Die Interpretation dieses Moduls lautet: Wenn in der Periode t ein relativ großes Abweichungssignal vorliegt, so deutet dies, wie wir gesehen haben, auf eine systematische Mittelwertänderung hin. In diesem Fall sind die neu erstellten Saisonkoeffizienten, die auf diesem Mittelwert basieren, verzerrt. Diese Verzerrung der Saisonkoeffizienten wird durch eine Verkleinerung des Parameters β_t ausgeschaltet.
6. *Variations-Modul 2*
   Die Steuerung des Glättungsparameters α_t wird (Formel (1.132)) durch eine optimale Kombination der beiden Steuerungssignale AWS_t und NF_t erreicht.

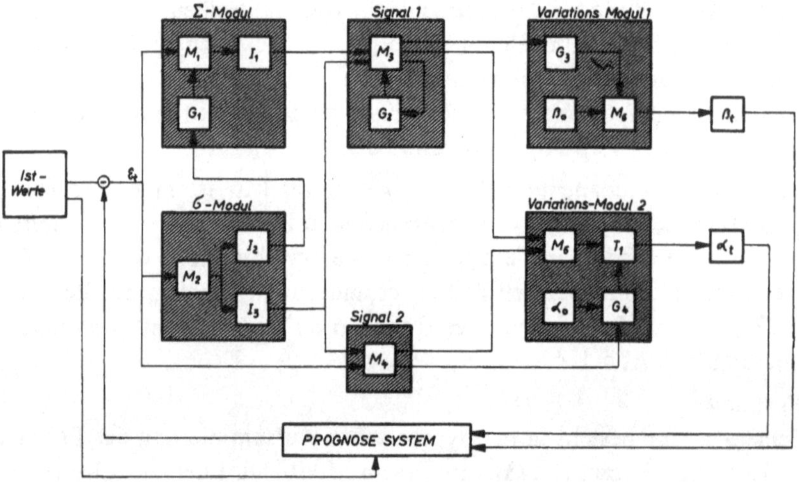

Abb. 1–63: Gesamtes Schema des kybernetischen Systems (OPS)

1.6.4 Vergleich der Effizienz verschiedener dynamischer Techniken zur optimalen Bestimmung der Parameter

Die verschiedenen Techniken, die im Rahmen dieses Kapitels beschrieben wurden, haben *A. Lanzdorf* [1.89] und später *J. Griese* [1.57] einer Vergleichsanalyse unterzogen. Da diese zwei Autoren nicht mit den jüngsten Arbeiten vertraut sind, die die Theorie des *OPS*-Systems betreffen und die Gegenstand verschiedener Vorträge in der BRD gewesen sind (AKOR-Tagung 1968 Berlin

Tabelle 1–16: Charakteristische Werte des OPS-Systems

PER.	*EPS*	*SUMEPS*	*MAD*	*NF*	*AWS*	α_0	*GAM-S*	*ALPHA*
16	8,4	9,6	4,1	2,0	2,3	0,14	0,02	0,13
17	−7,5	0,8	4,5	−1,7	0,2	0,14	0,13	0,13
18	0,5	0,9	4,0	0,1	0,2	0,14	0,60	0,14
19	1,8	2,2	3,8	0,5	0,6	0,14	0,51	0,14
20	1,5	2,6	3,5	0,4	0,8	0,14	0,50	0,14
21	3,3	5,2	3,4	0,9	1,5	0,14	0,27	0,14
22	−4,8	−0,6	3,6	−1,3	−0,2	0,14	0,20	0,14
23	−5,7	−6,2	3,9	−1,5	−1,6	0,14	0,08	0,14
24	−3,9	−9,0	3,9	−1,0	−2,3	0,14	0,19	0,14
25	−6,5	−14,8	4,2	−1,5	−3,5	0,14	0,07	0,16
26	−5,0	−17,6	4,3	−1,2	−4,1	0,14	0,15	0,21
27	0,4	−6,7	3,8	0,1	−1,8	0,14	0,60	0,14
28	1,8	−1,6	3,6	0,5	−0,4	0,14	0,50	0,14
29	0,5	−0,2	3,2	0,1	−0,1	0,14	0,58	0,14
30	−0,3	−0,4	2,8	−0,1	−0,2	0,14	0,60	0,14
31	−0,8	−1,0	2,6	−0,3	−0,4	0,14	0,55	0,14
32	−2,1	−2,7	2,5	−0,8	−1,1	0,14	0,34	0,14
33	0,2	−0,8	2,2	0,1	−0,4	0,14	0,60	0,14
34	3,8	3,0	2,4	1,6	1,2	0,14	0,09	0,14
	—	—	—	—	—	—	—	—
—	—	—	—	—	—	—	—	—
—	—	—	—	—	—	—	—	—
54	−0,8	−1,1	2,4	−0,4	−0,5	0,15	0,57	0,15
55	4,4	3,4	2,7	1,7	1,3	0,15	0,08	0,14
56	−2,7	−0,5	2,7	−1,0	−0,2	0,15	0,36	0,14
57	2,1	1,8	2,6	0,8	0,7	0,15	0,41	0,14
58	11,0	12,8	3,6	3,0	3,5	0,14	0,00	0,11
59	7,8	20,4	4,2	1,9	4,9	0,14	0,01	0,29
60	5,7	24,3	4,4	1,3	5,6	0,14	0,09	0,30
61	−0,2	9,9	3,8	−0,0	2,6	0,14	0,59	0,15
62	4,9	13,1	4,0	1,2	3,3	0,14	0,18	0,16
63	−6,2	4,8	4,3	−1,5	1,1	0,14	0,16	0,14

und AKOR-Tagung 1969 Aachen), werden wir hier diese Vergleichsanalyse durch die Einführung der Ergebnisse des *OPS*-Systems erweitern. Hierbei werden wir von den gleichen Basiswerten ausgehen, die diese Autoren ihren Untersuchungen zugrunde gelegt haben. Es soll hier das quadratische System von *Brown* für die Analyse von diesen Basiswerten angewandt werden. Tabelle 1–16 gibt die wichtigsten Werte dieses *OPS*-Kontrollsystems an.

Die benutzten Abkürzungen sind:

EPS (ε_t)	Prognoseabweichungen
SUMEPS ($\sum_t^*$)	Kumulierte dynamisierte Prognoseabweichungen
MAD	Mean absolute deviation
NF	Normierter Prognosefehler
AWS	Abweichungssignal
$A_0 (\alpha_0)$	Basisparameter von α_t
GAM-S (γ_s)	Glättungsparameter von $\sum_t^*$
ALPHA (α_t)	Glättungsparameter des Mittelwerts und Trends

Die Tabelle 1–16 erlaubt zunächst die folgenden Feststellungen:

1. In den zwei folgenden Intervallen findet eine Signalisierung einer signifikanten Mittelwert- und Trendänderung der Zeitreihe statt:
   a) In Periode 26 liegt das *AWS* über dem Wert ± 4 (hier bei $-4{,}1$).
   b) In Periode 59 und 60 überschreitet das *AWS* ebenfalls die Kontrollgrenzen ± 4 (in diesem Fall jeweils bei 4,9 und 5,6).
2. Der Glättungsparameter ist für diese Zeitreihe relativ stabil und schwankt zwischen 0,13 und 0,16 außer in den o. g. Perioden, wo eine signifikante Mittelwertänderung vorliegt und die Kontrollwerte lauten:

t	NF_t	AWS_t	α_t
24	$-1{,}0$	$-2{,}3$	0,14
25	$-1{,}5$	$-3{,}5$	0,16
26	$-1{,}2$	$-4{,}1$	0,21
27	$+0{,}1$	$-1{,}8$	0,14

Man erhält aufgrund der Erhöhung des *AWS* (*NF* bleibt hier praktisch konstant) eine Erhöhung von α_t, was eine rasche Autoadaptation des Systems an den neuen Mittelwert und Trend der Zeitreihe gestattet. Gleichfalls beobachtet man für die Periode 59 und 60 eine sehr schnelle Erhöhung des Koeffizienten α_t, was zu einer schnellen Autoadaptation der Basiswerte M_t und T_t an die Werte der Zeitreihe führt.

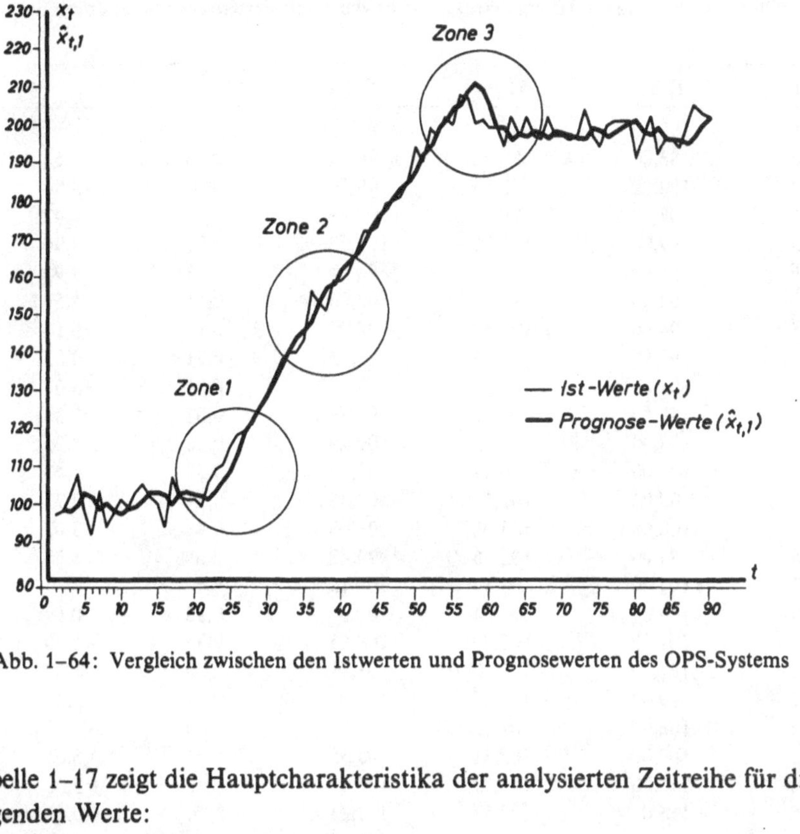

Abb. 1–64: Vergleich zwischen den Istwerten und Prognosewerten des OPS-Systems

Tabelle 1–17 zeigt die Hauptcharakteristika der analysierten Zeitreihe für die folgenden Werte:

- Ist-Werte
- Prognose-Werte ($\hat{X}_{t,1}$)
- Mittelwert,
- linearer Trend,
- Prognosefehler (ε_t^1).

Der Vergleich zwischen den Istwerten und Prognosewerten $\hat{X}_{t,1}$ ist in Abb. 1–64 dargestellt. Die Tabelle 1–17 führt zu folgenden Feststellungen:

1. Es liegt eine gute Filtrierung der stochastischen Einflüsse dieser Zeitreihe zwischen den Perioden 1 und 23 vor, da der Mittelwert der Zeitreihe zwischen den Grenzen von 97,23 (Periode 10) und 103,02 (Periode 15) liegt, obwohl die Ursprungswerte der Zeitreihe in diesem Intervall zwischen den Werten 92 und 108 schwankten. Dies entspricht folglich einer Eliminierung des zufallsbedingten Variationsbereiches der Istwerte um mehr als 60%.

Tabelle 1–17: Berechnete Hauptcharakteristika der analysierten Zeitreihen durch das OPS-System

t	X_t	$\hat{X}_{t,1}$	M_t	T_t	$\varepsilon_{t,1}$
1	97,00				
2	98,00	98,56	98,36	−0,20	0,56
2	102,00	98,16	99,54	0,02	−3,84
4	108,00	99,58	102,49	0,46	−8,42
5	99,00	102,96	101,57	0,32	3,96
6	92,00	101,90	98,54	−0,13	9,90
7	103,00	98,41	100,03	0,11	−4,59
8	94,00	100,14	98,00	−0,18	6,14
9	97,00	97,83	97,53	−0,21	0,83
10	101,00	97,32	98,63	−0,01	−3,68
11	99,00	98,62	98,76	0,02	−0,38
12	103,00	98,79	100,29	0,26	−4,21
13	105,00	100,57	102,17	0,53	−4,43
14	102,00	102,71	102,46	0,54	0,71
15	100,00	103,02	101,93	0,41	3,02
16	94,00	102,35	99,48	0,01	8,35
17	107,00	99,49	102,13	0,40	−7,51
18	102,00	102,54	102,36	0,42	0,54
19	101,00	102,79	102,15	0,35	1,79
20	101,00	102,50	101,96	0,30	1,50
21	99,00	102,27	101,09	0,14	3,27
22	106,00	101,23	102,94	0,40	−4,77
23	109,00	103,35	105,35	0,71	−5,65
24	110,00	106,07	107,52	0,99	−3,93
25	115,00	108,53	111,31	1,70	−6,47
26	118,00	113,04	115,97	3,43	−4,96
27	119,00	119,40	119,30	3,48	0,40
28	121,00	122,78	122,11	3,35	1,78
29	125,00	125,45	125,31	3,35	0,45
30	129,00	128,66	128,80	3,39	−0,34
31	133,00	132,19	132,50	3,45	−0,81
32	138,00	135,95	136,70	3,55	−2,05
33	140,00	140,25	140,19	3,58	0,25
34	140,00	143,77	142,32	3,27	3,77
35	143,00	145,59	144,69	3,20	2,59
36	156,00	147,88	150,45	3,26	−8,12
37	153,00	153,71	153,67	3,56	0,71
38	151,00	157,24	154,89	3,05	6,24
39	159,00	157,93	158,44	3,26	−1,07
40	159,00	161,70	160,69	3,08	2,70
41	161,00	163,77	162,76	2,93	2,77
42	166,00	165,67	165,81	2,94	−0,33

Tabelle 1–17 (Forts.): Berechnete Hauptcharakteristika der analysierten Zeitreihen durch das OPS-System

t	X_t	$\hat{X}_{t,1}$	M_t	T_t	$\varepsilon_{t,1}$
43	172,00	168,74	169,91	3,06	−3,26
44	172,00	172,96	172,64	3,03	0,96
45	173,00	175,66	174,65	2,83	2,66
47	179,00	177,47	178,06	2,92	−1,53
48	180,00	180,97	180,61	2,85	0,97
49	181,00	183,45	182,52	2,66	2,45
50	185,00	185,16	185,13	2,66	0,16
51	194,00	187,77	189,69	2,62	−6,23
51	190,00	192,30	191,64	2,77	2,30
52	199,00	194,40	196,02	2,92	−4,60
53	197,00	198,94	198,27	2,89	1,94
54	202,00	201,15	201,48	2,94	−0,85
55	200,00	204,41	202,73	2,59	4,41
56	208,00	205,31	206,35	2,78	−2,69
57	207,00	209,12	208,33	2,64	2,12
58	200,00	210,96	207,20	1,61	10,96
59	201,00	208,79	204,96	−0,23	7,79
60	199,00	204,73	200,84	−2,01	5,73
61	199,00	198,83	199,61	−0,68	−0,17
62	194,00	198,93	196,88	−1,08	4,93
63	202,00	195,79	198,16	−0,60	−6,21
64	197,00	197,56	197,34	−0,65	0,56
65	202,00	196,68	198,64	−0,35	−5,32
66	197,00	198,30	197,81	−0,42	1,30
67	196,00	197,40	196,88	−0,49	1,40
68	202,00	196,39	198,45	−0,16	−5,61
69	197,00	198,30	197,81	−0,22	1,30
70	197,00	197,60	197,37	−0,24	0,60
71	196,00	197,15	196,72	−0,29	1,15
72	197,00	196,43	196,65	−0,24	−0,57
73	204,00	196,41	199,02	0,16	−7,59
74	197,00	199,19	198,39	0,08	2,19
75	194,00	198,49	196,83	−0,14	4,49
76	200,00	196,70	197,92	0,06	−3,30
77	201,00	197,99	199,12	0,26	−3,01
78	201,00	199,39	200,00	0,39	−1,61
79	201,00	200,40	200,63	0,47	−0,60
80	191,00	201,11	197,80	−0,01	10,11
81	197,00	197,79	197,49	−0,05	0,79
82	202,00	197,45	199,14	0,22	−4,55
83	192,00	199,37	196,72	−0,15	7,37
84	196,00	196,57	196,35	−0,19	0,57

Tabelle 1–17 (Forts.): Berechnete Hauptcharakteristika der analysierten Zeitreihen durch das OPS-System

t	X_t	$\hat{X}_{t,1}$	M_t	T_t	$\varepsilon_{t,1}$
85	196,00	196,16	196,10	−0,20	0,16
86	194,00	195,90	195,19	−0,31	1,90
87	200,00	194,88	196,77	−0,02	−5,12
88	205,00	196,75	199,70	0,42	−8,25
89	203,00	200,13	201,32	0,72	−2,87
90	202,00	202,06	202,01	0,71	0,06

2. Die in Periode 23 stattgefundene Mittelwertänderung wird vom System in der Periode 25 aufgrund der Erhöhung des Koeffizienten α_t in dieser Periode signalisiert, so daß der berechnete Mittelwert M_t dem tatsächlichen Mittelwert der Zeitreihe von der Periode 27 an entspricht, d.h. also mit einer Verzögerung von nur 4 Perioden.
3. Parallel zu dieser Autoadaptation des Mittelwerts findet ebenfalls eine Neubestimmung des linearen Trends statt. Dieser Trend weist bis zu der Periode 23 einen Wert nahe bei 0 auf, nimmt jedoch ab der Periode 25 sehr schnell zu und stabilisiert sich bei 3,4, was dem mittleren Zuwachs der Zeitreihe entspricht.
4. Die zweite signifikante Mittelwert- und Trendänderung findet in Periode 58 statt, die ebenfalls sehr schnell vom System signalisiert wird, da von Periode 59 an eine adäquate Erhöhung des Glättungsparameters α_t einsetzt.

Die Analyse der mit Hilfe des Systems erhaltenen Prognoseabweichungen ergibt folgende Häufigkeitsverteilung der Prognosefehler:

Tab. 1–18. Häufigkeitsverteilung der Prognosefehler

Intervalle	Frequenz	%
$6 < \lvert\varepsilon_t\rvert$	5	5,56
$5 < \lvert\varepsilon_t\rvert \leqq 6$	5	5,56
$4 < \lvert\varepsilon_t\rvert \leqq 5$	7	7,78
$3 < \lvert\varepsilon_t\rvert \leqq 4$	11	12,22
$2 < \lvert\varepsilon_t\rvert \leqq 3$	11	12,22
$1 < \lvert\varepsilon_t\rvert \leqq 2$	17	18,89
$0 < \lvert\varepsilon_t\rvert \leqq 1$	34	37,78

Darüber hinaus erhalten wir für die verschiedenen Prognosehorizonte folgende Standardabweichungen:

θ	σ_θ
1	4,3
2	4,8
3	5,4
4	6,2
5	7,1
6	8,0

Der mittlere absolute Prognosefehler für eine Periode im voraus ist definiert durch:

$$\bar{\varepsilon} = \frac{1}{90} \sum_{i=1}^{90} |\varepsilon_i|$$

was in unserem Fall ergibt:

$$\bar{\varepsilon} = \frac{293{,}06}{90} = 3{,}26$$

Vergleicht man diese Ergebnisse mit den Veröffentlichungen von *Griese* [1.57, S. 56], erhält man die folgende Vergleichstabelle:

Tab. 1–19. Vergleich zwischen verschiedenen Techniken zur Parametersteuerung

Methode	Mittlerer absoluter Fehler ($\bar{\varepsilon}$)	Rechenzeit in Sek. mit Ein- und Ausgaben	Speicherplatz (in Bytes)
Chow	6,11	80	1500
Trigg und *Leach*	4,82	55	1000
Van *Dobben-de Bruyn*	3,70	55	1500
Matt	3,32	170	3500
Lewandowski	3,26	100	2300

Die von *Griese* gezogenen Schlußfolgerungen müssen durch folgende Sachverhalte modifiziert werden:

1. Die autoadaptativen Techniken scheinen eine wesentlich kürzere Rechenzeit und einen geringeren Speicherplatz zu benötigen als die Methode von *Matt*.
2. Die Weiterentwicklung der autoadaptativen Techniken, was beim *OPS*-System der Fall ist, führt zu einer größeren Prognosegenauigkeit als die Methode von *Matt*.

1.7 Berücksichtigung von Marketing-Aktivitäten in kurzfristigen Prognosesystemen

Die mathematische Analyse von Zeitreihen kann als die Grundlage der kurzfristigen Prognose betrachtet werden. Abgesehen von der Stärke dieses Analyseinstrumentariums sind diese automatischen Methoden jedoch nicht in der Lage, eine ganze Reihe von Phänomenen zu berücksichtigen, die mit der Unternehmenspolitik und dem Marktverhalten zusammenhängen.
Steigen z. B. aufgrund einer momentanen Preisreduktion des Einzelhandels die Absatzzahlen eines Konsumguts um 30%, so muß die Analyse dieser Absatzzahlen den vorläufigen Charakter dieser Absatzsteigerung berücksichtigen.
Solche Unternehmensmaßnahmen, die eine vorläufige Beeinflussung des Absatzes hervorrufen, sollen hier als Sonderaktionen bezeichnet werden. Analog dazu werden wir jede Aktivität, die die Struktur der Absatzzahlen vorläufig in ihren Grundcharakteristika verändert, Sonderaktion nennen. Diese Sonderaktionen können durch firmenspezifische Maßnahmen, durch Konkurrenzaktivitäten oder durch unternehmensexterne Faktoren, wie Regierungsmaßnahmen, Streiks usw., hervorgerufen werden. Ziel dieses Abschnittes wird es sein, eine numerische Behandlung dieser Sonderaktionen durchzuführen sowie die Möglichkeiten aufzuzeigen, Sonderaktionen in kurzfristige Prognosesysteme zu integrieren.

1.7.1 Definition der Marketing-Sonderaktionen

Zur Verdeutlichung dieses Begriffs gehen wir davon aus, daß die Entwicklung eines Marktes durch die folgenden Absatzzahlen charakterisiert sei (vgl. Abb. 1–65).
Aufgrund der Grundcharakteristika dieser Zeitreihe und durch die Anwendung eines bestimmten Prognosesystems ist man in der Lage, kurzfristige Prognosen dieser Absatzzahlen z. B. für die folgenden 6 Perioden zu erstellen.
In der Periode t entscheidet die Verkaufsleitung, eine vorläufige Preisreduktion von 5% für die nächsten 2 Perioden einzuführen (z. B. als Sonderangebot).
Aufgrund dieser Preisreduktion können folgende unterschiedliche Konsumentenverhalten beobachtet werden:

1. Die Haushalte bevorzugen in diesen zwei Perioden das preisgünstigere Produkt, auch wenn sie normalerweise das Produkt der Konkurrenz gekauft hätten.

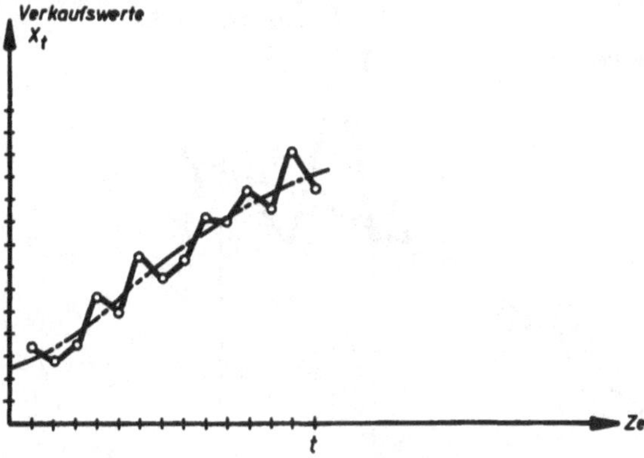

Abb. 1–65: Absatzzahlen der untersuchten Zeitreihen

2. Weiter tendieren die Haushalte in dieser Periode dazu, das preisgünstigere Produkt verstärkt zu kaufen, um von der augenblicklichen Preisreduktion zu profitieren. Es tritt also eine Erhöhung der Vorratsbestände der Haushalte ein.
3. Schließlich löst diese Preissenkung eine Kaufentscheidung bei den Haushalten aus, die nicht in diesen zwei Perioden gekauft hätten, sondern zu einem späteren Zeitpunkt, um ebenfalls von dieser Preisreduktion zu profitieren, wodurch ebenfalls die Vorratsbestände vergrößert werden.

Die zu beobachtende Absatzänderung nach der Einführung dieser Sonderaktion weist also zwei Hauptphasen auf:

1. Eine Absatzsteigerung während der Preissenkungsperiode aufgrund des oben genannten Konsumentenverhaltens,
2. eine Absatzsenkung während der Perioden, die auf diese Preisreduktionsperioden folgen, was auf die erweiterten Vorratsbestände zurückzuführen ist.

Um eine Quantifizierung dieser Absatzschwankungen vornehmen zu können, ist es notwendig, die durch die Sonderaktion hervorgerufenen Absatzveränderungen auf das Absatzniveau zu beziehen, das ohne die Einführung dieser Sonderaktion erzielt worden wäre. In Abb. 1–66 sind die aufgetretenen Absatzschwankungen aufgrund dieser Sonderaktion dem „normalen Absatz“ für jede Periode nach der Einführung der Sonderaktion gegenübergestellt.
Außerdem kann eine weitere Differenzierung der Sonderaktionstypen nach ihrem Ausmaß (Intensität) vorgenommen werden. In Abb. 1–67 erstreckt sich

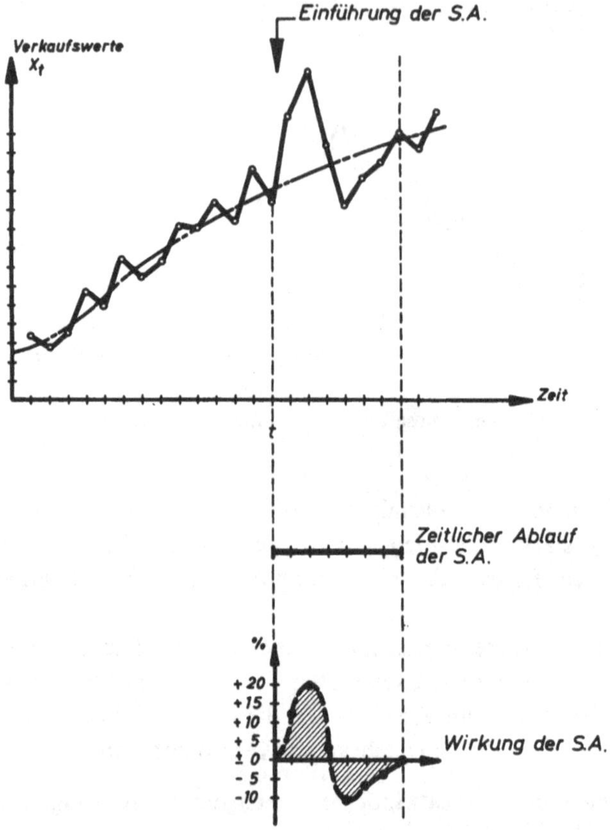

Abb. 1–66: Aufgetretene Absatzschwankungen aufgrund einer Sonder-Aktion (Preisreduktion)

die Reaktion des Marktes auf Sonderaktion A über vier Perioden, dagegen die Reaktion des Marktes auf Sonderaktion B über sechs Perioden, wobei jedoch hier geringere Absatzschwankungen vorliegen als bei Sonderaktion A.

Diese Kurve (vgl. Abb. 1–67) stellt also das dynamische Verhalten des Marktes gegenüber diesen spezifischen Sonderaktionen dar. In der Praxis kann man eine Vielzahl von Sonderaktionen mit den unterschiedlichsten Marktreaktionen beobachten, was auf die folgenden drei Ursachen zurückgeführt werden kann:

1. Natur der Sonderaktionen, die z. B. auf Preisveränderungen beruht, auf kurzfristigen Werbemaßnahmen oder ähnlichen Marketing-Aktivitäten des Unternehmens selbst oder der Konkurrenz.

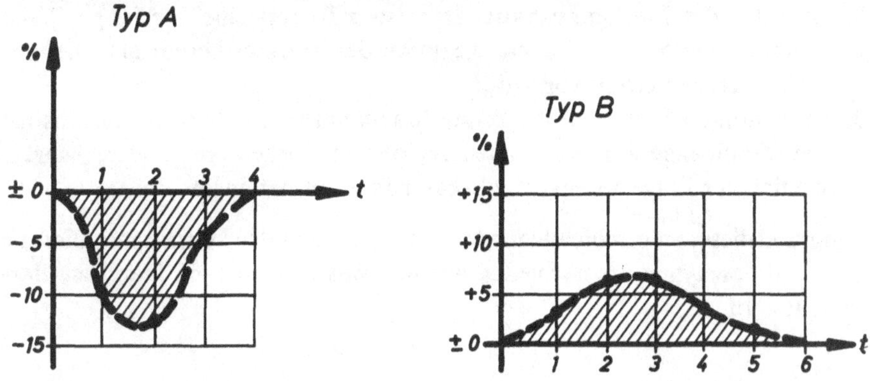

Abb. 1-67: Unterschiede im Ausmaß von Sonderaktionen

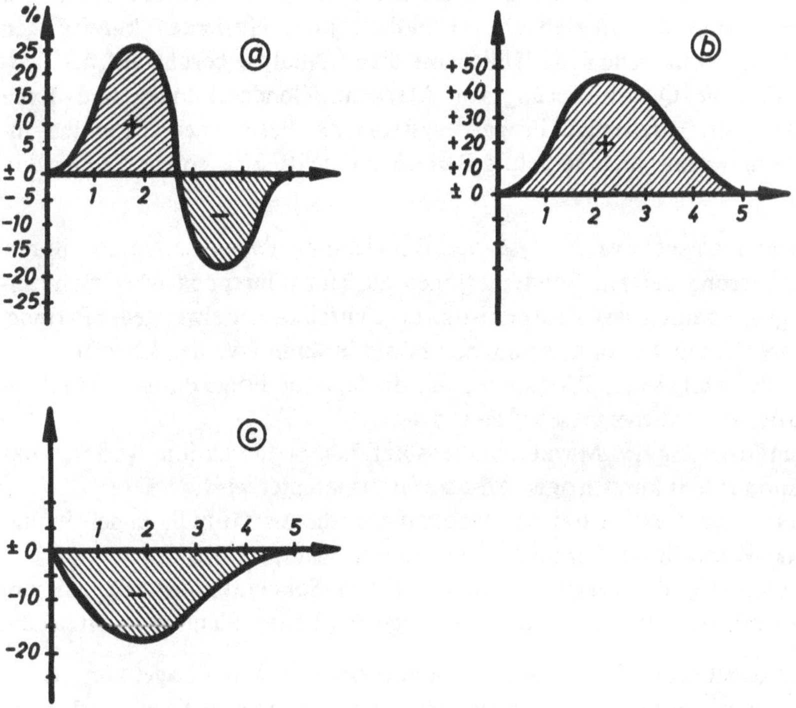

Abb. 1-68: Die aus verschiedenen Marketing-Aktivitäten resultierenden unterschiedlichen Sonder-Aktion-Typen

2. Intensität der Marketing-Aktivitäten; so z. B. ruft eine vorläufige Preisreduktion um 5% eine andere Reaktion des Marktes hervor als eine vorläufige Preisreduktion von 10%.
3. Ausdehnungsbereich der Marketing-Maßnahmen, z. B. hat eine kurzfristige Werbekampagne auf bestimmten regionalen Ebenen eine andere Marktreaktion zur Folge als eine Werbekampagne auf nationaler Ebene.

Aufgrund dieser unterschiedlichen Marketing-Aktivitäten können verschiedene Sonderaktionstypen unterschieden werden, was in Abb. 1–68 graphisch dargestellt wird.

1.7.2 Quantifizierung der Sonderaktionen

Die quantitative Analyse des Marktverhaltens auf Sonderaktionen ist nicht nur eine notwendige Bedingung für die Behandlung von Zeitreihen, sondern darüber hinaus die unerläßliche Grundlage jeder effizienten kurzfristigen Marketing-Politik. Die Unerläßlichkeit dieser Analyse beruht auf der Tatsache, daß die Quantifizierung von Marketing-Sonderaktionen und deren Integration in kurzfristige Prognosesysteme die Basis eines effizienten Informationssystems im Marketing-Bereich darstellt. Eine solche Integration erlaubt:

1. bessere retrospektive Analyse der Entwicklung der Absatzzahlen durch Eliminierung der auf Sonderaktionen zurückzuführenden Absatzschwankungen, wodurch die Charakteristika der Zeitreihe (Mittelwert jeder Periode, linearer Trend, Saisonkomponente) besser bestimmt werden können;
2. Erstellung effizienter Prognosen, was die logische Folge der genauen Analyse der Zeitreiheneigenschaften ist;
3. Quantifizierung des Marktverhaltens auf jede Sonderaktion, wodurch das Phänomen des kurzfristigen Absatzes transparenter wird;
4. quantitative Analyse des Marktverhaltens, die als Grundlage der Rentabilitätskontrolle der Sonderaktionen dienen kann;
5. Simulationen der verschiedenen möglichen Sonderaktionsstrategien, um eine optimale, zielgerichtete, kurzfristige Marketing-Planung zu erreichen.

Man ist somit durch die Analyse der Sonderaktionen in der Lage, kurzfristige Absatzprognosen mit der optimalen Planung einer kurzfristigen Marketing-Politik zu verbinden. Die numerische Behandlung der Sonderaktionen stellt durch die Benutzung von EDV-Anlagen kein wesentliches Problem dar. Voraussetzung ist jedoch eine gewisse Strukturierung der Marketing-Informationen. Um ein besseres Verständnis der Behandlung von Sonderaktionen zu erreichen, werden wir die numerische Analyse der Absatzzahlen eines Produktes, die in der Vergangenheit durch die Einführung zweier Sonderaktionen beeinflußt wurden, kurz beschreiben. Diese zwei Sonderaktionen sind folgender Natur:

Sonderaktion Nr. 1 Werbekampagne der Konkurrenz. Diese Sonderaktion wurde in der Periode 41 eingeführt, und ihre Wirkung erstreckte sich bis zu der Periode 45.

Sonderaktion Nr. 2 Intensive Distributionspolitik der Firma auf dem Einzelhandelssektor. Diese Sonderaktion wurde in der Periode 49 eingeführt und erstreckte sich bis Periode 52.

Abb. 1–69 zeigt die Absatzzahlen des hier untersuchten Produkts.

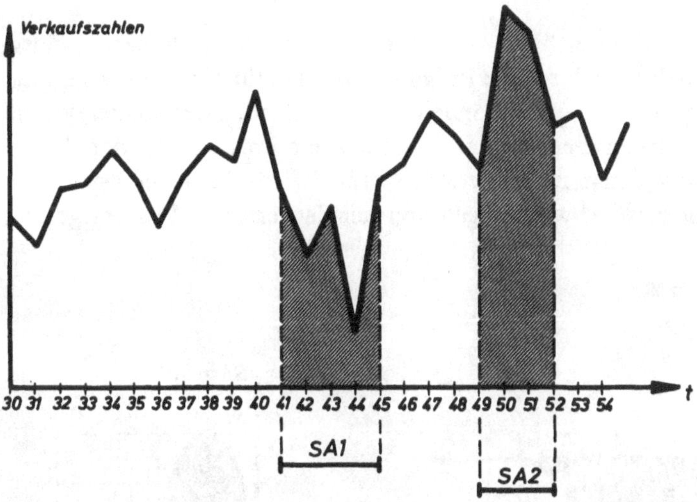

Abb. 1–69: Absatzzahlen eines Produkts, die durch zwei Sonderaktionen beeinflußt werden

Besitzt man diese Informationen über die Sonderaktionen, so ist es möglich, ihre spezifischen Wirkungen zu quantifizieren. Da man davon ausgeht, daß der Absatz von Periode 41 bis Periode 45 von Sonderaktion Nr. 1 beeinflußt wird, läßt sich jede Abweichung gegenüber den „normalen" Absatzzahlen auf diese Sonderaktion zurückführen. Die normalen Absatzzahlen, d. h. die Ab-

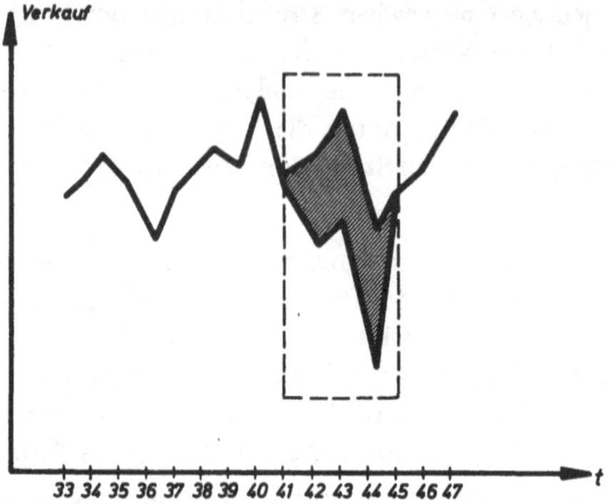

Abb. 1–70: Vergleich der Istwerte und der „normalen" Prognosen

satzzahlen, die erreicht worden wären, wenn keine Sonderaktion stattgefunden hätte, erhält man durch die Prognose, die man für die von Sonderaktionen betroffenen Perioden erstellt, indem man den Einfluß der Sonderaktionen außer acht läßt. In unserem Fall erhält man die normalen Absatzzahlen durch die Prognose, die man in der Periode 41 für Periode 42, 43, 44 usw. erstellt. Stellt man nun diese Abweichungen von den Istwerten in Prozent gegenüber der

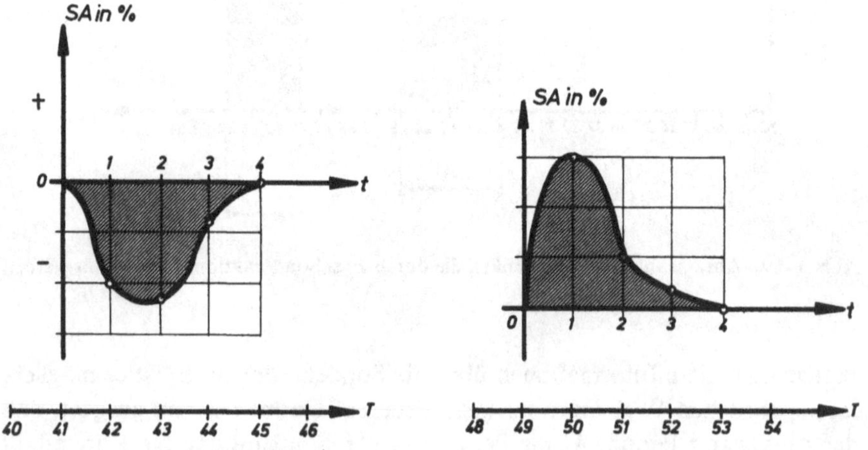

Abb. 1–71: Reaktion des Marktes auf die Sonderaktionen 1 und 2 in % gegenüber den sog. normalen Prognosen

Norm, d. h. den Prognosen, die ohne die Berücksichtigung von Sonderaktionen erstellt worden wären, dar, erhält man die in Abb. 1–70 dargestellte Kurve, aus der die Wirkung der Sonderaktionen ersichtlich ist.
Dieser Vergleich gestattet außerdem, das Marktverhalten auf die Sonderaktion Nr. 2 zu schätzen, die die Firma in Periode 49 einführte und deren Einfluß bis Periode 52 reicht. Betrachten wir also die Abweichungen, die zwischen den Prognosen (ohne Berücksichtigung der Sonderaktionen) und den Istwerten auftreten, so erhalten wir den aus Abb. 1–71 ersichtlichen Verlauf der Sonderaktionen.
Das hier angedeutete Prinzip der Quantifizierung von Sonderaktionen besteht darin, daß die gesamten Abweichungen, d. h. die Absatzveränderungen, die zwischen den sog. „normalen Prognosen" und den Istwerten aufgetreten sind, als Sonderaktionen betrachtet werden. In der Praxis treten aber Absatzveränderungen auf, die nicht nur auf Sonderaktionen beruhen. In den von Sonderaktionen betroffenen Perioden können folgende Veränderungen der Charakteristika der Zeitreihe vorliegen:

- Trend- oder Mittelwertänderung der analysierten Zeitreihe,
- Saisonalitätsschwankungen,
- zufallsbedingte Abweichungen.

Damit diese verschiedenen Ursachen der Absatzveränderungen berücksichtigt werden können, muß eine adäquate Filtrierung der Prognoseabweichungen vorgenommen werden. Wie gezeigt wurde, ist die Prognoseabweichung definiert durch:

$$\varepsilon_t = X_t - \hat{X}_t$$

wobei X_t den Istwert der Periode t darstellt und $\hat{X}_t$ die Prognose für die Periode t bedeutet.
Diese Prognoseabweichung kann unter Anwendung von Filtrierungstechniken, z. B. der *Brown*schen Methode, im Hinblick auf ihre wahrscheinlichen Ursachen analysiert werden. Unter Anwendung des Exponential Smoothing ist es möglich, wie wir gesehen haben, Absatzveränderungen auf Mittelwertänderungen zurückzuführen. Für den Glättungsparameter α gilt: Je größer α ist, desto größer wird der Einfluß der Absatzveränderungen auf den Mittelwert.
Wenn die untersuchten Absatzzahlen saisonabhängig sind, so müssen Absatzveränderungen im Hinblick auf mögliche Saisonalitätsschwankungen analysiert werden. In diesem Fall und analog zu der Mittelwertsänderung einer Zeitreihe kann ein spezifischer Glättungsparameter β eingeführt werden. β dient somit zur Filtrierung der Absatzveränderungen, die auf eine Veränderung der

Saisonstruktur zurückzuführen sind. Entsprechend kann hier für die Analyse und Quantifizierung von Sonderaktionen ein spezifischer Glättungsparameter α_s eingeführt werden, der den Anteil der Absatzschwankungen filtriert, der auf Sonderaktionen zurückzuführen ist. Die durch diese Glättungsparameter α, β und α_s nicht erfaßten Absatzschwankungen werden als zufallsbedingt betrachtet. Offensichtlich ist, daß eine optimale Interpretation der gesamten Absatzschwankungen von der Bestimmung dieser Parameter abhängt. In 1.6 wurde das Problem der optimalen Bestimmung des Glättungsparameters α ausführlich behandelt. Die Parameter β und α_s werden analog zu α bestimmt. Dieses Filtrierungsverfahren durch die Parameter α_t, β_t und α_s ist in Abb. 1–72 dargestellt.

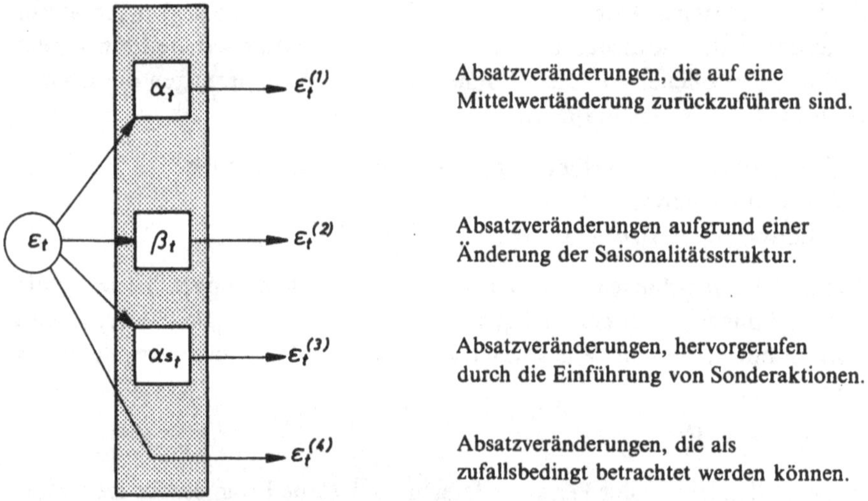

Abb. 1–72: Zerlegung des Prognosefehlers nach verschiedenen Ursachen

Basierend auf der Methode der exponentialen Glättung hat *Lewandowski* ein numerisches Verfahren entwickelt, das die Quantifizierung von Sonderaktionen gestattet. Nehmen wir an, daß der Einfluß einer Sonderaktion auf die Absatzzahlen multiplikativer Natur sei. Die Gleichung für die Prognose dieser Absatzzahlen lautet:

$$\hat{X}_{t+\theta} = \{\hat{M}_{t+\theta}\} \cdot S_{t+\theta} \cdot \{1 + \Psi^{(a)}_{t+\theta}\} \tag{1.133}$$

wobei gilt:

$\hat{X}_{t+\theta}$ Prognose in der Periode t für die Periode $t + \theta$;
$\hat{M}_{t+\theta}$ zukünftige Entwicklung des Mittelwerts für die Periode $t + \theta$, die auf einem linearen oder quadratischen Extrapolationsansatz basiert;
$S_{t+\theta}$ Saisonalitätseinfluß in der Periode $t + \theta$;
$1 + \psi_{t,\theta}^{(a)}$ multiplikativer Einfluß des Sonderaktionstyps a auf die Absatzzahlen der Periode $t + \theta$.

Wenn wir zur Vereinfachung von einer linearen Trendextrapolation ausgehen, so lautet die Prognoseabweichung der Periode $t + 1$:

$$\varepsilon_{t+1} = X_{t+1} - \{M_t + T_t\} \cdot S_{t+1} \cdot \{1 + \Psi_{t+1}^{(a)}\} \tag{1.134}$$

Diese Prognoseabweichung kann zum Teil darauf zurückgeführt werden, daß der hier angegebene Einfluß der Sonderaktion nicht ihrem tatsächlichen Einfluß auf das Marktverhalten entspricht. Um diese Fehleinschätzung des Einflusses der Sonderaktion zu korrigieren, kann die folgende Formel angewandt werden:

$$[\Psi_{t+1}^{(a)}]^k = \Psi_{t+1}^{(a)} + \alpha_s \cdot \varepsilon_{t+1} \tag{1.135}$$

Hierbei ist:

$\Psi_{t+1}^{(a)}$ die ursprünglich angenommene Wirkung des Sonderaktionstyps a für die Periode $t + 1$
$[\Psi_{t+1}^{(a)}]^k$ die korrigierte Sonderaktionswirkung in dieser Periode
α_s der Adaptationskoeffizient (Glättungsparameter) der Sonderaktion.

Zur Verdeutlichung dieser Korrekturformel gehen wir davon aus, daß in dem vorhergehenden Beispiel die Verkaufsleitung bei der Entscheidung einer intensiven Distributionspolitik auf dem Einzelhandelssektor eine Zunahme der Absatzzahlen aufgrund der folgenden Marktreaktion auf diese Sonderaktion erwartet:

$$[\Psi_{50}^{(2)}]^0 = +20\%$$
$$[\Psi_{51}^{(2)}]^0 = +10\%$$
$$[\Psi_{52}^{(2)}]^0 = +5\%$$

Das heißt: Für die erste Periode (Periode 50) wird eine Zunahme der Absatzzahlen um 20% erwartet, für die zweite Periode nach der Einführung dieser Sonderaktion (Periode 51) eine Zunahme des Absatzes um 10% und für die dritte Periode nach der Einführung dieser Sonderaktion (Periode 52) eine Zunahme von 5%.

Nehmen wir an, daß in der Periode 50 eine Absatzveränderung (ε_{t+1}) zwischen den Istwerten und den angenommenen prognostizierten Absatzzahlen zu beobachten ist (unter Berücksichtigung dieser Sonderaktion, deren Wirkung für diese Periode 20% ausmacht). Wenn aber diese Prognoseabweichung $\varepsilon_{t+1} - 10\%$ ausmacht und wenn wir für den Koeffizienten $\alpha_s = 0{,}3$ setzen, so erhalten wir:

$$[\Psi_{50}^{(2)}]^{(1)} = (20\%) - 0{,}3(10\%) = 17\%$$

d.h. 30% der Prognoseabweichungen werden hier auf eine falsche Einschätzung des Einflusses der in Betracht gezogenen Sonderaktion für die Periode 50 zurückgeführt.

Wenn die Istwerte des Absatzes in der Periode 51 und 52 bekannt sind, so können die angenommenen Marktreaktionen auf diese Sonderaktion entsprechend korrigiert werden. Nach dieser Korrektur erhalten wir die folgenden neuen Werte für diese Sonderaktion (für $\alpha_s = 0{,}3$):

$$\varepsilon_{50} = -10\%; \quad [\Psi_{50}^{(2)}]^{(0)} = +20\%; \quad [\Psi_{50}^{(2)}]^{(1)} = +17\%$$
$$\varepsilon_{51} = -12\%; \quad [\Psi_{51}]^{(0)} = +10\%; \quad [\Psi_{51}^{(2)}]^{(1)} = +6{,}4\%$$
$$\varepsilon_{52} = -6\%; \quad [\Psi_{52}]^{(0)} = +5\%; \quad [\Psi_{52}^{(2)}]^{(1)} = +3{,}2\%$$

Abb. 1–73 verdeutlicht diesen Korrekturvorgang. Die Bedeutung dieser Korrektur für das Marketing wird durch folgende Punkte deutlich:

1. Eine bessere Quantifizierung der tatsächlichen Absatzveränderung auf-

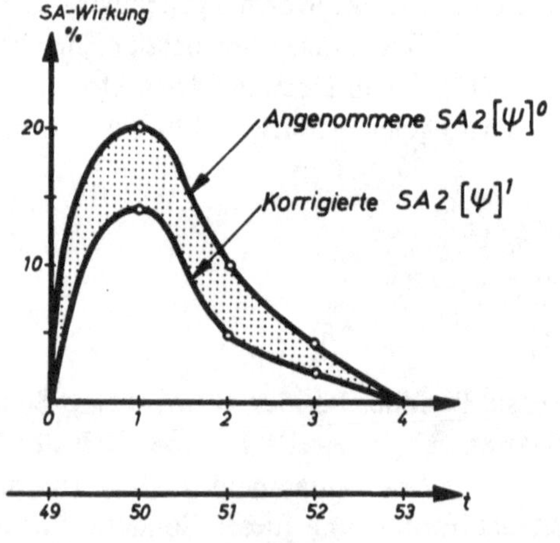

Abb. 1–73: Korrektur der Fehleinschätzung der angenommenen S.A.-Wirkung

grund von Sonderaktionen ist möglich. In dem vorangegangenen Beispiel war klar ersichtlich, daß die Wirkung der Sonderaktion 2 auf die Absatzzahlen niedriger war, als ursprünglich angenommen wurde.
2. Für den Fall, daß dieser Sonderaktionstyp in der Zukunft wieder eingeführt wird, ist man in der Lage, von der erstellten Korrektur auszugehen, was zu einer besseren Prognose der Wirkung dieser Sonderaktion führt.

Wir sind bisher immer davon ausgegangen, daß die Reaktion des Marktes auf die verschiedenen Sonderaktionen bekannt sei. Wie die Praxis aber zeigt, sind die entsprechenden Schätzungen in vielen Fällen ungenau. Als ein besonders wichtiger Vorteil müssen deshalb die autoadaptativen Eigenschaften des in diesem Abschnitt dargestellten Kontrollverfahrens betrachtet werden, da sie sowohl eine automatische Quantifizierung der Sonderaktionen, als auch eine automatische Auffindung der von Sonderaktionen betroffenen Perioden ermöglichen. Es ist also möglich, wie im Anschluß gezeigt wird,

1. automatisch die Perioden zu bestimmen, wo mit einer großen Wahrscheinlichkeit Sonderaktionen aufgetreten sind. Diese Möglichkeit ist sehr wichtig, da in vielen Fällen, insbesondere für weit in der Vergangenheit zurückliegende Perioden, nicht einfach festzustellen ist, ob Sonderaktionen eingeführt wurden;
2. die Marktreaktionen auf die Sonderaktionen selbst dann zu quantifizieren, wenn zu Beginn von ungenauen Schätzungen ausgegangen wurde.

Im folgenden werden wir diese zwei Möglichkeiten näher untersuchen:
Die automatische Bestimmung der von Sonderaktionen beeinflußten Perioden basiert auf einer dynamischen Analyse der Prognoseabweichungen. Gehen wir davon aus, daß die Abweichungen normalverteilt seien:

$$\varepsilon_t = N\{0, \sigma\}$$

Bekanntlich[20] gilt in diesem Fall:

$$MAD_t \simeq 0{,}8\ \sigma_\varepsilon$$

und somit beträgt die Wahrscheinlichkeit für:

$$|\varepsilon_t| \leqq 2 \cdot MAD_t$$

annähernd 89%.
Tritt also während der Analyse einer Zeitreihe ein Prognosefehler auf, der $> 2 \cdot MAD_t$ ist, kann davon ausgegangen werden, daß dieser Prognosefehler auf eine Sonderaktion zurückgeführt werden kann.

[20] Vgl. Formel (1.90)

Bedingung für diese Hypothese ist, daß es sich um keinen systematischen Prognosefehler handelt, der durch eine Änderung der Eigenschaften der Zeitreihe, wie z. B. durch eine Mittelwertänderung, entstanden ist. Die oben festgelegten Vertrauensgrenzen gestatten somit eine automatische Analyse der Prognoseabweichungen im Hinblick auf die in der Vergangenheit stattgefundenen Sonderaktionen (vgl. Abb. 1–74). Signalisiert das Prognosesystem mit Hilfe der oben festgelegten Vertrauensgrenzen in bestimmten Perioden der Vergangenheit große, nicht erklärbare Prognoseabweichungen, so muß von den Verant-

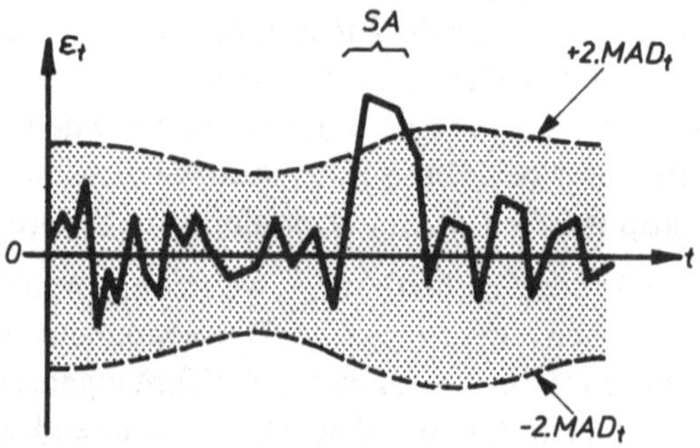

Abb. 1–74: Automatische Auffindung von Sonderaktionen mit Hilfe der Vertrauensgrenzen

wortlichen für die Absatzanalyse festgestellt werden, ob in den oben signalisierten Perioden tatsächlich Sonderaktionen eingeführt wurden. Erst dann kann die Quantifizierungsphase eingeleitet werden. Diese quantitative Analyse der Sonderaktionen läßt sich mit Hilfe bestimmter iterativer Simulationstechniken durchführen. Wie aus der Formel (1.135) zu ersehen ist, gestattet dieses autoadaptative Verfahren, die angenommene Wirkung der Sonderaktion an die tatsächliche Reaktion des Marktes auf die stattgefundene Sonderaktion anzupassen. Wie die Praxis zeigt, sind die Schätzungen der Wirkung von Sonderaktionen, die von den verschiedenen Fachabteilungen ursprünglich getroffen wurden, d. h. bevor eine quantitative Analyse durchgeführt wurde, sehr ungenau. Die direkte Einbeziehung dieser Schätzungen in ein Prognosesystem führt zu entsprechenden Prognosefehlern. Das folgende Verfahren soll diesen Hauptnachteil beseitigen:

Die Absatzzahlen der Vergangenheit werden mehrmals simuliert, indem die Sonderaktionen an das tatsächliche Marktverhalten autoadaptiert werden. Das

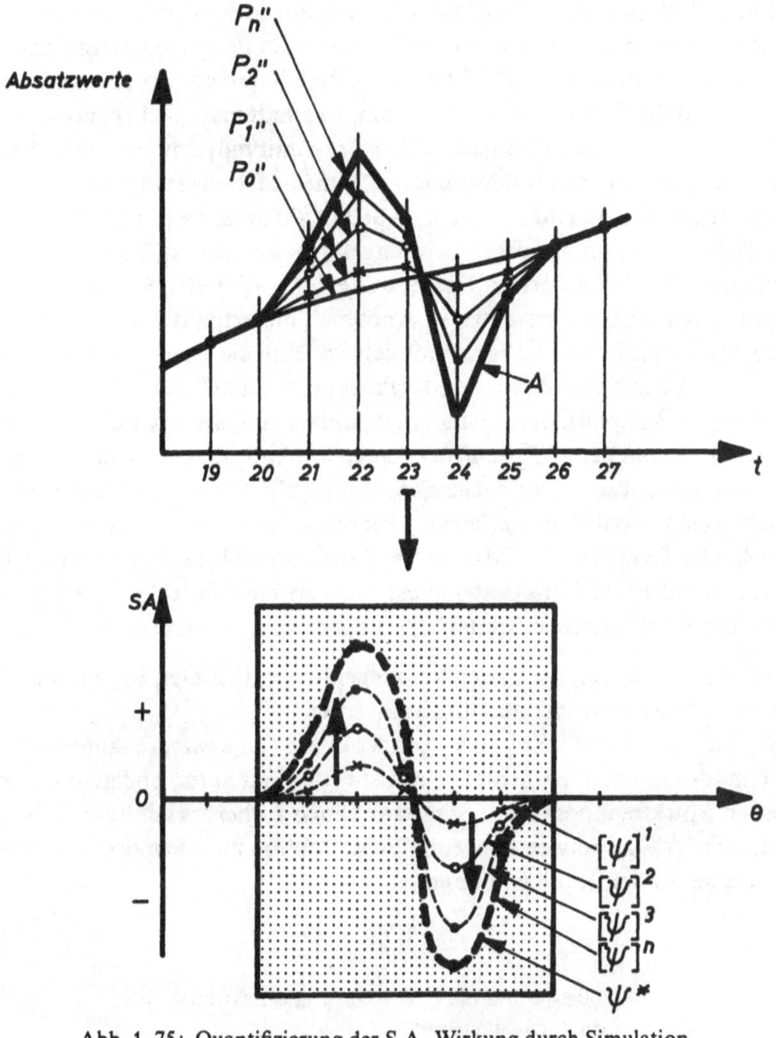

Abb. 1–75: Quantifizierung der S.A.-Wirkung durch Simulation

nachstehende Beispiel soll dieses Simulationsverfahren verdeutlichen (vgl. Abb. 1–75).

Bei der Analyse einer Zeitreihe *A* wird festgestellt, daß ihre Absatzzahlen von einer Sonderaktion beeinflußt werden. Nehmen wir an, daß für diese Sonderaktion von einer falschen Schätzung ihrer Wirkung ausgegangen wird. Integriert man diese Schätzung in das Prognosesystem, sind schlechte Prognosen die Folge. Nehmen wir z. B. an, daß die angegebene Sonderaktionswirkung für alle Perioden 0 sei. Wird diese Sonderaktion in das Prognosesystem eingeführt, erhält man die Prognosen P_0. Führt man eine Kontrolle im Hinblick auf die Istwerte und die Prognosewerte P_0 durch, so erhält man die Prognosefehler ε_t. Durch Anwendung der Formel (1.135) ist es somit möglich, eine erste Adaptation der angenommenen Sonderaktion $[\Psi]^0$ an die Istwerte vorzunehmen. Diese neue korrigierte Sonderaktion ist in Tabelle 1–20 unter $[\Psi]^1$ angegeben. Nachdem dieser Adaptationsvorgang durchgeführt worden ist, kann eine zweite Simulation eingeleitet werden. Diese zweite Simulation besteht darin, daß man in der Periode 20 für die erstellten Prognosen P_1 die aktualisierte Schätzung $[\Psi]^1$ dieser Sonderaktionswirkung berücksichtigt. Für die Perioden, über die sich die Wirkung der eingeführten Sonderaktion erstreckt (Periode 20 bis 21), wird ein weiterer Adaptationsvorgang im Hinblick auf die bis dahin geschätzte Sonderaktionswirkung $[\Psi]^1$ und der echten Wirkung dieser Sonderaktion $[\Psi]^*$ vorgenommen, was zu der neuen Schätzung $[\Psi]^2$ führt. Nachdem man diese Simulationen *n*-mal durchgeführt hat, erhält man eine gute Anpassung an die tatsächliche Reaktion des Marktes auf die eingeführte Sonderaktion $[\Psi]^*$. Ohne hier näher auf Einzelheiten dieser numerischen Berechnung eingehen zu können, können folgende Schlußfolgerungen gezogen werden:

1. Jede Sonderaktion, die in der Vergangenheit aufgetreten ist, kann im Hinblick auf ihre Wirkung quantifiziert werden.
2. Die für die Berechnung der Sonderaktion angewandte autoadaptative Methode erlaubt außerdem, die im Laufe der Zeit auftretenden unterschiedlichen Marktreaktionen auf Sonderaktionen zu berücksichtigen, z. B. kann eine wiederholte Anwendung einer Sonderaktion zu einem bestimmten Desinteresse bei den Käufern führen.

Tabelle 1–20: Beispiel für die Quantifizierung der Wirkung von Sonderaktionen durch Simulation

θ	$\Psi^{(0)}$	$\Psi^{(1)}$	$\Psi^{(2)}$	$\Psi^{(3)}$	–	$\Psi^{(6)}$	Ψ^*
1	0	2	4,2	5,8	–	6,5	10
2	0	4,2	9,1	13,5	–	15,7	20
3	0	2,1	4,5	6,3	–	7,5	10
4	0	−4,4	−10,5	−15,2	–	−19,0	−20
5	0	−1,9	− 3,9	− 5,0	–	− 5,9	−10
6	0	0	0	0		0	0

1.7.3 Integration der Sonderaktionen in kurzfristige Prognosesysteme

Wie im vorhergehenden Abschnitt gezeigt wurde, ist es im allgemeinen möglich, das Marktverhalten auf die unterschiedlichsten Sonderaktionen zu quantifizieren. Außerdem wurde gezeigt, daß die Absatzzahlen eines Produkts von einer Vielzahl der unterschiedlichsten Sonderaktionen beeinflußt werden können.

Ist die Anzahl der Produkte eines Unternehmens sehr groß, so ist es unerläßlich, eine integrierte Behandlung dieser Sonderaktionen mit Hilfe elektronischer Datenverarbeitungsanlagen durchzuführen. Diese automatische Behandlung erfordert eine strukturierte Speicherung sämtlicher Informationen der produktspezifischen Sonderaktionen, insbesondere:

1. Anzahl der verschiedenen Sonderaktionen, die den Absatz der verschiedenen Produkte beeinflussen, sowohl im Hinblick auf die Vergangenheit als auch auf die Zukunft;
2. Zeitpunkt, in dem die verschiedenen Sonderaktionen eingeführt wurden;
3. die verschiedenen Reaktionsformen der Sonderaktionen sowie ihre zeitliche Veränderung, z. B. bei einer wiederholten Anwendung;
4. die Bezeichnung der Sonderaktionen;
5. weitere Informationen.

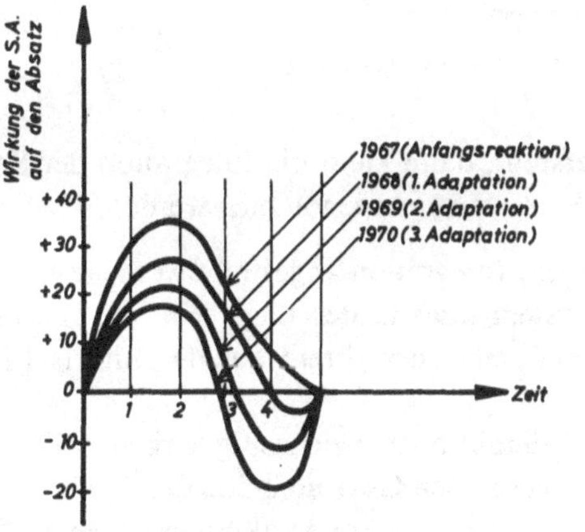

Produkt Nr.
A.S. Nr.

4 6 1 1 0 1

t \ A	0	1	2
1	+30	+20	+18
2	+35	+26	+19
3	+20	+13	+5
4	+10	0	-8
5	-	-	-
6	-	-	-

Abb. 1–76: Speicherung von produktspezifischen S.A.-Informationen

In der Abb. 1–76 stellt t den Zeitindex der Perioden, von der Einführung einer Sonderaktion an gerechnet, dar, z. B. bedeutet $t = 3$ die dritte Periode nach der Einführung der betreffenden Sonderaktion. A bezeichnet die verschiedenen Werte der vorgenommenen Aktualisierungen der Sonderaktion. $A = 0$ gibt die zu Beginn angenommenen Werte der Sonderaktion an, die in das System vor der automatischen Quantifizierung durch das Simulationsmodell eingeführt wurden. Die Spalte $A = 1$ gibt den Wert der Sonderaktion nach der Simulationsphase an. (Man stellt fest, daß für die zwei ersten Perioden starke Schätzungsschwankungen gegenüber den tatsächlichen Abweichungen der Sonderaktion auf dem Markt vorliegen.) In der Spalte $A = 2$ sind die Werte der Sonderaktion eingetragen, nachdem diese zum zweitenmal angewandt wurde. Aus dieser Matrix ist die systematische Marktreaktion auf diese Sonderaktion deutlich zu erkennen. Die Speicherung verschiedener Sonderaktionen, die für ein Produkt in Frage kommen, kann, graphisch dargestellt, zu der in Abb. 1–77 dargestellten dreidimensionalen Matrix führen.

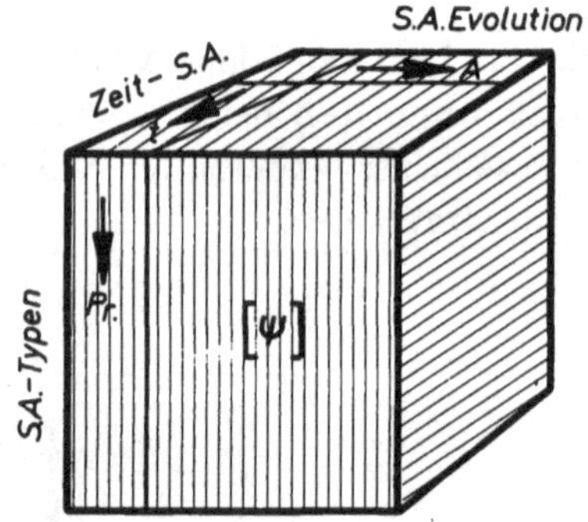

Abb. 1–77: Die S.A.-Matrix [ψ]

Hat man eine solche Matrix erstellt, dann kann die Integration der Sonderaktionen in kurzfristige Prognosesysteme vorgenommen werden.

Zwei Hauptziele sollen durch diese Integration angestrebt werden:

1. Das angewandte Prognosesystem muß in der Lage sein, die spezifischen Werte der verschiedenen Sonderaktionen direkt aus der Matrix [Ψ] abzulesen.
2. In dem Fall, daß mehrere Sonderaktionen gleichzeitig wirken, soll das Prognosesystem den somit hervorgerufenen Gesamteinfluß der Sonderaktionen berücksichtigen (Überlagerungseffekt von Sonderaktionen). Abb. 1–78 zeigt den Fall, daß die Sonderaktion Nr. 1 in der Periode 24 auftritt und sich über

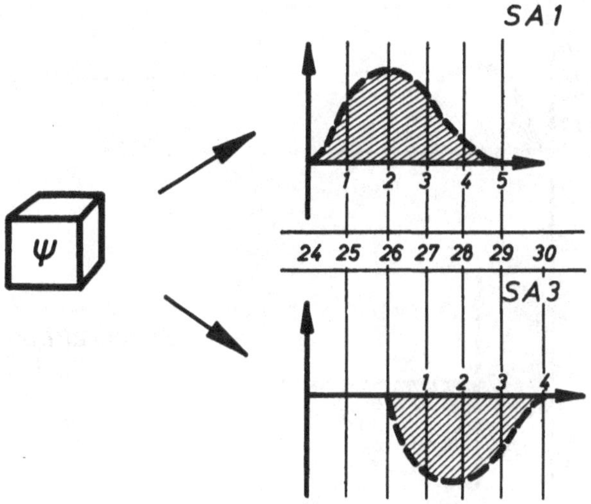

Abb. 1–78: Extraktion zweier S.A. aus der Matrix [ψ]

fünf Perioden erstreckt, Sonderaktion Nr. 3 in der Periode 26 eingeführt wird und sich über vier Perioden erstreckt.
Nehmen wir an, daß die Einflüsse der Sonderaktionen Nr. 1 und 3 in einer ersten Annäherung als linear verknüpft betrachtet werden können, so kann ihre Gesamtwirkung durch Addition ermittelt werden (vgl. Abb. 1–79).

Die integrierte Behandlung von Sonderaktionen durch ein Prognosesystem kann somit folgendermaßen durchgeführt werden:

1. Für jede Periode wird geprüft, welcher Typ von Sonderaktionen in dieser Periode einen Einfluß auf die Absatzzahlen ausübt.
2. Aus der Matrix [Ψ] der Sonderaktionen werden die letzten aktualisierten Werte extrahiert. In dem Fall, wo sich Sonderaktionen überschneiden, wird ihre Gesamtwirkung ermittelt.
3. Die somit erhaltene Wirkung der Sonderaktionen wird in das zugrunde gelegte Prognosesystem integriert.
4. Anhand der Istwerte werden Prognoseabweichungen festgestellt und mit Hilfe der dargestellten Adaptationsprozeduren entsprechende Korrekturen der Sonderaktionen vorgenommen.

Diese Integration von Sonderaktionen in kurzfristige Prognosesysteme ist durch Abb. 1–80 schematisch aufgezeigt.

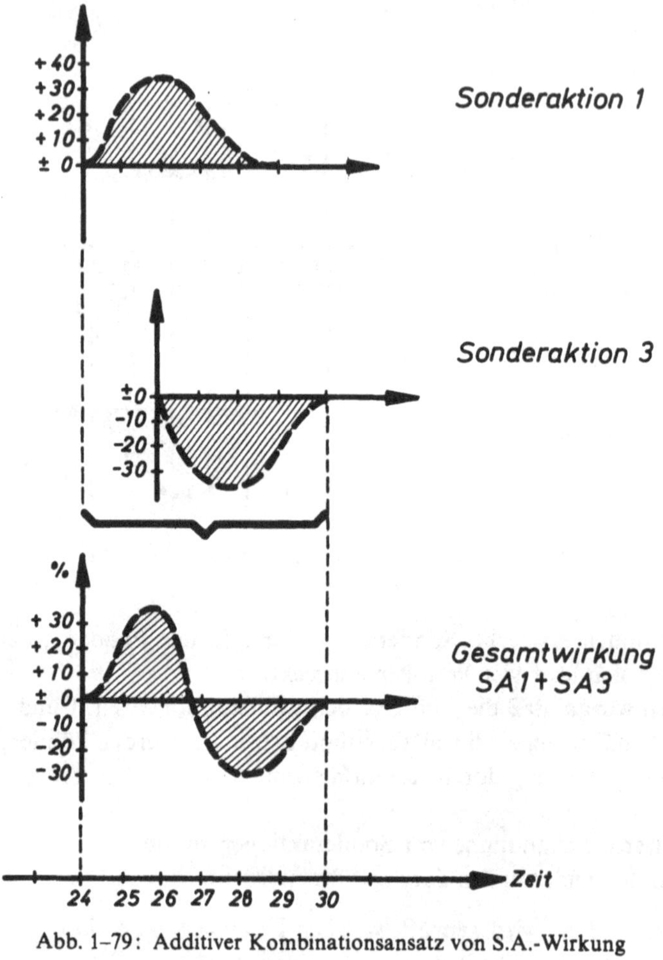

Abb. 1–79: Additiver Kombinationsansatz von S.A.-Wirkung

Fassen wir die wesentlichen Punkte bei der Integration von Sonderaktionen in kurzfristige Prognosesysteme zusammen:

1. Die automatische Berücksichtigung von Sonderaktionen führt zur Quantifizierung außergewöhnlicher Absatzschwankungen, die auf vorübergehende Konsumentenverhalten zurückzuführen sind. Diese kurzfristigen Absatzschwankungen resultieren aus firmenspezifischen Maßnahmen (oder denen der Konkurrenz).
2. Die dargestellten Kontrollprozeduren gestatten die Quantifizierung des Marktverhaltens auf Sonderaktionen, und dies auch dann, wenn zu Beginn

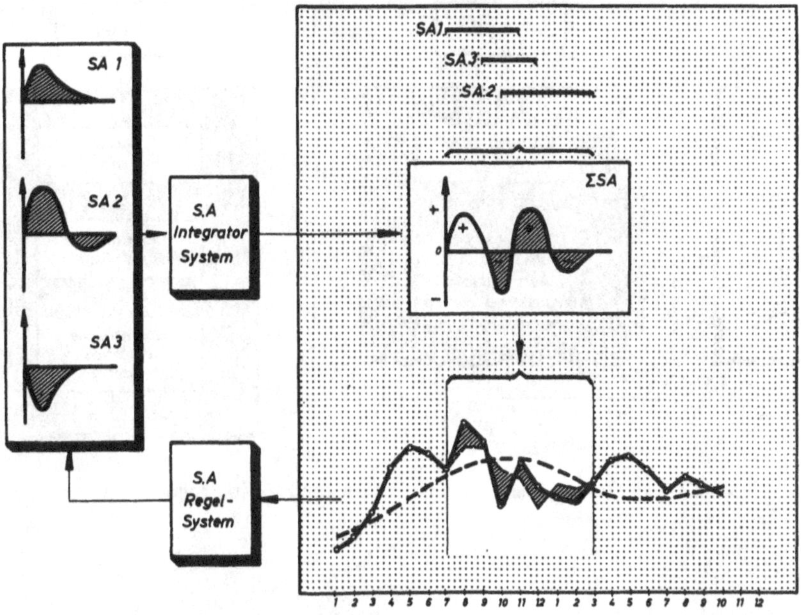

Abb. 1–80: Integration von Marketing- S.A. in kurzfristige Prognosesysteme

von ungenauen oder falschen Schätzungen der betreffenden Sonderaktion ausgegangen wurde.

3. Die Berücksichtigung von Sonderaktionen führt außerdem durch die damit verbundene bessere Interpretation der Prognosefehler zu einer exakteren Quantifizierung der Hauptcharakteristika der Zeitreihe (Mittelwert, Trend, Saisonkomponente etc.).
4. Die quantitative Analyse der Sonderaktionen kann als Grundlage zur Auffindung optimaler Sonderaktionen im Hinblick auf die kurzfristig fixierten Absatzziele dienen.
5. Mit Hilfe der dargestellten automatischen Analyse der dynamischen Entwicklung der Sonderaktionen ist man in der Lage, sehr schnell festzustellen, ob eine Sonderaktion im Laufe der Zeit unrentabel wird.

Die Integration und Behandlung von kurzfristigen Marketing-Sonderaktionen ist somit nicht nur unerläßlich für ein effizientes Absatzanalyse- und Prognosesystem, sondern darüber hinaus eine der wichtigsten Komponenten eines Marketing-Informationssystems (vgl. Abb. 1–81).

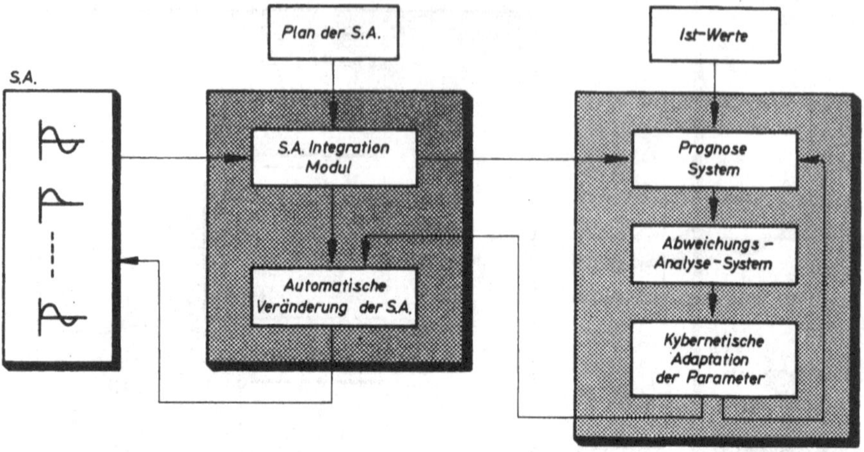

Abb. 1–81: Gesamtübersicht: Integration von S.A. in Prognosesysteme

1.8 Einführung in die normativen Beschränkungen von kurzfristigen Prognosesystemen

Unabhängig vom Typ des gewählten kurzfristigen Prognosesystems ist im allgemeinen selten eine befriedigende prognostische Effizienz über einen Prognosehorizont von mehr als 6 Perioden (Monate) zu erreichen. Die kurzfristige industrielle Planung fordert jedoch einen Prognosehorizont bis zu 12 Perioden (d.h. für 1 Jahr im voraus). Um die Effizienz hinsichtlich dieser Bedingungen zu verbessern, ist es notwendig, in das Prognosesystem den Begriff der „Normierung" einzuführen. Die kurzfristige Normierung besteht darin, die mittelfristigen Charakteristika der analysierten Zeitreihe bei der kurzfristigen Extrapolation zu berücksichtigen. Es handelt sich hier um eine kurz- und mittelfristige Hybridation (Mischung).

Im folgenden soll eine kurze Übersicht über bestimmte Spezialansätze für diese prognostische Hybridation gegeben werden. Im allgemeinen können wir drei unterschiedliche Normierungsarten unterscheiden:

1. Berücksichtigung des durchschnittlichen Jahreszuwachses,
2. Berücksichtigung von mittelfristigen bzw. konjunkturellen Absatzschwankungen, die exogen bzw. durch andere Prognosesysteme ermittelt worden sind,

3. Berücksichtigung von subjektiven Schätzungen bzw. Zielsetzungen oder Budgetvorgaben.

1.8.1 Berücksichtigung des mittelfristigen endogenen Wachstums der Zeitreihe

Als ein Grund dafür, daß kurzfristige Prognosen mit einem Prognosehorizont von mehr als 6 Perioden über eine nicht befriedigende prognostische Effizienz verfügen, kann angesehen werden, daß eine vorläufige Trendbeschleunigung in bestimmten Perioden für die Zukunft extrapoliert wird, ohne hierbei die marktspezifischen Eigenschaften einzubeziehen. Das manifestiert sich vor allem in dem quadratischen Prognosemodell. Die nachstehende Abb. 1–82 zeigt deutlich diese „Explosionswirkung" des Prognosesystems.

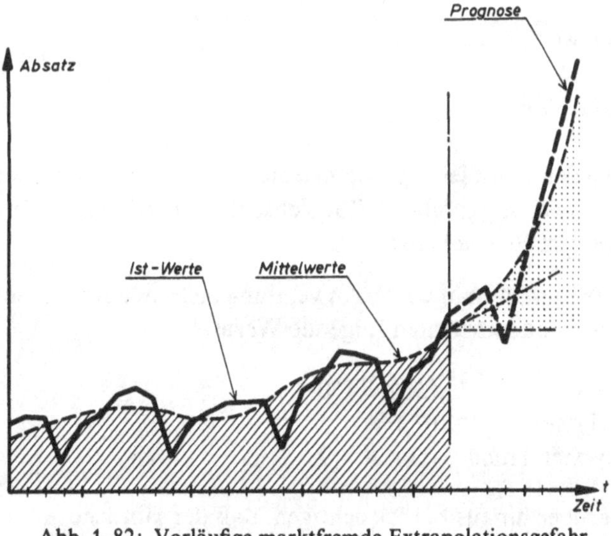

Abb. 1–82: Vorläufige marktfremde Extrapolationsgefahr

Eine erste Methode, um diese prognostische Explosion zu verhindern, besteht darin, die Entwicklung der durchschnittlichen jährlichen Absatzveränderungen in der Vergangenheit zu berücksichtigen. Man geht also davon aus, daß das Wachstum der Zeitreihe für den kommenden Zyklus (z. B. für die nächsten 12 Monate) einen bestimmten Wert des in der Vergangenheit beobachteten Wachstums nicht überschreitet. Nehmen wir an, daß der jährliche Absatz des vorhergehenden Zyklus der Zeitreihe durch V_{t-1} und das mittlere Wachstum dieses Absatzes durch Δ gegeben ist. Führt man als Beschränkung ein, daß die Summe der Prognosen für den kommenden Zyklus gegenüber dem entsprechenden vorhergehenden Zyklus einen bestimmten Prozentsatz (k) des beobachteten mittleren Wachstums nicht überschreiten darf, erhält man:

$$\sum_{\theta=1}^{\theta=12} \hat{X}_{t,\theta} \leqq V_{t-1} + \Delta \cdot k \tag{1.136}$$

Wird diese Bedingung nicht erfüllt, müssen die Prognosen $\hat{X}_{t,\theta}$ reduziert werden, und zwar in Abhängigkeit ihres Vertrauensgrades. Bekanntlich nimmt mit zunehmendem θ (Prognosehorizont) die Unsicherheit der Prognosen zu. Diese Unsicherheit kann im allgemeinen durch eine exponentielle Funktion dargestellt werden. Die Reduzierung der Prognosen $\hat{X}_{t,\theta}$ wird von *Lewandowski* proportional dem Faktor:

$$(1-\eta)^{\theta}; \qquad 0 \leqq \eta \leqq 1$$

vorgenommen werden, d.h. also:

$$\sum_{\theta=1}^{\theta=12} \hat{X}_{t,\theta}(1-\eta)^{\theta} = V_{t-1} + \Delta \cdot k \tag{1.137}$$

Hierbei stellt η den Normierungskoeffizienten dar, der so gewählt werden muß, daß die obige Gleichung erfüllt ist. Zur Verdeutlichung dieses Verfahrens gehen wir von folgendem Beispiel aus:

In der Periode t erhält man durch Anwendung eines quadratischen Prognosesystems mit Saisonkoeffizienten folgende Werte:

Mittelwert	(M_t) =	150
linearer Trend	(T_t) =	5
quadratischer Trend	(Q_t) =	2

Wenn wir darüber hinaus berücksichtigen, daß der jährliche Absatz V_{t-1} der letzten Perioden (es handelt sich in diesem Beispiel um bimensuelle Absatzzahlen) 700 und der durchschnittliche jährliche Zuwachs (Δ) 100 betragen, so kann unter der Bedingung, daß der Zuwachs der Prognosen nicht größer als das Vierfache des beobachteten durchschnittlichen Zuwachses Δ (d.h. hier also $k = 4$) ist, die folgende normative Berechnung durchgeführt werden:

Man erhält für den Normierungskoeffizienten η folgenden Wert:

$$\eta = 0{,}0328$$

so daß die Gleichung (1.137) erfüllt ist, d.h.:

$$\sum_{\theta=1}^{\theta=6} \hat{X}_{t,\theta}(0,9672)^{\theta} = 700 + 4 \times 100 = 1100$$

Tabelle 1–21: Numerisches Beispiel zur endogenen Normierung der Prognosen

θ	$\hat{M}_{t,\theta}$	S_θ	$\hat{X}_{t,\theta}$	$(0,9672)^{\theta}$	$\hat{\hat{X}}_{t,\theta}$	$\hat{\hat{M}}_{t,\theta}$
1	158	0,9	142,2	0,9672	137,5	152,78
2	172	1,3	223,6	0,9355	209,1	160,85
3	192	1,3	249,6	0,9048	225,8	173,69
4	218	1,0	218,0	0,8752	190,8	190,80
5	250	0,7	175,0	0,8466	148,1	211,57
6	288	0,8	230,4	0,8190	188,7	235,88
Σ		6,0	1938,8		1100	

Die folgende Abbildung 1–83 verdeutlicht dieses Beispiel.

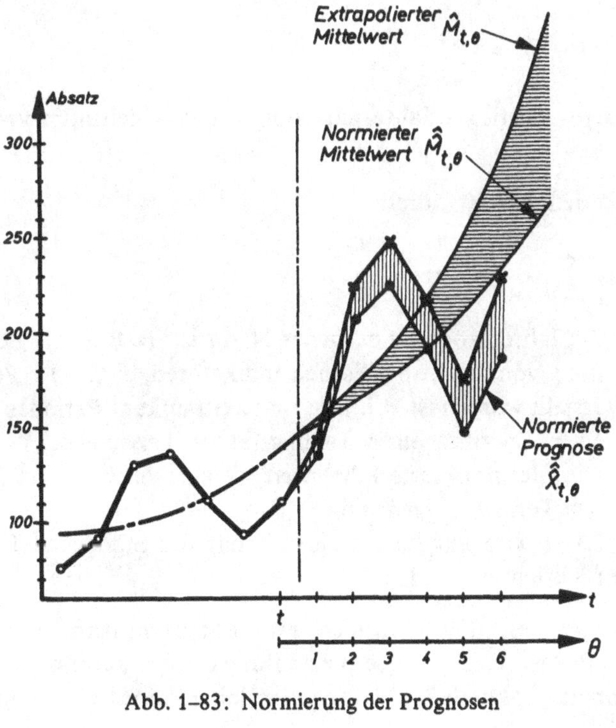

Abb. 1–83: Normierung der Prognosen

1.8.2 Berücksichtigung des mittelfristigen exogenen Wachstums

Die maximale Grenze, die dem prognostischen Wachstum auferlegt ist, kann z. B. von einem mittelfristigen Prognosesystem herrühren. In diesem Fall hat diese Beschränkung eine wirklichkeitsnähere Bedeutung, da sie die mittelfristige Marktentwicklung berücksichtigt, die mit Hilfe eines spezifischen, ihrem Prognosehorizont angepaßten Prognosesystems analysiert wird. Eine solche kurz- und mittelfristige Hybridation führt zu äußerst effizienten Prognosen, da diese einerseits die kurzfristigen Tendenzen des Marktverhaltens und andererseits die mittelfristige exogene Tendenz in Abhängigkeit der ökonomischen Umgebung des Marktes auf eine kohärente Weise implizit berücksichtigt. Hier stößt man auf die modernen Möglichkeiten der Prognosetechniken, die eine hohe Effizienz aufweisen, nicht aufgrund einer Hypermathematisierung der Systeme, sondern aufgrund einer mit der ökonomischen Realität des analysierten Phänomens verbundenen Annäherung. Für den Fall, daß man mit Hilfe eines marktspezifischen Prognosesystems eine Jahresprognose erstellt hat (V_{t+1}), ist es möglich, das in 1.8.1 dargestellte Normierungsverfahren anzuwenden. In diesem Fall lautet die Normierung:

$$\sum_{\theta=1}^{\theta=12} \hat{X}_{t,\theta}(1-\eta)^{\theta} = V_t^* \tag{1.138}$$

wobei V_t^* eine realistische Jahresschätzung für den Zeitraum von $t+1$ bis $t+12$ ist.

Lewandowski definiert V_t^* durch:

$$V_t^* = \zeta_t \cdot \sum_{\theta=1}^{\theta=12} \hat{X}_{t,\theta} + (1-\zeta_t) \cdot V_{t-j} \tag{1.139}$$

wobei: V_{t-j} die Jahresprognose exogener Natur ist; (z. B. unter Berücksichtigung von marktspezifischen Indikatoren, die in der Periode $t-j$ erstellt worden ist, d.h., die zum Zeitpunkt t j-Perioden alt ist) und

ζ_t einen spezifischen Mischungsfaktor bezeichnet. Wenn $\zeta_t \to 0$, wird der normierte Jahreswert V_t^* ausschließlich auf dem exogenen Term V_{t-j} basieren.
$\zeta_t \to 1$ wird nur für die Normierung des endogenen Terms $\sum$ berücksichtigt werden.

In der Praxis ist dieser Faktor ζ_t nicht als konstant zu betrachten. Folgende Sachverhalte fordern eine variable Behandlung dieses Faktors:

1. Die Informationsaktualität des exogenen Jahreswertes V_{t-j} nimmt ständig

ab. In Abhängigkeit von j bedeutet das, je größer j ist, um so unsicherer wird V^*_{t-j}.

2. Wenn in der Periode t die Zeitreihe eine systematische Trendveränderung aufweist, so hat aller Wahrscheinlichkeit nach eine unerwartete Marktveränderung stattgefunden.
Eine solche systematische Trendveränderung kann, wie wir gesehen haben, (1.6.3) durch ein dynamisches AWS rechtzeitig prognostiziert werden.

Entsprechend dieser Sachverhalte ist der „Vergessensfaktor" ζ_t definiert durch:

$$\zeta_t = \zeta_0 \left\{1 - e^{-\left(\frac{j}{6} + \frac{AWS_t}{3}\right)}\right\}$$

1.8.3 Berücksichtigung des Firmenbudgets als Normativitätsbeschränkung

Der Begriff der Normativität kann auch für die Berücksichtigung des Budgets angewandt werden, was man allgemein als „Management by Objectives" bezeichnet.

Das kurzfristige Prognosesystem zieht die fixierten Ziele des Managements als normativen Teil in Betracht. In diesem Fall handelt es sich um eine äußerst interessante Anwendung des kurzfristigen Prognosesystems als ein Kontrollinstrument des Absatzbudgets. Das festgelegte Budget beeinflußt die extrapolierten Prognosen. Wenn also in einem bestimmten Moment das Prognosesystem systematische Prognosefehler aufgrund einer auferlegten Budgetbeschränkung aufweist, die es nicht korrigieren kann, dann ist es möglich, rechtzeitig zu signalisieren, daß die fixierten Ziele nicht erreicht werden können.

Die Anwendung von kurzfristigen Prognosesystemen als automatische Budgetkontrollsysteme ist ein wesentlicher Aspekt im Finanzbereich und von höchster Bedeutung für das Top-Management. Diese Budgetkontrollsysteme können als ein wichtiger Teil der zukünftigen Management-Informationssysteme betrachtet werden.

1.9 Prognosegenauigkeit

Die Analyse der Prognosegenauigkeit ist von überragender Wichtigkeit, da von ihr einerseits das Auswahlkriterium für die adäquate Prognosemethode und andererseits die optimale Wahl der spezifischen Parameter der gewählten Prognosemethode abhängt. Hinzu kommt noch, daß jede Prognose nur dann einen operationellen Wert besitzt, wenn ihre Wahrscheinlichkeit bekannt ist. Die ökonomische oder industrielle Prognose ist nie ein Ziel an sich, sie ist eine der wesentlichen Komponenten der strategischen Entscheidungen, die im Bereich der finanziellen Planung, der Produktions- oder der Absatzplanung getroffen werden. Optimale Entscheidungen sind aber sehr eng mit dem Begriff der Risikoanalyse verbunden. Deshalb fordert die Anwendung von Prognosen immer eine genaue Kenntnis ihres Zuverlässigkeitsgrades. Im folgenden werden wir einige wichtige Gesichtspunkte dieses Problems behandeln.

1.9.1 Die Prognoseabweichungen

Im allgemeinen ist es nicht möglich, a priori die den Prognoseabweichungen zugrunde liegende Verteilung anzugeben. Wie gezeigt wurde, ist die Prognoseabweichung definiert durch:

$$\varepsilon_t = X_t - \hat{X}_t$$

wobei

X_t der Istwert der Zeitreihe in der Periode t und
$\hat{X}_t$ die Prognose für die Periode t ist.

Man stellt fest, daß die Prognoseabweichungen ε_t abhängig sind von den Prognosen und somit von dem angewandten Typ des Prognosemodells und den angenommenen Parametern. Wenn man für eine Zeitreihe ein Prognosemodell anwendet, das sich am besten der Struktur der Zeitreihe anpaßt und dessen Parameter optimal bestimmt worden sind, können die Prognoseabweichungen als zufallsbedingt und unabhängig voneinander betrachtet werden:

$$E\{\varepsilon_t\} = 0$$
$$E\{\varepsilon_t, \varepsilon_{t+k}\} = 0$$

d.h. der Erwartungswert (Mittelwert der Prognoseabweichungen) ist Null, und es liegt keine Autokorrelation der Prognosefehler vor. In den sog. stochastischen Prognoseansätzen werden die Prognosefehler als abhängig betrachtet und berücksichtigen somit eine Autokorrelation. Im allgemeinen geht man davon aus[21], daß in diesem Fall die Prognoseabweichungen normalverteilt sind:

$$N\{0, \sigma_\varepsilon\}$$

Wenn man also in einer ersten Annäherung feststellt, daß die Prognoseabweichungen normalverteilt sind (was in den meisten Fällen zutrifft), ist man in der Lage, die Vertrauensgrenzen für die Prognosen festzulegen. Für Vertrauensgrenzen von $\pm 3\,\sigma$ gilt mit einer Wahrscheinlichkeit von 99,7%:

$$\hat{X}_{t+1} - 3\,\sigma \leqq X_{t+1} \leqq \hat{X}_{t+1} + 3\,\sigma$$

Anmerkung 1

Wir sind von der Hypothese ausgegangen, daß die Prognoseabweichungen unabhängig sind (d.h. Kovarianz = Null). Ist diese Bedingung nicht erfüllt, dann liegt eine Autokorrelation der Prognosefehler vor. Die Autokorrelation kann durch bestimmte statistische Tests festgestellt werden, so z.B. durch den Autokorrelationskoeffizient:

$$r_\varepsilon \approx \frac{\sum\limits_{i=1}^{t-1} \varepsilon_i \cdot \varepsilon_{i+1}}{\sum\limits_{i=1}^{t-1} \varepsilon_i^2} \tag{1.141}$$

Die von *R. C. Anderson*[22] erstellten Tabellen erlauben die Auffindung signifikanter Autokorrelationen der Prognoseabweichungen für verschiedene Signifikanzniveaus.

Ein weiterer Test bezieht sich auf den Koeffizient von *Durbin-Watson*[23]:

$$D = \frac{\sum\limits_{i=1}^{t-1} (\varepsilon_{t+1} - \varepsilon_t)^2}{\sum\limits_{i=1}^{t} \varepsilon_i^2} \tag{1.142}$$

[21] Ist die Anzahl der Prognosefehler ε_t relativ klein, dann geht man für die Verteilung der ε_t nicht von einer Normalverteilung, sondern von der sog. t-Verteilung oder Student-Fisher-Verteilung aus.

[22] Diese Tabellen sind zu entnehmen aus [1.47a].

[23] Von *Neumann* hat einen ähnlichen Parameter D vorgeschlagen.

Die entsprechenden Tabellen geben für ein Signifikanzniveau von 0,05 die signifikanten Autokorrelationen für verschiedene Prognoseabweichungen an.

Anmerkung 2:

Die Berechnung der Vertrauensgrenzen der Prognosen gilt nur unter der Bedingung, daß sich die Standardabweichung σ_ε im Verlauf der Zeit nicht signifikant ändert (Hypothese der Homozedastizität). Zur Prüfung der Homozedastizität wird der *Bartlett*-Test angewandt.

Anmerkung 3:

Da die Standardabweichung der Prognosefehler von den gewählten Einheiten der Zeitreihe abhängig ist, wendet man üblicherweise den Variationskoeffizienten an, der definiert ist als das Verhältnis der Standardabweichung zu dem Mittelwert der Zeitreihe.

$$\text{Variationskoeffizient} = \frac{\sigma}{M} \tag{1.143}$$

Somit ist der Variationskoeffizient ein relatives Streuungsmaß der Prognosefehler, das von der Maßeinheit der Istwerte unabhängig ist. Diesem Koeffizienten kommt bei dem Vergleich der Prognosegenauigkeit verschiedener Zeitreihen eine große Bedeutung zu.

1.9.2 Dynamische Analyse der Standardabweichungen

Die kontinuierlichen Veränderungen der Charakteristika der industriellen Zeitreihen haben in den meisten Fällen eine systematische Veränderung der Prognosefehler zur Folge und somit der Standardabweichungen. Dieses Phänomen der kontinuierlichen Veränderung der Standardabweichung der Prognosefehler (Heterozedastizität) verhindert die Anwendung der klassischen Definition der Standardabweichung:

$$\sigma_t = \sqrt{\frac{1}{t-1} \sum_{i=1}^{t} \varepsilon_i^2}$$

Wenn die Anzahl t der Istwerte groß ist ($t > 40$), berücksichtigt die obige Formulierung nur zögernd jede systematische Veränderung der Prognosefehler. Diese Definition der Standardabweichung ist für eine effiziente Behandlung der systematischen Veränderungen der Prognosefehler zu starr. Um die systematischen Veränderungen der Struktur der Prognosefehler zu berücksichtigen, muß daher eine dynamische numerische Methode angewandt werden, die eine adäquate Gewichtung der Prognosefehler ε_t vornehmen kann. Eine solche Gewichtung kann erzielt werden durch:

$$\sigma_t^{*2} = k_1 \cdot \varepsilon_1^2 + k_2 \varepsilon_2^2 + \cdots + k_t \cdot \varepsilon_t^2$$

Wie in 1.4.1.2 gezeigt wurde, ist es vorteilhaft, hier eine exponentielle Gewichtung vorzunehmen:

$$k_i = a(1-a)^{t-i} \qquad \begin{cases} 0 \leqq a \leqq 1 \\ i = 1, 2, 3, \ldots, t \end{cases}$$

d.h. die oben angegebenen Gewichtungskoeffizienten k_i haben folgende Struktur:

$$k_t = a$$
$$k_{t-1} = a(1-a)$$
$$k_{t-2} = a(1-a)^2$$
$$- - - - - - - - - - -$$

so daß die dynamisierte Standardabweichung gegeben ist durch:

$$\sigma_t^{*2} = \varepsilon_t^2 \cdot a + \varepsilon_{t-1}^2 \cdot a(1-a) + \varepsilon_{t-2}^3 a(1-a)^2 + \cdots \tag{1.144}$$

Diese Berechnung kann durch die folgende Rekursivformel vereinfacht werden:

$$\sigma_t^{*2} = \sigma_{t-1}^{*2} \cdot (1-a) + a \cdot \varepsilon_t^2 \tag{1.145}$$

Diese Methode weist folgende Vorteile auf:

a) Die Standardabweichung σ_t^* besitzt dynamische Eigenschaften für eine effiziente Analyse der Prognosefehler.

b) Die iterative numerische Berechnung (Formel (1.145)) erfordert eine minimale Speicher- und Rechenzeit.

An dieser Stelle soll darauf hingewiesen werden, daß in der Hypothese einer Normalverteilung der Prognoseabweichung ε_t MAD (siehe Formel (1.88)) und die Standardabweichung σ_t durch die folgende Gleichung verbunden sind[24]:

[24] $MAD = E\{|\varepsilon_t|\} = \frac{2}{\sigma\sqrt{2\pi}} \int_0^\infty \varepsilon \cdot e^{-\frac{\varepsilon^2}{2\sigma^2}} \cdot d\varepsilon$

Nach Auflösung erhält man:

$$MAD = \sqrt{\frac{2}{\pi}}\,\sigma$$

$$\sigma = MAD\sqrt{\frac{\pi}{2}} \sim 1{,}25 \cdot MAD$$

Dynamisiert man diese Beziehung, erhält man:

$$\sigma_t \sim 1{,}25\ MAD_t \tag{1.146}$$

d.h. mit Hilfe des *MAD*-Wertes kann man in jeder Periode den dynamischen Wert der Standardabweichung σ_t der Zeitreihe ermitteln, der folglich die gleichen autoadaptativen Eigenschaften besitzt wie das zugrunde liegende *MAD*. Abb. 1–84 verdeutlicht den Unterschied zwischen der klassischen Berechnung der Standardabweichung und ihrer dynamisierten Berechnung. Da systematische Veränderungen der Struktur der Prognosefehler und somit der zugrunde liegenden Standardabweichungen auf eine signifikante Veränderung der Charakteristika der Zeitreihe hinweisen, ist es erforderlich, von einer solchen dynamisierten Standardabweichung auszugehen.

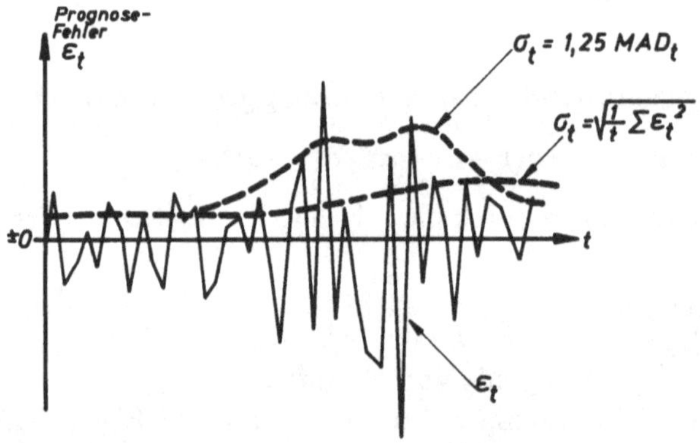

Abb. 1–84: Unterschied zwischen der klassischen und der dynamischen Berechnung der Standardabweichung

1.9.3 Der Prognosekanal

Die Anwendung eines kurzfristigen Prognosesystems erlaubt die Erstellung von Prognosen für eine bestimmte Anzahl von Perioden im voraus. Die Betrachtungen bezüglich der Vertrauensgrenzen, wie in 1.5.2 dargestellt, müssen ebenfalls hinsichtlich des für das angewandte kurzfristige Prognosemodell geltenden Prognosehorizonts angestellt werden.

In jeder Periode t können folgenden θ Prognosen im voraus erstellt werden (θ = Prognosehorizont):

$\hat{X}_{t,1}$ Prognose für einen Monat im voraus (Periode $t+1$)
$\hat{X}_{t,2}$ Prognose für zwei Monate im voraus (Periode $t+2$)
$\hat{X}_{t,\theta}$ Prognose für θ Monate im voraus (Periode $t+\theta$).

Sind die Istwerte bekannt, so kann eine Kontrolle der vorher erstellten Prognosen vorgenommen werden:

$\varepsilon_{t,1} = X_{t+1} - \hat{X}_{t,1}$ Prognoseabweichung der in der Periode t für die Periode $t+1$ erstellten Prognose.
$\varepsilon_{t,2} = X_{t+2} - \hat{X}_{t,2}$ Prognoseabweichung der in der Periode t für die Periode $t+2$ erstellten Prognose.
$\varepsilon_{t,\theta} = X_{t+\theta} - \hat{X}_{t,\theta}$ Prognoseabweichung der in der Periode t für die Periode $t+\theta$ erstellten Prognose.

Analog zu der Berechnung von ε_t kann für jede Prognoseabweichung die entsprechende Standardabweichung berechnet werden. Die Standardabweichung der Prognosefehler für einen Prognosehorizont von einem Monat ($\theta = 1$) lautet:

$$\varepsilon_{1,1}, \varepsilon_{2,1}, \varepsilon_{3,1}, \ldots, \varepsilon_{t-1,1} \Rightarrow MAD_{t,1} \Rightarrow \sigma^*_{t,1}$$

Die Standardabweichung der Prognosefehler für einen Prognosehorizont von zwei Monaten ($\theta = 2$) lautet:

$$\varepsilon_{1,2}, \varepsilon_{2,2}, \varepsilon_{3,2}, \ldots, \varepsilon_{t-2,2} \Rightarrow MAD_{t,2} \Rightarrow \sigma^*_{t,2}$$

Für θ lautet die Standardabweichung der Prognosefehler schließlich:

$$\varepsilon_{1,\theta}, \varepsilon_{2,\theta}, \varepsilon_{3,\theta}, \ldots, \varepsilon_{t-\theta,\theta} \Rightarrow MAD_{t,\theta} \Rightarrow \sigma^*_{t,\theta}$$

Mit Hilfe dieser Werte $\sigma^*_{t,\theta}$ können die Vertrauensgrenzen für jeden Prognosehorizont definiert werden. Bei einem Signifikanzniveau von 96% erhält man z. B. den folgenden Variationsbereich der Prognosen:

obere Grenze: $\hat{X}_{t,\theta} + 2\,\sigma^*_{t,\theta}$
untere Grenze: $\hat{X}_{t,\theta} - 2\,\sigma^*_{t,\theta}$

Dieser Bereich wird im allgemeinen als Prognosekanal bezeichnet. Die numerische Berechnung von $\sigma^*_{t,\theta}$ kann leicht mit Hilfe der folgenden iterativen Gleichungen durchgeführt werden:

$$\sigma^*_{t,i} = 1{,}25 \cdot MAD_{t,i}\,; \qquad i = 1, 2, \ldots, \theta$$

$$MAD_{t,i} = (1-\gamma)\,MAD_{t-1,i} + \gamma\,|\varepsilon_{t,i}|$$

Überschreitet der Istwert der Zeitreihe die Kontrollgrenzen (vgl. Abb. 1–85):

$$\hat{X}_{t,1} \pm 3 \cdot \sigma^*_{t,1}$$

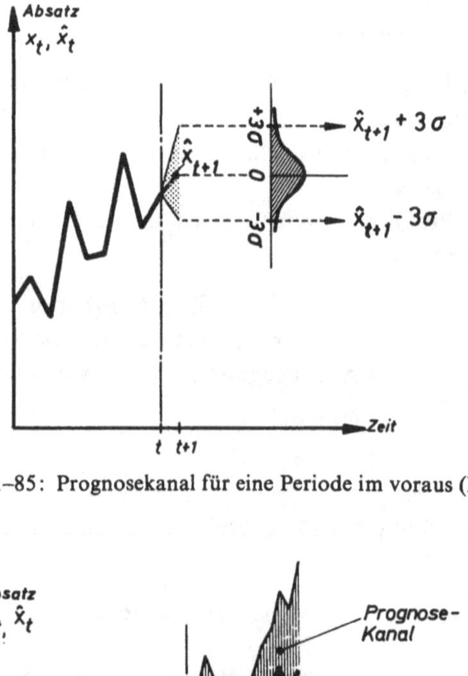

Abb. 1–85: Prognosekanal für eine Periode im voraus ($X_{t,1}$)

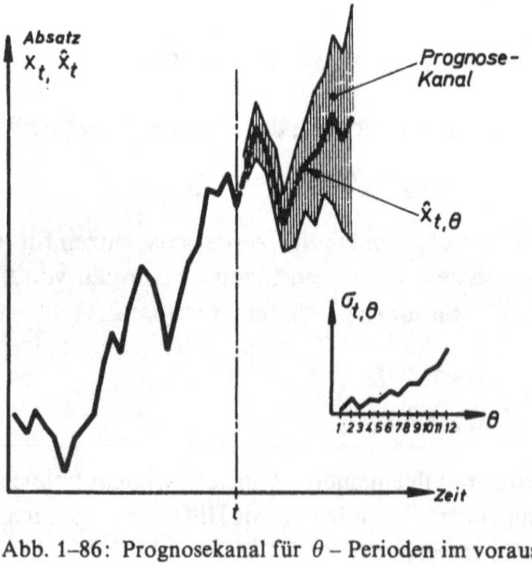

Abb. 1–86: Prognosekanal für θ – Perioden im voraus

dann handelt es sich um einen „anormalen" Wert, was zurückgeführt werden kann:

1. auf eine plötzliche Veränderung einer der Grundcharakteristika der Zeitreihe (Trend oder Saisonalität z. B.),
2. auf ein außergewöhnliches, unvorhergesehenes Ereignis,
3. auf die Wirkung bestimmter bekannter Maßnahmen (Marketing-Sonderaktionen, Aktivität der Konkurrenz usw.).

Das Überschreiten dieser Kontrollgrenzen kann also automatisch festgestellt und entsprechend seiner Ursache adäquat modifiziert werden, entweder durch eine manuelle Korrektur oder eine automatische Behandlung der Sonderaktionen (vgl. Abb. 1–86).

1.9.4 Auswahlkriterien für Prognosemethoden

Die Wahl eines Prognosesystems hängt von einer Reihe von Faktoren ab. Folgende Hauptfaktoren können hier unterschieden werden:

1. Prognosegenauigkeit,
2. Automationsgrad in der Handhabung des Prognosesystems (z. B. die automatische Wahl der optimalen Parameter jeder Periode),
3. Möglichkeit, exogene Einflußfaktoren zu berücksichtigen,
4. automatische Integration der Marketing-Sonderaktionen,
5. Software-Charakteristika des Programms (Maschinenzeit, Kernspeicherbedarf auf EDV-Anlagen usw.).

Im folgenden werden wir nur den ersten Punkt, d. h. die Prognosegenauigkeit behandeln. Das bekannteste Kriterium für die Prognosegenauigkeit stellt das Minimum der Summe der Quadrate der beobachteten Abweichungen zwischen Prognosen und Istwerten in der Vergangenheit dar. Dieses Kriterium ist definiert durch:

$$\min \sum_{t=1}^{t} \varepsilon_t^2$$

Bildet man den Mittelwert dieser Summe, so erhält man:

$$\min \frac{1}{t} \sum \varepsilon_t^2$$

Die Varianz kann folglich als ein Kriterium für die Schätzung des Genauigkeitsgrades eines Prognosemodells definiert werden. Jedoch hängt die Wahl des Prognosesystems vor allem von der Anwendung seiner Prognosen ab. Eine Firma, deren Ziel es ist, Prognosen für die Produktionsplanung anzuwenden, verlangt z. B. eine vorhergehende Planung von mindestens drei Monaten im voraus und fordert somit, daß das angewandte System Prognosen erstellt, die über vier Monate im voraus hinausreichen. Die Prognosen für einen, zwei und drei Monate im voraus sind in diesem Fall für das Produktionsprogramm irrelevant. Diese unterschiedlichen Bedeutungen des Prognosehorizontes können durch einen bestimmten Vektor k_θ berücksichtigt werden.

Prognose-horizont θ	Bedeutungs-koeffizient k_θ	
1	0	Prognosen ohne Interesse für die Produktionsplanung
2	0	
3	0	
4	1	Prognosen, die die endgültige Planung bestimmen
5	0,5	Prognosen, die für die Vorplanung berücksichtigt werden
6	0,3	
7	0,2	

Im allgemeinen können als Auswahlkriterium die Standardabweichungen $\sigma_{t,\theta}$ betrachtet werden, die mit dem betreffenden Vektor k_θ gewichtet sind:

$$\bar{\sigma}_t = \frac{\sum_{i=1}^{\theta} \sigma_{t,i} \cdot k_i}{\sum_{i=1}^{\theta} k_i} \qquad (1.147)$$

$\bar{\sigma}_t$ sei hier die mittlere gewichtete Standardabweichung. Wenn also die Anwendung der Prognosen definitiv festgelegt ist, kann der Interessenvektor k_i festgelegt werden, der erlaubt, das Auswahlkriterium $\bar{\sigma}_t$ zu definieren. Die Wahl jedes beliebigen Prognosesystems im Hinblick auf die Prognosegenauigkeit kann mit Hilfe der Gleichung (1.147) getroffen werden.

1.10 Anforderung an ein kurzfristiges Prognosesystem

Um die Notwendigkeit der Integration von Prognosesystemen in den Analyseprozeß des Absatzes zu verdeutlichen, scheint ist es angebracht, die Situation, in der sich die Mehrzahl der heutigen Unternehmen befindet, näher zu untersuchen.

1. Die Anzahl der Absatzinformationen geht oft über 1000 hinaus. Wenn man beispielsweise die möglichen Differenzierungen der Absatzzahlen berücksichtigt, wie im Fall eines Unternehmens, das z. B. 50 verschiedene Produkte verkauft und das einerseits über die Statistiken der regionalen Absätze (z. B. für 10 Zielregionen) verfügt und andererseits über die Statistiken der Abnehmertypologie (fünf Typologien), erhält man eine Anzahl von Zeitreihen der Größe

   $50 \cdot 10 \cdot 5 = 2500$ Zeitreihen.

2. Entscheidungen müssen so schnell wie möglich getroffen werden, wodurch jede manuelle Analyse dieser Informationsflut unmöglich ist.
3. Die Anzahl der Informationen, die in den Interpretationsprozeß des Absatzes aufgenommen werden müssen, ist so enorm und divers, daß jede konventionelle Analyse irrelevant ist.

Es darf jedoch nicht davon ausgegangen werden, daß die reine und einfache Anwendung irgendwelcher mathematischer Systeme der einschlägigen Literatur ein Heilmittel für das Kopfzerbrechen der Verantwortlichen der Absatzanalyse sei.
Die Liste der Firmen, die schlechte Erfahrungen bei der Benutzung eines kurzfristigen Prognosesystems gemacht haben, ist so lang, daß es uns hier notwendig erscheint, eine Auflistung der wesentlichen Charakteristika zu erstellen, die Bedingungen für eine fruchtbare Anwendung eines Prognosesystems sind.

1.10.1 Analyse- und Prognosetechniken

Das Prognosesystem muß auf mehreren Prognosemethoden basieren, um den verschiedenen Charakteristika jeden Markttyps zu entsprechen. Die drei folgenden Systemtypen scheinen uns ausreichend:

a) das konstante Modell,
b) das lineare Modell,
c) das quadratische Modell.

Das angewandte System muß in der Lage sein, entsprechend der Entwicklung der Zeitreihe automatisch von einer Prognosehypothese zu einer anderen überzugehen, so z. B. von dem quadratischen Modell zu dem linearen Modell. Diese Anforderung scheinen die autoadaptativen Systeme von *Brown* und *Holt* zu erfüllen.

Die Komponenten der Zeitreihe, wie Mittelwert, Trend usw. müssen bei jedem zugrunde gelegten Prognosemodell autoadaptativ berechnet werden, um der Dynamik der Märkte gerecht zu werden.

Der Saisonalitätszyklus muß variabel sein, d.h. die Behandlung variabler Periodizitäten, wie z. B. Trimester, Monate, Wochen, muß möglich sein.

Es ist zusätzlich in vielen Fällen notwendig, den Einfluß der sog. Extrasaisonalität zu berücksichtigen, sei es, um eine Verbesserung der Prognosen durch die Einbeziehung der Besonderheit der zukünftigen Monate zu erzielen (in Abhängigkeit der Arbeitstage, der Liefertage etc.), sei es, um eine bessere Interpretation des vergangenen Absatzes zu erreichen. Der letztere Punkt ist z. B. dann relevant, wenn man Temperaturkriterien als Extrasaisonalitätsfaktor in Betracht zieht.

In bestimmten Fällen müssen spezifische Verfahren angewandt werden, insbesondere dann, wenn der Absatz starken Saisonalitätseinflüssen ausgesetzt ist.

In anderen Fällen erweist es sich als notwendig, die Qualität der Prognosen dadurch zu verbessern, daß man die existierenden Auftragsbestände berücksichtigt (diese Auftragsbestände werden hier als ein Indikator für die nächste Zukunft betrachtet).

Die optimale Wahl der systemimmanenten Parameter jedes angewandten Prognosesystems ist eines der wichtigsten als auch schwierigsten Probleme der kurzfristigen Prognose. Die Erfahrung beweist, daß die klassischen Parameter-Optimierungsmethoden, wie z. B. die Simulation der Vergangenheit, nicht hinreichend sind, so daß dynamische Techniken erforderlich werden, die in jedem Moment eine gute Funktionsweise des Systems garantieren.

1.10.2 Berücksichtigung der Marketing-Aktivitäten

In allen Fällen, wo der Absatz stark von Marketing-Aktivitäten beeinflußt wird, ist es notwendig, Sonderaktionen in Betracht zu ziehen. In diesem Fall ist also, die Reaktion des Marktes auf Sonderaktionen zu berücksichtigen, die sich über mehrere Perioden erstrecken kann. Der Verlauf dieser Reaktionen auf die Sonderaktionen muß allgemeiner Natur sein, d.h. nicht auf gegebenen standardisierten Typen basieren. Es muß möglich sein, verschiedene Sonderaktionen mit ihren möglichen Interaktionen im System zu berücksichtigen.

Weiter müssen Zeitverschiebungen der Sonderaktionen berücksichtigt werden, z.B. wenn als Analyseperiode der Monat gewählt wird, so daß die Sonderaktionen jederzeit innerhalb dieses Monats eingeführt werden können.

Da in der Praxis diese Sonderaktionen nicht einfach quantifizierbar sind, ist es unerläßlich, daß das angewandte Prognosesystem in der Lage ist, die Marktreaktionen in der Vergangenheit auf Sonderaktionen automatisch zu quantifizieren. Das System muß jederzeit imstande sein, diejenigen Sonderaktionen zu berücksichtigen, die schon Gegenstand einer vorhergehenden Analyse waren. Dies fordert den Aufbau einer sog. Sonderaktionsmatrix.

Diejenigen Perioden müssen signalisiert werden, in denen sehr wahrscheinlich Sonderaktionen auf dem Markt stattgefunden haben. Diese Möglichkeit erlaubt den Verantwortlichen, festzustellen, in welchen Perioden die Absatzzahlen durch Sonderaktionen in der Vergangenheit beeinflußt worden sind. Es erlaubt darüber hinaus die Identifizierung der „anormalen" Absätze in der Vergangenheit.

1.10.3 Normativer Teil

Die Integration des Begriffs der Normativität in ein Prognosesystem ist unerläßlich. Die kurzfristige Planung erfordert in den meisten Fällen einen Prognosehorizont, der bis zu einem Jahr im voraus reichen muß. Diese Forderung kann nur erfüllt werden, wenn in die kurzfristigen Prognosesysteme sog. normative Faktoren eingeführt werden. Es handelt sich hierbei darum, exogene Werte zu berücksichtigen, um die erstellten Prognosen zu modifizieren und daraus normative Prognosen zu deduzieren, die mit den gegebenen normativen Zielen kohärent sind. Solche Ziele können sein:

1. Die mittelfristige Prognose, die man durch Methoden erhält, die dem Prognosehorizont von einem Jahr angemessener sind. Dieser mittelfristige Prognosewert kann als normativer Faktor für die mit Hilfe der kurzfristigen Extrapolationsmodelle erhaltenen Prognosen angewandt werden, da die mittelfristige Prognose Indikatoren der analysierten Zeitreihe, wie die Konjunkturkomponente, beinhaltet.

2. Der Budgetwert, d.h. die jährliche von der Geschäftsführung des Unternehmens fixierte Zielsetzung muß ebenfalls in der kurzfristigen Prognose berücksichtigt werden.
3. In Abhängigkeit der kontinuierlichen Analyse der Istwerte des Absatzes muß das Prognosesystem zusätzlich in der Lage sein, eine automatische Kontrolle der Realisationsmöglichkeiten der fixierten Unternehmensziele zu gewährleisten. Dieser letzte Punkt ist sehr wichtig, da hier ein Instrument zur schnellen und effizienten Auffindung in den Fällen gegeben ist, wo die von dem Unternehmen vorgesehenen Ziele nicht erreicht werden können.

1.10.4 Reporting-Teil

Drei wesentliche Prinzipien sollen diese wichtige Seite der prognostischen Planung abschließen:

1. Das sog. Management by Exception, d.h. nur die Informationen, die als anormal zu betrachten sind, müssen in bestimmter aufgelisteter Form gemeldet werden, so daß die Spezialabteilungen in der Lage sind, sie zeitlich zu analysieren.
2. Der hierarchische funktionale Prognosebericht: Jede hierarchische Ebene des Unternehmens muß in der Lage sein, die Informationen in Empfang zu nehmen, die ihr funktional entsprechen. So z.B. erhalten die Produkt-Manager die Prognoseberichte der Absätze jedes ihrer Produkte nach Regionen und Kundentyp; dagegen erhält die regionale Leitung diejenigen Prognoseberichte, die den zukünftigen Absatz der Produkte ihrer Absatzregion beschreiben. Im allgemeinen muß also jeder Verantwortliche die Möglichkeit haben, strukturierte Prognoseinformationen zu erhalten, die seinen Kriterien entsprechen (Region, Konsumentenschicht, Produkteigenschaften etc.).
3. Management by Objectives: Die Budgetplanung besteht in erster Linie darin, in die Prognosen die fixierten Ziele aufzunehmen, um spezifische Prognosen zu erstellen, die mit diesen Zielen kohärent sind. Andererseits muß diese Planung eine automatische Signalisation signifikanter Abweichungen von den fixierten Zielen erlauben.

1.10.5 Analyse-Teil

Jede Absatzzeitreihe muß Gegenstand einer detaillierten Analyse sein, wenn einer der Ausnahmeberichte eine unvorhergesehene Entwicklung anzeigt. Die Analyseseite kann verschiedene Aspekte aufweisen, wie z. B.:

- Analyse des Trends,
- Analyse des Mittelwerts in der Vergangenheit,
- Analyse der Saisonalität,
- Analyse der Prognoseabweichungen in der Vergangenheit,
- allgemeine Übersicht des Einflusses des Extrasaisonalitätsfaktors,
- Informationen, die den Einfluß der Sonderaktionen betreffen sowie Analyse dieses Einflusses in der Vergangenheit, etc.

Es ist offensichtlich, daß dieser Teil der Analyse auf eine wahlweise orientierte Berichterstattung aufgebaut werden muß, d. h. nur diejenigen der o. g. Charakteristika der Zeitreihe werden ausgegeben, die für den Benutzer relevant sind.

1.10.6 Statistische und graphische Analyse

Ein Prognosesystem, das multiple Absatzinformationen behandelt, muß zusätzlich in der Lage sein, Grundstatistiken zu erstellen, wie z. B. die kumulierte Summe der Istwerte und/oder Prognosewerte sowie Prozentangaben der Wachstumsrate, so daß die Möglichkeit besteht, Graphiken zu erstellen, sei es über die Saisonalität, sei es über Absatzzeitreihen.

1.10.7 Informations-Teil

Das Prognosesystem muß den Anforderungen der modernen elektronischen Datenverarbeitungsanlagen entsprechen und zwar sowohl im Hinblick auf die Maschinenzeit als auch im Hinblick auf Dateiorganisation.
Das Prognosesystem muß in einer solchen Sprache programmiert werden, daß jede Modifikation, Erweiterung oder Verbesserung des Systems leicht durchgeführt werden kann. Die drei geläufigsten angewandten Programmiersprachen sind FORTRAN IV, COBOL und PL/1. Man darf nur dann auf Assemblersprachen zurückgreifen, wenn vom Prognosesystem eine extrem schnelle Behandlung der Informationen gefordert wird.

Um eine wirtschaftliche Ausnutzung vorhandener EDV-Kernspeichergrößen zu vermeiden, wird die sogenannte Overlay-Programmtechnik angewandt, bei der das Programm in mehrere hintereinander zu verarbeitende operationelle Module unterteilt wird.

1.11 Beschreibung der Struktur kurzfristiger Prognose- und Informationssysteme: Forsys und Mavis

In den vorhergehenden Punkten wurde deutlich, daß ein Prognosesystem eine Vielzahl von Techniken (Subsysteme) beinhalten muß, die zur Analyse der verschiedenen Komponenten einer Zeitreihe, wie Mittelwert, Trend, Saisonnalität, Extrasaisonnalität, Marketingkomponente, Budgetbeschränkungen etc. in der Lage sind.
Darüber hinaus muß die Integration der verschiedenen Subsysteme in einem solchen Rahmen durchgeführt werden, der gewährleistet, daß das Prognosesystem den gegenwärtigen Anforderungen der industriellen und ökonomischen Praxis gerecht wird.
Außerdem muß der mathematische Kern solcher Systeme in ein Berichtsystem eingebettet sein, so daß eine effiziente Anwendung möglich ist.
Die Struktur solcher Systeme soll im folgenden anhand zweier vom Verfasser entwickelten Prognose- und Informationssysteme beschrieben werden. Diese Systeme werden von mehr als 20 europäischen Firmen zur Erstellung kurzfristiger Prognosen angewandt. Einige Anwendungsbeispiele werden in 1.12 behandelt werden.

1.11.1 Das Prognosesystem Forsys

Zur Verdeutlichung der Struktur eines allgemeinen Prognosesystems werden wir hier das System *Forsys* beschreiben (Forecasting System)[25]. Es handelt sich um ein Analyse- und Prognosesystem autoadaptativer Natur. Seine wichtigsten Charakteristika sind in den folgenden fünf Punkten zusammengefaßt.

[25] Allgemeine Bezeichnung für alle von *Lewandowski* entwickelten kurzfristigen Prognosesysteme, in Deutschland auch unter der Bezeichnung *PROCOM* bekannt.

I. *Analysetechniken*

I.1 Die dem Benutzer zur Verfügung stehenden Prognosemethoden

– Methode von *Brown*	– konstantes Modell
	– lineares Modell
	– quadratisches Modell
– Methode von *Winters*	– lineares Modell
	– quadratisches Modell

I.2 Behandlung der Saisonalität

- multiplikativer Saisonalitätsansatz,
- autoadaptative Aktualisierung der Saisonkoeffizienten,
- Spezialbehandlung starker Saisonalitäten,
- variable Periodizität der Zeitreihe (4 bis 52 Perioden),
- Sonderbehandlung der Extrasaisonalität (Berücksichtigung der Anzahl der Arbeitstage pro Monat).

I.3 Berücksichtigung der kurzfristigen exogenen, explikativen Variablen

- simultane Berücksichtigung von höchstens drei exogenen Variablen,
- die aus dieser simultanen Berücksichtigung resultierende explikative Funktion ist multiplikativer Natur.

I.4 Optimierung der Parameter des Systems

- Die drei Hauptparameter des Systems α, β und γ_s werden in jeder Periode einer dynamischen Optimierung unterzogen,
- die Bestimmung dieser Parameter wird hier durch das *OPS*-System durchgeführt.

I.5 Anlaufprozeduren

- Die angewandten Anlaufprozeduren sind quadratischer Natur,
- eine Spezialversion erlaubt die Behandlung von Zeitreihen mit sehr beschränktem Vergangenheitsmaterial, die dem Einfluß der Saisonalität unterworfen sind.

II. *Analyse der Marketing-Aktivität mit Behandlung von Sonderaktionen*

II.1 Definition der Sonderaktionen

- Definition aller möglichen Sonderaktionen und beliebigen Marktreaktionen, wobei die Wirkung jeder Sonderaktion vom System nur bis zu 6 Perioden erfaßt werden kann.

II.2 Interaktion zwischen den Sonderaktionen

- Die Interaktionsmöglichkeiten zwischen allen Sonderaktionen können automatisch vom System berücksichtigt werden. Die aus mehreren Sonderaktionen resultierenden Marktreaktionen werden hier als additiv betrachtet.
- Das System kann jeden beliebigen Einführungszeitpunkt innerhalb der untersuchten Periode berücksichtigen.

II.3 Quantifizierung der Sonderaktionen

- Die verschiedenen Sonderaktionen, die in der Vergangenheit stattgefunden haben, können automatisch vom System mit Hilfe eines Simulationsmoduls quantifiziert werden.
- Automatische Adaptation jeder Sonderaktion in Abhängigkeit der tatsächlichen Marktreaktion.

II.4 Speicherung der Sonderaktionen

- Jede Sonderaktion wird in einer spezifischen Sonderaktionsmatrix gespeichert.
- Diese Matrix wird automatisch vom System verwaltet.

III. *Berücksichtigung normativer Zielsetzungen bzw. Budgetzielsetzungen*

- Das System erlaubt eine endogene Normierung der Prognose in Abhängigkeit der mittelfristigen Entwicklung der Zeitreihen.
- Das System erlaubt eine automatische Kontrolle des fixierten Budgets in Abhängigkeit der kurzfristigen Absatzentwicklung.
- Das System erlaubt bei der Erstellung von Prognosen die Berücksichtigung von mittelfristigen Beschränkungen (Budget, mittelfristige Prognose usw.), d.h. die Berücksichtigung der exogenen Normierung.

IV. *Analyse- und Prognoseberichtsystem*

Eine differenzierte Auswahl der folgenden verschiedenen Berichte ist möglich:
- Bericht über die Entwicklung der Istwerte in der Vergangenheit,
- technischer Bericht des *OPS*-Systems sowie der dynamischen Analyse der Prognoseabweichungen mit einer graphischen Darstellung des *AWS*,

- retrospektive Analyse der Zeitreihe und Entwicklung der Hauptcharakteristika der Zeitreihe, wie Mittelwert, Trend usw.,
- retrospektive Analyse der Entwicklung der Saisonalität,
- detaillierte Analyse der Prognoseabweichungen für den jeweiligen Prognosehorizont,

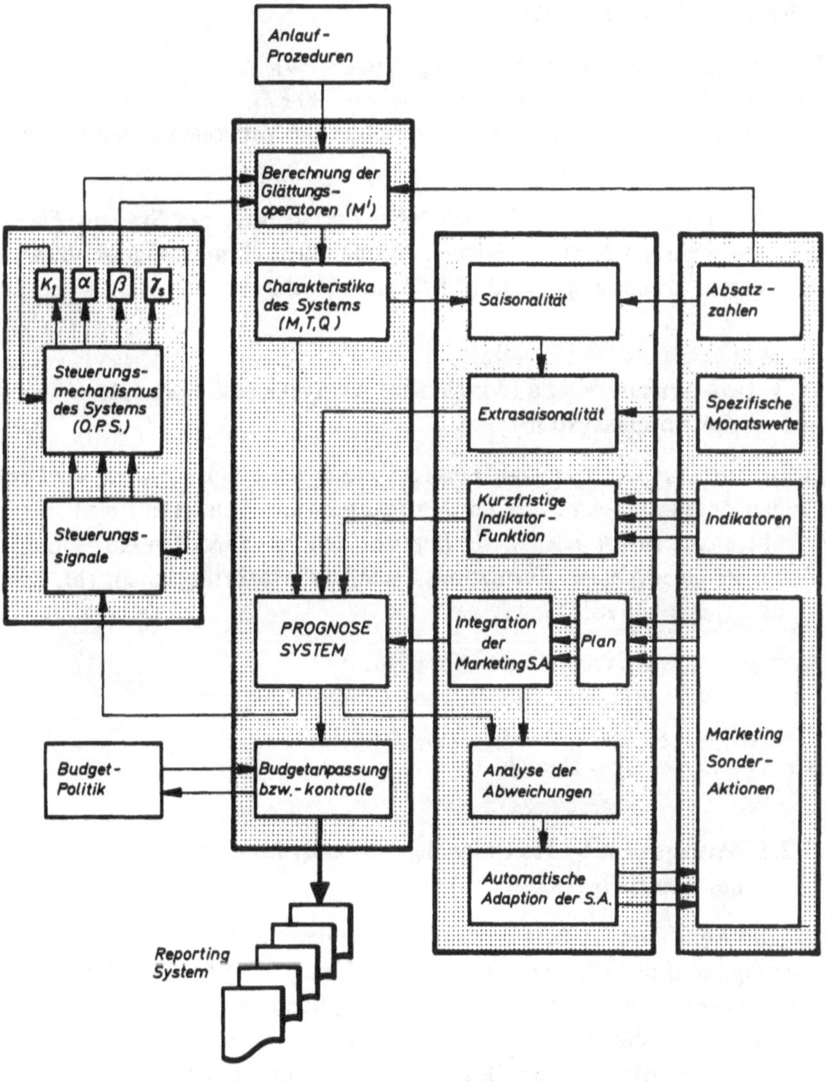

Abb. 1–87: Funktionaler Ablauf des Systems FORSYS

- Analyse der Extrasaisonalität,
- der eigentliche Prognosebericht,
- Informationsbericht über die quantitative Analyse der Sonderaktionen,
- verschiedene graphische Berichte über die Entwicklung der Istwerte der Zeitreihe der Saisonalität usw.

V. *EDV-spezifische Eigenschaften*

- Das System ist programmiert in FORTRAN IV,
- das System benötigt einen Kernspeicher von 90 KB,
- zur Pflege der Dateien können vier verschiedene Versionen angewandt werden.

Abb. 1–87 gibt eine Gesamtübersicht über die Struktur des Systems *Forsys*, das z.Z. in mehr als 20 verschiedenen europäischen Firmen angewandt wird. Einige dieser Anwendungen sind in 1.12 kurz beschrieben.

1.11.2 Das System Mavis (Marketing Analyse- und Verkaufsinformationssystem)

Das System *Mavis* (allgemeine Bezeichnung für die von *Lewandowski* entwickelten Marketing-Analyse- und Prognosesysteme) unterteilt sich in vier Systembereiche, wobei jeder dieser Bereiche den verschiedenen Anwendungsforderungen eines Absatzinformationssystems im Marketing entspricht. Diese vier Subsysteme lauten:

1. Management by Exception der Absatzzahlen,
2. Hierarchisches Analyse- und Prognoseberichtungssystem,
3. Management by Objectives der Absatzzahlen,
4. Analytischer Prognosebericht.

1.11.2.1 Management by Exception der Absatzzahlen oder des Kontrollbereichs

Wenn die Anzahl der zu behandelnden Zeitreihen mehr als 100 beträgt, ist es notwendig, zunächst die Zeitreihen einem Management by Exception (MbE) zu unterziehen, d.h., man führt eine vorangehende Analyse nur derjenigen Zeitreihen durch, die bestimmte Anomalitäten aufweisen.
Im folgenden werden wir den Begriff der Anomalität mit Hilfe von vier verschiedenen Kriterien definieren sowie ihre praktische Wirkung definieren.

Der Begriff der Anomalität geht im allgemeinen von den Prognoseabweichungen aus, d. h. von den Unterschieden zwischen den Istwerten und den erstellten Prognosen, wobei man die in der Periode t für die Periode $t+1$ erstellte Prognose als die Norm bezeichnet, da sie die verschiedenen Charakteristika der Zeitreihen unter optimaler Ausschaltung der zufallsbedingten Zeitreihenvariationen berücksichtigt. Somit kann durch den Vergleich der Istwerte mit dieser Norm (Prognose) festgestellt werden, ob die entsprechende Abweichung normal oder anormal ist.

Die folgenden Hauptkriterien werden hier zur Definition dieser Anomalität angewandt, die von dem System *Mavis* für den MbE-Bereich benutzt werden.

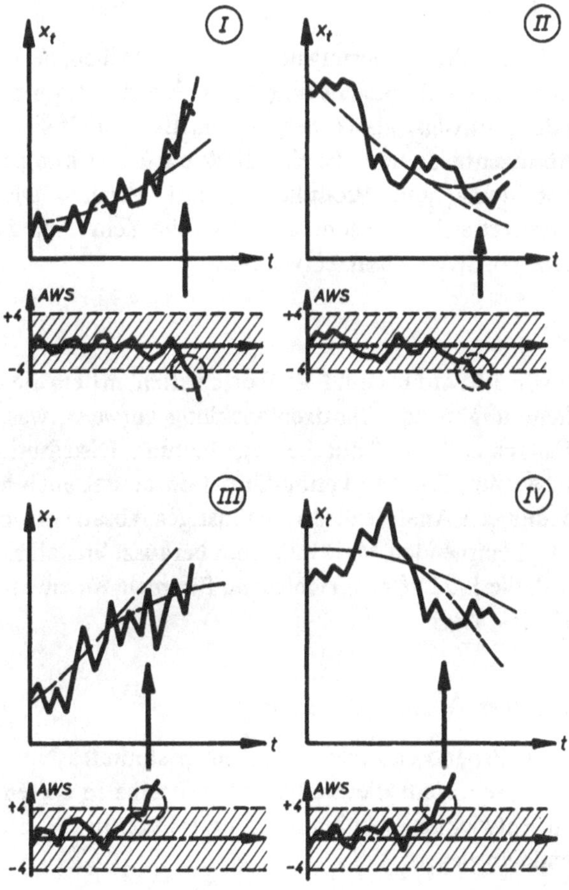

Abb. 1–88: Signifikante Trendänderungen

a) *Analyse der systematischen Prognoseabweichungen*

Wenn die Prognoseabweichung systematisch ist, d.h. wenn das Abweichungssignal eine bestimmte Schwelle überschreitet, so liegt eine systematische Änderung der Grundcharakteristika der Zeitreihe vor (vgl. 1.5.3). Es ist unerläßlich, über eine Signalisation der signifikanten Trendänderungen zu verfügen, was zu einer entsprechenden Korrektur der Produktions- bzw. Distributionspolitik, die auf veralteten Entwicklungshypothesen basiert, durch die Berücksichtigung dieser neuen Marktentwicklung führt (vgl. Abb. 1–88).
In der Praxis werden die folgenden zwei Signalisationsschwellen für das AWS angewandt:

Schwelle $AWS < -3{,}5$

Diese Schwelle erlaubt die Filtrierung derjenigen Zeitreihen, deren Trend- oder Mittelwertentwicklung sich beschleunigt, d.h. wo der Absatz eine größere Steigerungstendenz aufweist als vorhergesehen. Es handelt sich also hier um eine positive Absatzentwicklung, die eine direkte Rückwirkung auf die Lagerhaltung, Distributions- und Produktionspolitik ausübt. Die Marketing-Direktion interessiert sich insbesondere für solche Zeitreihen zur Ursachenauffindung dieser positiven Absatzentwicklung.

Schwelle $AWS > 3{,}5$

Diese Schwelle von 3,5 wird in dem Fall überschritten, in dem die Zeitreihe eine unvorhergesehene ungünstige Absatzentwicklung aufweist, was, wie im vorhergehenden Fall, einen Einfluß auf die Lagerhaltung, Distributions- und Produktionspolitik ausübt. Die Marketing-Direktion besitzt auch hier die Möglichkeit, eine detaillierte Analyse dieser ungünstigen Absatzentwicklung durchzuführen, um die hemmenden Marktfaktoren herauszukristallisieren.
Die folgende Tabelle 1–22 zeigt verschiedene Beispiele für eine solche Signalisation mit Hilfe des AWS.

b) *Die Analyse großer Prognoseabweichungen*

Überschreiten die Prognoseabweichungen ein bestimmtes Niveau, kann das ein Zeichen dafür sein, daß die analysierte Zeitreihe in diesem Augenblick sog. anormalen Entwicklungsbedingungen unterliegt. In diesem Fall können drei Hauptgründe vorliegen:

1. Eine Sonderaktion wurde nicht in das System eingeführt. Diese Sonder-

Tabelle 1–22: Praktisches Beispiel für MbE bei günstiger Absatzentwicklung

Kontrollmerkmal . . . . Abweichungssignal
Untere Grenze des gewählten Bereiches . . . . −4.5
Obere Grenze des gewählten Bereiches . . . . −2.0
Berücksichtigung der Periodizität . . . . Ja

Artikelnummer	Jahr		Istwert	Prognose	Abweichungs-signal (Kontrollmerkmal)	Trend/ Mittelwert	Genauigkeit	Prozentuale Abweichung
C175/25/FJORD NAT225	9	72	21222.00	17182.54	-4.0216	-0.0690	0.1195	19.0343
C301/23/DANETTE	9	72	87084.00	72690.88	-3.8862	0.0369	0.0458	16.5278
0283/22/DANY X 2	9	72	568969.00	521926.50	-3.7057	-0.0037	0.0390	8.2680
0070/24/FR MAT P6	9	72	7310.00	5347.07	-3.3284	0.0134	0.0711	26.8526
0258/23/PPN X 4	9	72	163331.00	155911.63	-3.2568	0.0156	0.0368	4.5425
0283/21/DANY X 2	9	72	1333541.00	1257451.00	-3.1196	0.0066	0.0426	5.7059
0283/26/DANY X 2	9	72	644863.00	724117.63	-3.0241	0.0036	0.0702	-12.2901
0255/29/ARL SUC X 4	9	72	12268.00	9923.31	-2.9653	-0.0312	0.0801	19.1122
0277/27/DAF X 2	9	72	411541.00	387463.19	-2.8930	-0.0122	0.0627	5.8506
0109/21/JOCKEY 1KG	9	72	71854.00	69918.38	-2.4970	-0.0203	0.0356	2.6938
C277/28/DAF X 2	9	72	324328.00	284180.81	-2.4164	-0.0269	0.0535	12.3786
0266/30/VAF X 4	9	72	60261.00	51037.02	-2.3952	0.0018	0.0549	15.3067
0266/28/VAF X 4	9	72	14728.00	12828.04	-2.2544	-0.0018	0.1287	12.9003
C258/26/PPN X 4	9	72	494659.00	483703.38	-2.2490	-0.0111	0.0482	2.2148
0258/99/PPN X 4	9	72	5227293.00	4943240.00	-2.2336	-0.0075	0.0387	5.4340
0277/24/DAF X 2	9	72	331646.00	370228.75	-2.0185	0.0180	0.0549	-11.6337

aktion kann von Aktivitäten außerhalb des Unternehmens (z. B. der Konkurrenz) als auch von den Firmenaktivitäten selbst herrühren.
2. Mittelwert- oder Trendänderung.
3. Zufallsbedingter anormaler Einfluß, der per Definition das Marktverhalten nicht modifiziert.

Eine Analyse dieser großen Prognoseabweichungen erlaubt den verschiedenen Marketing-Verantwortlichen, eine erste Differenzierung zwischen den oben genannten Hauptursachen.

c) *Analyse des Genauigkeitsgrades der Prognosen*

Der Variabilitätskoeffizient[26] erlaubt eine dimensionslose Schätzung der Prognosegenauigkeit, die definiert ist als das Verhältnis von MAD und dem Mittelwert der Zeitreihe in jeder Periode. Will man ein Management by Exception nach dem Genauigkeitsgrad des angewandten Prognosesystems durchführen, ist es vorteilhaft, dieses Kriterium anzuwenden, das, wie gezeigt wurde, in standardisierter Form vorliegt und nicht von den Einheiten der behandelten Zeitreihe abhängt. Es ist somit möglich, eine Analyse der verschiedenen Zeitreihen nach ihrem Prognosegenauigkeitsgrad durchzuführen. Dieses Kriterium kann ebenfalls für die Regulierung der Lagerbestände angewandt werden, da die Sicherheitsbestände von der Lieferbereitschaft und somit vom Variabilitätskoeffizienten abhängen.

d) *Analyse der Trendentwicklung der verschiedenen analysierten Zeitreihen*

Eine differenzierte Analyse des Marktes kann dadurch erfolgen, daß der Faktor Trend einer jeden Zeitreihe betrachtet wird, d. h. der Wachstumsgrad des Absatzes in jeder Periode. Für die Durchführung einer solchen Analyse ist es notwendig, hier den Begriff des normierten Trends einzuführen (in % des Mittelwerts). Der normierte Trend soll hier definiert sein durch:

$$TN_t = \frac{T_t}{M_t}$$

Dieses Kriterium erlaubt uns somit, die interessanten Wachstumsklassen zu unterscheiden, wie z. B. die folgenden Trendklassen:

Normierter Trend der Klasse 1: $TN_t \geqq 0{,}1$
(Zeitreihe mit sehr starkem Wachstum)

[26] Vgl. 1.9.1.

Normierter Trend der Klasse 2: $0{,}1 \geqq TN_t \geqq 0{,}05$
(Zeitreihe mit starkem Wachstum)

Normierter Trend der Klasse 3: $0{,}05 \geqq TN_t \geqq 0$
(Zeitreihe mit geringem Wachstum)

Normierter Trend der Klasse 4: $0 > TN_t \geqq -0{,}05$
(Zeitreihe mit rückläufigem Wachstum)

Normierter Trend der Klasse 5: $-0{,}05 > TN_t$
(Zeitreihe mit sehr stark abnehmendem Wachstum).

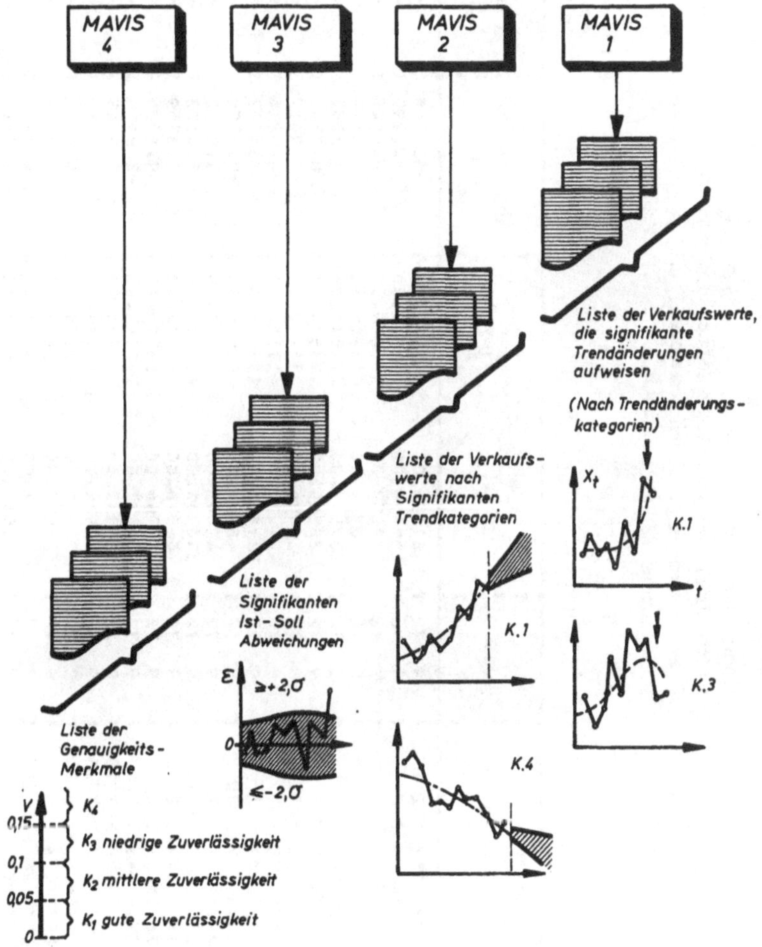

Abb. 1-89: Übersicht über den MAVIS-Kontrollteil

Tabelle 1–23: MbE der Absätze, die eine negative Trendentwicklung aufweisen

Kontrollmerkmal .... Trend/Mittelwert
Untere Grenze des gewählten Bereiches .... –0.10
Obere Grenze des gewählten Bereiches .... –0.05
Berücksichtigung der Periodizität .... Ja

Artikelnummer	Jahr	Istwert	Prognose	Abweichungs-signal	Trend/ Mittelwert (Kontroll-merkmal)	Genauigkeit	Prozentuale Abweichung
0264/99/FRUKI X 2	9 72	1461654.00	1393129.00	-0.4844	-0.0988	0.0712	4.6882
0264/25/FRUKI X 2	9 72	126410.00	246440.88	3.1795	-0.0985	0.1160	-96.5358
0264/21/FRUKI X 2	9 72	333098.00	352043.56	0.6600	-0.0958	0.0610	-5.6877
0175/24/FJORD NAT225	9 72	20789.00	18715.39	-1.6624	-0.0811	0.0651	9.9746
0264/24/FRUKI X 2	9 72	187892.00	224819.06	4.3152	-0.0797	0.0802	-19.6533
0264/30/FRUKI X 2	9 72	28245.00	37557.01	0.7148	-0.0775	0.1622	-32.9687
0175/22/FJORD NAT225	9 72	24996.00	32492.64	4.0417	-0.0713	0.0674	-29.9913
0175/25/FJORD NAT225	9 72	21222.00	17182.54	-4.0216	-0.0690	0.1195	19.0343
0264/23/FRUKI X 2	9 72	127873.00	131969.38	0.4282	-0.0683	0.0504	-3.2035
0110/27/JOCKEY 200	9 72	48929.00	48049.43	-0.2308	-0.0683	0.0671	1.7976
0264/29/FRUKI X 2	9 72	42693.00	67879.19	1.0342	-0.0678	0.1410	-58.9937
0175/21/FJORD NAT225	9 72	390330.00	416374.00	1.6603	-0.0673	0.0369	-6.6723
0264/28/FRUKI X 2	9 72	46576.00	56620.03	0.8359	-0.0626	0.1185	-21.5648
0253/26/GMC X 1	9 72	15786.00	15395.22	-0.1306	-0.0619	0.1502	2.4755
0264/27/FRUKI X 2	9 72	209627.00	199851.88	-1.0420	-0.0613	0.0763	4.6440
0175/30/FJORD NAT225	9 72	31135.00	31235.01	0.0445	-0.0583	0.0588	-0.3341
0175/99/FJORD NAT225	9 72	1005986.00	1136779.00	2.0053	-0.0577	0.0399	-13.0015
0150/22/TFIN NAT 180	9 72	202169.00	191239.06	-0.8173	-0.0561	0.0687	5.4063
0253/21/GMC X 1	9 72	25075.00	32447.89	1.9594	-0.0532	0.1081	-29.4034
0150/29/TFIN NAT 180	9 72	76247.00	79571.56	1.4783	-0.0530	0.0809	-4.3603
0253/24/GMC X 1	9 72	15063.00	16833.71	2.2911	-0.0524	0.1139	-11.7554
0286/25/DANY CR X 2	9 72	162857.00	197758.06	5.9351	-0.0521	0.0655	-21.4305
0110/30/JOCKEY 200	9 72	31886.00	29662.11	0.6342	-0.0505	0.1028	6.9118

Durch die Analyse der Trendentwicklung jeder dieser Zeitreihen ist es somit möglich, eine Klassifikation des Absatzes nach den verschiedenen Trendklassen zu erstellen. Eine solche Typologieanalyse erlaubt sehr schnell, die gemeinsamen marktbeeinflussenden Faktoren herauszukristallisieren.

Die Abb. 1–89 gibt einen Überblick über diese vier Subsysteme des Kontrollbereichs. Zusammengefaßt erlaubt dieser Kontrollbereich:

1. Management by Exception der Zeitreihen, die systematische Prognoseabweichungen aufweisen, d. h. signifikante Mittelwert- und Trendänderungen,
2. Management by Exception der Zeitreihen, die starke Prognoseabweichungen aufweisen,
3. Typologieanalyse der Zeitreihe nach ihrer Prognosegenauigkeit,
4. Typologieanalyse der Zeitreihe nach ihrer Trendentwicklung.

Aus Tabelle 1–23 sind die Ergebnisse einer Anwendung des Systems *Mavis* in einer französischen Firma zu ersehen. Es handelt sich hier um ein Management by Exception der Produkte, die eine negative Trendentwicklung aufweisen.

1.11.2.2 Das hierarchisch aufgebaute Analyse- und Prognoseberichtsystem

Die Pyramide der Absatzstruktur (vgl. Abb. 1–90) kann Gegenstand einer Prognose auf jeder Ebene und für jedes Element der Absatzstruktur sein. Es ist jedoch offensichtlich, daß die Prognoseberichte nach den verschiedenen Hierarchieebenen als auch nach den funktionalen Benutzerebenen orientiert sein müssen. So z. B. interessiert sich das Top-Management nur für die Prognoseentwicklung jeder einzelnen Sparte. Die Leitung einer bestimmten Sparte (hier z. B. Sparte 2) interessiert sich hingegen nur für die Prognosen der Produktgruppen ihrer Sparte. Schließlich richtet sich das Interesse des Produktmanagers fast ausschließlich auf die verschiedenen Abnehmergruppen und auf die Absatztrends seiner Produkte auf regionaler Ebene.
Zur Erstellung von Prognosen unter Berücksichtigung verschiedener Hierarchien ist das System *Mavis* in der Lage, eine hierarchische Struktur der Prognoseberichte aufgrund der Indexcharakteristika der Absatzpyramide zu erstellen (vergleiche Abb. 1–91). Parallel hierzu ist es immer notwendig, nicht nur die hierarchische Verantwortung der Berichteempfänger zu berücksichtigen, was zu einer Informationsverdichtung bei Annäherung an die Pyramidenspitze führt, sondern außerdem anwendungsbezogene Prognoseberichte zu erstellen. Hierfür sind in diesem Prognoseinformationssystem zwei funktionale Berichte vorgesehen, die aufgrund der erstellten Absatzprognosen erlauben, Prognosen

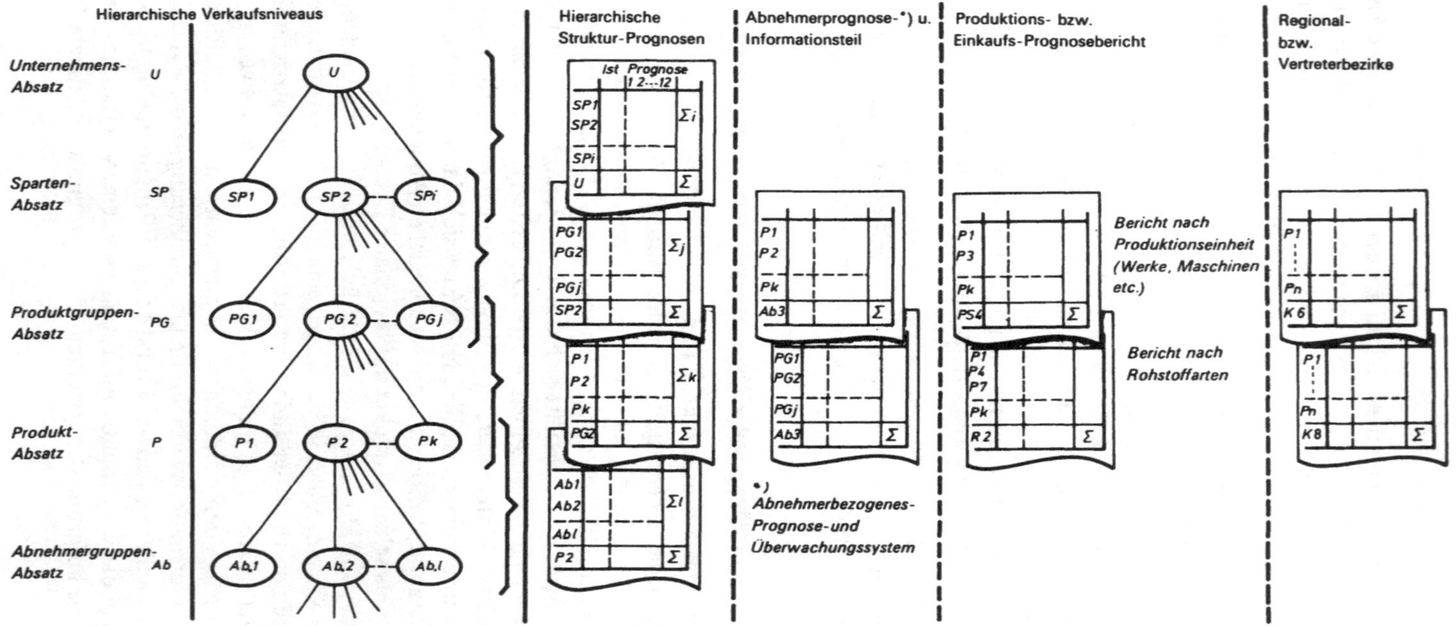

Abb. 1–90: Hierarchisch aufgebautes Analyse- und Prognoseberichtssystem

bezüglich der anderen Unternehmensaktivitäten zu erstellen, die direkt vom Absatz abhängig sind.

Diese zwei Berichte lauten:

a) Produktions- und Einkaufsprognose-Bericht,
b) Regional- bzw. Vertreterbezirk-Bericht.

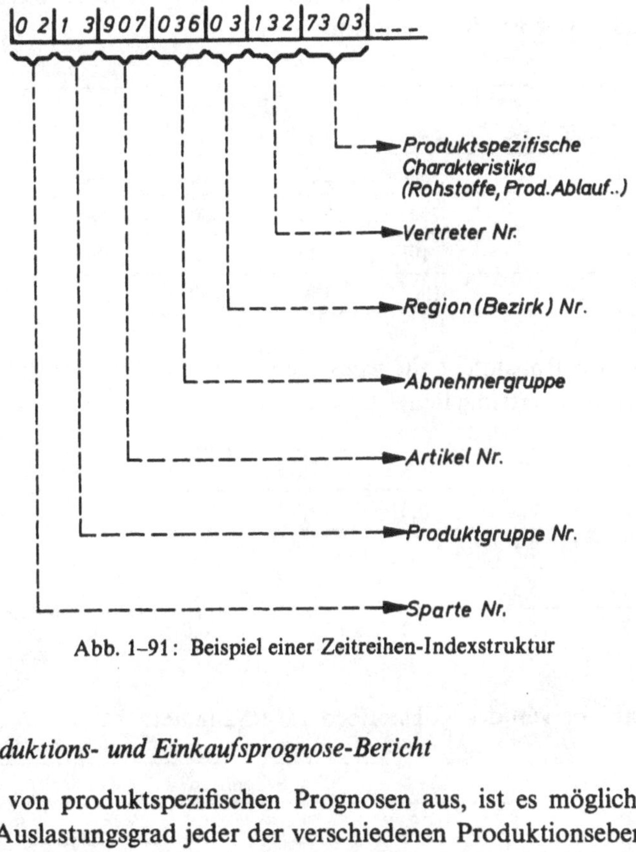

Abb. 1-91: Beispiel einer Zeitreihen-Indexstruktur

a) *Der Produktions- und Einkaufsprognose-Bericht*

Geht man von produktspezifischen Prognosen aus, ist es möglich, den zukünftigen Auslastungsgrad jeder der verschiedenen Produktionsebenen abzuleiten. Hierzu ist es notwendig, bestimmte spezifische Produktionseinheiten zu berücksichtigen, wie z.B. die Produktionsgeschwindigkeit für jedes dieser Produkte und für jede betrachtete Produktionseinheit. Mit Hilfe der prognostizierten Absätze dieser spezifischen Einheiten ist es nun möglich, Prognoseberichte des Auslastungsgrades für die verschiedenen Produktionseinheiten des Unternehmens zu erstellen. Diese Prognoseberichte führen zur Erstellung eines allgemeinen Prognoseberichts für die Auslastung jeder dieser Produktionseinheiten. Ebenso ist es möglich, ausgehend von den Absatzzahlen Prognoseberichte im Hinblick auf den Bedarf an Rohstoffen für jedes dieser Produkte zu erstellen. Verfügt man für jedes Produkt über dessen spezifischen Bedarf an Rohstoffen, so ist es möglich, einen Prognosebericht des Bedarfs an Rohstoffen zu erstellen. Somit kann die Einkaufsabteilung ihre Einkaufspolitik steuern.

Zur Verdeutlichung dieser Behandlung werden wir von den Absatzprognosen der folgenden vier Produkte ausgehen:

$\hat{X}_t$ / Produkt	Prognosen			
	$t+1$	$t+2$	$t+3$	$t+4$
P_1	50	120	110	40
P_2	250	350	300	200
P_3	10	20	25	20
P_4	100	150	180	250

Der Bedarf an Rohstoffen für jedes dieser vier Produkte sei (angegeben in spezifischen Produkteinheiten):

	RS1	RS2	RS3	RS4	RS5
P_1	0,5	6,0	1,0	–	2,0
P_2	2,5	–	4,5	7,2	3,0
P_3	6,3	8,0	2,5	3,5	–
P_4	1,2	2,0	2,5	6,0	1,0

Der Prognosebericht des Rohstoffbedarfs *RS*2 lautet:

	Prognosen				
Rohstoff	$t+1$	$t+2$	$t+3$	$t+4$	Summe
RS2/P1	300	720	660	240	1920
RS2/P3	80	160	200	160	600
RS2/P4	200	300	360	500	1360
RS2	580	1180	1220	900	3880

Regional bzw. Vertreterbezirk-Bericht.

Tabelle 1–24: Beispiel eines regionalen Prognoseberichtes

Strukturanalyse der Prognose
Hierarchie... Produkt... 40 bis 356

Produkt	12.1972	1.1973	2.1973	3.1973	4.1973	5.1973	9.1973	Summe der Zeilen
DC 60% P2	11106.	11767.	11998.	13536.	13197.	12944.	11930.	112371.
SUIS 60% P2	1186.	1251.	1333.	1479.	1574.	1557.	1519.	13657.
SUIS 60% P6	105684.	80945.	58066.	38639.	22124.	4557.	0.	204331.
AMAT 40% P6	604640.	589860.	579852.	630701.	632116.	630128.	611641.	5593498.
AMAT 40% P12	6023.	5398.	5556.	6145.	6207.	6269.	6109.	55053.
FR MAT P6	30039.	38032.	31804.	33550.	34723.	37796.	28521.	276898.
JOCKEY 1KG	11171.	9760.	9854.	12132.	13995.	14698.	13313.	129681.
JOCKEY 200	47667.	46264.	46131.	53003.	57184.	60100.	60278.	520563.
JOCKEY 500	152105.	137368.	137509.	156279.	178358.	195405.	186288.	1683247.
DANDY	54336.	61023.	49895.	55515.	50319.	60847.	50646.	445901.
TFIN NAT 180	85069.	59867.	36643.	14796.	0.	0.	0.	111306.
GERVITA GM	33695.	33120.	36756.	45262.	45710.	45618.	40598.	390993.
FJORD NAT225	20005.	20119.	19642.	20366.	23845.	25920.	17985.	198895.
PGA 180G	132976.	105905.	92090.	95124.	84126.	67339.	11648.	550376.
GMC X 1	7701.	7302.	6125.	5919.	5133.	4606.	834.	37573.
VEL X 4	79323.	60204.	38811.	23062.	6442.	0.	0.	128519.
ARL SUC X 4	29022.	29625.	30257.	32344.	35779.	36048.	31838.	296305.
PPN X 4	385707.	407939.	435113.	439331.	469109.	456692.	395591.	3992837.
FRUKI X 2	100404.	77301.	53048.	31548.	7587.	0.	0.	169484.
VAF X 4	40324.	34105.	25748.	24265.	20401.	15077.	0.	133044.
DAF X 2	230047.	188899.	143061.	97554.	67969.	29670.	0.	527152.
DANY X 2	372966.	316746.	276093.	283822.	263363.	234452.	109251.	1993714.
DANY CR X 2	71073.	69964.	74523.	88793.	96725.	88735.	62518.	660846.
DANETTE	91359.	88458.	90733.	104406.	108411.	115894.	110487.	964366.
DANINO	143587.	140743.	137080.	155867.	162450.	167602.	131119.	1416967.
FLOREAL X 2	92261.	88124.	85185.	93995.	93298.	95224.	80730.	777247.

b) *Der Regional- bzw. Vertreterbezirk-Bericht*

Die Analyse der Regionalabsätze für jedes dieser vier Produkte ist von vorrangiger Wichtigkeit für die regionale Leitung. Es handelt sich hier um eine Absatzanalyse aller verkauften Produkte auf jeder dieser regionalen Ebenen. Somit kann ein detaillierter Prognosebericht für jede Region erstellt werden. Es ist offensichtlich, daß solche kumulierten Prognosezahlen nur durch die Anwendung bestimmter Konvertiereinheiten, die zur Homogenität dieser Zahlen führen, erstellt werden können, so z. B. indem man das Absatzvolumen in DM transformiert.
Tabelle 1–24 gibt einen Einblick in den Regionalprognosebericht des Systems *Mavis*, das bei einer europäischen Firma für ihre regionale Absatzplanung angewandt wird.

1.11.2.3 Der Kontrollbudget-Prognosebericht

In immer stärkerem Maße werden in europäischen Firmen Budgetkontrollen angewandt. Es ist notwendig, eine realistische Fixierung der verschiedenen Budgetniveaus vorzunehmen, um eine realistische und effiziente Kontrolle ausüben zu können, da jede Unter- bzw. Überschätzung des Budgets unvermeidlich zu einer Verminderung der Motivation auf jeder Ebene führt und eine effiziente Kontrolle der Ergebnisse verhindert.
Im folgenden werden wir die in *Mavis* enthaltenen Möglichkeiten für ein dynamisches Budget-Management behandeln (Management by Objectives).
Die dynamische Analyse basiert auf den folgenden zwei Prinzipien:

a) Wenn die Entwicklung der Absatzzahlen, gleichgültig auf welcher hierarchischen Ebene, systematisch von dem vorhergesehenen Budget abweicht, findet immer automatisch eine Signalisation statt, was zu einer schnellen Information der Firmenleitung und der Finanzdirektion sowie der betroffenen anderen Abteilungen führt.
b) Entscheiden die verschiedenen Verantwortlichen (Marketing, Finanzkontrolle), eine Revision des Budgets vorzunehmen, so ist das System *Mavis* in der Lage, den wahrscheinlichsten Wert dieses Budgets zu prognostizieren. Dieses System nimmt eine adäquate Gewichtung zwischen dem alten Budgetwert und dem aus der Berücksichtigung der jüngsten Absatzentwicklung resultierenden Wert vor. Es ist somit möglich, eine Quantifizierung der Rückwirkung dieser Budgetänderungen nicht nur auf die anderen Hierarchieebenen des Absatzes, sondern vor allem auf die anderen funktionellen Prognoseebenen vorzunehmen, wie z. B.

- auf der Produktionsebene,
- auf der Ebene der Rohstoffe und
- auf der Finanzebene (vgl. Abb. 1–92).

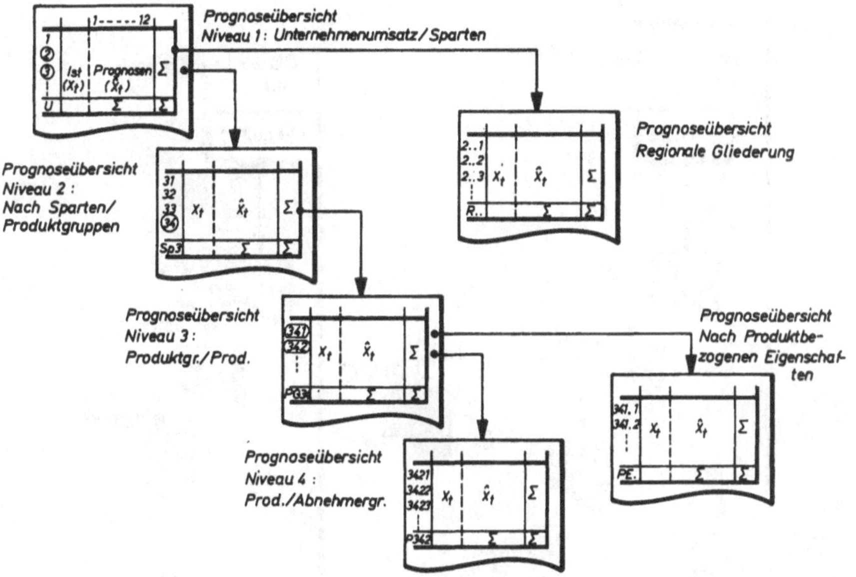

Abb. 1–92: Einige Beispiele für verschiedene Prognoseberichte

1.11.2.4 Der Prognose-Analyse-Teil

Wenn ein Produktmanager insbesondere an einer detaillierten Analyse des Marktverhaltens eines Produkts interessiert ist (z. B. wenn eine Signalisation durch eine der Kriterien des Kontrollbereichs vorliegt), ist es möglich, hier auf den Teil *Mavis* 6 zurückzugreifen, d. h. auf den analytischen prognostischen Bericht, der die vollständigen Informationen über die Hauptcharakteristika jeder Zeitreihe liefert, insbesondere im Hinblick auf:

- Entwicklung des Mittelwerts,
- Entwicklung des linearen Trends,
- Entwicklung und Analyse der Saisonalität,
- Analyse der Extrasaisonalität,
- Analyse der Prognoseabweichungen,
- detaillierte Analyse der Marktreaktion auf verschiedene Sonderaktionen.

Eine allgemeine Übersicht dieser verschiedenen Möglichkeiten des Informations-Prognosesystems *Mavis* ist aus Abb. 1–93 zu entnehmen.

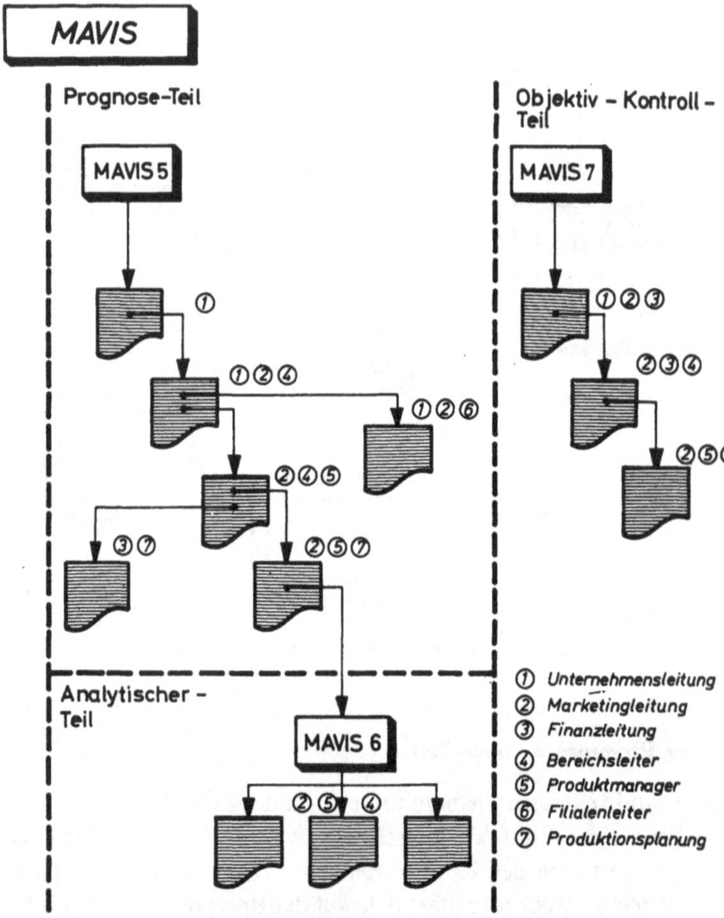

Abb. 1–93: Gesamtübersicht des MAVIS-Berichtsystems

Schlußfolgerung

Das Analyse- und Prognose-Informationssystem *Mavis* zeigt deutlich die heutigen Möglichkeiten zur integrierten Analyse multipler Absatzzeitreihen. Die Anwendung dieses Systems in Europa zeigt, daß Absatzprognose-Informationssysteme ein wesentlicher Teil zukünftiger Marketing-Informationssysteme darstellen. Paradoxerweise besteht die Effizienz der Anwendung solcher kurzfristiger Prognosesysteme tatsächlich in ihrer analytischen Fähigkeit, die ein dynamisches Management der kurzfristigen Marketing-Strategie ermöglicht. In den folgenden Punkten werden wir eine kurze Beschreibung einiger Anwendungsbereiche solcher Systeme in Europa geben.

1.12 Anwendung der Prognosesysteme Forsys und Mavis in Europa

Es ist schwierig, eine Übersicht über den aktuellen Anwendungsstand kurzfristiger Informations- und Prognosesysteme in Europa zu erstellen. Wichtig erscheint uns jedoch, die Tendenz, die während der letzten Jahre in den meisten europäischen Unternehmen im Hinblick auf die Anwendung solcher Informations- und Prognosesysteme zu beobachten ist, herauszukristallisieren.
Die Entwicklung kurzfristiger Analyse- und Prognosesysteme zeigt, daß der aktuelle Stand dieser Techniken eine effiziente Anwendung zur Erstellung von Marketing-Informationssystemen zuläßt. Andererseits ist es kaum vorstellbar, daß ein modernes wissenschaftliches Marketing nicht von einer detaillierten Analyse seines Absatzes ausgeht. Es läßt sich deshalb vorhersagen, daß in den kommenden Jahren die Tendenz zur Anwendung kurzfristiger Prognosemethoden eine immer stärkere Verbreitung erfährt.
Wir werden im folgenden einige zur Zeit existierende Anwendungsbereiche der Systeme *Forsys* und *Mavis* in bestimmten europäischen Firmen kurz beschreiben, um aufzuzeigen, daß solche Systeme für die Anwendung in den meisten industriellen Branchen geeignet sind.

1.12.1 Absatzanalyse im Computer-Dialog-Verfahren

Ist die Anzahl der zu behandelnden Zeitreihen nicht so umfangreich, jedoch durch hohe Komplexität gekennzeichnet, z. B. aufgrund des Einflusses mehrerer zusammenhängender Sonderaktionen, so erfordert die Analyse dieser Zeitreihen eine äußerst sorgfältige Behandlung. Die Erfahrung zeigt, daß die Verantwortlichen der Prognosen gezwungen sind, vor der Quantifizierung der wichtigen Elemente einer Zeitreihe eine Reihe sukzessiver Berechnungen durchzuführen. Das schwierige Problem der Quantifizierung ist vor allem in den folgenden Fällen zu verzeichnen:

1. Die analysierte Zeitreihe enthält eine Saisonstruktur, die nicht exakt mit den konventionellen Rechenprozeduren zu bestimmen ist, da die Anzahl der Istwerte begrenzt ist.
2. Die Zeitreihe ist dem Einfluß mehrerer Sonderaktionen unterworfen, deren Wirkung als auch Dauer a priori nicht genau zu bestimmen ist.
3. Der exakte Einfluß der Extrasaisonalität[27] auf den Absatz der Produkte soll untersucht werden.
4. Der Einfluß eines gegebenen Jahresbudgets auf die monatlichen Prognosen soll simuliert werden.

In all diesen Fällen ist eine Behandlung im Batch-Verfahren sehr schwerfällig, vor allem, wenn eine straffe interne Organisation der EDV-Abteilungen vorliegt. Andererseits ist der Benutzer zu stark von dem Rechenprozeß entfremdet, daß er diesem das erforderliche Interesse entgegenbringen könnte. Ein wirklicher „Kontakt mit dem System" ist somit gelähmt durch den administrativen Apparat des Rechenzentrums.
Um diese Nachteile auszuschalten, wird immer mehr zu einer sog. Behandlung der Tele-Information oder des „Tele-Processing" übergegangen, womit die Möglichkeit geschaffen wird, Zugang zu den großen Rechenanlagen durch sog. Terminals zu erhalten, die sich in der Nähe der Benutzer befinden. Da durch diesen Rechenprozeß die Kosten gesenkt werden, ist es nicht erstaunlich festzustellen, daß die Anwendung von Terminals eine immer größere Verbreitung erfährt, vor allem im Marketing-Bereich.
Um die Anwendung eines Prognosesystems im Tele-Processing zu verdeutlichen, wird im folgenden die Anwendung eines solchen Systems beschrieben, das seit einigen Jahren in Paris in Betrieb ist.
Dieses System wurde für eine direkte Benutzung der Verantwortlichen des Marketing und der Verkaufsabteilungen vorgesehen. Seit seiner Installierung 1970 wird es von zwanzig französischen Firmen kontinuierlich in Anspruch genommen. Die Anzahl der behandelten Zeitreihen beträgt z. B. schon über tausend. Um die Benutzung dieses Systems zu zeigen, soll im folgenden von der Firma *Dupont* ausgegangen werden, die bestimmte Kosmetika kommerzialisiert und die eine Analyse der Absatzzahlen des Produkts „Pariser Luft" vornehmen will. Die monatlichen Statistiken dieses Produkts der drei letzten Jahre sind bekannt. Durch einen Spezialcode hat der Benutzer Zugang zum

[27] Siehe 1.4.3.2.4.

Zentralcomputer, in dem die Programme gespeichert sind und der sich ungefähr 50 km von ihm entfernt befindet. Die Verbindung zwischen Benutzer und dem Rechenzentrum wird durch das öffentliche Telefonnetz hergestellt. Nach der Eingabe des Spezialcodes ist der Benutzer direkt mit dem Rechner verbunden und kann seine gewünschte Behandlung durchführen. Der folgende Dialog erlaubt, den vom Benutzer gewünschten Behandlungstyp zu beschreiben.

DIALOG	
Welches Produkt wollen Sie analysieren? (Nr., Name)	4711, Pariser Luft
Sollen die gespeicherten Parameter modifiziert werden? (J/N)	N
Welche Prognosemethode wollen Sie anwenden?	6 (Exponentielle Glättung mit quadratischem Trend, Saisonkomponente)
Muß die Extrasaisonalität berücksichtigt werden (J/N)	N
Sind Sonderaktionen zu berücksichtigen? (J/N)	N
Muß ein jährliches Absatzbudget berücksichtigt werden? (J/N)	N
Welche Ergebnistabelle wünschen Sie?	1, 0, 0, 0
Erste Periode der Ausgabe?	1

Die erstellte retrospektive Analyse ist in der verlangten Tabelle Nr. I ausgedruckt (siehe Tabelle 1–25).

Der Benutzer kann aus dieser Tabelle ersehen, daß zwischen der Periode 27 (März 1972) und der Periode 30 (Juni 1972) Prognoseabweichungen vorliegen, die nicht mehr als normal betrachtet werden können. Durch ein Relefongespräch mit dem betreffenden Produkt-Manager erfährt der Benutzer, daß während der Periode 48 eine Sonderaktion eingeführt wurde, die in diesem Fall eine 11%ige Preiserhöhung bedeutet. Diese Preiserhöhung ist für die folgenden Marktreaktionen verantwortlich:

Während der Periode 27, d.h. vor dieser Preiserhöhung, haben verstärkte Voreinkäufe im Großhandel stattgefunden. Die daraus resultierende Auf-

Tabelle 1–25: *Ausgabenbeispiel (Typ I) im Computer-Dialog-Verfahren*
Ausgabe I. Retrospektive Analyse und Prognose.

PE	*MO*	*JA*	*Istwerte*	*Prognose*	*S.A.*	*Abw.abs.*	*Abw.%*	*Alpha*
1	1	70	53,00		0,00	−3,52		0,141
2	2	70	59,00	61,50	0,00	2,50	4,24	0,143
3	3	70	83.00	80.89	0.00	−2,11	−2,54	0,145
4	4	70	100,00	112,60	0,00	12,60	12,60	0,141
5	5	70	151,00	146,90	0,00	−4,10	−2,72	0,145
6	6	70	153,00	147,99	0,00	−5,01	−3,27	0,145
7	7	70	141,00	139,74	0,00	−1,26	−0,90	0,148
8	8	70	118,00	120,18	0,00	2,18	1,85	0,149
9	9	70	111,00	99,38	0,00	−11,62	−10,47	0,144
10	10	70	109,00	93,76	0,00	−15,24	−13,99	0,141
11	11	70	120,00	89,45	0,00	−30,55	−25,46	0,277
12	12	70	111,00	103,57	0,00	−7,43	−6,70	0,183
13	1	71	99,00	80,02	0,00	−18,98	−19,18	0,289
14	2	71	129,00	124,74	0,00	−4,26	−3,30	0,144
15	3	71	171,00	171,93	0,00	0,93	0,54	0,147
16	4	71	254,00	244,64	0,00	−9,36	−3,69	0,147
17	5	71	369,00	364,28	0,00	−4,72	−1,28	0,150
18	6	71	365,00	387,45	0,00	22,45	6,15	0,141
19	7	71	335,00	359,82	0,00	24,82	7,41	0,142
20	8	71	278,00	308,86	0,00	30,86	11,10	0,274
21	9	71	230,00	263,66	0,00	33,66	14,63	0,300
22	10	71	212,00	225,45	0,00	13,45	6,34	0,283
23	11	71	192,00	196,18	0,00	4,18	2,18	0,147
24	12	71	171,00	170,40	0,00	−0,60	−0,35	0,149
25	1	72	122,00	124,19	0,00	2,19	1,80	0,151
26	2	72	151,00	148,06	0,00	−2,94	−1,95	0,153
27	3	72	240,00	201,05	0,00	−38,95	−16,23	0,121
28	4	72	220,00	293,65	0,00	73,65	33,48	0,099
29	5	72	250,00	379,58	0,00	129,58	51,83	0,014
30	6	72	296,00	372,29	0,00	76,29	25,77	0,300
31	7	72	250,00	284,35	0,00	34,35	13,74	0,300
32	8	72	208,00	201,48	0,00	−6,52	−3,13	0,128
33	9	72	163,00	174,63	0,00	11,63	7,14	0,130
34	10	72	150,00	146,51	0,00	−3,49	−2,32	0,132
35	11	72	125,00	124,24	0,00	−0,76	−0,61	0,135

blähung der Lagerbestände verursacht eine Störung der Absätze in den Perioden 29 und 30, wo man einen Rückgang des Absatzes feststellen kann (Abbau der Lagerbestände im Großhandel).
Zusätzlich führt die Preiserhöhung zu einer Veränderung des Absatzniveaus.

Der Produkt-Manager, der über die Wirkung dieser Sonderaktion auf den Absatz befragt wird, gibt als eine erste Schätzung die folgenden Werte an:

Periode 27	+40%	(Voreinkauf)
Periode 28	−15%	(Abbau der Lagerbestände)
Periode 29	−15%	(Abbau der Lagerbestände)

Mit diesen zusätzlichen Informationen ausgestattet, führt der Prognosespezialist eine neue Analyse der Zeitreihe der Absatzzahlen durch, wobei die obigen Werte für die Sonderaktionen eingeführt werden. Das System ist nun in der Lage, die tatsächlichen Marktreaktionen zu simulieren und hierbei die „wirklichen" Werte dieser Sonderaktion Preis zu koordinieren.

Der Dialog mit dem System ist in diesem Fall folgendermaßen:

DIALOG

Welches Produkt möchten Sie analysieren? (Nr.)	4711
Wird eine Modifikation der zugrunde liegenden Parameter gewünscht? (J/N)	N
Welche Prognosemethode soll angewandt werden?	6
Ist eine Extrasaisonalität zu berücksichtigen? (J/N)	N
Müssen Sonderaktionen berücksichtigt werden? (J/N)	J
Bitte führen Sie die Nr. der Periode ein!	27, 240, +40
(Istwert/Sonderaktion)	28, 220, −15
	29, 250, −15
Ist ein jährliches Budget zu berücksichtigen? (J/N)	N
Welche Ergebnistabelle wünschen Sie?	1, 1, 1, 1
Erste Periode der Ausgabe?	1

Eine neue Analyse wird nun durchgeführt unter Berücksichtigung der eingeführten Sonderaktion. Nach der Optimierung der eingegebenen Sonderaktion werden die folgenden Resultate der Tabelle 1–26 ausgedruckt.

Diese retrospektive Analysetabelle führt zu den folgenden Feststellungen:

1. Die eingeführte Sonderaktion hat nicht zu der Marktreaktion +40, −15, −15 geführt, sondern zu +25, −22, −28, d.h. zu einer ungünstigeren Wirkung als auf den ersten Blick angenommen wurde.
2. Außer den Perioden 10 und 11 sind die Prognoseabweichungen entsprechend kleiner geworden als in der ersten Ausgabe der Fall war.

Tabelle 1–26: *Ausgabenbeispiel (Typ I) im Computer-Dialog-Verfahren*
Ausgabe I. Retrospektine Analyse und Prognose.

PE	MO	JA	Ist-Werte	Prognose	S.A.	Abw.-abs.	Abw. %	Alpha
1	1	70	53,00		0,00	−3,39	0,00	0,142
2	2	70	59,00	61,50	0,00	2,50	4,24	0,143
3	3	70	83,00	80,89	0,00	−2,11	−2,54	0,145
4	4	70	100,00	112,60	0,00	12,60	12,60	0,141
5	5	70	151,00	146,90	0,00	−4,10	−2,72	0,145
6	6	70	153,00	147,99	0,00	−5,01	−3,27	0,145
7	7	70	141,00	139,74	0,00	−1,26	−0,90	0,148
8	8	70	118,00	120,18	0,00	2,18	1,85	0,149
9	9	70	111,00	99,38	0,00	−11,62	−10,47	0,144
10	10	70	109,00	93,76	0,00	−15,24	−13,98	0,141
11	11	70	120,00	89,45	0,00	−30,55	−25,46	0,277
12	12	70	111,00	103,59	0,00	−7,41	−6,67	0,183
13	1	71	99,00	80,00	0,00	−19,00	−19,19	0,289
14	2	71	129,00	124,71	0,00	−4,29	−3,33	0,144
15	3	71	171,00	171,92	0,00	0,92	0,54	0,147
16	4	71	254,00	244,64	0,00	−9,36	−3,69	0,147
17	5	71	369,00	364,27	0,00	−4,73	−1,28	0,150
18	6	71	365,00	387,45	0,00	22,45	6,15	0,141
19	7	71	335,00	359,83	0,00	24,83	7,41	0,142
20	8	71	278,00	308,86	0,00	30,86	11,10	0,274
21	9	71	230,00	263,66	0,00	33,66	14,64	0,300
22	10	71	212,00	225,45	0,00	13,45	6,35	0,283
23	11	71	192,00	196,19	0,00	4,19	2,18	0,147
24	12	71	171,00	170,40	0,00	−0,60	−0,35	0,149
25	1	72	122,00	124,20	0,00	2,20	1,80	0,151
26	2	72	151,00	148,05	0,00	−2,95	−1,95	0,153
27	3	72	240,00	253,58	24,78	13,58	5,66	0,151
28	4	72	220,00	237,11	−21,94	17,11	7,78	0,149
29	5	72	250,00	274,25	−28,23	24,25	9,70	0,162
30	6	72	296,00	315,82	0,00	19,82	6,70	0,233
31	7	72	250,00	267,84	0,00	17,84	7,14	0,262
32	8	72	208,00	200,52	0,00	−7,48	−3,59	0,150
33	9	72	163,00	169,69	0,00	6,69	4,10	0,150
34	10	72	150,00	142,24	0,00	−7,76	−5,18	0,150
35	11	72	125,00	121,48	0,00	−3,52	−2,82	0,152

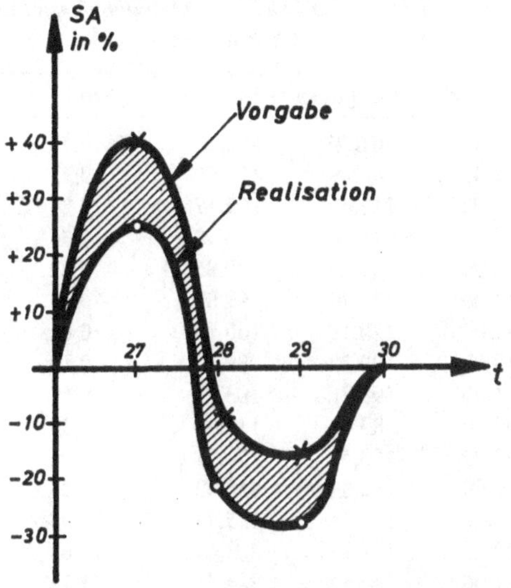

Abb. 1–94: Kontrolle einer vorgegebenen Sonderaktion (SA)

3. Die Reaktionen des Parameters α während der Perioden

   11–13,
   20–22,
   30–32,

   signalisieren signifikante Trendänderungen der Zeitreihe.

Die vom Benutzer angeforderte Tabelle II (vgl. Tabelle 1–27) erlaubt die Analyse der Entwicklung der Hauptkomponenten der Zeitreihe:

- des saisonbereinigten Mittelwerts
- des linearen Trends und des quadratischen Trends
- der Saisonkomponenten.

Folgende Schlußfolgerungen können gezogen werden:

1. Die retrospektive Analyse des Mittelwerts zeigt, daß ab Oktober 1970 eine systematische Absatzerhöhung stattgefunden hat.
2. Die zunehmende Absatzsteigerung, die von Oktober 1970 an beobachtet werden konnte, setzt sich bis August 1971 fort, wo eine Verlangsamung des bisher festgestellten Wachstums auftritt. Der Mittelwert stabilisiert sich nun auf einem Niveau bei 250.

Tabelle 1–27: *Ausgabenbeispiel (Typ II) im Computer-Dialog-Verfahren*
Ausgabe II. Retrospektive Analyse der Komponenten

PE	MO	JA	Ist-Werte	Prognose	Mittelw.	Trend	q.T.	Saison
1	1	70	53,00	61,50	102,20	0,33	0,02	0,505
2	2	70	59,00	80,89	101,00	0,12	0,01	0,596
3	3	70	83,00	112,60	102,11	0,28	0,01	0,803
4	4	70	100,00	146,90	98,19	−0,35	−0,02	1,085
5	5	70	151,00	147,99	98,85	−0,22	−0,01	1,507
6	6	70	153,00	139,74	99,88	−0,04	−0,00	1,507
7	7	70	141,00	120,18	100,18	0,01	0,00	1,402
8	8	70	118,00	99,38	99,49	−0,10	−0,01	1,196
9	9	70	111,00	93,76	103,72	0,57	0,03	1,012
10	10	70	109,00	89,45	110,48	1,52	0,08	0,907
11	11	70	120,00	103,59	136,71	11,21	1,18	0,802
12	12	70	111,00	80,00	150,42	8,24	0,50	0,701
13	1	71	99,00	124,71	185,74	23,33	2,35	0,505
14	2	71	129,00	171,92	203,44	11,03	0,47	0,600
15	3	71	171,00	244,64	214,44	11,74	0,49	0,800
16	4	71	254,00	364,27	229,68	12,74	0,52	1,086
17	5	71	369,00	387,45	244,06	13,77	0,55	1,504
18	6	71	365,00	359,83	249,08	8,20	0,45	1,496
19	7	71	335,00	308,86	250,99	7,73	0,41	1,392
20	8	71	278,00	263,66	247,26	13,10	1,35	1,190
21	9	71	230,00	225,45	239,72	8,52	0,77	1,009
22	10	71	212,00	196,19	238,91	5,55	0,33	0,906
23	11	71	192,00	170,40	240,57	2,32	0,06	0,801
24	12	71	171,00	124,20	243,27	2,48	0,06	0,702
25	1	72	122,00	148,05	244,11	2,30	0,05	0,504
26	2	72	151,00	253,58	248,36	2,69	0,07	0,603
27	3	72	240,00	237,11	269,91	5,79	0,23	0,818
28	4	72	220,00	274,25	247,66	1,42	−0,02	1,061
29	5	72	250,00	315,82	214,89	−4,50	−0,38	1,482
30	6	72	296,00	267,84	201,63	−9,63	−1,06	1,500
31	7	72	250,00	200,52	183,17	−14,69	−1,63	1,396
32	8	72	208,00	169,69	175,23	−7,59	−0,41	1,192
33	9	72	163,00	142,24	164,89	−8,43	−0,43	1,007
34	10	72	150,00	121,48	159,56	−8,34	−0,40	0,917
35	11	72	125,00	101,39	152,69	−8,55	−0,40	0,808

3. Von Mai 1972 an, d.h. nach der Preiserhöhung, findet eine signifikante Trendänderung statt und ein Rückgang des Absatzes, so daß der Mittelwert im November 1972 auf 150 fällt.
4. Die Saisonkomponente, die bei diesem Produkt eine große Rolle spielt, scheint relativ stabil im Verlauf dieser drei Jahre.

Tabelle 1–28: *Ausgabenbeispiel (Typ III) im Computer-Dialog-Verfahren*
Ausgabe III. Retrospektive Analyse der Abweichungen.

PE	MO	JA	MAD	Aws.	Alpha	Beta	Prognosefehler T-1	T-2	T-3
1	1	70	9,34	−0,36	0,142	0,266	0,00	0,00	0,00
2	2	70	8,66	0,27	0,143	0,274	0,00	0,00	0,00
3	3	70	8,00	−0,25	0,145	0,276	0,00	0,00	0,00
4	4	70	8,46	1,29	0,141	0,195	12,60	11,36	13,53
5	5	70	8,02	−0,38	0,145	0,264	−2,72	1,97	0,69
6	6	70	7,72	−0,77	0,145	0,232	−3,27	−4,35	0,93
7	7	70	7,08	−0,22	0,148	0,279	−0,90	−2,27	−3,51
8	8	70	6,59	0,31	0,149	0,270	1,85	1,46	−0,15
9	9	70	7,09	−1,38	0,144	0,189	−10,47	−9,77	−10,16
10	10	70	7,91	−3,13	0,141	0,106	−13,98	−18,03	−17,29
11	11	70	10,17	−5,44	0,277	0,049	−25,46	−30,16	−33,89
12	12	70	9,89	−4,14	0,183	0,075	−6,67	−28,51	−33,55
13	1	71	10,80	−5,32	0,289	0,051	−19,19	−18,43	−41,34
14	2	71	10,15	−1,94	0,144	0,157	−3,33	−22,89	−20,10
15	3	71	9,23	0,10	0,147	0,290	0,54	10,02	−17,29
16	4	71	9,24	−0,96	0,147	0,218	−3,69	−3,86	11,51
17	5	71	8,79	−0,82	0,150	0,228	−1,28	−2,95	−3,21
18	6	71	10,16	1,51	0,141	0,181	6,15	5,20	3,30
19	7	71	11,62	3,44	0,142	0,095	7,41	13,48	12,30
20	8	71	13,55	5,21	0,274	0,053	11,10	14,08	22,96
21	9	71	15,56	6,65	0,300	0,033	14,64	17,25	20,71
22	10	71	15,35	5,17	0,283	0,054	6,35	17,58	17,74
23	11	71	14,23	1,02	0,147	0,214	2,18	7,58	21,18
24	12	71	12,87	−0,05	0,149	0,295	−0,35	2,69	9,64
25	1	72	11,80	0,19	0,151	0,282	1,80	1,60	6,22
26	2	72	10,92	−0,26	0,153	0,275	−1,95	−1,22	−1,46
27	3	72	11,18	1,04	0,151	0,212	5,66	4,70	5,57
28	4	72	11,78	2,31	0,149	0,139	7,78	−0,66	−1,69
29	5	72	13,02	3,87	0,162	0,083	9,70	23,80	12,94
30	6	72	13,70	4,70	0,233	0,063	6,70	26,80	45,41
31	7	72	14,12	4,94	0,262	0,058	7,14	14,88	40,44
32	8	72	13,45	0,09	0,150	0,291	−3,59	4,09	15,02
33	9	72	12,78	0,54	0,150	0,251	4,10	−5,43	5,60
34	10	72	12,28	−0,50	0,150	0,254	−5,18	−3,20	−18,27
35	11	72	11,40	−0,37	0,152	0,266	−2,82	−5,00	−2,60

Tabelle III (vgl. Tabelle 1–28) gibt eine detaillierte Analyse des Verhaltens der Zeitreihe an. Die Analyse des Abweichungssignals gestattet folgende Anmerkungen:

1. Das Abweichungssignal AWS[28] überschreitet in bestimmten Perioden die Kontrollgrenzen ± 3 und erlaubt somit eine Signalisation von signifikanten Trendänderungen:

a) In Periode 10: $AWS = -3{,}13$	Signalisation einer signifikanten Absatzsteigerung
b) In Periode 19: $AWS = +3{,}44$	Signalisation einer Absatzstagnation (Wachstumsstillstand)
c) In Periode 29: $AWS = +3{,}87$	Signalisation eines beginnenden Absatzrückgangs

2. Die Reaktion der Parameter α und β des Systems[29] in Abhängigkeit dieser Signale AWS und MAD spiegeln das dynamische Verhalten des Systems.
3. Die drei letzten Spalten geben die Analyse der festgestellten Prognosefehler an für Prognosen, die für 1, 2 und 3 Monate im voraus erstellt worden sind.

Betrachtet der Benutzer die Analyse als hinreichend, so nimmt er die Erstellung der Prognosen in Angriff, die den folgenden zwei Hypothesen des jährlichen Absatzes entsprechen:

Hypothese I:	1400 Absatzeinheiten
Hypothese II:	1600 Absatzeinheiten.

Der folgende Dialog erlaubt, die vom Benutzer gewünschte Behandlung von Budget-Hypothesen in die Prognose mit einzubeziehen:

Dialog	
Welches Produkt möchten Sie analysieren (Nr.)	4711
Wird eine Modifikation der zugrunde liegenden Parameter gewünscht? (J/N)	N
Welche Prognosemethode soll angewandt werden?	6
Ist eine Extrasaisonalität zu berücksichtigen (J/N)	N
Müssen Sonderaktionen berücksichtigt werden? (J/N)	J
Führen Sie bitte die Nr. der Periode ein!	27, 240, +40
(Istwert/Sonderaktion)	28, 220, −15
	29, 250, −15
Ist ein jährliches Budget zu berücksichtigen? (J/N)	1600
Welche Ergebnistabelle wünschen Sie?	1, 1, 1, 1
Erste Periode der Ausgabe?	1

[28] Siehe 1.6.3.
[29] Für die Autoadaptation des Trends sowie für die Saisonstruktur.

Hat er z. B. die Hypothese II in das System eingeführt, erhält er die folgende Tabelle 1–29:

Tabelle 1–29: *Ausgabenbeispiel (Typ III) im Computer-Dialog-Verfahren*
Ausgabe IV. Prognoseübersicht

PE	MO	JA	Prognose	Mittelw.	Saison.	Mit S.A.	Objektiv
36	12	72	101,39	144,00	0,704	101,39	101,39
37	1	73	79,58	157,47	0,505	79,58	180,97
38	2	73	97,56	161,37	0,605	97,56	278,53
39	3	73	125,95	153,21	0,822	125,95	404,49
40	4	73	151,07	142,10	1,063	151,07	555,56
41	5	73	187,80	126,70	1,482	187,80	743,36
42	6	73	182,09	121,39	1,500	182,09	925,45
43	7	73	166,68	119,43	1,396	166,68	1092,13
44	8	73	145,96	122,47	1,192	145,96	1238,09
45	9	73	129,43	128,59	1,006	129,43	1367,52
46	10	73	120,54	131,49	0,917	120,54	1488,06
47	11	73	111,94	138,59	0,808	111,94	1600,00
Summe			1600,00			1600,00	1600,00

Standardabweichung = 14,785

1.12.2 Anwendung Nr. 1

Seit 1969 ist das System *Forsys* in das Lagerhaltungssystem der Firma *Ruwa* in Minden integriert. Dieses Prognosesystem betrifft ungefähr 40000 verschiedene Produkte. Die Firma *Ruwa* hat seit der Anwendung von *Forsys* eine Reduktion der Lagerbestände um ca. 20% sowie eine Erhöhung der Lieferbereitschaft feststellen können. Die Entscheidung, ein solches Prognosesystem in die Lagerhaltung zu integrieren, wurde von der Firmenleitung getroffen. Die Verantwortung für die Anwendung dieses Systems befindet sich ausschließlich bei der EDV-Abteilung. Dieses integrierte Lagerhaltungssystem beinhaltet die folgenden zwei Phasen:

1. Erstellung wöchentlicher Prognosen bis zu drei Monaten im voraus für jedes der 40000 Produkte. Die Rechenzeit beträgt pro Woche für alle 40000 Produkte ca. 6 Stunden (mit Hilfe einer IBM 360/20).
2. Erstellung einer täglichen Lagerhaltung unter Berücksichtigung verschiede-

ner Beschränkungen, wie z. B. Lieferbedingungen, Rabattklassen usw. Die Rechenzeit beträgt in diesem Fall ca. 5 Stunden pro Tag.

Für 1974 ist die Integration dieses Systems in ein allgemeines Teleprocessing-System vorgesehen. Insbesondere ist eine Abfrage der verschiedenen Dateien des Lagerhaltungssystem geplant, womit

1. eine automatische und sichere Berücksichtigung der telefonischen Bestellungen und
2. ein automatisches Teleprocessing der eingehenden Bestellungen durch ein Datenfernübertragungssystem (DATEG) ermöglicht wird.

Die nachstehende Abb. 1–95 gibt einen Einblick in diese Behandlung.

1.12.3 Anwendung Nr. 2

Seit 1969 ist das System *Forsys* in der *Wicküler-Brauerei* Wuppertal für die Analyse des Bierabsatzes dieser Firma als auch für Prognosen des jährlichen Absatzes, die für die kurzfristige Finanzplanung berücksichtigt werden, installiert. Die wichtigsten Absatzzahlen dieser Firma sind Gegenstand einer monatlichen detaillierten Analyse, die hauptsächlich von der Marketing-Abteilung durchgeführt wird. Bei dieser Analyse werden spezifische Sonderaktionen berücksichtigt. Darüber hinaus werden die Arbeitstage bzw. Feiertage als sog. Extrasaisonalitäten berücksichtigt. Nach einer entsprechenden Interpretation dieser Analyseergebnisse durch die Marketing-Abteilung werden die produktspezifischen Prognosen an die anderen Planungsabteilungen und an die Finanzdirektion weitergeleitet und finden insbesondere für die Produktionsplanung Verwendung.

1.12.4 Anwendung Nr. 3

Für eine der größten deutschen Firmen im Nahrungsmittelsektor stellte sich seit 1968 verstärkt die Notwendigkeit einer maschinellen Analyse ihrer multiplen Absatzzahlen, da diese

1. sehr rapiden Mittelwert- und Trendänderungen unterworfen sind,
2. starke Saisonalitätseinflüsse aufweisen,
3. in hohem Maße von Sonderaktionen sowohl auf nationaler als auf regionaler

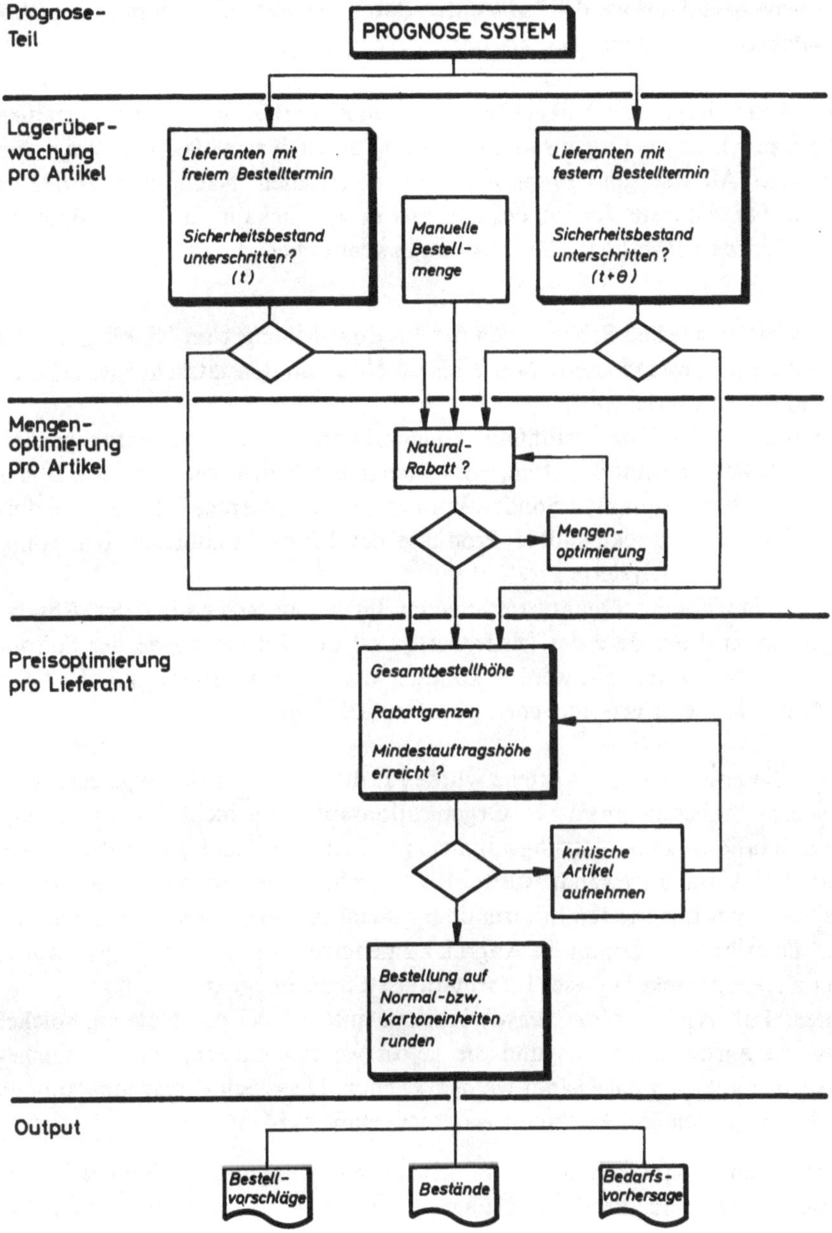

Abb. 1–95: Integriertes Lager- und Prognosesystem

Ebene beeinflußt werden (so werden durch bestimmte Sonderaktionen Absatzänderungen von mehr als 100% hervorgerufen).

Da die klassischen Techniken keine effiziente Analyse solcher Absatzzahlen erlauben, wurde die Organisationsabteilung dieser Firma 1968 beauftragt, ein effizientes Analyse- und Prognosesystem zu erstellen. Nach einer Vorstudie wurde 1968 die erste Version des Systems *Forsys* (bekannt unter der Bezeichnung *Procom*) installiert. Die ersten Anwendungen dieses Systems zeigten deutlich:

1. daß die manuellen Schätzungen der Produkt-Manager im Hinblick auf die Sonderaktionseinflüsse teilweise bis zu 60% von den tatsächlichen Marktreaktionen abwichen,
2. daß die Auffindung bestimmter Sonderaktionen, die in der Vergangenheit den Absatz beeinflußt hatten, vom System ermöglicht wurde (was z.B. der Fall ist bei bestimmten Sonderaktionen der Konkurrenz oder bei Sonderaktionen, die direkt andere Produkte der Firma beeinflussen und somit indirekt das analysierte Produkt selbst),
3. daß eine bessere Quantifizierung der Grundcharakteristika der Absatzzahlen, insbesondere des Mittelwerts und des Trends, sowie der Saisonkomponenten erreicht werden konnte, was zu einer besseren kurzfristigen Prognose dieser verschiedenen Absatzzahlen führte.

Trotz dieser eindeutigen Vorteile wurde für dieses System als Folge einer personellen Umbesetzung in der Organisationsabteilung nicht der notwendige Koordinations- und Nutzungsrahmen geschaffen, so daß es zwischen 1970 und 1971 kaum angewandt wurde. 1972 beschloß die Firmenleitung, die Erstellung eines integrierten Informationssystems für ihre gesamte Lagerhaltung und Distributionsplanung in Angriff zu nehmen. Das System *Forsys* wurde hier als Prognosekern dieses Informationssystems integriert.
Dieser Fall zeigt klar die Schwierigkeiten auf, die bei der Nutzung solcher Systeme auftreten können und die gelöst werden müssen, soll ein solches System erfolgreich angewandt werden können. Diese Schwierigkeiten können in den folgenden drei Punkten zusammengefaßt werden:

1. Mangelnde Motivation der verschiedenen Marketing-Verantwortlichen, insbesondere der Produkt-Manager für die Anwendung solcher modernen Analysesysteme.
2. Die Interpretation der Ergebnisse eines solchen Systems erfordert eine Ausbildung der Verantwortlichen, die für diese Analyse zuständig sind. Diese

Ausbildung ist aufgrund des technischen Komplexitätsgrades dieser Methoden mit großen Schwierigkeiten verbunden.
3. Die Bildung eines Teams, das für die Koordination aller Informationen für eine integrierte Behandlung dieser Absatzzahlen verantwortlich ist, um eine optimale Anwendung solcher Systeme zu gewährleisten.

1.12.5 Anwendung Nr. 4

Seit 1970 wird das System *Forsys* von einer französischen Beratungsfirma angewandt, insbesondere für die Analyse und Prognose der Absatzzahlen bestimmter Produkte von mehr als 100 französischen Firmen. Eine der Hauptanwendungen dieses Systems besteht in der adäquaten Quantifizierung der Marktreaktionen auf die firmenspezifischen Sonderaktionen, die hier im allgemeinen aus Preiserhöhungen, Änderungen der Distributionspolitik, Aktivitäten der Konkurrenz usw. bestehen. Eine weitere interessante Anwendung besteht darin, detaillierte Prognosen für verschiedene alternative Marketing-Strategien in Abhängigkeit der verschiedenen Marketing-Sonderaktionen zu erstellen.

1.12.6 Anwendung Nr. 5

Seit 1971 wendet eine deutsche Zigarettenfirma kontinuierlich das System *Forsys* für die Analyse ihrer verschiedenen Zigarettenmarken sowie die der Konkurrenz an. Abb. 1–96 gibt einen Einblick in die Behandlung dieses Systems innerhalb der Marketing-Abteilung dieser Firma. Die Initiative zur Anwendung eines solchen integrierten Absatzanalysesystems ging von der Marketing-Direktion in Zusammenarbeit mit den Verantwortlichen der EDV-Abteilung aus. Seit 1971 wurden 15 Zeitreihen sowohl von der Firma selbst als auch von der Konkurrenz fortlaufend monatlich analysiert. Diese Ergebnisse werden jeden Monat zwischen den verschiedenen Produkt-Managern diskutiert, wobei sowohl die Behandlung von Sonderaktionen definiert und koordiniert wird, als auch die Ergebnisse der vorhergehenden Marketing-Sonderaktionen interpretiert werden.
Eine zweite Phase ist für die Ausdehnung dieser automatischen Absatzanalyse auf die verschiedenen Absatzebenen, insbesondere auf die regionale Absatzebene, vorgesehen.
In einer dritten Phase soll dieses Prognosesystem in ein allgemeines Informa-

tionssystem der Firma integriert werden, insbesondere im Hinblick auf die Produktionsplanung, Lagerhaltung als auch die kurzfristige Finanzplanung. Der für diese Koordination und die Anwendung des Prognosesystems Verantwortliche ist auch für die Interpretation der Ergebnisse in Zusammenarbeit mit den verschiedenen Marketing-Managern zuständig.

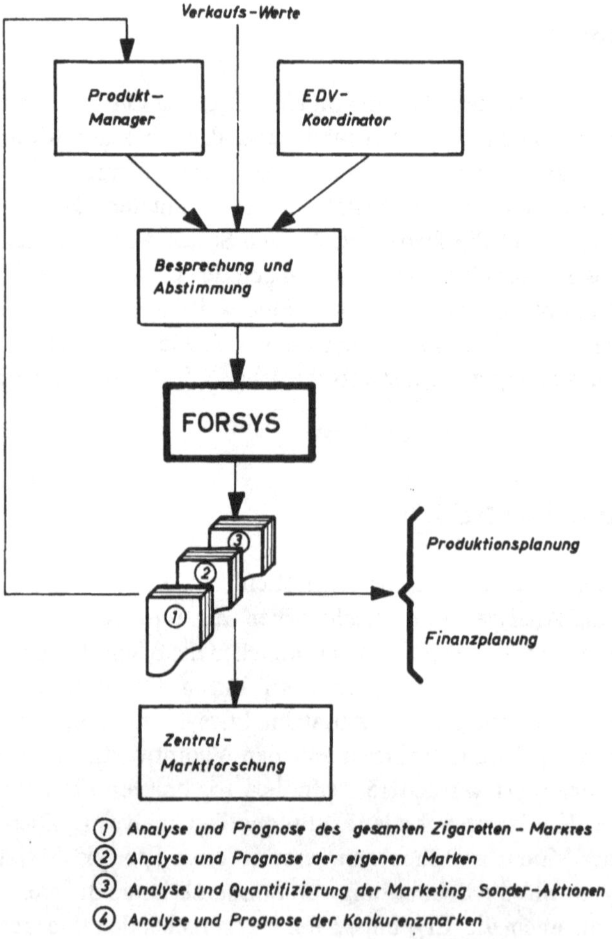

Abb. 1–96: Koordination und Anwendung eines Prognosesystems in einem Zigarettenunternehmen

1.12.7 Anwendung Nr. 6

Eines der größten Pressekonzerne der BRD (Axel Springer Verlag AG) wendet seit 1971 für die Analyse und Prognose der Anzeigenaufträge seiner verschiedenen Zeitungen und Zeitschriften das System *Mavis* an. Das Hauptziel, das bei dieser Anwendung verfolgt wird, besteht in:

1. der Erstellung kurzfristiger Prognosen des Anzeigenvolumens für jede dieser Zeitungen nach unterschiedlichen Anzeigentypen wie z. B.
   a) nach der Größe der Anzeigen,
   b) nach ihrer Farbe,
2. einer schnellen effizienten Auffindung von systematischen unvorhergesehenen ungünstigen Trendentwicklungen des Anzeigenvolumens, insbesondere im Hinblick auf die folgenden zwei Kriterien:
   a) nach den Anzeigenbranchen,
   b) nach den Anzeigenarten;
3. der Absatzanalyse der verkauften Zeitungsexemplare auf nationaler Ebene als auch nach wichtigen regionalen Gesichtspunkten, zur besseren Planung der Auflagen verschiedener Zeitungen und Zeitschriften.

Die Initiative zur Anwendung des Informationssystems *Mavis* ging von der Abt. „Marktforschung und -planung" des Unternehmens aus.

1.12.8 Anwendung Nr. 7

Die Marketing-Abteilung einer der großen französischen Nahrungsmittelfirmen wurde 1972 mit der Erstellung eines Prognosesystems für die Analyse der multiplen Absatzzahlen beauftragt und beschloß im Oktober 1972 in Zusammenarbeit mit der Abteilung „etudes economiques" den Kauf des Systems *Mavis*. Um die klassischen Anfangsgefahren, die bei der Anwendung solcher Systeme auftreten, zu vermeiden, wurde ein Team von Betriebswirtschaftlern beauftragt, eine sinnvolle Kooperation zwischen dem System und den verschiedenen Benutzern herzustellen. Außerdem führte eine Reihe von Schulungsseminaren zu einer realistischen Einschätzung der Anwendungsmöglichkeiten eines solchen Systems. 1972 wurden mehr als 300 Zeitreihen, die über 90% des Umsatzes entsprechen, kontinuierlich und detailliert analysiert und prognostiziert.

Im folgenden werden wir die verschiedenen, zur Zeit bestehenden Anwendungsphasen kurz beschreiben:

Anwendung auf der zentralen Marketing-Ebene:

1. Erstellung von Ausnahmeberichten der signifikanten Abweichungen zwischen Prognosen und Istwerten.
2. Zusammenfassende Tabellierung der Absätze jedes Produktes auf nationaler Ebene.
3. Quantifizierung und Analyse der Marketing-Sonderaktionen sowie Analyse ihrer Rentabilität.

Anwendung des Systems auf der Produkt-Manager-Ebene:

Jeder Produkt-Manager erhält monatlich

1. eine detaillierte Absatzanalyse für jedes Produkt auf nationaler Ebene,
2. eine quantitative Analyse aller produktspezifischen Sonderaktionen,
3. eine detaillierte Absatzprognose der verschiedenen Produkte auf regionaler Ebene.

Anwendung des Systems auf regionaler Verwaltungsebene:

Jede regionale Betriebsleitung erhält monatlich die Analyse- und Prognosezahlen der verschiedenen regionalen Absätze für alle Produkte.

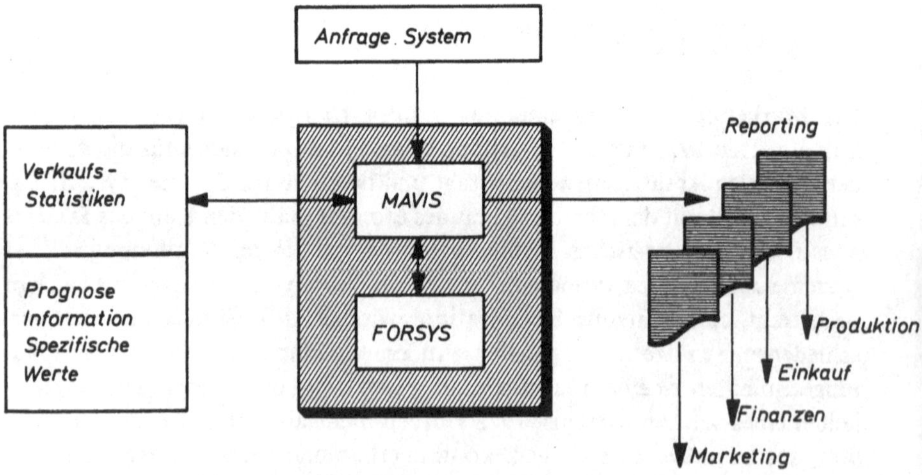

Abb. 1–97: Die vier funktionalen Berichtsystemteile

Anwendung auf der Ebene der Budgetkontrolle:

1. Management by Exception der signifikanten Abweichungen zwischen den festgesetzten Budgets und den aus den Prognosen resultierenden Budgets.
2. Allgemeine Prognoseübersicht der gesamten Absatzzahlen.

Sowohl in technischer als auch operationeller Hinsicht kann man diese Prognose-Informationssystem als eines der fortgeschrittensten in Frankreich und vielleicht in Europa ansehen. Es muß hier betont werden, daß der augenscheinliche Erfolg dieser Anwendung sowohl in der Motivation als auch in der Kooperationsbereitschaft der mit diesem System betrauten Verantwortlichen begründet ist.

1.12.9 Anwendung Nr. 8

Die Direktion einer deutschen Bank entschied im Rahmen der Entwicklung eines *MIS* zur Typologieanalyse ihrer verschiedenen Kundenkonten die Installierung des Systems *Mavis*.
In einer ersten Phase wird für Anfang 1973 die prognostische Kontrolle der verschiedenen wichtigen Posten dieses Bankinstituts vorgesehen, die in die kurzfristige und mittelfristige Politik sowie in die Definition der jährlichen Zielsetzungen integriert werden soll. In einer zweiten Phase wird eine kurzfristige Analyse der regionalen Ergebnisse für die verschiedenen Kundenkonten vorgesehen.
Die Koordination zwischen den EDV-Verantwortlichen und den Benutzern dieses Systems wird von der Planungsabteilung dieses Bankinstituts übernommen. Um die bekannten Gefahren eines Desinteresses bei den Anwendern auszuschalten, soll ein ständiger Informationsaustausch zwischen den verschiedenen Unternehmensebenen stattfinden.
Für 1974 ist schließlich die Erweiterung und Anwendung dieses Analyseinstrumentariums als Signalisationssystem für eine Reihe makroökonomischer Indikatoren vorgesehen, die von dieser Bank sowohl für ihre mittel- und langfristigen Planungssysteme als auch für ihre Marketing-Politik eingesetzt werden.

1.12.10 Anwendung Nr. 9

Für 1973 hat die Direktion eines großen internationalen Unternehmens in der Feinmechanikbranche den Kauf des Systems *Mavis* für die integrierte Planung ihrer verschiedenen Produkte, die zur Zeit einige 10000 betragen, beschlossen.

Ausgehend von den Absatzzahlen und unter Berücksichtigung der Auftragslage werden Prognosen erstellt, die hauptsächlich für die integrierte Lagerhaltung als auch die Produktionsplanung dienen sollen. Parallel dazu erlaubt das MbE der signifikanten Absatztrendänderungen eine Auffindung der anormalen Fälle, die für die Marketing-Direktion bestimmt ist. Die Planung der Budgetkontrolle berücksichtigt diese analysierten Prognoseergebnise.
In einer ersten Phase ist dieses System in einer französischen Tochterfirma installiert worden. Eine Ausdehnung auf alle anderen internationalen Gesellschaften des Konzerns ist für 1974 vorgesehen im Rahmen eines einheitlichen Informationssystems.

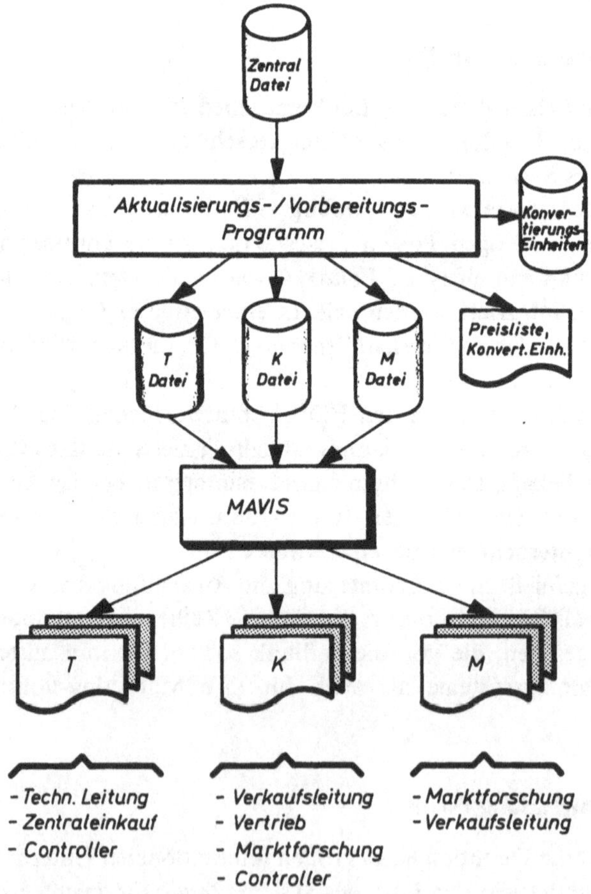

Abb. 1–98: Übersicht eines Absatz-Informationssystems

2. Methoden der langfristigen Prognose

Die langfristige industrielle Planung bildet einen fortlaufenden Prozeß von Entscheidungsmaßnahmen, der die Zukunft des Unternehmens entscheidend beeinflußt. Diese neue Form ökonomischer Führung muß als eine unausweichliche Konsequenz der permanenten Entwicklung und des Fortschritts der Technik sowie der Amortisation von Investitionen betrachtet werden, deren Bedeutung aufgrund ihrer Ausmaße und Kosten ständig zunimmt.

Planen ist nicht Vorhersehen. Planung muß immer die Gesamtheit notwendiger Operationen koordinieren, um ihr Ziel zu erreichen, und eine Strategie entwickeln, die nicht nur auf Vorhersagen, sondern auf Handeln beruht.

Wenn sich die strategische Planung nicht ausschließlich aus langfristigen Vorhersagen ergibt, dann ist sie zweifelsohne auch die Folge der Überlegungen des Top-Managements der Unternehmen, dessen Funktion es ist, eine Synthese der zukünftigen Zielsetzungen des Unternehmens und der verfügbaren Informationen über die zukünftige Situation des Marktes zu erstellen.

Dieser „kommende" Markt stellt nun den Gegenstand dar, den die langfristige Prognose untersucht.

Durch die kontinuierliche Verbesserung der wissenschaftlichen Vorhersagemethoden werden manchmal die Vorhersagefehler der Vergangenheit, die aus der Anwendung simplifizierter oder intuitiver Methoden resultierten, vergessen. Es ist notwendig, daß sich die Prognostik gegen diese auch heute noch verbreiteten verfälschenden Methoden auf einer ihr angemessenen wissenschaftlichen Basis behauptet; eine Forderung, die dazu beigetragen hat, daß in den letzten Jahren Methoden und Modelle mit befriedigenden prognostizierenden Eigenschaften erstellt wurden.

Gegenstand dieses Kapitels ist es, eine Synthese der diversen z. Z. angewandten Methoden zu geben. Dafür ist es erforderlich, vorher die Kriterien vorzustellen, die es gestatten, eine Auswahl der Methoden vorzunehmen, indem an die Natur der Märkte, den Prognose-Horizont und die Einführung explikativer Variablen angeknüpft wird.

2.1 Einleitung

Die Theorie der langfristigen unternehmerischen Planung kann nur als die natürliche Folge der langfristigen Prognosen betrachtet werden. Wenn auch die langfristige industrielle Strategie eine Vielfalt anderer Elemente berücksichtigt, so muß doch jede rationale zukünftige Planung auf guten langfristigen Prognosen basieren.
Die langfristige Planung ist eine Methode, die dazu beiträgt, heute durch eine Vorhersage der zukünftigen Entwicklung Entscheidungen zu treffen. Gleichzeitig stellt sie ein Mittel dar, zukünftige Entscheidungen vorzubereiten, damit diese schnell, wirtschaftlich und mit einer minimalen Beeinträchtigung des Unternehmens getroffen werden können.
Obwohl langfristige Prognosen von größter strategischer Wichtigkeit sind, kann die Erstellung guter Prognosen nur dann erfolgreich geleistet werden, wenn man die modernsten Methoden und Mittel der Ökonometrie und Informatik benutzt. Darüber hinaus ist es notwendig, den ökonomischen Sektor, in dem das Unternehmen tätig ist, zu analysieren, um unter Berücksichtigung der Strategie des Unternehmens seinen spezifischen Marktanteil zu prognostizieren.

Die Theorie der langfristigen Entwicklung des Unternehmens muß also die folgenden Phasen umfassen:

1. Analyse des sektoralen Wachstums oder des Branchenwachstums der Unternehmung und ihrer zukünftigen Entwicklungsmöglichkeiten;
2. Analyse der Handlungsalternativen des untersuchten Unternehmens unter Berücksichtigung der gesamten Konkurrenzsituation. Es handelt sich also darum, die verschiedenen wahrscheinlichen Strategien und deren zukünftige Konsequenzen zu simulieren.

Der letzte Punkt impliziert die folgenden wichtigen Anmerkungen:

a) Die wahrscheinliche zukünftige Entwicklung des Unternehmens hängt in hohem Maße von seiner eigenen Strategie, aber auch von der Strategie der Konkurrenz ab. Das bedeutet, daß die Zukunft des Unternehmens nur probabilistisch ermittelt werden kann. Das Ziel der langfristigen Prognose ist aber nicht eine deterministische Kenntnis der Zukunft, was zudem nicht möglich ist, sondern ihr Ziel ist es, die Unsicherheitsspanne zu verringern.
b) Die Entscheidungen des Unternehmens beeinflussen den gesamten Markt, insbesondere wenn diese Firma in ihrer Branche ein besonderes Gewicht

hat. Es ist unerläßlich, dieses Feedback bei der Analyse des in Punkt 1 erwähnten Bereichs zu berücksichtigen.

Diese zwei wichtigen Phasen der langfristigen Prognose verlangen die gleiche Vorgehensweise:

- Verarbeitung und Analyse einer Vielfalt von ökonomischen und industriellen Informationen;
- Untersuchung der funktionalen ökonomischen Beziehungen, die den Markt regieren;
- Integrierte Konzeption dieser Informationsverarbeitung und Analyse in einem allgemeinen Modell quantitativer Natur.

Wenn wir davon ausgehen, daß die moderne Strategie der Unternehmensplanung in immer stärkerem Maße sicherer und exakter Prognosen bedarf, dann wird deutlich, daß nur eine auf die Anwendung elektronischer Datenverarbeitungsanlagen und modernsten Prognosemethoden ausgerichtete Konzeption die oben genannten Forderungen befriedigen kann.
Ziel dieses Kapitels ist es, in einer ersten Phase die neuesten Prognosemethoden und-modelle zu analysieren und sich gleichzeitig kritisch mit möglichen Anwendungen auseinanderzusetzen. Die zweite Phase ist einer Reihe generalisierter Modelle gewidmet, die vom Autor entwickelt wurden und, wie ihr Name andeutet, Analyseeigenschaften allgemeiner Natur aufweisen. Die dritte Phase ist auf die Beschreibung eines integrierten Systems ausgerichtet, das sowohl als ein Analyseinstrumentarium des Managements als auch für die Planung der langfristigen Marktstrategien angewandt werden kann.

2.1.1 Die verschiedenen Wirtschaftsbereiche

Die Wahl eines langfristigen Prognosesystems hängt in erster Linie von der Natur des untersuchten ökonomischen Phänomens ab, da dieses zum Teil seine ihm eigenen Charakteristika und Interdependenzen mit anderen ökonomischen Phänomenen definiert.
Für unsere Betrachtungen werden wir drei große Kategorien ökonomischer Phänomene unterscheiden:

1. Die industriellen Märkte:
   - Markt eines charakteristischen Produktes (z. B. Bier)
   - Markt einer Kategorie von Produkten (z. B. Getränke)
   - Industriebranchen (z. B. Nahrungsmittelindustrie)

2. Die nationale Wirtschaft:
   - Industriesektoren
   - nationales Bruttosozialprodukt
   - Index der industriellen Produktion
   - Bevölkerungsprognose mit ihren Komponenten
   - Entwicklung des Sparens
   - Entwicklung des Konsums
   - Entwicklung der Investitionen
3. Die internationalen Märkte:
   - Warenaustausch von Land zu Land
   - Exporte in ein bestimmtes Land oder Exporte eines bestimmten Produkts
   - Importe eines bestimmten Landes oder eines bestimmten Produkts.

2.1.2 Betrachtung des Prognose-Horizonts

Langfristige Prognosen, so wie sie im allgemeinen im Rahmen der Planung angewandt werden, besitzen einen Vorhersagehorizont von 3–10 Jahren. Es ist jedoch offensichtlich, daß die Natur des Produkts und sein Prognosehorizont a priori von den Produktionszyklen und der Technologie des Produkts bestimmt werden und die spezifischen Merkmale eines bestimmten Marktes ausdrücken. Ebenfalls wird die Art der Anwendung von Prognosen den gewünschten Prognosehorizont beeinflussen.

Tabelle 2–1 gibt die relevanten Vorhersagespannen für die entsprechenden Bereiche an.

Bei ausschließlich allen angewandten Modellen mit einem Prognosehorizont von mehr als 10 Jahren ist es unerläßlich, eine Reihe von Phänomenen einzubeziehen, die den Strukturänderungen des Marktes und den Eigenschaften des Verbrauchs Rechnung tragen, ohne die große Anzahl der finanziellen und soziologischen Beschränkungen zu vernachlässigen, durch die jede explorative Prognose zu großen Fehlern führen könnte.

Die Notwendigkeit einer globalen Annäherung, die diese Faktoren berücksichtigt, wird um so größer, je jünger der untersuchte Markt ist, d.h. je stärker er technologischen Entwicklungen unterworfen ist.

Die langfristige Prognose kann in diesem Fall nicht als unabhängig von der eigenen Unternehmenspolitik oder von den von der Gesellschaft, der Regierung oder dem Unternehmen selbst fixierten Zielen betrachtet werden, d.h. es handelt sich hier um eine normative Annäherung an die Zukunft, die wir als technologische Vorausschau bezeichnen.

Tabelle 2–1: Maximale Vorhersagespanne für verschiedene Wirtschaftsbereiche

Prognosebereich	maximale Vorhersagespanne (Jahre)
Makroökonomie	
Beispiel: BSP	
Bevölkerung	
.	
.	
.	
nationale Strukturen	15–20
Branchen und Industriesektoren	
Beispiel: Chemie	
Stahl	10–15
.	
.	
.	
Energie	
Industrie- und Konsumgüter	
Beispiel:	
A langlebige Güter (PKW, LKW)	8–12
B mittlere Lebensdauer (Elektrowaren)	6–10
C kurzlebige Güter (Textilien, Kosmetika)	3–6
D sehr kurzlebige Güter (Modeartikel) (Bekleidung)	1–3

Es erscheint uns hier besonders notwendig, zu unterstreichen, daß die Erfolge der großen amerikanischen Konzerne (in stärkerem Maße als die der europäischen) durch die Schaffung neuer Märkte und die Einführung neuer Produkte, d. h. durch eine großzügige Innovationspolitik bedingt sind.

Bekanntlich stellt die Planung neuer Produkte aufgrund der Forschung und Entwicklung große finanzielle Belastungen dar. Ohne Zweifel stellen Forschung und Entwicklung einen wesentlichen Faktor für die Prosperität eines modernen Unternehmens dar, sie können aber keine Garantie für den Erfolg liefern. Die finanzielle Misere weltbekannter Unternehmen zeigt uns sehr deutlich die Folgen einer maßlosen bzw. unkontrollierten Forschung.

Daher muß jede technologische Vorausschau die folgenden wichtigen Faktoren gleichzeitig berücksichtigen:

- wahrscheinliche Marktentwicklung
- Kosten der Forschung und Entwicklung
- die wahrscheinliche und bedingt wahrscheinliche technologische Entwicklung
- Rentabilität der Forschung und Entwicklung
- finanzielle Beschränkungen
- Risikoanalyse.

Es muß jedoch darauf hingewiesen werden, daß die Anwendung technologischer Prognosesysteme selbst in den USA noch am Anfang steht. Wie *E. Jantsch*

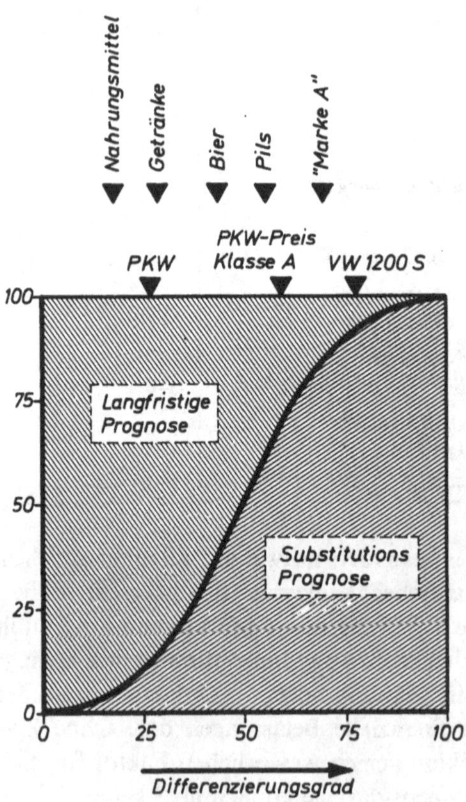

Abb. 2–1: Relative Bedeutung von langfristigen Prognosen in Abhängigkeit des Differenzierungsgrades des Marktes

[2.69] feststellt, werden „Systeme" selbst von den drei großen Technological-Forecasting-Instituten, dem Standford Research Institut, dem A. D. Little- und dem Batelle Memorial Institut erst seit 1967 angewendet.
Die heutige Tendenz ist trotzdem irreversibel. Die Anwendung von Prognosesystemen ist für die wichtigsten modernen Unternehmen eine Realität geworden. Aber alle Prognosesysteme, seien sie explorativer oder normativer Natur, wenden sich an eine Reihe von Basissysteme, deren Analyse wir in den folgenden Kapiteln durchführen werden.
Im folgenden werden wir langfristige Prognosemodelle für Märkte mit geringem Differenzierungsgrad behandeln, d.h. es handelt sich hier um eine globale Betrachtung der Marktentwicklung (wie z.B. im Fall des Getränke- oder PKW-Marktes).
Im Fall von Märkten mit einem höheren Differenzierungsgrad ist es jedoch notwendig, in stärkerem Maße mögliche Substitutionen zwischen den konkurrierenden Märkten bzw. Produkten zu berücksichtigen. Daraus folgt, daß alle relevanten Marketingaktivitäten sowohl im Hinblick auf den Markt (bzw. das Produkt) als auch im Hinblick auf das in Betracht kommende konkurrierende Produkt in das Prognosemodell einzubeziehen sind. Mit zunehmendem Differenzierungsgrad wird also das anzuwendende Prognosesystem in ein Marketing-Mix-Prognosesystem übergehen.
In 2.2.8 werden wir ein solches Marketingsystem in seinen wichtigen Eigenschaften darstellen.

2.1.3 Langfristige Prognose-Modelle

Kuznets und *Burns* haben als Erste versucht, bestimmte Wachstumstypen zu formalisieren und damit die Untersuchung von Wachstumsfunktionen bestimmter industrieller Bereiche oder Branchen eingeleitet. Außerdem wurde in den Untersuchungen von *Kuznets* zum erstenmal das Konzept der Sättigung eingeführt. Die Sättigung eines Marktes bzw. eine Verlangsamung seiner Zuwachsraten wird hier auf eine Anzahl sehr unterschiedlicher Faktoren zurückgeführt, z.B.

- auf eine Verlangsamung des technischen Fortschritts (wenn z.B. eine technisch perfektionierte Phase erreicht ist, die nur äußerst schwierig überschritten werden kann),
- auf die Tatsache, daß sich die verschiedenen ökonomischen Bereiche gegenseitig beeinflussen, was dazu führen kann, daß die technisch weniger fort-

geschrittenen Branchen die weitere Entwicklung der übrigen Branchen bremsen,

- auf die natürlichen Beschränkungen des Marktes, (aufgrund von spezifischen Konsumcharakteristika, die auf natürliche Weise die Expansion dieses Marktes beschränken).

Diese Überlegungen von *Kurznets* und *Burns* haben die Untersuchungen des industriellen Wachstums eingeleitet.
Die Prognose-Modelle können in zwei große Kategorien eingestuft werden, die von verschiedenen Grundhypothesen ausgehen.
Die erste Kategorie umfaßt die *endogenen Modelle*, bei der die Entwicklung des untersuchten Phänomens (Markt, Bestand eines Produkts etc.) ausschließlich dem Einfluß der Zeit unterworfen ist.
Die zweite Kategorie, die der *exogenen Modelle*, erlaubt, mehrere signifikante Faktoren der sozio-ökonomischen Umgebung miteinzubeziehen und besitzt aufgrund dieser Tatsache einen höheren Erklärungsgrad, wobei allerdings eine komplexere Formulierung als bei den endogenen Modellen in kauf genommen werden muß.

2.1.3.1 Die endogenen Prognose-Modelle

Es handelt sich hierbei um Modelle, die, wie bereits festgestellt, als einzige explikative Variable die Zeit aufweisen. Diese Modelle können ihrerseits in drei Kategorien eingeteilt werden:

a) die linearen Modelle,
die durch die folgende allgemeine Formulierung definiert sind:

$$Y_t = a_0 + a_1 \cdot t$$

wobei Y_t die untersuchte Variable ist,
a_0 und a_1 die zu bestimmenden Koeffizienten darstellen und
t, die Zeit, die einzige berücksichtigte *explikative* Variable bedeutet.

b) die pseudo-linearen Modelle,
die linearer Natur sind, wobei aber die Variable Zeit (t) einer Transformation unterworfen ist, wie z. B.:

$$Y_t = a_0 + a_1 \cdot t^a$$
$$Y_t = a_0 + a_1 \cdot ln\, t$$
$$Y_t = a_0 + a_1 \cdot e^t$$

c) die nicht-linearen Modelle:
Unter der Voraussetzung, daß als einzige explikative Variable die Zeit auftritt, lassen sich auch Modelle erstellen, wo die Entwicklung des Phänomens nichtlinearen Gesetzen folgt.

Da die untersuchten ökonomischen Phänomene im allgemeinen einen Wachstumsprozeß aufweisen, läßt sich hier eine semantische Analogie mit biologischen Phänomenen aufweisen. Besonders bei Phänomenen mit nicht konstanten Wachstumsraten kann man in Analogie zu anderen biologischen Phänomenen von sog. „Lebenszyklen der Produkte“ sprechen. Dieser Sachverhalt erklärt, warum ein großer Teil der in der Ökonomie verwandten nichtlinearen Gesetze von der Biologie oder Demographie herkommt.

Im Mittelpunkt unserer Untersuchungen werden besonders die folgenden Modelle stehen:

- die Exponentialfunktion
- die logistische Funktion
- Pyatt-Funktion
- von Bertalanffy-Funktion
- Weblus-Funktion
- v. Boguslawski-Funktion
- die loginverse Funktion
- die Gompertz-Funktion
- die Normalverteilungsfunktion
- die Lognormalverteilungsfunktion.

Den Schwerpunkt werden jedoch die von *Lewandowski* entwickelten generalisierten logistischen Funktionen 1. und 2. Ordnung bilden, die eine Synthese der o.g. Funktionsansätze darstellen und als Funktionsgeneratoren betrachtet werden können.

2.1.3.2 Die exogenen Prognose-Modelle

So wie die Entwicklung eines biologischen Phänomens aufgrund „natürlicher Beschränkungen“ (Nahrungsmöglichkeiten, Kampf der Arten usw.) nicht einfach und ausschließlich von dem Verlauf der Zeit abhängt, ist auch die Entwicklung eines ökonomischen Phänomens außer der Zeit noch von anderen explikativen Variablen abhängig, wie z.B. von der Bevölkerung, dem Lebensstandard, dem Produktionsindex usw.

Wie die endogenen Modelle lassen sich die exogenen Modelle in drei Hauptkategorien einteilen:

a) Die multiplen linearen Modelle, die durch die folgende lineare Gleichung gegeben sind:

$$Y_t = a_0 + a_1 \cdot X_{1t} + a_2 \cdot X_{2t} + a_3 \cdot X_{3t} + \cdots$$

wobei Y_t das zu prognostizierende Phänomen darstellt,
X_1, X_2, X_3 ... die Werte der explikativen Variablen in der Periode t sind (z. B. der Preisindex der Produkte, des Werbeaufwands usw.) und
a_0, a_1, a_2, ... die zu bestimmenden Koeffizienten darstellen.

b) Die pseudo-linearen Modelle:
Die Variablen dieser linearen Modelle wurden transformiert, wie das nachfolgende Beispiel zeigt:

$$Y_t = a_0 + a_1 \cdot Z_1 + a_2 \cdot Z_2 + \ldots$$
$$Z_{1_t} = ln\{X_{1_t} - X_{1_{t-1}}\}$$

(Hypothese der Preisentwicklung zwischen zwei aufeinanderfolgenden Perioden)
und

$$Z_{2_t} = \{X_{2_t} - X_{2_{t-1}}\}^{\alpha}$$

(Hypothese des Einflusses des Werbebudgets).

c) Die nicht-linearen Modelle:
Die nicht-linearen Modelle basieren auf spezifischen Wachstumshypothesen, insbesondere

- die Funktion von *Roos* und *Szelinski*
- die Funktion von *Klaassen* & *Koyck*
- die Funktion von *Siebke*
- die Funktion von *Bonus*
- der Ansatz von *Jungemann*
- der Ansatz von *Massy*.

Die Ansätze von *Siebke* und *Bonus* wurden hier zu den sogenannten generalisierten logistischen Funktionen 3. und 4. Ordnung erweitert.

d) Spezielle markttypologische Ansätze:
Die in c) genannten Modelle berücksichtigen nicht Eigenschaften der Markttypologie, wie z. B. Einkommensklassen, sozio-demographische Klassen etc. Für bestimmte Märkte ist es jedoch unerläßlich, strukturelle Ver-

Tabelle 2–2: Systematische Übersicht über die langfristigen Prognosemodelle

Endogene Systeme	Logistischer Ansatz	Generalisierte Funktion 1. Ordnung	Logistisch-symmetrisch Exponentiell *v. Bertalanffy* ....
		Generalisierte Funktion 2. Ordnung	*Gompertz* *Johnson* Exponentiell ....
		Sonstige Logistische Ansätze	*Pyatt* *Weblus* ....
	Spezialansätze	Loginvers Burns Normalverteilung Lognormal Gammafunktion *v. Boguslawski*	
Exogene Systeme	Logistischer Ansatz	Generalisierte Funktion 3. Ordnung	*Siebke* ....
		Generalisierte Funktion 4. Ordnung	*Bonus* ....
		Sonstige logistische Ansätze	*Roos* u. *Szelinski* *Klaassen* u. *Koyck* *Jungemann* *Massy* ....
	Spezielle Markttypologische Ansätze	Cramer Pseudo-Linear *Lewandowski*	

änderungen der Markttypologie für die Erstellung von langfristigen Prognosen mit einzubeziehen.

Im Rahmen der Behandlung langfristiger Prognosemodelle sollen zum Abschluß markttypologische Ansätze dargestellt werden.

Tabelle 2–2 gibt einen systematischen Überblick über die langfristigen Prognosemodelle und -ansätze.

2.1.3.3 Vorgehensweise zur Erstellung eines exogenen Prognose-Systems

In allen Fällen, wo ein langfristiges Prognose-System entwickelt werden soll, sind die folgenden Schritte erforderlich:

1. Auffindung der explikativen Variablen, die den größten Einfluß auf das Verhalten des untersuchten Phänomens ausüben (z. B. den Markt).
2. Analyse und Formulierung der Interdependenzen zwischen den explikativen Variablen und der Entwicklung des untersuchten Phänomens.
3. Plausibilitätskontrolle der erhaltenen Resultate, z. B. durch die Erstellung von Analogien hinsichtlich der Entwicklung des Phänomens in anderen Ländern.
4. Berücksichtigung der Unternehmensstrategie in der langfristigen Prognose.
5. Erstellung integrierter Systeme, die eine kontinuierliche Anwendung erlauben, um die Wirkungen der verschiedenen Unternehmensstrategien zu testen.

Im folgenden sollen diese Schritte zur Erstellung eines exogenen Prognosesystems erläutert werden.

1. *Untersuchung der explikativen Variablen*

Die wichtigsten explikativen Variablen eines ökonomischen Prozesses sind im allgemeinen am Anfang der Formulierung eines Prognosesystems bekannt. Da es sich oft um eine Vielzahl von Variablen handelt, stellt sich das Problem: sowohl

1. solche Indikatoren auszuwählen, die die Charakteristika des Prozesses am besten beschreiben

als auch

2. das geeignete statistische Material zu bestimmen (z. B. kann sich die Definition des Einkommens der Haushalte bei verschiedenen Prognose-Systemen ändern).

Im Fall einer Marktprognose wird man z. B. die folgenden Indikatoren berücksichtigen:

- Preisveränderungen des Produkts
- Veränderung des Lebensstandards oder der Kaufkraft
- Variation der Bevölkerungsstruktur
- Variation des Produkt-Bestandes, falls es sich um ein langlebiges Konsumgut handelt
- Struktur des Distributionssystems.

2. *Untersuchung der Interdependenzen*

Sind die wichtigsten explikativen Variablen bestimmt, dann ist es unerläßlich, Hypothesen über die Interdependenzen zwischen diesen Variablen und dem untersuchten Phänomen zu formulieren, was allerdings durch die notwendigen schrittweisen Annäherungen erheblich erschwert wird. Außerdem spielt hierbei die Intuition des Wissenschaftlers, verbunden mit einer guten empirischen Kenntnis des Phänomens, eine große Rolle.

Diese Interdependenzen können folgender Natur sein:

a) Es besteht eine lineare Abhängigkeit zwischen den verschiedenen explikativen Variablen (X_i) und dem untersuchten Phänomen, wie z.B.

$$Y = a_0 + a_1 \cdot X_1 \cdot X_2 + a_2 \cdot X_2$$

b) Diese Interdependenzen sind nicht-linearer Natur, wie z.B.:

$$Y = a_0 + ln\{X_1 - a_2 \cdot \sin(\varphi_0 + X_2)\} + \ldots$$

In dem Fall, wo der untersuchte Markt relativ jung ist, sind diese Interdependenzen wenig oder gar nicht bekannt. Die einzige Lösung liegt dann in der Erstellung verschiedener Interdependenz-Hypothesen und in der Bestimmung derjenigen, die am besten den Ist-Werten der Vergangenheit entsprechen und gleichzeitig eine wahrscheinliche und realistische zukünftige Entwicklung darstellen.

3. *Plausibilitätskontrolle der erhaltenen Resultate*

Die langfristige Prognose, selbst mit Hilfe komplizierter Prognose-Techniken, stellt in der Praxis ein großes Problem dar, das noch erschwert wird, wenn das Vergangenheitsmaterial beschränkt ist.
Insbesondere für die Märkte, die gegen ein Sättigungsniveau streben, ist die numerische Bestimmung dieses Niveaus im allgemeinen schwierig oder sogar unmöglich.
Für eine plausible Bestimmung des Sättigungsniveaus müssen deshalb inter-

nationale Vergleiche angestellt werden, sei es, um direkt von dem erreichten Marktniveau eines ökonomisch weit entwickelten Landes auszugehen, sei es, um die Tendenz der wichtigsten Industrieländer, ausgehend von verschiedenen nationalen Marktniveaus, zu extrapolieren (evtl. indem man gewisse intuitive Prognose-Methoden anwendet, wie z. B. die Delphi-Methode).

4. *Normative Näherung*

In vielen Fällen sind realistische Hypothesen über die zukünftige Entwicklung des Marktes direkt von der Unternehmensstrategie abhängig. Es ist deshalb angebracht, gleichzeitig die Markttendenzen und den Einfluß individueller Unternehmensstrategien mit Hilfe normativer Techniken zu untersuchen. Da die Bestimmung der Unternehmensziele und der sie unterstützenden Strategien letztlich verantwortlich sind für das erreichte Marktniveau, sind diese normativen Techniken in stärkerem Maße von der Planung als von Prognosen abhängig. Da sie jedoch einen wichtigen Einfluß auf die Entwicklung des ökononischen Prozesses ausüben, stellen sie einen bedeutenden Faktor der industriellen Strategie dar, der bei der Erstellung von Prognosen unbedingt berücksichtigt werden muß.

5. *Erstellung integrierter Systeme*

Nach der Realisation der vier vorhergehenden Phasen ist es möglich, integrierte Systeme zu erstellen, die eine kontinuierliche und homogene Behandlung aller langfristigen Prognoseprobleme einer bestimmten Sparte erlauben. Diese integrierten Systeme lassen sich nun auch mit anderen Systemen verbinden. So kann man z. B. den „Output" langfristiger Prognosesysteme für ein mittelfristiges System verwenden. Die somit erhaltenen Resultate können ihrerseits als Input-Informationen für andere Systeme gelten, wie z. B. Systeme für die Optimierung von Investitionen (siehe Abb. 2–2).

Die Vorteile einer solchen integrierten Konzeption sind folgende:

1. Kontinuität in der Entwicklung spezifischer Prognosesysteme des Unternehmens,
2. Homogenität aller langfristigen Prognosen des Unternehmens und deren logische Verknüpfungen,
3. Basis für andere Vorhersagesysteme (insbesondere für mittelfristige Prognosesysteme),

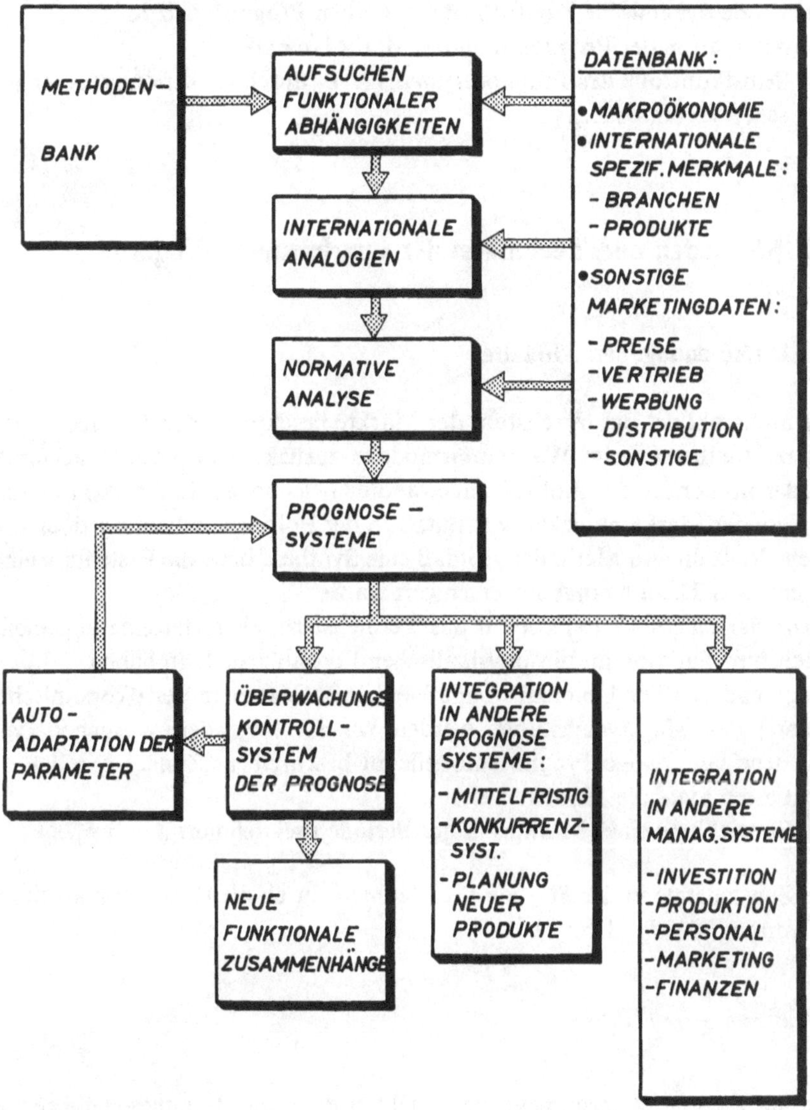

Abb. 2–2: Vorgehensweise zur Erstellung eines exogenen langfristigen Prognosesystems

4. rasche Erstellung neuer Prognosen bei Auftreten wichtiger und unvorhergesehener Veränderungen der die ökonomische Aktivität bestimmenden Faktoren,

5. laufende dynamische Kontrolle der erstellten Prognosen, d.h.
   - Adaptation der Prognosen an die Marktdynamik
   - Selbstkontrolle des Prognosesystems (z.B. durch Anwendung kybernetischer Verfahren...).

2.2 Methoden und Techniken der langfristigen Prognose

2.2.1 Die endogenen Modelle

Die Mehrzahl der das Wachstum der Märkte beschreibenden Methoden geht auf bio-mathematische Wachstumsmodelle zurück. Von vielen Ökonomen wurden im Bereich der Biologie angewandte Gleichungen für die ökonomische Analyse der Marktentwicklung benutzt. In der Folgezeit entstand jedoch eine solche Vielzahl von Methoden, so daß eine Synthese bzw. die Erstellung einer allgemeinen Theorie erheblich erschwert wurde.
L. von Bertalanffy [2.19] kommt das Verdienst zu, als erster eine allgemeine Wachstumsfunktion im bio-physikalischen Bereich erstellt zu haben.
Ausgehend von der Untersuchung allgemeiner Gesetze in der ökonomischen Theorie des Marktwachstums, werden wir im folgenden versuchen, verschiedene langfristige Prognosemodelle zu beschreiben. Zunächst sollen die wichtigsten Symbole definiert werden.
Die Entwicklung eines Marktes in der Periode t sei definiert durch P_t.

Die Zuwachsrate in der Periode t sei definiert durch die Differentialableitung 1. Ordnung von P_t, d.h.:

$$P_t' = \frac{dP_t}{dt} = f(P_t)$$

Die auf diesem Wachstumsgesetz erstellten diversen Hypothesen führen zu einer Reihe von Modellen, die wir im Anschluß analysieren werden. Die Mehrzahl dieser Hypothesen geht von der Reihenentwicklung der Funktion $f(P_t)$ aus:

$$\frac{dP_t}{dt} = a_0 + a_1 \cdot P_t + a_2 \cdot P_t^2 + a_3 \cdot P_t^3 + \dots$$

Setzt man z. B.:

$$\frac{dP_t}{dt} = a_0$$

erhält man den linearen Wachstumsprozeß.
Setzt man:

$$\frac{dP_t}{dt} = a_0 + a_1 \cdot P_t$$

erhält man den exponentiellen Wachstumsprozeß, der für $a_1 > 0$ wachsender Natur und für $a_1 < 0$ abnehmender Natur ist. Dieser Wachstumstyp ist auch als das „Gesetz von *Maltus*" bekannt, das für einen Bevölkerungszuwachs exponentieller Natur angewandt wurde.
Setzt man:

$$\frac{dP_t}{dt} = a_1 \cdot P_t + a_2 \cdot P_t^2$$

erhält man einen logistischen Wachstumstyp, der gegen einen Grenzwert P^* strebt, was als Sättigungsniveau bezeichnet wird. In der Soziologie wurde diese Funktion zum ersten Mal von *Verhulst* 1838 für die Entwicklung des Bevölkerungswachstums angewandt, was zu der Erstellung einer Reihe von ökonomisch äußerst interessanten Varianten geführt hat.
Eine interessante Wachstumshypothese stellt der folgende Fall dar:

$$\frac{dP_t}{dt} = a_0 + a_1 P_t + a_2 P_t^2$$

Diese Gleichung definiert den sog. Wachstumsprozeß nach Pyatt.

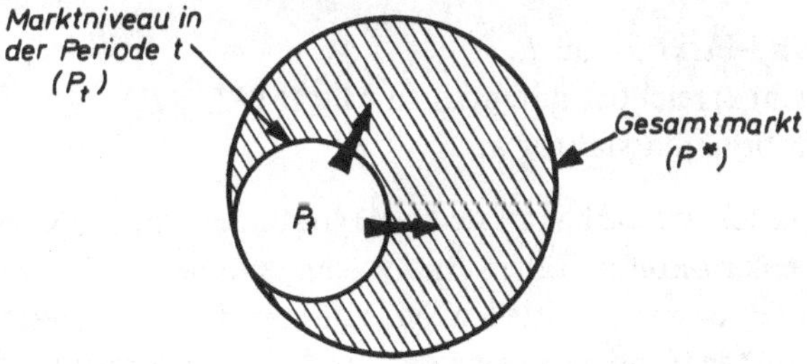

Abb. 2–3: Graphische Darstellung der Marktexpansion

Diese Hypothesen über den Marktzuwachs können grafisch dargestellt und interpretiert werden (vgl. Abb. 2–3). In Abb. 2–3 bedeutet:

P^* das gesamte maximale Marktniveau, was als Sättigungsniveau bezeichnet wird,
$P^* - P_t$ der noch nicht erreichte potentielle Markt in jeder Periode,
P_t das Marktniveau in jeder Periode.

Die Zuwachsrate des Marktes (P_t') kann in einem endogenen Ansatz mit Hilfe bestimmter Hypothesen über die funktionalen Beziehungen zwischen den obigen drei Faktoren definiert werden. Im Fall des logistischen Wachstumsprozesses gilt die folgende Beziehung:

$$P_t' = \frac{dP}{dt} = a_1 P_t + a_2 P_t^2$$

die in anderer Schreibweise lautet:

$$P_t' = a \cdot P_t(b - P_t)$$

mit:

$$a_1 = a \cdot b$$
$$a_2 = -a$$

Definiert man die Konstante b als Sättigungsniveau P^*, so erhalten wir für den logistischen Wachstumsprozeß die folgende Gleichung:

$$P_t' = a \cdot P_t(P^* - P_t)$$

Diese Gleichung des logistischen Wachstumsprozesses entspricht der folgenden Hypothese:

Die Zuwachsrate des Marktes (P_t') ist in jeder Periode proportional:

1. dem erreichen Marktniveau P_t
2. dem noch nicht erreichten potentiellen Markt ($P^* - P_t$)
3. einem Proportionalitätsfaktor a.

Im folgenden werden wir die bekanntesten Hypothesen über langfristige Marktentwicklungen einer ökonomischen Analyse unterziehen.
Die Hypothese einer exponentiellen Marktentwicklung basiert auf der bis ca. 1950 festgestellten Tendenz einer konstanten Wachstumsrate für die Mehrzahl der Märkte.

Die Gleichung der Zuwachsrate lautet:

$$P'_t = \beta \cdot P_t$$

d.h. die Zuwachsrate des Marktes ist proportional dem erreichten Marktniveau.
Durch Integration dieser Gleichung erhält man:

$$P_t = e^{a+b \cdot t}$$

was eine Exponentialfunktion darstellt.
Diese Funktion wurde zum 1. Mal von dem Ökonom *Maltus* für das Bevölkerungswachstum angewandt.
Das exponentielle Modell wurde vor allem für die Analyse und Extrapolation bestimmter Märkte, hauptsächlich der Rohstoffmärkte, angewandt. Es soll hier insbesondere auf die Arbeiten von *B. Gold* [2.57] hingewiesen werden.
Gold hat ca. 25 Jahre nach der Veröffentlichung der Untersuchungen von *Burns* und *Kuznets* versucht, deren Theorien durch die Anwendung exponentieller Wachstumshypothesen zu verifizieren. Er stellte fest, daß die Marktentwicklung bestimmter Rohstoffe, wie Aluminium, Petroleum, Erdgas, zwischen 1885 und 1955 exponentielle Gesetzmäßigkeiten aufweist. In diesem Zusammenhang ist es interessant, darauf hinzuweisen, daß die von *Gold* untersuchten verschiedenen Anwendungen dieser exponentiellen Wachstumsfunktion auf einen konstanten Wachstumskoeffizienten hinweisen, der durch ein exponentielles Modell beschrieben werden kann. Im Gegensatz dazu entwickelt sich eine Anzahl von Produkten, vor allem die der Stahl- und Kohleindustrie, zwar auch exponentiell, weist jedoch offensichtlich ab einem bestimmten Niveau an eine Verlangsamung ihrer Entwicklung auf. Ferner ist festzustellen, daß bei bestimmten landwirtschaftlichen Gütern in der ersten Phase eine Zuwachsrate zu verzeichnen ist, die dem exponentiellen Modell entspricht, dann aber eine Verlangsamung der Entwicklung beobachtet werden kann, was die Existenz eines Sättigungsniveaus anzeigt. Wie der *Meadows* Bericht des *MIT*, der in Zusammenarbeit mit international bekannten Wissenschaftlern erstellt wurde [2.94a], deutlich zeigt, ist ein ökonomisches industrielles Wachstum exponentieller Natur für die Zukunft aufgrund der natürlichen Sättigungsgrenzen nicht möglich.
Im folgenden werden wir Prognosesysteme behandeln, die von der Existenz von Sättigungsgrenzen ausgehen.

2.2.1.1 Das exponentielle Modell mit Sättigungsniveau

Dieses exponentielle Modell geht von der Existenz eines Sättigungsniveaus aus und entspricht der Hypothese, daß die Wachstumsrate des Prozesses proportional ist dem potentiellen Markt $(P^* - P_t)$.

Der Zuwachsrate P_t' des Marktes in der Periode t kann in diesem Fall definiert werden durch:

$$P_t' = \beta \cdot (P^* - P_t); \qquad \beta > 0 \tag{2.1}$$

wobei β ein für den Markt charakteristischer Wachstumskoeffizient ist.
Diese Definition des Marktzuwachses kann folgendermaßen interpretiert werden:
Der Konsumanstieg von zwei aufeinanderfolgenden Perioden ist direkt proportional der Anzahl der potentiellen Käufer $(P^* - P_t)$. Wenn z.B. in der Periode t ein potentieller Markt von

$$P^* - P_t = 800$$

vorliegt, und wenn wir annehmen, daß sich in dieser Periode 10% der potentiellen Käufer zum Kauf entscheiden werden, so erhalten wir eine absolute Steigerung des Konsums von:

$$P_t' = 0{,}10 \cdot 800 = 80.$$

Aus der vorhergehenden Formel (2.1) ergibt sich die *Wachstumsfunktion* des realen Marktes, und es gilt für den Markt oder Bestand des betrachteten Produkts in jeder Periode:

$$P_t = P^* \cdot (1 - e^{-a \cdot t}) \tag{2.2}$$

Das Wachstum des Bestandes ist demnach *exponentieller* Natur. Ist der Gesamtmarkt P^* bekannt, dann ist die Wachstumsfunktion durch die Bestimmung des Parameters a vollständig definiert.
Abb. 2–4 zeigt das Verhalten der exponentiellen Wachstumsfunktion bei verschiedenen Werten des Parameters a.
Das exponentielle Wachstumsmodell liefert eine gute Beschreibung für diejenigen Produkte oder Märkte, die in der Einführungsphase auf keinen Widerstand der Käufer, z.B. aufgrund psychologischer Momente, stoßen.
Das trifft beispielsweise für die Modeartikel zu, deren Markt nicht für jede Saison neu geschaffen werden muß, da jede Modesaison die folgende Saison vorbereitet. Diese Märkte, die von bestimmten Fachzeitschriften vorbereitet werden, lassen einen Vergleich mit wirklich neuen Produkten nicht zu, selbst

wenn es sich vom Standpunkt des Modeschöpfers um die Kreation eines neuen Produktes handelt.
Auch der globale potentielle Markt von Modeartikeln ist im allgemeinen bekannt. Aufgrund bestimmter Produkteigenschaften spricht dieser Markt z. B. als Zielgruppe eine bestimmte Schicht von 20–30jährigen Frauen mit einem bestimmten Einkommen an und dehnt sich nur aufgrund des demographischen Zuwachses und der wachsenden Bedeutung des Phänomens „Mode" aus.
Das exponentielle Modell kann aufgrund seiner starren Definition keine allgemeine Anwendung für sich beanspruchen. Sein Mangel an Flexibilität verweist es auf solche Märkte, wie sie oben beschrieben wurden.

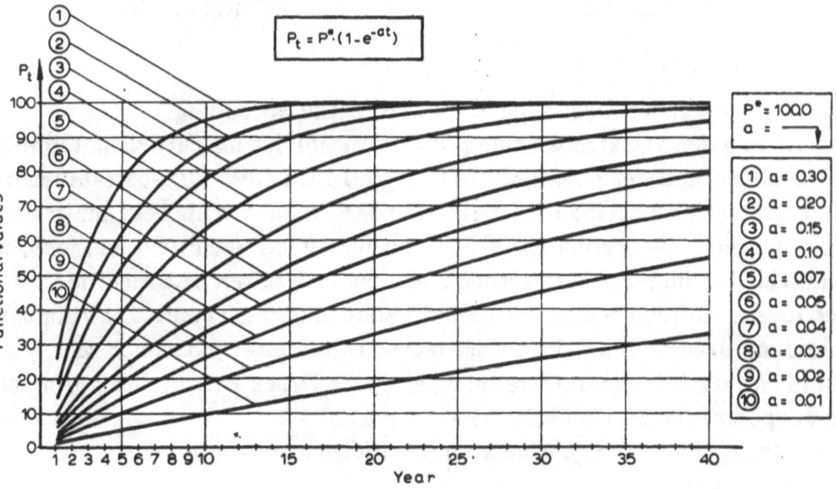

Abb. 2–4: Das Exponential-Modell

2.2.1.2 Das logistische Modell

2.2.1.2.1 Definition des Modells

Das exponentielle Modell kann aufgrund seines starren Wachstumskoeffizienten nicht ein heute als klassisch betrachtetes Phänomen, nämlich die Variabilität des Wachstumskoeffizienten, berücksichtigen.
Formel (2.1) definiert die Hypothese der Zuwachsrate des Marktes für den Fall des exponentiellen Modells. Diese Zuwachsrate berücksichtigt in jeder

Periode den Einfluß des potentiellen Marktes. Bekanntlich ist die Entwicklung einer Anzahl von Märkten nicht nur wie im exponentiellen Modell von dem potentiellen Markt abhängig, sondern darüber hinaus von dem Einfluß, den die Käufer auf den potentiellen Markt ausüben, d.h. wenn die Zahl der Besitzer eines bestimmten Guts wächst, entsteht ein psychologischer Druck, der die Kauflust der Nichtbesitzer steigert.
Um diesem Phänomen gerecht zu werden, genügt es, den Wachstumskoeffizienten β des exponentiellen Modells als eine Funktion des bestehenden Marktes zu definieren.
Es sei:

$$\beta_t = \alpha \cdot P_t \tag{2.3}$$

Das Wachstum des Phänomens ist in diesem Fall definiert durch:

$$P'_t = \alpha \cdot P_t \cdot (P^* - P_t) \tag{2.4}$$

Diese Definition der Zuwachsrate P'_t hat folgende Bedeutung:
Am Anfang der Marktentwicklung ist P_t (Anzahl der Käufer) klein. Obwohl dementsprechend der potentielle Markt groß ist, ist die Zuwachsrate relativ klein. Das widerspiegelt die Tatsache, daß das Produkt wenig bekannt ist oder ein psychologisch begründbares Mißtrauen besteht. Wenn der tatsächliche Markt ein bestimmtes Niveau erreicht hat, findet der oben beschriebene Druck der Käufer auf den potentiellen Markt statt und beschleunigt die Kaufentscheidung neuer Käufer. Wenn der tatsächliche Markt schließlich sehr groß ist, nimmt die Zuwachsrate ab, obwohl dieser Druck entsprechend groß ist, da der potentielle Markt kleiner geworden ist.
Die Lösung der vorhergehenden Differentialgleichung gibt die Entwicklung des Marktes an:

$$P_t = \frac{P^*}{1 + e^{a - b \cdot t}} \tag{2.5}$$

wobei[1] gilt:

$$a = ln\left(\frac{P^* - P_0}{P_0}\right)$$

und

$$b = \alpha \cdot P^*$$

[1] P_0 ist definiert als der Zustand des Marktes in der Periode o, die den Ausgangspunkt der Untersuchung bildet.

Diese Funktion, die sog. *logistische Funktion*, wurde zum erstenmal von *Verhulst* für die Analyse des Bevölkerungswachstums 1838 formuliert und 1845 von der „Academie Royale des Sciences et des Lettres de Bruxelles" veröffentlicht. Die logistische Funktion wurde 1920 von *R. Pearl* und *L. Reed* für die demographische Entwicklung der USA angewandt [2.102].
Nur zögernd wurde diese Funktion in die ökonomische Analyse eingeführt und für die Untersuchung industrieller Märkte (wie z. B. Autos, Radios, Fernsehgeräte) benutzt.
Diese ökonomischen Analysen basieren hauptsächlich auf den Arbeiten von *K. E. Boulding*, *Edwards* und *Townsend*.
Um 1925 wurde analog zu den biologischen Analysen die Anwendung der logistischen Funktion durch *Read*, *Lowell* und *Pearl* auf die Ökonometrie übertragen, wie dies *Marshall* vorgeschlagen hatte. Außerdem wurde die logistische Funktion 1947 durch *Dewey*, *Edward* und *Dakin* und schließlich auch 1952 von *E. Penrose* angewandt.
Die Studien von *Edwin Mansfield* haben gezeigt, daß die logistische Funktion in der Lage ist, die Einführungsphase neuer industrieller Produkte zu beschreiben, da die anfänglich äußerst geringe Marktexpansion als ausschließlich endogen betrachtet werden kann. Hier muß jedoch darauf hingewiesen werden, daß die Anwendbarkeit dieser Funktion bei neuen Produkten auf die erste Phase der Einführung beschränkt ist.
A. D. Bain [2.10] versuchte, die logistische Kurve für die Analyse des Fernsehgerätemarktes anzuwenden, aber es scheint, wie noch gezeigt werden wird, daß diese Methode für diesen Markttyp nicht geeignet ist.
Penrose hat vor allem darauf hingewiesen, daß jede Extrapolation des Wachstums einer Unternehmung nur dann erstellt werden kann, wenn die Dynamik des Managements berücksichtigt wird. Diese Schlußfolgerung ist zweifelsohne richtig, aber sie läßt eine ganze Reihe von Fragen offen, die die Quantifizierung dieses „guten Managements", des „Schlüssels zum Erfolg", betreffen.
Diese fast triviale Wahrheit führt den Autor zu einer weitgehenden Kritik hinsichtlich der Anwendung simplifizierter Systeme, die nur einen Teil des analysierten Phänomens behandeln und folglich falsche Schlußfolgerungen für die Zukunft ziehen. Die Berücksichtigung jeglicher Managementfunktion kann jedoch nur in einer globalen Integrationsphase stattfinden, wenn die Strategien des von langwierigen Kalkülaufgaben befreiten Managements in der Lage sind, Kreativität und Dynamik zu stimulieren. Voraussetzung ist aber, daß das Management in der Lage ist, ein solches analytisches Instrumentarium anzuwenden.

2.2.1.2.2 Analyse der logistischen Funktion

Die logistische Funktion entspricht der Lösung der Differentialgleichung:

$$P_t' = b \cdot P_t + c \cdot P_t^2 + d \cdot P_t^3 + \cdots + z \cdot P_t^n \tag{2.6}$$

was im einfachen Fall 2. Ordnung ergibt:

$$P_t' = b \cdot P_t + c \cdot P_t^2 \tag{2.7}$$

Ersetzt man P_t durch P^* für $t \to \infty$, so erhält man:

$$P^* = -\frac{b}{c} \tag{2.8}$$

und durch Einsetzen dieses Wertes in (2.7) ergibt sich:

$$P_t' = b \cdot P_t \left(1 - \frac{P_t}{P^*}\right) \tag{2.9}$$

oder in anderer Formulierung:

$$P_t' = \beta \cdot P_t (P^* - P_t); \qquad \beta = \frac{b}{P^*} \tag{2.10}$$

Dieser Wachstumstyp definiert das logistische Modell. Die Lösung dieser Differentialgleichung erhält man durch die Anwendung der *Bernouilli*-Transformation:

$$P_t \doteq Z_t^{-1}$$
$$P_t' = -Z_t^{-2} \cdot Z_t'$$

Ersetzt man P durch Z in der Gleichung (2.10), erhält man:

$$Z' + b \cdot Z - b \cdot P^{*-1} = 0$$

was eine Differentialgleichung 1. Ordnung darstellt, deren Lösung gegeben ist durch:

$$Z = e^{-bt} \cdot (\textstyle\int b \cdot P^{*-1} \cdot e^{bt} + C) = P^{*-1} + C \cdot e^{-bt}$$

Durch Rücktransformation von Z ergibt sich schließlich:

$$P_t = P^* (1 + P^* \cdot c \cdot e^{-bt})^{-1} \tag{2.11}$$

was die Gleichung des logistischen Modells darstellt.

In anderer Schreibweise lautet diese Gleichung:

$$P_t = \frac{P^*}{1 + e^{a-bt}}$$

Abb. 2–5 gibt für verschiedene Werte der Parameter *a* und *b* die Reaktion der logistischen Funktion an.

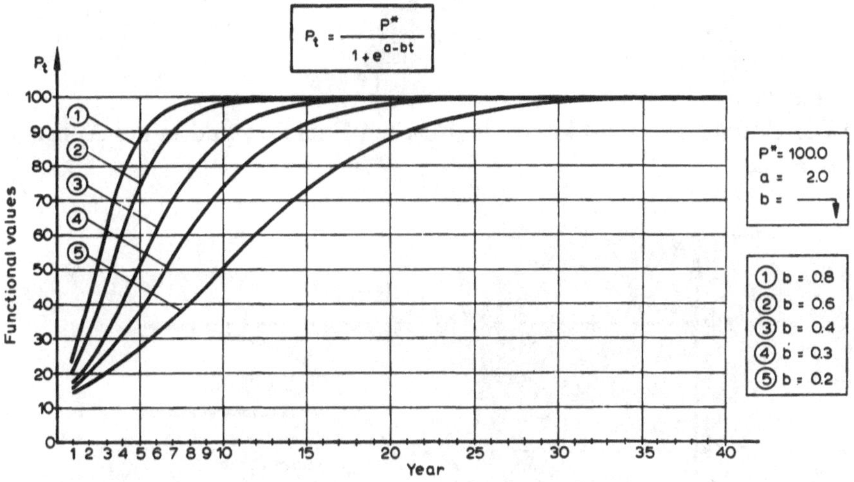

Abb. 2–5: Das logistische Modell

2.2.1.2.3 Die Hauptcharakteristika der logistischen Funktion

a) Wendepunkt

Die logistische Funktion besitzt ihren Wendepunkt (*W*) an der Stelle, an der ihre 2. Ableitung Null ergibt. Für diese Stelle gilt:

$$P_t = \frac{P^*}{2} \tag{2.12}$$

Das Wachstum des Phänomens weist bis zu dieser Stelle eine kontinuierliche Beschleunigung auf. Von dem Wendepunkt ab ist eine Wachstumsverlangsamung zu verzeichnen, die zu einer asymptotischen Annäherung des Marktes an ein Sättigungsniveau P^* führt.

b) Die Zuwachsrate

Die Zuwachsrate des Prozesses ist um den Wendepunkt symmetrisch. Die maximale Zuwachsrate des Prozesses ist also in der Hälfte des Bestandes erreicht. Es läßt sich leicht nachweisen, daß das Maximum dieser Rate gegeben ist durch:

$$P'_{max} = \frac{b}{4} \cdot P^*$$

was der Periode:

$$t = \frac{a}{b}$$

entspricht.

Die Hauptcharakteristika der logistischen Funktion sind in der Abb. 2–6 dargestellt.

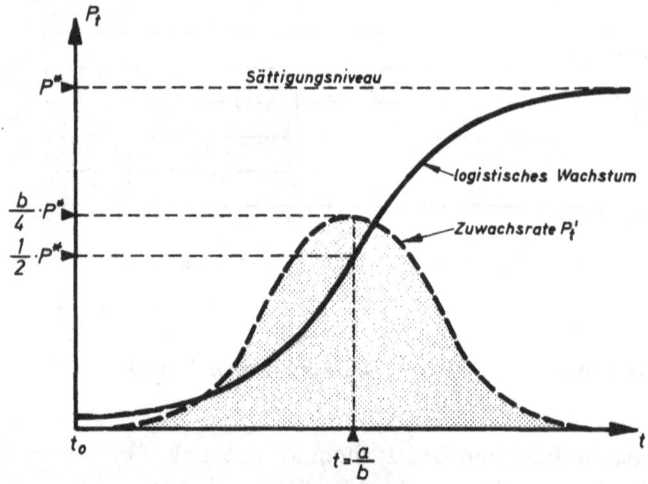

Abb. 2–6: Hauptcharakteristika der logistischen Funktion

c) Logits und graphische Methoden zur Bestimmung der Parameter

Eine interessante Eigenschaft der logistischen Funktion ist durch ihren Logarithmus gegeben:

$$ln\left\{\frac{P^*}{P_t} - 1\right\} = a - bt \tag{2.13}$$

Dieser Logarithmus wurde von Berkson [2.16, S. 358] „Logits" genannt und ist eine lineare Funktion der Zeit.
Diese Eigenschaft der logistischen Funktion gestattet die Anwendung einer graphischen Methode zur Bestimmung der Parameter a, b und P^*.

d) Die relative Wachstumsrate

Die relative Wachstumsrate, definiert durch $\frac{P'_t}{P_t}$ in jeder Periode, ist eine lineare Funktion des Bestandes in dieser Periode.

$$\frac{P'_t}{P_t} = b - \frac{b}{P^*} \cdot P_t \tag{2.14}$$

Mit Hilfe der Gleichung (2.14) ist es möglich, die Parameter a und b nach der Methode der kleinsten Quadrate zu schätzen [2.129].

2.2.1.2.4 *Graphische Methode zur Bestimmung der Parameter*

Wie aus Formel (2.13) zu ersehen ist, stellt der „Logits" eine lineare Funktion der Zeit dar, wodurch eine graphische Methode zur Bestimmung der Parameter a, b und P^* möglich ist. Folgende Schritte können bei dieser Methode unterschieden werden:

1. Man trägt die Koordinaten

$$t \quad \text{und} \quad \left\{\frac{P^*}{P_t} - 1\right\}$$

entsprechend auf Abzisse und Ordinate in ein semilogarithmisches Papier ein und wählt für P^* einen Wert, der am wahrscheinlichsten erscheint.

2. Richtet sich die Punktreihe auf eine Gerade aus, so kann man daraus schließen, daß der angenommene Wert für das Sättigungsniveau P^* richtig ist, aber nur unter der Hypothese eines logistischen Wachstums des Phänomens:

- ist im Gegensatz dazu die Punktreihe nach unten gebogen, d.h. konvex, dann wurde P^* (hypothetisches Sättigungsniveau) zu klein gewählt;
- ist die Punktreihe nach oben gebogen, d.h. konkav, so ging man von einem zu großen Sättigungsniveau P^* aus.

In diesen beiden letzten Fällen muß der Wert von P^* entsprechend korrigiert werden, damit sich die neue Punktreihe auf einer Geraden ausrichtet.

$$\ln\left\{\frac{P^*}{P_t}-1\right\}=a-b\cdot t$$

Parameter: P 1000 a 4.55 b 0.29

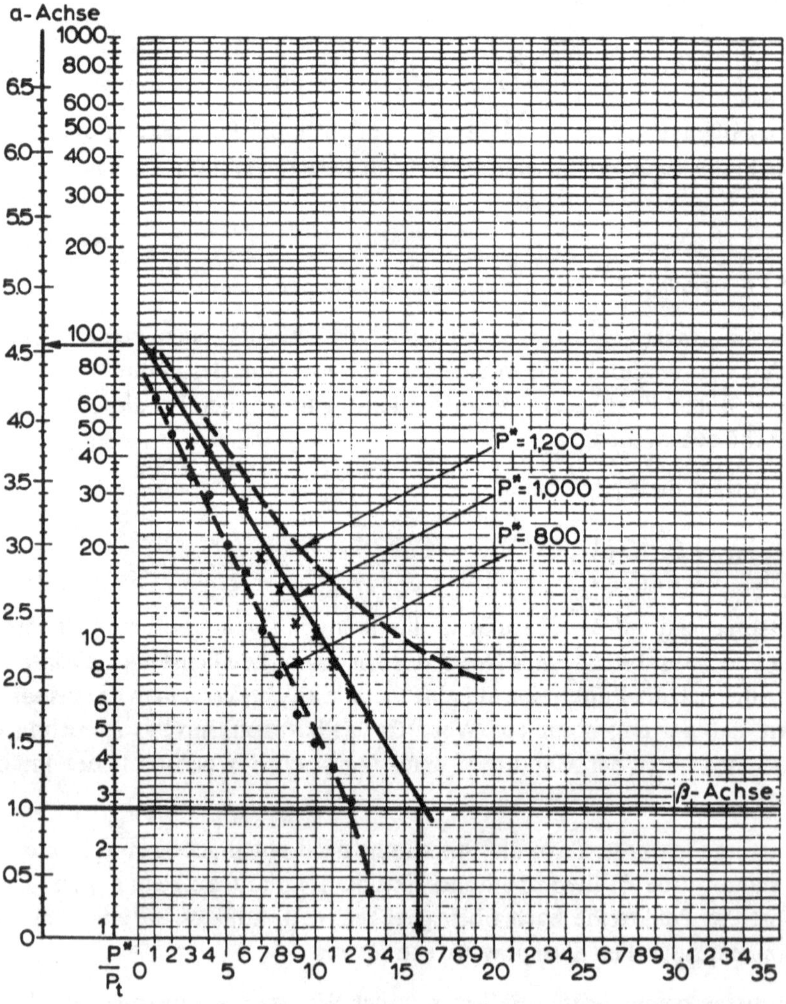

Abb. 2–7: Graphische Bestimmung der Parameter einer einfachen logistischen Funktion

Mit Hilfe dieses graphischen Verfahrens kann das Sättigungsniveau P^* also geschätzt werden.

3. Richtet sich die Punktreihe auf einer Geraden aus, dann ist man von einem plausiblen Sättigungsniveau ausgegangen. Der Wert von a läßt sich auf der a-Achse, wie aus Abb. 2–7 zu ersehen ist, an der Stelle $t = 0$ ablesen. Im Beispiel der Abb. 2–7 erhält man:

$a = 4{,}55$

4. Der Schnittpunkt der angepaßten Geraden mit der β-Achse erlaubt die sofortige Bestimmung von b. Der Wert von b an der Stelle des Wendepunkts lautet:

$$b = \frac{a}{t_w}$$

was in unserem Fall ergibt:

$$b = \frac{4{,}55}{15{,}9} \simeq 0{,}29$$

Die gesuchte logistische Funktion lautet also:

$$P_t = \frac{1000}{1 + e^{4{,}55 - 0{,}29t}}$$

2.2.1.2.5 Schwächen der einfachen logistischen Funktion

Das logistische Modell kann als ein Kontaktmodell interpretiert werden. Der schon erreichte Markt (P_t), z. B. die Anzahl der Personen, die ein bestimmtes Gut besitzen, strahlt Impulse aus, die von den potentiellen Kunden ($P_t^* - P_t$) aufgenommen werden.

Unter der Wirkung dieses Kontaktes wird ein Teil der potentiellen Kunden ihrerseits zu Besitzern des fraglichen Guts.

Mit Hilfe dieser „Propagierungstheorie" kann man zwei essentielle Eigenschaften verwerten, die das logistische Modell implizit besitzt:

a) Die ausstrahlenden Kunden senden Impulse aus. Diese Ausstrahlung vollzieht sich auf eine homogene und regelmäßige Weise.
b) Die potentiellen Kunden sind in der Lage, diese Impulse aufzunehmen, ebenfalls auf eine homogene und regelmäßige Weise.

Diese beiden Eigenschaften der homogenen Ausstrahlung und Aufnahme sind z. B. für Epidemien zutreffend.

Zwischen der Impulswirkung der Besitzer eines Gutes und der Wirkung einer Epidemie besteht jedoch ein erheblicher Unterschied, da im ersten Fall z. B. die sozialen Schichten das Kaufverhalten entscheidend beeinflussen. In gewissen Fällen kann außerdem ein Teil der potentiellen Kunden von der Masse der Konsumenten isoliert sein, und die Hypothesen, die eine Homogenität und Regularität der Ausstrahlung und des Empfangs implizieren, erweisen sich als unrichtig.

Das einfache logistische Modell geht außerdem a priori von der Existenz eines in der Zeit unveränderlichen maximalen potentiellen Marktes P^* aus. Diese Annahme wird in der Praxis nicht bestätigt (Einfluß der Bevölkerungsstrukturänderungen, Erhöhung der Kaufkraft und der technologischen Veränderungen etc.).

Dies führt für die meisten Märkte zu einer Unterschätzung des Sättigungsniveaus, das bis zu 50% unter dem realen Sättigungsniveau liegen kann [2.82a].

Darüber hinaus setzt der logistische Ansatz voraus, daß die Kaufbereitschaft der potentiellen Käufer $(P^* - P_t)$ der Beeinflussung durch die Besitzer (P_t) entspricht. Diese Annahme kann jedoch nur als ein Sonderfall betrachtet werden.

Um diesen zuletzt genannten Nachteil der einfachen logistischen Funktion auszuschalten, ist es notwendig, von einem allgemeineren logistischen Ansatz auszugehen, was uns zu der Erstellung der sogenannten generalisierten logistischen Funktion geführt hat.

2.2.1.3 Die generalisierten logistischen Funktionen 1. Ordnung

Wie wir gesehen haben, ist die logistische Funktion durch die folgende Wachstumsrate charakterisiert:

$$P'_t = \alpha \cdot P_t \cdot (P^* - P_t)$$

oder in anderer Schreibweise:

$$P'_t = \frac{\alpha}{P^*} \cdot P_t \cdot \left(1 - \frac{P_t}{P^*}\right) \tag{2.15}$$

und führt zu der folgenden ökonomischen Interpretation:

Die Wachstumsrate P'_t ist in jeder Periode t proportional einem Koeffizienten α, dem durch den Wachstumsprozeß erreichten Niveau P_t und dem potentiellen

Markt (d.h. der Differenz zwischen dem maximal erreichbaren Markt und dem schon erreichten Markt ($P^* - P_t$)).
Verschiedene unterschiedliche Hypothesen lassen sich hier aufstellen, was den Einfluß des potentiellen Marktes auf die Entwicklung des Wachstumsprozesses anbetrifft.
Wir werden im folgenden eine Anzahl von Wachstumshypothesen untersuchen, die definiert werden können durch:

$$P_t' = \frac{\alpha}{P^*} \cdot P_t \cdot H\left(\frac{P_t}{P^*}\right) \tag{2.16}$$

unter besonderer Berücksichtigung der Wachstumshypothesen folgender Natur:

$$H\left(\frac{P_t}{P^*}\right) = \left\{1 - \left(\frac{P_t}{P^*}\right)^\beta\right\}$$

Führt man diese Hypothesen in die Gleichung der Wachstumsrate (2.16) ein, so erhält man:

$$P_t' = \frac{\alpha}{P^*} \cdot P_t \cdot \left\{1 - \left(\frac{P_t}{P^*}\right)^\beta\right\} \tag{2.17}$$

was die Gleichung von Funktionen darstellt, die *Lewandoski* als *generalisierte logistische Funktionen 1. Ordnung* bezeichnet hat.
In dem besonderen Fall, wo $\beta = 1$ ist, erhält man wieder eine einfache logistische Funktion.
Die generalisierten logistischen Funktionen erlauben selbstverständlich eine viel allgemeinere und flexiblere ökonomische Interpretation als die einfachen logistischen Funktionen und sind darüber hinaus zu einer Beschreibung der unterschiedlichsten Wachstumsprozesse fähig.
Außerdem ist die Lösung einer solchen Differentialgleichung leicht zu ermitteln.

2.2.1.3.1 Allgemeine Lösung der logistischen Funktionen 1. Ordnung

Die Lösung der allgemeinen Gleichung der Wachstumsrate:

$$P_t' = \alpha \cdot P_t \left\{1 - \left(\frac{P_t}{P^*}\right)^\beta\right\}$$

wird mit Hilfe der *Bernouilli*-Transformation wie folgt bestimmt:
Es gilt:

$$P_t' - \alpha \cdot P_t + \alpha \cdot P^{*-\beta} \cdot P_t^{\beta+1} = 0 \tag{2.18}$$

durch Setzen von:

$$\begin{aligned} P_t &= Z_t^{\frac{1}{1-(1+\beta)}} = Z^{-\frac{1}{\beta}} \\ P_t' &= -\frac{1}{\beta} Z_t^{-\left(\frac{1}{\beta}+1\right)} \cdot Z_t' \end{aligned} \tag{2.19}$$

und durch Ersetzen von P_t durch Z_t in (2.18) transformiert man die obige Differentialgleichung in eine Differentialgleichung 1. Ordnung:

$$Z_t' + \beta \cdot \alpha \cdot Z_t - \beta \cdot \alpha P^{*-\beta} = 0 \tag{2.20}$$

Die Lösung dieser Gleichung kann mit Hilfe der sog. Methode der Variation der Konstanten leicht ermittelt werden:

$$\begin{aligned} Z_t &= e^{-\beta\alpha t}\left(\int \beta \cdot \alpha \cdot P^{*-\beta} e^{\beta F t} + C\right) \\ &= P^{*-\beta} + C \cdot e^{-\beta \cdot F \cdot t} \end{aligned} \tag{2.21}$$

Somit findet man also zu der allgemeinen Lösung der Differentialgleichung der Wachstumsrate zurück:

$$P_t = Z_t^{-\frac{1}{\beta}} = P^*(1 + P^{*\beta} \cdot c \cdot e^{-\beta \cdot \alpha \cdot t})^{-\frac{1}{\beta}} \tag{2.22}$$

oder in vereinfachter Form:

$$P_t = P^*(1 + e^{a-bt})^{-\frac{1}{\beta}}$$

mit:

$$\begin{aligned} a &= ln(P^{*\beta} \cdot c) \\ b &= \alpha \cdot \beta \end{aligned}$$

2.2.1.3.2 Analyse spezieller Funktionstypen

1. Fall

$\beta = 1$ (Fall der einfachen logistischen Funktion).
Die Gleichung der Wachstumsrate lautet:

$$P_t' = \alpha \cdot P_t \cdot \left(1 - \frac{P_t}{P^*}\right)$$

Die Lösung dieser Gleichung ist gegeben durch:

$$P_t = P^*(1 + P^* \cdot c \cdot e^{-\alpha t})^{-1}$$
$$= P^*(1 + \alpha \cdot e^{-\alpha t})^{-1} \tag{2.23}$$

Man gelangt also wieder zu der Lösung der einfachen logistischen Funktion, wie in 2.2.1.2 dargestellt wurde.

2. Fall

$\beta = 2$

Die Gleichung der Wachstumsrate lautet:

$$P'_t = \alpha \cdot P_t \cdot \left\{1 - \left(\frac{P_t}{P^*}\right)^2\right\}$$

Im Vergleich zu dem einfachen logistischen Fall $\beta = 1$ repräsentiert diese Gleichung den Wachstumsprozeß, dessen potentieller Markt einen stärkeren Einfluß auf die Wachstumsrate ausübt.

Wir kommen hier auf die Bedeutung des Phänomens der „Ausstrahlung" zurück, da diese Hypothese den Fall darstellt, wo die Expansion des Marktes (relativ im Verhältnis zu dem einfachen logistischen Fall) stärker von dem potentiellen Markt beeinflußt wird (anders ausgedrückt: Der Druck der Besitzer eines Guts auf die Nicht-Besitzer wird in diesem Fall weniger stark sein).

Die Lösung dieser Gleichung lautet:

$$P_t = P^*(1 + c \cdot P^{*2} \cdot e^{-2\alpha t})^{-\frac{1}{2}}$$
$$= P^*(1 + A \cdot e^{-2\alpha t})^{-\frac{1}{2}}$$

folglich also:

$$P_t = \frac{P^*}{\sqrt{1 + Ae^{-k \cdot t}}}; \qquad A, k > 0 \tag{2.24}$$

mit:

$$A = c \cdot P^{*2}$$
$$k = 2\alpha$$

3. Fall

$\beta = -\frac{1}{3}$ (Fall der *Bertalanffy*-Funktion).

$$P_t = \frac{P^*}{\sqrt{1 + Ae^{-k \cdot t}}}$$

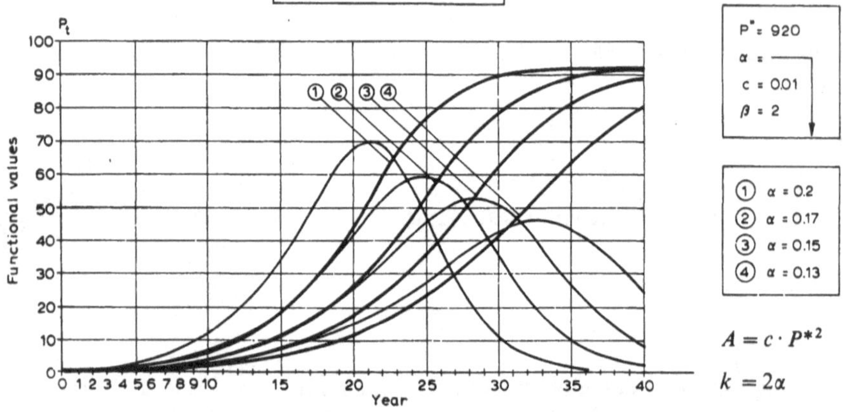

$$A = c \cdot P^{*2}$$

$$k = 2\alpha$$

Abb. 2–8: Generalisierte logistische Funktion 1. Ordnung ($\beta = 2$)

$$P_t = P^* (1 + A \cdot e^{-kt})^{-3}$$

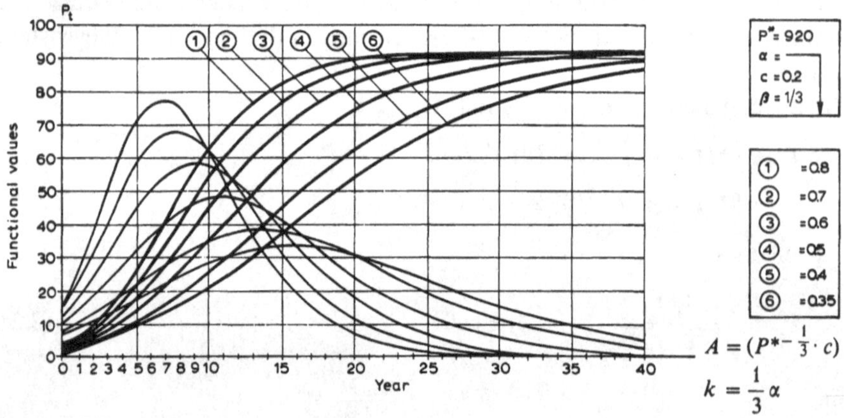

$$A = (P^{*-\frac{1}{3}} \cdot c)$$

$$k = \frac{1}{3}\alpha$$

Abb. 2–9: Generalisierte logistische Funktion 1. Ordnung $\left(\beta = \frac{1}{3}\right)$

Die Funktion der Wachstumsrate lautet:

$$P_t' = \alpha \cdot P_t \left\{ 1 - \left(\frac{P_t}{P^*} \right)^{-\frac{1}{3}} \right\} \qquad \alpha < 0$$

Diese Funktion ist als *Bertalanffy*-Funktion bekannt. Ihre Lösung ist gegeben durch:

$$P_t = P^*(1 + P^{*-\frac{1}{3}} \cdot c \cdot e^{\frac{1}{3}\alpha t})^3$$

In anderer Schreibweise:

$$P_t = P^*(1 - A \cdot e^{-kt})^3 \qquad k > 0,\ A \leqq 1 \tag{2.25}$$

mit:

$$A = -(P^{*-\frac{1}{3}} \cdot c)$$

$$k = -\frac{1}{3}\alpha$$

4. Fall

$$\beta = \frac{1}{2}$$

Die Gleichung der Wachstumsrate lautet:

$$P'_t = \alpha \cdot P_t \cdot \left\{1 - \left(\frac{P_t}{P^*}\right)^{\frac{1}{2}}\right\}$$

Die Lösung der Gleichung ist gegeben durch:

$$\begin{aligned} P_t &= P^*(1 + P \quad \cdot c \cdot e^{-\frac{1}{2}\cdot\alpha\cdot t})^{-2} \\ &= \frac{P^*}{(1 + A \cdot e^{-kt})^2} \qquad A, k > 0 \end{aligned} \tag{2.26}$$

5. Fall

$$\beta = -\frac{1}{2}$$

Die Gleichung der Wachstumsrate lautet:

$$P'_t = \alpha \cdot P_t \cdot \left\{1 - \left(\frac{P_t}{P^*}\right)^{-\frac{1}{2}}\right\} \qquad \alpha < 0$$

Ihre Lösung ist gegeben durch:

$$\begin{aligned} P_t &= P^* \cdot (1 - P^{*-\frac{1}{2}} \cdot c \cdot e^{\frac{1}{2}\cdot\alpha\cdot t})^2 \\ &= P^*(1 - A \cdot e^{-kt})^2; \qquad k > 0,\ A \leqq 1 \end{aligned} \tag{2.27}$$

mit:

$$A = c \cdot P^{*-\frac{1}{2}}$$

$$k = -\frac{1}{2}\alpha$$

2.2.1.3.3 Die asymmetrischen Eigenschaften der logistischen Funktionen 1. Ordnung und ihre ökonomische Interpretation

Der Wendepunkt dieser Kurvenschar befindet sich an der Stelle, an der die 2. Ableitung ihrer Funktionen Null ergibt, also bei:

$$P_t'' = 0$$

was der Fall ist für

$$P_t = \frac{P^*}{(\beta + 1)^{+\frac{1}{\beta}}}$$

Nimmt β die folgenden Werte an, so erhält man für den Wendepunkt dieser Funktionstypen:

Funktionstyp (β)	Wendepunkt (P_t)
1	$\frac{1}{2} P^* = 0{,}5\, P^*$
2	$\frac{1}{\sqrt{3}} P^* \simeq 0{,}58\, P^*$
3	$\frac{1}{\sqrt[3]{4}} P^* \simeq 0{,}63\, P^*$
$\frac{1}{2}$	$\frac{1}{2{,}25} P^* \simeq 0{,}44\, P^*$
$\frac{1}{3}$	$\frac{1}{2{,}37} P^* \simeq 0{,}42\, P^*$
$-\frac{1}{2}$	$\frac{1}{4} P^* = 0{,}25\, P^*$
$-\frac{1}{3}$	$\frac{1}{3{,}38} P^* \simeq 0{,}30\, P^*$

Die folgenden drei Funktionstypen weisen nachstehende Asymmetrieeigenschaften auf:

1. $\beta > 1$ Es handelt sich hier um asymmetrisch logistische Funktionen mit einer negativen Asymmetrie, d.h. der Wendepunkt liegt näher am Sättigungsniveau als am Ursprung (vgl. Abb. 2–10).
2. $\beta = 1$ Diese Funktionen sind symm. logistischer Natur, d.h. der Wendepunkt befindet sich genau in der Hälfte des Sättigungsniveaus.
3. $\beta < 1$ Es handelt sich hier um logistische Funktionen mit einer positiven Asymmetrie, d.h. der Wendepunkt liegt näher am Ursprung als am Sättigungsniveau (vgl. Abb. 2–11).

$$P_t = P^*(1 + P^{*\beta} \cdot c \cdot e^{-\beta \cdot \alpha \cdot t})^{-\frac{1}{\beta}}$$

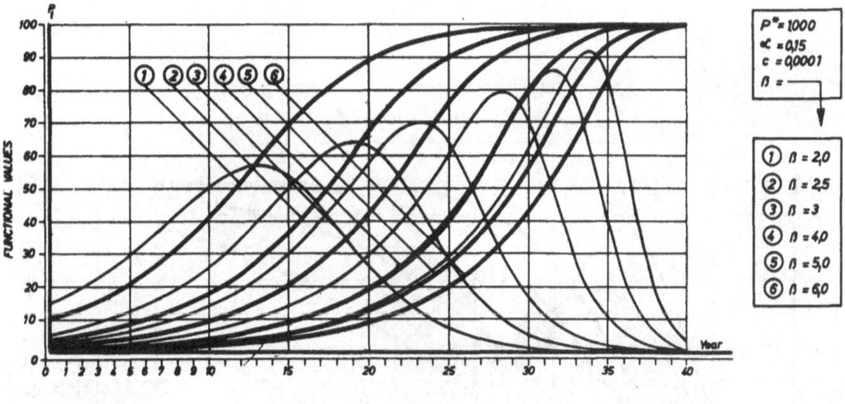

Abb. 2–10: Negative asymmetrische logistische Funktion 1. Ordnung ($\beta > 2$)

Die ökonomische Interpretation dieser Asymmetrieeigenschaften lautet: Wenn es sich bei der erstellten Analyse um ein langlebiges Gut oder um einen langlebigen Markt handelt (wie z.B. Autos, Fernsehgeräte, Radios usw.), dann wird man eine positiv asymmetrische Funktion wählen, da eine positive Asymmetrie durch verschiedene ökonomische Einflußgrößen, die eine systematische Erhöhung des potentiellen Marktes hervorrufen, bedingt ist.
Man wird also in diesem Fall versuchen, Funktionen des Typs

$$\beta < 1$$

anzuwenden.

Dieser Fall entspricht, wie schon dargestellt, einer relativ langsamen Expansion des Marktes in der 2. Phase des Wachstumsprozesses (d.h. nach dem Wendepunkt). Diese progressive Expansion wird z.B. auch durch die Erweiterung des potentiellen Marktes bedingt (z.B. durch die Entwicklung des Lebensstandards oder durch die Senkung des relativen Preises des analysierten Konsumgutes).

Wenn man im Gegensatz dazu die mittellebigen oder relativ kurzlebigen Konsumgüter untersucht, dann ist es angebracht, Wachstumsfunktionen des Typs

$$\beta > 1$$

anzuwenden.

Je mehr man sich nämlich dem Sättigungsniveau nähert, um so stärker wird der Einfluß von Veralterungserscheinungen sowie der direkten Konkurrenz neuer, technologisch weiterentwickelter Produkte (vgl. Abb. 2–10).

$$P_t = P^*(1 + P^{*\beta} \cdot c \cdot e^{-\beta \cdot \alpha \cdot t})^{-\frac{1}{\beta}}$$

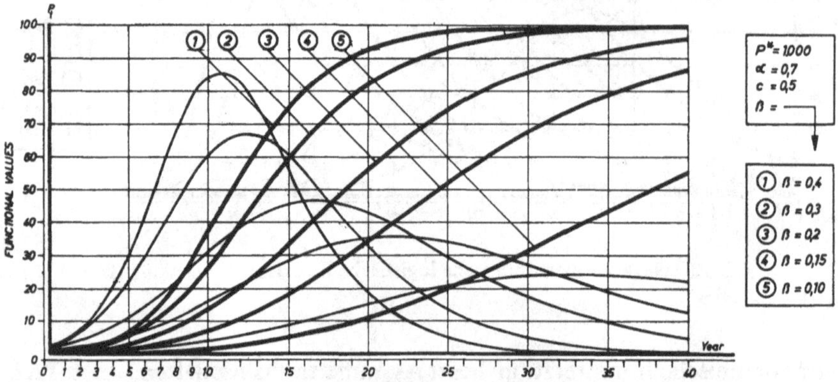

Abb. 2–11: Positive asymmetrische logistische Funktionen 1. Ordnung ($\beta < 0{,}4$)

2.2.1.3.4 *Das Wachstumsgesetz nach v. Bertalanffy*

Seit 1934 widmet sich *v. Bertalanffy* der Beschreibung biologischer Wachstumsprozesse [2.20]. Er geht davon aus, daß der Organismus durch anabolische, d.h. aufbauende und katabolische, nämlich abbauende Prozesse charakteri-

siert ist. Der Wachstumsrhythmus des Organismus ist also definiert durch das Zusammenwirken dieser beiden Prozesse.
In Analogie zu ökonomischen Wachstumsphänomenen kann man den anabolischen Prozeß als die Zunahme des Marktes bezeichnen, der proportional dem Marktvolumen ist. Der katabolische Prozeß entspricht hier wachstumshemmenden Marktfaktoren, beispielsweise der Produktobsoleszenz.
Die grundlegende Wachstumsgleichung definiert *Bertalanffy* wie folgt:

$$\frac{dP_t}{dt} = \eta \cdot s - k \cdot P_t$$

Durch Integration erhält man das Wachstumsgesetz, was definiert ist durch:

$$P_t = P^* \{1 + e^{a-kt}\}^3$$

Bertalanffy führte 1957 auf der Basis der Studien des Physiologen *A. Pütter* [2.110] eine Generalisierung dieser Wachstumshypothese durch:

$$\frac{dP_t}{dt} = \eta \cdot P_t^n - k \cdot P_t^m$$

was in dem einfachen Fall von $m = 1$ zu der folgenden Wachstumsfunktion führt:

$$P_t = \{a - b e^{-(1-n)kt}\}^{\frac{1}{1-n}} \tag{2.28}$$

Diese Wachstumsfunktion weist große Ähnlichkeiten mit dem von uns in 2.1.3 beschriebenen Ansatz auf.

2.2.1.4 Die generalisierten logistischen Funktionen 2. Ordnung (die L. L. Funktionen)

Bei der Analyse des logistischen Wachstumssystems hat sich gezeigt, daß die Wachstumsrate durch folgende Gleichung gegeben ist:

$$P_t' = \alpha \cdot P_t \cdot (P^* - P_t)$$

d.h., die Wachstumsrate ist an jeder Stelle des Prozesses durch folgende Faktoren bestimmt:

α ist der Wachstumskoeffizient,
P_t bezeichnet das bereits in der Periode t erreichte Marktniveau, dessen Einfluß sich, in marktpsychologischer Terminologie ausgedrückt, dadurch er-

klären läßt, daß die Käufer eines Guts auf die noch Nicht-Käufer Impulse ausstrahlen, die die Kauflust steigern.

$(P^* - P_t)$ definiert den potentiellen Markt, d.h. die Anzahl der noch Nichtkäufer.

Aus unseren Betrachtungen in 2.1.2 geht hervor, daß dieses System bestimmte interessante Anwendungsmöglichkeiten besitzt und daß es darüber hinaus möglich ist, die logistischen Funktionen zu generalisieren.

Anschließend haben wir logistische Funktionen erstellt, die auf folgender Hypothese basieren:

In dem einfachen logistischen Wachstumsmodell ist die relative Bedeutung der Beziehung zwischen dem ausstrahlenden Teil des Marktes (d.h. den Besitzern eines Guts) und dem potentiellen Teil durch

$$\frac{P^* - P_t}{P_t} = \frac{P^*}{P_t} - 1$$

gegeben.

Wegen der geringen Flexibilität dieses Modells ergab sich die Notwendigkeit, logistische Funktionen mit einer größeren Variabilität und Flexibilität zu entwickeln.

Unsere Untersuchungen führten zu den logistischen Funktionen 1. Ordnung, in denen die oben beschriebene Beziehung definiert ist durch:

$$\frac{(P^* - P_t)^\beta}{P_t}$$

d.h. die Gleichung hängt von dem für β bestimmten Wert ab.

Dieser Koeffizient β führt somit zu einer flexiblen Beschreibung der möglichen Marktverhaltens, wobei sich β zwischen den folgenden zwei Extremen befinden kann:

1. $\beta > 2$ In diesem Fall spielt die „Ausstrahlungswirkung" auf die Kaufabsicht der Nicht-Besitzer eine relativ geringe Rolle im Vergleich zu der Wirkung des potentiellen Marktes.
2. $\beta < 0{,}5$ Hier ist die relative „Ausstrahlungswirkung" des bestehenden Marktes (d.h. der Besitzer auf den potentiellen Markt) sehr groß. Das ist z.B. bei den Märkten der Fall, die mehr oder weniger den Einflüssen der Mode, des Prestiges oder anderer sozio-psychologischer Faktoren unterworfen sind.

Eine noch größere explikative Flexibilität wird durch eine andere Formulierung dieses Wachstumsprozesses erreicht. Diese Formulierung basiert auf der

Hypothese, daß der Einfluß des potentiellen Marktes auf die Wachstumsrate des Prozesses logarithmischer Natur sei. Die Wachstumsrate ist in diesem Fall definiert durch:

$$P'_t = \alpha \cdot P_t \cdot (ln\, P^* - ln\, P_t) \tag{2.29}$$

Diese Wachstumsrate ist also nicht proportional der absoluten Differenz zwischen dem Sättigungsniveau des Marktes P^* und dem schon erreichten Markt P_t (d.h. dem potentiellen Markt), sondern proportional der Differenz der Logarithmen der Größen P^* und P_t.
Um eine zu große Starrheit dieses Systems zu vermeiden, hat *Lewandowski* einen neuen Typ logistischer Funktionen beschrieben, denen eine logarithmische Wachstumshypothese zugrunde liegt. Die logistischen Funktionen 2. Ordnung, oder anders ausgedrückt, die logistischen Logarithmus-Funktionen werden also durch die folgende Gleichung der Wachstumsrate beschrieben:

$$P'_t = \alpha \cdot P_t \cdot (ln\, P^* - ln\, P_t)^\beta \tag{2.30}$$

Bei verschiedenen Werten von β erhält man eine ganze Reihe von Wachstumsfunktionen oder -hypothesen des Marktzuwachses, die im folgenden untersucht werden.

2.2.1.4.1 Allgemeine Lösung der logistischen Funktionen 2. Ordnung L. L.-Funktionen

Die Lösung der Gleichung für die Wachstumsrate der L.L.-Funktionen wird wie folgt ermittelt:

$$P'_t = \alpha \cdot P_t \cdot (ln\, P^* - ln\, P_t)^\beta \tag{2.31}$$

Formt man die Gleichung um in:

$$P'_t = \alpha \cdot P_t \cdot \left(ln \frac{P^*}{P_t}\right)^\beta \tag{2.32}$$

und führt die Substitution

$$ln \frac{P^*}{P_t} = X_t$$

$$X'_t = -\frac{1}{P_t}$$

$$dX_t = -\frac{dP_t}{P_t}$$

in die Gleichung (2.32) ein, dann erhält man:

$$\frac{dP_t}{dt} = \alpha \cdot P_t \cdot \left(ln\frac{P^*}{P_t}\right)^\beta$$

$$\frac{dP_t}{P_t} = \alpha \cdot \left(ln\frac{P^*}{P_t}\right)^\beta \cdot dt \tag{2.33}$$

$$-dX_t = \alpha \cdot X_t^\beta \cdot dt$$

$$-X_t^{-\beta} \cdot dX_t = \alpha \cdot dt$$

Zur Lösung dieser Differentialgleichung ist es notwendig, zwei verschiedene Fälle zu betrachten:

1. $\beta \neq 1$

   Man erhält folgende Integration:

$$-\frac{X_t^{1-\beta}}{1-\beta} = \alpha t + b$$

   d.h.:

$$X_t = \{(\alpha t + b)(\beta - 1)\}^{\frac{1}{(1-\beta)}}$$

   Die Rücktransformation der Variablen X_t ergibt:

$$ln\frac{P^*}{P_t} = \{(\alpha t + b)(\beta - 1)\}^{\frac{1}{(1-\beta)}}$$

   woraus folgt:

$$P_t = P^* \cdot e^{-\{(\alpha t + b)(\beta - 1)\}^{\frac{1}{(1-\beta)}}} \tag{2.34}$$

   was die allgemeine Lösung für den Fall $\beta \neq 1$ ist.

2. $\beta = 1$

   Es gilt:

$$-\frac{dX}{X} = \alpha \cdot dt$$

$$-ln\, X = \alpha \cdot t + B$$

Daraus folgt:

$$X = e^{-(\alpha t + B)} = b \cdot e^{-\alpha t} = b \cdot c^t$$

mit:

$$c = e^{-\alpha} \qquad \text{d.h.} \qquad 0 \leqq c \leqq 1$$

und damit schließlich:

$$P_t = P^* e^{-b \cdot c^t} \tag{2.35}$$

2.2.1.4.2 Analyse spezieller L.L.-Funktionstypen

a) *Das Wachstumsgesetz nach Gompertz*

Für den Fall $\beta = 1$ ist die Wachstumsrate gegeben durch:

$$P_t' = \alpha \cdot P_t \cdot (\ln P^* - \ln P_t)$$

und der entsprechende Wachstumsprozeß hat die Gleichung:

$$P_t = P^* \cdot e^{-b \cdot c^t}$$

Dieser Spezialfall der L.-L.-Funktion wird auch als Wachstumsgesetz von *Gompertz* bezeichnet. Sie ist eine der bekanntesten unter den Wachstumsfunktionen.

Im folgenden werden wir die Haupteigenschaften der *Gompertz*-Funktion beschreiben.

Der Ökonom *B. Gompertz* wandte diese Funktion zum erstenmal 1825 für die Analyse der Sterbetafeln der Bevölkerung an. *Gompertz* ging hierbei von der Hypothese aus, daß die Sterberate einer bestimmten Altersschicht x in der Periode t gegeben ist durch:

$$m_x(t) = \frac{dP_{x,t}}{P_{x,t}} = \frac{P_{x,t} - P_{x+dt,t+dt}}{P_{x,t}}$$

Nach *Gompertz* erhält man:

$$m_x(t) = k \cdot c^t \cdot dt$$

Diese Differentialgleichung hat die folgende Lösung:

$$P_x(t) = \exp \cdot \left\{ \frac{kc^t}{\ln c} + a \right\}$$

Da *a*, *k*, *c* die Konstanten sind, erhält man schließlich:

$$P_x(t) = e^{a - b \cdot c^t}, \qquad \text{mit} \qquad b = -\frac{k}{\ln c}$$

1930 wurde die *Gompertz*-Funktion von *S. Kuznets* in einer Reihe von Untersuchungen über die Entwicklung der Produktion und der Preise angewandt [2.78].

Wie gezeigt wurde, ist die Gompertz-Funktion definiert durch:

$$P_t = e^{a - bc^t}; \qquad 0 \leqq c \leqq 1$$

Für das Sättigungsniveau gilt also:

$$P^* = e^a$$

Ihr Wendepunkt ist gegeben durch die Koordinaten:

$$t = -\ln(b - c)$$
$$P_t = e^{a-1}$$

Die Hälfte des Bestandes oder des Marktes ist erreicht, wenn:

$$P_t = \frac{e^a}{2} = e^{a - \ln 2}$$

Da gilt $e^{a - \ln 2} > e^{a-1}$, liegt der Wendepunkt vor der Stelle, an der 50% des Bestandes erreicht ist.

Eine größere Ähnlichkeit weist die Gompertz-Funktion mit den klassischen logistischen Funktionen auf:

$$P_t' = \alpha \cdot P_t(\ln P^* - \ln P_t) \qquad \text{(Wachstum nach } \textit{Gompertz}\text{)}$$

$$P_t' = \alpha \cdot P_t(P^* - P_t) \qquad \text{(logistisches Wachstum)}$$

Wie man sieht, stimmt diese Definition der Wachstumsrate mit der Wachstumsrate der logistischen Funktion überein, außer, daß das Sättigungsniveau und das erreichte Niveau an der Stelle *t* durch entsprechende Logarithmen ersetzt wurden.

Diese Eigenschaft erklärt den asymmetrischen Verlauf der *Gompertz*-Funktion. Die Asymmetrie und ihre große Flexibilität, die aus ihren zwei Freiheitsgraden resultiert, verleiht der *Gompertz*-Funktion interessante Eigenschaften. Dies erklärt, warum sie oft, wie die logistische Funktion, angewandt wird (vgl. Abb. 2–12).

Die *Gompertz*-Funktion hat in jüngster Zeit eine weit verbreitete Anwendung

gefunden, vor allem seit den Untersuchungen von *F. J. Gaston* [2.56]. *Gaston* hat die Entwicklung der Mehrzahl der amerikanischen industriellen Sektoren untersucht und im Auftrag der *National Industrial Conference Board* veröffentlicht. Wie die Entwicklungen der letzten Jahre gezeigt haben, weist die Zuwachsrate bestimmter Industriezweige eine negativ beschleunigte Tendenz auf, was die Hypothese eines exponentiellen Wachstums für die Mehrzahl der analysierten Sektoren oder langlebigen Konsumgüter widerlegt.
Seit den Untersuchungen von *Gaston* ist die Anwendung der *Gompertz*-Funktion in der Industrie allgemein verbreitet und wird vor allem als ein zusätzliches Instrument für die Analyse von *S*-förmigen Wachstumsfunktionen angewandt.

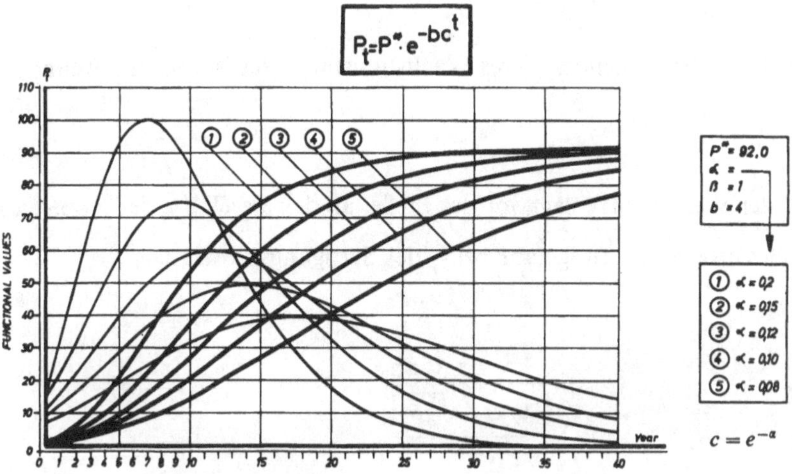

Abb. 2–12: Generalisierte logistische Funktion 2. Ordnung (Gompertz Funktion)

b) *Das Wachstumsgesetz nach Johnson*

Für den Fall $\beta = 2$ erhält man für die Wachstumsrate:

$$P_t' = \alpha \cdot P_t (\ln P^* - \ln P_t)^2 \tag{2.36}$$

Die Lösung dieser Gleichung lautet:

$$P_t = P^* \cdot e^{\frac{1}{\alpha t + b}} \tag{2.37}$$

Diese Gleichung ist unter der Bezeichnung „*Johnson*-Funktion" bekannt. Setzt man die 2. Ableitung gleich 0, so erhält man für ihren Wendepunkt:

$$P_t'' = \alpha \cdot ln\left(\frac{P*}{P_t}\right)^2 - \alpha \cdot 2 \cdot ln\left(\frac{P*}{P_t}\right)$$

$$= \alpha \cdot ln\left(\frac{P*}{P_t}\right)\left\{ln\left(\frac{P*}{P_t}\right) - 2\right\} = 0$$

d. h.:

$$\frac{P*}{P_t} = e^2$$

Die Koordinaten des Wendepunktes lauten also:

$$P_t = \frac{P*}{e^2} \qquad \text{und} \qquad t = \frac{1 - 2b}{2\alpha} \tag{2.38}$$

Die Hälfte des Bestandes dieses Wachstumsprozesses ist erreicht, wenn:

$$P_t = \frac{P*}{e^2}$$

d. h. der Wendepunkt liegt vor der Stelle, an der die Hälfte des globalen Bestandes erreicht ist (ungefähr bei $\frac{1}{7}$ des Sättigungsniveaus).

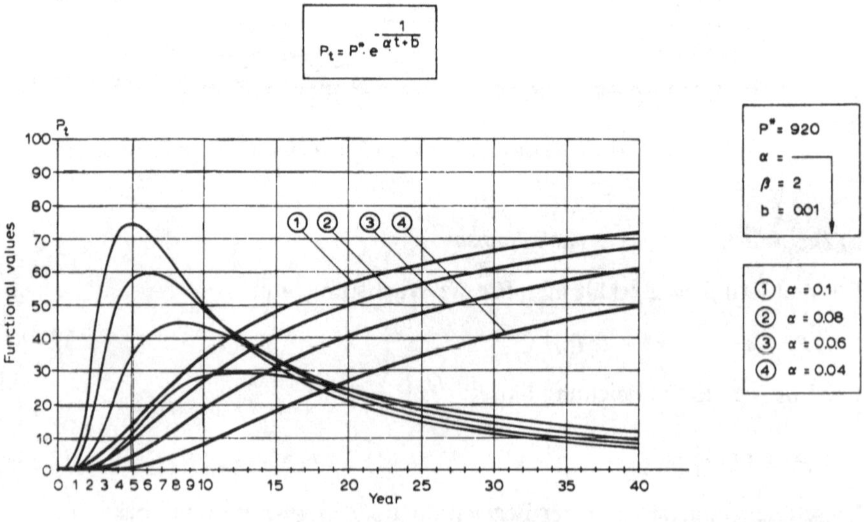

Abb. 2–13: Generalisierte logistische Funktion 2. Ordnung (Johnson-Funktion)

c) *Für den Fall $\beta = 0$ ist die Wachstumsrate gegeben durch*:

$$P_t' = \alpha \cdot P_t$$

was zu dem Fall einer Exponentialfunktion führt:

$$P_t = P^* e^{\alpha t + b} \tag{2.39}$$

die bei $\alpha > 0$ wachsender Natur ist, kein Sättigungsniveau besitzt und bei $\alpha < 0$ abnimmt (vgl. Abb. 2–14).

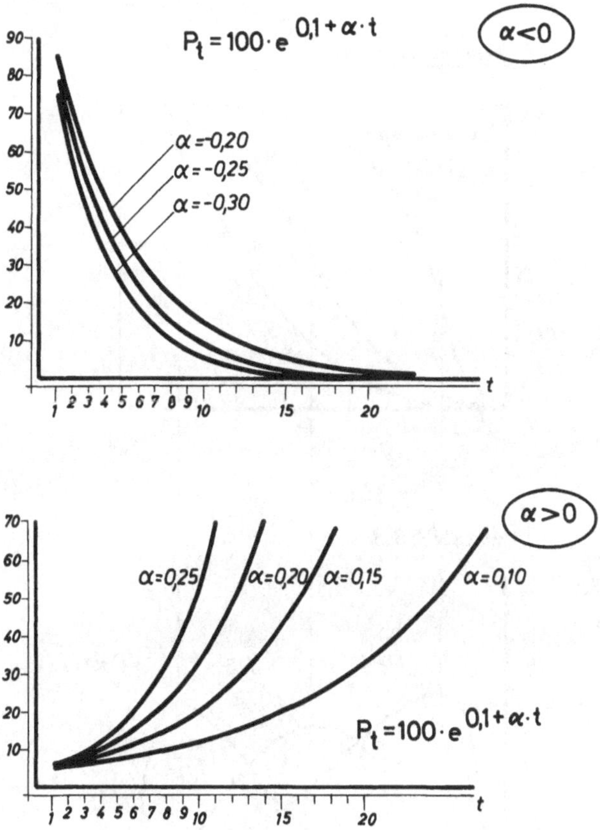

Abb. 2–14: Sonderfall der generalisierten logistischen Funktionen 2. Ordnung ($\beta = 0$) für α positiv und negativ)

2.2.1.4.3 Asymmetrische Eigenschaften und ökonomische Interpretation der L.L.-Funktionen

Der Wendepunkt dieser Funktionen ist gegeben durch:

$$P_0'' = \alpha \, ln \left(\frac{P^*}{P_t}\right)^{\beta} \left\{1 - \beta \left(ln \frac{P^*}{P_t}\right)^{-1}\right\} = 0$$

d.h. der Wendepunkt liegt an der Stelle:

$$P_t = \frac{P^*}{e^{\beta}} \tag{2.40}$$

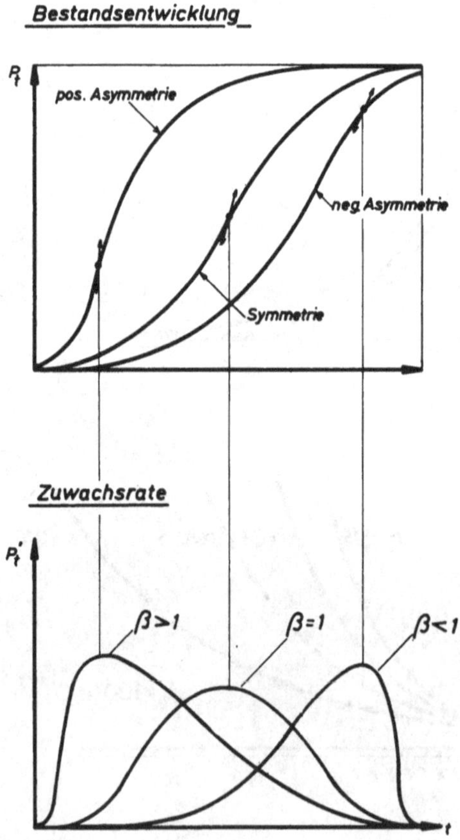

Abb. 2–15: Asymmetrische Eigenschaften der generalisierten logistische Funktionen 1. Ordnung

Mit wachsendem β nimmt also die positive Asymmetrie dieser Funktion entsprechend zu. Strebt β gegen ∞, dann nähert sich der Wendepunkt dem Ursprung.
Im Gegensatz dazu strebt der Wendepunkt bei sinkendem β dem Sättigungsniveau zu.
Die Gleichung (2.34) ergibt:

$$(\alpha t + b)(\beta - 1) > 0$$

woraus folgt, daß für $\beta < 1$ die Koeffizienten α und b so zu bestimmen sind, daß gilt:

$$\alpha t + b < 0$$

An dieser Stelle soll darauf hingewiesen werden, daß man für die Werte $\beta < 1$ Funktionen erhält, die nicht von ökonomischem Interesse sind.

Fassen wir zusammen:

Ist $\beta > 2$, erhalten wir L.-L.-Funktionen oder generalisierte logistische Funktionen 2. Ordnung, die eine große Ähnlichkeit mit den exponentiellen Funktionen aufweisen (vgl. Abb. 2–17 u. 2–18).

Für $\beta = 2$, ergibt sich die *Johnson*-Funktion, deren Wendepunkt nahe am

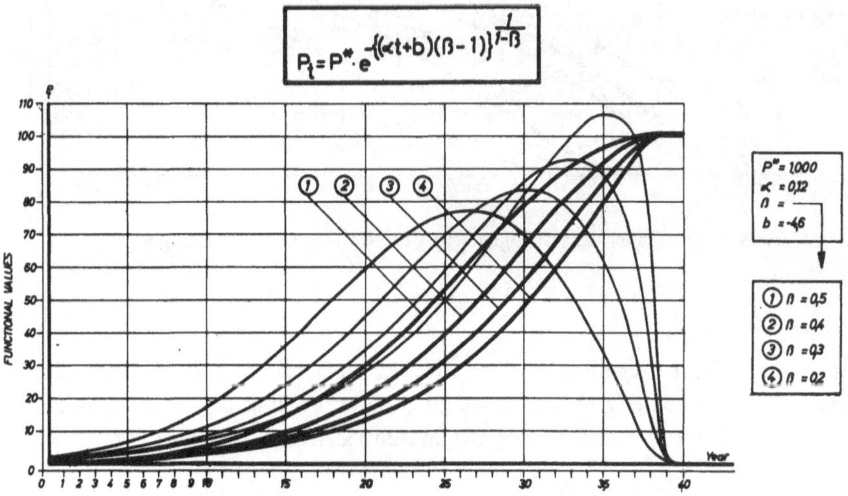

Abb. 2–16: Generalisierte logistische Funktionstypen 2. Ordnung ($\beta < 1$)

Ursprung liegt, woraus die große positive Asymmetrie dieser Funktion folgt (vgl. Abb. 2–13).

Ist $\beta = 1$, erhält man die *Gompertz*-Funktion, die durch eine positive Asymmetrie charakterisiert ist (vgl. Abb. 2–12).

Ist $0 < \beta < 1$ Diese Funktionen sind von geringem ökonomischen Interesse (vgl. Abb. 2–16).

$\beta = 0$ Diese Funktion ist exponentieller Natur.

Es ist interessant festzustellen, daß diese logistischen Funktionstypen nur dann von wirklichem Interesse sind, wenn für die Werte von β gilt:

$$1 \leqq \beta \leqq 2$$

d. h. die Untersuchung der optimalen deskriptiven Funktion jedes Wachstumsprozesses muß sich also auf diesen Variationsbereich von β beschränken (vgl. Abb. 2–17).

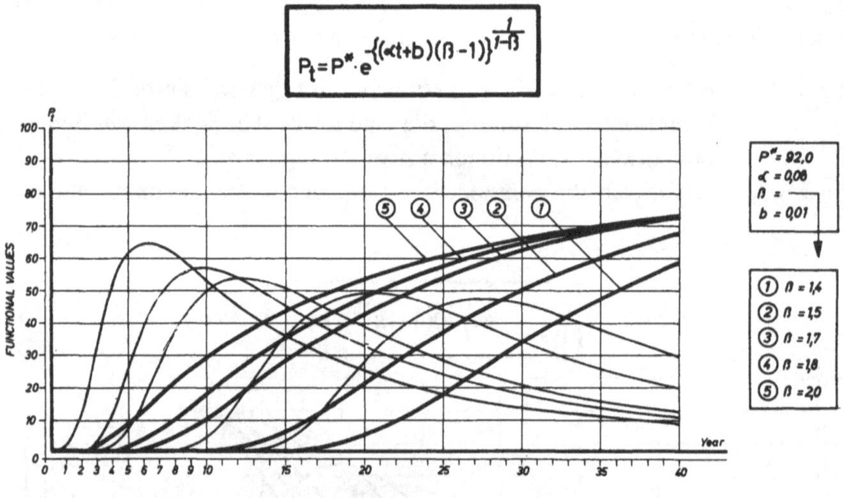

Abb. 2–17: Generalisierte logistische Funktionstypen 2. Ordnung ($\beta > 1$)

Da β für eine praktische Anwendung nur in dem Bereich $1 \leqq \beta \leqq 2$ liegen kann, ergibt sich, wie aus Gleichung (2.40) zu ersehen ist, daß der Wendepunkt der L.-L.-Funktionen durch folgende Ordinatenbedingung bestimmt ist:

$$\frac{P^*}{e^2} \leqq P_t \leqq \frac{P^*}{e},$$

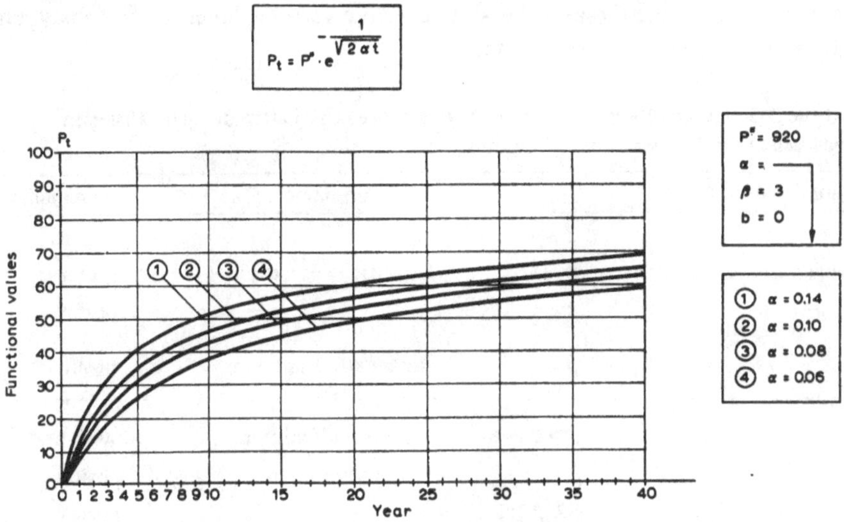

Abb. 2–18: Spezialfall der generalisierten logistischen Funktion 2. Ordnung ($\beta = 3$)

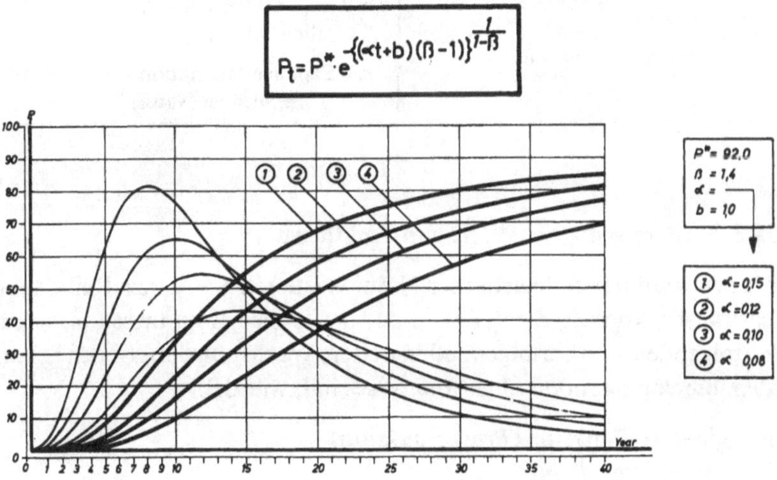

Abb. 2–19: Einfluß des Faktors α in den generalisierten logistischen Funktionen 2. Ordnung (Funktionstyp $\beta = 1{,}4$)

d.h. in jedem Fall unter dem Punkt 0,5 P^* liegt. Somit besitzen alle L.-L.-Funktionen eine *positive Asymmetrie*.

Tabelle 2–3 gibt eine Gesamtübersicht über die verschiedenen Funktionstypen mit ihren Asymmetrieeigenschaften.

Tabelle 2–3: Gesamtübersicht über die Asymmetrieeigenschaften der generalisierten logistischen Funktionen 1. und 2. Ordnung.

Funktionstyp		Funktionsname	Asymmetrie
	$\beta > 1$		negativ
Generalisierte Funktion	$\beta = 1$	Logistische Funktion	symmetrisch
1. Ordnung	$\beta < 1$		positiv
	$\beta = -\frac{1}{3}$	*Bertalanffy*-Funktion	positiv
	$\beta > 2$	Exponentialfunktion	stark negativ
	$\beta = 2$	*Johnson*-Funktion	positiv
	$1 \geqq \beta \geqq 2$		positiv
Generalisierte Funktion	$\beta = 1$	*Gompertz*-Funktion	positiv
2. Ordnung	$0 < \beta < 1$		positiv
	$\beta = 0$	$\alpha > 0$ Exponentialfunktion (ohne Sättigung)	positiv
		$\alpha < 0$ Exponentialfunktion (abnehmender Natur)	positiv

2.2.1.5 Weitere endogene Wachstumsfunktionen

Außer den Funktionen logistischer Natur existieren eine ganze Reihe weiterer Wachstumsfunktionen, die auf anderen spezifischen Hypothesen basieren. In den folgenden Ausführungen sollen weitere Wachstumsfunktionen behandelt werden, die von ökonomischem Interesse sind, wie z. B.

- die loginverse Funktion (*Prais*-Funktion)
- die Funktion von *Pyatt*
- die Normalverteilungsfunktion
- die Lognormalverteilungsfunktion
- das Modell von *Burns*
- die Gamma-Funktion
- die v. *Boguslawski*-Funktion
- die semi-logarithmische Funktion.

2.2.1.5.1 Einige Varianten der einfachen logistischen Funktion

Im Fall der logistischen Wachstumsfunktion sind wir von der folgenden Definition der Wachstumsrate ausgegangen:

$$P_t' = a \cdot P_t(P^* - P_t) \tag{2.41}$$

Der Wachstumskoeffizient a ist in dieser Gleichung eine Konstante. Es ist möglich, den Einfluß verschiedener ökonomischer Faktoren auf diesen Wachstumskoeffizienten des Marktes, d.h. auf das Verhalten der Käufer, zu analysieren. Gehen wir hierbei zunächst davon aus, daß der Wachstumskoeffizient a von dem Pro-Kopf-Einkommen abhängt, d.h. der Wachstumskoeffizient a ist abhängig von der Erhöhung des Pro-Kopf-Einkommens, was wir hier mit E_t' bezeichnen werden. Definiert man den Wachstumskoeffizienten a als eine Variable, die von dieser Erhöhung des Pro-Kopf-Einkommens abhängig ist, so gilt für a_t:

$$a_t = k \cdot E_t'$$

Durch Setzen dieser Variablen a in Gleichung (2.41) erhält man:

$$P_t' = a_t \cdot P_t(P^* - P_t) = k \cdot E' \cdot P_t(P^* - P_t) \tag{2.42}$$

wobei

E_t' die Erhöhung des Pro-Kopf-Einkommens in der Periode t darstellt,

und

k eine Konstante ist, der hier die Bedeutung eines Marktelastizitätskoeffizienten gegenüber der Einkommenserhöhung zukommt.

Durch Integration dieser Funktion erhält man die Wachstumsfunktion:

$$P_t = \frac{P^*}{1 + e^{b - k \cdot E_t' \cdot t}} \tag{2.43}$$

Diese Gleichung impliziert die folgenden Anmerkungen:

1. Für den Fall, daß die Einkommenserhöhung E_t' eine Konstante ist, d.h. wenn gilt:

   $$E_t' = c^{te} = k_1$$

   gilt für a_t:

   $$a_t = k \cdot k_1 = c^{te}$$

so daß die obige Wachstumsfunktion zu einer einfachen logistischen Funktion wird. Folglich erhält man eine symmetrisch-logistische Funktion, wenn man von der Hypothese ausgeht, daß die Erhöhung des Pro-Kopf-Einkommens durch eine konstante Zuwachsrate charakterisiert ist.

2. Interpretiert man die Zuwachsrate als eine komplexe Funktion verschiedener Faktoren, so können u. a. folgende Hypothesen erstellt werden:

$$a_t = k \cdot (a + E_t') \tag{2.44}$$

oder:

$$a_t = k \cdot (a + E_t' + \pi_t') \tag{2.45}$$

oder:

$$a_t = k E_t' (a + \pi_t') \qquad \text{etc.} \tag{2.46}$$

wobei E_t' die Änderung des Pro-Kopf-Einkommens bezeichnet und π_t die Preisänderungen des analysierten Marktes darstellt.
Unterstellt man für jede dieser betrachteten exogenen Variablen die Hypothese einer konstanten zeitlichen Veränderung, gelangt man zu den gleichen Schlußfolgerungen wie unter 1. dargestellt, d. h. es handelt sich hier um eine symmetrisch-logistische Funktion:

$$P_t' = k \cdot (a + E_t' + \pi_t') P_t (P^* - P_t)$$

3. Falls einer dieser Faktoren langfristig keinen konstanten Zuwachs aufweist, erhält man zwei logistische nichtsymmetrische Funktionstypen (Sonderfälle dieser Funktionen sind in 2.2.1.5.1.2 beschrieben).

Im folgenden werden wir einige interessante Hypothesen behandeln, insbesondere diejenigen, deren Wachstumskoeffizient a nicht konstant ist, sondern ausschließlich von der Zeit abhängt. In diesem Fall handelt es sich um ein endogenes Prognosesystem.

2.2.1.5.1.1 Das Modell von *Weblus*

Weblus wandte für die Analyse der langfristigen Entwicklung des Fernsehgerätemarktes eine aus der logistischen Hypothese abgeleitete Funktion an [2.130]. Der Autor geht hierbei von der Hypothese aus, daß der Wachstumskoeffizient a des Prozesses für bestimmte Märkte eine rückläufige Tendenz aufweist. Zur Erklärung dieses Phänomens definiert *Weblus* die Variable a_t wie folgt:

$$a_t = \frac{a}{t} \tag{2.47}$$

Durch Setzen dieser Gleichung in 2.41 erhält man:

$$P'_t = \frac{a}{t} \cdot P_t(P^* - P_t) \tag{2.48}$$

Durch Integration dieser Differentialgleichung ergibt sich schließlich:

$$P_t = \frac{P^*}{1 + \left(\frac{b}{t}\right)^a} \tag{2.49}$$

Die Wachstumsrate P'_t ist durch Setzen von (2.49) in (2.48) definiert durch:

$$P'_t = \frac{a \cdot P^*}{t\left\{2 + \left(\frac{b}{t}\right)^a + \left(\frac{t}{b}\right)^a\right\}} \tag{2.50}$$

Die Hälfte des Marktes ist, wie sich aus der Formel (2.49) leicht ersehen läßt, erreicht, wenn gilt:

$$b = t$$

Diese logistische Funktion ist somit asymmetrischer Natur (positiv asymmetrisch) und weist in der ersten Hälfte des Wachstumsprozesses einen stärkeren Zuwachs auf als in der zweiten Hälfte.

Die Anwendung dieser Funktion auf den Fernsehgerätemarkt verschiedener Länder führt nach *Weblus* zu folgenden Resultaten:

Die Analyse der Entwicklung des Prozentsatzes der Haushalte, die ein Fernsehgerät besitzen, ergibt die folgende Wachstumsfunktion für die USA:

$$P_t = \frac{1}{1 + \left(\frac{6{,}2}{t}\right)^{2{,}8}}; \qquad t_0 = 0\ (= 1946)$$

Für Großbritannien erhält *Weblus* die folgende Funktion:

$$P_t = \frac{1}{1 + \left(\frac{11{,}0}{t}\right)^{3{,}0}}; \qquad t_0 = 0\ (= 1946)$$

Im Fall der BRD lautet die Wachstumsfunktion:

$$P_t = \frac{1}{1 + \left(\frac{11{,}5}{t}\right)^{2{,}8}}; \qquad t_0 = 0\ (= 1952)$$

Die wichtigsten Parameter dieser für die genannten drei Länder angewandten Funktion weisen die folgenden Werte auf:

Land	a	b
USA	2,8	6,2
GB	3,0	11,0
BRD	2,8	11,5

In Abb. 2–20 sind die jährlichen Zuwachsraten dieser drei Länder graphisch dargestellt.

Wie aus der obigen Tabelle ersichtlich ist, weisen die USA gegenüber den anderen Ländern ein beschleunigtes Wachstum auf, da der Wendepunkt (Maximum des Wachstums P_t') bei 6,2 Jahren nach der Einführung der Fernsehgeräte auf dem Markt erreicht wird. Dieser Wendepunkt wird im Fall der zwei

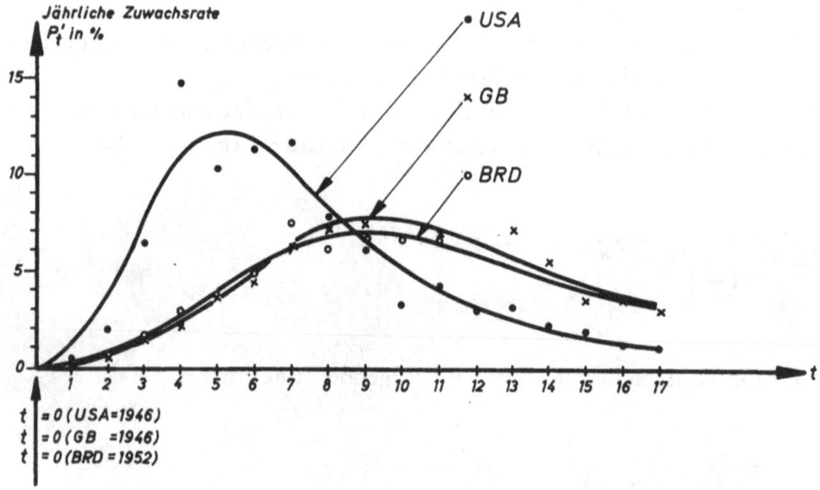

Abb. 2–20: Jährliche Zuwachsraten des Fernsehgerätemarktes in verschiedenen Ländern

anderen Länder fast doppelt so spät, nämlich in Großbritannien 11 Jahre und in der BRD 11,5 Jahre nach der Einführung erreicht (1952).
Die Analysen und Prognosen, die 1963 für den deutschen Fernsehgerätemarkt von *Weblus* erstellt wurden, sind der Tabelle 2–4 zu entnehmen.

Tabelle 2–4: Berechnung des Fernsehgeräte-Bestandes und der Zuwachszahlen bis 1975 für die BRD

Berechnung von Effektivzahlen für Fernseh-Geräte – Bestand und Zuwachs in der Bundesrepublik Deutschland[2)].

Jahr	$P_t \times 100$		$P'_t \times 100$		Haushalte in 1000	Teilnehmer-Bestand 1.4.n.J.	Teilnehmer-Zuwachs in 1000
	Ist	Soll	Ist	Soll			
						Ist	Ist
t = 0 (1952)[1)]	0	0	0	0	17170	0	0
1 (1953)	0,1	0,1	0,1	0,1	17320	22	22
2 (1954)	0,7	0,7	0,6	0,6	17490	127	105
3 (1955)	2,2	2,3	1,5	1,6	17700	393	266
4 (1956)	4,7	4,9	2,5	2,6	17890	835	442
5 (1957)	8,4	8,8	3,7	3,9	18080	1513	678
6 (1958)	13,4	13,9	5,0	5,1	18340	2534	1021
7 (1959)	20,9	19,9	7,5	6,0	18560	3877	1343
8 (1960)	26,9	26,6	6,0	6,7	18780	5051	1174
9 (1961)	33,6	33,5	6,7	6,9	19000	6392	1341
10 (1962)	40,2	40,3	6,6	6,8	19200	7711	1319
11 (1963)	47,0	46,9	6,8	6,6	19390	9132	1421
						Prognose	Prognose
12 (1964)		53,0		6,1	19590	10388	1289
13 (1965)		58,5		5,5	19790	11583	1195
14 (1966)		63,4		4,9	20000	12680	1097
15 (1967)		67,8		4,4	20200	13696	1016
16 (1968)		71,6		3,8	20400	14606	910
17 (1969)		74,9		3,3	20600	15429	823
18 (1970)		77,8		2,9	20800	16182	753
19 (1971)		80,4		2,6	21000	16884	702
20 (1972)		82,8		2,4	21200	17554	670
21 (1973)		84,5		1,7	21400	18083	529
22 (1974)		86,0		1,5	21600	18576	493
23 (1975)		87,5		1,5	21800	19075	499

1) Fe-Beginn.
2) Einschl. Saar und West-Berlin.

2.2.1.5.1.2 Erweiterung des *Weblus*-Modells

Der hier behandelte Ansatz für die Entwicklung des Wachstumskoeffizienten a nach *Weblus* läßt sich nach *Lewandowski* wie folgt verallgemeinern:

$$a_t = f(t)$$

Trägt man diese Gleichung in (2.41) ein, erhält man die Zuwachsrate, die definiert ist durch:

$$P_t' = f(t) P_t (P^* - P_t)$$

Schließlich erhält man durch Integration die Gleichung des Wachstumsprozesses:

$$\int \frac{dP}{P_t(P^* - P_t)} = \int f(t) dt$$

$$ln \frac{P_t}{(P^* - P_t)} = \int f(t) dt$$

$$ln \frac{P_t}{(P^* - P_t)} = F(t) + c$$

Man gelangt also wieder zu einer allgemeinen Formulierung des logistischen Funktionstyps, der definiert ist durch die folgende Gleichung:

$$P_t = \frac{P^*}{1 + e^{c - F(t)}}$$

Wenn also $f(t)$ ein Polynom n-ter Ordnung ist, so ist $F(t)$ ein Polynom der Ordnung $(n + 1)$. Ist z. B.:

$$f(t) = a_0$$

so gilt für $F(t)$:

$$F(t) = a_1 + a_0 t$$

Man erhält wieder die einfache logistische Funktion.
Wenn gilt:

$$f(t) = a_0 + a_1 t$$

so folgt:

$$F(t) = a_2 + a_0 t + \frac{a_1}{2} t^2$$

In dem Fall, wo $a_0 > 0$ und $a_1 < 0$ und $a_0 \gg a_1$, erhält man für P_t eine Wachstumsfunktion, die bis zu der Periode:

$$t = -\frac{a_0}{a_1}$$

eine asymmetrisch logistische Natur aufweist. Von dieser Periode an ist diese Funktion abnehmender Natur.

Der Term $\frac{a_1}{2}t^2$ stellt hier die negativen Kräfte des Marktes dar, die z. B. auf technologische Einflüsse oder Veralterungseffekte der Produkte zurückgeführt werden können.
Dieser Funktionstyp eignet sich gut zur Analyse der Lebenszyklen industrieller Produkte (vgl. Abb. 2–21).

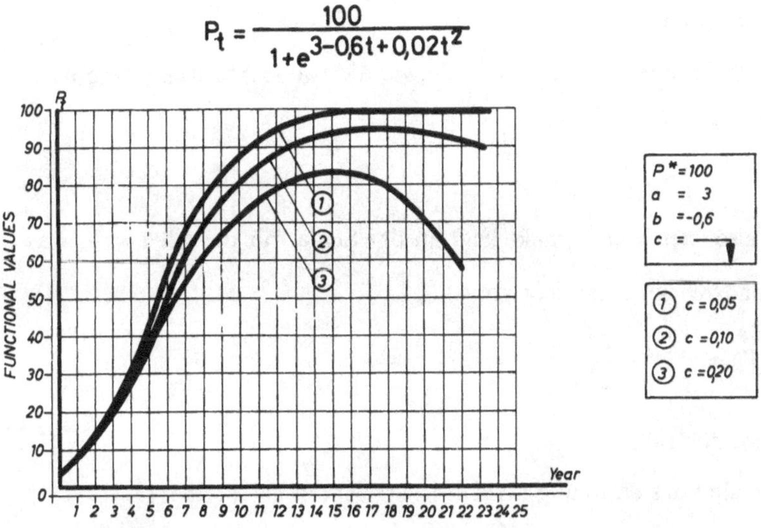

Abb. 2–21: Funktionstyp des erweiterten Weblus-Modells

2.2.1.5.2 Die log-inverse Funktion (die Prais-Funktion)

Die log-inverse Funktion ist definiert durch ein Wachstum, das proportional dem bestehenden Bestand oder Markt P_t und umgekehrt proportional dem Quadrat der Zeit ist.

Das heißt:

$$P_t' = P_t \frac{b}{t^2} \tag{2.51}$$

Die Wachstumsfunktion stellt die Lösung der vorhergehenden Differentialgleichung dar:

$$P_t = e^{a - \frac{b}{t}} = e^a \cdot e^{-\frac{b}{t}} \tag{2.52}$$

Das Sättigungsniveau des Marktes oder Bestandes ist demnach gegeben durch:

$$P^* = \mathrm{e}^a \tag{2.53}$$

Diese Funktion wurde zum erstenmal von *Prais* und *Houthakker* für die Analyse der Familienbudgets untersucht [2.108].
Die Funktion besitzt folgende wichtige Eigenschaften:

a) Wendepunkt

Ihr Wendepunkt liegt an der Stelle, wo die zweite Ableitung 0 ergibt:

$$e^{a - \frac{b}{t}} \cdot \left\{ \frac{b^2}{t^4} - \frac{2 \cdot b}{t^3} \right\} = 0 \tag{2.54}$$

d.h. also, der Wendepunkt liegt an der Stelle, für die gilt $t = \frac{b}{2}$, was einem Bestandsniveau entspricht von:

$$P_w = e^{a-2} = \frac{P^*}{e^2} \tag{2.55}$$

b) Asymmetrie

Die Hälfte des Sättigungsniveaus ist erreicht in der Periode:

$$t = \frac{b}{ln 2} \tag{2.56}$$

Da $\frac{P^*}{e^2} < \frac{P^*}{2}$, befindet sich der Wendepunkt folglich vor der Stelle, an der die Hälfte des Bestandes erreicht ist. Die log-inverse Funktion ist demnach durch eine positive Asymmetrie charakterisiert, woraus im 1. Teil des Marktes ein schnelleres Wachstum als im 2. Teil resultiert.
Diese Asymmetrie des Wachstums entspricht stärker der Realität als die voll-

kommene Symmetrie der einfachen logistischen Kurve, da sie zu einer besseren Anpassung an die Entwicklung langlebiger Konsumgütermärkte führt.
Jedoch ist die log-inverse Funktion aufgrund ihres rein endogenen Charakters und ihrer mangelnden Flexibilität (ein einziger Freiheitsgrad) nicht in der Lage, das Verhalten komplexer Märkte zu beschreiben.

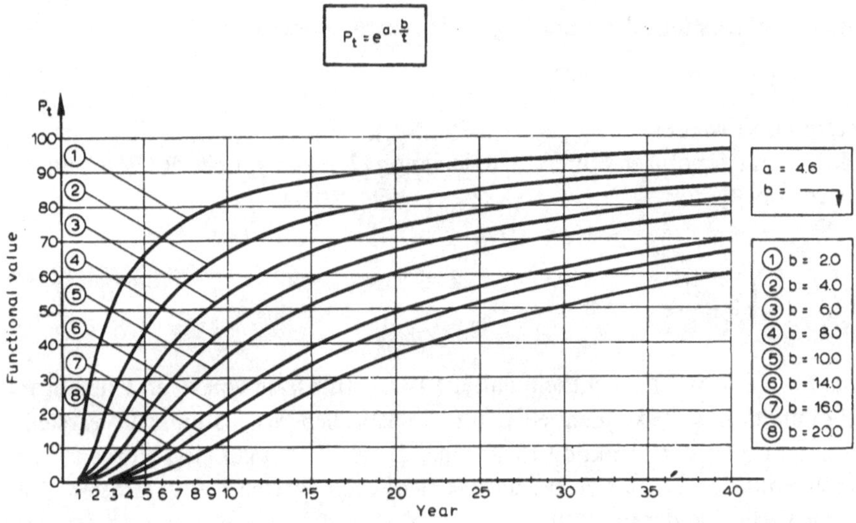

Abb. 2–22: Die log-inverse Funktion

2.2.1.5.3 Das Modell von Pyatt

Das logistische Modell leitet sich von dem exponentiellen Modell ab mit der Einschränkung, daß die Wachstumsrate eine Funktion des Marktniveaus ist.
Wie wir zeigen werden, ist es möglich, die Definition der Wachstumsrate durch die Einführung eines vom Markt- oder Bestandsniveau unabhängigen Koeffizienten zu erweitern.
Die Wachstumsrate der beschriebenen endogenen Modelle ist definiert durch:

$$P'_t = a(P^* - P_t) \quad \text{exponentielles Modell} \tag{2.57}$$

$$P'_t = \beta \cdot P_t \cdot (P^* - P_t) \quad \text{logistisches Modell} \tag{2.58}$$

Durch die Einführung eines vom Marktniveau unabhängigen Koeffizienten λ erhält man:

$$P'_t = \beta(P + \lambda)(P^* - P_t) \quad \text{Modell von } \textit{Pyatt} \tag{2.59}$$

Durch eine Umformung lautet diese Gleichung[2]:

$$P'_t = \beta\lambda(P^* - P_t) + \beta P_t(P^* - P_t)$$

Wie man feststellt, kann das Wachstum des Modells von *Pyatt* als eine Kombination des Wachstums der Exponentialfunktion:

$$\beta\lambda(P^* - P_t)$$

und des Wachstums des einfachen logistischen Modells:

$$\beta P_t(P^* - P_t)$$

interpretiert werden.
Die Lösung der obigen Differentialgleichung (2.59) entspricht der Wachstumskurve von *Pyatt*:

$$P_t = \left\{ \frac{1 - e^{-\beta(1+\lambda)t}}{1 + \frac{1}{\lambda} e^{-\beta(1+\lambda)t}} \right\} P^* \tag{2.60}$$

Aus Formel 2.59 ist ersichtlich, daß die Wachstumsrate von *Pyatt* eine lineare Kombination der exponentiellen und logistischen Wachstumsrate darstellt. Geht man von der Funktion (2.60) aus, dann erhält man eine Kurvenschar, deren Funktionstypen sich bei unterschiedlichen Werten des Parameters λ in ihrem Verlauf ändern:

Für $\lambda > 1$ besitzt die Funktion von *Pyatt* einen Wendepunkt und ähnelt der logistischen Funktion.

Ist $\lambda > 1$ und $0 \leqq \beta \leqq 1$, hat diese Funktion keinen Wendepunkt und ähnelt einer exponentiellen Funktion.

Für $\lambda = 1$ erhält man eine Hyperbelfunktion[3], deren Wendepunkt bekanntlich im Ursprung liegt. Für den positiven Bereich von t weist diese Funktion einen exponentiell-ähnlichen Verlauf mit Sättigungsniveau P^* auf.

[2] Diese Gleichung entspricht einer polynomialen Reihenentwicklung der Wachstumsrate 2. Ordnung, d.h.:

$$P'_t = a_0 + a_1 P_t + a_2 P_t^2$$

[3] Die Definition der Hyperbelfunktion lautet:

$$\tanh(\beta t) = \frac{1 - e^{-2\beta t}}{1 + e^{-2\beta t}}$$

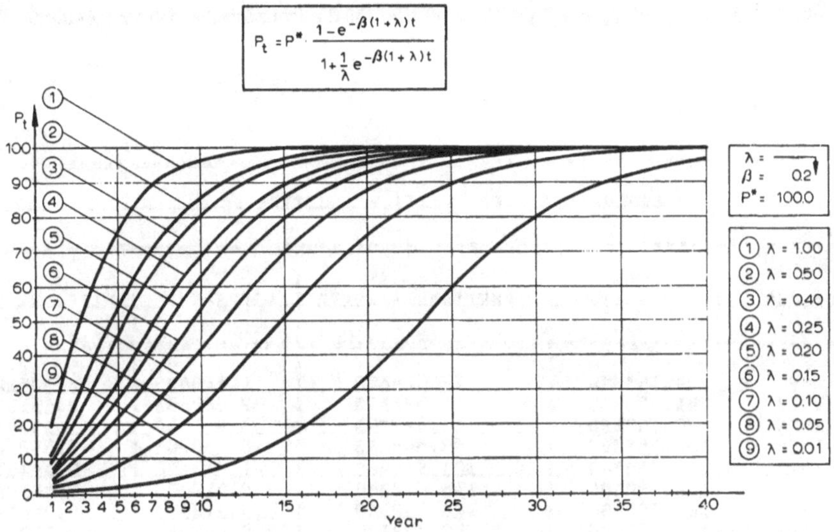

Abb. 2–23: Die Pyatt-Funktion bei verschiedenen Werten des Parameters λ

Aufgrund ihrer Parameter λ und β besitzt die Funktion von *Pyatt* eine größere explikative Fähigkeit als die vorhergehenden Modelle. Da aber die Interpretation dieser Parameter komplex ist und ihre numerische Bestimmung mit erheblichen Schwierigkeiten verbunden ist, wird die *Pyatt*-Funktion selten angewandt.

Tabelle 2–5 gibt die Prognosewerte für die Automobildichte in Frankreich bei Anwendung der *Pyatt*-Funktion an.

2.2.1.5.4 Die Normalverteilungsfunktion

In Analogie zu der *Gaußschen* Normalverteilung läßt sich ein Modell der Entwicklung eines Marktes erstellen, das auf der Hypothese eines mittleren Wachstums und einer „normalen" Verteilung des Wachstums basiert.

Die Wachstumsrate ist demnach definiert durch:

$$P'_t = P^* \frac{1}{\sigma\sqrt{2\pi}} e^{-\left\{\frac{(t-t^*)^2}{2\sigma^2}\right\}} = P^* \cdot \alpha \cdot e^{-\beta \cdot t^2 + \gamma t} \tag{2.61}$$

mit

$$\alpha = \frac{1}{\sigma\sqrt{2\pi}} \cdot e^{-\frac{t^{*2}}{2\sigma^2}}$$

Tabelle 2–5: Anwendung der PYATT-Funktion für die französische Automobildichte

ERGEBNISSE DER PYATT - FUNKTION

PERIODE	IST - WERTE	FUNKTIONS - WERTE	DIFFERENZ	DIFF. V. H.
1956	74.199996	79.029800	4.829803	6.509168
1957	81.899993	85.122879	3.222885	3.935144
1958	90.599990	92.043701	1.443710	1.593499
1959	100.799980	99.849685	-0.950302	-0.942760
1960	108.799980	108.584480	-0.215500	-0.198070
1961	118.199990	118.272390	0.072403	0.061255
1962	128.599990	128.912380	0.312393	0.242918
1963	140.000000	140.472570	0.472580	0.337557
1964	157.099990	152.886330	-4.213654	-2.682146
1965	171.299980	166.050070	-5.249908	-3.064744
1966	184.000000	179.824260	-4.175735	-2.269421
1967	198.599990	194.037640	-4.562347	-2.297254
1968	212.399990	208.494680	-3.905304	-1.838655
1969	224.099990	222.986340	-1.113647	-0.496942
1970	234.599990	237.300840	2.700851	1.151257
1971	245.799980	251.237280	5.437302	2.212083
1972	257.000000	264.614990	7.614990	2.963031
1973		277.284420		
1974		289.130120		
1975		300.072500		
1976		310.070060		
1977		319.111570		
1978		327.214350		
1979		334.415520		
1980		340.769530		
1981		346.339590		
1982		351.195060		
1983		355.406490		
1984		359.044180		
1985		362.174070		
1986		364.858880		
1987		367.155510		
1988		369.115720		
1989		370.785150		
1990		372.204340		
1991		373.409660		
1992		374.431390		
1993		375.297360		
1994		376.030270		
1995		376.650140		
1996		377.173330		
1997		377.616210		

$$\beta = \frac{1}{2\sigma^2}$$

$$\gamma = \frac{t^*}{\sigma^2}$$

Der Marktzuwachs P_t' ist also proportional dem Sättigungsniveau P^*, einem Koeffizienten α und einer exponentiellen Funktion der Zeit.
Durch Integration erhalten wir die Wachstumsfunktion:

$$P_t = P^* \frac{1}{\sigma\sqrt{2\pi}} \int_{-\infty}^{t} e^{-\left\{\frac{(t-t^*)^2}{2\sigma^2}\right\}} \cdot dt \qquad (2.62)$$

Abb. 2–24 zeigt, daß die Funktion der Wachstumsrate (P_t') vom Ursprung bis zu der Stelle t^* (Wendepunkt) wachsender und von t^* abnehmender Natur ist. Geht t gegen ∞, dann strebt die Zuwachsrate gegen 0.

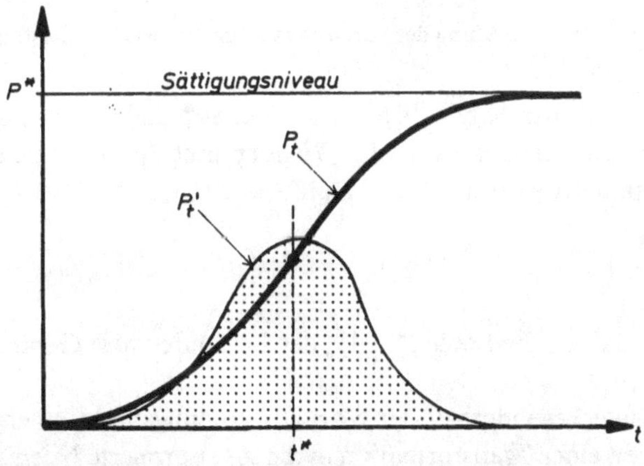

Abb. 2–24: Schematische Darstellung des Wachstumsprozesses im Falle der Normalverteilungsfunktion

Der Parameter σ bestimmt die Steigung der Wachstumsrate. Ist σ klein, dann handelt es sich um eine rasch zunehmende Marktentwicklung; bei größeren Werten des Parameters σ liegt ein langsames Marktwachstum vor (vgl. Abb. 2–25).
Die Gleichung (2.62) stellt die kumulierte Normalverteilung dar, die zu den S-förmigen Funktionen zählt.

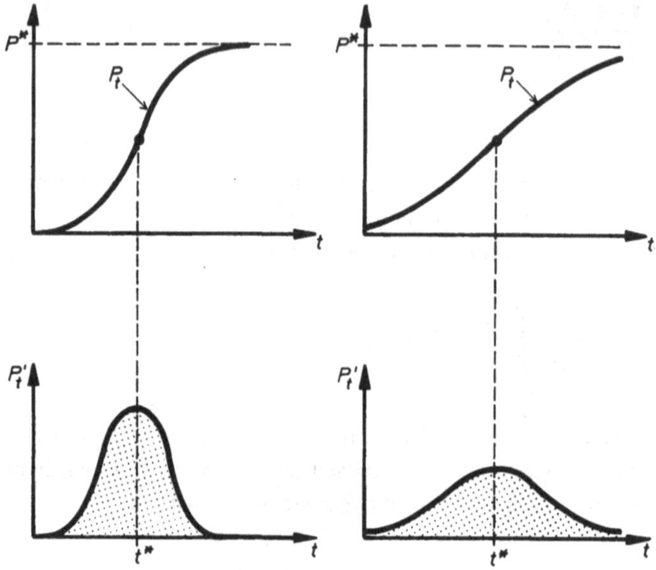

Abb. 2–25: Bedeutung des Parameters σ für den Wachstumsprozeß

Wie wir bereits gesehen haben, liegt an der Stelle t^* das Maximum der Wachstumsrate vor, das per Definition den Wendepunkt der Kurve darstellt. Aufgrund der Symmetrie dieser Funktion gilt:

$$P_w = \frac{P^*}{2}$$

Daraus folgt, daß an der Stelle t^*, 50% des Bestandes vom Gesamtmarkt (P^*) erreicht ist.

Eine interessante Besonderheit der Normalverteilungsfunktion ergibt sich aus der Möglichkeit einer Transformation in die sog. normierte Normalverteilung: Die Transformation geht von der Gleichung aus:

$$\xi = \frac{t - t^*}{\sigma}$$

Wird der Bestand in % gegenüber dem endgültigen maximalen Bestand (P^*) ausgedrückt, erhält man:

$$\frac{P_\xi}{P^*} = \frac{1}{\sqrt{2\pi}} \int_{-\infty}^{\xi} e^{-\frac{\xi^2}{2}} \cdot d\xi \qquad (2.63)$$

Interessant an dieser Transformation ist, daß sie nur von einem einzigen Parameter abhängt und daß zusätzlich die Werte

$$\frac{P_t}{P^*}$$

unter Verwendung der normierten Normalverteilungstabellen leicht ermittelt werden können.
Die Rücktransformation von P'_ξ in P'_t ist durch die Gleichung gegeben:

$$P'_t = P'_\xi \cdot \frac{1}{\sigma}$$

Zur Erläuterung dieser Transformationen werden wir im folgenden davon

Tabelle 2–6: Numerische Bestimmung des Wachstumsprozesses im Fall der Normalverteilungsfunktion.

t	$\zeta = \frac{t - t^*}{\sigma}$	P'_ζ [1)]	$P'_t = P_{\zeta'} \frac{1}{\sigma}$	P_ζ, P_t [2)]
$-\infty$	$-\infty$	0	0	0
0	−5	0	0	0
1	−4,5	0	0	0
2	−4,0	0,0001	0	0,0001
3	−3,5	0,0009	0,0005	0,0001
4	−3,0	0,0044	0,0022	0,0013
5	−2,5	0,0175	0,0087	0,0062
6	−2,0	0,0540	0,0270	0,0228
7	−1,5	0,1295	0,0647	0,0668
8	−1,0	0,2420	0,1210	0,1587
9	−0,5	0,3521	0,1761	0,3085
$t^* = 10$	0	0,3989	0,1995	0,5000
11	+0,5	0,3521	0,1761	0,6915
12	+1,0	0,2420	0,1210	0,8413
13	+1,5	0,1295	0,0647	0,9332
14	+2	0,0540	0,0270	0,9772
15	+2,5	0,0175	0,0087	0,9938
16	+3	0,0044	0,0022	0,9987
17	+3,5	0,0009	0,0005	0,9998
18	+4	0,0001	0	0,9999
19	+4,5	0	0	1
20	+5,0	0	0	1

[1] Diese Werte sind den normierten Normalverteilungstabellen entnommen.
[2] Diese Werte sind den sogenannten kumulierten Normalverteilungstabellen [$\Phi(\zeta)$] zu entnehmen.

ausgehen, daß wir über die Werte der Parameter t^* und σ verfügen. Die dem Wachstumsprozeß zugrunde gelegte Normalverteilungsfunktion wollen wir numerisch bestimmen.
Die Werte der Parameter lauten:

$$t^* = 10$$
$$\sigma = 2$$

Die notwendigen Schritte zur Bestimmung des Wachstumsprozesses sind in Tabelle 2–6 dargestellt:

1. Normierung der Funktion durch die Transformation

$$\xi = \frac{t - 10}{8}$$

2. Aufsuchen der entsprechenden Werte P'_ξ in normierten Normalverteilungstabellen.
3. Ermittlung der Zuwachsraten des Wachstumsprozesses durch Rücktransformation von P'_ξ in P'_t:

$$P'_t = P'_\xi \frac{1}{\sigma} = \frac{P'_\xi}{2}$$

4. Bestimmung der numerischen Werte des Wachstumsprozesses mit Hilfe der kumulierten Normalverteilungstabellen $\delta(\xi)$.

2.2.1.5.4.1 Graphische Methode zur Bestimmung der Parameter

Ein weiterer Vorteil dieser Normalverteilungsfunktion besteht darin, daß es möglich ist, die Parameter t^* und σ unter Verwendung graphischer Verfahren zu berechnen. Für diese Berechnungen verwendet man ein speziell für diesen Zweck entwickeltes nomographisches Papier, das sog. *Gaußsche* Papier.
Erstellt man die Transformation:

$$\hat{P}_t = \frac{P_t}{P^*}$$

und trägt die erhaltenen Werte in das *Gaußsche* Papier ein, dann erhält man eine Punktwolke, die auf einer Geraden D ausgerichtet ist.
Die zwei Parameter σ und t^* der Normalverteilungsfunktion können nun leicht ermittelt werden. Den Wert von t^* erhält man aus der Projektion des

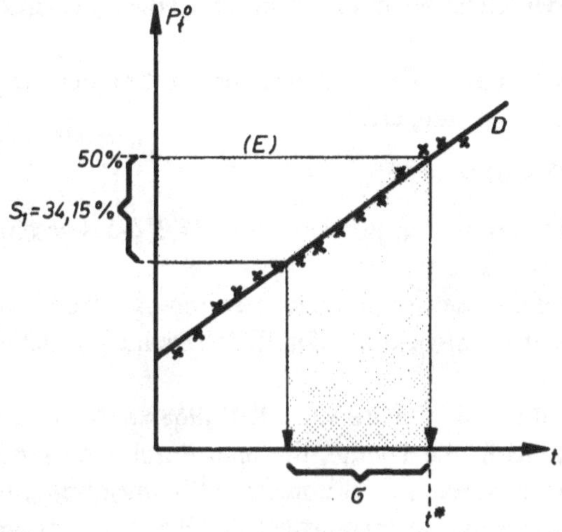

Abb. 2–26: Eigenschaften der Normalverteilungsfunktion: Graphische Bestimmung der Parameter

Tabelle 2–7: Die PKW-Dichte in Belgien und Luxemburg bis 1968

t	realle Dichte	normierte Dichte
1950	30,37	0,08
1951	33,88	0,09
1952	37,79	0,10
1953	42,14	0,11
1954	46,96	0,12
1955	52,31	0,14
1956	58,23	0,15
1957	64,78	0,17
1958	72,00	0,19
1959	79,95	0,21
1960	88,68	0,24
1961	98,22	0,26
1962	108,63	0,29
1963	119,93	0,32
1964	132,15	0,35
1965	145,29	0,29
1966	159,35	0,43
1967	174,29	0,47
1968	190,07	0,51

Schnittpunktes der Geraden D mit dem 50%-Niveau (Gerade E) auf die t-Achse.

Parameter σ liegt genau auf dem Punkt der t-Achse, der die folgende Eigenschaft der Normalverteilung erfüllt:

$$\hat{P}(t^*) - \hat{P}(t^* - \sigma) = 34{,}15\%$$

die darauf beruht, daß in den Bereich $t^* \pm \sigma$ 68,3% des gesamten Wachstums entfällt (siehe Abb. 2–26).

Zur Verdeutlichung dieses graphischen Verfahrens werden wir von dem Beispiel der Analyse der Entwicklung der PKW-Dichte[4] in Belgien und Luxemburg ausgehen.

Tabelle 2–7 gibt die reale Dichte von 1950–1968 an, sowie die entsprechende normierte Dichte (d.h. die Dichte, die man durch eine Division der realen Dichte durch das maximal angenommene Sättigungsniveau, hier 370, erhält).

In Abb. 2–27 sind die Werte der normierten Dichte eingetragen. Diese Werte bilden eine Punktreihe, die sich am besten an eine Gerade D anpaßt.

Mit Hilfe dieser Geraden D wird die Schätzung der beiden Parameter der gesuchten Normalverteilung möglich. Der Wert von Parameter t^* (Projektion des Punktes M auf die t-Achse) lautet:

$$t^* = 19{,}5$$

Parameter σ ergibt sich aus der Differenz der Projektionen der Punkte $M(P(t^*) = 50)$ und $N(P(t^* - \sigma))$ auf die t-Achse, d.h. für diesen Fall:

$$\sigma = 13$$

Daraus folgt die gesuchte normierte Normalverteilungsfunktion:

$$\frac{P_\xi}{370} = \frac{1}{\sqrt{2\pi}} \int_{-4}^{\xi} e^{-\frac{(\xi - 19{,}5)^2}{338}} \cdot d\xi$$

Die Erstellung von Prognosen mittels dieser Funktion läßt sich numerisch durch die normierten Normalverteilungstabellen und graphisch mit Hilfe der oben beschriebenen Gerade D durchführen.

Die Prognosen der PKW-Dichte in Belgien und Luxemburg sind in Tabelle 2–8 aufgeführt.

[4] Die PKW-Dichte wird im allgemeinen als die Anzahl der PKW pro 1000 Einwohner definiert.

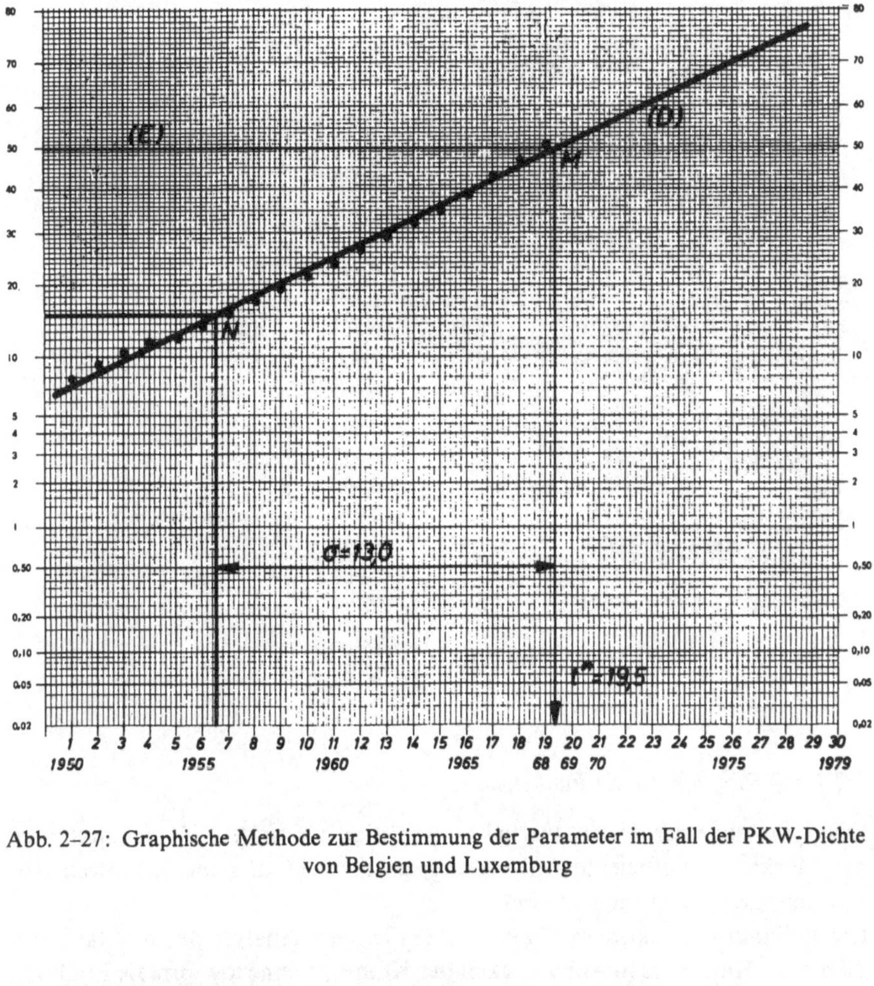

Abb. 2–27: Graphische Methode zur Bestimmung der Parameter im Fall der PKW-Dichte von Belgien und Luxemburg

Wie aus Tabelle 2–8 ersichtlich ist, wird z. B. die PKW-Dichte für Belgien 1989 93,3% des angenommenen Sättigungsniveaus betragen, d. h.:

$$P_{1989} = 345{,}2 \text{ PKW/1000 Einwohner}$$

Die ökonomische Interpretation der Normalverteilungsfunktion ist schwieriger als die der logistischen Funktionen.
Darüber hinaus kann dieser Funktionstyp aufgrund seiner Symmetrie nicht für die Mehrzahl der heutigen Märkte angewandt werden, da diese durch Wachstumsentwicklungen asymmetrischer Natur gekennzeichnet sind.

Tabelle 2–8: Erstellte Prognosen der PKW-Dichte in Belgien und Luxemburg mit Hilfe der graphischen Methode im Falle der Normalverteilungsfunktion

Jahr	t	ζ	$\overset{\circ}{P}_t$	Ist-Wert
1949	0	−1,50	0,067	0,07
	3,25	−1,25	0,106	0,105
	6,50	−1,0	0,159	0,145
	9,75	−0,75	0,227	0,210
1962	13,00	−0,50	0,309	0,290
	16,25	−0,25	0,401	0,440
	19,50	0	0,500	0,530
	22,75	+0,25	0,599	Vorhersage
1976	26,00	+0,50	0,691	Vorhersage
	29,25	+0,75	0,773	Vorhersage
	32,50	+1,0	0,841	Vorhersage
	35,75	+1,25	0,894	Vorhersage
1989	39,00	+1,5	0,933	Vorhersage
	42,25	+1,75	0,960	Vorhersage
	45,50	+2,0	0,994	Vorhersage

2.2.1.5.5 Die lognormale Funktion

Die Symmetrie der Normalverteilungsfunktion verhindert für die Mehrzahl der Märkte eine effiziente Anwendung, da diese im allgemeinen durch eine Asymmetrie gekennzeichnet sind.
Der holländische Ökonom *Cramer* [2.38] legt der Analyse der Ausstattungsdichte der Haushalte in Abhängigkeit der Kaufkraft eine lognormale Funktion zugrunde. Diese Funktion wurde ebenfalls für die Analyse bestimmter langlebiger Güter angewandt [2.10; 2.86a].

Diese Funktion ist durch die folgende Gleichung gegeben:

$$P_t = P^* \int_0^t \frac{1}{\sigma\tau\sqrt{2\pi}} \exp\left\{-\frac{1}{2\sigma^2}(\log\tau - \mu)^2\right\} d\tau \qquad (2.64)$$

was eine Variante der *Normalverteilungsfunktion* darstellt. Von dieser Funktion leitet sich die Wachstumsrate wie folgt ab:

$$P'_t = \frac{P^*}{\sigma\tau\sqrt{2\pi}} \exp\left\{-\frac{1}{2\sigma^2}(\log t - \mu)^2\right\} \quad (2.65)$$

Die maximale Wachstumsrate ist in der Periode:

$$t = e^{\mu - \sigma_2}$$

erreicht.
Demgegenüber ist die Hälfte des Marktes, d.h. $P^*/2$ in der Periode:

$$t = e^{\mu}$$

erreicht.
Wie ersichtlich ist, handelt es sich hier um eine positiv asymmetrische Funktion, da die maximale Wachstumsrate vor der Hälfte des Marktes erreicht ist.
Erstellt man die folgende Transformation:

$$\delta = \frac{\log \tau - \mu}{\sigma}$$

$$\sigma d\delta = \frac{1}{\tau} d\tau$$

erhält man für die Wachstumsfunktion (2.64) die folgende Formel:

$$P_t = P^* \int_0^{\delta(t)} \frac{1}{\sqrt{2\pi}} \exp\left\{-\frac{1}{2}\delta^2\right\} d\delta \quad (2.65)$$

was eine standardisierte Normalverteilung $N(0, 1)$ darstellt.
Schließlich läßt sich diese Wachstumsfunktion wie folgt formulieren:

$$P_t = P^* \phi\{\delta(t)\} = P^* \phi\left\{\frac{\log t - \mu}{\sigma}\right\}$$

wobei gilt:

$$Y_t = \phi^{-1}\left\{\frac{P_t}{P^*}\right\} = \frac{1}{\sigma}\lg t - \frac{\mu}{\sigma}$$

Dieser Term Y_t wird nach *Bain* als „Normal Equivalent Deviate" bezeichnet.
Mit Hilfe einer linearen Regression ist durch die obige Transformation die Bestimmung der funktionsspezifischen Parameter σ und μ möglich.
Aufgrund ihrer positiven schiefsymmetrischen Eigenschaften ist die lognormale

Funktion für die Beschreibung von Marktprozessen, deren Sättigungsniveaus kontinuierlichen Veränderungen unterworfen sind, geeigneter als Funktionen mit einem symmetrischen Verlauf.

2.2.1.5.6 Das Modell von Burns

Die Untersuchungen von *Burns* sind eng mit denen von *Kuznets* verwandt, können doch diese beiden Autoren als Pioniere der Erstellung langfristiger Prognose- und Extrapolationssysteme betrachtet werden.
Burns ging von den Schlußfolgerungen *Kuznets* hinsichtlich der Produktionsentwicklung der verschiedenen industriellen Branchen der USA aus. Die Besonderheit der Arbeiten von *Burns* [2.27] liegt darin, daß man mit Hilfe einer Extrapolation rückläufige Trendentwicklungen berücksichtigen kann. *Burns* nahm an, daß diese rückläufige Entwicklung schon zu Beginn des Wachstums festzustellen sei. Das Modell von *Burns* gestattet somit, Überlegungen über die Sättigungsgrenzen anzustellen und ist darüber hinaus in der Lage, die abnehmende Trendentwicklung, die nach diesen Sättigungsgrenzen zu verzeichnen ist, miteinzubeziehen. Diese rückläufigen Trendentwicklungen erklärte *Burns* u.a. durch die im Laufe der Zeit entstehende Konkurrenz zwischen den verschiedenen Industriezweigen.
Das von *Burns* angewandte Modell, das auch als semilogarithmische Parabel bezeichnet wird, kann durch die folgende Formulierung definiert werden:

$$P_t = e^{a + bt + ct^2} \tag{2.66}$$

Der Logarithmus des Produktionsniveaus (P_t) ist durch die folgende Parabel definiert:

$$ln P_t = a + bt + c \cdot t^2$$

Diese Formulierung bedeutet:
1. Ist c, der quadratische Koeffizient dieser Parabel, positiv, dann liegt eine Wachstumsentwicklung exponentieller Natur vor.
2. Ist c negativ, was bei der Anwendung des Modells von *Burns* der Fall ist, liegt eine rückläufige Trendentwicklung vor, nachdem ein bestimmtes Maximum erreicht wurde.
   Dieser Sachverhalt wird hier darauf zurückgeführt, daß der Absolutbetrag des quadratischen Terms $c \cdot t^2$ für ein bestimmtes t (Zeitpunkt, an dem das oben genannte Maximum vorliegt) größer ist als der lineare Term $a + bt$. Ist also c negativ, so üben die konkurrierenden Industriezweige einen nega-

tiven Einfluß auf die Trendentwicklung aus. In diesem Fall weist das Modell kein Sättigungsniveau auf.

Das Modell hat, wie *Burns* selbst feststellte, einen relativ beschränkten Anwendungsbereich und weist offensichtlich Anwendungsschwierigkeiten auf, insbesondere da die Schätzung des Koeffizienten c äußerst problematisch ist. Darüber hinaus kann eine Prognose, die auf einer solchen rückläufigen Trendentwicklung basiert, nicht durch einen so mechanischen Parameter erstellt werden, sondern bedarf im allgemeinen einer Formulierung, die eine bessere ökonomische Interpretation des untersuchten Phänomens zuläßt.
Trotz dieser starren Beschreibung erlaubt das Modell von *Burns*, wenn auch in einfacher Form, die Integration des Begriffs der „Lebenszyklen" in das ökonomische Wachstum, da der Term ct^2 den Teil des Marktes darstellt, der aufgrund technologischer Veralterungen für das untersuchte Phänomen verlorengegangen ist.

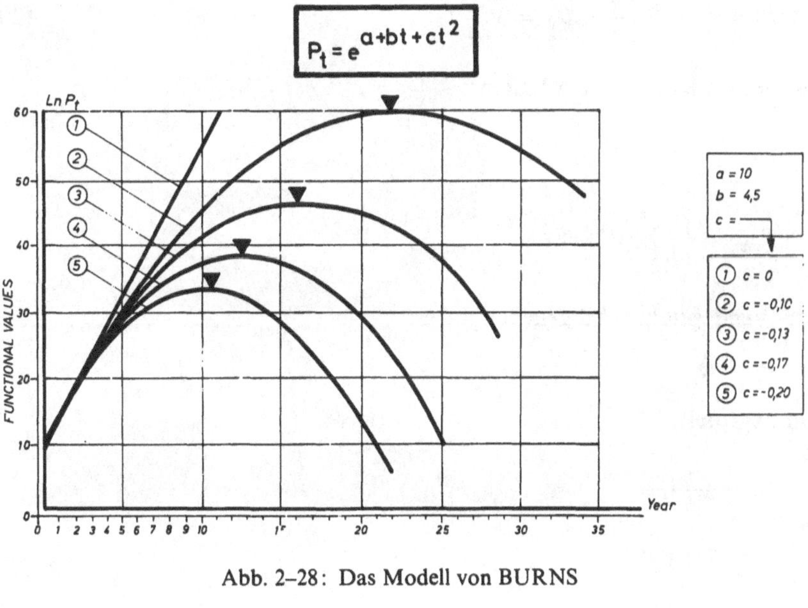

Abb. 2–28: Das Modell von BURNS

2.2.1.5.7 *Die Gamma-Funktion*

Bei der Untersuchung bestimmter *S*-förmiger Funktionen wurde von verschiedenen Wissenschaftlern [2.41] die Anwendung der Gamma-Funktion vorgeschlagen:

$$P_t = t^a \cdot e^{-bt} \tag{2.67}$$

Bekanntlich wird diese Funktion hauptsächlich für die Prognose der Lebenszyklen neuer Produkte angewandt, die schematisch in zwei Phasen zerlegt werden können:

In der ersten Phase strebt der Markt kontinuierlich gegen ein Sättigungsniveau, in einer zweiten Phase nimmt er ab und tendiert unter dem Einfluß der Einführung neuer Produkte (neuer Technologien) zur Auflösung.

Analog zu den Lebenszyklen von Produkten wurde die Anwendung der Gamma-Funktion für das langfristige Verhalten bestimmter Industriesektoren vorgeschlagen.

Die Gamma-Funktion weist ähnliche Eigenschaften wie die *Burns*-Funktion auf.

Die mathematische Analyse dieser Funktion erlaubt insbesondere die Bestimmung des Maximums des Wachstums, was definiert ist durch:

$$P_t' = t^a \cdot e^{-bt} \left\{ \frac{a}{t} - b \right\} = 0 \tag{2.68}$$

und dessen Koordinaten lauten:

$$t = \frac{a}{b}$$

$$P_{\max} = \left\{ \frac{a}{b} \right\}^a \cdot e^{-a} = \left(\frac{a}{b \cdot e} \right)^a$$

Der Wendepunkt wird gegeben durch:

$$P_t'' = 0$$

und liegt bei:

$$t_1 = \frac{a + \sqrt{a}}{b}$$

$$t_2 = \frac{a - \sqrt{a}}{b}$$

Wie wir sehen, sind die zwei Wendepunkte dieser Funktion bezüglich der Stelle, an der die Kurve ein Maximum erreicht hat, symmetrisch. Trotz der Symmetrie dieser beiden Wendepunkte hat die Funktion als solche keine symmetrische Natur. Diese Funktion enthält also die Hypothese eines exponentiellen Wachstums, was durch den Term t^a ausgedrückt ist, außerdem die Hypothese eines wachstumshemmenden Effekts, der durch die Konkurrenz zwischen den verschiedenen Industriezweigen ausgelöst wird und hier durch e^{-bt} dargestellt ist. Die Anwendung dieser Funktionstypen[5] für eine langfristige Extrapolationsanalyse bestimmter Branchen führt zu den gleichen Schwierigkeiten und Nachteilen wie das Modell von *Burns*. Jedoch ist es unter bestimmten Bedingungen möglich, die Gamma-Funktion für die Analyse der Lebenszyklen bestimmter Produktgruppen anzuwenden.

2.2.1.5.8 Die Wachstumsfunktion nach von Boguslawski

Diese Wachstumsfunktion stammt, was sehr oft der Fall ist, aus dem Bereich der bio-mathematischen Theorien und wurde für die Vorhersage des Ertrages von Obstbäumen in Abhängigkeit ihres Alters angewandt [2.24].
Die mathematische Wachstumsfunktion ist durch die folgende Gleichung definiert:

$$P_t = a + b \cdot e^{-c\left|\ln \frac{t}{t^*}\right|^d} \quad ; \qquad c \leqq 0,\ d \leqq 1 \tag{2.69}$$

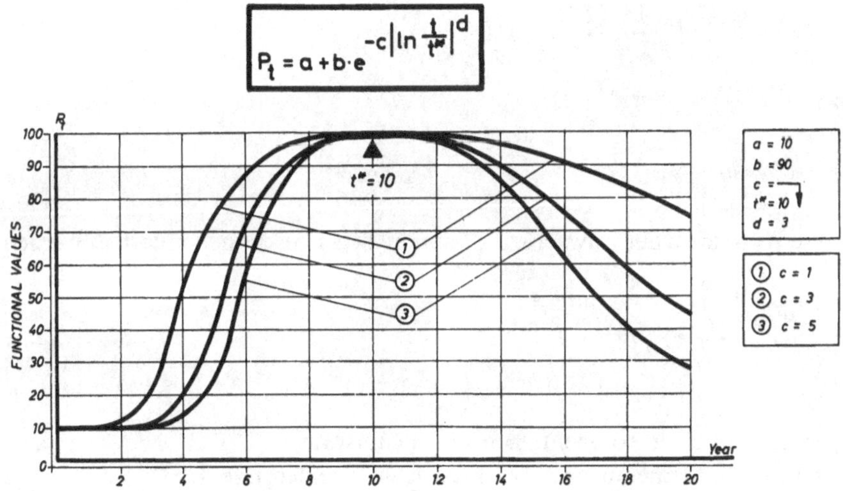

Abb. 2–29: Die von BOGUSLAWSKI-Funktion

[5] Diese Funktion wurde erstmals von *Dean*, *Sengupta* und *Weiss* für die a posteriori-Analyse von Lebenszyklen bestimmter Produkte angewandt [2.41; 2.131].

wobei die Parameter

a den Anfangswert des Wachstumsprozesses zum Zeitpunkt 0 definiert,
b das Sättigungsniveau definiert, wobei das Wachstum für $t = t^*$ das folgende Maximum erreicht:

$$P_{max} = P_t^* = a + b$$

und der Parameter

t^* den Zeitpunkt des maximalen Sättigungsniveaus angibt. Dieser Parameter t^* gestattet also, den hier beschriebenen Wachstumstyp in zwei verschiedene Phasen zu unterteilen:
Ist $t < t^*$, so ist der Wachstumsprozeß zunehmender Natur.
Für $t = t^*$ erreicht der Wachstumsprozeß das Sättigungsniveau.
Ist $t > t^*$, handelt es sich um einen rückläufigen Wachstumsprozeß.

c und d bezeichnen die zwei Wachstumsparameter des Prozesses. Je größer c und d sind, um so größer ist die Beschleunigung des Wachstumsprozesses.

Die Zuwachsrate dieser Funktion lautet:

$$P_t' = d \cdot c \cdot P_t \frac{1}{T^*} \frac{(T^*)^d}{t} \tag{2.70}$$

mit:

$$T^* = ln \frac{t}{t^*}$$

Diese Hypothese der Zuwachsrate kann in zwei Funktionen unterteilt werden:

$$P_t' = \underbrace{d \cdot c \cdot P_t}_{f_1} \cdot \underbrace{\frac{1}{T^*} \cdot \frac{(T^*)^d}{t}}_{f_2}$$

f_1 entspricht einer exponentiellen Wachstumsrate,
f_2 einem mit t zunehmenden wachstumsbremsenden Effekt.

Diese Funktion wurde kürzlich für die Vorhersage der Obstproduktion in der EG angewandt [2.132].
Obwohl bisher keine industrielle Anwendung dieses Modells vorliegt, ist aufgrund ihrer folgenden zwei interessanten Charakteristika eine allgemeine Verbreitung in der Zukunft zu erwarten.

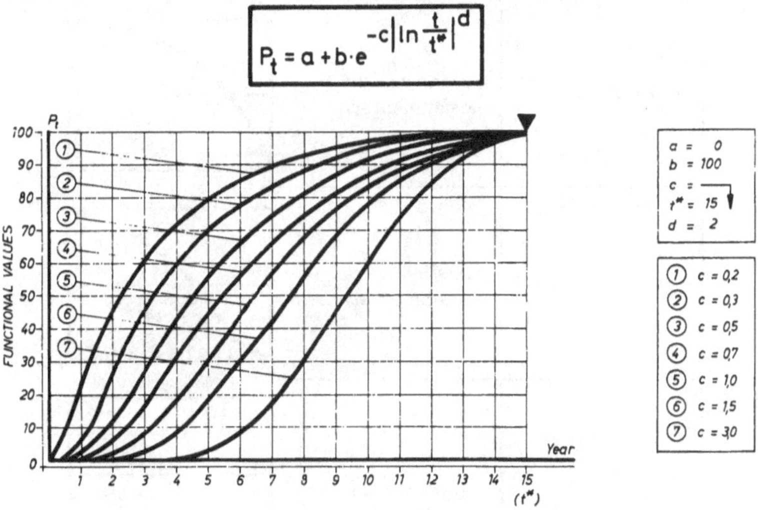

Abb. 2–30: Der Einfluß des Parameters c auf das von BOGUSLAWSKI-Modell

Das Wachstumsmodell von *Boguslawski* weist die folgenden zwei interessanten Eigenschaften auf:

a) Es besitzt eine große Flexibilität (5 Grundparameter), die eine gute Beschreibung einer bestimmten Anzahl von Wachstumsprozessen zuläßt.
b) Für Werte von t, die größer sind als t^*, liegt ein negatives Wachstum vor, das für Prognosezwecke bei der Planung neuer Produkte angewandt werden kann, da ein negatives Wachstum für die Beschreibung der hypothetischen Lebenszyklen der Produkte in Abhängigkeit ihres Alters geeignet ist.

Sonderfälle dieser Funktion:

1. $c = d = 1$
   Es handelt sich hier um einen linearen Wachstumsprozeß, der definiert werden kann durch:

$$P_t = a + b\left|\frac{t}{t^*}\right|; \qquad t \leqq t^*$$

2. $c \leqq 0{,}3$
   Man erhält ein Wachstum exponentieller Natur mit einem Sättigungsniveau, das mit dem der Funktion (2.2) vergleichbar ist.

$c \leq 0{,}3$	*stark positiv asymmetrisch*	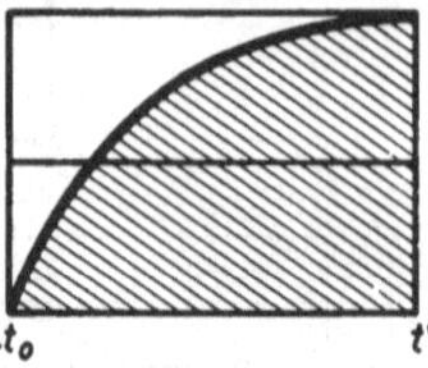
$0{,}3 < c \leq 2$	*positiv asymmetrisch*	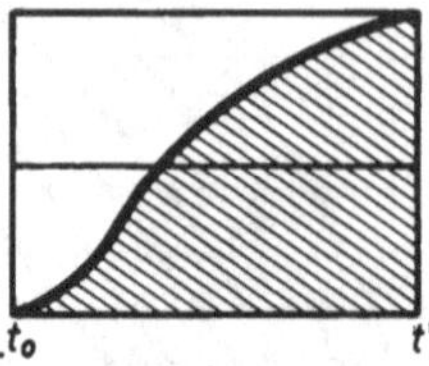
$2 < c \leq 4$	*quasi symmetrisch*	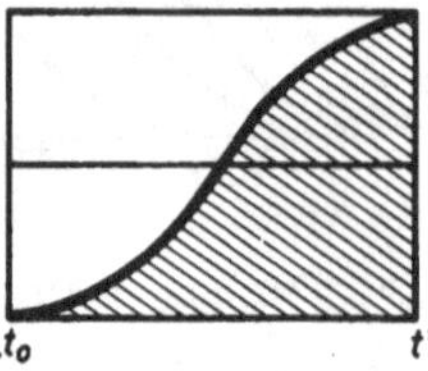
$4 < c \leq 6$	*negativ asymmetrisch*	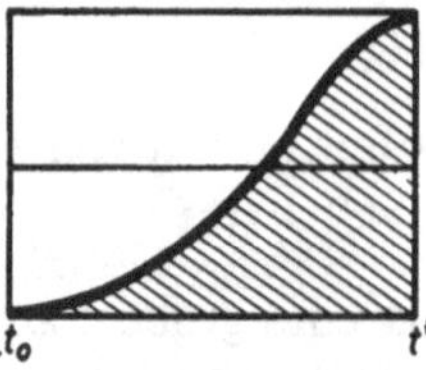
$c > 6$	*stark negativ asymmetrisch*	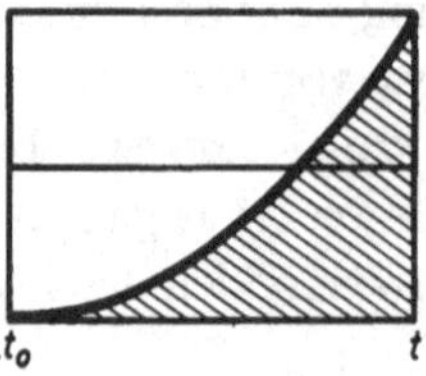

Abb. 2–31: Asymmetrieeigenschaften der von BOGUSLAWSKI-Funktion

3. $0{,}3 < c \leqq 2$
   Es liegt ein Wachstum logistischer Natur mit einer positiven Asymmetrie vor.
4. $2 < c \leqq 4$
   Man erhält einen Wachstumsprozeß quasi-symmetrischer Natur.
5. $4 < c \leqq 6$
   Man erhält einen negativen, asymmetrischen, S-förmigen Verlauf (ver-

gleichbar mit dem Fall $\beta > 1$ der generalisierten Funktion 1. Ordnung und $\beta > 2$ der generalisierten Funktion 2. Ordnung).

6. $c > 6$
   Es handelt sich hier um einen Wachstumsprozeß exponentieller Natur mit einer nach oben gerichteten Konkavität.

Die verschiedenen Charakteristika dieser Funktionen sind in Abb. 2–31 zusammengefaßt.

2.2.1.5.9 Das semilogarithmische Modell

A. Cotta [2.36a, S. 53ff.] weist auf die Anwendungsbereiche der semilogarithmischen Funktionen hin, die das Wachstum bestimmter Industriezweige, insbesondere der Nahrungsmittelindustrie, beschreiben.

Die semilogarithmischen Funktionen sind definiert durch:

$$P_t = a + b \cdot \ln t \tag{2.71}$$

und

$$P'_t = \frac{b}{t}$$

Wie man bei dieser Funktion sieht, geht in den zweiten Term als einzige Variable nur der Logarithmus der Zeit ein, was dazu führt, daß die Zuwachsrate dieses Modells kontinuierlich abnimmt.
Dieses Modell weist aber kein Sättigungsniveau auf und unterscheidet sich somit von den sog. *s*-förmigen Funktionen, die, wie schon gezeigt wurde, auf der Hypothese eines Sättigungsniveaus basieren.
Bei der Behandlung der exogenen Modelle wird gezeigt werden, daß dieses einfache Modell durch die Einführung zusätzlicher explikativer Variablen erweitert werden kann.
Für $t > 30$ (Jahre) sind die relativen Zuwachsraten dieser Funktion so klein (ca. 30mal kleiner als am Anfang des Wachstumsprozesses verzeichnet wurde), daß praktisch von einer Stagnation des Wachstums gesprochen werden kann (siehe dazu Abb. 2–32).
Das semilogarithmische Modell erlaubt die Erstellung von Prognosen mit Hilfe eines semilogarithmischen Papiers. Nehmen wir z. B. an, daß für eine bestimmte Marktentwicklung folgende Absatzzahlen vorliegen:

Jahr	t	P_t (in Mill. DM)
1960	1	38
1961	2	198
1962	3	266
1963	4	335
1964	5	354
1965	6	365
1966	7	392
1967	8	422
1968	9	451
1969	10	503

Die Eintragung dieser Werte auf ein semilogarithmisches Papier ergibt eine Punktwolke. Die beste Annäherung an diese Punktwolke wird durch eine Gerade erzielt (siehe Abb. 2–32).
Die Extrapolation dieser Geraden erlaubt somit, geht man von dem semilogarithmischen Ansatz für diese Marktentwicklung aus, die Erstellung von Prognosen.

In dem vorliegenden numerischen Beispiel erhalten wir folgende Prognosewerte:

Jahr	P_t
1971	515
1973	550
1975	570
1977	600
1979	625
2000	700

Das semilogarithmische Modell wurde 1970 von dem IFO-Institut [2.67] für Prognosen des gewerblich genutzten PKW-Bestandes in der BRD angewandt.
Dabei wurde mit Hilfe einer Regressionsanalyse die folgende Gleichung für den Wachstumsprozeß erstellt:

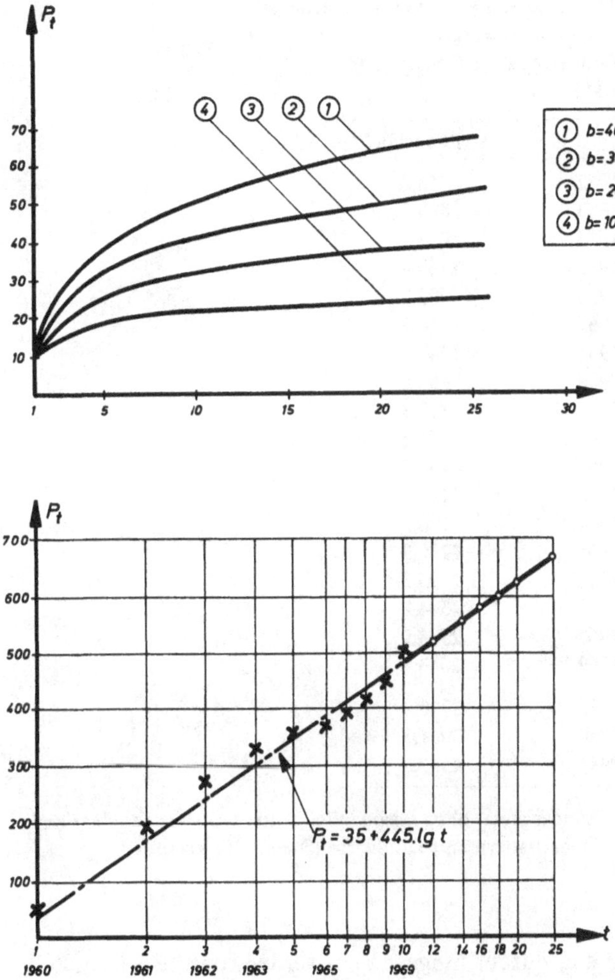

Abb. 2–32: Das semilogarithmische Modell und graphische Extrapolation der Marktentwicklung

$$P_t = -295{,}83 + 90{,}213 \log X_t \qquad (R = 0{,}9906)$$

mit:

P_t: Dichte der gewerblich genutzten PKW (pro 1000 Einwohner)
X_t: reales Bruttosozialprodukt in DM (Preise von 1954) je Einwohner.

Die mit diesem Ansatz erstellten Prognosen sind in Tabelle 2–9 dargestellt.

Tabelle 2–9: Bestand an Personen- und Kombinationskraftwagen in der Bundesrepublik Deutschland[1]
100 Stück

am 1. Juli	gewerblich[2]
1952	758,6
1953	889,9
1954	1048,5
1955	1169,4
1956	1293,3
1957	1424,9
1958	1546,0
1959	1655,8
1960	1812,3
1961	1953,1
1962	2100,2
1963	2190,7
1964	2290,5
1965	2216,9
1966	2495,3
1967	2544,8
1968	2573,9
1969	2643,7
1975	3390,3
1980	3961,3
1985	4587,3

[1] Bundesgebiet ohne Berlin (West); seit 1959 einschl. Saarland
[2] Ohne Bauern und Landwirte. Quelle: Ifo-Institut.

Abschließend soll darauf hingewiesen werden, daß die dargestellte semilogarithmische Wachstumshypothese Homogenitätsbeschränkungen des Marktes unterworfen ist. Daraus folgt, daß die Anwendung dieser Funktion nur dann möglich ist, wenn sich die Struktur der Konsumentenklassen im Verlauf der Zeit nicht erheblich verändert.

Alle endogenen Modelle und Ansätze, die hier behandelt wurden, sind zur Beschreibung globaler Marktentwicklungen in der Lage, so daß auf dieser Grundlage langfristige Extrapolationen erstellt werden können.

Für exaktere langfristige Prognosen ist es jedoch unerläßlich, marktbedingte Strukturveränderungen zu berücksichtigen, vor allem dann, wenn solche Veränderungen in der Vergangenheit in relativ geringem Maße zu beobachten waren. Man muß jedoch davon ausgehen, daß die Entwicklung der Märkte stärker von volks- bzw. betriebswirtschaftlichen Faktoren beeinflußt wird. Im folgenden werden wir langfristige exogene Prognosemodelle und -ansätze behandeln, die diese Faktoren berücksichtigen.

2.2.2 Die exogenen Modelle

In allen vorangegangenen Modellen trat als einzige explikative Variable die Zeit auf. Das bedeutet:
Ist der Wachstumsprozeß einmal angelaufen, z. B. durch die Einführung eines neuen Produkts, dann dehnt sich der Markt nur aufgrund seiner für ihn charakteristischen Faktoren aus. Die zahlreichen Studien über die Nachfrageelastizität haben gezeigt, daß die Nachfrage nicht als unabhängig von einer Anzahl sozioökonomischer Faktoren angesehen werden kann, wie z. B. Preisentwicklung, Entwicklung des Lebensstandards oder strukturelle Veränderungen der Konsumentenschichten.
In den folgenden Ausführungen werden wir eine Reihe von Modellen beschreiben, die diesen verschiedenen exogenen Faktoren Rechnung tragen.

2.2.2.1 Die generalisierten logistischen Funktionen 3. Ordnung

Die einfachen logistischen Funktionen sind durch folgenden Wachstumsprozeß charakterisiert:

$$P_t' = \alpha \cdot P_t \cdot (P^* - P_t) \tag{2.72}$$

wobei der Koeffizient α als ein Beschleunigungsfaktor für das Wachstum interpretiert werden kann. Dieser Faktor gestattet, verschiedene Wachstumsprozesse mit unterschiedlicher Marktentwicklung zu analysieren.
Die Gefahr bei der Anwendung zu starrer Hypothesen für eine langfristige Marktextrapolation besteht darin, daß die Beschreibung des hypothetischen Wachstumsprozesses zu einfach und nicht in der Lage ist, der Marktdynamik Rechnung zu tragen.
Obwohl der logistische Ansatz eine interessante Beschreibung der Marktentwicklung liefert, kann er nur als eine erste Approximation verstanden werden. Wenn die Anforderungen an Prognosesysteme hoch sind, sind solche vereinfachte Annahmen, wie das einfache logistische Modell, nicht zulässig. Um einen höheren Erklärungsgrad zu erreichen, führten wir in 2.1.3 sowie 2.1.4

sog. generalisierte logistische Funktionen ein, die verschiedene Hypothesen über den Einfluß des potentiellen Marktes auf die Marktentwicklung berücksichtigten.
Wir haben bis jetzt den Einfluß von anderen Faktoren als den der Zeit unberücksichtigt gelassen.
Eine exakte Beschreibung der Marktentwicklungen sowie die Erstellung effizienter Marktprognosen kann jedoch nur erreicht werden, wenn eine ganze Reihe von relevanten Faktoren in die Beschreibung der Wachstumsprozesse einbezogen werden, was im folgenden angestrebt werden soll.
Geht man von der Hypothese eines konstanten Sättigungsniveaus aus, und wird der Parameter α, der die Expansionsgeschwindigkeit des Marktes definiert, nicht als zeitlich konstant betrachtet, sondern als abhängig von exogenen Marktfaktoren (wie Preis, Kaufkraft), die die Kaufentscheidung beeinflussen, so kann Parameter α durch die folgende Gleichung definiert werden:

$$\alpha_t = \alpha + \beta \cdot Y_t' \qquad (2.73)$$

wobei

Y_t' die Veränderung der exogenen explikativen Variablen Y_t in der Periode t bezeichnet, und

β den Grad des Einflusses der exogenen Variablen auf α_t angibt.

Erweitern wir die Gleichung (2.72) durch (2.73), so erhalten wir für den erweiterten logistischen Ansatz:

$$P_t' = P_t(\alpha + \beta Y_t')(P^* - P_t) \qquad (2.74)$$

Es handelt sich bei dieser Funktion (2.74) um eine spezielle *Bernoulli*sche-Differentialgleichung, die durch die Methode der Trennung der Variablen gelöst werden kann[6], deren Lösung lautet:

[6] Man erhält:

$$\frac{P^*}{P_t(P^* - P_t)} \frac{dP_t}{dt} = b + c\frac{dY_t}{dt}\,;\; b = \frac{\alpha}{P^*},\; c = \frac{\beta}{P^*}$$

$$\int \frac{dP}{P_t} + \int \frac{1}{P^* - P_t} dP_t = \int b \cdot dt + \int c \cdot dY_t$$

und nach Auflösung:

$$P_t = \frac{P^*}{1 + \frac{P^* - P_0}{P_0} e^{-bt - cY_t - cY_0}}$$

$$P_t = \frac{P^*}{1 + e^{a - bt - c^{y}{}_{t}}} \qquad (2.75)$$

mit:

$$a = ln \left\{ \frac{P^* - P_0}{P_0} \right\} - c \cdot Y_0$$

$$b = \frac{\alpha}{P^*}$$

$$c = \frac{\beta}{P^*}$$

Ist in dieser Funktion $c > 0$, so wird der Wachstumsprozeß durch die Kaufkraftzunahme der Konsumenten beschleunigt und strebt also schneller dem Sättigungsniveau zu, als das bei dem einfachen logistischen Modell der Fall ist.

Für $c < 0$ führt die Erhöhung des Lebensstandards zu einer Bremsung des untersuchten Marktwachstums.

Bei unterschiedlichen Werten von c erhält man demnach sehr unterschiedliche Wachstumsprozesse.

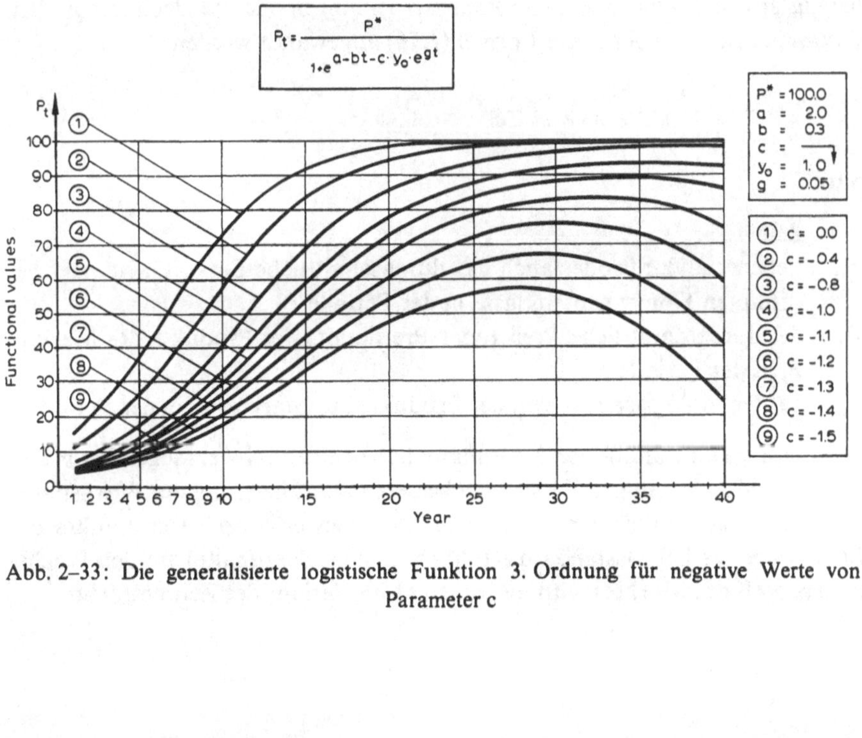

Abb. 2–33: Die generalisierte logistische Funktion 3. Ordnung für negative Werte von Parameter c

Die deskriptive Fähigkeit der logistischen Funktionen 3. Ordnung bleibt auch dann erhalten, wenn man Y_t eine andere Bedeutung als die des Einkommens zuschreibt, d. h., wenn Y_t z. B. als das technologische Niveau des Marktes definiert wird. Der Parameter c spielt dann die Rolle eines technologischen Veralterungskoeffizienten des Marktes.
Führt man außerdem gleichzeitig andere ökonomische Faktoren zur Erklärung der Marktexpansion in α_t (s. Formel 2.73) ein (z. B. Preisentwicklung), dann erhält man logistische Funktionen 3. Ordnung, die folgendermaßen definiert werden können:

$$P_t = \frac{P^*}{1 + e^{a - \sum_i b_i \cdot Xi_t}} \qquad (2.76)$$

wobei i den Index der verschiedenen explikativen Variablen (X) darstellt. Den verschiedenen explikativen Variablen kann z. B. die folgende Bedeutung zukommen:

$X_{1,t}$: Zeit (t)
$X_{2,t}$: Pro-Kopf-Einkommen der Bevölkerung in der Periode t
$X_{3,t}$: durchschnittlicher Preis in der Periode t.

Somit könnte für die Beschreibung eines Marktes, der in starkem Maße abhängig ist vom Einkommen, von Preisentwicklungen oder von technologischen Faktoren, die oben genannte Formel (2.76) angewandt werden:

$$P_t = \frac{P^*}{1 + e^{a - b \cdot t - c \cdot Y_t + d \cdot \pi_t - e \cdot Q_t}} \qquad (2.77)$$

mit:

t: Zeit
Y_t: Lebensstandard (oder auch das durchschnittliche Einkommen einer bestimmten Konsumentenklasse in der Periode t)
Π_t: der durchschnittliche Preis (oder Preisindex) der Produkte des Marktes P_t in der Periode t
Q_t: das technologische Niveau der Produkte des Marktes P_t in der Periode t.

Die logistischen Funktionen 3. Ordnung haben einen schwerwiegenden Nachteil, obwohl sie in einigen Fällen eine bessere Quantifizierung des Wachstumsphänomens gegenüber den endogenen Modellen erlauben: Der Einfluß der Preise oder des Lebensstandards (Einkommen der Haushalte) auf den Wachstumsprozeß des Marktes wird als konstant im Verlauf der Zeit betrachtet.

Da aber zu Beginn des Wachstumsprozesses z. B. der Einfluß des Einkommens bedeutender ist als am Ende, führt die Anwendung der logistischen Funktionen 3. Ordnung zu einer Überschätzung des Einflusses der explikativen Faktoren am Ende des Wachstumsprozesses.
Von diesem Nachteil abgesehen, den man zu korrigieren versuchen kann[7], gehen die logistischen Funktionen 3. Ordnung von einem konstanten Sättigungsniveau aus, was eine nur selten zutreffende Hypothese ist.

2.2.2.2 Modelle mit variablem Sättigungsniveau

Der kontinuierliche ökonomische und soziale Strukturwandel sowie die Veränderungen der Produktcharakteristika üben einen starken Einfluß auf den gesamten potentiellen Markt aus, von dem das Sättigungsniveau abhängt.
Dieses Phänomen der Veränderung des zu jeder Periode bestehenden Marktes stellt einen der wesentlichen Gründe dafür dar, daß die bis jetzt analysierten Funktionen, insbesondere die endogenen Systeme, in ihrer praktischen Anwendung zu erheblichen Prognosefehlern geführt haben. Wenn wir z. B. von den langfristigen Extrapolationsprognosen, die in Deutschland für den Automobilmarkt seit 1957 erstellt werden, ausgehen, so ist festzustellen, daß das Sättigungsniveau, das man 1957 mit 250 PKW pro 1000 Einwohner angab, kontinuierlich revidiert wurde. Heute wird ein realistischeres Sättigungsniveau von 360 PKW pro 1000 Einwohner angenommen.
Abb. 2–34 gibt eine Übersicht über die verschiedenen Sättigungsniveaus, die man für diesen Markt im Laufe der Zeit zugrunde gelegt hat.
Diese ständige Unterschätzung des definitiven Sättigungsniveaus ist im wesentlichen auf die Tatsache zurückzuführen, daß sich die Struktur der verschiedenen Käuferschichten im Laufe der Zeit verändert hat.
Bevor wir auf die Analyse der verschiedenen Modelle, die auf einem variablen Sättigungsniveau basieren, eingehen, werden wir kurz mögliche Faktoren für diese Veränderungen des Marktpotentials behandeln. Gehen wir von folgendem Beispiel aus (vgl. Abb. 2–36):
Nehmen wir an, daß 1960 ein bestimmter Markt analysiert wird, dessen Käufer aus drei verschiedenen Einkommensschichten stammen. Von diesen drei Klassen kommen aufgrund der Einkommensverhältnisse (in Relation zum Anschaffungspreis des Produkts) nur 67% der ersten Einkommensklasse für den Kauf dieses Marktprodukts in Frage und bilden somit den ersten Teil des gesamten potentiellen Marktes.

[7] Vgl. das Modell von *H. Jungemann* (2.2.2.5), das auf einem variablen Sättigungsniveau basiert.

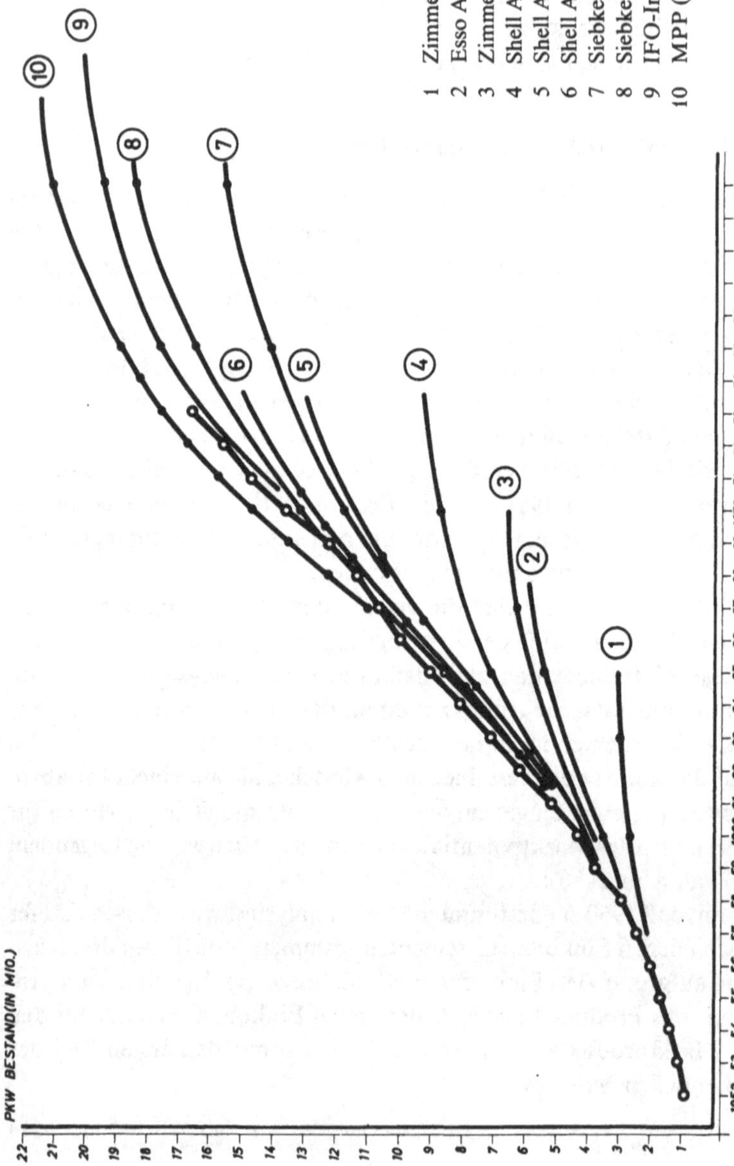

Abb. 2–34: Gegenüberstellung der verschiedenen Prognosen für den PKW-Bestand der BRD (+ Saar ohne W.-Berlin)

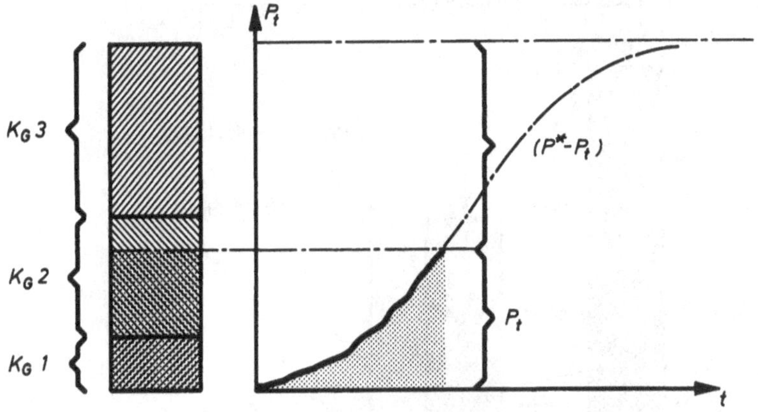

Abb. 2–35: Marktentwicklung im Fall einer Population aus drei verschiedenen Konsummentengruppen K_G

Von der Klasse 2 können 60% als potentielle Käufer betrachtet werden und von Klasse 3 55%. So wird der potentielle Markt 1960 zu ca. 60% von der gesamten zugrunde liegenden Population gebildet.
Wenn wir an dieser Stelle die Anwendung eines endogenen Prognosesystems in Betracht ziehen würden, käme das vorhin beschriebene Sättigungsniveau in Frage, was in der Abb. 2–36 durch P^* (1960) gekennzeichnet ist.
Nehmen wir an, daß wir 1973 die gleiche Analyse durchführen würden (und zur Vereinfachung die gesamte Population als konstant betrachten), so würde man feststellen, daß unter dem Einfluß der inzwischen aufgetretenen Einkommensverbesserungen der potentielle Markt eine ganz andere Zusammensetzung aufweisen würde als 1960.
So kämen z. B. 95% der Klasse 1, 77% der Klasse 2 und 75% der Klasse 3 als potentielle Käufer in Frage. Der potentielle Markt für 1973 würde dann ca. 80% der gesamten Population ausmachen (P^* (1973)).
Die Fehlschätzung des Sättigungsniveaus P^*_{1960} gegenüber dem 1973 festgestellten Sättigungsniveau P^*_{1973} resultiert, wie wir gesehen haben aus der Vernachlässigung der Veränderungen in der Konsumentenstruktur.
Die Unterschätzung des Sättigungsniveaus, die z. B. in vielen erstellten Prognosen für den Automobilmarkt in Deutschland festzustellen ist, hängt größtenteils von dem oben angedeuteten Phänomen der heterogenen Einkommensstruktur der verschiedenen Käuferklassen und deren Veränderungen im Laufe der Zeit ab.

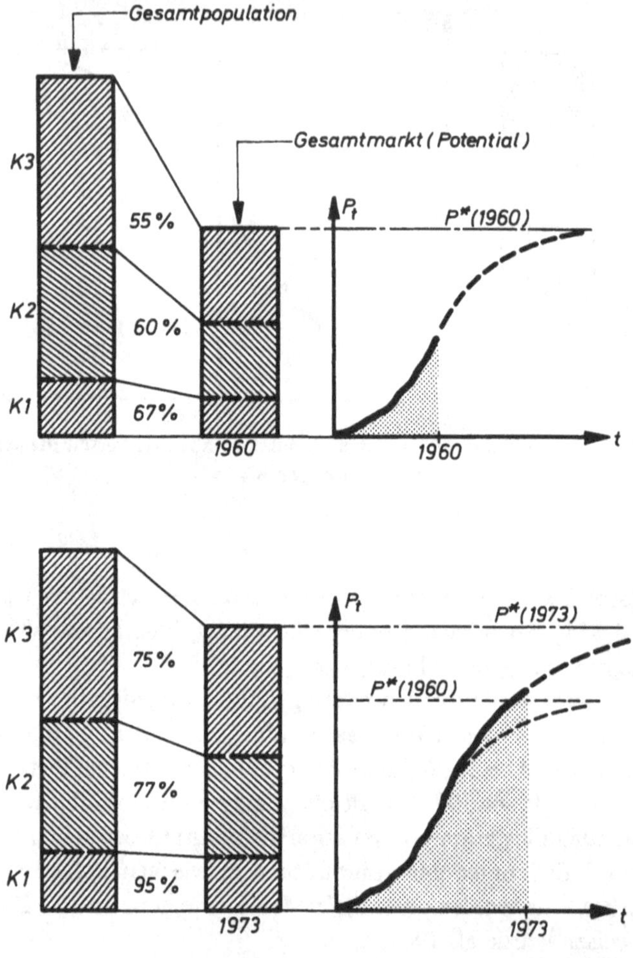

Abb. 2–36: Verschiebung des Sättigungsniveaus aufgrund von markttypologischen Veränderungen

Diese kontinuierliche Veränderung des Sättigungsniveaus im Laufe der Zeit ist im wesentlichen auf die folgenden Faktoren zurückzuführen:

1. auf die laufende unterschiedliche Verbesserung des Pro-Kopf-Einkommens aller sozialen Schichten,
2. auf die laufende Preisveränderung der Konsumgüter.

Die Veränderung des Sättigungsniveaus kann durch das folgende Modell analysiert werden:

Bezeichnen wir durch $p_{r(1)_t}$ die Wahrscheinlichkeit dafür, daß die Population der Klasse 1 aufgrund der Einkommens-Preis-Relation in der Periode t in der Lage ist, das betreffende Produkt zu kaufen.
Entsprechend kann die Wahrscheinlichkeit $p_{r(2)_t}$, $p_{r(3)_t}$ usw. für die Klassen 2, 3 usw. angegeben werden. Für jede Periode ergibt sich somit ein potentieller Markt, der wie folgt definiert wird:

1. Anzahl der Personen der Klasse 1, die in der Periode t zum Erwerb des betreffenden Produkts in der Lage sind:

$$P(1)_t = \sum_{j=0}^{EPK_t} p_r(1)_j \cdot P_0(1) \qquad (2.78)$$

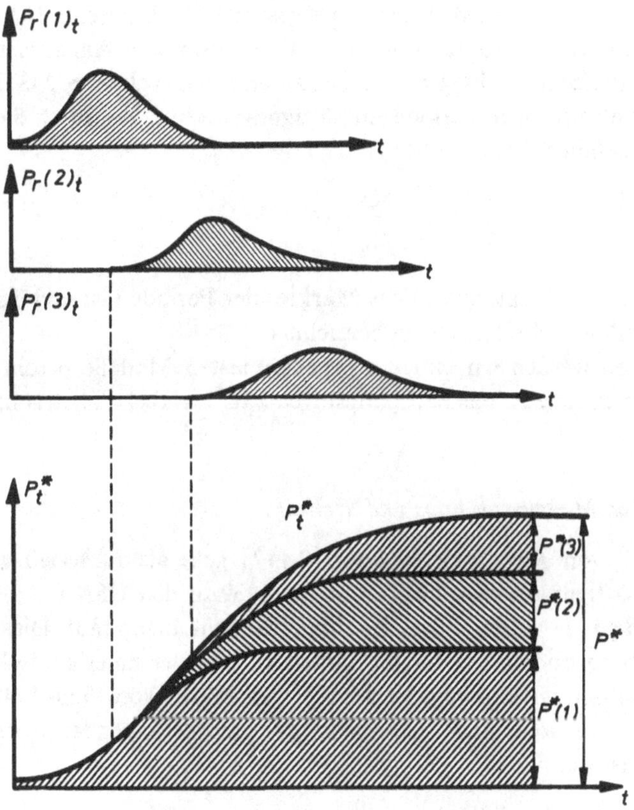

Abb. 2–37: Bestimmung des Sättigungsniveaus P_t^* in jeder Periode mit Hilfe der Veränderungen der Einkommens-Preis-Relationen

wobei

- j die Einkommens-Preis-Relation definiert
- EPK_t die Grenze von j in der Periode t bezeichnet, wenn die Konsumenten der Klasse (1) nicht mehr zum Kauf dieses Produktes in der Lage sind;
- $p_r(1)_j$ die Wahrscheinlichkeit darstellt, daß die Konsumenten der Klasse (1) aufgrund der Einkommens-Preisrelation (j) das Produkt kaufen;
- $P_0(1)_t$ die Population der Konsumentenklasse (1) und
- $P(1)_t$ Anzahl der Konsumenten der Klasse (1) ist.

2. Für die Klasse 2, 3 usw. ergibt sich das spezifische Marktpotential wie folgt:

$$P(2)_t = P_0(2)_t \sum p_r(2)_j$$

$$P(3)_t = P_0(3)_t \sum p_r(3)_j$$

Somit ist es möglich, für jede Periode das gesamte Marktpotential (das variable Sättigungsniveau) zu ermitteln und mit Hilfe bestimmter Annahmen über die zukünftige Preisentwicklung Prognosen zu erstellen (vgl. Abb. 2–37).
Man erhält also für jede Periode ein Sättigungsniveau, das durch die folgende Gleichung definiert ist:

$$P_t^* = \sum_{k=1}^{K} P(k)_t = \sum_{k=1}^{K} P_0(k) \sum_{j=0}^{EPK_t} p_r(k)_j \qquad (2.79)$$

wobei P_t^* das Sättigungsniveau des Marktes der Periode t ist und der Index k die verschiedenen Käuferklassen bezeichnet.
Im folgenden werden wir einige der bekanntesten Modelle beschreiben, die die Fähigkeit besitzen, das Sättigungsniveau als variabel zu betrachten.

2.2.2.2.1 Das Modell von Roos und Szelinski

Das Modell von *Roos* und *Szelinski* [2.117] geht als 1. Modell von einem variablen Sättigungsniveau aus. Es wurde 1939 in den USA für die Analyse der Nachfrage im Automobilsektor zum erstenmal angewandt. Dieses Modell eignete sich besonders gut für die Untersuchung der amerikanischen Automobilbestandsentwicklung in den schwierigen Jahren von 1930–1940.
Das Modell von *Roos* und *Szelinski* basiert auf der folgenden Formulierung der Zuwachsrate:

$$P_t' = \beta \cdot P_t \{P_t^* - P_t\} \qquad (2.80)$$

was mit der Definition der logistischen Wachstumsfunktion übereinstimmt

mit der wichtigen Besonderheit, daß hier das Sättigungsniveau als variabel in der Zeit betrachtet wird.
Das von *Roos* und *Szelinski* definierte Sättigungsniveau lautet:

$$P_t^* = a \cdot \varphi_t \cdot \left(\frac{R_t}{p_t}\right)^{\lambda} \cdot I \tag{2.81}$$

Wie aus dieser Formulierung zu ersehen ist, verändert sich das Sättigungsniveau in Abhängigkeit der folgenden Faktoren:

1. der Anzahl der Familien in jeder Periode, hier definiert durch φ_t. Bezieht man die Entwicklung des Automobilbestandes auf 100 Familien (oder, was gebräuchlicher ist, auf 1000 Einwohner), kann die obige Formulierung vereinfacht werden;
2. dem Einkommen-Kaufpreis-Verhältnis, was gegeben ist durch:

   $$\left(\frac{R_t}{p_t}\right)^{\lambda}$$

   wobei λ den Koeffizienten dieser Kreuzelastizität Einkommen/Preis darstellt.
3. des Faktors I, der den Ersatzbedarf berücksichtigt.

Wie aus der Definition des Sättigungsniveaus (2.81) zu ersehen ist, wird das Sättigungsniveau des Marktes um so größer sein, je höher das Einkommen-Preis-Verhältnis ist, d.h. würde das Verhältnis Einkommen-Preis gegen ∞ streben, wäre ein gegen ∞ strebendes Sättigungsniveau zu verzeichnen. Bekanntlich aber besteht für alle Konsumgüter eine Nachfragegrenze und damit auch ein absolutes maximales Sättigungsniveau.
Die Bed^utung dieses Modells rührt, wie wir schon gesehen haben, von der Hypothese eines variablen Sättigungsniveaus her, was dem Wachstumsprozeß eine dynamische Komponente verleiht. Das Modell von *Roos* und *Szelinski* hat zu der Erstellung einer Reihe weiterer Hypothesen geführt, die auf einem dynamischen Marktpotential basieren.

2.2.2.2.2 Das Modell von Klaassen und Koyck

Das Modell von *Klaassen* und *Koyck* wurde zum ersten Mal auf dem „Transport-Kongreß von Stresa" durch *Koopman* vorgestellt [2.75].
Es handelt sich hierbei um ein Modell mit variablem Sättigungsniveau, das jedoch gegen ein absolutes maximales Sättigungsniveau strebt. Dadurch unterscheidet sich das Modell von *Klaassen* und *Koyck* von dem Ansatz des Modells

von *Roos* und *Szelinski*, das, wie aus Formel (2.81) zu ersehen ist, kein maximales Sättigungsniveau aufweist. Somit entspricht der Ansatz von *Klaassen* in stärkerem Maße der ökonomischen Realität.
Das Sättigungsniveau wird in diesem Modell wie folgt definiert:

$$P_t^* = P_0^* - \frac{\alpha}{Y_t} - \gamma \cdot Pr_t \qquad (2.82)$$

mit

P_t^*: Sättigungsniveau zum Zeitpunkt t
P_0^*: maximales Sättigungsniveau
Y_t: Einkommen in der Periode t
Pr_t: Preis des Produkts in der Periode t.
Die Zuwachsrate des Bestandes wird durch folgende Funktion gegeben:

$$P_t' = \beta \cdot P_t \cdot \left\{ P_0^* - \frac{\alpha}{Y_t} - \gamma \cdot Pr_t - P_t \right\} \qquad (2.83)$$

Diese Gleichung geht von zwei verschiedenen Kundengruppen aus:

1. von dem potentiellen Kundenstamm, der in der Lage ist, das betreffende Gut zu erwerben,
2. von den Personen, die Kunden aufgrund einer Preissenkung oder Einkommenssteigerung werden könnten.

Die Differenz $P_0^* - P_t^*$ gibt die Größe des Marktes an, der zu einem potentiellen Markt werden könnte. Diese Differenz strebt gegen 0, wenn die Preise sinken oder das Einkommen steigt oder aufgrund des Zusammenwirkens beider Faktoren.

Das Modell von *Klaassen* und *Koyck* besitzt gegenüber dem Modell von *Roos* und *Szelinski* zwei wichtige Verbesserungen:

1. Das variable Sättigungsniveau tendiert selbst gegen ein absolutes maximales Sättigungsniveau P_0^*.
2. Der Einfluß des Preis- oder Einkommensniveaus auf das Sättigungsniveau wird getrennt mit Hilfe spezifischer Koeffizienten behandelt.

Wie man feststellt (Formel 2.83), kommt man hier auf den Ansatz eines logistischen Modells mit einem variablen Sättigungsniveau, was von *Roos* und *Szelinski* eingeführt wurde, zurück:

$$P_t' = \beta \cdot P_t \cdot (P_t^* - P_t)$$

2.2.2.2.3 Das Modell von Bonus

Das Modell von *Bonus* [2.25] stellt eine der interessantesten Erweiterungen des klassischen logistischen Modells dar. Dieses Modell gründet auf folgenden Hypothesen:

1. Das Wachstum ist logistischer oder pseudologistischer Natur.
2. Das Sättigungsniveau kann als eine vom Volkseinkommen abhängige Variable betrachtet werden.

2.2.2.2.3.1 Darstellung des Modells von *Bonus*

Die Erhöhung des Einkommens führt zu einer Veränderung des globalen potentiellen Marktes in jeder Periode und somit auch zu einer Veränderung des Sättigungsniveaus in dieser Periode.
Betont werden muß, daß das Sättigungsniveau selbst gegen ein absolutes maximales Sättigungsniveau strebt, was durch die Existenz sozio-psychologischer Gegebenheiten erklärt werden kann.
Das Modell von *Bonus* gründet auf der Hypothese eines Sättigungsniveaus, das in jeder Periode eine Funktion des Einkommens der Konsumenten ist:

$$P_t^* = \frac{P_0^*}{1 + c \cdot Y_t^{-\alpha}} \tag{2.84}$$

wobei Y_t das Einkommen in der Periode t bezeichnet,
α den Einkommenselastizitätskoeffizienten darstellt,
und c ein Proportionalitätsfaktor ist.
Ist $c > 0$, wächst das Sättigungsniveau jeder Periode aufgrund einer Einkommenssteigerung und strebt anschließend asymptotisch dem maximalen absoluten Niveau zu (vgl. Abb. 2.38). In diesem Fall bedeutet P_0^* das Stabilisierungsniveau, gegen das der Markt strebt.
Ist $c < 0$, dann nimmt der potentielle Markt in jeder Periode trotz einer Einkommenssteigerung ab, was auf eine technologische Wertminderung des untersuchten Produkts zurückgeführt werden kann.
In diesem Fall stellt P_0^* das minimale Sättigungsniveau dar, wohin der Markt aufgrund dieser technologischen Veralterung strebt.

Aus der Formel (2.84) läßt sich ersehen, daß das Sättigungsniveau in jeder Periode einem logistischen Gesetz folgt. Nimmt man außerdem an, daß die Einkommen mit einer Wachstumsrate g steigen, so gilt:

$$Y_t = Y_0 \cdot e^{gt} \tag{2.85}$$

Führt man die vorhergehenden Funktionen (2.84) und (2.85) in die logistische Wachstumsfunktion (2.9) ein, so erhält man die Differentialgleichung des Wachstumsprozesses[8]:

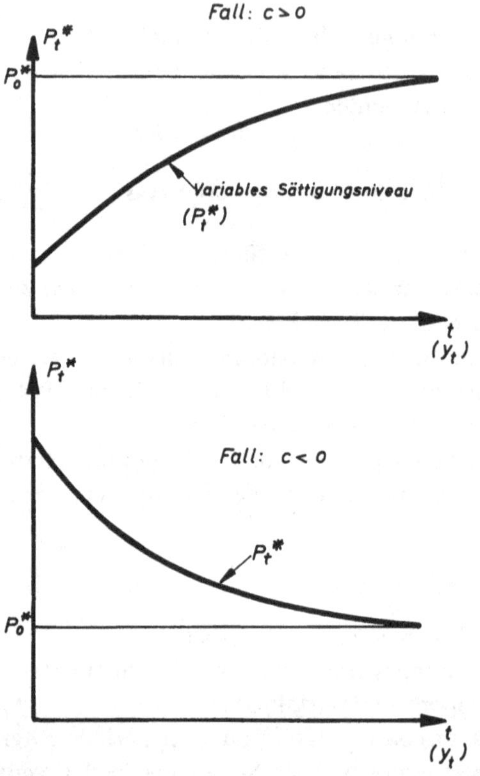

Abb. 2–38: Entwicklung des Sättigungsniveaus (Formel 2.84) in Abhängigkeit des Parameters c

[8] Geht man von Formel 2.9 aus:

$$P_t' = b \cdot P_t \left(1 - \frac{P_t}{P_t^*}\right)$$

und setzt man für P_0^* die Funktion (2.84) und für Y_t die Funktion (2.85), so erhält man (vergleiche auch die Transformationen 2.87):

$$P_t' = b \cdot P_t - \frac{b}{P_0^*}(1 + e^{\gamma \cdot S \cdot t}) P_t^2$$

$$= P_t \cdot b \left\{1 - \frac{P_t}{P_0^*}(1 + e^{\gamma S t})\right\}$$

$$P'_t = b \cdot P_t \cdot \left\{1 - \frac{P_t}{P_0^*}(1 + e^{\gamma S_t})\right\} \tag{2.86}$$

In dieser Formel hat man die folgenden Transformationen durchgeführt:

$$\begin{aligned} S &= -\alpha \cdot g \\ \gamma &= ln(c \cdot Y_0^{-\alpha}) \end{aligned} \tag{2.87}$$

Die Gleichung (2.86) ist eine *Bernoulli*sche Differentialgleichung, deren Lösung sich leicht durch die Methode der Variation der Konstanten ermitteln läßt.
Die Lösung dieser Funktion stellt den Wachstumsprozeß des Marktes dar:

$$P_t = \frac{P_0^*}{1 + e^{a-bt} + \dfrac{b}{b-\alpha g} \cdot c \cdot Y_0^{-\alpha} \cdot e^{-\alpha gt}} \tag{2.88}$$

Diese Formel läßt sich in vereinfachter Form schreiben:

$$P_t = \frac{P_0^*}{1 + A_1 e^{-bt} + A_2 \cdot e^{-\alpha gt}} \tag{2.89}$$

mit:

$$A_1 = e^a$$

$$A_2 = \frac{b}{b-\alpha g} \cdot c \cdot Y_0^{-\alpha}$$

2.2.2.2.3.2 Interpretation des Modells von *Bonus*

1. Ist der Parameter c groß, dann strebt das System aufgrund der Einkommenssteigerung rasch dem absoluten Sättigungsniveau zu.
   Für $c = 0$ hat die Einkommenssteigerung keinen Einfluß auf die Marktentwicklung. Da das Sättigungsniveau in jeder Periode eine Konstante ist, erhält man eine klassische logistische Kurve.
   Ist $c < 0$, erfährt das untersuchte Gut eine technologische Wertminderung, wahrscheinlich durch den Einfluß eines konkurrierenden Substitutionsguts.
2. Die Wachstumsfunktion von *Bonus* umfaßt eine ganze Reihe von logistischen Kurven, die in jeder Periode durch ein Sättigungsniveau definiert sind und deren Entwicklung von den strukturellen Veränderungen der Gesellschaft abhängt, was bei bestimmten Märkten deutlich zu beobachten

ist, z. B. bei Märkten von Fernsehgeräten, Automobilen oder elektrischen Haushaltsgeräten.

3. Das Modell von *Bonus* verhindert aufgrund seiner Eigenschaften die klassische Unterschätzung des definitiven Sättigungsniveaus. Diese Unterschätzung hat in einzelnen Fällen zu Abweichungen von 20–30% bei einem 5jährigen Prognosehorizont geführt.
   Da das Sättigungsniveau oft von einer klassisch logistischen Funktion ausgehend berechnet wird, ist eine Unterschätzung eine weit verbreitete Tatsache. Das Modell von *Bonus* erlaubt eine bessere analytische Interpretation der Marktentwicklung als die vorher beschriebenen Modelle.
4. Eine Analyse des Marktes, die auf realistischen ökonomischen Überlegungen basiert, ist nur unter Berücksichtigung der Entwicklung der Einkommen, sei es des Volkseinkommens, des Bruttosozialprodukts oder anderer ökonomischer Indikatoren, möglich. Insbesondere ist es wichtig Konjunktureinflüsse zu berücksichtigen.
   Wie die Formel (2.85) zeigt, geht das Modell von *Bonus* von einer kontinuierlichen Entwicklung des Lebensstandards aus. Die tatsächliche ökonomische Entwicklung ist aber durch einen oszillierenden Verlauf um diese Entwicklung charakterisiert. Um diese starre Hypothese einer kontinuierlichen Einkommensentwicklung zu verbessern, ist es notwendig, bei der Erstellung mittelfristiger Prognosen Überlegungen hinsichtlich dieses konjunkturellen Phänomens anzustellen.
5. Nach den Vorzeichen der Parameter dieser Funktion d. h.:

$$A_2 e^{-\alpha g t}$$

ergeben sich die folgenden vier interessanten Wachstumstypen (vgl. Abbildung 2–39),

a) $A_2 < 0$ und $\alpha g > 0$

In diesem Fall tritt der Einfluß der Kaufkraft vor allem zu Beginn des Wachstumsprozesses hervor.

b) $A_2 < 0$ und $\alpha g < 0$

Hier erhöht sich der Einfluß der Kaufkraft mit der Entwicklung des Prozesses, so daß das Wachstum selbst das gegebene Sättigungsniveau P_0^* überschreitet. In diesem Fall akzeptiert die angewandte Funktion nicht das angegebene Sättigungsniveau P_0^*.

c) $A_2 > 0$ und $\alpha g < 0$

Hier übt die Erhöhung des Lebensstandards einen negativen Einfluß auf den Wachstumsprozeß aus, z. B. aufgrund von Innovationseffekten, von technologischen Obsoleszenzen oder aufgrund anderer sozialer bzw. ökologischer Faktoren.
In diesem Fall erreicht der Wachstumsprozeß ein Maximum P_{max}, von dem ab er eine abnehmende Tendenz aufweist und mit der Zeit gegen 0 tendiert[9].

d) $A_2 > 0$ und $\alpha g > 0$

In diesem Fall übt die Kaufkraft einen negativen Einfluß zu Beginn des Wachstumsprozesses aus. Diese verschiedenen Fälle sind in Abb. 2–39 graphisch dargestellt.

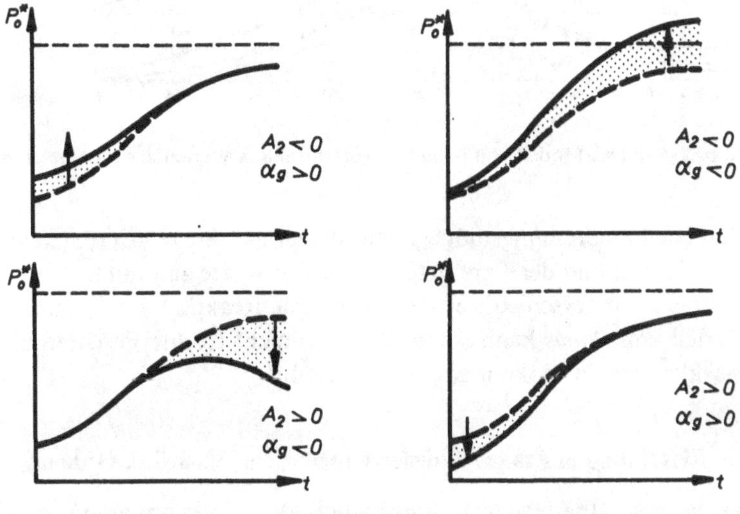

Abb. 2–39: Einfluß der Parameter A_2 und α_g auf den Wachstumsprozeß

Anmerkung

Eine interessante Besonderheit dieses Modells besteht in der Möglichkeit, mit einem negativen Parameter *c* solche Märkte zu beschreiben, deren Marktpotential unter dem Einfluß technologischer Obsoleszenz von einem bestimmten Zeitpunkt an abnimmt. Das ist besonders bei der Erstellung langfristiger Prognosen für bestimmte Produkte, die nach einigen Jahren mit neuen Produkten konkurrieren müssen, der Fall.

[9] Genauere Angaben sind aus 2.2.6.3 zu entnehmen.

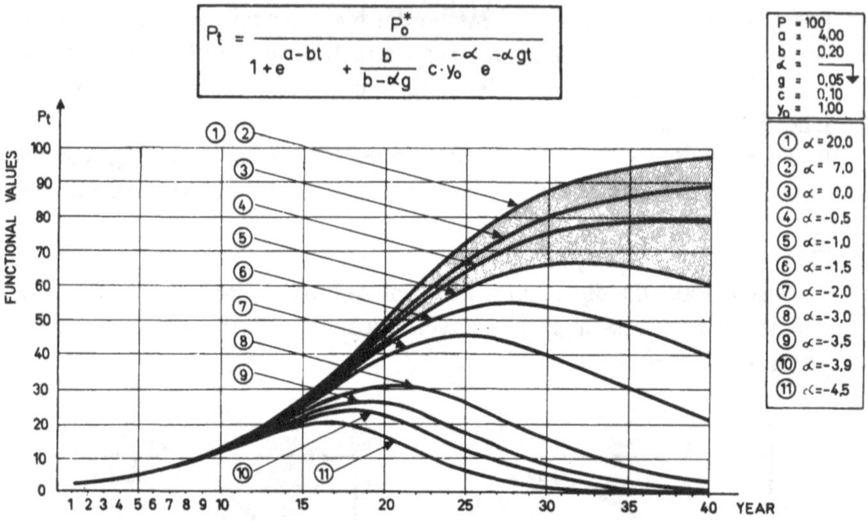

Abb. 2–40: Das Modell von *Bonus* bei verschiedenen Werten des Parameters α

Eine ähnliche Beschreibungsmöglichkeit solcher Märkte kann erreicht werden, wenn c positiv ist und der Parameter α negative Werte annimmt.

Abb. 2–40 gibt für verschiedene Werte von α die Reaktion des Systems an.

Das Modell von *Bonus* kann somit als Instrument für die Beschreibung von Lebenszyklen von Produkten angewandt werden.

2.2.2.3 Einführung in das generalisierte logistische Modell 4. Ordnung

Analog zu den Überlegungen hinsichtlich des Volkseinkommens in dem Modell von *Bonus* lassen sich Überlegungen zu der relativen Preisentwicklung anstellen.

Trotz der Komplexität seiner Formulierung hat sich das Modell von *Bonus* besonders effizient für die Märkte erwiesen, die starken Preisvariationen ausgesetzt sind, wie z.B. der Fernsehgerätemarkt, obwohl die Schätzung der Parameter ein schwieriges Problem darstellt.

In diesem erweiterten Ansatz von *Bonus* ist das Sättigungsniveau in jeder Periode gleichzeitig durch die Entwicklung des Einkommens und der Preise bestimmt:

$$P_t^* = \frac{P_0^*}{1 + c \cdot Pr_t^{\beta} \cdot Y_t^{-\alpha}} \qquad (2.90)$$

wobei Y, α und c die gleiche Bedeutung zukommt wie in dem vorhergehenden Modell und β der Preiselastizitätskoeffizient ist. Entsprechend wie für die langfristige Entwicklung des Einkommens ein hypothetischer Verlauf zugrunde gelegt wurde (Formel 2.84), hat *Bonus* für die langfristige Preisentwicklung eine Exponentialfunktion zugrunde gelegt. Der Preis Pr_t zu jeder Periode wird hier definiert durch:

$$Pr_t = \{p + q \cdot e^{-\pi \cdot t}\} \tag{2.91}$$

Der Koeffizient π stellt hierbei den Einfluß der Zeit auf die Preisentwicklung dar.

Diese Gleichung gestattet, relative Preisentwicklungen zu berücksichtigen, die von einem Einführungspreis ($p + q$-Niveau) exponential zu einem Endpreis p tendieren (vgl. Abb. 2–41).

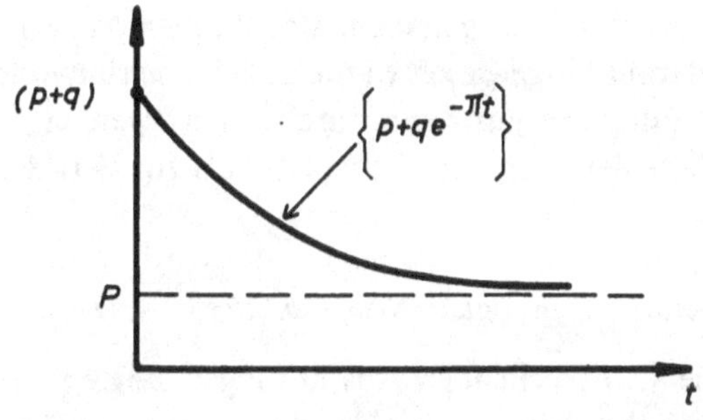

Abb. 2–41: Preisentwicklungsfunktion nach *Bonus*

Entwickelt man den Ausdruck $(Pr_t)^\beta$ aus Formel 2.91 durch eine *Taylor*-Reihe und Approximation 2. Ordnung, erhält man:

$$(Pr_t)^\beta = p^\beta + \beta \cdot \frac{q}{p} \cdot p^\beta \cdot e^{-\pi \cdot t} \tag{2.92}$$

Führt man diese Näherungsformel in die Funktion des Sättigungsniveaus (2.90) ein und anschließend die Formel (2.90) in die logistische Wachstumsfunktion, dann erhält man die Differentialgleichung dieses Wachstumsprozesses, deren Lösung lautet:

$$P_t = \frac{P_0^*}{1 + e^{a-bt} + A_1 \cdot e^{-\alpha g t} + A_2 e^{-(\pi + \alpha g)t}} \tag{2.93}$$

Diese Formel wurde vereinfacht durch Setzen von:

$$\left.\begin{aligned} A_1 &= \frac{b \cdot c \cdot p^{\beta}}{Y_0 \cdot (b - \alpha g)} \\ A_2 &= \frac{b \cdot c \cdot p^{\beta} \cdot \frac{q}{p} \cdot \beta}{Y_0 \cdot (b - \pi + \alpha g)} \end{aligned}\right\} \tag{2.94}$$

Wir erhalten schließlich für

$c = 0$ das einfache logistische Modell,
$\beta = 0$ das asymmetrisch logistische Modell (Einkommensmodell s. Formel (2.88)).

Diese Funktion führte bei der Analyse der Entwicklung des Fernsehmarktes in der BRD durch *Bonus* zu bemerkenswerten Ergebnissen. *Bonus* konnte jedoch bei dieser Analyse von genauem statistischen Material ausgehen. An dieser Stelle soll darauf hingewiesen werden, daß eine sinnvolle Schätzung der Parameter dieser Funktion nur dann durchgeführt werden kann, wenn man mindestens 15 Werte des Vergangenheitsmaterials zur Verfügung hat.

2.2.2.3.1 Die generalisierten logistischen Funktionen 4. Ordnung

Es wurde, wie die vorhergehenden Ausführungen zeigten, ergänzend zu der Variablen Zeit (t) eine weitere Variable, der Preis, eingeführt, und darüber hinaus die Entwicklung des Lebensstandards berücksichtigt.
Analog dazu ist man in der Lage, zusätzlich andere Faktoren zu berücksichtigen, wie z. B. die Technologie, die Werbung usw., was zu der *generalisierten logistischen Funktion 4. Ordnung* führt.

Diese Generalisierung wird durch folgende Funktion definiert:

$$P_t = P^* \{1 + A_0 e^{-a_0 t} + A_1 e^{-a_1 t} + \cdots\}^{-1}$$

Oder in anderer Schreibweise:

$$P_t = P^* \{1 + \sum_i A_i e^{-a_i \cdot t}\}^{-1} \tag{2.95}$$

Die Parameter a_i in dieser Formel berücksichtigen unabhängig voneinander die Zeit, den Preis, die Erhöhung der Kaufkraft, die Technologie, die Werbung usw.

Außerdem ist es durch die Parameter a_i möglich, mittels einer Simulation die Elastizitätskoeffizienten zu ermitteln.

2.2.2.4 Das Modell von Massy

Das kürzlich in verschiedenen Veröffentlichungen [2.10; 2.101, S. 32ff.] zitierte Modell von *Massy* [2.94] geht von der Hypothese eines logistischen Wachstums aus und führt zusätzlich Marktfaktoren wie Einkommen der Konsumenten und Preisniveau in die Analyse des Wachstumsprozesses ein. Dieses Wachstumsmodell, das für die Analyse des Fernsehgerätemarktes angewandt wurde, weist folgende Zuwachsrate auf:

$$P'_t = \underbrace{\beta \cdot P_t(P^* - P_t)}_{\text{logistisches Wachstum}} \underbrace{\pi_t^{a_0 + a_1 t} E_t^{b_0 + b_1 t}}_{\text{Einfluß der Marktfaktoren Einkommen und Preis}} \tag{2.96}$$

Hierbei bedeuten:
π_t das Preisniveau des untersuchten Marktes in der Periode t;
E_t das Einkommen der Haushalte in der Periode t und
a_0, a_1, b_0 und b_1 spezifische Koeffizienten, die den Einfluß der Preise und des Einkommens auf den Markt angeben.

In dem Fall, daß sich die Preise und Einkommen linear entwickeln, führt das Modell für verschiedene Werte der Koeffizienten a_1 und b_1 zu interessanten Sonderfällen.

Sind a_1 und b_1 negativ, so ist ein abnehmender Einfluß der Preise bzw. des Einkommens auf den Marktzuwachs zu verzeichnen, was für die Mehrzahl der geläufigsten Konsumgüter zutrifft und die Asymmetrie des Wachstums bestimmter Märkte, wie Fernsehgerätemarkt, Automobilmarkt etc. erklärt.

Für $a_1 + b_1 > 0$ liegt eine logistische Funktion mit einer negativen Asymmetrie vor.

Für $a_1 = b_1 = 0$ erhält man eine symmetrisch logistische Funktion:

$$P'_t = \beta \cdot P_t(P^* - P_t)\Pi^{a_0 + b_0} = k \cdot P_t(P^* - P_t)$$

mit:

$$k = \beta \cdot \Pi^{a_0 + b_0} = \text{Konstante}$$

was eine einfache logistische Wachstumshypothese darstellt.

Sind $a_1 + b_1 < 0$, so handelt es sich um eine logistische Funktion positiv asymmetrischer Natur, die wie im Fall eines endogenen Modells den Vorteil einer besseren Beschreibung des Verhaltens bestimmter Märkte (wie Fernsehgerätemarkt, Automobilmarkt) aufweist.

2.2.2.5 Das Modell von Jungemann

Ausgehend von einem einfachen logistischen Wachstumsprozeß, der durch:

$$P_t' = \alpha \cdot P_t(P^* - P_t)$$

definiert ist, führten wir in die Beschreibung dieses Wachstumsprozesses einige relevante Faktoren ein, um von der starren endogenen logistischen Hypothese zu einer exogenen Wachstumsfunktion mit einem höherem Erklärungsgrad zu gelangen.
So wurde durch die Einbeziehung eines exogenen Faktors (z. B. der Preisentwicklung) die Formel (2.72) durch (2.74) erweitert d. h.:

$$P_t' = P_t(\alpha + \beta \cdot Y_t')(P^* - P_t)$$

wobei Y_t' die Veränderung der exogenen explikativen Variablen Y_t in der Periode t angibt.
Die Lösung dieser Wachstumsgleichung ergibt:

$$P_t = \frac{P^*}{1 + e^{a - bt - cY_t}}$$

Obwohl dieser logistische Ansatz eine bessere Quantifizierung realer Marktentwicklungen zuläßt als das einfache logistische Modell, weist er den Nachteil eines über die Zeit konstanten Sättigungsniveaus auf.
In einer kürzlich erstellten Prognosestudie [2.71] über den Computerbestand in der BRD wurde dieser erweiterte logistische Ansatz angewandt.
Um den Hauptnachteil der Invarianz des Sättigungsniveaus zu eliminieren, führt *Jungemann* hier, wie in der Funktion von *Bonus*, ein variables Sättigungsniveau ein, das die folgende Form aufweist:

$$P_t^* = f(Y_t) = g \cdot Y_0^{\varrho} \tag{2.97}$$

Das Sättigungsniveau P_t^* ist also abhängig vom realen Bruttosozialprodukt Y_t und dem Parameter ϱ, der hier die Einkommenselastizität bezeichnet.
Ist $\varrho < 1$, so wächst das Sättigungsniveau langsamer als das Bruttosozialprodukt.

Für $\varrho = 1$ weisen Bruttosozialprodukt und Sättigungsniveau den gleichen Wachstumsrhythmus auf.
Ist $\varrho > 1$, so wächst das Sättigungsniveau schneller als das Bruttosozialprodukt. Die angewandte Wachstumsfunktion lautet in diesem Fall:

$$P_t = \frac{g \cdot Y_0^{\varrho}}{1 + e^{a - b \cdot t - c \cdot \pi_t}} \tag{2.98}$$

wobei π_t die durchschnittlichen Preis-Leistungsverhältnisse aller in der BRD installierten Computer bezeichnet. Die Werte für π wurden normiert, so daß π_{1959} den Wert 10 annimmt.
Von den verschiedenen möglichen Alternativen für den Koeffizienten ϱ wendet *Jungemann* den wahrscheinlichsten Wert $\varrho = 0{,}3$. Man erhält für die Parameter a, b und c sowie für ihre Konfidenzintervalle die folgenden Werte:

$a = \quad 4{,}878\ (0{,}221)$
$b = \quad 0{,}300\ (0{,}024)$
$c = -0{,}09733\ (0{,}0252)$.

Tabelle 2–10: Datenmaterial der *Jungemann*-Studie

Jahr	Computerbestand	BSP in laufende Preisen (Mdr. DM)	Preisreihe 1954 = 1,000	Preisleistungs-Verhältnis[2]
1959	118	266,2	1,127	152,099
1960	225	296,6	1,153	127,276
1961	420	326,6	1,198	84,352
1962	742	354,9	1,251	41,181
1963	982	378,0	1,185	24,064
1964	1446	414,6	1,318	16,340
1965	2092	453,8	1,360	10,555
1966	2800	481,6	1,407	7,189
1967	3424	486,0	1,415	4,569
1968	4669	530,7	1,475	2,782
1969	6009	599,4	1,551	1,558
1970	7814	669,6	1,659	1,091

[1] Bewertet in Kaufpreis der installierten EDV-Anlagen. Diebold Deutschland: „Der Markt für automatische Datenverarbeitungsanlagen in der BRD" Teil 1: Marktentwicklung von 1959 bis 1968. Frankfurt, 1969.

[2] Durchschnittliches Preisleistungs-Verhältnis aller Computer in der BRD(1000 DM/sec).

Für die Werte von $\varrho = 0{,}3$ und bei einer jährlichen Wachstumsrate des realen Bruttosozialprodukts von 4% ergeben sich für den deutschen Computerbestand die folgenden Prognosen (vgl. Tabelle 2–10).

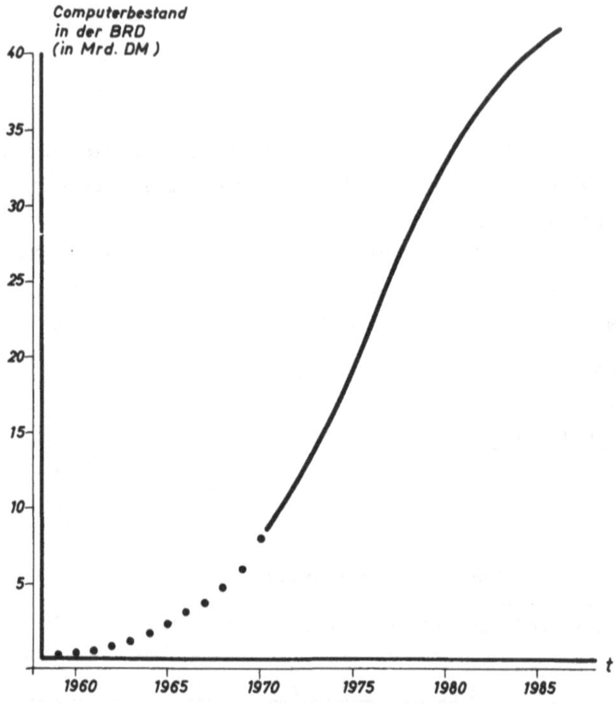

Abb. 2–42: Computerbestandsprognose für die BRD nach Jungemann

2.2.3 Langfristige Marktprojektionen unter Berücksichtigung der Einkommensverhältnisse der Haushalte

Zur Erstellung langfristiger Prognosen der meisten Märkte ist es notwendig, verschiedene Phänomene zu berücksichtigen, die das Wachstum beeinflussen. Die Extrapolation der Tendenzen der Vergangenheit des globalen Marktes kann in bestimmten Fällen zu großen Prognosefehlern führen, wenn man nicht bestimmte Typologieveränderungen der verschiedenen Konsumentenschichten berücksichtigt.
Wir werden im folgenden verschiedene Ansätze für typologische Marktanalysen behandeln.

2.2.3.1 Modell der Einkommensklassen von Lewandowski

Im allgemeinen kann man die Population in mehrere elementare Klassen einteilen. Zur Vereinfachung werden wir hier davon ausgehen, daß das Klassifizierungskriterium für die Analyse der Markttypologie das Einkommen der Konsumenten sei. Die potentielle Population PM_t in einer bestimmten Periode hinsichtlich eines bestimmten Gutes kann definiert werden durch:

$$PM_t = PM_t^{(1)} + PM_t^{(2)} + \cdots + PM_t^{(i)}$$

wobei

$PM_t^{(i)}$ die potentielle Population der Käufer der Klasse i in der Periode t, d.h. die Konsumenten, die über ein Einkommen der Einkommensklasse i verfügen, bezeichnet.

Im Verlauf der Zeit verändert sich nicht nur die Struktur der potentiellen Käuferklasse $PM_t^{(i)}$, sondern ebenfalls deren Kaufkraft. Somit kann das Kaufniveau oder das Besitzniveau der Kaufklasse i in der Periode t in Abhängigkeit des Einkommens im Fall einer logistischen Hypothese definiert werden durch:

$$P_t^{(i)} = \frac{PM_t^{(i)}}{1 + e^{a_i + b_i \cdot t}} \tag{2.99}$$

Durch Integration über alle Klassen erhält man für den Gesamtmarkt:

$$P_t = \sum_i \frac{PM_t^{(i)}}{1 + e^{a_i + b_i t}} \tag{2.100}$$

Diese Prognoseformulierung erlaubt die Berücksichtigung der folgenden Faktoren:

1. des spezifischen Konsums jeder Konsumentenklasse,
2. der spezifischen Kaufkraft jeder Klasse sowie deren zeitliche Entwicklung,
3. des potentiellen Markts jeder Klasse.

Es scheint, daß diese Prognosemethode aufgrund ihrer detaillierten Beschreibungsmöglichkeiten inhomogener Märkte zu besseren Ergebnissen führt als die Methode, die von einer Analyse des globalen Marktes ausgeht und somit das Verhalten der verschiedenen Konsumentenklassen vernachlässigt. Zur Verdeutlichung dieses Modells der Einkommensklassen werden wir im folgenden von der Ausstattungsdichte der Haushalte hinsichtlich verschiedener Haushaltsgeräte ausgehen[10]:

[10] Fachserie *M*, Reihe 13, Wirtschaftsrechnungen, Einkommen und Ausgaben ausgewählter privater Haushalte, Jahreshefte 1964 bis 1971.

Haushaltstyp 1

2-Personen-Haushalt von Rentnern und Sozialhilfeempfängern mit geringem Einkommen.

Haushaltstyp 2

4 Personen, Arbeitnehmerhaushalt mit mittlerem Einkommen.

Haushaltstyp 3

4-Personen-Haushalt von Beamten und Angestellten mit höherem Einkommen. Für die Ausstattungsdichte der Plattenspieler liegen die folgenden Statistiken vor (vgl. Tab. 2–11).

Tab. 2–11. Ausstattungsdichte der Plattenspieler

	Haushaltstyp		
Jahr	1	2	3
1964	–	35,6	–
1965	9,6	38,2	55,9
1966	13,9	41,3	59,2
1967	16,9	39,1	60,1
1968	17,1	39,9	60,6
1969	20,5	42,1	63,7
1970	21,1	49,3	67,4
1971	21,2	51,5	71,0

Aus der graphischen Darstellung dieser Ausstattungsdichte (vgl. Abb. 2–43) können folgende Feststellungen getroffen werden:

Die jeweiligen Ausstattungsdichtekurven dieser 3 Haushaltstypen können als das Verhalten von drei Konsumentengruppen mit unterschiedlichem Einkommen betrachtet werden. Das Verhalten des Haushaltstyps 2 kann also als das Verhalten des Haushaltstyps 3 mit einer zeitlichen Verzögerung von einigen Jahren interpretiert werden. Um die Kurve der Ausstattungsdichtefunktion in Abhängigkeit des Jahres oder des Einkommens zu erhalten, genügt es, die beiden Kurven 2 und 1 nach links zu verschieben, bis die drei Kurvenabschnitte eine kohärente Fortsetzung bilden.

Abb. 2–43 zeigt für die Ausstattungsdichte von Plattenspieler diese Verschiebung der drei Kurvenabschnitte. Man stellt fest:

1. Das Verhalten (Ausstattungsdichte) des Haushaltstyps 1 entspricht dem des Haushaltstyps 1 mit einer Verzögerung von ca. 7 Jahren.
2. Das Verhalten oder die Ausstattungsdichte des Haushaltstyps 2 entspricht dem Verhalten des Haushaltstyps 3 mit einer Verzögerung von ca. 18 Jahren.

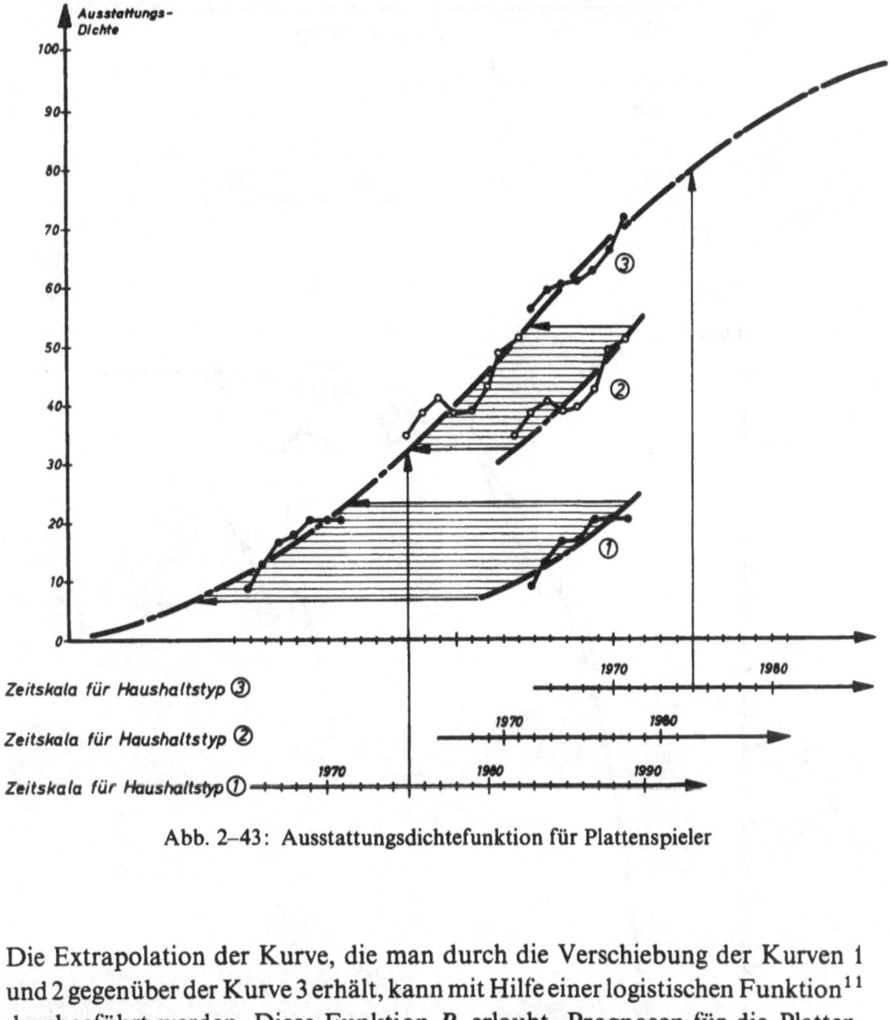

Abb. 2–43: Ausstattungsdichtefunktion für Plattenspieler

Die Extrapolation der Kurve, die man durch die Verschiebung der Kurven 1 und 2 gegenüber der Kurve 3 erhält, kann mit Hilfe einer logistischen Funktion[11] durchgeführt werden. Diese Funktion P_t erlaubt, Prognosen für die Plattenspieler-Ausstattungsdichte dieser drei Haushaltstypen zu erstellen, die im folgenden lauten:

[11] Diese Verschiebungstechnik besteht darin, geht man von einer gegebenen Wachstumsfunktion aus, die Kurven 1 und 2 so zu verschieben, daß die Unterschiede zwischen den verschiedenen Kurvenabschnitten 1, 2, 3 gegenüber der zugrunde gelegten Wachstumsfunktion minimal werden, was durch eine bestimmte Kombination der spezifischen Parameter dieser Wachstumsfunktion erreicht werden kann.

Jahr	Haushaltstyp		
	1	2	3
1970	80	62	33
1975	90	75	45
1985	95	85	60

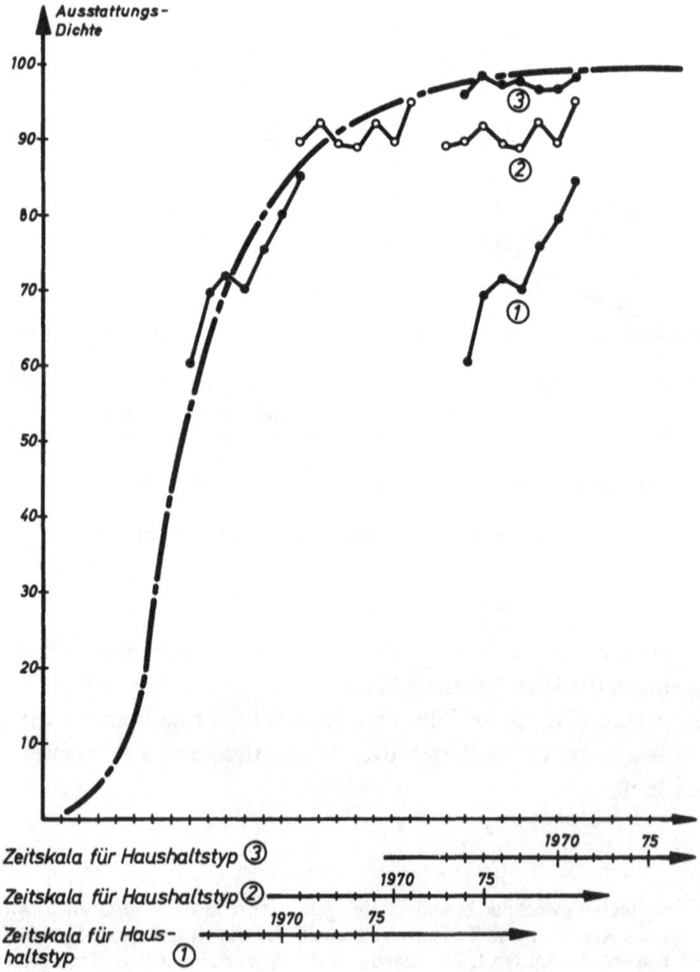

Abb. 2–44: Ausstattungsdichtefunktion für Staubsauger

Die Abb. 2–44, 2–45, 2–46 und 2–47 zeigen die von verschiedenen elektrischen Haushaltsartikeln erhaltenen Ausstattungsdichten.

Um eine detailliertere Typologie zu berücksichtigen und somit die gesamte Population mit ihren verschiedenen Haushaltstypen zu analysieren, ist es möglich, in Abhängigkeit der festgestellten Verzögerungen zwischen dem Haushaltstyp 1 und 2 im Vergleich zu Haushaltstyp 3 eine funktionale Beziehung zwischen den *Ausstattungsverzögerungsfaktoren* und den Einkommen der Haushaltstypen zu erstellen.

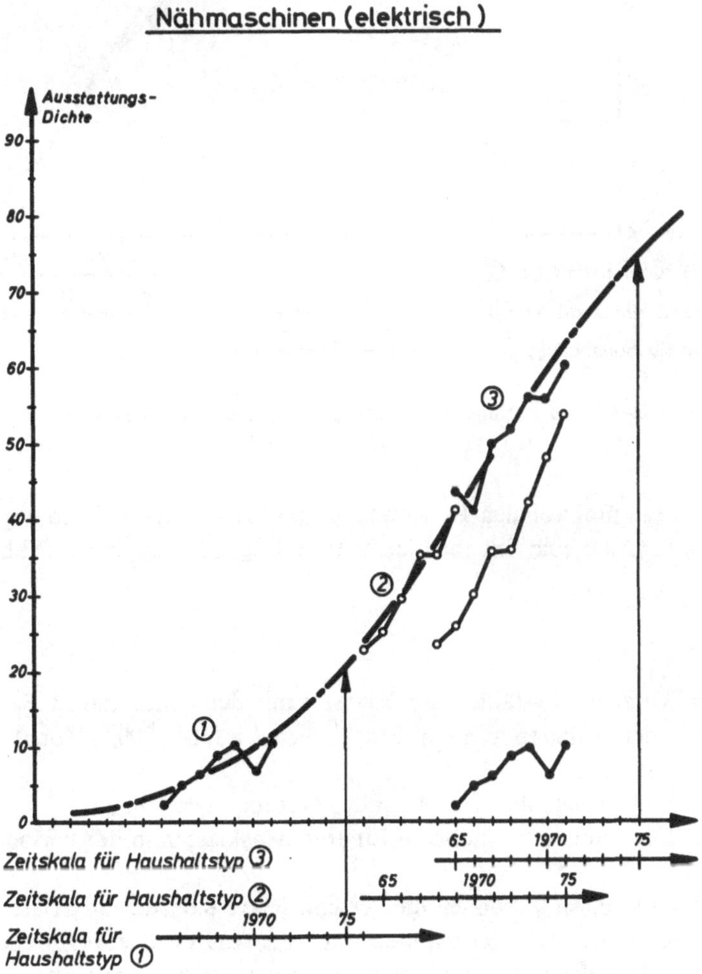

Abb. 2–45: Ausstattungsdichtefunktion für elektrische Nähmaschinen

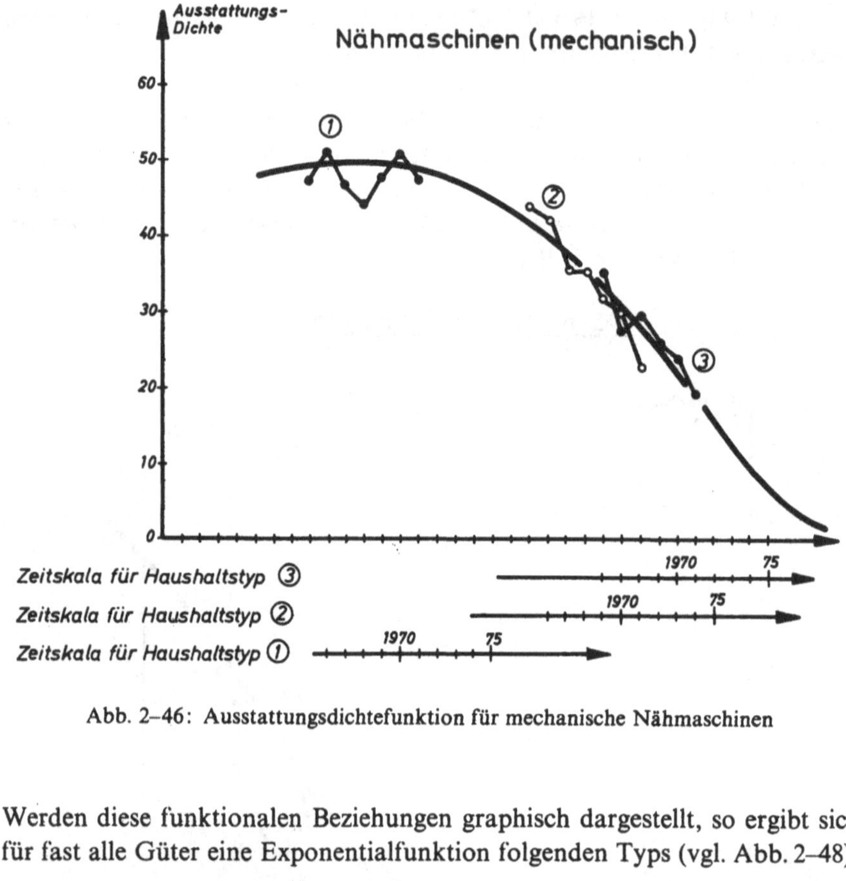

Abb. 2–46: Ausstattungsdichtefunktion für mechanische Nähmaschinen

Werden diese funktionalen Beziehungen graphisch dargestellt, so ergibt sich für fast alle Güter eine Exponentialfunktion folgenden Typs (vgl. Abb. 2–48):

$$\theta_{i,t} = k \cdot e^{a(E_t^* - E_t^{(i)})} - 1 \tag{2.101}$$

wobei

$\theta_{i,t}$ der Verzögerungsfaktor der Klasse i mit dem Einkommen $E_t^{(i)}$ gegenüber den höheren Einkommensklassen (> DM 3000,–/Monat) in der Periode t ist,

$E_t^{(i)}$ das Einkommen der Klasse i in der Periode t bezeichnet,

E_t^* das Einkommen der höheren Einkommensklassen in der Periode t darstellt.

Mit dieser Funktion θ_i können die verschiedenen Konsumentenklassen nach ihrem Einkommen analysiert werden, was eine Analyse der spezifischen Ausstattungsdichten der Klasse i mit dem Einkommen $E_t^{(i)}$ ermöglicht.

Für diese Analyse kann eine generalisierte Funktion 1. Ordnung für die Be-

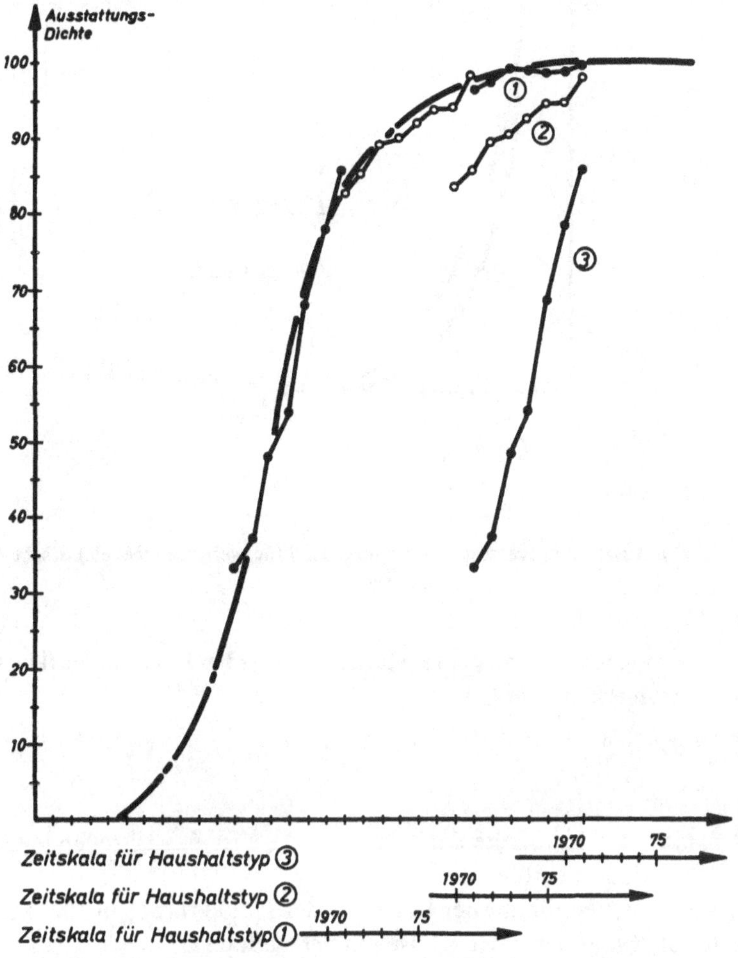

Abb. 2–47: Ausstattungsdichtefunktion für Kühlschränke

schreibung der Ausstattungsdichte der einzelnen Konsumentenklassen zugrunde gelegt werden:

$$P_{t,i} = \left\{ \frac{P^*}{1 + e^{a - b(t - \theta_{i,t})}} \right\}^{\frac{1}{\beta}}$$

Der Faktor $\theta_{i,t}$ gestattet, für jede beliebige Einkommensklasse deren Ausstattungsdichte in der Periode t zu bestimmen. Aufgrund dieser Ausstattungs-

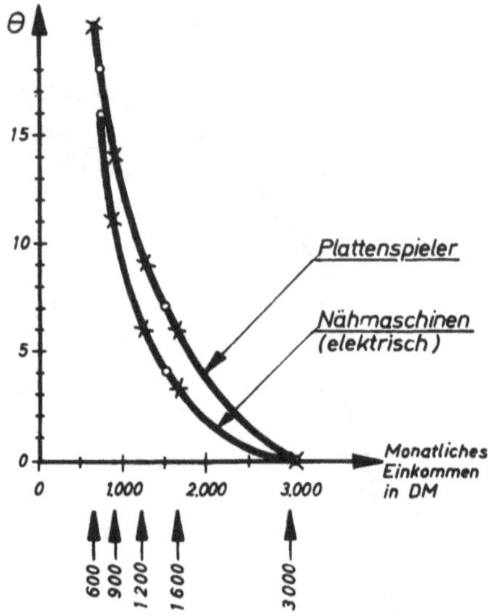

Abb. 2–48: Die Ausstattungsverzögerungs-Funktion θ für verschiedene elektrische Haushaltsgeräte

dichte ist es möglich, das absolute Marktniveau jeder Einkommensklasse zu errechnen. Man erhält:

$$B_{t,i} = BV_{t,i} \cdot P_{t,i} \tag{2.102}$$

mit:

$B_{t,i}$: Anzahl der Haushalte der Klasse i, die über das betreffende Gut in der Periode t verfügen,

$BV_{t,i}$: Anzahl der Haushalte der Klasse i in der Periode t (potentieller Markt),

$P_{t,i}$: Ausstattungsdichte der Klasse i in der Periode t.

Die Anzahl der Haushalte, die das analysierte Produkt in der Periode t besitzen, ist somit gegeben durch:

$$B_t = \sum_i B_{t,i}$$

Durch Integration gelangt man zu der Ausstattungsdichte des Gesamtmarktes, die hier lautet:

$$P_t^* = \frac{\sum_i B_{t,i}}{\sum_i BV_i} \tag{2.103}$$

Zur Verdeutlichung dieser Methode soll im folgenden von der Ausstattungsdichte für Plattenspieler ausgegangen werden.
Die Prognosen für 1975 können folgendermaßen erstellt werden:

Einkommensklassen (Bruttoeinkommen in DM)		Anzahl der Haushalte/Klassen (in Mio.)	
i	E^i_{1975}	$BV_{1975,i}$	%
1	$E^1 \leqq 800$	2600	10
2	$800 \leqq E^2 < 1000$	1560	6
3	$1000 \leqq E^3 < 1400$	5200	20
4	$1400 \leqq E^4 < 1800$	5720	22
5	$1800 \leqq E^5$	10920	42
		26000	100

In diesem Beispiel wurden alte Schätzungen bezüglich der Anzahl und Struktur der Haushalte zugrunde gelegt, die nicht die Auswirkungen des Rückgangs der Geburtenrate berücksichtigen.
Die Ausstattungsverzögerungsfaktoren für jede dieser Einkommensklassen (abgeleitet von der hier schon beschriebenen Formel 2.101) sind in der folgenden Tabelle dargestellt.

i	$\theta_{1975,i}$
1	20
2	14
3	9
4	6
5	0

Die aus der Funktion $P_{t,i}$ resultierenden Werte für die Ausstattungsdichte jeder fünf Einkommensklassen lauten:

$$P_{1975,1} = 28\%$$
$$P_{1975,2} = 43\%$$
$$P_{1975,3} = 58\%$$
$$P_{1975,4} = 67\%$$
$$P_{1975,5} = 80\%$$

Die Anzahl der Haushalte (in Mio.), die 1975 über mindestens einen Plattenspieler verfügen werden, beträgt:

$$B_{1975,1} = 2{,}600 \times 0{,}28 = 0{,}728$$

$$B_{1975,2} = 1{,}500 \times 0{,}43 = 0{,}645$$

$$B_{1975,3} = 5{,}200 \times 0{,}58 = 3{,}016$$

$$B_{1976,4} = 5{,}720 \times 0{,}67 = 3{,}832$$

$$B_{1977,5} = 10{,}920 \times 0{,}80 = 8{,}736$$

Die Gesamtzahl der Haushalte, die 1975 einen Plattenspieler besitzen werden lautet:

$$B_{1975} = 16{,}957 \text{ Mio. Haushalte}$$

was einer Ausstattungsdichte von:

$$P_t^* = \frac{16{,}957}{26{,}000} = 65{,}2\%$$

entspricht.
Analoge Berechnungen ergeben für 1980:

i	$B_{1980,i}$
1	0,456
2	0,487
3	2,594
4	6,413
5	12,113

$B_{1980} = 22{,}063$ Mio. Haushalte.

Die Ausstattungsdichte lautet somit:

$$P_{1980} = \frac{22\,063}{28\,500} = 77{,}4\%$$

Zusammenfassung

Die hier beschriebene Methode besitzt trotz bestimmter Schwierigkeiten die folgenden wichtigen Vorteile:

1. Sie berücksichtigt die Struktur der Population nach dem Kriterium der Einkommen,
2. sie berücksichtigt Strukturveränderungen, die mit der Einkommensentwicklung verbunden sind,
3. sie kann deutlicher dem Einfluß der Einkommensstrukturveränderungen auf

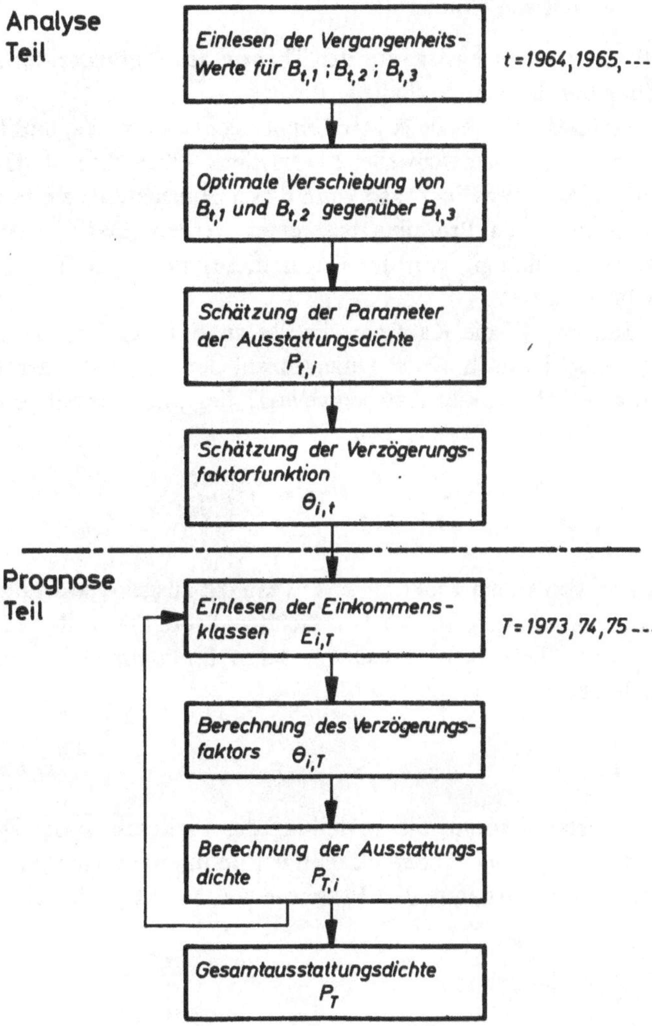

Abb. 2–49: Schematische Darstellung der Schritte des markttypologischen Analyse- und Prognosemodells von *Lewandowski*

den Verbrauch Rechnung tragen als die anderen globalen Methoden, die in Punkt 2.2.1 und 2.2.2 dargestellt wurden.

Abb. 2–49 gibt eine schematische Darstellung der Schritte dieser Analyse- und Prognosemethoden.

2.2.3.2 Das Modell von Cramer

Das Modell von *Cramer* basiert auf der Theorie des Einflusses der Einkommensverteilung auf das Kaufverhalten.
Die Grundhypothese des Modells von *Cramer* geht davon aus, daß für jeden Haushalt eine Einkommensschwelle Y^* existiert. Überschreitet das Netto-Einkommen Y diese Schwelle Y^*, so kann dieser Haushalt als ein potentieller Käufer des betreffenden Produkts betrachtet werden. Das Niveau Y^* ist selbstverständlich abhängig von der Natur dieses Produkts (Preis, psychosoziale Attribute etc.).
Bezeichnet man mit Y_i^* die Kaufschwelle des analysierten Produkts für den Haushaltstyp i, so ist nach *Cramer* die Anzahl der Haushalte der Klasse i, deren Einkommen über dieser Kaufschwelle Y_i^* liegt, log-normalverteilt:

$$F_t(Y_i^*) = \int_0^t \frac{1}{\sigma\, t\, 2\pi} exp\left\{-\frac{1}{2\sigma^2}(ln\tau - \mu)^2\right\}\frac{dt}{t} \qquad (2.104)$$

Wenn man also von einem Einkommensniveau Y_i^* ausgeht, so ist die Anzahl der Haushalte, die zum Kauf des betreffenden Produkts in der Lage sind, gleich der Anzahl derjenigen Haushalte, deren Einkommen Y_i über dieser Besitzschwelle liegt:

$$P(Y) = \int_0^y dF(Y^*)$$

Dieses Modell erlaubt somit, die Verteilung der Einkommen der Haushalte als auch die Kaufschwellen zu berücksichtigen. In jüngsten Anwendungen hat es sich als effizient zur Analyse und Prognose von Markttypologien erwiesen.

2.2.4 Abschließende Betrachtungen über langfristige Prognosemodelle

Bei der Behandlung der zur Zeit bekanntesten Ansätze und Methoden zur Erstellung langfristiger Prognosen wurde versucht, diese Modelle auch auf ihre ökonomische Interpretation hin zu analysieren sowie ihre Anwendungsbereiche aufzuzeigen. Deutlich wurde, daß es äußerst schwierig ist, a priori zu bestimmen, welches Modell für welches Phänomen am besten geeignet ist, d.h. also, eine a priori-Bestimmung der Auswahlkriterien von Analyse- und Prognosemodellen für verschiedene Märkte ist praktisch unmöglich. Der Benutzer von Prognosesystemen muß jedoch eine Entscheidung darüber treffen, welches System zur Analyse und Prognose des betreffenden Phänomens relevant ist. Drei Ansätze zur Bestimmung der relevanten Prognosemodelle können hier unterschieden werden:

Vergleichsanalyse

Diejenigen Modelle, die von ihrem Ansatz zu einer guten Beschreibung des Phänomens fähig scheinen, werden ausgewählt. Durch eine numerische Analyse der deskriptiven Fähigkeit dieser Modelle gelangt man zur Bestimmung des zur Analyse und Prognose des untersuchten Phänomens geeigneten Modells. Bei langfristigen Extrapolationen muß diese mechanische Bestimmung des „optimalen" Modells zusätzlich von Plausibilitätskontrollen im Hinblick auf die zukünftige Marktentwicklung unterstützt werden. Der Nachteil dieses relativ einfachen Ansatzes besteht darin, daß es sich um eine subjektive Auswahl der in die Vergleichsanalyse einbezogenen Modelle handelt, was u. U. dazu führt, daß bessere Modelle nicht berücksichtigt werden.

Generalisierte Funktionen

Generalisierte Funktionen sind in der Lage, eine Vielzahl unterschiedlichster Wachstumstypen zu beschreiben, da sie aufgrund ihrer Eigenschaft als Funktionsgeneratoren die verschiedensten Funktionstypen umfassen. Die Anwendung generalisierter Funktionen führt also zu einer erheblichen Vereinfachung des Problems der Modellbestimmung. Darüber hinaus können diese generalisierten Funktionen solche Wachstumstypen beschreiben, für die bisher keine Funktionen bekannt waren.

Tabelle 2–12: Gesamtübersicht über die behandelten langfristigen Prognosemodelle – ihre Formulierung und Anwendung.

Bezeichnung	Formulierung	Anwendungen[1]
Endogene Ansätze		
Exponentiell	$P_t = P^*(1 - e^{a-bt})$	[2.29; 2.63; 2.76; 2.82; 2.97; 2.98; 2.125]
Logistisch	$P_t = P^*(1 + e^{a-bt})^{-1}$	[2.5; 2.7; 2.10; 2.11; 2.16; 2.39; 2.71; 2.77; 2.81; 2.82; 2.86; 2.87; 2.90; 2.100; 2.102; 2.103; 2.111; 2.114; 2.120; 2.123; 2.124; 2.129; 2.133; 2.134]
Inverslog.	$P_t = P^* \bar{e}^{\frac{b}{t}}$	[2.66; 2.71; 2.69; 2.82; 2.108]
Gompertz	$P_t = P^* e^{-bct}$	[2.10; 2.31; 2.71; 2.78; 2.82]
Johnson	$P_t = P^* e^{(at+b)-1}$	[2.3; 2.82]
v. Bertalanffy	$P_t = P^*(1 - Ae^{-kt})^3$	[2.3; 2.17; 2.19; 2.20; 2.82]
Burns	$P_t = e^{a+bt+ct\,2}$	[2.27]
Pyatt	$P_t = P^* \dfrac{1 - e^{-\beta(1+\lambda)t}}{1 + \frac{1}{\lambda} e^{-\beta(1+\lambda)t}}$	[2.82; 2.95; 2.111]
Gamma	$P_t = t^a e^{-bt}$	[2.41; 2.131]
Weblus	$P_t = P^* \dfrac{1}{1 + \left(\frac{b}{t}\right)^a}$	[2.95; 2.130]
v. Boguslawski	$P_t = a + b\bar{e}^{-c\lvert ln\frac{t}{t^*}\rvert d}$	[2.24; 2.132]

Semilogarithmisch	$P_t = a + b \log t$	[2.82; 2.37; 2.67]
Normalverteilung	$P_t = P^* \frac{1}{\sigma\sqrt{2\pi}} \int_{\infty}^{t} \mathrm{e}^{-\left\{\frac{(t-t^*)^2}{2\sigma^2}\right\}} dt$	[2.1; 2.22; 2.53; 2.54; 2.71; 2.82]
Lognormal	$P_t = P^* \frac{1}{\sigma\sqrt{2\pi}} \exp\left\{-\frac{1}{2\sigma^2}(\log t - t^*)^2\right\}\frac{dt}{t}$	[2.1; 2.13; 2.38; 2.71; 2.82; 2.101]
Exogene Ansätze		
Massy	$P_t' = \beta P_t (P^* - P_t) \pi_t^{a_0 + a_1 t} y_t^{b_0 + b_1 t}$	[2.94 2.101]
Roos u. *Szelinski*	$P_t' = \beta P_t (P_t^* - P_t)$	[2.25; 2.82; 2.101; 2.117]
Klaasen u. *Koyck*	$P_t' = \beta P_t \left(P_0^* - \frac{\alpha}{Y_t} - \gamma \cdot Pr_t - P_t\right)$	[2.25; 2.73; 2.75; 2.82]
Bonus	$P_t = P^* \{1 + e^{a-bt} + e^{c-d.y_t})^{-1}$	[2.71; 2.82; 2.83; 2.95]
Jungemann	$P_t = g\, y_0 \{1 + e^{a-bt-c\pi_t})^{-1}$	[2.71]
Lewandowski	$P_t = \sum P M_t^{(i)}(\Phi_t)$	[2.85a]
Generalisierte Funktionen		
Logistisch 1. Ordnung	$P_t = P^* \{1 + e^{a-bt}\}^{-\beta}$	[2.82]
Logistisch 2. Ordnung	$P_t = P^* exp\{-((\alpha t - b)(\beta - 1))\}^{\frac{1}{1-\beta}}$	[2.82]
Logistisch 3. Ordnung	$P_t = P^* \{1 + exp \sum A_i X_i\}^{-1}$	[2.82; 2.121; 2.122]
Logistisch 4. Ordnung	$P_t = P^* \{1 + A_0 e^{-a_0 t} + A_1 e^{-a_1 t} + \ldots\}^{-1}$	[2.25; 2.82]
Multidimensional	$P_t = A_0 + A_1 F(X_1) + A_2 F(X_2) + \ldots$	[2.82; 2.83; 2.84; 2.85]

[1] Die Ziffern beziehen sich auf die Literaturangaben.

Allgemeine exogene Ansätze

Exogene Prognosesysteme weisen eine große Flexibilität auf und können somit zur Beschreibung komplexer Marktentwicklungen angewandt werden. Obwohl diese exogenen Ansätze als die Basis eines optimalen Analyse- und Prognoseinstrumentariums betrachtet werden können, stellen sie hohe Anforderungen an den Benutzer: Das Datenmaterial, das dem Benutzer zur Verfügung steht, muß um so größer sein, je mehr Einflußfaktoren zur Beschreibung des Marktverhaltens von dem Prognosemodell zu berücksichtigen sind. Außerdem müssen vom Benutzer Hypothesen über die Natur der zwischen den Einflußfaktoren und dem untersuchten Phänomen existierenden Interdependenzen erstellt werden, was die Anwendung von Prognosesystemen erfordert, die in 2.6 behandelt werden. Tabelle 2–12 gibt eine Gesamtübersicht über die in diesem Kapitel behandelten Prognosemodelle. Die angegebenen Literaturhinweise enthalten hier wichtige Informationen über die schon gesammelten Erfahrungen bei der Anwendung dieser Systeme.

2.3 Behandlung der Unsicherheitsspanne langfristiger Prognosen

In 2.2.2 wurden eingehend die wichtigsten Prognosemethoden beschrieben, die zur Erstellung langfristiger Prognosen angewandt werden können.
In diesem Punkt werden wir die Unsicherheit von langfristigen Prognosen behandeln. Diesem Problem kommt eine immense Bedeutung zu, da jede prognostische Aussage irrelevant ist, wenn man nicht in der Lage ist, ihre zukünftige Eintretenswahrscheinlichkeit anzugeben.

Jede langfristige unternehmerische Planung kann nur dann rationell aufgebaut werden, wenn das finanzielle Risiko jeder Entscheidungsalternative quantifiziert werden kann.
Langfristige Prognosen im Hinblick auf ihre industrielle Anwendung sollen also als probabilistische Aussagen über zukünftige Ereignisse verstanden werden. Eine quantitative Analyse dieser Wahrscheinlichkeit kann nur durchgeführt werden, wenn man folgende Faktoren berücksichtigt:

1. Bei der Auswahl langfristiger Prognosemodelle gehen bestimmte Prämissen über das zukünftige Marktverhalten ein. Hierin kann der erste Unsicher-

heitsfaktor von langfristigen Prognosen liegen, wenn die ausgewählten Hypothesen nicht der tatsächlichen Marktentwicklung entsprechen.

2. Für jedes Prognosemodell werden verschiedene Einflußgrößen berücksichtigt, wie das maximale Sättigungsniveau, das, wie gezeigt wurde, nur hypothetisch bestimmt werden kann, oder wie eine Reihe von Wirtschaftsindikatoren in den exogenen Modellen, so z. B. Einkommens- und Preisentwicklung usw.

Im allgemeinen ist jede dieser Einflußgrößen im Hinblick auf ihre zukünftige Schätzung nur probabilistisch zu bestimmen. Bei der Erstellung probabilistischer Aussagen über zukünftige Marktentwicklungen müssen diese beiden Unsicherheitsfaktoren berücksichtigt werden.

Um die probabilistische Behandlung dieser Zusammenhänge zu verdeutlichen, nehmen wir an, daß wir mit einem bestimmten Prognosesystem die Prognosen $P_{t+\theta}$ erstellen:

$$P_{t+\theta} = P(P_0^*, X_{t+\theta}^{(1)}, X_{t+\theta}^{(2)}, \ldots, \alpha, \beta, \ldots)$$

wobei

P	der hier angewandte Prognoseansatz ist,
P_0^*	das zugrunde gelegte Sättigungsniveau darstellt,
$X_{t+\theta}^{(1)}$	den für die Periode $t+\theta$ geschätzten Wert des Indikators 1 (z. B. Pro-Kopf-Einkommen) bezeichnet,
$X_{t+\theta}^{(2)}$	idem für den Indikator 2, usw.
α, β	die für das Prognosesystem optimalen spezifischen Parameter darstellen und
θ	den Prognosehorizont bezeichnet.

Für jeden dieser Indikatoren soll von einer a priori erstellten Wahrscheinlichkeitsverteilung ausgegangen werden, d. h. verfügt man über die Istwerte dieser Indikatoren bis zum Zeitpunkt t, so kann für die Periode $t+\theta$ eine Prognose erstellt werden ($X_{t+\theta}^{(1)}$), wobei die zu erwartenden Abweichungen der Istwerte von den Prognosewerten normalverteilt sind mit einer Standardabweichung $\sigma_{t+\theta}^{(1)}$ (vgl. Abb. 2–50).

Für eine bestimmte Kombination der verschiedenen Indikatoren und unter Berücksichtigung ihrer Eintretenswahrscheinlichkeit $p_{t+\theta}$ kann einerseits eine langfristige Prognose erstellt werden und andererseits ihre a priori bedingte Wahrscheinlichkeit. Wenn wir diese Berechnungen für die verschiedenen mög-

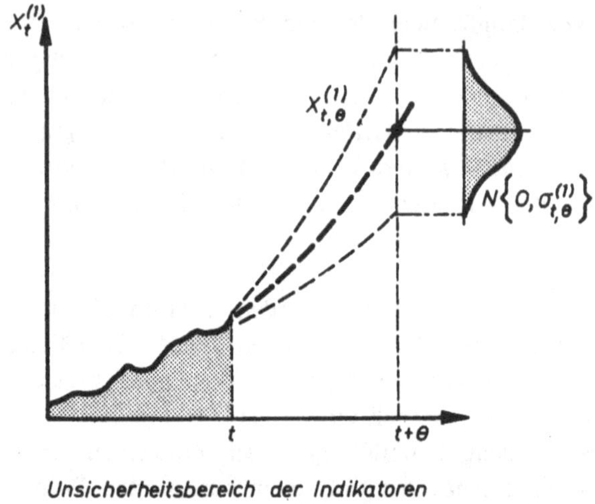

Abb. 2–50: Normalverteilung der Prognoseabweichungen für den Indikator $X^{(1)}$ in der Periode $t + \theta$

lichen Kombinationen durchführen, können die gesuchten Wahrscheinlichkeiten der langfristigen Entwicklung des ökonomischen Phänomens ermittelt werden (vgl. Abb. 2–51).

In der Praxis ist es jedoch nicht notwendig, für jeden Prognosehorizont θ die entsprechende Wahrscheinlichkeitsverteilung zu ermitteln. Drei Schätzungen[12] reichen für die meisten Fälle aus, und zwar für einen Prognosehorizont von 5, 10 und 15 Jahren. Die Zwischenwerte können durch Interpolationen ermittelt werden.

Anschließend ist es möglich, Wahrscheinlichkeitsaussagen über die verschiedenen langfristigen Marktentwicklungen zu machen. Man beschränkt sich im allgemeinen auf die Angabe der wahrscheinlichsten Marktentwicklung und ihrer Streubereiche.

Die Bedeutung dieser Prognosewahrscheinlichkeiten für die unternehmerischen Entscheidungen soll mit Hilfe des folgenden Beispiels verdeutlicht werden:

[12] Damit wird die notwendige Rechenzeit auf ein Minimum reduziert, obwohl für die Wahrscheinlichkeitsverteilung zum Zeitpunkt $t + \theta$ die Berechnung von ca. 100 Kombinationen notwendig ist (das entspricht einigen Sekunden auf einer Rechenanlage mittlerer Klasse).

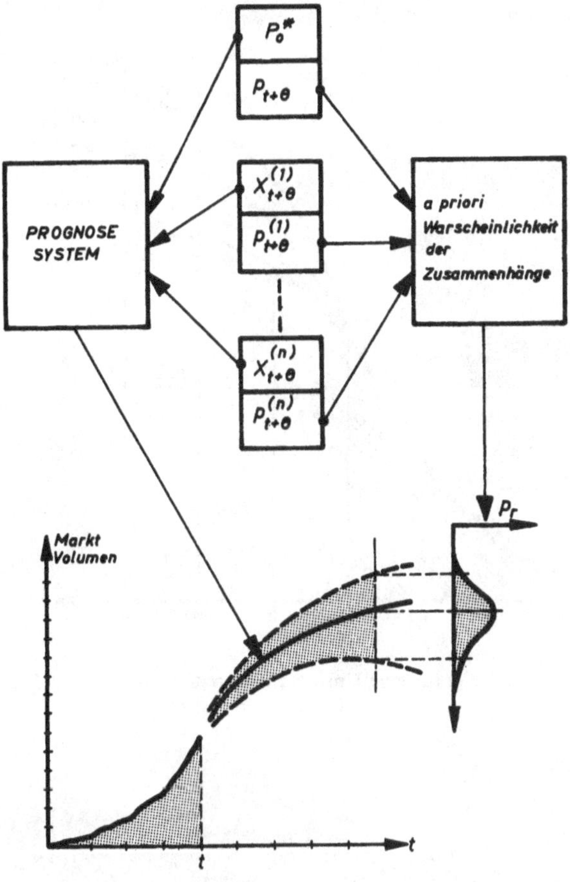

Abb. 2–51: Behandlung der Unsicherheitsspanne langfristiger Prognosen

In Abb. 2–52 sind verschiedene langfristige Prognosen und ihre Auftretenswahrscheinlichkeiten aufgeführt. Für die Jahre 1975, 1980 und 1985 sind die Wahrscheinlichkeitsverteilungen dargestellt. So z. B. beträgt das wahrscheinlichste Marktniveau für das Jahr 1975 (mit einer Wahrscheinlichkeit von ca. 20%) 200 Einheiten. Die Wahrscheinlichkeit dafür, daß dieses Marktniveau kleiner ist als 170 Einheiten, liegt unter 5%. Die gleiche Wahrscheinlichkeit ist für ein Marktniveau größer als 220 Einheiten zu verzeichnen. Für das Jahr 1985 gilt (vgl. Abb. 2–53):

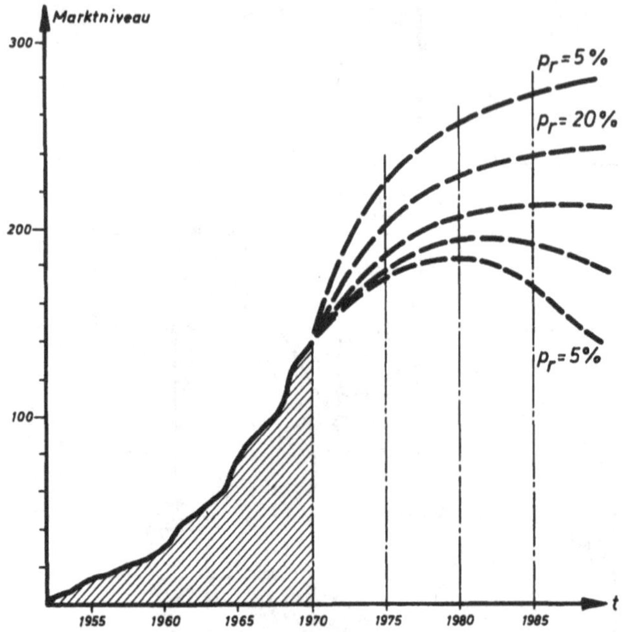

Abb. 2–52: Beispiel für eine Unsicherheitsspanne langfristiger Prognosen

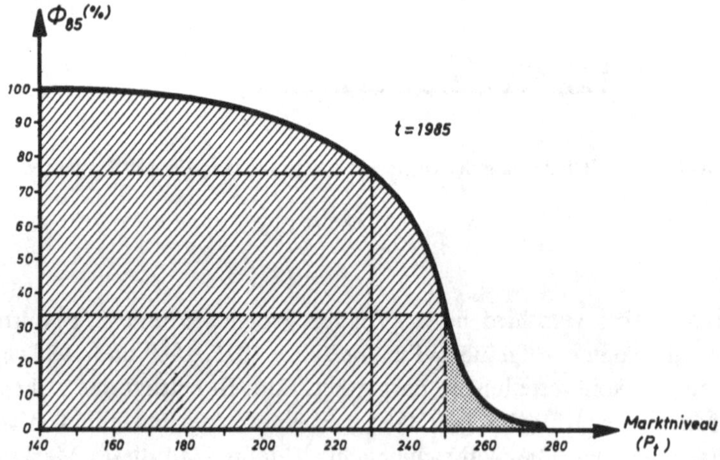

Abb. 2–53: Kumulierte Wahrscheinlichkeiten für das Marktniveau 1985

1. Das wahrscheinlichste Marktniveau liegt bei ca. 250 Einheiten.
2. Die Wahrscheinlichkeit dafür, daß das tatsächliche Marktniveau größer ist als 250 Einheiten, beträgt 33%.
3. Die Wahrscheinlichkeit dafür, daß das tatsächliche Marktniveau zwischen 230 und 270 Einheiten liegt, beträgt ca. 45%.

Abb. 2–53 der sog. kumulierten Wahrscheinlichkeitsverteilung (Φ) erlaubt, die Wahrscheinlichkeit für jedes zwischen beliebigen Einheiten liegende Marktniveau anzugeben.
Diese kumulierte Wahrscheinlichkeitsverteilung Φ gestattet, die Probleme der Risikoanalyse, die eng mit der Unsicherheit von Prognosen verbunden sind, quantitativ zu behandeln.

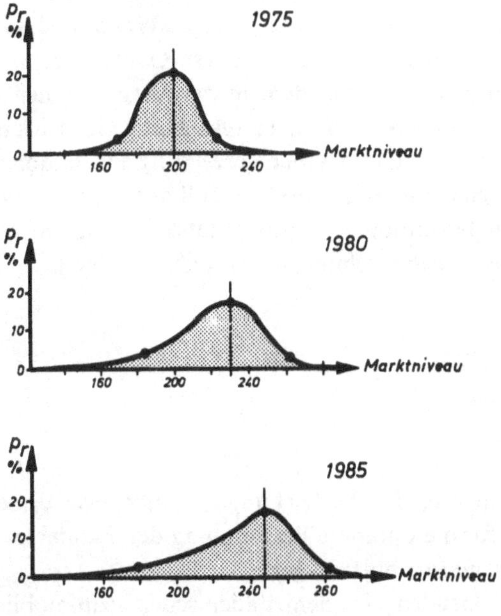

Abb. 2–54: Wahrscheinlichkeitsverteilung von Marktprognosen und verschiedene Prognosehorizonte

2.4 Das Optimalitätskriterium der Prognosegenauigkeit

Das geläufigste Optimalitätskriterium der Prognosegenauigkeit ist das Minimum der Summe der Quadrate der in der Vergangenheit beobachteten absoluten Prognoseabweichungen:

$$\sigma_t = \sqrt{\frac{1}{t} \sum_{i=1}^{t} \varepsilon_i^2} \tag{2.105}$$

Dieses Kriterium ist jedoch wenig für solche Zeitreihen geeignet, die eine rasche Marktentwicklung aufweisen, da die absoluten Prognoseabweichungen nicht als unabhängig vom Marktniveau der analysierten Zeitreihe betrachtet werden können. Basiert das Optimalitätskriterium auf absoluten Prognoseabweichungen, so entspricht dies, wie gezeigt werden wird, einer Gewichtung der absoluten Prognoseabweichungen. Diese Gewichtung ist um so stärker, je größer die Differenz zwischen dem in der Vergangenheit stattgefundenen minimalen und maximalen Marktniveau ist. Diese Gewichtung der absoluten Prognoseabweichungen führt zu einer Verzerrung der Parameter der zugrunde gelegten langfristigen Funktion. Deshalb soll von den relativen Prognoseabweichungen für die Definition des Optimalitätskriteriums ausgegangen werden. Die relativen Prognoseabweichungen sind definiert durch:

$$\dot{\varepsilon}_t = \frac{X_t - \hat{X}_t}{\hat{X}_t} \tag{2.106}$$

$$\dot{\sigma}_t = \sqrt{\frac{1}{t} \sum_{i=1}^{t} \dot{\varepsilon}_i^2} \tag{2.107}$$

Es scheint uns wichtig, die Auswirkungen dieser zwei verschiedenen Optimalitätskriterien für die optimale Bestimmung der Parameter und die daraus resultierenden Prognosen aufzuzeigen.

Wir werden im folgenden von dem italienischen Automobilmarkt ausgehen und versuchen, eine langfristige Prognose der PKW-Dichte dieses Landes zu erstellen.

Legen wir als einziges Optimalitätskriterium zunächst das Minimum der Summe der Quadrate der absoluten Prognoseabweichungen zugrunde und wenden wir als Wachstumsfunktion eine asymmetrisch-logistische Funktion nach *Bonus* an. Wie in 2.2.2.3 gezeigt wurde, ist diese Wachstumsfunktion definiert durch:

$$P_t = \frac{P^*}{1 + e^{a-bt} + c \cdot e^{-dt}}$$

Für diese Funktion erhalten wir die folgenden optimalen Parameterwerte:

$a = 4{,}35$
$b = 0{,}22$
$c = 0{,}18$
$d = -0{,}024$

Die Wachstumsfunktion lautet also in diesem Fall:

$$P_t = \frac{420}{1 + e^{4{,}35 - 0{,}22 \cdot t} + 0{,}18 \cdot e^{0{,}024 \cdot t}}$$

In Tabelle 2–13 sind die Resultate dieser Funktion den Ist-Werten gegenüber gestellt.

Tabelle 2–13: Analyse der PKW-Dichte in Italien unter Anwendung des Optimalitätskriteriums der absoluten Abweichungen.

ERGEBNISSE DER OPTIMALEN ANALYSE DER IST - WERTE				
PERIODE	IST - WERTE	OPT.FUNKTIONSWERTE	DIFFERENZ ABSOLUT	DIFF. IN PROZENT
1951	8.940000	6.631845	-2.308154	-25.818267
1952	10.660000	8.226642	-2.433358	-22.826995
1953	12.730000	10.193254	-2.536746	-19.927291
1954	14.240000	12.612120	-1.627880	-11.431742
1955	17.630004	15.577705	-2.052299	-11.640946
1956	20.949996	19.199279	-1.750717	-8.356646
1957	24.850006	23.600646	-1.249359	-5.027600
1958	27.910003	28.918121	1.008118	3.612029
1959	33.009994	35.296432	2.286438	6.926501
1960	39.020004	42.881332	3.861328	9.895765
1961	47.979995	51.808059	3.828064	7.978457
1962	58.889999	62.186035	3.296036	5.596935
1963	75.460006	74.079223	-1.380783	-1.829821
1964	89.470001	87.484848	-1.985153	-2.218792
1965	103.899990	102.313440	-1.586548	-1.526995
1966	119.800000	118.374580	-1.425415	-1.189829
1967	136.500000	135.374230	-1.125763	-0.824735
1968	153.500000	152.927840	-0.572159	-0.372742
1969	169.100000	170.587920	1.487915	0.879902
1970	186.500000	187.886450	1.386459	0.743410
1971	205.199990	204.380000	-0.819992	-0.399606

Die Summe der Quadrate der Prognoseabweichungen lautet in diesem Fall:

$\sigma = 2{,}15$ (absolute Prognoseabweichungen)

$\dot{\sigma} = 9{,}26$ (relative Prognoseabweichungen).

Wie aus Tabelle 2–13 zu ersehen ist, liegen die relativen Prognoseabweichungen für die ersten fünf Vergangenheitswerte weit über der mittleren relativen Prognoseabweichung. Im Gegensatz dazu liegen die jüngsten Vergangenheitswerte weit unterhalb dieses Mittelwerts. Die Struktur der absoluten Prognoseabweichungen ist dagegen homogen für die gesamte Vergangenheit, wie aus der Spalte der absoluten Prognoseabweichungen zu ersehen ist. Da die Istwerte Unterschiede der Größenordnung 1:25 aufweisen, ist es also logisch, diese Verzerrung auch in den relativen Prognoseabweichungen zu finden. Dies führt zu einer Gewichtung der absoluten Prognoseabweichungen und folglich zu einer falschen Interpretation des Wachstumsprozesses, was sehr bedeutsame Folgen für die Prognosephase hat. Wenn wir jedoch als

Tabelle 2–14: Analyse der PKW-Dichte in Italien unter Anwendung des Optimalitätskriteriums der relativen Abweichungen.

ERGEBNISSE DER SCHIEFLOGISTISCHEN FUNKTION

PERIODE	IST - WERTE	FUNKTIONS - WERTE	DIFFERENZ	DIFF. V. H.
1951	8.940000	7.751497	-1.188502	-13.294209
1952	10.660000	9.480618	-1.179381	-11.063614
1953	12.730000	11.582682	-1.147318	-9.012709
1954	14.240000	14.131845	-0.108154	-0.759511
1955	17.630004	17.214065	-0.415939	-2.359269
1956	20.949996	20.927490	-0.022507	-0.107431
1957	24.850006	25.381988	0.531982	2.140774
1958	27.910003	30.697799	2.787796	9.988517
1959	33.009994	37.002304	3.992310	12.094244
1960	39.020004	44.424652	5.404648	13.850962
1961	47.979995	53.087677	5.107681	10.645437
1962	58.889999	63.097213	4.207214	7.144191
1963	75.460006	74.528228	-0.931778	-1.234797
1964	89.470001	87.409835	-2.060165	-2.302632
1965	103.899990	101.709480	-2.190506	-2.108283
1966	119.800000	117.320800	-2.479202	-2.069450
1967	136.500000	134.056180	-2.443817	-1.790341
1968	153.500000	151.649410	-1.850586	-1.205593
1969	169.100000	169.767770	0.667770	0.394897
1970	186.500000	188.035180	1.535187	0.823156
1971	205.199990	206.062190	0.862198	0.420174

Optimalitätskriterium die relativen Prognoseabweichungen zugrunde legen, erhält man im Fall des gleichen Marktes die folgende Wachstumsfunktion:

$$P_t = \frac{420}{1 + e^{4{,}177 - 0{,}206 \cdot t} + 0{,}168 \cdot e^{0{,}0039 \cdot t}}$$

mit

$$\sigma = 2{,}55$$
$$\dot{\sigma} = 6{,}95$$

Tabelle 2–14 zeigt die Resultate dieser Funktion.

Es ist interessant festzustellen, daß für diese zweite Berechnung die Struktur der absoluten Prognoseabweichungen sich nicht wesentlich geändert hat. Jedoch weisen die relativen Prognoseabweichungen erwartungsgemäß eine homogene Struktur auf. Vom ökonomischen Gesichtspunkt ist es interessant, hier darauf hinzuweisen, daß die verschiedenen Interpretationen der Prognoseabweichungen (durch die Parameter der angewandten Wachstumsfunktion) zu ganz verschiedenen Extrapolationshypothesen führen. Im ersten Fall hat

Tabelle 2–15: Prognosen, die aus den zwei verschiedenen Definitionen des Optimalitätskriteriums resultieren.

t	$\hat{x}_t$ (σ)	$\hat{x}_t$ ($\dot{\sigma}$)
1972	219.69	223.47
1973	233.53	239.96
1974	245.75	255.25
1975	256.25	269.19
1976	265.07	281.69
1977	272.30	292.71
1978	278.07	302.30
1979	282.54	310.56
1980	285.87	317.58
1981	288.22	323.49
1982	289.75	328.43
1983	290.60	332.53
1984	290.87	335.90
1985	290.67	338.65
1986	290.09	340.89
1987	289.19	342.69
1988	288.04	344.13
1989	286.67	345.27
1990	285.13	346.16
1991	283.45	346.84

der Parameter *d* die Bedeutung eines Veralterungseffektes des Produkts, wobei hier dieser Effekt aufgrund technologischer, sozialer und verschiedener ökonomischer Beschränkungen stärker gewichtet wird als in der zweiten Hypothese. Diese unterschiedliche Interpretation der zukünftigen Beschränkungen für den Automobilmarkt beruht ausschließlich auf der verschiedenen Gewichtung dieser Prognoseabweichungen der Vergangenheit.

Tabelle 2–15 zeigt die zwei Prognosen, die auf den oben genannten Optimalitätskriterien erstellt wurden. Die Unterschiede zwischen diesen zwei Prognosen sind aus Abb. 2–55 ersichtlich. In dem hier behandelten Beispiel betragen diese Unterschiede für einen Prognosehorizont von 20 Jahren 30%.

Das Problem der Definition des Optimalitätskriteriums ist von vorrangiger Bedeutung, da es einen sehr starken Einfluß auf die zu erstellenden Prognosen ausübt. Die Bedeutung dieses Einflusses ist mit derjenigen vergleichbar, die von einer falschen Definition des Sättigungsniveaus der Märkte herrührt. Deshalb scheint es uns vom ökonomischen Standpunkt wichtig, dieses Phänomen des Optimalitätskriteriums zu betonen, das unserer Meinung nach nicht ausreichend durch die einschlägige Fachliteratur behandelt wurde.

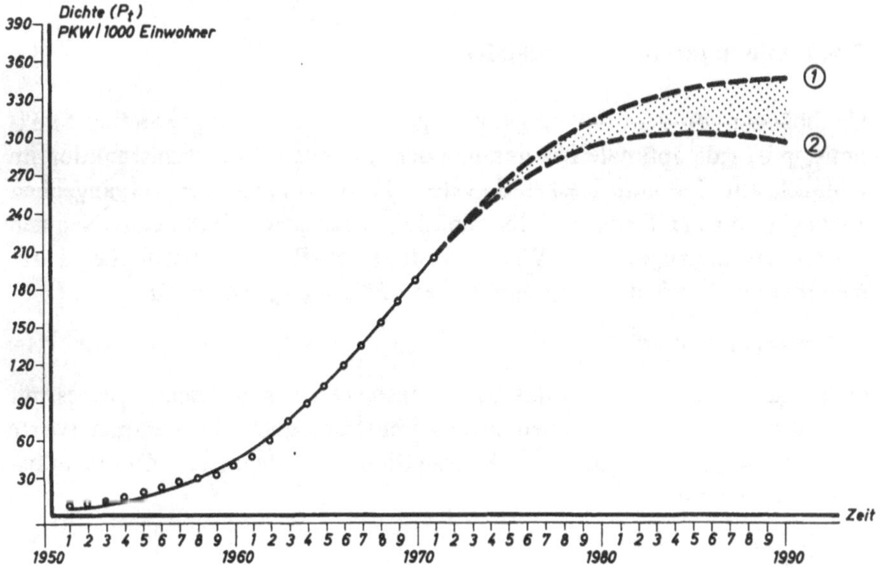

Abb. 2–55: Prognosen der langfristigen italienischen PKW-Dichte bei Anwendung unterschiedlicher Optimalitätskriterien

2.5 Zur Problematik der Definition des Sättigungsniveaus

Die Mehrzahl der hier behandelten Wachstumsfunktionen beinhaltet den Begriff eines maximalen Marktniveaus oder Sättigungsniveaus, was als eine logische Folge der für den individuellen Verbrauch geltenden Grenzen betrachtet werden kann, wenn der Lebensstandard sehr hoch ist. Trotz der besonderen Bedeutung, die diesem Sättigungsniveau für die langfristige Prognose zukommt, ist seine numerische Bestimmung mit großen Schwierigkeiten verbunden. Im folgenden werden wir einige der Methoden beschreiben, die gestatten, die zukünftigen Werte der Sättigungsniveaus von Märkten zu prognostizieren.
Es handelt sich hierbei um folgende Methoden:

- Numerische Methoden
- Analogie-Methoden
- Näherungsmethoden zur Bestimmung der sogenannten immanenten Sättigungsniveaus
- Konsumententypologische Extrapolationsansätze.

2.5.1 Die numerischen Methoden

Unabhängig von dem für die langfristige Marktanalyse angewandten Funktionstyp ist jede optimale Bestimmung der gewählten Wachstumsfunktion im Hinblick auf eine gute Deskription des Marktverhaltens der Vergangenheit abhängig von der Definition der funktionsspezifischen Parameter. Nehmen wir an, daß die angewandte Wachstumsfunktion P_t von 3 spezifischen Parametern a, b, c sowie dem Sättigungsniveau P^* abhängt, so gilt für P_t:

$$P_t = f(a, b, c, P^*, t)$$

Geht man davon aus, daß das Sättigungsniveau bekannt sei, so ist es mit Hilfe des numerischen Gradientenverfahrens[13] möglich, die Parameterwerte $\bar{a}$, $\bar{b}$ und $\bar{c}$ so zu bestimmen, daß die Funktion P_t die definierten Optimalitätskriterien aufweist:

$$P_{t_{opt}} = f(\bar{a}, \bar{b}, \bar{c}, P^*, t)$$

d.h., die Parameter $\bar{a}$, $\bar{b}$ und $\bar{c}$ werden so bestimmt, daß die Summe der Qua-

[13] Vgl. Anhang. B.1

drate der Prognoseabweichungen zwischen Ist- und Prognosewerten ein Minimum darstellt. Die numerische Bestimmung des Sättigungsniveaus P^* kann unter Anwendung der zwei folgenden bekannten Techniken durchgeführt werden:

a) Das Gradientenverfahren
In diesem Fall wird P^* als ein unbekannter Parameterwert betrachtet, d. h. man behandelt P^* bei der Optimalitätsbestimmung ebenso wie die anderen Parameter.

b) Das mit der *Friedman*-Methode kombinierte Gradientenverfahren
Diese kombinierte Methode besteht in der Festlegung eines Anfangswertes P_0^* für das Sättigungsniveau und in der mit Hilfe des Gradientenverfahrens durchgeführten Bestimmung der anderen Parameter, so daß das Kriterium der Prognosegenauigkeit σ minimal wird:

$$\sigma_0 = \sigma_0(P_0^*, \bar{a}_0, \bar{b}_0, \bar{c}_0, \ldots)$$

Durch eine adäquate Variation von P_0^* versucht man, den Genauigkeitsgrad σ zu verbessern:

$$\sigma_n = \sigma_n(P_n^*, \bar{a}_n, \bar{b}_n, \bar{c}_n, \ldots)$$

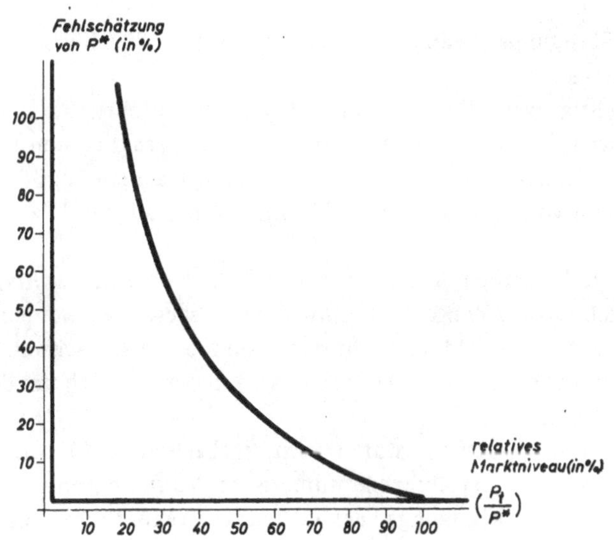

Abb. 2–56: Exponentielle Fehlschätzung des Sättigungsniveaus in Abhängigkeit des Entwicklungsstadiums des Marktes

Nach n Iterationen (im allgemeinen ist $n > 15$) verfügt man über den Wert von P_n^* sowie über die Parameter, die zur Minimierung des Kriteriums σ führen. Diese Methode weist jedoch drei schwerwiegende Fehlschätzungsgefahren bezüglich dieses Sättigungsniveaus auf. Die Praxis zeigt, daß

a) die Schätzungsfehler des Sättigungsniveaus P^* exponentiell zunehmen, je kleiner das Marktniveau P_t gegenüber P^* ist (vgl. Abb. 2–56).
Wenn z. B. das maximale Niveau der Periode t 30% des Sättigungsniveaus P^* ausmacht, so kann die Fehlschätzung von P^* ungefähr 60% betragen. Selbst wenn die Hälfte des maximalen Niveaus erreicht ist, kann eine Fehlschätzung dieses Sättigungsniveaus von mehr als 30% vorliegen. Eine gute Verdeutlichung dieses Phänomens liefert die Schätzung des Sättigungsniveaus für die Automobildichte in Deutschland (vgl. Abb. 2–34). Dieses Phänomen einer exponentiellen Fehlschätzung des Sättigungsniveaus wurde kürzlich von einer Studie an der Universität von Triest bestätigt [2.110].
Der Autor dieser Studie wandte für die Bestimmung des Sättigungsniveaus der PKW-Dichte der 20 italienischen Regionen diese hier behandelten numerischen Verfahren an. Für diejenigen Regionen, die ein geringes Entwicklungsstadium in ihrer Motorisierung aufweisen, d. h.:

$$\frac{P_t}{P_t^*} \leqq 0{,}25$$

wurden Sättigungsniveaus bestimmt, die unter 180 PKW/pro 1000 Einwohner liegen.
Berücksichtigt man die zu erwartenden ökonomischen Entwicklungen in den nächsten 25 Jahren, so ist es anhand der internationalen Entwicklung im PKW-Bereich[14] als wahrscheinlich zu betrachten, daß dieses Sättigungsniveau von 180 PKW/pro 1000 Einwohner um ca. 90% unterschätzt wurde.
(Für den italienischen Automobilmarkt kann von einer wahrscheinlichen PKW-Dichte von 350 pro 1000 Einwohner ausgegangen werden.)

b) Die Schätzungen von P^* sind sehr stark von Konjunkturschwankungen abhängig, insbesondere dann, wenn man sich in dem Bereich um den Wendepunkt befindet.

c) Für bestimmte Wachstumsfunktionen, insbesondere für die logistische Funktion, wurden verschiedene numerische Verfahren entwickelt, die zu unterschiedlichen Schätzungen des Sättigungsniveaus führen. *Siebke* wandte zur Schätzung des Sättigungsniveaus für den PKW-Markt der BRD von

[14] Vgl. Abb. 2–57.

1952 bis 1961 die *Hotelling*-Methode sowie die *Tintner*-Methode an und erhielt folgende unterschiedliche Ergebnisse:

P_0^* nach *Tintner* 184 PKW/1000 Einwohner
P_0^* nach *Hotelling* 367 PKW/1000 Einwohner.

1961 lag im Fall des PKW-Marktes der BRD ein relatives Marktniveau $\frac{P_t}{P^*}$ von ca. 25% vor. Wie aus Abb. 2–56 ersichtlich, ist in diesem Fall mit einer Fehlschätzung des Sättigungsniveaus von ca. 75% zu rechnen, was dem Schätzungsunterschied des Sättigungsniveaus entspricht, der aus der Anwendung der Methoden von *Hotelling* und *Tintner* resultiert.

Es läßt sich also schlußfolgernd feststellen, daß die Anwendung dieser numerischen Methode zur Bestimmung des Sättigungsniveaus zu großen Unsicherheiten und Gefahren für die Schätzung von P^* führt, da sie von logischen oder natürlichen Wachstumsgrenzen abstrahiert, die in vielen Fällen nur durch eine normative Konzeption der Zukunft bestimmt werden können, d.h. mit Hilfe eines sowohl intuitiven als auch rationellen Ansatzes zur Bestimmung von wahrscheinlichen Wachstumsgrenzen. Im folgenden werden wir eine deduktive Methode behandeln, die zu einer besseren Definition des Sättigungsniveaus P^* führt.

2.5.2 Die Analogie-Methode

Dieser Ansatz basiert auf der Untersuchung der zwischen verschiedenen Märkten möglicherweise existierenden Marktbeziehungen. Es handelt sich hier darum, eine Synthese der beobachteten Variationen der Marktcharakteristika zu erstellen. Zur Verdeutlichung dieser Methode werden wir im folgenden zwei verschiedene Fälle behandeln.

a) Wenn die internationalen Statistiken keine Synthese über die Entwicklung der verschiedenen Länder zulassen, wird man als vorläufige Grundlage das Sättigungsniveau eines Landes mit einem hohen Lebensstandard anwenden (wie z.B. das von den USA oder Schweden). Aus Tabelle 2–16 sind die DM-Ausgaben pro Kopf der Bevölkerung während der letzten Jahre für den Mundwasserverbrauch in der BRD zu ersehen. Da es sich hier um einen relativ jungen Markt handelt, sollten nicht die numerischen Methoden zur Bestimmung des Sättigungsniveaus angewandt werden. Es ist hier vorzuziehen, als wahrscheinliches Sättigungsniveau den jüngsten Mundwasser-

Tabelle 2–16: Entwicklung des Absatzes von Mundwasser in der BRD[1].

Jahr	Gesamtumsatz von Mundwasser in der BRD (in Mio. DM)	Umsatz pro Kopf (in DM)
1960	16,09	0,29
1961	18,00	0,32
1962	20,15	0,35
1963	22,57	0,39
1964	24,80	0,43
1965	25,77	0,44
1966	27,12	0,45
1967	27,09	0,45
1968	27,67	0,46
1969	29,46	0,49
1970	40,34	0,66
1971	48,00[2]	0,77[2]
USA		
1971	45,00 Mio US-Dollar	2,50[2]

[1] Es handelt sich hierbei um den Markt des Lebensmittel- und Fachhandels.
[2] Vorläufiges Resultat.

verbrauch in den USA zu grunde zu legen. Dieser relativ einfache Ansatz vernachlässigt selbstverständlich die für jedes Land spezifischen Charakteristika sowie verschiedene andere Faktoren. Es führt jedoch zu einer relativ guten Schätzung des wahrscheinlichen Sättigungsniveaus.

b) Wenn das internationale Statistikmaterial eine allgemeine Synthese zuläßt, so ist es möglich, bei der Bestimmung der zukünftigen Sättigungsniveaus für jedes Land spezifische sozio-ökonomische Charakteristika zu berücksichtigen. Gehen wir zur Verdeutlichung vom Automobilmarkt und seiner Entwicklung in den wichtigsten Industrieländern der Welt aus. Die Entwicklung der internationalen Automobildichte (Anzahl der PKW auf 1000 Einwohner) in Abhängigkeit des Bruttosozialproduktes pro Kopf der Bevölkerung wird als der sogenannte Motorisierungskanal bezeichnet (vgl. Abb. 2–57).

Abb. 2–57 des Motorisierungskanals führt zu folgenden Feststellungen:

aa) Innerhalb des Motorisierungskanals kann eine sehr unterschiedliche Entwicklung in den verschiedenen Ländern beobachtet werden, was nicht allein durch das Bruttosozialprodukt pro Kopf der Bevölkerung erklärt werden kann, sondern durch andere Faktoren, die bei dem Motorisierungsgrad eine wichtige Rolle spielen, insbesondere:

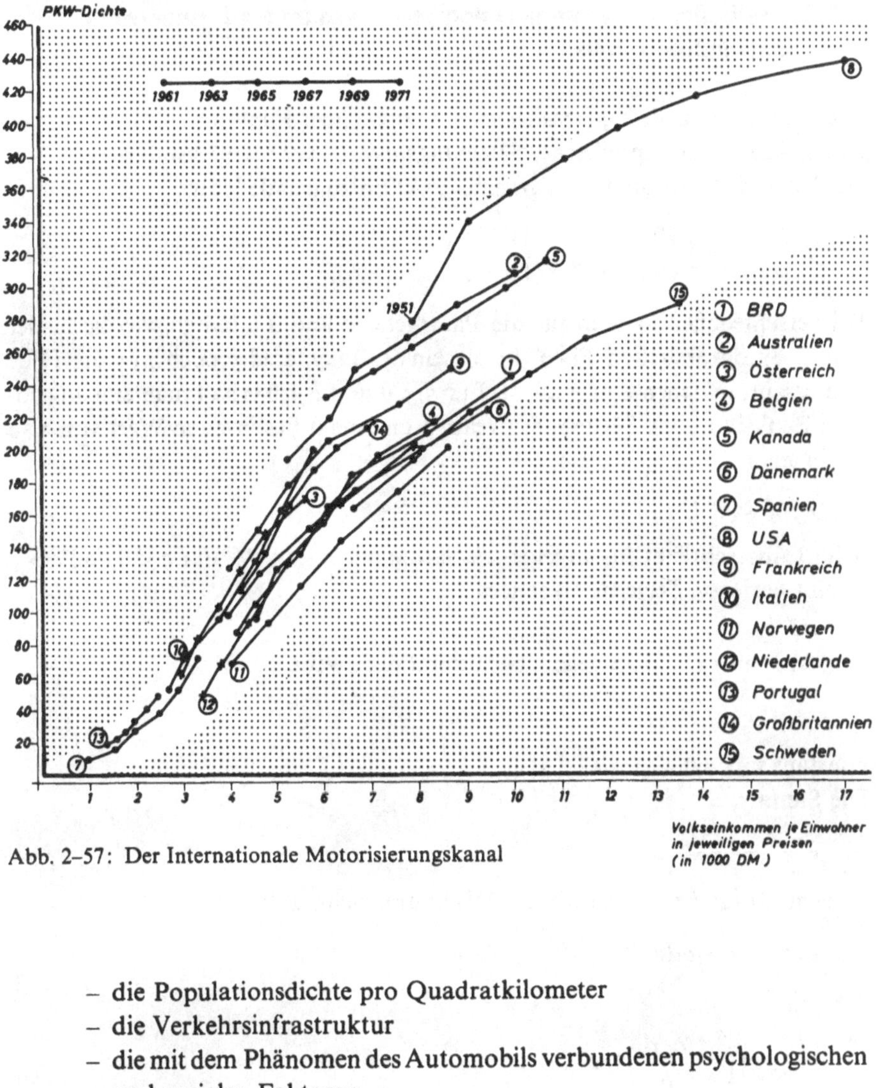

Abb. 2–57: Der Internationale Motorisierungskanal

- die Populationsdichte pro Quadratkilometer
- die Verkehrsinfrastruktur
- die mit dem Phänomen des Automobils verbundenen psychologischen und sozialen Faktoren
- die Einkommensverteilungsstruktur.

bb) Von diesen länderspezifischen Faktoren abgesehen, stellt man fest, daß das wahrscheinliche Sättigungsniveau (Grenzen des Motorisierungskanals) zwischen 500 und 340 PKW pro 1000 Einwohner liegen wird. Diese Analogie-Methode gestattet somit die Berücksichtigung von qualitativen Faktoren in dem Prognoseprozeß.

2.5.3 Methoden zur Untersuchung von sogenannten immanenten Sättigungsniveaus

Die Anwendung der generalisierten logistischen Funktion 3. Ordnung gestattet, das marktspezifische Sättigungsniveau herauszukristallisieren. Wir werden also die folgende Wachstumsfunktion zugrunde legen:

$$P_t = \frac{P^*}{1 + e^{a-bt} + ce^{-dt}}; \quad \begin{cases} d = \alpha g \\ c = A_2 \end{cases}$$

Bei verschiedenen Werten für die Parameter c und d erhalten wir die in der Abb. 2–39 dargestellten Fälle. In diesem Rahmen sind jedoch nur die Fälle interessant, in denen d negativ ist. Für $d < 0$ und $c < 0$ erhält man eine logistische Funktion ohne Sättigungsniveau. Von einem bestimmten Wert von t an erhält man:

$$ce^{-dt} < e^{a-bt}$$

d.h. P_t überschreitet das angegebene Sättigungsniveau P_0^*. Für $d < 0$ und $c > 0$ nimmt der erste Term des Nenners:

$$e^{a-bt}$$

konstant mit t ab. Dem gegenüber nimmt der zweite Term:

$$ce^{-dt}$$

konstant mit t zu.
Die Summe:

$$e^{a-bt} + ce^{-dt}$$

erreicht für ein bestimmtes t^* ein Minimum, wenn gilt:

$$be^{a-bt} = -cde^{-dt}$$

d.h. für:

$$t^* = \frac{ln\left(-\frac{c \cdot d}{b}\right) - a}{d - b}$$

Dies hat zur Folge, daß die Funktion P_t konstant wächst bis zur Periode t^*, wo sie ein Maximum $P_{t\max}$ erreicht. Von diesem Maximum ab strebt die Funktion kontinuierlich gegen Null. Dieses maximale Niveau $P_{t\max}$ liegt unterhalb des hypothetischen Sättigungsniveaus P_0^*, was *Lewandowski* als *immanentes Sättigungsniveau* bezeichnet hat (vgl. Abb. 2–58).

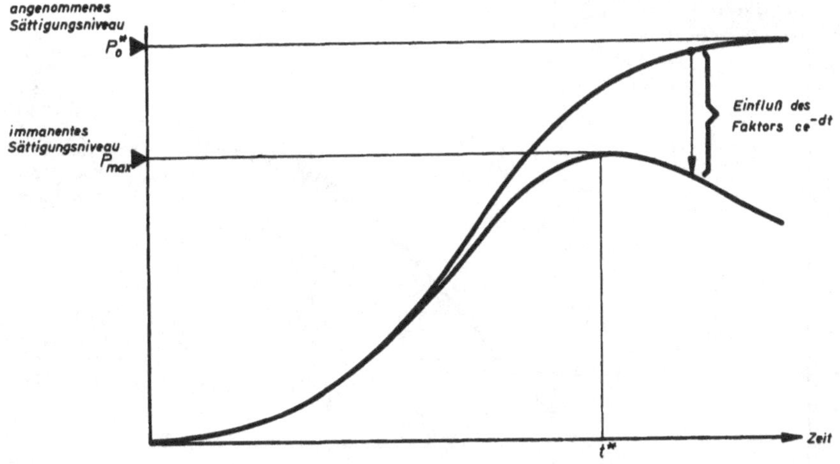

Abb. 2–58: Verdeutlichung des negativen Einflusses des Faktors ce^{-dt} auf den Wachstumsprozeß (für $d < 0$ und $c > 0$)

Ist $d < 0$ und $c > 0$, so liegt der Fall vor, daß zu Beginn der Entwicklung hemmende Einflüsse auftreten, deren negative Auswirkungen mit der Entwicklung des Marktes zunehmen (vgl. Abb. 2–58).

Dieser Funktionstyp führt also trotz des angegebenen Sättigungsniveaus P_0^* zu einem maximalen Niveau P_{max}, was einer funktionsimmanenten Kontrolle des Sättigungsniveaus P_0^* entspricht. Diese Eigenschaft erlaubt die Erstellung einer Kontrolltechnik für die Sättigungsniveaus bestimmter Märkte. Untersuchen wir zur Verdeutlichung dieser Technik das folgende Beispiel der italienischen Automobildichte:

Für verschiedene Sättigungsniveaus P_0^* berechnen wir die Werte der Parameter *a*, *b*, *c* und *d*, so daß die Summe der Quadrate der Prognoseabweichung ein Minimum wird. Abb. 2–59 zeigt die Ergebnisse dieser Analyse für verschiedene P_0^* zwischen 380 und 500 PKW pro 1000 Einwohner. Man kann somit eine Beziehung zwischen dem angenommenen Sättigungsniveau P_0^* und dem maximalen Niveau P_{max} (immanentes Sättigungsniveau) erstellen.

Es können nun folgende Feststellungen getroffen werden:

1. Die zwei Sättigungsniveaus (P_0^* und P_{max}) sind identisch, wenn das Sättigungsniveau P_0^* unterhalb der Schwelle P_k^* liegt. Das Prognosesystem scheint als Sättigungsniveau das angegebene Niveau P_0^* zu akzeptieren.
2. Von der Stelle P_k^* an zeigt das Prognosesystem hemmende Einflüsse an, so daß die Marktentwicklung zu einem Sättigungsniveau führt, das niedriger als P^* ist. Die Kenntnis dieser kritischen Wachstumsschwelle P_k^* ist von großer Bedeutung für die Analyse und Prognose des Marktverhaltens sowie

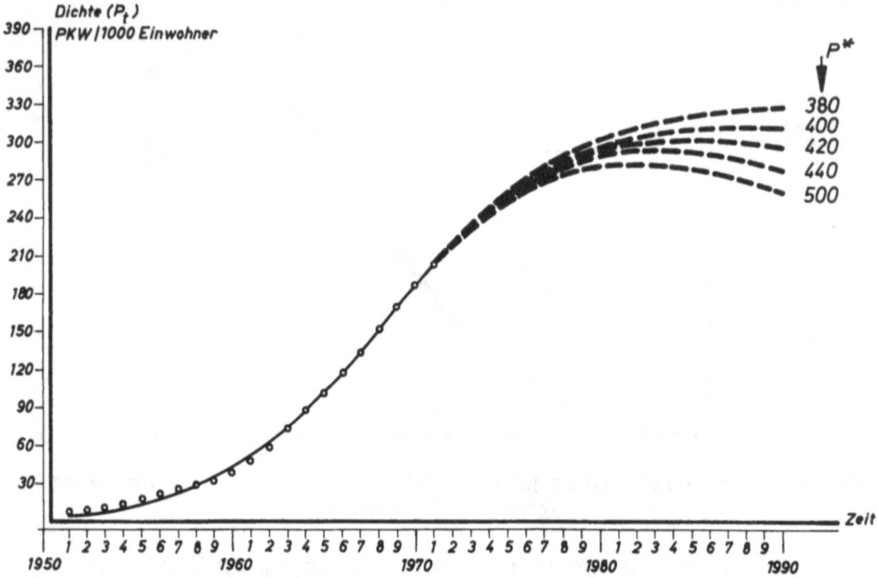

Abb. 2–59: Aus verschiedenen Hypothesen über das Sättigungsniveau resultierende Prognosen für die PKW-Dichte Italiens

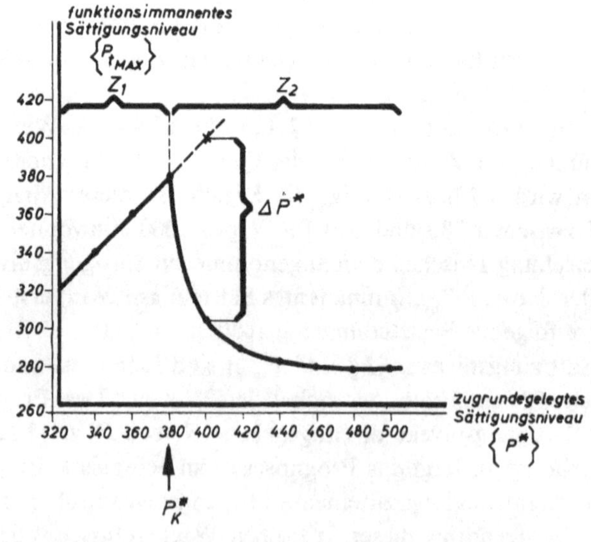

Abb. 2–60: Graphische Darstellung des funktionsimmanenten Sättigungsniveaus

des Sättigungsniveaus. Für den Automobilmarkt ist aufgrund der verschiedenen politischen, ökonomischen und ökologischen Faktoren die Annahme des Prognosesystems von solchen negativen Einflüssen gerechtfertigt, so daß die Schlußfolgerung gezogen werden kann, daß ein immanentes Sättigungsniveau, das größer als 380 PKW pro 1000 Einwohner ist, für Italien nicht als realistisch anzusehen ist (vgl. Abb. 2–60).

2.5.4 Konsumententypologische Extrapolationsansätze

Ein Ansatz zur Bestimmung von Sättigungsgrenzen besteht in der Berücksichtigung der zukünftigen Konsumententypologie und des käuferklassenspezifischen Kaufverhaltens. Wie in 2.2.2 deutlich wurde, weist das Sättigungsniveau eine kontinuierliche Entwicklung auf, die im wesentlichen abhängt von der Veränderung des Pro-Kopf-Einkommens der verschiedenen Käuferschichten sowie von Preisveränderungen der Konsumgüter. Zur Schätzung der in jeder Periode zu verzeichnenden Sättigungsgrenzen des Marktes kann ein probabilistisches Modell angewandt werden:

$$P_t^* = \sum_{k=1}^{K} P_0(k)_t \sum_{j=0}^{EPK_t} pr(k)_j$$

was die dynamische Entwicklung des Sättigungsniveaus definiert. Hier ist besonders das asymptotische Verhalten von P_t^* interessant. Der Grenzwert von P_t^*, d.h. das absolute Sättigungsniveau, kann ermittelt werden, wenn für jede analysierte Konsumentenklasse (k) die jeweilige Populationsgröße $P_0(k)$ sowie die entsprechenden Kaufwahrscheinlichkeiten $pr(k)$ bekannt sind, die unter Anwendung von Expertenbefragungsmethoden, wie der Delphi-Methode, geschätzt werden können. Obwohl diese typologischen Extrapolationsansätze zur Schätzung langfristiger Sättigungsgrenzen am geeignetsten erscheinen, basieren sie auf subjektiven Befragungsdaten, so daß die Güte dieser Methode abhängt von der Fähigkeit der Experten, zukünftige Entwicklungen vorherzusehen.

2.6 Das System Market

2.6.1 Beschreibung des Systems

Rationelle und differenzierte Analysen und Prognosen können in der Praxis nur durch ein generelles Analyse- und Prognosesystem erzielt werden. Das von *Lewandowski* entwickelte mittel- und langfristige Analyse- und Prognosesystem *Market* beinhaltet neben allen relevanten langfristigen Vorhersagemethoden auch die Möglichkeit einer integrierten Behandlung mittelfristiger Marktentwicklungen. Eine große Anzahl langfristiger Prognosemethoden ist in einer Methodenbank zusammengefaßt. Als Methodenbank bezeichnet man im allgemeinen die Gesamtheit der Techniken und Methoden, die dem Be-

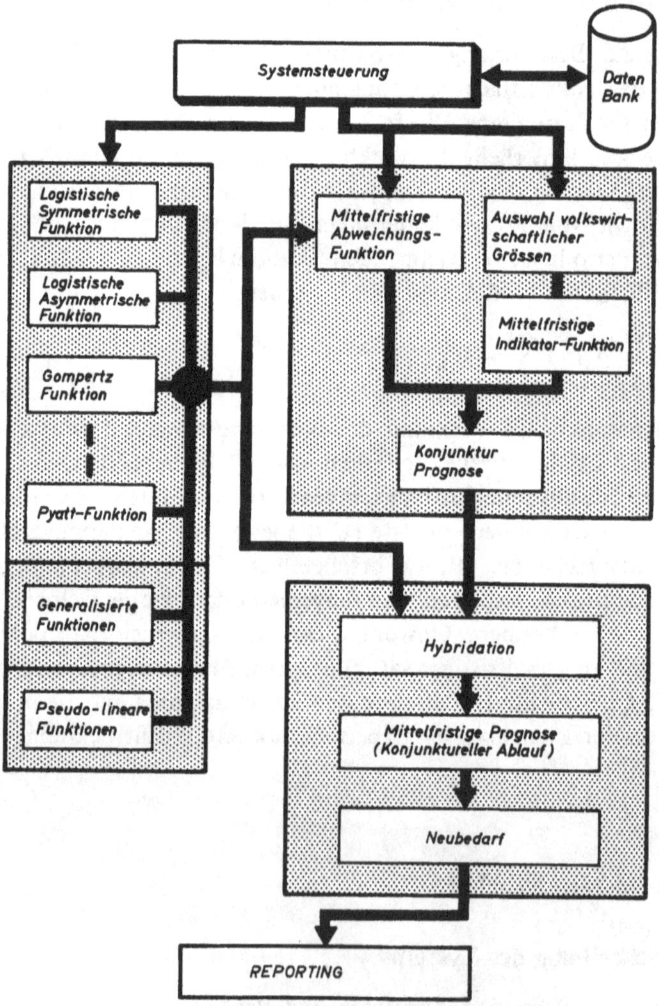

Abb. 2–61: Gesamt-Schema des MARKET-Systems

nutzer zur Verfügung steht. Die Bestimmung derjenigen Methoden, die am besten zur Beschreibung der Marktprozesse geeignet sind, wird durch eine sinnvolle Nutzung der Methodenbank erreicht, wodurch die Handhabung der anzuwendenden Prognosemodelle erleichtert wird. Die Methodenbank, die jederzeit erweitert werden kann, erlaubt sowohl die Anwendung einfacher linearer als auch multidimensionaler nichtlinearer Regressionstechniken. Alle notwendigen Informationen, die im Rahmen der Erstellung langfristiger Analysen und Prognosen verwandt werden können, sind in *Market* in einer spezifischen Datenbank gespeichert. Die allgemeine Struktur von *Market* weist die folgenden fünf Hauptcharakteristika auf:

1. Analyse des Marktverhaltens und seiner zukünftigen Entwicklung,
2. Analytische Beschreibung der Konjunkturmechanismen sowie Untersuchung des mittelfristigen Marktverhaltens,
3. Integrierte Behandlung der multiplen ökonomischen Informationen,
4. Spezifische Benutzersprache,
5. Berichtssystem und seine verschiedenen Möglichkeiten.

Im folgenden werden wir diese verschiedenen Hauptcharakteristika sowie die für eine integrierte Behandlung ökonomischer Prognosen zur Verfügung stehenden Möglichkeiten behandeln. Eine Gesamtübersicht über die allgemeine Struktur des Systems *Market* ist in Abb. 2–61 dargestellt.

2.6.1.1 Die langfristige Analyse und Prognose

Zur Erstellung möglichst detaillierter und genauer langfristiger Analysen und Prognosen wurde in dem System *Market* eine Methodenbank entwickelt, die eine automatische Vergleichsanalyse zwischen einer Reihe endogener Funktionen, deren Anzahl praktisch unbeschränkt ist, erlaubt sowie die Beschreibung jeglichen Markttyps mit Hilfe explikativer multidimensionaler Funktionen ermöglicht.

Untersuchung der endogenen Wachstumsfunktionen zur Beschreibung von langfristigen Marktentwicklungen

Aufgrund der verschiedenen Markttypen muß die endogene Analyse der Marktentwicklungen auf einer Vergleichsanalyse zwischen den verschiedenen Marktwachstumshypothesen basieren. In der Methodenbank von *Market* sind u.a. folgende Wachstumsfunktionen integriert:

- die Exponentialfunktion
- die Funktion nach *Pyatt*
- die einfache logistische Funktion
- die Funktion nach *Gompertz*
- die logistische Funktion nach *Bonus*
- die erweiterte logistische Funktion nach *Weblus*
- die Funktion nach *von Boguslawski.*

Zusätzlich werden wir hier Funktionen anwenden, die wir als generalisierte Funktionen bezeichnet haben. In diesem System handelt es sich insbesondere um die generalisierten logistischen Funktionen 1. und 2. Ordnung.
Diese zwei „*Funktionsgeneratoren*" erlauben, wie in 2.1.3 und 2.1.4 gezeigt wurde, die Beschreibung unendlich vieler verschiedener Wachstumstypen endogener Natur.
Die Suche nach der optimalen Wachstumsfunktion wird vom System automatisch durchgeführt und führt zu der Erstellung der wahrscheinlichen langfristigen Marktprognosen.

Untersuchung der exogenen explikativen Funktion für das langfristige Wachstum

Zur Konstruktion und Untersuchung exogener explikativer Prognosemodelle, die der unterschiedlichen ökonomischen Realität der verschiedenen Markttypen gerecht werden, ist es mit Hilfe von *Market* möglich, multidimensionale Prognoseansätze genereller Natur zu erstellen. Zur Lösung der mit diesen Prognoseansätzen verbundenen komplexen Probleme kann mit *Market*

a) zunächst eine Filtrierung aus der Anzahl der möglichen Indikatoren der zur Beschreibung des Phänomens relevanten Indikatoren durchgeführt werden und
b) eine Analyse des Reaktions-Time-lags zwischen den filtrierten Indikatoren und den tatsächlichen Marktverhalten erstellt werden. Es ist also möglich, die zeitlichen Verzögerungen, die zwischen den Variationen der Indikatoren und den von diesen Indikatoren hervorgerufenen Marktveränderungen existieren, zu quantifizieren.
c) Eines der schwierigsten Probleme der quantitativen Analyse des Marktverhaltens besteht in der Auffindung der funktionalen Beziehungen, die zwischen den verschiedenen Indikatoren und dem zu analysierenden Phänomen bestehen. Diese Bestimmung der funktionalen Marktbeziehungen kann als die essentielle Basis für eine genaue Kenntnis der inneren Gesetzmäßig-

keiten der Marktmechanismen betrachtet werden. Eine solche Bestimmung bietet jedoch nur unter den folgenden zwei Aspekten Aussicht auf Erfolg:

- Möglichkeit einer Formalisierung der intuitiven Kenntnisse (Erfahrungen) über die komplexen Marktmechanismen
- Möglichkeit zur Erstellung mathematischer und statistischer Analysen der multiplen Interdependenzen, die zwischen den verschiedenen angewandten Indikatoren und dem untersuchten Phänomen existieren.

Diese zwei Forderungen implizieren eine wesentliche Erleichterung der Mensch-Maschinen-Kommunikation. In dem System *Market* wird für eine solche Untersuchung der funktionalen Beziehungen eine spezifische Benutzersprache angewandt. Diese Sprache ermöglicht u. a.:

- Eine einfache Formulierung jeglicher funktionaler Beziehungen zwischen den Indikatoren und dem zu erklärenden Marktverhalten,
- eine automatische Bereitstellung des notwendigen Datenmaterials von der in diesem System integrierten Datenbank,
- eine automatische Bestimmung derjenigen Hypothese aus der Anzahl der vom Benutzer formulierten Hypothesen, die am besten zur Beschreibung des Marktverhaltens in der Lage ist.

Dieser erste Teil von *Market* stellt somit einen globalen Ansatz zur langfristigen Analyse und Prognose von Marktentwicklungen dar. Er ist sowohl für eine endogene Marktbeschreibung als auch für eine formale exogene Beschreibung von komplexen Wachstumsprozessen geeignet.

2.6.1.2 Die mittelfristige Analyse und Prognose

Der erste Teil des Systems *Market* besteht in der langfristigen Analyse und Prognose der in der Vergangenheit beobachteten Marktentwicklung, d.h. in der Auffindung der langfristigen Funktion, die am besten zur Beschreibung der Marktentwicklung in der Vergangenheit in der Lage ist. Im allgemeinen sind jedoch Abweichungen der Istwerte von den theoretischen Funktionswerten zu verzeichnen. Gehen wir davon aus, daß diese Abweichungen nicht auf falsche Hypothesen der langfristigen Entwicklung zurückzuführen sind, so können diese beobachteten Abweichungen

1. konjunkturbedingt sein, d.h. hervorgerufen werden durch die allgemeine Konjunkturlage,

2. durch marktspezifische Faktoren erklärt werden, was für die meisten Fälle gilt.

Ziel des mittelfristigen Analyse- und Prognoseteils von *Market* ist es, diese Einflußfaktoren zu quantifizieren und in die mittelfristigen Prognosen zu integrieren.

Die endogene mittelfristige Prognosefunktion

Die konjunkturbedingten Abweichungen rufen entsprechende Oszillationen des Marktverhaltens hervor, die mit Hilfe einer endogenen Funktion analysiert werden können. Es handelt sich darum, für die marktspezifischen Konjunkturoszillationen einen dynamischen Konjunkturzyklus zu bestimmen. Die dynamischen Charakteristika des Konjunkturzyklus sollen im folgenden kurz beschrieben werden. Der kybernetische konjunkturelle Prozeß ist in *Market* definiert durch:

$$\varepsilon_t = a_t \cdot \sin(\omega_t \cdot t + \varphi_0) + k$$

mit:

ε_t konjunkturbedingte Abweichungen zwischen den Istwerten und dem langfristigen Trend
a_t Amplitude des oszillierenden Prozesses zum Zeitpunkt t
ω_t Frequenz der konjunkturellen Oszillationen zum Zeitpunkt t
φ_0 Phasenverschiebung
k Verschiebungsdifferenz.

Diese Oszillationsfunktion unterscheidet sich von den klassischen Verfahren durch ihre autoadaptativen Eigenschaften, conditio sine qua non zur Bestimmung der dynamischen Marktprognose im mittelfristigen Bereich. Diese dynamische Anpassung wird durch eine laufende optimale Bestimmung der beiden Hauptparameter dieser Funktion a_t (Amplitude des Phänomens) und ω_t (Frequenz) erreicht, wobei die in 1.6.3.2 des *OPS*-Systems beschriebenen kybernetischen Verfahren angewandt werden. Entsprechend der Abb. 1–63 werden hier zwei Filterkoeffizienten ergänzt, die in jeder Periode eine optimale dynamische Anpassung der beiden Hauptparameter a_t und ω_t an die Ist-Werte ermöglichen. Als endogene Prognosefunktion wird die folgende Gleichung angewandt:

$$\hat{\varepsilon}_{t+\theta} = \{a_t \cdot \sin(\omega_t \cdot t + \varphi_0) + k\} \cdot \lambda_\theta$$

wobei λ_θ den Dämpfungsfaktor darstellt. Diese dynamische Prognosefunktion führt im allgemeinen zu guten Resultaten für die Bestimmung der den Wirtschaftsmärkten immanenten oszillatorischen Eigenschaften. Sie muß jedoch für eine effiziente Erstellung von mittelfristigen Prognosen durch exogene mittelfristige Prognosemodelle ergänzt werden.

Die exogene mittelfristige Prognosefunktion

Die endogene Prognosefunktion ist trotz ihrer Anpassungsfähigkeit an die festgestellten konjunkturbedingten Abweichungen (ε_t) nicht zur Beschreibung komplexer mittelfristiger Marktentwicklungen in der Lage, so daß die Notwendigkeit der Anwendung exogener Prognosefunktionen deutlich wird. Dieser exogene Prognoseansatz besteht im wesentlichen darin, verschiedene Hypothesen zur Erklärung dieser mittelfristigen Abweichungen zu erstellen, d.h. Hypothesen über die funktionalen Beziehungen zwischen den Einflußfaktoren und dem mittelfristigen Marktverhalten. Zur Beschreibung dieser Interdependenzen, die am besten diese mittelfristigen Marktentwicklungen erklären, ist dieser Modellteil in zwei Subsysteme unterteilt:

a) die mittelfristige Konjunkturfunktion *MKF*, die sowohl volkswirtschaftliche Konjunkturprozesse als auch branchenspezifische Konjunkturzyklen bezüglich ihres Einflusses auf den untersuchten Markt beschreibt,
b) marketingstrategische Funktion *MSF*, die zur Quantifizierung des Einflusses der Marketing-Politik unter Berücksichtigung der verschiedenen Konkurrenzaktivitäten dient (vgl. Abb. 2–62).

Die erste Komponente des mittelfristigen Bereichs *MKF* ist also makroökonomischer Natur und berücksichtigt den Einfluß ökonomischer Aktivitäten auf das analysierte Marktverhalten. Die zweite Komponente *MSF* gestattet, verschiedene unternehmensspezifische Marktstrategien in die mittelfristige Analyse miteinzubeziehen. Gehen wir zur Verdeutlichung dieses mittelfristigen Modells von den Absatzzahlen eines bestimmten Produkts aus, wobei *MKF* und *MSF* wie folgt definiert sind:

$$\varepsilon_t = a_0 + \underbrace{a_1 ZP_t + a_2 ZD_t + a_3 ZW_t}_{MSF} + \underbrace{a_4 ZK_t}_{MKF}$$

mit:

ZP_t funktionale Beziehung zwischen Preis- und Marktentwicklung

$$ZP_t = e^{-\frac{P_{F_t}}{P_{K_t}}}$$

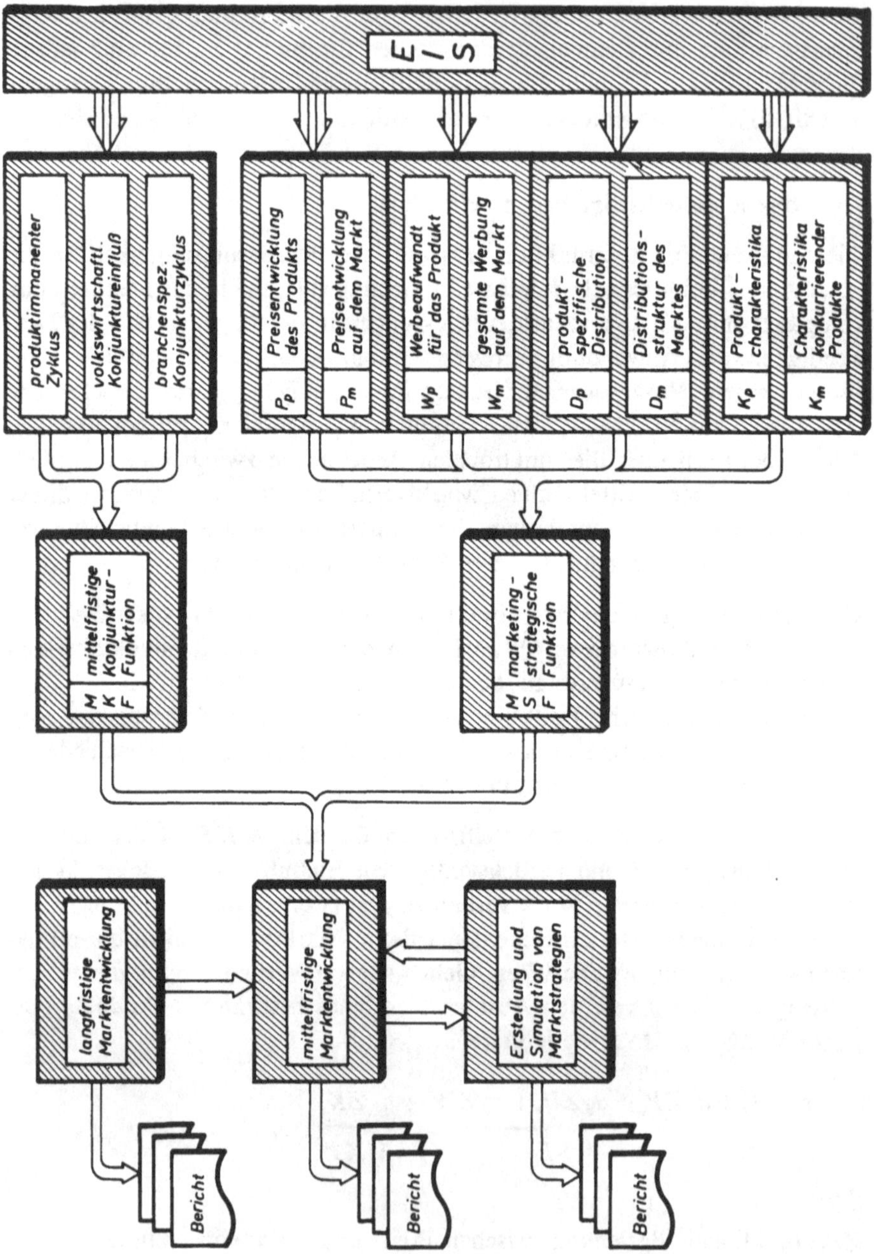

Abb. 2–62: Die Behandlung der mittelfristigen Analyse und Prognose in MARKET.

wobei

P_{F_t} den Preisindex des untersuchten Produkts bezeichnet und
P_{K_t} der Preisindex der konkurrierenden Produkte ist.

mit:

ZD_t funktionale Beziehung zwischen Distributionspolitik und Marktentwicklung

$$ZD_t = ln\left(e + \frac{D_{F_t}}{D_{K_t}}\right)$$

wobei

D_F die Distributionsaufwendungen der Firma und
D_K die der Konkurrenz darstellen.

mit:

ZW_t die funktionale Beziehung zwischen Werbeaufwand und Marktentwicklung

$$ZW_t = 1 + e^{-8\frac{W_{F_t}}{W_{K_t}}}$$

wobei

W_F der gesamte Werbeaufwand für das untersuchte Produkt und
W_K der für die konkurrierenden Produkte darstellt.

Der Einfluß der Konjunktur wird in das *MKF*-System durcn folgende einfache Funktion berücksichtigt:

$$ZK_t = \Delta BSP_t$$

wobei ΔBSP_t die jährliche Veränderung des Bruttosozialprodukts ist.

2.6.2 Das Berichtssystem

Um eine übersichtliche Gliederung des Berichtsystems zu erreichen, werden in *Market* neun verschiedene Outputarten programmiert (vgl. Abb. 2–63).

Output I: Erlaubt eine Vergleichsanalyse der verschiedenen Wachstumshypothesen endogener Natur. Für jede dieser verschiedenen Wachstumshypothesen werden die optimierten funktionsspezifischen Parameter sowie die aus dieser numerischen Analyse resultierenden Prognosewerte ausgegeben.

Output II: Dient dazu, die verschiedenen erstellten exogenen Hypothesen über das langfristige Marktverhalten zu vergleichen. Dieser Output enthält folgende Informationen:

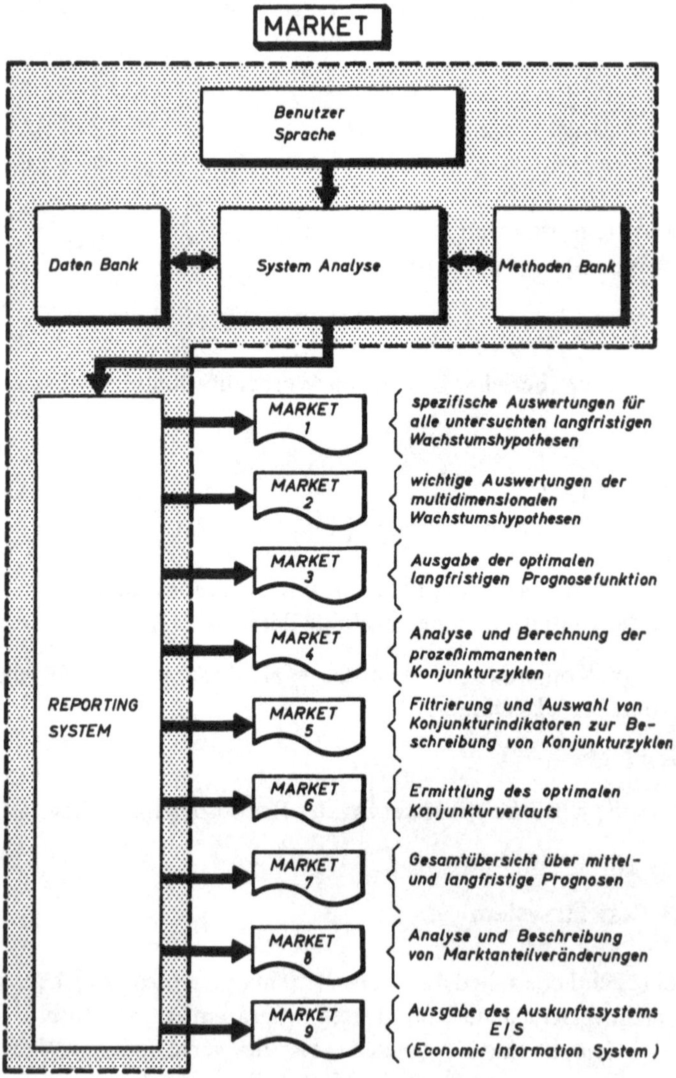

Abb. 2–63 Market: Das Berichtsystem

1. numerische Analyseergebnisse der in der langfristigen Wachstumshypothese verwendeten Indikatoren,
2. Ergebnisse der Analyse der funktionalen Beziehungen für jede vom Benutzer formulierte Hypothese,
3. die aus dieser funktionalen Analyse resultierenden Prognosewerte.

Output III: In Abhängigkeit der verschiedenen Hypothesen endogener und exogener Natur gibt dieser Berichtteil die wichtigsten Ergebnisse derjenigen Funktion an, die von allen formulierten Hypothesen am besten den Wachstumsprozeß des analysierten Marktes beschreiben.

Output IV: Gestattet, ausgehend von der in Output III erhaltenen „optimalen" Funktion, eine dynamische Analyse der in der Vergangenheit beobachteten konjunkturellen Abweichungen zwischen der Wachstumsfunktion und den Istwerten durchzuführen. Diese Analyse gestattet die Quantifizierung der dem analysierten Prozeß immanenten Konjunkturzyklen und kann als endogene Komponente der konjunkturellen Variation des Phänomens bezeichnet werden.

Output V: Die detaillierte Analyse der Konjunkturkomponenten führt zu der Beschreibung der relevanten Interdependenzen zwischen ökonomischer Umwelt und analysiertem Markt. Aufgrund der Vorrangigkeit dieser Analyse für die mittelfristige Prognose ist es hier unerläßlich, eine Filtrierung der relevanten Indikatoren durchzuführen, sowie die optimale Indikatorfunktion für die Beschreibung des konjunkturellen Marktprozesses aufzufinden. Dieser Output liefert die Analyseergebnisse für jede der vom Benutzer formulierten Hypothesen über das mittelfristige Marktverhalten.

Output VI: Das konjunkturbedingte Marktverhalten kann durch eine Hybridation der endogenen mittelfristigen Funktion (MKF) und der exogenen firmenspezifischen Funktion (MSF) beschrieben werden. Die aus dieser Hybridation resultierenden Prognosewerte sind in diesem Berichtsteil zusammengefaßt.

Output VII: Hier werden die Resultate der mittelfristigen bzw. konjunkturellen Analyse in die optimale langfristige Wachstumsprognose integriert. Somit verfügt man vollständig über die mittel- und langfristigen Prognoseresultate der Marktentwicklung.

Output VIII: Ausgehend von den Prognosen der analysierten Marktentwicklung ist es hier möglich, die Auswirkungen der verschiedenen konkurrierenden Absatzstrategien der Firmen auf ihre Marktanteile zu beschreiben. Dieser Analysetyp (Konkurrenzsimulation) erlaubt somit, Prognosen über Marktanteile zu erstellen unter Berücksichtigung aller bestehenden Marketing-Konstellationen. Die Ergebnisse dieser Konkurrenz-Analyse werden in mehreren Tabellen ausgegeben.

Output IX: Eines der Hauptcharakteristika von *Market* besteht in der Möglichkeit, als internes ökonomisches Informationssystem der Firma für eine integrierte Behandlung aller relevanten ökonomischen Informationen zu dienen. Dies gestattet:

- die Erstellung von mittel- und langfristigen Prognosen für jede ökonomische Zeitreihe,
- eine automatische Integration der verschiedenen Informationen in ein quantitatives Marktanalysesystem,
- den Aufbau einer ökonomischen Datenbank.

2.7 Schlußbetrachtung

Verfügt der Prognoseexperte über das hier dargestellte Instrumentarium, so ist die Versuchung sehr groß, eine Wahl der geeigneten Funktionen mit Hilfe einer numerischen Analyse zu treffen. Man muß sich jedoch bewußt sein, daß trotz der multiplen Analyse- und Prognosemöglichkeiten des langfristigen Marktverhaltens gewisse essentielle Probleme bestehen, die in den folgenden Punkten zusammengefaßt werden können:

1. *Definition von Marktsättigungsgrenzen*
Die Definition und Quantifizierung des Sättigungsniveaus ist insbesondere bei beschränktem Vergangenheitsmaterial problematisch, da z.T. die Unsicherheit in der Schätzung der Sättigungsniveaus bei mehr als 50% liegen kann, geht man von nur 10 Vergangenheitswerten auf.
Setzt sich dagegen das Vergangenheitsmaterial aus 20 Werten zusammen, so vermindert sich die Fehlschätzung auf 10%.
Eine numerische Bestimmung der Sättigungsniveaus weist also für befriedigende Resultate zu große Unsicherheiten auf. Es wird deshalb immer notwendig sein, bei der Erstellung solcher langfristiger Projektionen Analo-

giebetrachtungen zu der internationalen Situation mit ihren sozioökonomischen Charakteristiken vorzunehmen, als auch Studien über das zukünftige Marktverhalten, die technologische Entwicklung, die Preisverhältnisse der Konkurrenzmärkte und andere wichtige sozio-ökonomische Faktoren zu erstellen.

2. *Bestimmung der marktimmanenten Wachstumsfunktion*
Hat man das Sättigungsniveau definiert, dann muß eine Analyse des Marktverhaltens dazu führen, daß der eigentliche Wachstumsprozeß beschrieben und erklärt werden kann. Es ist hierfür erforderlich, einen Vergleich zwischen den verschiedenen möglichen Wachstumshypothesen durchzuführen, um diejenige Hypothese zu bestimmen, die am besten den untersuchten Markt beschreibt. Auf der Grundlage dieser Vergleichsanalyse können gesicherte Aussagen jedoch um so schwieriger getroffen werden, je kleiner das zur Verfügung stehende Vergangenheitsmaterial ist.
Eine weitere Unsicherheit in der Erstellung von Prognosen liegt darin, daß unterschiedliche Wachstumsentwicklungen für zugrundegelegte gleiche Sättigungsniveaus prognostiziert werden können, was eine zweite Quelle der Unsicherheitsspanne von Prognosen bedeutet.
Die hier erforderliche Vergleichsanalyse wird durch die Anwendung sog. generalisierter logistischer Funktionen erleichtert, da diese Funktionen als Funktionsgeneratoren dienen und somit eine Vielfalt von Funktionstypen erzeugen können.

3. *Integrierte Behandlung multipler Marktinformationen*
Langfristige Prognosen im Rahmen von Unternehmensstrategien müssen außer den „natürlichen Wachstumsprozessen“ eine Reihe von marktbeeinflussenden Faktoren berücksichtigen. Diese Faktoren können

a) ökonomischer Natur sein, d. h. sind mit der volkswirtschaftlichen Entwicklung verknüpft (Einkommensveränderungen, Bevölkerungsstrukturwandel etc.)
b) aus der Unternehmensstrategie, insbesondere aus der Marketingpolitik resultieren.

Damit eine gleichzeitige Analyse aller Faktoren für relevante Prognosen durchgeführt werden kann, ist die Erstellung integrierter Systeme in Angriff zu nehmen, die sowohl die funktionalen Beziehungen des Marktverhaltens analysieren, als auch eine integrierte Behandlung von multiplen Marktinformationen durchführen. Solche integrierte Systeme erfordern jedoch einen neuen Denkprozeß bei denjenigen, die innerhalb des Unternehmens für die Erstellung von Prognosen zuständig sind.

Ungeachtet von der Existenz solcher integrierter Prognose-Systeme ist eine Integration der multiplen Wirtschaftsinformationen in vielen Fällen nicht realisierbar, da auch in großen Unternehmen die notwendigen Daten und Informationen nicht in geeigneter Form vorliegen. Aus diesem Sachverhalt resultiert die Notwendigkeit einer integrierten Behandlung von Wirtschaftsinformationen in Prognosesystemen.

4. *Behandlung der Unsicherheitsspanne von langfristigen Prognosen*
Da die zugrundegelegten Prognosesysteme nicht in allen Einzelheiten das zukünftige Marktverhalten beschreiben können und da die benutzten ökonomischen Indikatoren im Hinblick auf ihre zukünftige Entwicklung mit Unsicherheiten behaftet sind, können die erstellten Prognosen nur als eine mögliche zukünftige Entwicklung betrachtet werden. Jede Abweichung von den zugrunde gelegten Hypothesen (systembezogene Hypothesen oder auf die Einflußfaktoren bezogene Hypothesen) wird aber logischerweise zu einer anderen zukünftigen Entwicklung des Phänomens führen.
Jede Prognose weist bekanntlich eine bestimmte Realisationswahrschein-

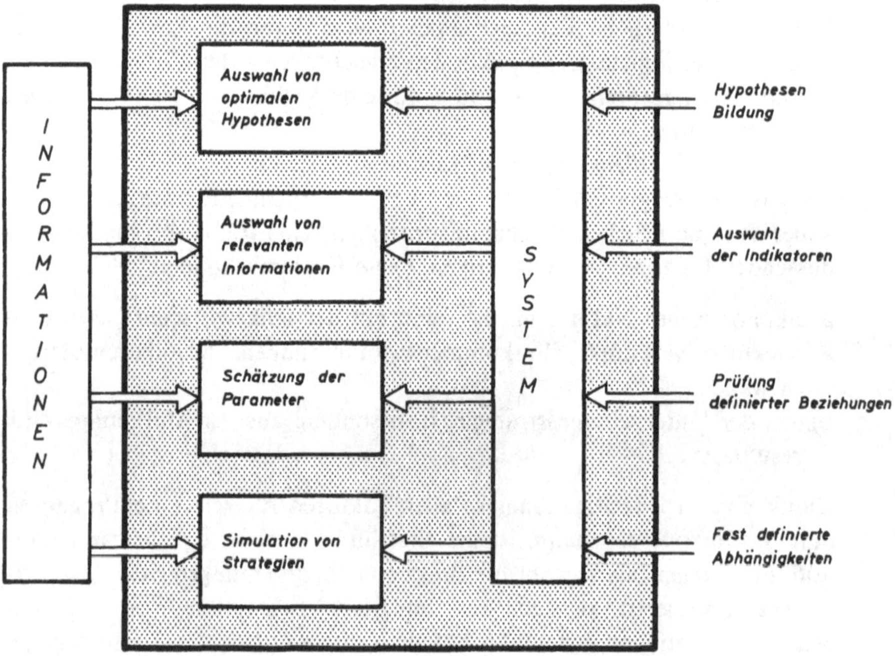

Abb. 2–64: Systemhafte Behandlung langfristiger Prognosen.

lichkeit auf. Nur eine genaue Kenntnis dieser Wahrscheinlichkeit verleiht der Prognose ihren vollen Wert. Da rationale unternehmerische Entscheidungen nur aufgrund von fundierten Risikoanalysen getroffen werden können, ist es notwendig, nicht nur Prognosen zu erstellen, sondern auch ihre Unsicherheitsspannen zu bestimmen.
Aufgrund dieser probabilistischen Annäherung an die Zukunft können Prognosesysteme als Zukunftssimulatoren betrachtet werden. Man ist somit in der Lage, verschiedene strategische Alternativen auf ihre Auswirkungen hin zu quantifizieren, was die Basis für rationale unternehmerische Entscheidungen liefert.

Trotz der in diesen Punkten dargestellten noch zu lösenden Probleme im Hinblick auf eine fundierte, wissenschaftliche Untersuchung und Analyse langfristiger Marktentwicklungen entspricht der heutige Stand des Prognoseinstrumentariums den Anforderungen an ein praktikables Prognosesystem.

3. Systeme zur Prognose des Ersatzbedarfs

3.1 Einleitung

Die Gesamtnachfrage setzt sich für die Mehrzahl dauerhafter Gebrauchsgüter aus zwei verschiedenen Komponenten zusammen:

- der Neubedarf
- der Ersatzbedarf.

Der Neubedarf entsteht durch Ausbreitung des Marktes, was durch eine Zunahme des Marktpotentials oder durch eine Erhöhung des Pro-Kopf-Verbrauchs bedingt sein kann. Der Ersatzbedarf entsteht durch die Notwendigkeit, unbrauchbar gewordene oder veraltete Güter zu ersetzen (so z. B. im Fall von schrottreifen Automobilen).
Die Absatzentwicklung von Gebrauchsgütern ist durch sog. Lebenszyklen charakterisiert, die im allgemeinen vier Phasen aufweisen (vgl. Abb. 3–1):

1. Einführungsphase

In der ersten Phase wird das Produkt auf dem Markt eingeführt. Aufgrund des geringen Bekanntheitsgrades ist eine langsame Absatzentwicklung zu verzeichnen. Darüber hinaus führt der bei der Einführung relativ hohe Preis des Produkts zu einer Beschränkung des potentiellen Marktes auf die sog. Innovatoren, d.h. auf diejenigen, die in starkem Maße zum Kauf neuer Produkte motiviert sind.

2. Ausbreitungsphase

Hier liegt eine schnelle Absatzentwicklung vor. Dieses positiv beschleunigte Wachstum ist auf den zunehmenden Bekanntheitsgrad sowie auf Preissenkungen zurückzuführen, was aus verminderten Produktionskosten und einer Produktionssteigerung resultiert. Im Fall von langlebigen Gebrauchsgütern stellt die Erhöhung der Kaufkraft einen wesentlichen Faktor für diesen Ausbreitungsprozeß dar.

3. Sättigungsphase

In der dritten Phase ist die Absatzentwicklung praktisch unabhängig von Preisveränderungen und Kaufkraftschwankungen: Der potentielle Gesamtmarkt nähert sich einem „natürlichen" Sättigungsniveau, so daß der Absatz des Produkts praktisch konstant bleibt.

4. Auslaufsphase

In dieser Phase tendiert das veraltete Produkt aufgrund der Konkurrenz technisch weiterentwickelter Produkte gleichen Typs oder aufgrund der Konkurrenz von Ersatzprodukten zum Ausscheiden aus dem Markt.

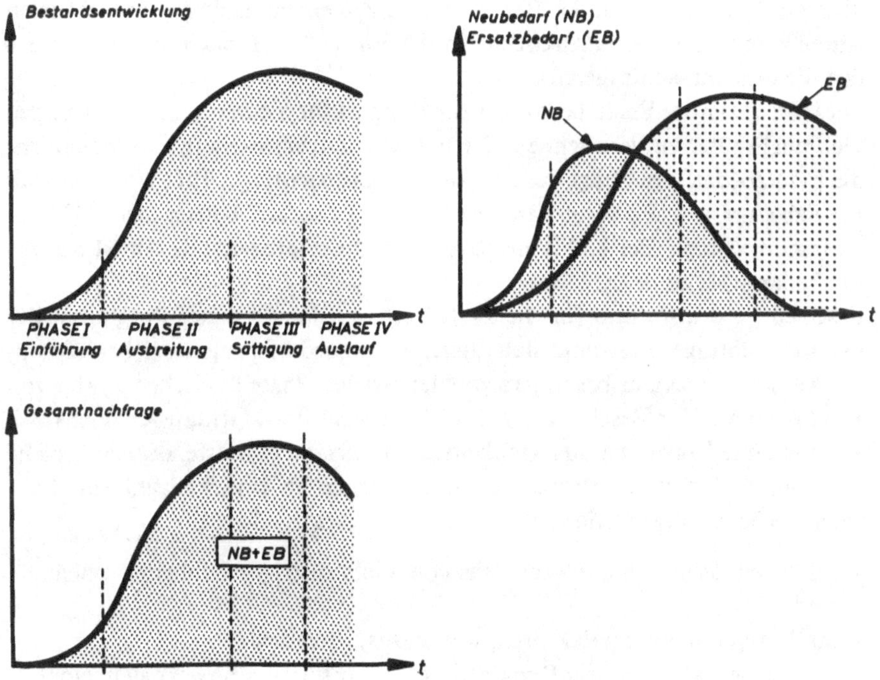

Abb. 3–1: Die 4 Hauptphasen der Produkt-Lebenszyklen

Neubedarf und Ersatzbedarf weisen im Verlauf dieses Lebenszyklus unterschiedliche Tendenzen auf:
In der ersten Phase ist ein langsamer Zuwachs dieser zwei Komponenten des Gesamtbedarfs zu verzeichnen. Aufgrund der schnellen Marktausbreitung in

der zweiten Phase nimmt der Neubedarf hier rasch zu und erreicht sein Entwicklungsmaximum. Demgegenüber weist der Ersatzbedarf eine relativ langsame Entwicklung auf. In der dritten Phase nimmt die Zuwachsrate der Bestandsentwicklung des Produkts ab. Diese rückläufige Tendenz ist in der Umgebung des Sättigungsniveaus am stärksten, was zu einer rückläufigen Tendenz der Neubedarfsnachfrage führt. Dagegen entsteht durch die Expansion des Gesamtbestandes des Produkts eine immer stärkere Ersatzbedarfsnachfrage, d. h. zwischen Ersatzbedarf und Gesamtbestand besteht eine direkte Proportionalität (vgl. Abb. 3–1). In der vierten Phase schließlich tendiert der Neubedarf gegen Null. Obwohl der Ersatzbedarf hier ebenfalls eine negative Tendenz aufweist, ist er relativ hoch im Vergleich zum Neubedarf. Betrachtet man den prozentualen Anteil des Ersatzbedarfs an der Gesamtnachfrage, so tendiert der Ersatzbedarf in der Phase 1 und 2 von einem niedrigen prozentualen Anteil zu einem hohen Prozentsatz in der Phase 3 und macht in der Phase 4 fast die Gesamtnachfrage aus.

Diese Struktur der Ersatzbedarfsentwicklung ist für die Mehrzahl der heutigen Gebrauchsgüter zu verzeichnen. Im Fall von Farbfernsehern z. B. entspricht die Ersatzbedarfsnachfrage ca. 10% der Gesamtnachfrage. 1971 entsprach der Ersatzbedarf von PKW in der BRD dem Neubedarf, betrug also 50% der Gesamtnachfrage. Bei Kühlschränken liegt dieser prozentuale Anteil des Ersatzbedarfs bei ca. 90%.

Deutlich wird also, daß für die Erstellung von langfristigen Prognosen der Gesamtnachfrage unbedingt detaillierte Ersatzbedarfsprognosen berücksichtigt werden müssen, insbesondere von der zweiten Phase des Lebenszyklus von Produkten an. Zur Beschreibung des Phänomens des Marktausscheidens von Produkten in Form von Sterblichkeitsfunktionen ist es notwendig, daß solche detaillierten Ersatzbedarfsanalysen und -prognosen eine Vielzahl von Faktoren berücksichtigen, wie z. B.:

- Faktoren technischer Natur, die von Gebrauchsgegebenheiten abhängig sind,
- marktpsychologische Faktoren, wie Status, Mode etc.,
- finanzielle Faktoren, wie Reparaturkosten, Instandhaltungskosten, etc.

Die Bedeutung von Ersatzbedarfsprognosen ist abhängig vom Differenzierungsgrad des Produkts. Im Fall globaler Märkte (z. B. LKW-Markt, Fernsehgeräte-Markt etc.) kommt den Ersatzbedarfsprognosen eine außerordentlich große Bedeutung zu, insbesondere hinsichtlich der Erstellung von Prognosen der Absatzentwicklung. Handelt es sich jedoch um Märkte mit hohem Differenzierungsgrad, so kann der Einfluß des auf die Ersatzbedarfsnachfrage

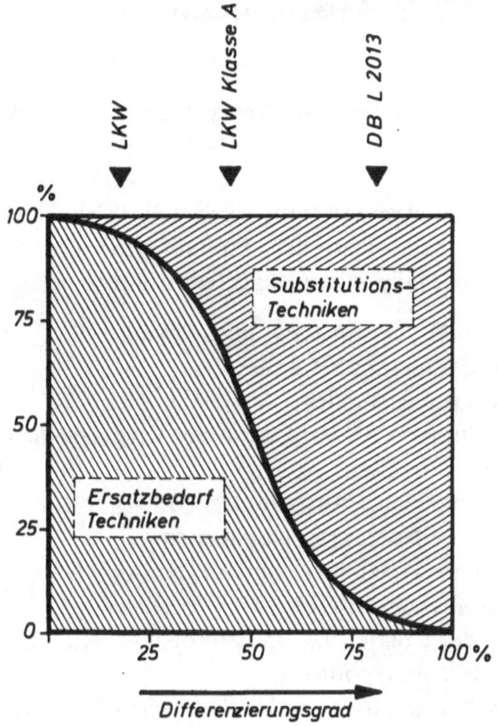

Abb. 3–2: Relative Bedeutung der Ersatzbedarfsprognosen in Abhängigkeit des Differenzierungsgrades des Marktes

zurückzuführenden Absatzes vernachlässigt werden. In diesem Fall ist es jedoch unerläßlich, eine Reihe von firmenspezifischen Marketing-Aktivitäten zu berücksichtigen, was die Anwendung von Substitutionstechniken erfordert. Diese Substitutionstechniken sind Bestandteil von Marketing-Mix-Prognosesystemen. Abb. 3–2 verdeutlicht die relative Bedeutung der Ersatzbedarfsprognosen in Abhängigkeit des Differenzierungsgrades des Marktes.

Die Analyse der Ersatzbedarfsnachfrage erfordert die Quantifizierung von marktspezifischen Verzögerungsphänomenen, die zwischen dem Ausfall eines Produkts und seinem tatsächlichen Ersatz durch den Kauf eines neuen Produkts existieren. Im folgenden werden wir verschiedene Modelle behandeln, die für die quantitative Analyse des Ersatzbedarfs angewandt werden können. Zum Abschluß dieses Kapitels sollen Systeme zur quantitativen Analyse und Prognose komplexer Ersatzbedarfsprozesse beschrieben werden.

3.2 Grundbegriffe des Ersatzprozesses

3.2.1 Die vier Hauptphasen zur Analyse der Ersatzbedarfsnachfrage

Zur Erstellung von Ersatzbedarfsprognosen stellt sich zunächst die Notwendigkeit, eine Analyse der wichtigsten Einflußfaktoren durchzuführen. Diese Analyse kann in vier Hauptphasen eingeteilt werden:

1. *Beschreibung der Bestandsstruktur eines Produkts*
   - Entwicklung des Gesamtbestandes
   - Altersstruktur des Bestandes
   - Entwicklung dieser Altersstruktur in der Vergangenheit
2. *Beschreibung des Überlebensprozesses*
   - Beschreibung möglicher Ausfallursachen
   - Beschreibung der Nutzungsgewohnheiten
   - Beschreibung der Instandhaltungshäufigkeiten
3. *Mathematische Analyse des Überlebensprozesses*
   - Bestimmung der Überlebens- und Sterblichkeitsfunktionen
   - Tests der erstellten Hypothesen
   - Erstellung von zukünftigen wahrscheinlichen Veränderungen der Überlebensfunktionen
4. *Beschreibung des Ersatzprozesses*
   - Bestimmung des Ersatzprozesses in Abhängigkeit seiner entwicklungsspezifischen Faktoren
   - Erstellung von Prognosen des Ersatzprozesses
   - zukunftsbezogene Simulationen des Marktverhaltens
   - Zerlegung der Ersatzbedarfsnachfrage in ihre Hauptkomponenten.

In diesem Kapitel 3 werden wir vor allem die Punkte 1, 3 und 4 behandeln. Punkt 2 ist Bestandteil der technischen Zuverlässigkeitstheorie und somit Gegenstand der Qualitäts- und Produktionskontrolle. Er wird in diesem Rahmen nicht näher dargestellt werden.

3.2.2 Globale Ansätze zur Prognose der Ersatzbedarfsnachfrage

Der einfachste Ansatz zur Prognose der Ersatzbedarfsnachfrage geht von der Hypothese aus, daß die Anzahl der aus dem Bestand zu jeder Periode ausscheidenden Produkte, die durch neue Produkte ersetzt werden, proportional sei zu dem Gesamtbestand, d.h.:

$$EB_t = P_t \cdot k_t \tag{3.1}$$

mit:

EB_t Ersatzbedarfsnachfrage in der Periode t
P_t Bestandsniveau des Marktes in der Periode t
k_t Ersatzbedarfskoeffizient in der Periode t.

Dieser Koeffizient k_t kann im allgemeinen nicht als konstant in der Zeit betrachtet werden, insbesondere dann nicht, wenn die Ersatzbedarfsnachfrage direkt von sozio-ökonomischen Faktoren beeinflußt wird, wie:

- Erhöhung der Reparatur- und Instandhaltungskosten,
- Veränderung des Preis-Einkommensverhältnisses des untersuchten Produkts,
- technologische Veränderungen.

Hier liegt das Problem der Ersatzbedarfsprognose in der Prognose der Entwicklung dieses Koeffizienten k_t. Kann man zur Analyse und Prognose der Ersatzbedarfsnachfrage aufgrund ihrer relativ geringen Bedeutung von globaleren Ansätzen und Methoden ausgehen, so ist es möglich, die in Kapitel 2 behandelten Methoden zur Extrapolation des Koeffizienten k_t anzuwenden. Im Fall der Analyse der Ersatzbedarfsnachfrage von PKW in der BRD wird die Ersatzbedarfsnachfrage als die Differenz zwischen den Neuzulassungen NZ_t und der Neubedarfsnachfrage NB_t definiert:

$$EB_t = NZ_t - NB_t \tag{3.2}$$

wobei für die Neubedarfsnachfrage NB_t per Definition gilt:

$$NB_t = P_t - P_{t-1} \tag{3.3}$$

was die Nettobestandszunahme zwischen zwei aufeinanderfolgenden Perioden darstellt. Für den Ersatzbedarfskoeffizienten k_t gilt folglich:

$$k_t = \frac{EB_t}{P_t} \tag{3.4}$$

Tabelle 3–1 gibt die verschiedenen Werte des Automobilbestandes der BRD sowie die mit Hilfe der Formel (3.4) berechneten Ersatzbedarfskoeffizienten an. Abb. 3–3 zeigt die Entwicklung dieses Koeffizienten von 1958 bis 1972. Aus der Analyse der Entwicklung des Ersatzbedarfskoeffizienten k_t für Länder

Tabelle 3–1: Die Entwicklung des PKW-Bestandes[1] in der BRD (einschließlich West-Berlin) und ihre Komponenten (in 1000).

Jahr	Bestände am 1.1.	Neubedarf	Neuzulassungen	Ersatzbedarf	Ersatzbedarfskoeffizient in %
1958	2 628	543	639	96	3,65
1959	3 171	609	772	163	5,14
1960	3 780	779	914	135	3,57
1961	4 559	854	1 018	164	3,60
1962	5 413	935	1 134	199	3,68
1963	6 348	900	1 162	262	4,13
1964	7 248	856	1 221	365	5,04
1965	8 104	939	1 383	444	5,48
1966	9 043	848	1 375	527	5,83
1967	9 891	593	1 240	647	6,54
1968	10 484	687	1 308	621	5,92
1969	11 171	1 027	1 687	660	5,91
1970	12 198	1 101	1 931	830	6,80
1971	13 299	1 002	1 974	972	7,31
1972	14 301	763	1 961	1 198	8,38
1973	15 064				

[1] ohne Kombinationskraftwagen

mit hohem Motorisierungsgrad gegenüber der BRD resultiert, daß die Entwicklung von k_t mit Hilfe einer s-förmigen Kurve beschrieben werden kann. Vesfügt man über die Vergangenheitswerte von k_t, so kann eine langfristige Extrapolation dieses Koeffizienten, z. B. unter Anwendung eines logistischen Modells, erstellt werden. Wie aus Abb. 3–3 ersichtlich, sind in bestimmten Jahren, insbesondere 1960/61 und 1967/68, starke Abweichungen zwischen den Istwerten von k_t und den theoretischen Funktionswerten zu verzeichnen. Zur Erstellung besserer Prognosen für k_t ist es deshalb notwendig, zusätzliche Faktoren zu berücksichtigen, wie Konjunktureinflüsse, marktspezifische Altersbestandstrukturen usw. Der hier dargestellte globale Ansatz zur Prognose der Ersatzbedarfsnachfrage weist den Vorteil einer einfachen Anwendung auf und erfordert nur ein geringes Maß an statistischen Marktinformationen. Diese Methode ist somit für Näherungsanalysen der Ersatzbedarfsnachfrage geeignet. Für detaillierte und exakte Analysen und Prognosen kann dieser globale Ansatz jedoch nicht angewandt werden. Zur genauen Kenntnis des Ersatzprozesses müssen die Ausfallprozesse in Abhängigkeit der Altersbestandsstruktur und der entsprechenden Ausfallwahrscheinlichkeiten quantifiziert werden. In diesem Kapitel werden wir die wichtigsten methodischen Ansätze zur Erstellung von Ersatzbedarfsprognosen beschreiben, die auf den Überlebenswahrscheinlichkeiten der Produkte basieren.

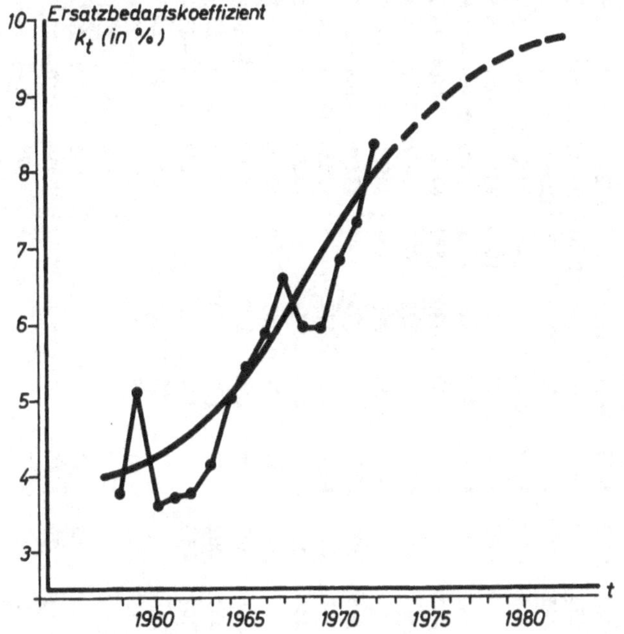

Abb. 3–3: Entwicklung des Ersatzbedarfskoeffizienten k_t im Fall des PKW-Marktes der BRD

3.2.3 Bestandsstruktur eines Marktes

Es handelt sich hier vor allem darum, eine statistische Quantifizierung des Gesamtmarktes nach den verschiedenen Altersgruppen durchzuführen. Diese Struktur der Altersgruppen muß so exakt wie möglich bestimmt werden, da der Altersfaktor eine bedeutende Rolle bei der Quantifizierung der Sterblichkeit spielt. Tabelle 3–2 verdeutlicht eine solche statistische Aufstellung nach Altersgruppen im Fall des LKW-Bestandes der BRD. Obwohl solche detaillierten Bestandsstatistiken von größter Bedeutung für die quantitative Analyse des Ersatzprozesses sind, wurden sie bisher für die meisten Märkte nicht erstellt. Selbst für sehr wichtige Märkte, wie im Fall des Automobilmarktes, liegen nur unzureichende Statistiken vor, was insbesondere für den französischen und italienischen Automobilmarkt gilt. Verfügt man nicht über ausreichendes statistisches Material, so können drei Ansätze zur Schätzung der Bestandsstruktur eines Marktes in Betracht gezogen werden:

Jahr der ersten Zulassung	Lastkraftwagen mit Nutzlast in kg													Zusammen		Veränderung in %
	bis 999	1000 bis 1499	1500 bis 1999	2000 bis 2499	2500 bis 2999	3000 bis 3499	3500 bis 3999	4000 bis 4499	4500 bis 4999	5000 bis 5999	6000 bis 7499	7500 bis 8999	9000 und mehr	1. Juli 1970	1. Juli 1969	
1970	15732	16562	5915	6893	2834	2771	3030	2284	911	899	2332	4839	2746	67748	–	
1969	28287	32747	11421	12211	4714	5063	5249	2955	1365	1539	4709	8530	4110	122900	52851	
1968	24175	27529	10145	9094	3996	4502	4061	2460	1429	1823	3841	6982	2822	102859	103783	– 0,9
1967	20676	25366	12256	6584	3647	4633	3385	1259	1282	1906	3490	6054	2101	92639	93827	– 1,3
1966	24448	28129	17905	2726	3887	5484	4174	845	1368	2565	4132	7758	2179	105600	107480	– 1,7
1965	22975	27105	15245	3476	3469	5259	4629	745	1707	3338	4645	9072	2444	104109	107550	– 3,2
1964	27111	15979	14953	3132	2718	4360	4003	750	1697	3668	5877	8514	1643	94405	101054	– 6,6
1963	23523	8067	12945	2754	2744	3709	4110	960	1650	4890	5865	7346	1138	79701	90369	–11,8
1962	18488	4853	10495	1282	2079	2227	2892	882	1639	5074	5032	5780	581	61304	73410	–16,5
1961	12240	3818	8383	1118	1992	1871	2259	713	1608	4427	4213	4392	402	47436	58770	–19,3
1960	8221	2303	6021	1095	1608	1646	1811	661	1572	3840	4133	956	153	34020	43006	–20,9
1959	5527	1514	4863	777	704	1141	1223	543	1306	3203	2154	199	66	23220	30288	–23,3
1958	3330	942	2956	586	384	901	901	377	1078	1610	527	177	55	13824	18390	–24,8
1957	2173	738	2043	515	367	876	834	446	1245	538	400	306	18	10499	14079	–25,4
1956	1720	425	1282	477	320	991	1045	785	1139	317	331	267	10	9109	12027	–24,3
1955	1108	245	788	491	272	647	840	896	592	238	268	210	7	6602	8729	–24,4
1954	564	201	507	226	125	520	651	538	302	119	165	54	9	3981	5193	–23,3
1953	401	127	446	164	128	696	582	247	213	97	139	33	4	3277	4278	–23,4
1952	427	145	422	136	124	734	457	82	38	72	80	25	4	2746	3586	–23,4
1951	349	101	146	60	91	547	289	15	14	41	65	11	–	1729	2224	–22,3
1950	259	87	100	57	89	310	202	12	12	22	21	5	3	1179	1533	–23,1
1949	67	58	127	61	107	147	33	6	15	23	1	–	–	645	812	–20,6
1945 bis 1948	30	23	94	79	78	43	5	13	29	36	2	1	–	433	560	–22,7
1940 bis 1944	50	34	44	91	36	28	4	8	10	15	1	–	4	325	404	–19,6
1939 u. früher	61	39	30	18	13	5	1	–	–	–	–	–	–	167	207	–19,3
Unbekannt	3	3	5	3	1	–	1	–	10	2	4	–	–	32	36	–11,1
Zusammen:	241945	197140	139537	54106	36527	49111	46671	18482	22231	40302	52427	71511	20499	990489	934446	+ 6,0
Durchschnittsalter in Jahren	5,10	3,69	5,72	3,76	5,05	5,98	6,00	5,78	7,50	7,21	5,93	4,66	3,30	5,04	5,08	

1. Analogiebetrachtungen zu Ländern mit detaillierten und genauen Statistiken,
2. Stichprobenverfahren zur Schätzung der Bestandsstruktur nach Altersgruppen,
3. Schätzung der Bestandsstruktur durch Anwendung von Simulationsverfahren.

Die beiden ersten Ansätze sind nicht mit größeren Schwierigkeiten verbunden, die letzte Methode jedoch verlangt den Einsatz eines adäquaten mathematischen Instrumentariums, um diese Simulation der Vergangenheit durchführen zu können. Zum Abschluß dieses Kapitels werden wir ein System behandeln, das für eine solche Simulation eingesetzt werden kann. Die hier dargestellten drei Ansätze können selbstverständlich kombiniert werden und führen in der Regel zu sehr guten Resultaten, da das Stichprobenverfahren zu einer guten Annäherung an die Realität führt und die Analogiemethoden in der Lage sind, bestimmte Stichprobenverzerrungen zu korrigieren und somit Trendentwicklungen aufzuzeigen. Das Simulationsverfahren bietet schließlich die Möglichkeit einer schnellen und sicheren Quantifizierung von Bestandsstrukturen nach Altersklassen sowohl für die Vergangenheit, soweit diese nicht bekannt ist, als auch für die Zukunft. Darüber hinaus ist diese letzte Methode zur Auffindung zeitlicher Veränderungen der Überlebenswahrscheinlichkeiten, die ökonomisch bedingt sein können, in der Lage.

3.2.4 Definition und Grundbegriffe der Ausfallprozesse

Die verschiedenen Modelle und Ansätze zur Bestimmung der Ersatzbedarfsnachfrage basieren auf bestimmten Hypothesen der Ausfallwahrscheinlichkeiten. Die für diese Wahrscheinlichkeitsberechnungen notwendigen Grundbegriffe und Definitionen werden im folgenden kurz dargestellt:

f_t *Ausfallwahrscheinlichkeit* (Wahrscheinlichkeitsdichte) der analysierten Population oder des analysierten Marktes in der Periode t. Als Population wird hier die Gesamtheit der von dem analysierten Ersatzprozeß betroffenen Güter bezeichnet. f_t stellt also hier die Ausfallwahrscheinlichkeit eines Produkts zwischen der Periode t und der Periode $t + dt$ dar, d. h. das Produkt erfüllt in diesem Zeitraum nicht mehr die von ihm erwarteten Dienste, und eine Instandhaltung ist aus verschiedenen Gründen unrentabel, wie z. B. aufgrund zu hoher Reparaturkosten, technischer oder physischer Obsoleszenzen etc., so daß das Produkt aus dem Markt ausscheidet. Bei verschiedenen Werten von f_t erhält man z. B. folgende Interpretationen:

$f_1 = 0{,}1$ 10% der Anfangspopulation wird nach einer Periode aus dem Markt ausscheiden oder seine Funktion im Verlauf der Periode 1 einstellen.

$f_2 = 0{,}4$ 40% der Anfangspopulation fällt im Verlauf der Periode 2 aus, d. h. zwei Perioden nach ihrer Einführung auf dem Markt.

$f_3 = 0{,}3$ Ein 30%iger Ausfall der Anfangspopulation ist in der Periode 3 zu verzeichnen.

Analog dazu können die Ausfallwahrscheinlichkeiten $f_4, f_5, \ldots$ bestimmt werden. Die Summe aller Wahrscheinlichkeiten ergibt per Definition 1, d. h.:

$$\sum_{t=1}^{\infty} f_t = 1$$

A_t *Anzahl der Ausfalleinheiten in jeder Periode.* Im Fall von einfachen Ersatzmodellen werden wir davon ausgehen, daß der Ersatz eines Produktes eine Periode nach seinem Ausfall erfolgt. Im Fall komplexer Modelle müssen zwischen dem physischen Ausfall eines Guts und seinem tatsächlichen Ersatz komplexere Verzögerungsphänomene berücksichtigt werden. Zur Verdeutlichung betrachten wir den folgenden Fall: Zu Beginn des Ersatzprozesses beträgt die Anfangspopulation (P_0) 1000 Einheiten. Dieser Population liegen folgende Ausfallwahrscheinlichkeiten zugrunde:

$$f_1 = 0{,}1$$
$$f_2 = 0{,}4$$
$$f_3 = 0{,}3$$
$$f_4 = 0{,}15$$
$$f_5 = 0{,}05$$

Die Anzahl der wahrscheinlichen Ausfälle in jeder Periode wird durch Multiplikation der Anfangspopulation P_0 mit den Ausfallwahrscheinlichkeiten der entsprechenden Perioden bestimmt:

$$A_1 = P_0 \cdot f_1 = 1000 \cdot 0{,}1 = 100$$
$$A_2 = P_0 \cdot f_2 = 1000 \cdot 0{,}4 = 400$$
$$A_3 = P_0 \cdot f_3 = 1000 \cdot 0{,}3 = 300$$
$$A_4 = P_0 \cdot f_4 = 1000 \cdot 0{,}15 = 150$$
$$A_5 = P_0 \cdot f_5 = 1000 \cdot 0{,}05 = 50$$

R_t *Überlebenswahrscheinlichkeit*

R_t bezeichnet die Wahrscheinlichkeit dafür, daß ein Produkt, das das Alter t erreicht hat, die Zeitspanne $t + dt$ überlebt. Die Überlebensfunktion ist die Komplementärfunktion der kumulierten Ausfallwahrscheinlichkeitsfunktion:

$$R_t = 1 - F_t = 1 - \sum_{i=1}^{t} f_i \tag{3.5}$$

Geht man von dem vorhergehenden numerischen Beispiel aus, erhält man folgende Überlebenswahrscheinlichkeiten:

$R_1 = 1 - 0{,}1 = 0{,}9$

$R_2 = 1 - (0{,}1 + 0{,}4) = 0{,}5$

$R_3 = 1 - (0{,}1 + 0{,}4 + 0{,}3) = 0{,}2$

$R_4 = 1 - (0{,}1 + 0{,}4 + 0{,}3 + 0{,}15) = 0{,}05$

$R_5 = 1 - (0{,}1 + 0{,}4 + 0{,}3 + 0{,}15 + 0{,}05) = 0$

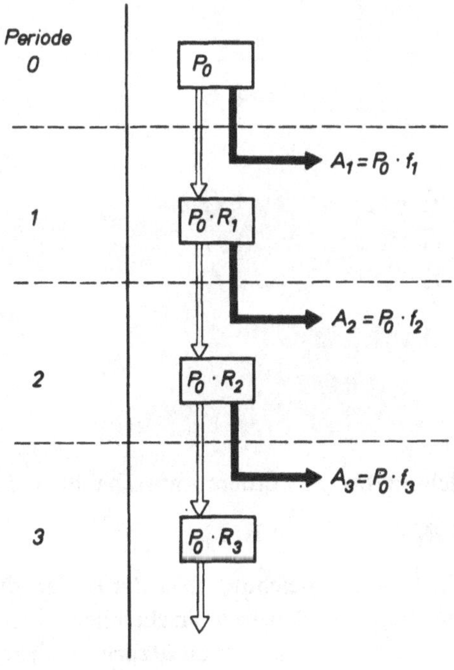

Abb. 3–4: Schematische Darstellung des Ausfallprozesses einer Anfangspopulation

Mit Hilfe der Überlebenswahrscheinlichkeiten ist es somit möglich, die Anzahl der Produkte einer Anfangspopulation, die t Perioden überlebt haben, zu ermitteln.

$\bar{D}$ *Mittlere wahrscheinliche Lebensdauer eines Produkts*

$\bar{D}$ ist definiert durch die Summe der folgenden einzelnen Lebenswahrscheinlichkeiten:

$$\bar{D} = 1 \cdot f_1 + 2 \cdot f_2 + 3 \cdot f_3 + \cdots + T \cdot f_T = \sum_{t=1}^{T} t \cdot f_t \tag{3.6}$$

wobei T die maximale wahrscheinliche Lebensdauer bezeichnet, d. h.:

$$f_t = 0 \qquad \text{für } t > T$$

Diese Funktion ($\bar{D}$) kann auch definiert werden durch:

$$\begin{aligned} \bar{D} &= 1 \cdot f_1 + 2 \cdot f_2 + 3 \cdot f_3 \cdots + f_T \\ &= f_1 + f_2 + f_3 + \cdots\cdots\cdots + f_T \\ &\quad\;\; + f_2 + f_3 + \cdots\cdots\cdots + f_T \\ &\quad\;\;\quad\;\; + f_3 + \cdots\cdots\cdots + f_T \\ &\quad\;\;\quad\;\;\quad\;\; - - - - - - - - - \\ &\quad\;\;\quad\;\;\quad\;\;\quad\;\; + f_T \end{aligned}$$

Da gilt:

$$\begin{aligned} R_0 &= f_1 + f_2 + f_3 + \cdots\cdots\cdots + f_T \\ R_1 &= f_2 + f_3 \cdots\cdots\cdots\cdots\cdots + f_T \\ R_2 &= f_3 + f_4 \cdots\cdots\cdots\cdots\cdots + f_T \\ &\;\;. \\ &\;\;. \\ &\;\;. \\ R_{T-1} &= f_T \end{aligned}$$

lautet die Gleichung für die mittlere wahrscheinliche Lebensdauer:

$$\bar{D} = R_0 + R_1 + R_2 + \cdots + R_{T-1} \tag{3.7}$$

Die Besonderheit dieser Gleichung liegt darin, daß die mittlere Lebensdauer mit Hilfe von Überlebenswahrscheinlichkeiten bestimmt werden und somit in bestimmten Fällen als zusätzliche Kontrolle dienen kann.

$P_{j,i}$ *Anzahl der Elemente*, die in der Periode j ein Alter von i Perioden erreicht haben. Somit liefern die i Altersklassen für eine gegebene Periode j die Altersstruktur des Bestandes.

Beispiel

$P_{8,0} = 900$ — Anzahl der in der Periode 8 auf den Markt kommenden Einheiten.

$P_{8,1} = 800$

$P_{8,2} = 450$ — Anzahl der Einheiten, die zu Beginn der Periode 8 zwei Jahre alt sind.

$P_{8,3} = 250$

$P_{8,4} = 80$

$P_{8,5} = 3$

$P_8 = 2483$

P_j *Gesamtbestand*, d.h. Anzahl der in der Periode j auf dem Markt befindlichen Produkte:

$$P_j = P_{j,0} + P_{j,1} + P_{j,2} + \cdots + P_{j,T} = \sum_{i=0}^{T} P_{j,i} \tag{3.8}$$

Ist dieser Gesamtbestand P_j nicht im Verlauf der Zeit konstant, so liegt zwischen zwei aufeinanderfolgenden Perioden die folgende Bestandsänderung vor:

$$\Delta P_j = P_j - P_{j-1}$$

Dieser absolute Bestandszuwachs wird als Neubedarf (NB) bezeichnet. Der Neubedarf ist somit definiert durch den Anteil der Gesamtnachfrage, der zu einer Gesamtbestandszunahme führt. Als Ersatzbedarf wird demgegenüber die Anzahl neuer Produkte bezeichnet, die zum Ersatz der aus dem Markt ausgeschiedenen Produkte dienen.

In bestimmten Fällen ist es relativ schwierig, die Sterblichkeitsfunktion des Ausfallprozesses zu ermitteln. Die Kenntnis der Bestandsstruktur $P_{j,i}$ führt jedoch zur Bestimmung dieser Wahrscheinlichkeitsfunktion. Kennt man den Bestand $P_{j,i}$, d.h. die Anzahl der Güter, die in der Periode j i-Perioden in Betrieb sind und ist diese Struktur auch in der folgenden Periode $j+1$ bekannt, so können die Ausfallraten $\lambda_{j,i}$ mit Hilfe der folgenden Gleichung bestimmt werden:

$$\begin{aligned}\lambda_{j,i} &= \frac{P_{j-1,i} - P_{j,i+1}}{P_{j-1,i}} = \frac{P_{j-1-i,0}(R_{j-1,i} - R_{j,i+1})}{P_{j-1-i,0} R_{j-1,i}} = \\ &= \frac{R_{j-1,i} - R_{j,i+1}}{R_{j-1,i}} = \frac{f_{j,i}}{R_{j-1,i}}\end{aligned} \tag{3.9}$$

oder in anderer Schreibweise:

$$\lambda_{j,i} \cdot P_{j,i-1} = P_{j,i-1} - P_{j+1,i} = \Delta P_{j,i} \tag{3.10}$$

wobei $\Delta P_{j,i}$ die Anzahl der Produkte mit dem Alter i bezeichnet, die zwischen der Periode $j-1$ und der Periode j definitiv aus dem Markt ausscheiden. In dem Fall, wo $\lambda_{j,i}$ unabhängig von j ist, d. h. wo die Ausfallrate im Verlauf der Zeit konstant bleibt, vereinfacht sich die Gleichung wie folgt:

$$\lambda_i = \frac{R_{i-1} - R_i}{R_{i-1}} = \frac{f_i}{R_{i-1}} \tag{3.11}$$

In bestimmten praktischen Fällen ist es jedoch vorteilhafter, die durch Formel (3.10) definierte Ausfallsrate anzuwenden, vor allem dann, wenn der Ausfallprozeß nicht stationär ist, d. h. wenn die Sterbewahrscheinlichkeiten in Abhängigkeit der Zeit oder anderer sozio-ökonomischer Faktoren variieren.

3.2.5 Sterblichkeitsfunktionen

Die Analyse und Prognose des Ersatzprozesses erfordert die Erstellung von Hypothesen über die Sterblichkeitsfunktion des untersuchten Produkts oder Marktes. In Anhang C werden wir einige dieser Sterblichkeitsfunktionen behandeln, insbesondere:
- die Exponentialfunktion,
- die Normalverteilungsfunktion oder die *Gauß*sche Normalverteilung,
- die *Weibull*-Funktion,
- die logistische Funktion.

Bevor die Erstellung von Prognosen in Angriff genommen werden kann, ist es unerläßlich, die verschiedenen Sterblichkeitsfunktionen auf ihre Anwendbarkeit zu prüfen. Zur Analyse dieser Funktionen ist es möglich, spezifische statistische Tests anzuwenden, die über eine Annahme oder Zurückweisung der formulierten Hypothesen der Sterblichkeitsfunktion entscheiden. Nur mit

Hilfe dieser statistischen Tests kann ein Vergleich zwischen den verschiedenen Funktionen durchgeführt werden, um eine Entscheidung darüber zu treffen, welche Sterblichkeitsfunktion der ökonomischen Realität am besten entspricht. Diese Hypothesentests verlangen ausreichende und genaue Statistiken. Die statistischen Testverfahren können in zwei große Kategorien eingeteilt werden:

1. parametrische Tests,
2. nicht-parametrische Verfahren, die für die Gesamtheit der Sterblichkeitsfunktionen angewandt werden können.

Die parametrischen Tests werden im allgemeinen dann angewandt, wenn den erstellten Hypothesen bestimmte Verteilungsfunktionen zugrunde liegen, wie z. B. eine Exponentialverteilung, eine *Weibull*sche Verteilung usw., wobei die Parameterwerte jedoch nicht bekannt sind. Im Fall von nicht-parametrischen Verfahren werden keine Hypothesen über die zugrunde liegende Verteilung erstellt.

3.3 Analyse- und Prognosemodelle zur Ersatzbedarfsnachfrage

Ziel dieses Abschnitts ist es, eine Methodologie der verschiedenen Analyse- und Prognosemodelle zur Ersatzbedarfsnachfrage zu erstellen. Im folgenden sollen einige einfache und in der Praxis häufig auftretende Ersatzprozesse analysiert werden. Die verschiedenen Ersatzbedarfsmodelle unterscheiden sich durch folgende Charakteristika:

1. Altersbestandsstruktur zum Analyseausgangszeitpunkt
   a) Die Altersstruktur beschränkt sich auf eine einzige Klasse $P_{0,0}$, was insbesondere für neue Märkte zutrifft.
   b) Der analysierte Markt besitzt zu Beginn der Analyse eine gegebene Altersstruktur $P_{0,i}$, was bei den traditionellen, geläufigen Märkten der Fall ist.
2. Wachstum des Gesamtmarktes
   a) Der Gesamtmarkt bleibt im Verlauf der Zeit quasi konstant, so daß keine Neubedarfsnachfrage entsteht, was bei den Märkten zu beobachten ist, die in die Sättigungsphase eingetreten sind.
   b) Der Gesamtmarkt ist Veränderungen unterworfen, was außer der Ersatzbedarfsnachfrage zu Neubedarfsnachfragen führt.

3. Die Überlebenswahrscheinlichkeiten
   a) Die Überlebenswahrscheinlichkeiten werden im Verlauf der Zeit als konstant betrachtet, d. h. es handelt sich hier um sog. stationäre Prozesse.
   b) Die Überlebenswahrscheinlichkeiten weisen eine zeitliche Entwicklung auf. Ihre Variationen sind hauptsächlich von der ökonomischen und technischen Umgebung des Marktes abhängig.
4. Charakteristika des Ersatzprozesses
   a) Der Ersatz setzt unmittelbar nach dem Ausfall eines Produkts ein und deckt die gesamten Ausfälle vollständig.
   b) Der Ersatz ist komplexer Natur, d. h. der tatsächliche Ersatz ist nicht identisch mit der Anzahl der Ausfälle. Außerdem liegt ein variables Timelag zwischen dem Ausfall und dem tatsächlichen Ersatz eines Produktes vor, das abhängig ist von konjunkturellen oder technologischen Faktoren, die während des Ersatzprozesses bestehen.

Wie aus dieser kurzen Aufstellung ersichtlich, können durch Kombination der obigen Variablen verschiedene Ersatzprozesse hervorgerufen werden. Im folgenden werden wir vier einfache und bekannte Ersatzprozesse behandeln. Der fünfte Fall stellt ein System dar, das zur Beschreibung und Prognose von komplexen Ersatzbedarfsprozessen angewandt werden kann. Tabelle 3–3 gibt eine Übersicht über die Charakteristika der in diesem Rahmen behandelten Ersatzbedarfsmodelle.

Tabelle 3–3: Übersicht über die verschiedenen Ersatzbedarfsmodelle und ihre Hauptkomponenten.

Modell	Marktstruktur		Marktniveau		Wahrscheinlichkeitsverteilung		Ersatzprozeß	
	neu	alt	konst.	variabel	konst.	variabel	einfach	komplex
I	×			×	×		×	
II		×		×	×		×	
III	×			×	×	×	×	
IV		×		×		×	×	
V		×		×		×		×

3.3.1 Einfache Ersatzbedarfsmodelle

Zur Verdeutlichung der verschiedenen Ansätze, die im Rahmen von Ersatzbedarfsprognosesystemen angewandt werden können, sollen im folgenden vier verschiedene Modelle behandelt werden, die aufgrund ihrer relativ einfachen Hypothesen jedoch nur als die Grundlage realistischer, praxisorientierter Systeme betrachtet werden können. Für jeden dieser Ersatzmodellansätze werden wir zunächst die zugrundeliegenden Hypothesen darstellen. Daran schließt sich die formale Beschreibung von Ersatzbedarfsprozessen an, sowie ein numerisches Beispiel zur Verdeutlichung.

3.3.1.1 Modell I: Ersatzbedarfsmodell im Fall eines neuen Marktes

Modell I geht von folgenden Hypothesen aus:

1. Zu Beginn des Ersatzprozesses befinden sich P_0 Produkte auf dem Markt, d.h. die Altersstruktur des Bestandes beschränkt sich hier auf eine einzige Altersklasse P_0.
2. In jeder Periode ist ein Absatz von $P_{t,0}$ Gütern zu verzeichnen, die einerseits die Ausfälle der vorhergehenden Perioden ersetzen, sowie andererseits zur Befriedigung der Neubedarfsnachfrage dienen.
3. Die Ausfallwahrscheinlichkeiten $f_{t,i}$ bleiben im Verlauf der Zeit konstant, d.h. die Ausfallwahrscheinlichkeiten von Produkten mit einem Alter von i-Perioden sind für alle t gleich:

$$f_{t,i} = f_i$$

Diese Hypothesen führen zu folgender Definition des Ersatzprozesses:

$$\begin{aligned}
P_{1,0} &= P_{0,0} \cdot f_1 + NB_1 \\
P_{2,0} &= P_{0,0} \cdot f_2 + P_{1,0} f_1 + NB_2 \\
P_{3,0} &= P_{0,0} \cdot f_3 + P_{1,0} f_2 + P_{2,0} \cdot f_1 + NB_3 \qquad (3.12) \\
&\vdots \\
P_{t,0} &= P_{0,0} \cdot f_t + P_{1,0} \cdot f_{t-1} + P_{2,0} \cdot f_{t-2} + \cdots + P_{t-1,0} \cdot f_1 + NB_t
\end{aligned}$$

Mit Hilfe dieser Gleichungen wird die Ersatzbedarfsnachfrage wie folgt definiert:

$$EB_t = \sum_{i=0}^{t-1} P_{i,0} \cdot f_{t-i} \qquad (3.13)$$

Darüber hinaus gestatten die Überlebenswahrscheinlichkeiten R_t die Ermittlung der Altersstruktur des Bestandes zu jeder Periode (vgl. Tabelle 3–4).

Tabelle 3–4: Die Altersbestandsstruktur zu jeder Periode im Fall des Ersatzbedarfsmodells I

Periode j / Alter i	0	1	2	3	....	t
0	$P_{0,0}$	$P_{1,0}$	$P_{2,0}$	$P_{3,0}$		$P_{t,0}$
1		$P_{0,0}R_1$	$P_{1,0}R_1$	$P_{2,0}R_1$		$P_{t-1,0}R_1$
2			$P_{0,0}R_2$	$P_{1,0}R_2$		$P_{t-2,0}R_2$
3				$P_{0,0}R_3$		$P_{t-3,0}R_3$
⋮					⋱	⋮
t						$P_{0,0}R_t$
P_j	P_0	P_1	P_2	P_3		P_t

Ist der Gesamtbestand P_t im Verlauf der Zeit konstant, so ist der Neubedarf NB_t per Definition gleich Null. Der durch Formel (3.12) definierte Ersatzprozeß ist in Abb. 3–5 dargestellt.

Ist im Gegensatz dazu der Gesamtbestand P_t im Verlauf dieser Zeit nicht konstant, so ist der Absatz $P_{t,0}$ zu jeder Periode, wie aus Formel (3.12) ersichtlich, definiert durch die Summe der einzelnen Ausfälle (Formel 3.13) und Neubedarfs NB_t.

Der Neubedarf NB_t ist bekanntlich durch die folgenden Gleichungen definiert:

$$NB_1 = P_1 - P_0$$
$$NB_2 = P_2 - P_1$$
$$NB_3 = P_3 - P_2$$
$$---------$$
$$NB_t = P_t - P_{t-1}$$

Der Neubedarf entspricht also dem absoluten Marktzuwachs zwischen zwei Perioden, da per Definition alle unbrauchbar gewordenen Güter automatisch in der nachfolgenden Periode ersetzt werden. Abb. 3–6 verdeutlicht den zeitlichen Ablauf des Ersatzbedarfsmodells I, das die Neubedarfsnachfrage berücksichtigt.

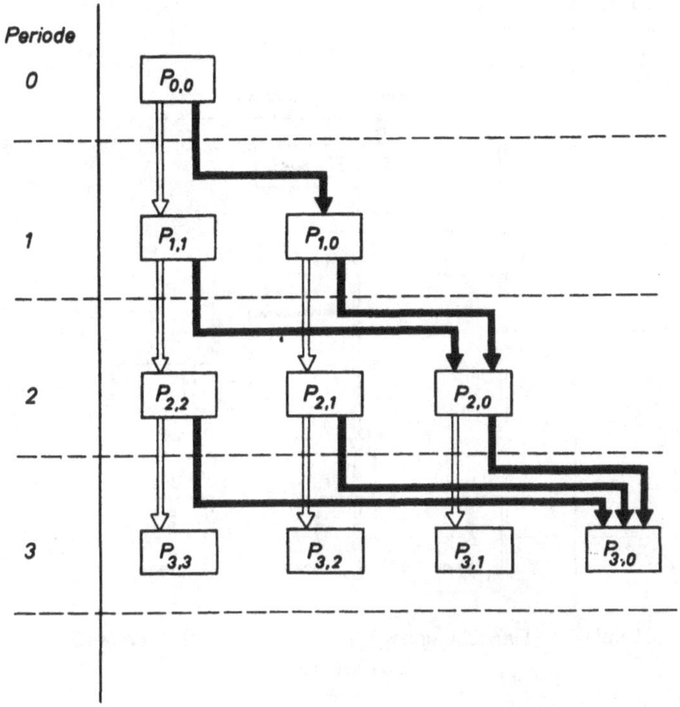

Abb. 3–5: Schematische Darstellung des Ersatzbedarfsmodells I ohne Berücksichtigung des Neubedarfs

Die zwei Komponenten des Gesamtbedarfs, Ersatzbedarf und Neubedarf, sind in Abb. 3–7 dargestellt, wobei der Ersatzbedarf EB_t in der Periode t definiert ist als die Differenz zwischen der Summe der einzelnen Altersbestände in der Periode $t-1$ und der Summe der Altersbestände in der Periode t.

Beispiel zu Modell I:

Als Beispiel soll ein bestimmtes Industrieprodukt, das 1970 auf dem Markt erschien, behandelt werden. Nehmen wir an, daß seine Ausfallwahrscheinlichkeiten bekannt sind und für die folgenden Jahre als konstant betrachtet werden können (vgl. Tabelle 3–5). Darüber hinaus werden wir von einer linearen Bestandsentwicklung ausgehen:

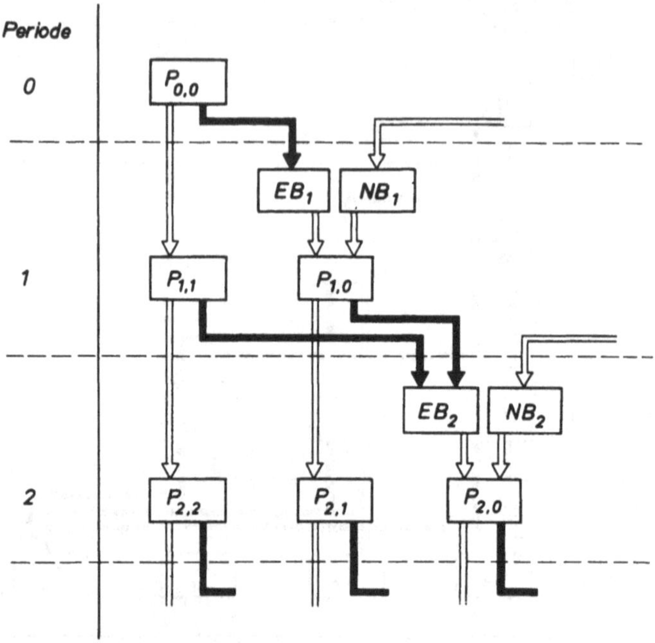

Abb. 3–6: Schematische Darstellung des Ersatzbedarfsmodells I mit Berücksichtigung des Neubedarfs

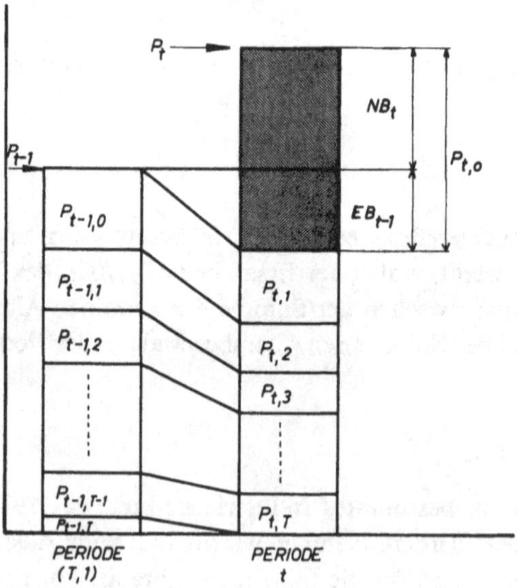

Abb. 3–7: Die zwei Komponenten des Gesamtbedarfs: der Ersatzbedarf und der Neubedarf

1970	1000 Einheiten
1971	2000 Einheiten
1972	3000 Einheiten
1973	4000 Einheiten
etc.	

Tabelle 3–5: Beispiel zu Modell I: Die Ausfall- und Überlebenswahrscheinlichkeiten.

i	f_i	R_{i-1}
1	0,023	1,000
2	0,033	0,977
3	0,047	0,944
4	0,065	0,897
5	0,086	0,832
6	0,109	0,746
7	0,127	0,637
8	0,135	0,510
9	0,128	0,375
10	0,104	0,247
11	0,071	0,143
12	0,041	0,072
13	0,019	0,031
14	0,008	0,011
15	0,003	0,003

Unter diesen Voraussetzungen ist es möglich, die Altersstruktur des Bestandes zu ermitteln (vgl. Tabelle 3–6).
Der Ausfall bzw. die Ersatzbedarfsnachfrage ist im Fall des vorhergehenden Beispiels aus Tabelle 3–7 zu entnehmen. So z. B. wird der Ausfall für das Jahr 1973 wie folgt ermittelt:

$$\begin{aligned} EB_4 &= 1000 \cdot f_4 + 1023 \cdot f_3 + 1057 \cdot f_2 + 1106 \cdot f_1 \\ &= 65 + 48 + 35 + 26 = 174 \end{aligned}$$

1973 sind also 174 Ausfälle zu verzeichnen, die entsprechend den Definitionen dieses Modells während der folgenden Periode, d. h. 1974, ersetzt werden. Da sich 1974 der Markt um global 1000 Einheiten vergrößern wird, beträgt die Anzahl der Einheiten, die zum erstenmal in Betrieb sind, d. h. die Gesamtnachfrage:

$$P_{4,0} = NB_4 + EB_4 = 1000 + 174 = 1174$$

Aus Tabelle 3–7 sind die Zwischenwerte der Ersatzbedarfsnachfrage und der

Tabelle 3–6: Beispiel zu Modell I: Die Altersbestandsstrukturen

Alter \ Periode	1970	1971	1972	1973	1974	1975	1976	1977	1978	1979	1980
0	1000	1023	1057	1106	1174	1267	1386	1531	1694	1860	2017
1		977	999	1033	1080	1147	1238	1354	1496	1655	1817
2			943	965	997	1043	1108	1195	1308	1445	1598
3				896	917	947	991	1052	1135	1243	1372
4					831	851	879	919	976	1053	1152
5						745	762	788	824	875	944
6							636	651	673	704	747
7								509	521	538	563
8									374	382	395
9										246	252
10											142
P_t	1000	2000	3000	4000	5000	6000	7000	8000	9000	10000	11000

Gesamtnachfrage für die Jahre 1970 bis 1980 zu entnehmen. In dieser Tabelle bedeuten:

EB_t Ersatzbedarf
NB_t Neubedarf, der durch den globalen Marktzuwachs entstanden ist
$P_{t,0}$ Summe von EB_t und NB_t d. h. Gesamtnachfrage für jedes Jahr.

Tabelle 3–7: Beispiel zu Modell I:
Die differenzierte Analyse des Ersatzbedarfs und des Neubedarfs

Alter \ Periode	1970	1971	1972	1973	1974	1975	1976	1977	1978	1979	1980
0	23	24	24	26	27	29	32	35	39	43	47
1		33	34	35	37	39	42	46	51	56	62
2			47	48	50	52	55	60	65	72	80
3				65	67	69	72	76	82	90	100
4					86	88	91	95	101	109	120
5						109	111	115	120	128	138
6							127	130	135	141	149
7								135	139	143	150
8									128	131	135
9										104	106
10											71
EB_t	23	57	106	174	267	386	531	694	860	1017	1157
NB_t	1000	1000	1000	1000	1000	1000	1000	1000	1000	1000	1000
$P_{t+1,0}$	1023	1057	1106	1174	1267	1386	1531	1694	1860	2017	2157

Ermittlung der Ersatzbedarfsnachfrage mit Hilfe der Ausfallraten

In zahlreichen praktischen Fällen stellt sich die Notwendigkeit der Anwendung bedingter Wahrscheinlichkeiten mit Hilfe der Ausfallraten. Mit Hilfe dieser Ausfallraten ist es möglich, die laufende Altersstruktur des Bestandes aufgrund der Bestandsstruktur der vorhergehenden Periode zu ermitteln:

$$P_{j+1,i+1} = P_{j,i}(1 - \lambda_{j,i}) \tag{3.14}$$

Da das Modell I von im Verlauf der Zeit konstanten Ausfallwahrscheinlichkeiten ausgeht, sind die Ausfallraten λ_i definiert durch:

$$\lambda_i = \frac{P_{j,i} - P_{j+1,i+1}}{P_{j,i}} = \frac{f_i}{R_{i-1}}$$

In dem folgenden numerischen Fall wurde die Funktion der Ausfallraten mit Hilfe der Überlebenswahrscheinlichkeiten R_i geschätzt. Die Ergebnisse sind in Tabelle 3–8 dargestellt.

Tabelle 3–8: Beispiel zu Modell I:
Schätzung der Ausfallraten

i	R_{i-1}	λ_i
1	1,000	0,023
2	0,977	0,034
3	0,944	0,050
4	0,897	0,073
5	0,832	0,104
6	0,746	0,146
7	0,637	0,200
8	0,510	0,266
9	0,375	0,342
10	0,247	0,422
11	0,143	0,500
12	0,072	0,571
13	0,031	0,631
14	0,011	0,678
15	0,003	0,714

Die Berechnung der Bestandsstrukturveränderungen zwischen 1975 und 1976 mit Hilfe der Ausfallwahrscheinlichkeiten führt zu den folgenden Resultaten:

i	1975	λ_i	1976	Ausfälle 1975/1976
0	1267	0,023	1238	29
1	1147	0,034	1108	39
2	1043	0,050	991	52
3	947	0,073	879	69
4	851	0,104	762	88
5	745	0,146	636	109
6	0	0,200	0	0
7	0	0,266	0	0
				386

Wie ersichtlich, stimmen die Ergebnisse dieser Tabelle mit denen in Tabelle 3–8 überein, die mit Hilfe der Überlebenswahrscheinlichkeiten berechnet wurden.

3.3.1.2 Modell II: Ersatzbedarfsmodell für traditionelle Märkte

Im allgemeinen geht die Analyse von Ersatzbedarfsprozessen von einer bestehenden Altersstruktur des Bestandes aus, was insbesondere für traditionelle Märkte der Fall ist, deren Einführung von Produkten weit in die Vergangenheit zurückreicht. Die Analyse des Ersatzprozesses muß somit eine Marktstruktur in der Anfangsperiode t_0 berücksichtigen. Diese Marktstruktur leitet sich aus den Überlebenseinheiten der vorhergehenden Perioden ab. Für $t=0$ ergibt sich folgende Anfangsaltersstruktur:

Alter (i)	Periode 0
0	$P_{0,0}$
1	$P_{0,1}$
2	$P_{0,2}$
3	$P_{0,3}$
⋮	⋮
T	$P_{0,T}$

Liegen also in der Periode $0 P_{0,1}$ Einheiten vor, die das Alter von einer Periode aufweisen, so sind diese als die überlebenden Produkte der Population $P_{-1,0}$

einer vorhergehenden Periode zu betrachten. Man geht also bei dieser Analyse bereits von einer Anfangsstruktur des Marktes aus, d. h.:

$$P_{0,1} = R_1 \cdot P_{-1,0}$$

Somit erhält man in der Periode 1 dieses Prozesses:

Periode t / Alter i	-1	0	1
0	$P_{-1,0}$		
1		$P_{0,1}$	
2			$P_{1,2}$

was der folgenden Berechnung entspricht:

$$P_{0,1} = P_{-1,0} \cdot R_1 \qquad \text{oder:}$$

$$P_{-1,0} = \frac{P_{0,1}}{R_1}$$

Tabelle 3–9: Altersbestandsstrukturen im Fall des Modells II

$i \backslash j$	0	1	2	....	T	$T+1$	...	t
0	$P_{0,0}$	$P_{1,0}$	$P_{2,0}$		$P_{T,0}$	$P_{T+1,0}$	...	$P_{t,0}$
1	$P_{0,1}$	$P_{0,0} R_1$	$P_{1,0} R_1$		$P_{T-1,0} R_1$	$P_{T,0} R_1$	...	$P_{t-1,0} R_1$
2	$P_{0,2}$	$P_{0,1} \frac{R_2}{R_1}$	$P_{0,0} R_2$		$P_{T-2,0} R_2$	$P_{T-1,0} R_2$	...	$P_{t-2,0} R_2$
⋮								⋮
T	$P_{0,T}$	$P_{0,T-1} \frac{R_T}{R_{T-1}}$	$P_{0,T-2} \frac{R_T}{R_{T-2}}$		$P_{0,0} R_T$	$P_{1,0} R_T$	...	$P_{t-T,0} R_T$

Man erhält schließlich:

$$P_{1,2} = P_{-1,0} \cdot R_2 = \frac{P_{0,1}}{R_1} \cdot R_2 = \frac{R_2}{R_1} P_{0,1}$$

Zur Berechnung der Überlebenswahrscheinlichkeiten müssen also die Überlebenswahrscheinlichkeiten der vorhergehenden Periode berücksichtigt werden, was der Berechnung bedingter Wahrscheinlichkeiten entspricht. Tabelle 3–9 zeigt eine sog. Altersbestandsstrukturmatrix.
Aus dieser Matrix folgt:

$$P_{1,0} = P_{0,0} \cdot f_1 + P_{0,1} \cdot \left(1 - \frac{R_2}{R_1}\right) + P_{0,2} \cdot \left(1 - \frac{R_3}{R_2}\right) + \cdots + NB_1$$

Und da gilt:

$$\left(1 - \frac{R_2}{R_1}\right) = \frac{R_1 - R_2}{R_1} = \frac{f_2}{R_2} = \lambda_2$$

erhält man:

$$P_{1,0} = P_{0,0} \cdot f_1 + P_{0,1} \cdot \frac{f_2}{R_1} + P_{0,2} \frac{f_3}{R_2} + \cdots + NB_1$$

Ebenso gilt für $P_{2,0}$ und $P_{3,0}$:

$$P_{2,0} = P_{1,0} \cdot f_1 + P_{0,0} \cdot f_2 + P_{0,1} \frac{f_3}{R_1} + \cdots + NB_2$$

$$P_{3,0} = P_{2,0} \cdot f_1 + P_{1,0} \cdot f_2 + P_{0,0} \cdot f_3 + P_{0,1} \cdot \frac{f_4}{R_1} + \cdots + NB_3$$

Die Werte für $P_{i,0}$ können mit Hilfe der vorhergehenden Gleichungen leicht ermittelt werden:

$$P_{t,0} = \sum_{i=1}^{t} P_{t-i,0} \cdot f_i + \sum_{i=t+1}^{T} P_{0,i-t} \frac{f_i}{R_{i-t}} \qquad (3.15)$$

Beispiel zu Modell II:

Zur Verdeutlichung dieses Rechenschemas soll das folgende numerische Beispiel dienen, das, wie im vorhergehenden Fall, von im Verlauf der Zeit konstanten Sterblichkeitswahrscheinlichkeiten ausgeht. Für die Überlebenswahrscheinlichkeiten R_i wenden wir die gleichen Werte wie in 3.3.1.1 an, jedoch wird für die Anfangsperiode (1970) eine bestimmte Altersbestandsstruktur

Tabelle 3–10: Beispiel zu Modell II: Entwicklung der Altersbestandsstrukturen

	1970	1971	1972	1973	1974	1975	1976	1980
0	3650	2818	3643	4485	4830	5162	4977	5344
1	3240	3565	2752	3559	4381	4718	5042	5068
2	2812	3129	3444	2658	3437	4231	4557	4747
3	2348	2671	2973	3272	2526	3265	4020	4361
4	1841	2178	2478	2757	3034	2342	3029	4137
5	1393	1650	1952	2221	2471	2719	2099	3846
6	973	1190	1409	1667	1897	2111	2323	3074
7	474	778	952	1127	1334	1517	1689	2283
8	209	348	571	699	827	979	1114	1361
9	60	138	229	376	460	545	644	693
10		35	80	132	218	266	315	519
11			17	40	66	109	133	236
12				7	17	28	47	91
13					3	6	10	30
14						2	2	8
P_t	17000	18500	20500	29000	25500	28000	30000	35800

zugrunde gelegt. Tabelle 3–10 zeigt die Entwicklung der Altersbestandsstruktur zwischen 1970 und 1980.

Somit können die Ausfälle zwischen den verschiedenen Jahren einfach ermittelt werden. Tabelle 3–11 gibt die Altersstruktur der Ausfälle für verschiedene Jahre an.

Tabelle 3–11: Beispiel zu Modell II:
Entwicklung der Ausfälle nach Altersklassen.

	1970	1971	1972	1973	1975	1980
0	85	65	84	104	120	124
1	111	122	94	122	161	173
2	141	156	172	133	212	237
3	170	194	216	237	237	316
4	191	226	257	286	243	429
5	203	241	285	324	397	561
6	195	238	282	333	422	615
7	126	207	253	300	404	608
8	71	119	195	239	334	465
9	25	58	97	159	230	292
10		17	40	66	133	260
11			10	23	62	135
12				5	18	57
13					4	20
					1	6
	1318	1643	1985	2330	2977	4299

3.3.1.3 Modell III: Ersatzbedarfsmodell für neue Märkte, die dynamische Ausfallprozesse aufweisen

In den Modellen I und II sind wir von einer im Verlauf der Zeit konstanten Überlebenswahrscheinlichkeitsfunktion ausgegangen. Diese Voraussetzung bestätigt sich in der Praxis jedoch nur selten, da die ökonomischen Phänomene eine Vielzahl von Faktoren aufweisen, die diese Wahrscheinlichkeiten in verschiedenster Weise beeinflussen, wie z. B.:

- Veränderungen der technischen Charakteristika der Produkte,
- Änderungen der Ersatzkriterien,
- Änderungen des Instandhaltungs/Anschaffungskosten-Verhältnisses,
- sozio-ökonomische und psychologische Faktoren.

Analog zu den Definitionen bei konstanten Ausfallwahrscheinlichkeiten erhalten wir hier:

$R_t(i)$ Wahrscheinlichkeit, daß ein vor i-Perioden auf dem Markt eingeführtes Produkt die Periode t überlebt.

$f_t(i)$ Wahrscheinlichkeit, daß ein vor i-Perioden auf dem Markt eingeführtes Produkt in der Periode t ausfällt.

$\lambda_t(i)$ Ausfallrate der analysierten Produkte in der Periode t, die vor i-Perioden auf dem Markt eingeführt wurden, d. h.:

$$\lambda_t(i) = \frac{f_t(i)}{R_{t-1}(i)}$$

Ferner gilt:

$$\sum_{i=0}^{T} f_t(i) = 1$$

sowie:

$$R_t(i) = 1 - \sum_{k=0}^{i} f_t(k)$$

In den schon behandelten Modellen ist es relativ einfach, unter Berücksichtigung dieser dynamischen Betrachtung der Änderung der Überlebenswahrscheinlichkeiten die erstellten Altersbestandsstrukturmatrizen entsprechend zu modifizieren. Tabelle 3–12 zeigt die im Fall des Modells I modifizierte neue Altersstrukturbestandsmatrix.

Unter der Hypothese, daß der gesamte Ausfall vollständig mit einem time-lag von einer Periode ersetzt wird und zusätzlich mit einer Neubedarfsnachfrage

Tabelle 3–12: Altersbestandsstrukturen im Fall des Modells III.

Alter \ Periode	0	1	2	3		t
0	$P_{0,0}$	$P_{1,0}$	$P_{2,0}$	$P_{3,0}$	......	$P_{t,0}$
1		$P_{0,0}\,R_0(0)$	$P_{1,0}R_1(0)$	$P_{2,0}R_2(0)$	......	$P_{t-1,0}\cdot R_{t-1}(0)$
2			$P_{0,0}R_1(1)$	$P_{1,0}R_2(1)$	......	$P_{t-2,0}\,R_{t-1}(1)$
3				$P_{0,0}R_2(2)$	......	$P_{t-3,0}\,R_{t-1}(2)$
T						$P_{t-T,0}\cdot R_{t-1}(T-1)$
	P_0	P_1	P_2	P_3		P_t

zu rechnen ist, erhalten wir für die Gesamtnachfrage in jeder Periode:

$$\begin{aligned}
P_{1,0} &= EB_0 + NB_1 = P_{00}f_0(0) + NB_1 \\
P_{2,0} &= EB_1 + NB_2 = P_{0,0}f_1(1) + P_{1,0}f_1(0) + NB_2 \\
P_{3,0} &= EB_2 + NB_3 = P_{0,0}f_2(2) + P_{1,0}f_2(1) + P_{2,0}f_2(0) + NB_3 \\
&\vdots \\
&\vdots \\
P_{t,0} &= EB_{t-1} + NB_t = \sum_{k=1}^{t} P_{k-1,0}f_{t-1}(t-k) + NB_t
\end{aligned} \tag{3.16}$$

Beispiel zu Modell III:

Falls die Ausfallwahrscheinlichkeiten eine zeitliche Entwicklung aufweisen, muß mit einem erhöhten Komplexitätsgrad in der Schätzung dieser Wahrscheinlichkeitsverteilung gerechnet werden, was deutlich wird bei der Behandlung eines konkreten Falls. Kennt man die Ausfallwahrscheinlichkeiten eines bestimmten Produkts für die Anfangsperiode t_0, hier z. B. 1968, so stellt sich die Notwendigkeit der Erstellung von Hypothesen für die zukünftige Entwicklung des Ausfallprozesses, sowohl in technischer als auch ökonomischer und soziologischer Hinsicht. Darüber hinaus muß es in jeder Periode möglich sein,

Hypothesen über wahrscheinliche Veränderungen dieser Sterblichkeitsfunktion für jede zukünftige Periode zu erstellen. Gehen wir davon aus, daß für das Anfangsjahr des Prozesses 1968 folgende Überlebenswahrscheinlichkeiten gelten:

i	empirisches $R_{1968}(i)$	$R(i)$ nach *Weibull*
0	1,000	0,996
1	0,977	0,973
2	0,940	0,936
3	0,883	0,876
4	0,803	0,789
5	0,696	0,676
6	0,565	0,545
7	0,420	0,408
8	0,280	0,281
9	0,162	0,173
10	0,079	0,096
11	0,030	0,046
12	0,009	0,019
13	0,001	0,007

Legt man eine *Weibull*sche Verteilung[1] zugrunde, so ist die Überlebensfunktion definiert durch:

$$R_{1968}^{(i)} = e^{-\left(\frac{i+2,5}{9,8}\right)^{3,5}}$$

Aufgrund der letzten empirischen Untersuchungen der betreffenden Bestandsstruktur 1973 stellt man fest, daß die Überlebenswahrscheinlichkeiten sich am besten an die folgende Überlebenswahrscheinlichkeitsfunktion nach *Weibull* anpassen:

$$R_{1973}^{(i)} = e^{-\frac{(i)}{10}}$$

In der folgenden Tabelle sind die empirischen Überlebenswahrscheinlichkeiten sowie die der *Weibull*schen Verteilungsfunktion entsprechenden Wahrscheinlichkeiten dargestellt.

[1] Nähere Angaben sind der Anlage C.3 zu entnehmen.

i	empirisches $R_{1973}(i)$	R_i nach *Weibull*
0	1,000	1,000
1	0,906	0,905
2	0,830	0,819
3	0,730	0,741
4	0,690	0,670
5	0,600	0,606
6	0,550	0,549
7	0,501	0,497
8	0,452	0,449
9	0,401	0,407
10	0,358	0,368
11	0,332	0,333
12	0,292	0,301
13		0,279

Diese Ergebnisse lassen für 1973 einen frühzeitig einsetzenden Ausfallprozeß erkennen, was auf eine relative Reparaturkostensteigerung, auf bestimmte Obsoleszenzerscheinungen oder auf technologische Verbesserungen in diesem Sektor zurückgeführt werden kann. Diese Veränderungen der Überlebenswahrscheinlichkeiten bedingen, wie gezeigt wurde, eine Veränderung der Parameter der *Weibull*schen Verteilungsfunktion. Hier wird deutlich, daß die Bestimmung der Parameter für die zukünftige Entwicklung der Überlebenswahrscheinlichkeiten ein essentielles Problem darstellt, da

1. die simultane Veränderung von drei Parametern einen hohen Komplexitätsgrad der Schätzungen bedingt und
2. die Interpretation dieser drei Parameter schwierig ist.

In der nachstehenden Abb. 3–8 wurden auf ein *Weibull*sches Papier zwei Geraden eingetragen, die den Ausfallwahrscheinlichkeiten der Jahre 1968 und 1973 entsprechen.
Um diese Schwierigkeiten bei der Parameterbestimmung von Überlebenswahrscheinlichkeitsfunktionen zu reduzieren, geht man im allgemeinen für die Analyse und Prognose von Ersatzbedarfsprozessen von den Ausfallraten aus, die definiert sind durch:

$$\lambda_t(i) = \frac{P_{t,i} - P_{t+1,i+1}}{P_{t,i}}$$

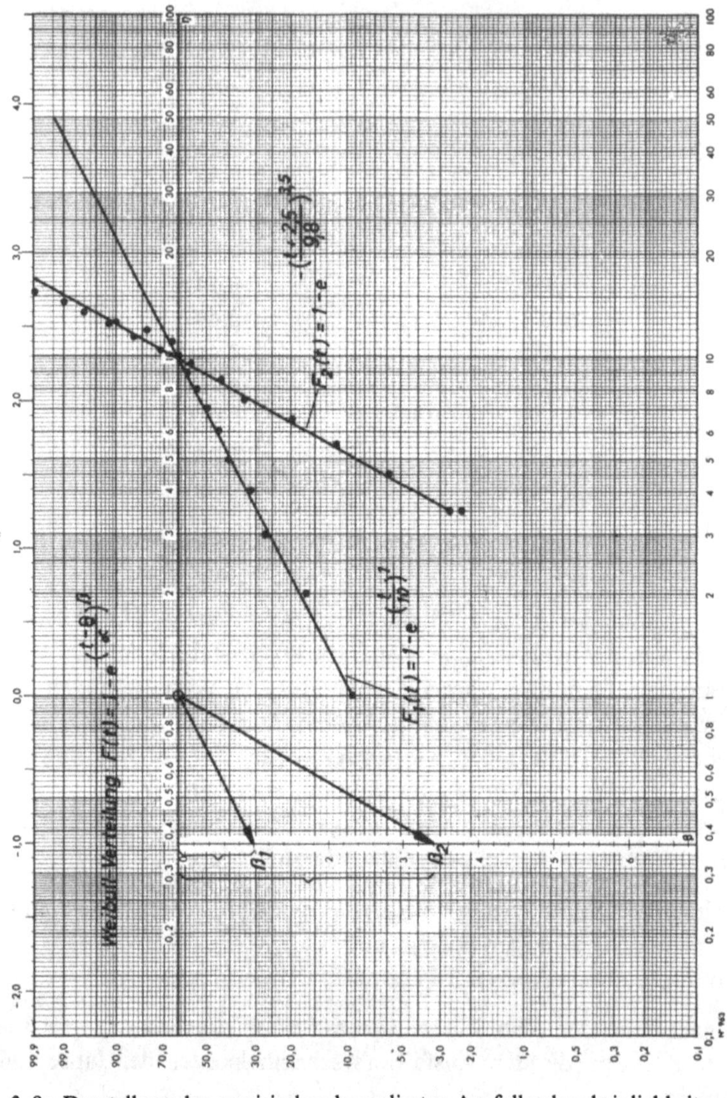

Abb. 3–8: Darstellung der empirischen kumulierten Ausfallwahrscheinlichkeiten unter Anwendung eines Weibullschen Papiers

Die Ausfallraten für die Jahre 1968 bis 1973 unter Annahme einer linearen Entwicklung für die Zwischenwerte sind in Tabelle 3–13 dargestellt. Diese Ausfallraten können leichter interpretiert werden als die Überlebenswahrscheinlichkeiten.

Tabelle 3–13: Beispiel zu Modell III:
Interpolierte Ausfallraten zwischen den Jahren 1968 und 1973.

Alter \ Jahr	1968	1969	1970	1971	1972	1973
0	0,023	0,026	0,029	0,032	0,035	0,038
1	0,034	0,038	0,042	0,046	0,050	0,054
2	0,050	0,055	0,060	0,065	0,070	0,075
3	0,073	0,079	0,085	0,091	0,098	0,104
4	0,104	0,111	0,119	0,126	0,129	0,141
5	0,146	0,155	0,164	0,172	0,180	0,188
6	0,200	0,210	0,219	0,229	0,238	0,247
7	0,266	0,276	0,287	0,296	0,306	0,316
8	0,342	0,352	0,362	0,372	0,382	0,392
9	0,422	0,432	0,442	0,452	0,462	0,472
10	0,500	0,510	0,520	0,530	0,540	0,550

Für die Spalte 1971 z.B. stellt der dritte Wert die Ausfallwahrscheinlichkeit für Produkte dar, die drei Jahre alt sind. Diese Wahrscheinlichkeit beträgt hier 6,5%. Da der Bestand in dieser Periode aus 955 Einheiten besteht, wird die Anzahl der wahrscheinlichen Ausfälle, die in dieser Periode zu verzeichnen sind, durch Multiplikation der 955 Einheiten mit der Ausfallwahrscheinlichkeit von 6,5% bestimmt, was 62 Einheiten ergibt. Unter Anwendung der hier definierten Ausfallraten auf einen neuen Markt erhalten wir die in Tabelle 3–14 dargestellte Entwicklung der Bestandsstruktur.

Erwartungsgemäß impliziert diese zunehmende Entwicklung der Ausfallwahrscheinlichkeiten des Ersatzprozesses im Fall des Beispiels von Modell III einen schnelleren Ersatz als in dem Beispiel des Modells I. Daraus resultiert zwangsläufig eine größere Verjüngung der Bestandsstruktur, was deutlich wird, wenn

Tabelle 3–14: Beispiel zu Modell III:
Entwicklung der Altersbestandsstruktur von 1968–1975.

i \ t	1968	1969	1970	1971	1972	1973	1974	1975
0	1000	1023	1064	1129	1226	1361	1533	1736
1		977	996	1023	1093	1183	1309	1469
2			940	955	985	1038	1119	1233
3				883	893	917	960	1030
4					803	806	822	855
5						696	692	700
6							565	556
7								420
P_t	1000	2000	3000	4000	5000	6000	7000	8000

man die Altersbestandsstrukturen, die aus der Anwendung des Modells I und III resultieren, vergleicht. Ein weiterer Ansatz zum Vergleich dieser Bestandsstandsstrukturentwicklung basiert auf dem mittleren Bestandsalter, das definiert ist durch:

$$\bar{A}_t = \left\{ \sum_{i=0}^{T} P_{t,i}(i + 0{,}5) \right\} \frac{1}{P_t} \tag{3.17}$$

Geht man von dieser Definition aus, so kann ein Vergleich der bei Anwendung der Modelle I und III erhaltenen mittleren Bestandsalter für jede Periode durchgeführt werden. Tabelle 3–15 zeigt die verschiedenen mittleren Bestandsalter. Wie ersichtlich, ist das mittlere Alter des Bestandes in jeder Periode bei Anwendung des Modells III kleiner als bei Anwendung des Modells I.

Tabelle 3–15: Vergleich des mittleren Bestandalters im Fall des Modells I und III.

		$\bar{A}_t$	
t	Modell I	t	Modell III
1970	0,5	1968	0,5
1971	0,99	1969	0,99
1972	1,46	1970	1,46
1973	1,91	1971	1,90
1974	2,33	1972	2,29
1975	2,70	1973	2,62
1976	3,01	1974	2,87
1977	3,25	1975	3,03
1978	3,41	1976	3,11
1979	3,51	1977	3,16

3.3.1.4 Modell IV: Ersatzbedarfsmodell für traditionelle Märkte, die dynamische Ausfallprozesse aufweisen

In dem Fall, daß eine bestimmte Anfangsaltersstruktur des Bestandes vorliegt und von der Hypothese von im Verlauf der Zeit variablen Überlebenswahrscheinlichkeiten ausgegangen wird, erhält man die in Tabelle 3–16 dargestellte Altersstrukturmatrix.

Die in Modell IV angewandten Definitionen der Wahrscheinlichkeitsfunktionen lauten wie in Modell III:

Tabelle 3–16: Altersbestandsstrukturen im Fall des Modells IV

Periode j / Alter i	0	1	2	t
0	$P_{0,0}$	$P_{1,0}$	$P_{2,0}$	$P_{t,0}$
1	$P_{0,1}$	$P_{0,0} \cdot R_0(0)$	$P_{1,0} \cdot R_1(0)$	$P_{t-1,0} \cdot R_{t-1}(0)$
2	$P_{0,2}$	$P_{0,1} \frac{R_0(1)}{R_{-1}(0)}$	$P_{0,0} \cdot R_1(1)$	$P_{t-2,0} \cdot R_{t-1}(1)$
3	$P_{0,3}$	$P_{0,2} \frac{R_0(2)}{R_{-1}(0)}$	$P_{0,1} \frac{R_1(2)}{R_{-1}(0)}$	$P_{t-3,0} \cdot R_{t-1}(2)$
------		---	---	----
i	$P_{0,i}$	$P_{0,i-1} \frac{R_0(i-1)}{R_{-1}(i-2)}$	$P_{0,i-2} \frac{R_1(i-1)}{R_{-1}(i-3)}$	$P_{t-i,0} \cdot R_{t-1}(i-1); \quad i \geq t$ $P_{0,i-t} \cdot \frac{R_{t-1}(i-1)}{R_{-1}(i-t-1)}; i > t$

$R_t(i)$ Wahrscheinlichkeit, daß ein vor i-Perioden auf dem Markt eingeführtes Produkt die Periode t überlebt.

$f_t(i)$ Wahrscheinlichkeit, daß ein vor i-Perioden auf dem Markt eingeführtes Produkt in der Periode t ausfällt.

$\lambda_t(i)$ Ausfallrate der analysierten Produkte in der Periode t, die vor i-Perioden auf dem Markt eingeführt wurden, d. h.:

$$\lambda_t(i) = \frac{f_t(i)}{R_{t-1}(i)}$$

Die Werte von $P_{i,0}$, d. h. die Anzahl der auf den Markt in jeder Periode eingeführten Produkte, erhält man mit Hilfe der folgenden Gleichungen:

$$\begin{aligned} P_{1,0} &= P_{0,0} \cdot f_0(0) + P_{0\cdot 1} \cdot \lambda_0(1) + P_{0,2} \cdot \lambda_0(2) + \cdots + NB_1 \\ P_{2,0} &= P_{1,0} \cdot f_1(0) + P_{0,0} \cdot f_1(1) + P_{0,1} \cdot \lambda_1(2) + \cdots + NB_2 \\ &\text{-----------------------------} \\ P_{t,0} &= \underbrace{\sum_{i=0}^{t-1} P_{t-i-1,0} \cdot f_{t-1}(i) + \sum_{i=t}^{T} P_{0,i-t+1} \cdot \lambda_{t-1}(i)}_{EB_t} + NB_t \end{aligned} \tag{3.18}$$

$P_{t,0}$ ist also definiert durch die Summe der einzelnen Ausfälle in jeder Periode (EB_t) und des Neubedarfs in jeder Periode (NB_t). Das Modell IV weist jedoch eine begrenzte praktische Anwendung auf, da es im allgemeinen schwierig ist, die Wahrscheinlichkeit f_t für die der Anfangsperiode 0 vorhergehenden Perioden zu ermitteln.

Anmerkung

Die bisher behandelten einfachen Ersatzbedarfsmodelle erlauben, zu jeder Periode den Entwicklungsstand des Ersatzprozesses zu bestimmen. Aufgrund der von Veränderungen der verschiedenen Charakteristika des Ersatzprozesses hervorgerufenen Schwankungen in der Ersatzbedarfsnachfrage, stellt sich bei der Erstellung langfristiger Prognosen die Notwendigkeit der Analyse asymptotischer Tendenzen. Diese asymptotischen Tendenzen können mit Hilfe der hier behandelten Ersatzbedarfsmodelle ermittelt werden. Die folgenden zwei Faktoren sind für das asymptotische Verhalten der Ersatzbedarfsnachfrage von Bedeutung:

a) die langfristige Bestandsentwicklung des untersuchten Marktes,
b) die zugrunde liegenden Hypothesen über die zukünftigen Entwicklungen der Überlebenswahrscheinlichkeiten.

Abb. 3–9 zeigt asymptotische Tendenzen des Ersatzbedarfs im Fall eines in der Zeit konstanten Bestandes sowie für einen gegen ein Sättigungsniveau tendierenden Bestand.

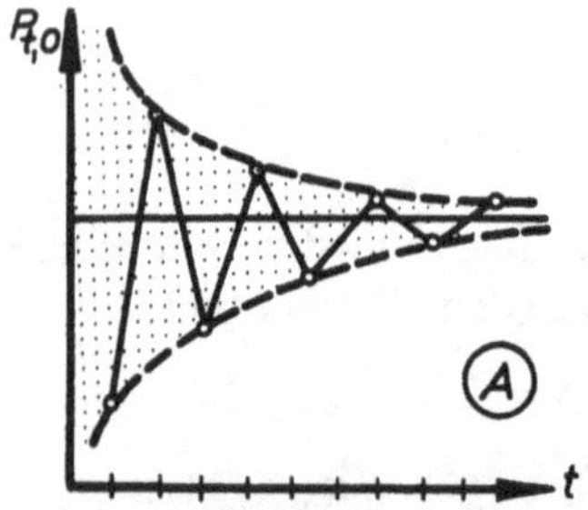

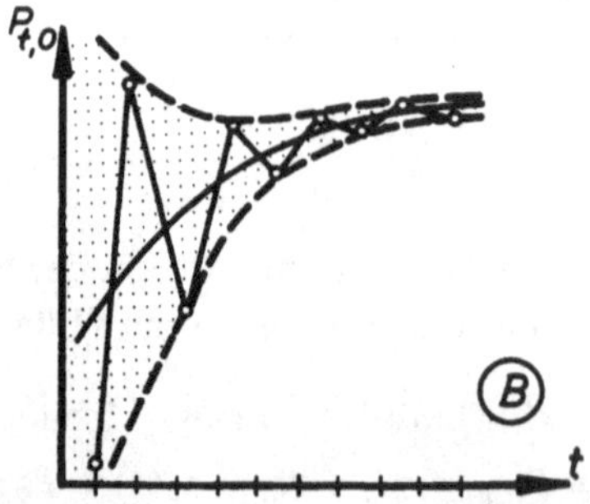

Abb. 3–9: Asymptotische Tendenzen des Ersatzbedarfs im Fall eines in der Zeit konstanten Bestandes (*A*), sowie eines gegen ein Sättigungsniveau tendierenden Bestandes (*B*)

Beispiel zu Modell IV:

Dem folgenden Beispiel liegt die Anfangsstruktur des in Modell II angeführten Beispiels zugrunde sowie die eine zeitliche Entwicklung aufweisenden Ausfallwahrscheinlichkeiten des in Modell III behandelten Beispiels. Die in diesem Fall vorliegende Altersbestandsstruktur ist in Tabelle 3–17 dargestellt. Wie Tabelle 3–17 zeigt, gelangt man zu den gleichen Schlußfolgerungen wie im Falle des Vergleichs der Modelle I und III (vgl. 3.3.1.3). Die Entwicklung der Ausfallwahrscheinlichkeiten führt also zu einer Bestandsverjüngung im Vergleich zu den mit Hilfe des Modells II erhaltenen Resultaten der Bestandsstruktur.

Tabelle 3–17: Beispiel zu Modell IV: Die Altersbestandsstrukturen.

	1970	1971	1973	1975
1975	–	–	–	5662
1974	–	–	–	5014
1973	–	–	4720	4340
1972	–	–	3645	3234
1971	–	2818	2629	2219
1970	3650	3565	3224	2539
1969	3240	3129	2706	1938
1968	2812	2671	2168	1368
1967	2348	2178	1619	867
1966	1841	1650	1089	473
1965	1393	1190	671	227
1964	973	778	359	91
1963	474	348	126	23
1962	209	138	38	5
1961	60	35	7	1
1960	0	0	0	0

Zum Abschluß der hier behandelten verschiedenen Ersatzbedarfsmodelle soll auf folgende Sachverhalte hingewiesen werden:

- Die numerische Berechnung dieser verschiedenen Modelle ist auf EDV-Anlagen einfach durchzuführen. Diese Modelle können jedoch nur als eine Einführung in komplexere Modellansätze dienen. Ihre praktische Anwendbarkeit ist für die Mehrzahl der Märkte gering, da diese einen weitaus höheren Komplexitätsgrad aufweisen, als von den Modellen I bis IV berücksichtigt werden kann.
- Die Hauptschwierigkeit in der Simulation zukünftiger Ersatzprozesse besteht in der Schätzung der zukünftigen Überlebenswahrscheinlichkeiten bzw. in der Bestimmung der anzuwendenden Überlebenswahrscheinlichkeitsfunktionen. Diese zukünftigen Überlebenswahrscheinlichkeiten eines Produkts lassen sich nur durch sukzessive Näherungen heuristischer Natur

bestimmen, was eine Vielzahl von Simulationen der verschiedenen möglichen zukünftigen Entwicklungen erfordert. Hier wird die Notwendigkeit der Anwendung solcher Modelle deutlich, die nicht in erster Linie als Recheninstrumentarium, sondern vor allem als Zukunftssimulatoren von Ersatzbedarfsprozessen dienen und darüber hinaus den Benutzer von langwierigen Rechenverfahren befreien.

3.3.1.5 Schätzung der Ausfallwahrscheinlichkeiten mit Hilfe von Stichproben

Im folgenden soll anhand eines numerischen Beispiels ein Verfahren zur Schätzung der Ausfallwahrscheinlichkeiten beschrieben werden. In diesem Fall verfügt man also nur über Näherungswerte der Altersstruktur des Bestandes. In dem hier dargestellten Beispiel werden wir von den jährlichen Absatzstatistiken der Jahre 1962 bis 1970 eines bestimmten elektrischen Haushaltsgerätes ausgehen (vgl. Tabelle 3–18).

Tabelle 3–18: Die jährlichen Absatzzahlen von 1962–1970 eines elektrischen Haushaltsgerätes

Periode	jährlicher Absatz
1962	121 500
1963	142 000
1964	152 000
1965	176 000
1966	180 000
1967	165 000
1968	175 500
1969	220 000
1970	245 000

Da die Altersbestandsstruktur dieses Produkts nicht bekannt ist, stellt sich die Notwendigkeit, die Ausfallwahrscheinlichkeiten mit Hilfe repräsentativer Stichproben zu schätzen. Die 1970 erhobenen Stichproben führen zu folgenden Schätzungen der Altersbestandsstruktur:

1969	1968	1967	1966	1965	1964	1963	1962
219 000	167 000	120 000	71 000	29 000	6900	500	100

Ausgehend von dieser Altersbestandsstruktur können die kumulierten Ausfallwahrscheinlichkeiten F_t geschätzt werden, wobei hier die Hypothese konstanter Ausfallwahrscheinlichkeiten für die Vergangenheit zugrunde gelegt wird:

$$F_1 = \frac{220 - 219}{220} = 0{,}005$$

$$F_2 = \frac{175{,}5 - 167{,}5}{175{,}5} = 0{,}045$$

$$F_3 = \frac{165 - 120}{165} = 0{,}273$$

$$F_4 = \frac{180 - 71}{180} = 0{,}606$$

$$F_5 = \frac{167{,}5 - 29}{176{,}5} = 0{,}840$$

$$F_6 = \frac{152 - 6{,}9}{152} = 0{,}955$$

$$F_7 = \frac{142 - 0{,}5}{142} = 0{,}996$$

$$F_8 = \frac{121{,}5 - 0{,}1}{121{,}5} = 0{,}999$$

Geht man von der Hypothese einer *Weibull*schen Verteilung für diese kumulierten Ausfallwahrscheinlichkeiten F_t aus, können die theoretischen Werte von F_t mit Hilfe eines *Weibull*schen Papiers geschätzt werden (siehe Anlage C. 3). Die Parameter der *Weibull*schen Verteilung lauten:

$$\alpha = 3{,}6$$
$$\beta = 3{,}3$$
$$\theta = 0{,}5$$

Somit gilt für die *Weibull*sche Verteilungsfunktion:

$$F_t = 1 - e^{-\left(\frac{t - 0{,}5}{3{,}6}\right)^{3{,}3}}$$

Diese zugrunde gelegte *Weibull*sche Verteilungsfunktion der Ausfallwahrscheinlichkeiten gestattet die Bestimmung der Ausfallwahrscheinlichkeiten f_t sowie der Überlebenswahrscheinlichkeiten R_t dieses Ausfallprozesses (vgl. Tabelle 3–19).

[2] Siehe Anlage C. 3, Formel (3.41).

Tabelle 3–19: Die mit Hilfe der *Weibull*schen Verteilungsfunktion ermittelten Wahrscheinlichkeiten des Ausfallprozesses

t	F_t	f_t	R_t
1	0,002	0,002	0,998
2	0,06	0,058	0,940
3	0,27	0,21	0,730
4	0,60	0,33	0,400
5	0,87	0,27	0,130
6	0,98	0,11	0,020
7	0,997	0,017	0,003
8	1,000	0,003	0

Darüber hinaus kann das mittlere Alter[2] der Bestandsstruktur im Fall einer *Weibull*schen Verteilung einfach bestimmt werden:

$$\bar{D} = \alpha \cdot 0{,}9 + \theta = 3{,}6 \cdot 0{,}9 - 0{,}5 = 2{,}75 \text{ Jahre}$$

Die Schätzung der Ersatzbedarfsnachfrage für 1971 führt unter der Annahme von im Verlauf der Zeit konstanten Ausfallwahrscheinlichkeiten zu folgenden Resultaten:

t	$P_{t,\dot{o}}$	f_i	Ausfälle
1970	245000	0,002	490
1969	220000	0,058	12760
1968	175500	0,21	36900
1967	165000	0,33	54450
1966	180000	0,27	48600
1965	176500	0,11	19420
1964	152000	0,017	2580
1963	142000	0,003	430
1962	121500	0,001	100
$\sum$	1577500	1,000	175730

Die gesamte Ersatzbedarfsnachfrage für 1971 lautet also:

$$EB_{71} = 175\,730$$

3.3.2 Komplexe Ersatzbedarfsmodelle

Die Lebensdauer eines Produkts ist durch eine Reihe unterschiedlicher Ausfallursachen mit verschiedenen Auswirkungen charakterisiert. Der Ersatz von Produkten stellt in erster Linie insofern ein finanzielles Problem dar, da in jeder Periode eine Entscheidung darüber zu treffen ist, ob das Produkt ersetzt werden soll, wenn die Reparatur- und Instandhaltungskosten die Neuanschaffungskosten übersteigen. Die optimale Bestimmung des Ersatzzeitpunkts von Produktionsanlagen ist eine selbstverständliche Forderung in der Industrie. Im Fall von dauerhaften Gebrauchsgütern jedoch sind diese Optimalitätskriterien häufig subjektiv und von einer Reihe unterschiedlicher soziologischer und psychologischer Faktoren abhängig. Darüber hinaus spielt für den Ersatz solcher Konsumgüter die finanzielle Lage der Haushalte eine wichtige Rolle, so daß Lohn- und Gehaltserhöhungen, Preisentwicklungen etc. die Ausfallwahrscheinlichkeiten zu jeder Periode indirekt erheblich beeinflussen. Außer diesen Veränderungen der Ausfallwahrscheinlichkeiten existiert eine Reihe von anderen Phänomenen, die einen bedeutenden Einfluß auf den Ersatzbedarfsprozeß ausüben, so daß die Analyse dieses Prozesses nicht mit Hilfe der behandelten einfachen Modelle durchgeführt werden kann.
Im folgenden sollen die im Fall der Anwendung komplexer Ersatzbedarfsmodelle relevanten Phänomene behandelt werden.

3.3.2.1 Die Verzögerungsphänomene

Bei bestimmten Produkten, wie z. B. bei Automobilen, kann ein Produkt mehrmals den Besitzer wechseln, bis es definitiv unbrauchbar geworden ist. Die Abb. 3–10 verdeutlicht diesen Sachverhalt im Fall von Gebrauchtwagen.
Der Neuwagen (1. Hd) wechselt nach einiger Zeit seinen Besitzer (2. Hd). Dieser verkauft den Gebrauchtwagen ebenfalls wieder (3. Hd) etc., bis sich der letzte Besitzer schließlich zur Verschrottung des Fahrzeugs entscheidet. Kehrt man diese Verkaufskette um, d. h. betrachtet man die Anzahl der Fahrzeuge, die als Neuwagen verkauft werden (1. Hd) in Abhängigkeit der verschrotteten Wagen (†), so führt der Übergangsprozeß von (†) gegen (*) zu einer Analyse des Konsumentenverhaltens im Fall sukzessiver Käufe. Diese Kette kann aus verschiedenen Kombinationen bestehen: Der Verkauf eines Autos erster Hand von privater Seite kann sowohl an Privat als auch durch einen Autohändler (Gebrauchtwagenhandel) durchgeführt werden. Nach einem bestimmten Zeitraum wiederum kann dieser Wagen nach einer dieser beiden Möglichkeiten weiterverkauft werden. Diese Verkaufsreihe setzt sich so-

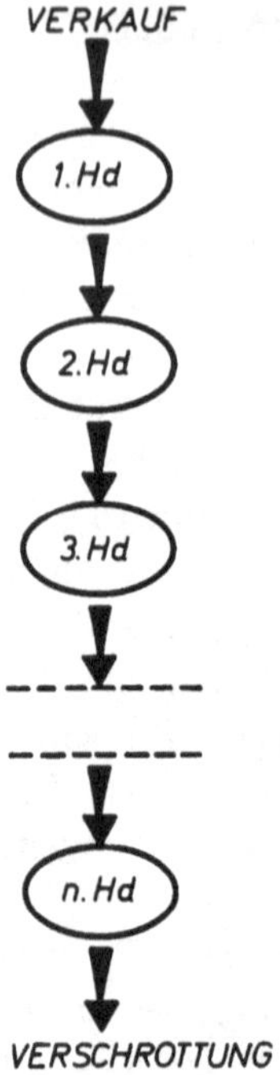

Abb. 3–10: Der zwischen Verkauf und Verschrottung existierende Gebrauchtwagenmarkt

lange fort, bis das besagte Fahrzeug von dem Privatkäufer Nr. N verschrottet wird. Abb. 3–11 verdeutlicht diesen Verkaufsablauf auf dem Gebrauchtgütermarkt. In diesem Zusammenhang soll auf folgenden Punkt hingewiesen werden: Die durch den Besitzwechsel des Produkts hervorgerufenen Verzögerungen unterscheiden sich je nach den Verkaufsgegebenheiten, d. h. es liegen unterschiedliche Verzögerungen vor für den Verkauf

a) von Privat an Privat und
b) von Privat an einen Händler.

Das Time-lag im zweiten Fall ist drei- bis viermal größer als im ersten Fall. Das Hauptgewicht dieses Sachverhalts liegt in der Verzögerung, d. h. in dem Time-lag, das zwischen dem Wechsel eines Produkts von einem Besitzer zu einem anderen existiert. Der Ausfall eines Fahrzeugs führt also zu einer Neuanschaffung mit einer bestimmten Zeitverzögerung. Vergleicht man z. B. die jährlichen Löschungen von PKW in der BRD mit der Ersatzbedarfsnachfrage EB, die hier definiert ist als die Differenz zwischen den Neuzulassungen und dem Nettobestandszuwachs (Neubedarf NB), so stellt man fest, daß ein Time-lag

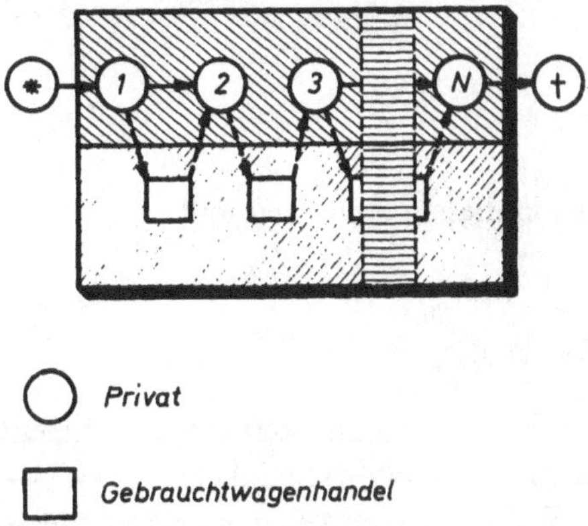

Abb. 3–11: Die Verkaufskette des Gebrauchtwagenmarktes

zwischen drei bis sechs Monaten existiert (vgl. Abb. 3–14). Gehen wir davon aus, daß in der Periode t ein Ausfall A_t existiert. Ein bestimmter Prozentsatz von A_t wird noch in der Ausfallperiode ersetzt. Der Ersatz anderer Ausfallanteile wird zwei, drei, ... Perioden später durchgeführt. In dem folgenden Schema ist eine Aufgliederung des Ausfalls nach verschiedenen Ersatzperioden dargestellt:

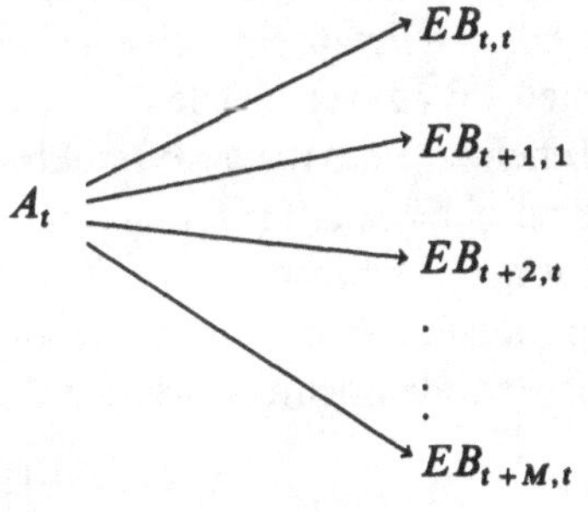

Es gilt:

$$EB_{t+j} = \pi_j A_t \quad \text{und}$$
$$\sum_{j=0}^{M} \pi_j = 1; \; 0 < \pi_j \leq 1 \tag{3.19}$$

wobei π_j die Ersatzwahrscheinlichkeit des Ausfalls A_t mit einer Verzögerung von j-Perioden bezeichnet. Der Gesamtersatzbedarf für jede Periode lautet:

$$EB_t = \pi_0 A_t + \pi_1 A_{t-1} + \cdots + \pi_M A_{t-M}$$

d. h.:

$$EB_t = \sum_{j=0}^{M} \pi_j A_{t-j} \tag{3.20}$$

Ist $M = 1$, erhält man in diesem einfachen Fall:

$$\pi_0 + \pi_1 = 1, \qquad \text{und} \qquad \pi = \pi_0$$

$$EB_t = \pi A_t + (1 - \pi) A_{t-1}$$

Der Ausfall in der Periode t wird also mit einer Wahrscheinlichkeit von π in der gleichen Periode und einer Wahrscheinlichkeit von $(1 - \pi)$ in der nächsten Periode ersetzt. Die Wahrscheinlichkeiten π_j sind nicht unabhängig von der Zeit, da sie im allgemeinen konjunkturabhängig und von der Entwicklung des Marktes abhängig sind. Die Wahrscheinlichkeiten π_j müssen deshalb für jede Periode in Abhängigkeit der verschiedenen technischen, ökonomischen und psychologischen Faktoren bestimmt werden.

3.3.2.2 Der latente Ersatzbedarf

In den vorhergehenden Abschnitten wurde davon ausgegangen, daß jeder Ausfall eines Produkts automatisch zum Kauf eines neuen Produkts führt, wobei entsprechende Verzögerungen zwischen Ausfall und Ersatz einbezogen wurden. In bestimmten Fällen verzögert der Käufer jedoch aus verschiedenen Gründen (ungünstige finanzielle Lage, erwartetes Erscheinen eines neuen Produkts oder einer technischen Neuheit) den Kauf, was zu einer sog. *latenten potentiellen Nachfrage* führt. Solche Verzögerungsphänomene können wie folgt berücksichtigt werden: Geht man von dem Gesamtausfall P_t der Periode t aus, so kann die latente Ersatzbedarfsnachfrage der Periode t definiert werden durch:

$$LEA_t = L_t^{(1)} \cdot A_t \tag{3.21}$$

wobei $L_t^{(1)}$ den Prozentsatz der Ausfälle der Periode t bezeichnet, die nicht unmittelbar ersetzt werden. Diese latente Nachfrage kann somit als ein Reservoir betrachtet werden, das sich in jeder Periode füllt durch die Anzahl der Käufer, die in der vorhergehenden Periode ihre Kaufentscheidung aufgehoben haben (LEA), und das am Ende jeder Periode entleert wird durch die Anzahl der Kunden (LEK), die sich zum Kauf des gewünschten Guts entschließen. LEK ist definiert durch:

$$LEK_t = L_t^{(2)} \cdot LEB_t \tag{3.22}$$

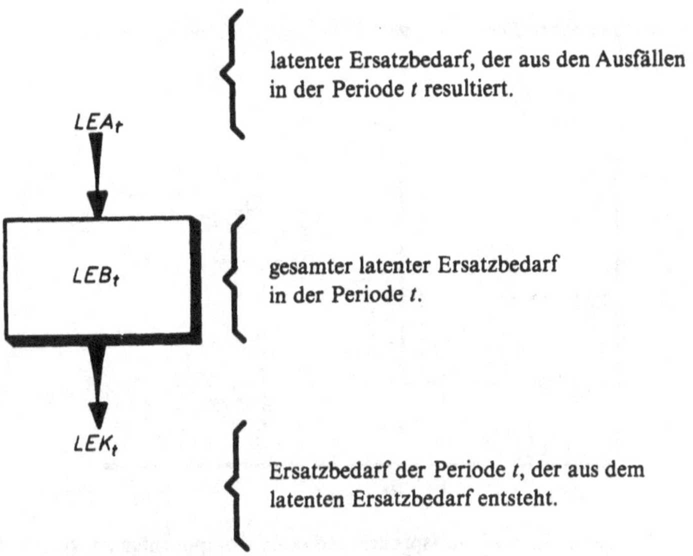

Abb. 3-12: Die latente Ersatzbedarfsnachfrage als Reservoir

wobei $L_t^{(2)}$ den Prozentsatz der Käufer darstellt, die in diesem Reservoir eine latente Kaufbereitschaft zeigen und die sich in der Periode t zum Kauf entschließen, d. h. zum Ersatz des gewünschten Guts.

Im folgenden sei der latente Ersatzbedarf definiert durch:

LEB_t^- Gesamter latenter Ersatzbedarf am Anfang der Periode t
LEB_t^+ Gesamter latenter Ersatzbedarf am Ende der Periode t

Entsprechend diesen Definitionen gelten folgende Gleichungen:

$$LEB_t^- = LEB_{t-1}^+ + L_{t-1}^{(1)} \cdot A_{t-1} \tag{3.23}$$

$$LEK_t = LEB_t^- \cdot L_t^{(2)} \tag{3.24}$$

$$\begin{aligned} LEB_t^+ &= LEB_t^- - LEK_t \\ &= LEB_t^- \cdot (1 - L_t^{(2)}) \\ &= \{LEB_t^+ + L_{t-1}^{(1)} A_{t-1}\}\{1 - L_t^{(2)}\} \end{aligned} \tag{3.25}$$

$$LEK_t = LEB_t^- - LEB_t^+$$

Abb. 3–13 zeigt den latenten Ersatzbedarfsprozeß. Der latente Ersatzbedarf spielt eine entscheidende Rolle in Perioden konjunktureller Baisse. Die Hauptursache des latenten Ersatzbedarfs liegt in sozialen oder psychologischen Unsicherheitsfaktoren bei den Konsumenten begründet, was insbesondere für die-

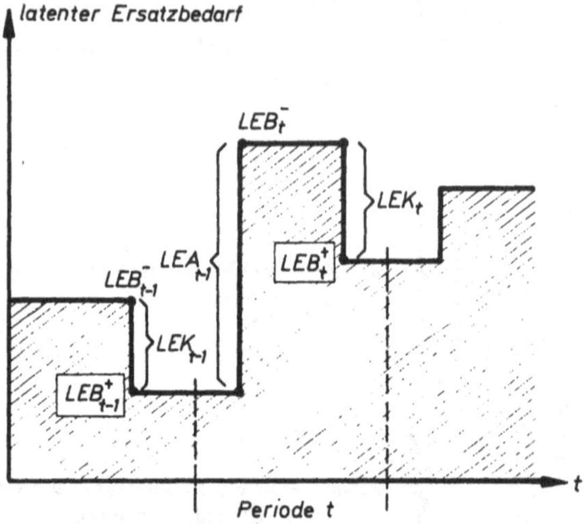

Abb. 3–13: Der latente Ersatzbedarfsprozeß und seine Komponenten im Verlauf der Zeit

jenige Konsumentenklasse zutrifft, die aufgrund ihrer finanziellen Lage aus marginalen Käufern besteht. Daraus folgt, daß die Bedeutung dieses Phänomens zunimmt, wenn der Besitz eines Produkts das Haushaltsbudget stark belastet, und abnimmt, wenn der Besitz eines Guts als lebensnotwendig oder unentbehrlich betrachtet wird. Aus Abb. 3–14 ist ersichtlich, daß in den Rezessionsjahren 1967/1968 trotz einer leichten Zunahme der Löschungen ein deutlicher Rückgang der Ersatzbedarfsnachfrage zu verzeichnen ist, was auf eine erhebliche Zunahme der latenten Ersatzbedarfsnachfrage dieser zwei Jahre zurückgeführt werden kann.

3.3.2.3 Die dynamischen Ausfallprozesse und ihre numerische Analyse

Die bisherigen Ausführungen haben gezeigt, daß die Überlebenswahrscheinlichkeiten nicht als im Verlauf der Zeit konstant betrachtet werden können. Diese zeitlichen Veränderungen der Überlebenswahrscheinlichkeiten sowie ihre Entwicklungstrends können vor allem auf die folgenden Faktoren zurückgeführt werden:

- Zunahme der Reparaturkosten,
- physische und sozio-psychologische Obsolezenzen,
- Veränderung der Nutzungsbedingungen.

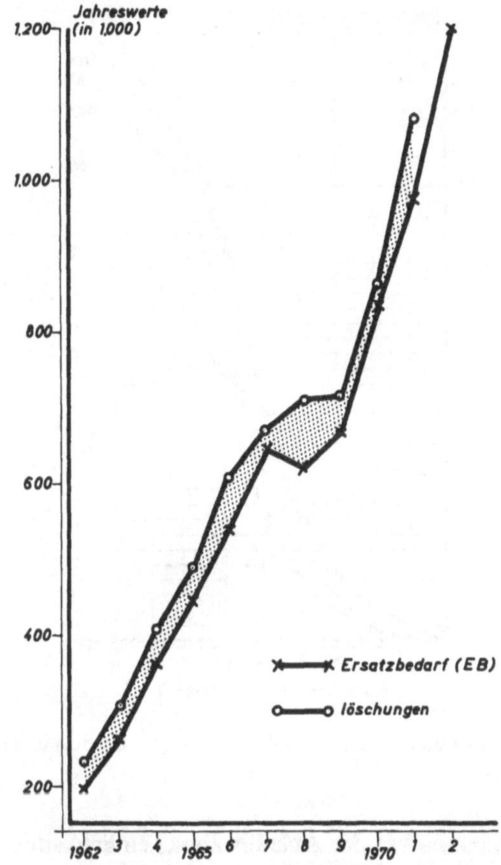

Abb. 3–14: Ersatzbedarf und Löschungen von PKW (ohne Kombi) in der BRD seit 1962

Obwohl die Einflüsse dieser Faktoren nur sehr schwer zu quantifizieren sind, so können doch bestimmte Entwicklungstendenzen der Ausfallwahrscheinlichkeiten analysiert und extrapoliert werden. Nur unter dieser Voraussetzung wird man in der Lage sein, langfristige Prognosen des Ersatzbedarfs zu erstellen. Abb. 3–15 zeigt die Entwicklung der Ausfallraten im Fall des PKW-Marktes der BRD. Wie aus dieser Abbildung ersichtlich, weisen die Ausfallraten von 1960 bis 1970 eine zunehmende Tendenz auf. So z. B. beträgt die Ausfallrate von PKW, die 1961 ein Alter von 15 Jahren aufweisen, 0,25%. 1970 beträgt die Ausfallrate für PKW mit einem Alter von 15 Jahren ca. 35%. Dieses Phänomen der Zunahme der Ausfallraten kann bei einer Vielzahl anderer Märkte beobachtet werden.

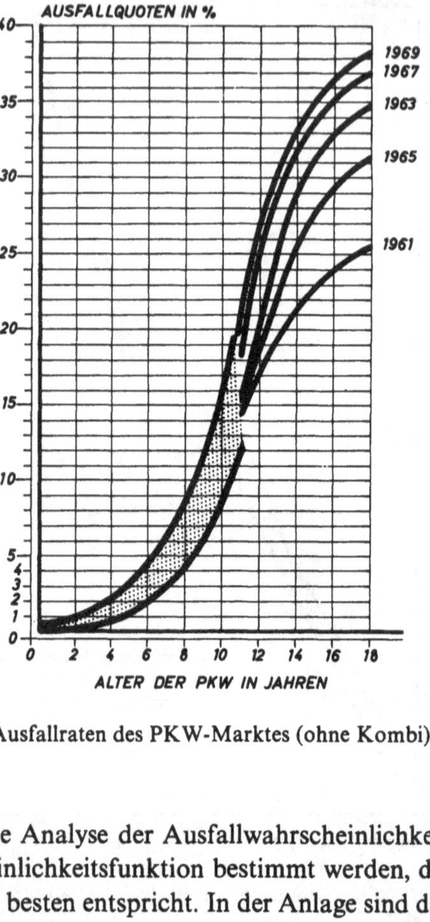

Abb. 3–15: Ausfallraten des PKW-Marktes (ohne Kombi) in der BRD

Für eine numerische Analyse der Ausfallwahrscheinlichkeiten muß zunächst diejenige Wahrscheinlichkeitsfunktion bestimmt werden, die der Entwicklung der Ausfallraten am besten entspricht. In der Anlage sind die für diese Analyse relevanten Wahrscheinlichkeitsverteilungsfunktionen beschrieben. Hat man eine bestimmte Wahrscheinlichkeitsverteilungsfunktion zugrunde gelegt, so sind in einem zweiten Schritt die spezifischen Parameter dieser Funktion dem ökonomischen Phänomen entsprechend zu bestimmen. Anschließend müssen die möglichen Veränderungen dieser spezifischen Parameter im Verlauf der Zeit festgestellt und Hypothesen über ihre zukünftigen Entwicklungen erstellt werden. In Abb. 3–16 wurde den Ausfallraten für verschiedene Jahre eine logistische Funktion zugrunde gelegt. Die Anfangswerte der Ausfallwahrscheinlichkeiten sind im Fall dieser Funktion für ein Alter $t = 0$ klein, d.h. quasi identisch. Da diese logistische Funktion durch drei Parameter definiert ist[3],

[3] Vgl. Anlage C.4.

müssen wenigstens drei Werte für die Ausfallwahrscheinlichkeiten zur Verfügung stehen, um eine Bestimmung der Parameter durchführen zu können.

Die zukünftige Entwicklung der Ausfallraten kann somit für drei bestimmte Altersklassen geschätzt werden. In Abb. 3–16 bedeuten:

$\lambda_t^{(1)}$ Ausfallraten von Produkten, die im Stichjahr t ein Alter von 10 Jahren aufweisen.

$\lambda_t^{(2)}$ Ausfallraten von Produkten, die im Stichjahr t ein Alter von 30 Jahren aufweisen.

$\lambda_t^{(0)}$ Ausfallraten der Produkte mit einem Alter von 0 Jahren, d. h. die soeben auf dem Markt eingeführt wurden.

Da die Ausfallraten $\lambda_t^{(0)}$ im allgemeinen als invariant in der Zeit betrachtet werden können, wird die zukünftige Entwicklung der Ausfallraten hauptsächlich durch $\lambda_t^{(1)}$ und $\lambda_t^{(2)}$ bestimmt. Die numerische Analyse dieser Ausfallraten gestattet, eine Extrapolation der zukünftigen Ausfallwahrscheinlichkeiten durchführen (vgl. Abb. 3–16).

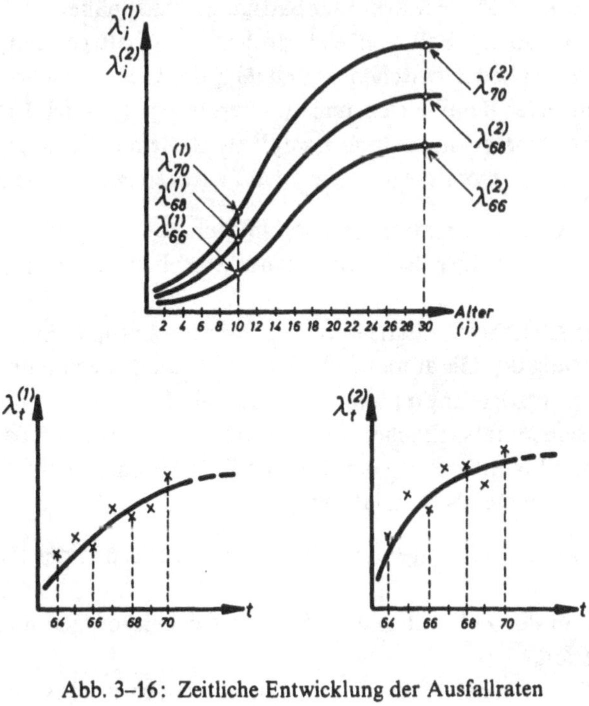

Abb. 3–16: Zeitliche Entwicklung der Ausfallraten

3.4 Integrierte Prognosesysteme der Ersatzbedarfsnachfrage

3.4.1 Das Modell Refors (Replacement Forecasting System): Ein allgemeines Modell zur Ersatzbedarfsanalyse und -prognose

In 3.3.2 wurden einige Charakteristika sog. komplexer Ersatzprozesse behandelt. Aufgrund der Schwierigkeiten in der numerischen Analyse solcher Phänomene haben integrierte Analyse- und Prognosesysteme der Ersatzbedarfsnachfrage bisher in den meisten Industriezweigen keine rationale Anwendung gefunden. Da außerdem zur Zeit für manche Märkte die Ersatzbedarfsnachfrage eine im Vergleich zur Neubedarfsnachfrage untergeordnete Rolle spielt, bildet der Neubedarf den Hauptschwerpunkt der Analyse und Prognose der Nachfrage. Da aber die allgemeine wirtschaftliche Entwicklung auf eine „gehobene" Konsumgesellschaft hinzielt, müssen für die meisten Konsumgüter sog. natürliche Sättigungsgrenzen berücksichtigt werden. Aus der Existenz von sog. Sättigungsphasen (vgl. Abb. 3–1) resultiert die Bedeutung der Ersatzbedarfsnachfrage und die Notwendigkeit ihrer exakten Behandlung. Somit ist die Bedeutung des Ersatzbedarfs gegenüber dem Gesamtbedarf um so größer, je stärker sich die Märkte der Sättigungsphase nähern. Für bestimmte Industriesparten, so im Fall von elektrischen Haushaltsgeräten, macht der Ersatzbedarf schon heute zwischen 60 und 90% der Gesamtnachfrage aus. Die Notwendigkeit einer detaillierten und fundierten Analyse der Ersatzbedarfsnachfrage führt zu der Anwendung komplexer Systeme, die zu einer genauen Quantifizierung, insbesondere der folgenden Faktoren in der Lage sein müssen:

1. Detaillierte Analyse der Sterblichkeitsfunktionen,
2. Analyse der zukünftigen Entwicklung der Sterblichkeitswahrscheinlichkeiten,
3. Analyse der Altersbestandsstruktur und ihrer zukünftigen Entwicklung,
4. Quantifizierung des Gesamtausfalls und des Ausfalls nach Altersklassen,
5. Analyse der Verzögerungsphänomene, die zwischen dem Ausfall eines Produkts und seinem tatsächlichen Ersatz durch ein neues Produkt existieren,
6. Analyse und Quantifizierung der latenten Ersatzbedarfsnachfrage,
7. Einsatz der Systeme als Simulatoren zur

   a) Simulation der Vergangenheit für die Quantifizierung der Parameter des Systems,
   b) Simulation der Zukunft und Reduktion der zukünftigen möglichen Unsicherheiten,
   c) Quantifizierung der Marketing-Politik sowie der Produkt-Politik.

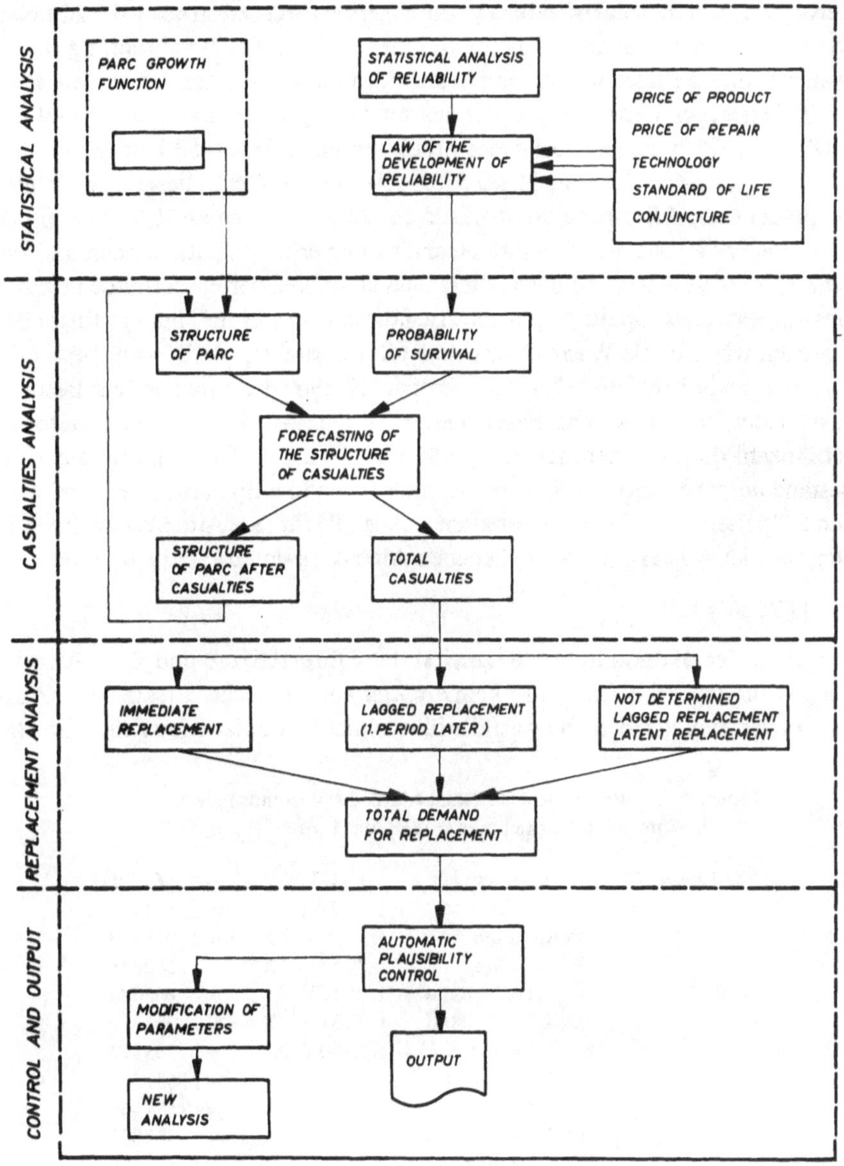

Abb. 3–17: Gesamtübersicht über das System *Refors*

Mit Hilfe des von *Lewandowski* entwickelten Systems *Refors* kann eine solche detaillierte Analyse komplexer Märkte im Hinblick auf eine exakte Quantifizierung der Ersatzbedarfsnachfrage durchgeführt werden. Abb. 3–17 gibt eine Übersicht über die Struktur dieses Systems. Eine kurze Beschreibung dieses Systems soll im folgenden anhand seiner Anwendung für den PKW-Markt in der BRD gegeben werden, wobei wir uns auf die Ergebnisse zwischen den Jahren 1968 und 1970 beziehen. Der Gesamtbestand am 1. Juli 1968 betrug, wie aus Tabelle 3–21 zu ersehen ist, 11682556 PKW. Die Spalte 2 dieser Tabelle gibt die prozentuale Altersbestandsstruktur an. So z.B. waren am 1.7.1968 in der BRD 166529 PKW, die 1956 ihre Neuzulassung erhalten hatten, noch im Verkehr. Die Spalte 3 zeigt die nach Altersklassen differenzierten Bestände in % des Gesamtbestandes. Spalte 5 gibt die Ausfallraten zweier aufeinanderfolgender Jahre an, wie z.B. die Wahrscheinlichkeit dafür, daß ein PKW eines bestimmten Alters zwischen dem 1.7.1968 und dem 1.7.1969 definitiv aus dem Bestand ausscheidet, was als Ausfall bezeichnet wird. Den Ausfall, d.h. die Schätzung der Anzahl der zwischen dem 1.7.1968 und dem 1.7.1969 definitiv aus dem Bestand ausscheidenden PKW, erhält man durch Multiplikation der Spalten 2 und 5. Spalte 4 stellt die somit erhaltenen Ausfälle für jede Altersklasse dar. Die Summe aller Ausfälle der verschiedenen Altersklassen aus Spalte 4 lautet:

689026 PKW.

Aufgrund der ökonomischen Rezession der Jahre 1967/68 und ihrer Auswirkungen auf den PKW-Markt ist kein direkter automatischer Ersatz dieser Ausfälle zu verzeichnen, d.h. die Ausfälle führen nicht automatisch zu einer Ersatz-

Tabelle 3–20: Prognose des Ersatzbedarfs der Bestandsänderung von PKW mit Kombi. Stichjahr = 1968 (am 1.7.).

Jahr 1968 = X	Neuzulassungen	1.1.–1.7. X		=	665328
	Neuzulassungen	1.1.–31.12. X		=	1421287
	Bestand am	1.7.	X – 1	=	11015813
	Bestand am	1.7.	X	=	11682556
	DELTA-Bestand	1.7.–1.7.		=	666743
	DELTA-Bestand	1.7.–31.12. X – 1		=	333372
	DELTA-Bestand	1.1.–30.6. X		=	333372
	Bestand am	1.7. X		=	11682556
	Bestand am	1.7. X + 1		=	12584564
	DELTA-Bestand	1.7.–1.7.		=	902008
	DELTA-Bestand	1.7.–31.12. X		=	466338
	DELTA-Bestand	1.1.–30.6.	X + 1	=	435670
	Neubedarf		X	=	799710
	Ersatzbedarf		X	=	625134
	Neuzulassungen		X	=	1424844

Tabelle 3–21: Prognose des Ersatzbedarfs, des Altersaufbaus und der Bestandsänderung für von PKW mit Kombi. Stichjahr = 1968 (am 1.7.).

Baujahr	Altersbestand Anzahl	in %	Bestandsänderung Anzahl	in %
1968	665328	5,70	6455	0,45
1967	1347102	11,53	9520	0,71
1966	1476440	12,64	16241	1,10
1965	1458648	12,49	24811	1,70
1964	1264139	10,82	32921	2,60
1963	1164031	9,96	45734	3,93
1962	1078392	9,23	62577	5,80
1961	916616	7,85	76290	8,32
1960	732901	6,27	84223	11,49
1959	532025	4,55	80628	15,15
1958	358976	3,07	68205	19,00
1957	244830	2,10	55450	22,65
1956	166529	1,43	42952	25,79
1955	113034	0,97	31972	28,29
1954	75300	0,64	22692	30,13
1953	44491	0,38	13988	31,44
1952	19911	0,17	6437	32,33
1951	10876	0,09	3580	32,92
1950	7101	0,06	2365	33,31
1949	2765	0,02	928	33,56
1948	1080	0,01	364	33,72
1947	713	0,01	241	33,82
1946	471	0,00	159	33,89
1945	311	0,00	105	33,93
1944	205	0,00	70	33,95
1943	135	0,00	46	33,97
1942	89	0,00	30	33,98
1941	59	0,00	20	33,99
1940	39	0,00	13	33,99
Gesamt	11682556	100,00	689026	

Gesamte Bestandsänderung 1968	= 689026	
Latenter Ersatzbedarf	= 265354	
Ersatzbedarfskoeffizient	= 85,00 %	
Ersatzbedarf	= 585672	
davon		
Ersatzbedarf für 1968	= 117134	= 20,00 %
Ersatzbedarf für 1969	= 468538	= 80,00 %
Gesamter Ersatzbedarf für 1968	= 625134	
Durchschnittsalter in Jahren am 1. 7. 1968	= 4,75	

bedarfsnachfrage. 1968 wurden nur 85% des Ersatzbedarfs effektiv ersetzt. Die restlichen 15% führten somit zu einer sog. latenten Ersatzbedarfsnachfrage.

		162 000:	latenter Ersatzbedarf zu Beginn des Jahres 1968
689 026	15% →	103 354:	latenter Ersatzbedarf 1968
		265 354:	gesamter latenter Ersatzbedarf für 1969
	85% →	585 672:	effektiver Ersatzbedarf

Der Faktor $L_{1968}^{(2)}$ war in diesem Fall = 0. Der Ersatzbedarf, der zu den Neuzulassungen führt, lautet somit zwischen dem zweiten Halbjahr von 1968 und dem ersten Halbjahr von 1969:

585 672 PKW

Berücksichtigt man ein Time-lag der Nachfrage für diese Periode, so erhält man folgende Zerlegung der Gesamtersatzbedarfsnachfrage für 1968 und 1969:

585 672	20% →	117 134	(1968)
	80% →	468 538	(1969)

Unter Einbeziehung der von 1967 herrührenden verzögerten Ersatzbedarfsnachfrage ergibt sich für die Ersatzbedarfsnachfrage des Jahres 1968:

EB von 1967	408 000
EB von 1968	117 134
Gesamtersatzbedarfnachfrage für 1968	625 134 PKW

Die Bestandszunahme, die zwischen den Jahren 1967 und 1968 zu verzeichnen ist, führt per Definition zu der Neubedarfsnachfrage. Da dieser Gesamtbestand erst am 1.7. des Jahres bekannt ist, muß die Bestandszunahme aufgeteilt werden in die Bestandszunahmen

a) des letzten Halbjahres, d.h. vom 1.7. bis 31.12. und
b) des ersten Halbjahres, d.h. vom 1.1. bis 30.6. des untersuchten Zeitraums.

Nachstehende Tabelle zeigt diese Aufteilung der Neubedarfsnachfrage.

Jahr	Bestände am 1.7.	Bestandszunahme 1.7.–30.6.	Neubedarf 1968 1.1.–31.12.
1967	11015813		
		66743	
		50%	
1968	11682556		333372
1968	11682556		466338
		48,3%	
		902008	799710
1969	12584564		

Somit verfügt man über die Hauptkomponenten der Gesamtnachfrage, d.h. über die Neuzulassungen von 1968 (vgl. Tab. 3–20):

Ersatzbedarfsnachfrage:	625134
Neubedarfsnachfrage:	799710
Gesamtnachfrage, d.h. die Neuzulassungen:	1424844 PKW

Die hier erhaltenen Resultate können einer Plausibilitätskontrolle unterzogen werden: Aufgrund der zwischen dem 1.7.1967 und dem 1.7.1968 stattgefundenen Ausfälle ist es möglich, die neue Altersbestandsstruktur am 1.7.1968 zu ermitteln. Der Gesamtbestand des Jahres 1968 ist am 1.7.1968 bekannt, d.h. wir verfügen für das Jahr 1968 über alle bekannten Werte dieser Altersbestandsstruktur, außer dem Wert der Neuzulassungen vom 1.1. bis 30.6.1968. Die Anzahl der PKW, die zwischen dem 1.1.1968 und 1.7.1968 neu zugelassen werden, erhält man somit durch Subtraktion der neu ermittelten Bestandsstruktur von der am 1.7.1968 vorliegenden Gesamtbestandsstruktur:

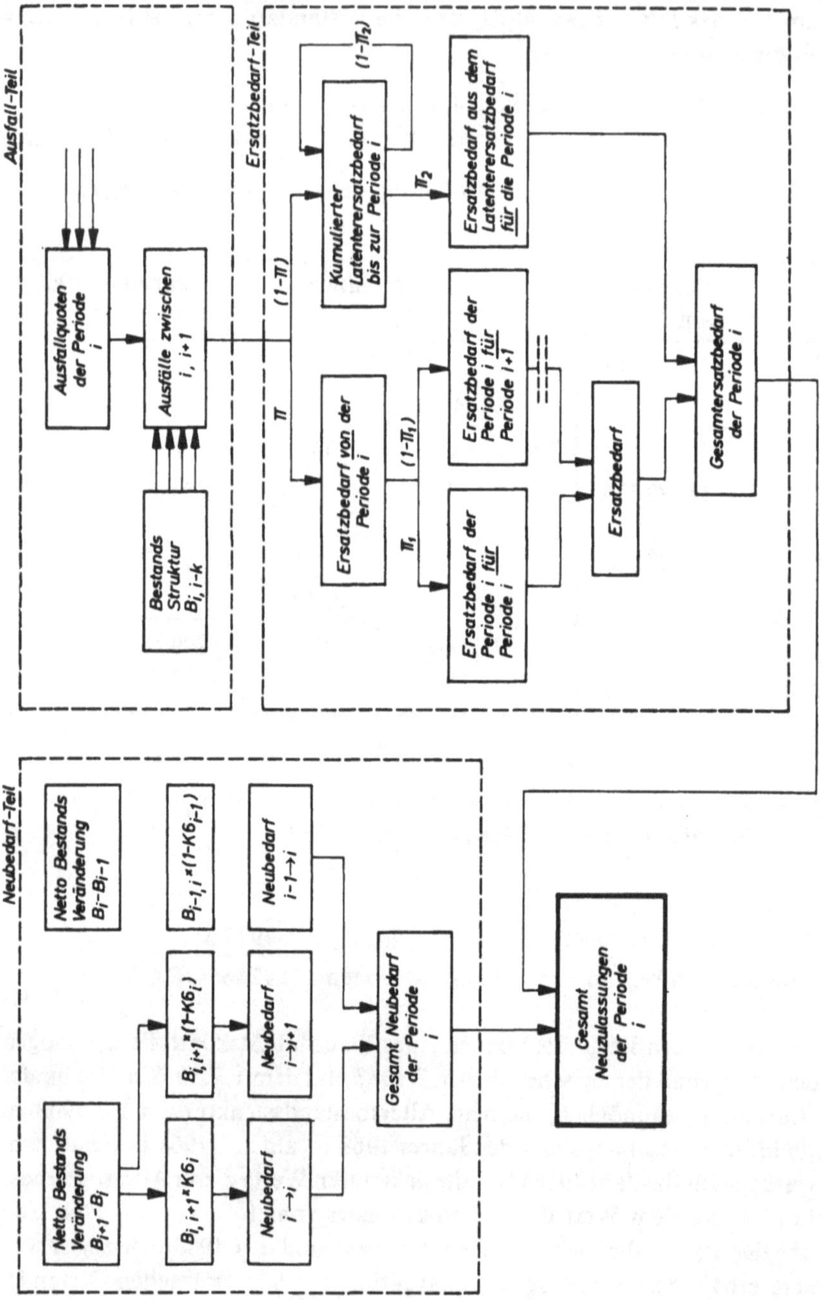

Abb. 3–18: Ablaufschema des Systems *Refors*

Gesamtbestand am 1.7.:	11682556
Neue Bestandsstruktur (Baujahr 1967 u. früher):	11017228
Neuzulassungen (1.1.–1.7.):	665328

Kennt man die Saisonstruktur der jährlichen Neuzulassungen, so kann man prüfen, ob dieser so ermittelte Wert der Neuzulassungen des ersten Halbjahres sich nicht signifikant von dem mit Hilfe der Analyse des Ersatz- und Neubedarfs ermittelten Wert der Neuzulassungen von

1424844 PKW unterscheidet.

In unserem Fall erhält man unter Anwendung eines Saisonfaktors von 0,468 die Schätzung der jährlichen Neuzulassungen für 1968:

$$\frac{665328}{0{,}468} = 1421287:$$

Da die Differenz zwischen diesen zwei Schätzungen nicht signifikant ist, können die hier erstellten Hypothesen akzeptiert werden. Liegt ein signifikanter Unterschied in diesen Schätzungen vor, so sind bestimmte, bei diesen Berechnungen angewandte Koeffizienten zu modifizieren und neue Berechnungen einzuleiten. In den Tabellen 3–20 bis 3–24 sind die mit Hilfe von *Refors* erhaltenen verschiedenen Resultate im Fall des hier behandelten PKW-Marktes enthalten.

Tabelle 3–22: **Prognose des Ersatzbedarfs und der Bestandsänderung von PKW mit Kombi. Stichjahr = 1969 (am 1.7.).**

Jahr 1969 = X	Neuzulassungen	1.1.–1.7.	X	=	828620
	Neuzulassungen	1.1.–31.12.	X	=	1835106
	Bestand am	1.7.	X – 1	=	11682556
	Bestand am	1.7.	X	=	12584564
	DELTA-Bestand	1.7.–1.7.		=	902008
	DELTA-Bestand	1.7.–31.12.	X – 1	=	466338
	DELTA-Bestand	1.1.–30.6.	X	=	435670
	Bestand am	1.7.	X	=	12584564
	Bestand am	1.7.	X + 1	=	13941079
	DELTA-Bestand	1.7.–1.7.		=	1356515
	DELTA-Bestand	1.7.–31.12.	X	=	584658
	DELTA-Bestand	1.1.–30.6.	X + 1	=	771857
	Neubedarf		X	=	1020328
	Ersatzbedarf		X	=	821752
	Neuzulassungen		X	=	1842079

Tabelle 3–23: Prognose des Ersatzbedarfs, des Altersaufbaus und der Bestandsänderung von PKW mit Kombi. Stichjahr = 1969 (am 1.7.).

Baujahr	Altersbestand Anzahl	in %	Bestandsänderung Anzahl	in %
1969	828620	6,58	6271	0,34
1968	1421287	11,29	7884	0,55
1967	1337581	10,63	12038	0,90
1966	1460199	11,60	21188	1,45
1965	1433836	11,39	33210	2,32
1964	1231217	9,78	44821	3,64
1963	1118297	8,89	62513	5,59
1962	1015815	8,07	84343	8,30
1961	840326	6,68	99120	11,80
1960	648678	5,15	102926	15,87
1959	451397	3,59	90731	20,10
1958	290771	2,31	69806	24,01
1957	189380	1,50	51582	27,24
1956	123577	0,98	36669	29,67
1955	81062	0,64	25441	31,39
1954	52609	0,42	17114	32,53
1953	30503	0,24	10149	33,27
1952	13474	0,11	4546	33,74
1951	7296	0,06	2483	34,03
1950	4736	0,04	1620	34,21
1949	1837	0,01	631	34,32
1948	716	0,01	246	34,39
1947	472	0,00	162	34,43
1946	311	0,00	107	34,46
1945	205	0,00	71	34,48
1944	135	0,00	47	34,49
1943	89	0,00	31	34,49
1942	59	0,00	20	34,49
1941	39	0,00	13	34,50
1940	26	0,00	9	34,50
Gesamt	12584564	100,00	785799	

Gesamte Bestandsänderung 1969 = 785799
Latenter Ersatzbedarf = 92874
Ersatzbedarfskoeffizient = 100,00 %
Ersatzbedarf = 785799
davon
Ersatzbedarf für 1969 = 180734 = 23,00 %
Ersatzbedarf für 1970 = 605065 = 77,00 %
Gesamter Ersatzbedarf für 1969 = 821752
Durchschnittsalter in Jahren am 1. 7. 1969 = 4,89

Tabelle 3–24: Prognose des Ersatzbedarfs, des Altersaufbaus und der Bestandsänderung von PKW mit Kombi. Stichjahr = 1970 (am 1.7.).

Baujahr	Altersbestand Anzahl	in %	Bestandsänderung Anzahl	in %
1970	1129559	8,10	8911	0,42
1969	1835106	13,16	12530	0,68
1968	1413403	10,14	15547	1,10
1967	1325542	9,51	23335	1,76
1966	1439011	10,32	40122	2,79
1965	1400625	10,05	60870	4,35
1964	1186396	8,51	78479	6,61
1963	1055783	7,57	102789	9,74
1962	931472	6,68	127668	13,71
1961	741206	5,32	135520	18,28
1960	545751	3,91	125523	23,00
1959	360666	2,59	98563	27,33
1958	220965	1,58	68273	30,90
1957	137798	0,99	46289	33,59
1956	86908	0,62	30845	35,49
1955	55620	0,40	20451	36,77
1954	35495	0,25	13346	37,60
1953	20354	0,15	7761	38,13
1952	8928	0,06	3434	38,46
1951	4813	0,03	1861	38,67
1950	3116	0,02	1209	38,79
1949	1207	0,01	469	38,87
1948	470	0,00	183	38,92
1947	309	0,00	120	38,95
1946	204	0,00	79	38,97
1945	134	0,00	52	38,98
1944	89	0,00	35	38,99
1943	59	0,00	23	38,99
1942	39	0,00	15	39,00
1941	25	0,00	10	39,00
1940	17	0,00	7	39,00
Gesamt	13941079	100,00	1024322	

Gesamte Bestandsänderung 1970	= 1024322	
Latenter Ersatzbedarf	= 9287	
Ersatzbedarfskoeffizient	= 100,00 %	
Ersatzbedarf	= 1024322	
davon		
Ersatzbedarf für 1970	= 225351	= 22,00 %
Ersatzbedarf für 1971	= 798971	= 78,00 %
Gesamter Ersatzbedarf für 1970	= 914002	
Durchschnittsalter in Jahren am 1. 7. 1970	= 4,84	

3.4.2 Das Prognosesystem Aforsys

Wie das Ersatzbedarfssystem *Refors* verdeutlicht, erfordern langfristige Prognosen des Ersatzbedarfs eine genaue Kenntnis der Wachstumsentwicklung des untersuchten Phänomens. Vor allem stellt sich für das mittelfristige Marktverhalten die Notwendigkeit, exakte Analysen sowohl hinsichtlich des Neubedarfs als auch des Ersatzbedarfs zu erstellen, da mittelfristige Prognosen von größter Bedeutung für die Unternehmensstrategie sind und da außerdem im mittelfristigen Bereich gehäuft Marktveränderungen zu verzeichnen sind. Für die mittel- und langfristige Marktentwicklung des europäischen PKW-Marktes wurde vom Verfasser ein Prognosesystem entwickelt, dessen Schwerpunkt die Prognose der Neuzulassungen von PKW darstellt. In das Prognosesystem *Aforsys* wurde das in 3.4.1 beschriebene Ersatzbedarfsprognosesystem *Refors* integriert sowie das System *Market* (vgl. 2.6), das zur mittel- und langfristigen Analyse der PKW-Marktentwicklung dient. Somit wurde mit *Aforsys* ein System erstellt, das sowohl zur Analyse· und Prognose von Bestandsentwicklungen, Neubedarfsnachfragen als auch Ersatzbedarfsnachfragen angewandt werden kann.
Aforsys kann in vier Subsysteme unterteilt werden:

I. System für langfristige Prognosen der PKW-Dichte und des Automobilbestandes.
II. System für mittelfristige Konjunkturanalysen, das die zyklischen Phänomene des Konjunkturverlaufs mit Hilfe explikativer Variablen des Wirtschaftsprozesses erklärt
III. System für den Ersatzbedarf, das folgende Kriterien berücksichtigt:
  - Analyse der Ausfallraten von PKW und Prognose der langfristigen Entwicklung dieser Ausfallraten,
  - Analyse der Bestandsstrukturentwicklung nach Altersklassen sowie der Ausfälle von PKW nach Altersklassen,
  - Analyse des Ersatzbedarfs, d.h. Analyse der Ausfälle von PKW und ihres effektiven Ersytzes. Diese Analyse berücksichtigt auch den latenten Ersatzbedarf.
IV. System für kurzfristige Prognosen mit Saisonstrukturanalyse.

Im folgenden sollen diese Subsysteme kurz beschrieben werden, wobei in diesem Rahmen jedoch nicht näher auf das Subsystem IV eingegangen wird (Subsystem IV ist in Abschnitt 1.11.1 behandelt).

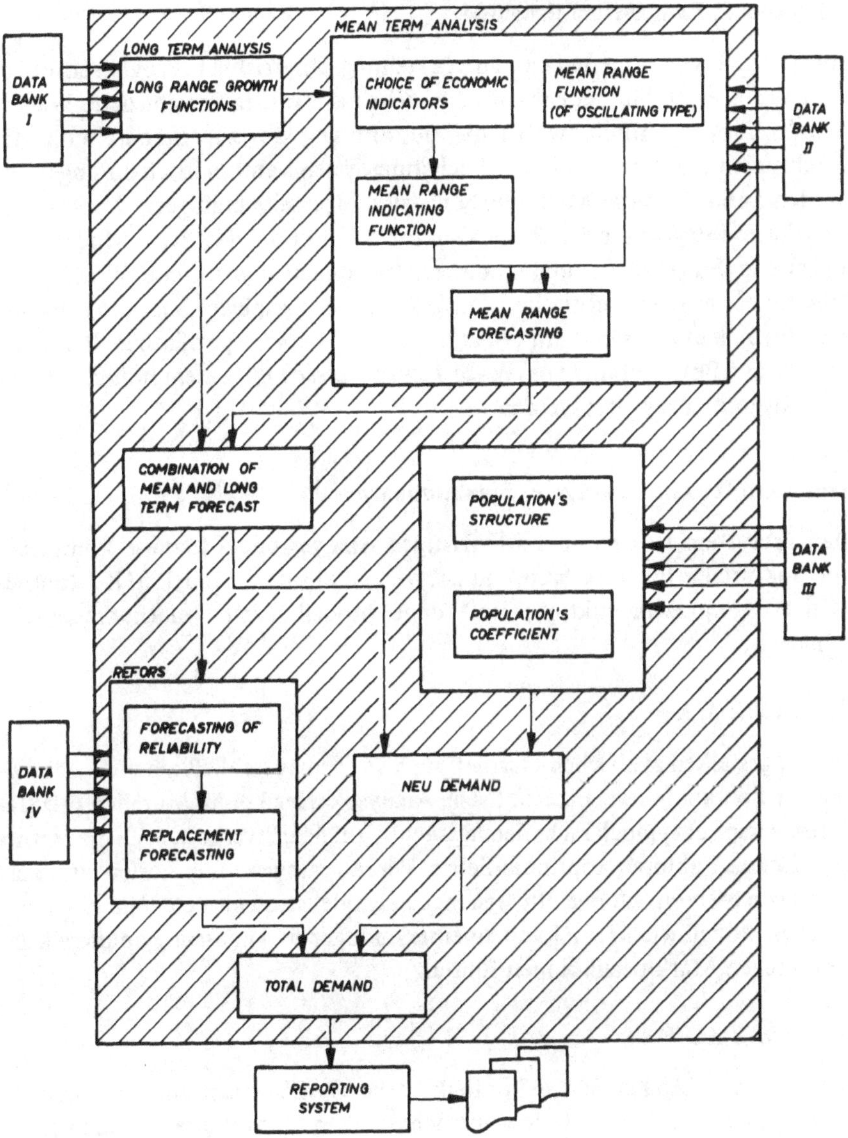

Abb. 3–19: Gesamtübersicht über das System *Aforsys*

Subsystem I: Langfristige Prognose

Subsystem I von *Aforsys*, das zur Erstellung langfristiger Prognosen dient, besteht aus einer Methodenbank, die mehr als zwanzig verschiedene Wachstumsfunktionen enthält, wobei die Bestimmung des zur Beschreibung des Wachstumsprozesses relevanten Wachstumssystems automatisch durchgeführt werden kann. In diese Methodenbank sind einerseits endogene Wachstumsfunktionen integriert, wie z. B. die *Gompertz*-Funktion, das *Pyatt*-Modell oder logistische Funktionen, und andererseits exogene dynanische Wachstumsfunktionen, wie die logistischen Funktionen mit variablem Sättigungsniveau. Außerdem kann das System *Aforsys* mit Hilfe einer spezifischen Benutzersprache zur Beschreibung von Wachstumsprozessen mit einem höheren Komplexitätsgrad angewandt werden.

Subsystem II: Mittelfristige Konjunkturanalyse

Das Subsystem II, das zur mittelfristigen Analyse und Prognose komplexer konjunktureller Prozesse bestimmt ist, besteht aus dem Modell *MKF* (mittelfristige Konjunkturfunktion) und dem Modell *MSF* (marktstrategische Funktion).

Das Modell MKF

Die festgestellten zyklischen Oszillationen werden ausschließlich in Abhängigkeit der Zeit analysiert. Eine statische Analyse dieser konjunkturellen Oszillationen entspricht jedoch nicht dem tatsächlichen Marktverhalten, da die marktspezifischen Faktoren kontinuierlichen Veränderungen unterworfen sind aufgrund von Steuern, Modeeinflüssen, neuen Modellstrategien etc. Nur ein dynamisches Modell wie *MKF* kann zu einer endogenen Anpassung an diese konjunkturellen Marktoszillationen führen.

Das Modell MSF

Während das Modell *MKF* konjunkturelle Oszillationen endogen, d. h. in Abhängigkeit der Zeit analysiert, werden die Konjunkturbewegungen in *MSF* mit Hilfe relevanter Einflußgrößen aus dem Wirtschaftsprozeß interpretiert, wie z. B. Investitions- und Sparquote, Konsumentwicklung, Arbeitsmarktlage etc. Diese Interpretation erfolgt in zwei Phasen:

a) Aus der Gesamtzahl möglicher Indikatoren werden diejenigen ausgewählt, die zur Erklärung des konjunkturellen Verlaufs relevant erscheinen.

b) Für diese relevanten Indikatoren bestimmt das Modell *MSF* die entsprechenden Elastizitätskoeffizienten.

Im Fall des hier untersuchten PKW-Marktes stellt sich zur Erklärung der konjunkturellen Oszillationen die Notwendigkeit, eine große Anzahl von Indikatoren und Einflußgrößen zu analysieren. Folgende Faktoren werden hier u.a. in die Analyse einbezogen:

- Erwerb von Fahrerlaubnissen, Besitzumschreibungen, Löhne- und Gehälter, Einkommenssteuer, Nettoproduktion, Spareinlagen, Konsumkredite, Preisindex für die Lebenshaltung etc.

Die Wirkung der wichtigsten, volkswirtschaftlich relevanten Einflußgrößen auf die konjunkturelle Trendentwicklung kann am besten mit Hilfe der aus der Differenz zwischen den zeitlichen Veränderungen der Masseneinkommen und der Spareinlagen resultierenden Funktion beschrieben werden. Die Relation zwischen Einkommen und Spareinlagen wird besonders deutlich, wenn die Differenzen zwischen den Veränderungen des Masseneinkommens und der Spareinlagen vom ersten zum zweiten Quartal eines jeden Jahren den prozentualen Abweichungen von der prognostizierten langfristigen Entwicklung, die als Konjunkturverlauf definiert wurde, gegenübergestellt werden. Mit der so definierten *MSF*-Funktion ist es möglich, die Konjunktur-Prognosewerte fortlaufend zu überprüfen. Außerdem kann eine Verbesserung des Systems *Aforsys* dadurch erzielt werden, daß das Gesamteinkommen nach unterschiedlichen sozialen Einkommensklassen mit unterschiedlichem Sparverhalten und unterschiedlicher Nachfrage nach PKW differenziert wird.

Subsystem III: Ersatzbedarfsmodell

Die Gesamtnachfrage nach PKW weist per Definition zwei Komponenten auf:

a) die Nettonachfrage, d.h. die Differenz zwischen den Beständen zweier Jahre, was man als die Nettozuwachsrate des Bestands bezeichnet,
b) die Ersatznachfrage.

Die Analyse langlebiger Konsumgüter mit logistischem Wachstumsverlauf zeigt, daß die Nettonachfrage nach Erreichung des Wendepunkts zurückgeht. Demgegenüber nimmt die Bedeutung der Ersatznachfrage in Bezug auf die Gesamtnachfrage zu. Die langfristigen Strukturprognosen des PKW-Marktes, die mit Hilfe von *Aforsys* erstellt wurden, zeigen, daß bis 1985 die Ersatzbedarfsnachfrage mehr als 90% der Gesamtnachfrage ausmacht. Hier wird deutlich, daß ein Fehler beim Abschätzen der Ersatzbedarfsnachfrage bei der Erstellung langfristiger Prognosen zu schwerwiegenden Fehlern im Hinblick auf die Schätzung der Neuzulassungen führt. Aufgrund der außerordentlichen Wichtigkeit der Ersatzbedarfsnachfrage ist es notwendig, ein ausgefeiltes Verfahren zu ihrer Prognose anzuwenden. Die Prognose der Ersatzbedarfsnachfrage muß folgende Faktoren berücksichtigen:

a) den Grad der Ausfälle von PKW aus dem Bestand,
b) die Einflußfaktoren dieser Ausfälle, d.h. den Export von Gebrauchtwagen und die Verschrottung von Fahrzeugen.

Gründe, die einen PKW-Besitzer zur endgültigen Abmeldung des Fahrzeuges veranlassen, sind u.a.: Totalschaden, effektive Abnutzung des Fahrzeuges in Relation zu den Reparaturkosten, Moderichtungen, Gebrauchtwagenpreise, technologische Neuentwicklungen. Diese Ursachen sind im Verlauf der Zeit nicht konstant. Für die Ermittlung des Ersatzbedarfs soll zunächst von den Bestandsveränderungen zwischen zwei Stichjahren ausgegangen werden. Analysiert man diese Bestandsveränderungen in Abhängigkeit vom Alter des Fahrzeuges, so erhält man die sog. Ausfallraten, d.h. die Wahrscheinlichkeit, daß ein Fahrzeug eines bestimmten Alters verschrottet wird. Zur Errechnung dieser Ausfallraten stehen umfangreiche Statistiken des Verbandes der Automobilindustrie zur Verfügung, die jedes Jahr aufgrund der Bestandsveränderungen von PKW in der BRD ausgewiesen werden. Der Ersatzbedarf entsteht zwar durch den Ausfall von Fahrzeugen aus dem Bestand, jedoch führt dieser Ausfall nicht unmittelbar zum Kauf eines Neuwagens, da der Gebrauchtwagenmarkt quasi als „Puffer“ zwischengeschaltet ist. Zwischen der endgültigen Abmeldung eines Fahrzeuges und der Neuanschaffung besteht in der Regel eine zeitliche Verzögerung. Dieses Time-lag kann vom Modell *Aforsys* ermittelt werden. Die jüngsten Entwicklungen der Vergangenheit, insbesondere des Jahres 1968, haben gezeigt, daß die Hypothese, jeder aus dem Bestand ausscheidende PKW werde ersetzt, nicht aufrecht erhalten werden kann, selbst dann nicht, wenn man ein normales Time-lag von sechs bis acht Monaten berücksichtigt. In Perioden konjunktureller Baisse kann man eine gewisse Zurückhaltung in den Kaufentscheidungen beobachten, was dazu führt, daß ein Teil der Befriedigung des Ersatzbedarfs zu einem späteren Zeitpunkt erfolgt, nämlich dann, wenn sich die konjunkturelle Situation verbessert hat. Diese Zurückhaltung in der Kaufentscheidung wurde in 3.3.2.2 als latenter Ersatzbedarf bezeichnet. Der latente Ersatzbedarf wird in konjunkturell günstigen Phasen zu einem tatsächlichen Ersatzbedarf führen.

Dieses allgemeine System *Aforsys* verdeutlicht die praktische Anwendbarkeit von integrierten Ersatzbedarfs-Prognosesystemen, sowohl für den mittel- als auch langfristigen Bereich. Aufgrund seiner Charakteristika ist dieses System auch zur langfristigen Analyse und Prognose anderer Märkte, wie z. B. Reifen, Startbatterien, Fernsehgeräte geeignet.

3.4.3 Das System Credit (Prognosesystem für das Ratenkreditgeschäft)

Das System *Credit* wurde für die *KKB* (Kundenkreditbank Deutsche Haushaltsbank) entwickelt und zur mittel- und langfristigen Analyse und Prognose der Entwicklung des Ratenkredits installiert, wobei das System in Zukunft auch für die anderen Angebotssparten eingesetzt wird.
Credit ist Bestandteil des *KKB*-Informations- und Prognosesystems.

Zur Erstellung von mittel- und langfristigen Prognosen der Struktur des Forderungsbestandes werden vier Komponenten unterschieden:

a) Löschungen:
Es handelt sich hier darum, in Abhängigkeit der herausgelegten Kredite Prognosen über die in den nächsten Perioden auslaufenden Kredite zu erstellen.
Geht man hier von einem deterministischen Ansatz aus, so bezieht man nur die fest definierten, ursprünglich vereinbarten Laufzeiten der Kredite in die Analyse ein.
Da jedoch die Laufzeiten aufgrund von vorzeitigen Kreditbeendigungen (Ablösungen) und Zusatzkrediten ständigen zeitlichen Veränderungen unterliegen, und da außerdem die Anzahl der Wiederholungs- und Neukredite für den Prognosehorizont nicht bekannt ist, stellt sich die Notwendigkeit, die in diesem Kapitel behandelten probabilistischen Methoden und Modelle anzuwenden.
Darüber hinaus müssen diese zeitlichen Veränderungen in Abhängigkeit von ökonomischen und konjunkturellen Einflußfaktoren sowie von bankspezifischen Maßnahmen wie Zinspolitik, Werbung, Distribution etc. analysiert werden.
Das System *Refors*, das mit weitreichenden Modifikationen in *Credit* integriert wird, dient zur Analyse und Prognose dieser Komponente des Forderungsbestandes.

b) Zusatzkredit:
Während der Laufzeit eines Kredits kann dieser sowohl im Hinblick auf seine Laufzeit als auch auf seine Höhe modifiziert werden.

c) Wiederholungskredit:
Schließt ein Kunde nach Ablauf des Kredits einen neuen Kredit ab, so bezeichnet man diesen als Wiederholungskredit.

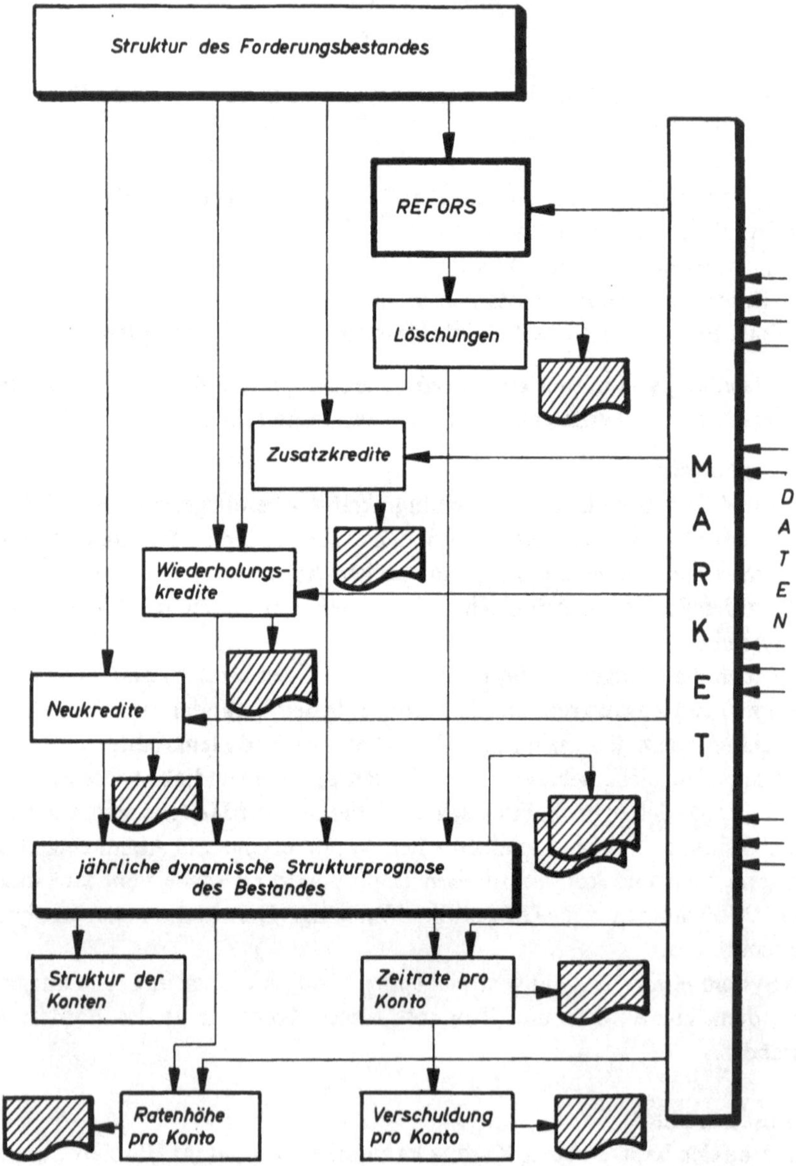

Abb. 3–20: Gesamtübersicht über das System *Credit*

d) Neukredit:
Hierunter versteht man den ersten Kredit an einen bis dahin Nicht-Kunden.

Die Betrachtung der obigen vier Komponenten zeigt: Um einen Zuwachs des gesamten Forderungsbestandes zu erreichen, muß erst einmal das Volumen ersetzt werden, das laufend durch vorzeitige Kreditbeendigungen (Ablösungen, Löschungen) ausfällt.
Das kann dadurch geschehen, daß man z. B. durch Werbung – Maßnahmen frühere Kunden zu einem Wiederholungskredit veranlaßt, als auch dadurch, daß durch Werbung neue Kunden gewonnen werden.
Erst auf der Basis des durch diese Maßnahmen wieder auf sein altes Niveau gebrachten Forderungsbestandes ergibt sich ein Zuwachs durch Herauslage von Zusatz-, Wiederholungs- oder Neukrediten.
Die dynamische Analyse der oben beschriebenen Komponenten des Forderungsbestandes führt u. a. zu folgenden Verbesserungen:

- Im Marketingbereich können die Perioden bestimmt werden, in denen zum Ausgleich erhöhter Löschungen (über das „normale" Maß hinaus) ein verstärkter Werbeaufwand vorzusehen ist;
- In den Zweigstellen kann der Verkauf der Dienstleistungen aufgrund differenzierterer und an die mittelfristige Marktentwicklung besser angepaßter Verkaufsrichtlinien und Konditionen wesentlich gefördert werden;
- In der Hauptverwaltung kann mittels der Analysedaten sowohl die Personal- als auch die Zweigstellenpolitik sowie das Liquiditätsgleichgewicht besser gesteuert werden;
- Nicht zuletzt ergeben die Analyse- und Prognosedaten eine schnellere und bessere Basis für alle Entscheidungen hinsichtlich der Kundenbeziehungen, wodurch die Bestandspflege und Beratung der Kunden akut und nachhaltig gefördert werden kann.

Abbildung 3–20 gibt eine allgemeine Übersicht über das System *Credit*.

Anhang

A.1 Das Fundamentaltheorem des Exponential Smoothing von Brown und Meyer[1]

Da die Ergebnisse des Fundamentaltheorems von *Brown* und *Meyer* von grundlegender Bedeutung für das Verständnis des Exponential Smoothing und aller damit in Zusammenhang stehenden Überlegungen sind, wird im folgenden zunächst versucht, den analytischen Lösungsweg des Problems in komprimierter Form darzustellen.
Man nimmt, um eine Reihe von Werten darzustellen, das Modell eines Polynoms n-ten Grades an:

$$y_t = a_0 + a_1 t + \frac{1}{2} a_2 t^2 + \cdots + \frac{1}{n!} a_n t^n \tag{1}$$

Die Vorhersage von zukünftigen Werten läßt sich dann durch eine Taylorentwicklung darstellen, so daß gilt:

$$\hat{x}_{t+\Theta} = \sum_{k=0}^{n} \frac{\Theta^k}{k!} \hat{x}_t^{(k)} = \sum_{k=0}^{n} \frac{a_k}{k!} \Theta^k,$$

wobei nur a_k bzw. die Faktoren $\frac{a_k}{k!}$ diejenigen Koeffizienten sind, die man sucht. Die exponentielle Glättung n-ter Ordnung ist definiert durch:

$$S_t^{(p)} = \alpha S_t^{(p-1)} + (1-\alpha) S_{t-1}^{(p)} \tag{2}$$

mit

$$S_t^{(1)} = \alpha x_t + (1-\alpha) S_{t-1}^{(1)}.$$

Entwickelt man nun diese Glättungsoperatoren $S_t^{(i)}$ in Reihen, so kann man schreiben:

$$S_t^{(1)} = \alpha \sum_{k=0}^{\infty} (1-\alpha)^k x_{t-k},$$

$$S_t^{(2)} = \alpha^2 \sum_{k=0}^{\infty} (k+1)(1-\alpha)^k x_{t-k},$$

$$S_t^{(3)} = \alpha^3 \sum_{k=0}^{\infty} \frac{1}{2!}(k+1)(k+2)(1-\alpha)^k x_{t-k};$$

[1] Siehe [1.98].

in und allgemeiner Form:

$$S_t^{(p)} = \alpha^p \sum_{k=0}^{\infty} (1-\alpha)^k \frac{(k+p-1)!}{k!(p-1)!} x_{t-k}.$$

Für:

$$\hat{x}_{t+k} = \sum_{j=0}^{n} \frac{1}{j!} a_t^{(j)} k^j$$

kann man auch schreiben

$$x_{t-k} = \sum_{j=0}^{n} (-1)^j \frac{1}{j!} a_t^{(j)} k^j.$$

Setzt man dieses Ergebnis in die allgemeine Formel für die Glättungsoperatoren ein, so erhält man die endgültige Form durch:

$$S_t^{(p)} = \sum_{j=0}^{n} (-1)^j \frac{1}{j!} a_t^{(j)} \frac{p}{(p-1)!} \sum_{k=0}^{\infty} k^j (1-\alpha)^k \frac{1}{k!} (k+p-1)!.$$

Damit existieren nun $(n+1)$ Gleichungen für die Glättungsoperatoren $S_t^{(p)}$ in Termen von Linearkombinationen der Ableitungen $x_t^{(n)}$. Diese Gleichungen können so gelöst werden, daß sich die Ableitungen als Funktionen der geglätteten Werte darstellen.

Definiert man $\vec{S}_t$ als einen Vektor mit den Komponenten:

$$\vec{S}_t = \begin{bmatrix} S_t^{(1)} \\ S_t^{(2)} \\ \vdots \\ S_t^{(p)} \end{bmatrix}$$

und einen Vektor $\vec{A}$ mit dem Komponenten:

$$\vec{A} = \begin{bmatrix} A_t^{(0)} \\ A_t^{(1)} \\ \vdots \\ A_t^{(n)} \end{bmatrix} = \begin{bmatrix} a_t^{(0)}/0! \\ a_t^{(1)}/1! \\ \vdots \\ a_t^{(n)}/n! \end{bmatrix}$$

dann kann man das Ergebnis des Fundamentaltheorems durch die Vektorgleichung

$$\vec{S}_t = \vec{M} \cdot \vec{A}_t$$

ausdrücken.
Hierbei ist M eine $(n * p)$-Matrix mit den Elementen

$$M_{ij} = \frac{1}{(i-1)!} \alpha^i \sum_{k=0}^{\infty} k^j (1-\alpha)^k \frac{1}{k!} (i+k-1)! \tag{3}$$

Man erhält für $n = 3$ und $p = 3$:

$$M_{(3,3)} = \begin{bmatrix} 1 & -\frac{\beta}{\alpha} & \frac{\beta(1+\beta)}{2\alpha^2} \\ 1 & -\frac{2\beta}{\alpha} & \frac{2\beta(1+2\beta)}{2\alpha^2} \\ 1 & -\frac{3\beta}{\alpha} & \frac{3\beta(1+3\beta)}{2\alpha^2} \end{bmatrix}$$

Theoretisch ist es also immer möglich, für alle möglichen Grade des Polynoms die dieses System bestimmenden Gleichungen analytisch zu lösen.
In der Praxis ist die Operationalität solcher Polynomsysteme jedoch vor allem bei höherer Ordnung als drei mit schwerwiegenden Nachteilen verbunden:

a) Die Komplexität der Funktionen $A_t^{(i)}$ steigt mit i exponentiell an, so daß sie für $i > 4$ noch nicht bestimmt worden sind.
b) Die ökonomische Interpretation dieser Koeffizienten $A_t^{(i)}$ ist äußerst komplex, wenn das Modell größer ist als zweiter Ordnung.
c) Eine Vergleichsanalyse dieser verschiedenen polynominalen Modelle zeigt, daß die Genauigkeit der Prognosesysteme nicht von ihrem Komplexitätsgrad abhängt, sondern von ihrer dynamischen Qualität.

A.2 Anlaufprozeduren

Berücksichtigt man:

$$x_t = M_t \cdot S_t,$$

so gelten für die Glättungsoperatoren des quadratischen Systems die folgenden Formeln

$$M_t^{(1)} = \alpha \frac{x_t}{S_t} + (1-\alpha) M_{t-1}^{(1)},$$

$$M_t^{(2)} = \alpha M_t^{(1)} + (1-\alpha) M_{t-1}^{(2)},$$

$$M_t^{(3)} = \alpha M_t^{(2)} + (1-\alpha) M_{t-1}^{(3)},$$

d.h. daß zum Zeitpunkt $t = 1$ Komponenten der Art

$M_0^{(1)}$, $M_0^{(2)}$ und $M_0^{(3)}$

erwartet werden. Gleichzeitig fehlen zum Zeitpunkt $t = 1$ jegliche Informationen über die Saisonkoeffizienten, denen in diesem Zusammenhang eine besondere Bedeutung bekommt. Aufgabe der sogenannten *Anlaufprozeduren* wird es somit sein, diese fehlenden Komponenten zu bestimmen.
Im folgenden ist das im System *Forsys* benutzte Verfahren stichwortartig dargestellt:

① Zunächst setzt man $S_k = 1$, Ak, $k = 1, \ldots, g$; in diesem Falle kann der folgende Punkt übersprungen werden.

② Die Ist-Werte x_j werden von der Saisonkomponente S_k bereinigt:

$$x_j = \frac{x_j}{S_k}$$

wobei gilt $S_{k+g} = S_k$

③ Durch die bereinigten Ist-Werte wird eine Regressionsparabel gelegt:

$$\hat{x}_j = A + Bj + Cj^2$$

mit

$$Q = \sum_{k=1}^{2g} (x_k - A - Bk - Ck^2)^2,$$

woraus man das folgende Gleichungssystem erhält:

$$\left(\begin{array}{ccc|c} n & \Sigma k & \Sigma k^2 & \Sigma x_k \\ \Sigma k & \Sigma k^2 & \Sigma k^3 & \Sigma k x_k \\ \Sigma k^2 & \Sigma k^3 & \Sigma k^4 & \Sigma k^2 x_k \end{array}\right)$$

④ Nach Auflösung dieses Gleichungssystems erhält man bestimmte Werte für A, B und C.
Um zu garantieren, daß alle S_k positiv werden, wird für den Fall, daß einige $\hat{x}_j$ negativ sind, C so verändert, daß alle $\hat{x}_j$ positiv werden.

⑤Man bildet die multiplikativen Residuen:

$$R_k = \frac{x_j}{\hat{x}_j};$$

die gemittelt werden:

$$\bar{R}_k \pm \frac{R_k + R_{k+g}}{2}$$

sowie normiert:

$$S_k = g \frac{\bar{R}_k}{\sum_{k=1}^{g} \bar{R}_k}.$$

Die so gewonnenen Saisonkoeffizienten S_k erfüllen die folgende Bedingung:

$$\sum_{k=1}^{g} S_k = g.$$

⑥Man beginnt wieder beim zweiten Punkt.
Nach hinreichend vielen Schritten unterscheiden sich die Parameter A, B und C, die Mittelwert, Trend und quadratischem Trend entsprechen, nicht mehr wesentlich voneinander. Das bedeutet, daß der Vektor S_k gefunden wurde, für den die quadratische Regression der saisonbereinigten Ist-Werte eine minimale Summe der Residuenquadrate liefert.

⑦Mit den folgenden, aus dem quadratischen Modell hergeleiteten Formeln lassen sich nun mit Hilfe von M_0, T_0 und Q_0 die Anfangswerte der Glättungsoperatoren bestimmen:

$$M_0^{(1)} = M_0 + \frac{\alpha - 1}{\alpha} T_0 + \frac{(1-\alpha)(2-\alpha)}{2\alpha^2} Q_0,$$

$$M_0^{(2)} = M_0 + 2\frac{\alpha - 1}{\alpha} T_0 + \frac{2(1-\alpha)(3-2\alpha)}{2\alpha^2} Q_0.$$

$$M_0^{(3)} = M_0 + 3\frac{\alpha - 1}{\alpha} T_0 + \frac{3(1-\alpha)(4-3\alpha)}{2\alpha^2} Q_0.$$

A. 3 Erläuterung verschiedener Tabellen

Die nachstehenden Tabellen zeigen die verschiedenen Ausgabemöglichkeiten eines Prognosesystems, die vor allem dazu dienen sollen, die verschiedenen angeschnittenen Punkte des Kapitels über kurzfristige Prognosen anhand eines konkreten Beispiels zu verdeutlichen. Es handelt sich hier um die Umsätze von Farbfernsehern in der Bundesrepublik Deutschland.
Die Tabelle 1–30 (Tabelle der simulierten Prognosen) zeigt die Entwicklung der verschiedenen Hauptcharakteristika der Zeitreihe, insbesondere Mittelwert, linearer Trend und quadratischer Trend. Die Wirkung der verschiedenen Sonderaktionen, die auf diesen Markt einen Einfluß haben, sind der Spalte Sonderaktionen zu entnehmen.
In der Tabelle 1–31 sind verschiedene Steuerungsparameter des *OPS*-Systems sowie eine Kontrollgraphik für das Abweichungssignal *AWS* abgebildet. Diese Graphik zeigt in Periode 28 und Periode 39 eine systematische Trendänderung.
Tabelle 1–32 verdeutlicht die Struktur der Prognoseabweichungen für die verschiedenen Prognosehorizonte, in diesem Fall 1 bis 6 Monate im voraus.
Tabelle 1–33 zeigt die Saisonkoeffizienten-Struktur dieser analysierten Zeitreihen sowie ihre zeitliche Entwicklung.
In Tabelle 1–34 sind die 12 Monatsprognosen, die in der Periode 43, d.h. November 1972, gemacht worden sind, unter Berücksichtigung der für diesen Zeitraum vorgesehenen Sonderaktionen enthalten. Gleichzeitig gestattet diese Tabelle die Beurteilung der Prognosegenauigkeit für die 6 Perioden im voraus.
Tabelle 1–35 gibt einen Gesamtüberblick über den zeitlichen Ablauf der verschiedenen Sonderaktionen und deren gesamte Wirkung (in % gegenüber dem normalen Absatz).
Die Tabelle 1–36 und 1–37 enthalten detaillierte Analysen jeder in der Vergangenheit stattgefundenen Sonderaktionen und geben somit Auskünfte über die Wirkung dieser Sonderaktionen sowie ihre genaue Definition.

TABELLE DER SIMULIERTEN PROGNOSEN

PERIODE MONAT	IST-WERTE	VORHERSAGEN OHNE S.A.	VORHERSAGEN MIT S.A.	MITTEL-WERT	LINEARER TREND	QUADR. TREND	ABWEICHUNGEN ABSOLUT	ABWEICHUNGEN IN %	SONDERAKTIONEN IN %	SONDERAKTIONEN ABSOLUT
1 JL	11.60			15.28	0.81	0.02				
2 AU	18.30	12.39	18.09	16.18	0.85	0.02	-0.21	-1.15	46.00	5.70
3 SE	37.10	23.25	35.34	17.35	0.90	0.02	-1.76	-4.74	52.00	12.09
4 OK	50.30	27.23	49.02	18.47	0.98	0.03	-1.28	-2.55	80.00	21.79
5 NO	27.60	28.04	26.63	19.76	1.07	0.03	-0.97	-3.50	-5.00	-1.40
6 DE	21.70	23.35	21.02	21.11	1.15	0.03	-0.68	-3.15	-10.00	-2.34
7 JA	21.20	19.28	21.21	22.28	1.20	0.03	0,01	0.05	ˈ10.00	1.93
8 FE	21.30	21.24		23.54	1.26	0.03	-0.06	-0.30		
9 MR	19.70	20.43		24.46	1.23	0.03	0.73	3.70		
10 AP	19.70	19.68		25.74	1.29	0.03	-0.02	-0.11		
11 MA	22.10	21.90		27.15	1.36	0.03	-0.20	-0.88		
12 JN	25.00	24.74		28.66	1.43	0.04	-0.26	-1.05		
13 JL	23.30	22.88		30.34	1.51	0.04	-0.42	-1.81		
14 AU	24.50	24.54		31.86	1.57	0.04	0,04	0.16		
15 SE	44.00	45.88		32.80	1.33	0.03	1.88	4.28		
16 OK	61.20	51.00	61.20	34.25	1.54	0.03	0.00	0.00	20.00	10.20
17 NO	60.80	51.76	62.11	35.45	1.46	0.03	1.31	2.16	20.00	10.35
18 DE	50.20	41.59	51.16	36.72	1.62	0.03	0.96	1.91	23.00	9.57
19 JA	31.90	33.23	31.57	38.44	1.54	0.03	-0.33	-1.05	-5.00	-1.66
20 FE	33.80	36.19	33.66	40,08	1.60	0.03	-0.14	-0.42	-7.00	-2.53
21 MR	44.60	34.11	42.64	41.98	1.03	0.03	-1.96	-4.40	25.00	8.53
22 AP	45.20	32.93	44.13	43.72	1.51	0.06	-1.07	-2.37	34.00	11.20
23 MA	44.80	36.71	44.78	45.12	1.34	0.05	-0.02	-0.04	22.00	8.08
24 JN	47.40	40.39	47.25	46.55	1.41	0.05	-0.15	-0.32	17.00	6.87
25 JL	36.50	36.58		47.94	1.46	0.05	0.08	0.22		
26 AU	43.60	38.03	41.84	50.17	1.50	0.05	-1.76	-4,04	10.00	3.80
27 SE	73.20	70.61	72.73	51.95	1.76	0.06	-0.47	-0.65	3.00	2.12
28 OK	74.60	80.14	72.13	55.25	3.07	0.16	-2.47	-3.31	-10.00	-8.01
29 NO	61.00	84.16	63.12	56.79	1.78	0.05	2.12	3.48	-25.00	-21.04
30 DE	66.60	65.81		58.96	2.00	0.06	-0.79	-1.19		
31 JA	53.40	52.92		61.23	2.12	0.07	-0.48	-0.90		
32 FE	57.80	57.33		63.61	2.23	0.07	-0.47	-0.82		
33 MR	62.60	54.19	62.31	66.01	2.34	0.07	-0.29	-0.46	15.00	8.13
34 AP	42.00	52.35	41.88	68.47	2.44	0.07	-0.12	-0.29	-20.00	-10.47
35 MA	44.80	57.56	46.05	69.51	1.37	0.06	1.25	2.79	-20.00	-11.51
36 JN	64.80	61.61	65.30	70.69	1.43	0,07	0.50	0.78	6.00	3.70
37 JL	42.90	54.95	43.96	71.39	1.35	0.06	1.06	2.48	-20.00	-10.99
38 AU	57.90	56.26		73.66	1.54	0.06	-1.64	-2.83		
39 SE	117.80	102.75		73.66	0.00	0.00	-15.05	-12.77		
40 OK	104.90	109.79		73.17	1.16	0.04	4.89	4.66		
41 NO	109.90	106.98		75.28	1.45	0.05	-2.92	-2.66		

Tabelle 1–30

DATUM		STEUERUNGSPARAMETER					KONTROLLGRAPHIK	GLAETTUNGSKOEFFIZIENTEN			
PER.	MON.	EPS	SUMEPS	MAD	NF	AWS	-4-3-2-1 0 1 2 3 4	AD	BETA	GAM-S	ALPHA
1	JL	0.0	0.0	1.3	0.0	0.0	*	0.15	0.40	0.79	0.15
2	AU	-0.2	-0.2	1.2	-0.2	-0.2	*.	0.15	0.38	0.78	0.15
3	SE	-1.8	-1.9	1.3	-1.4	-1.5	* .	0.15	0.24	0.16	0.15
4	OK	-1.3	-2.7	1.3	-1.0	-2.1	* .	0.15	0.20	0.27	0.15
5	NO	-1.0	-2.6	1.2	-0.8	-2.1	* .	0.15	0.20	0.41	0.16
6	DE	-0.7	-1.8	1.2	-0.6	-1.6	* .	0.16	0.24	0.55	0.16
7	JA	0.0	-0.4	1.1	0.0	-0.3	*.	0.16	0.36	0.80	0.16
8	FE	-0.1	-0.1	1.0	-0.1	-0.1	*.	0.16	0.38	0.80	0.16
9	MR	0.7	0.7	0.9	0.8	0.7	.*	0.16	0.32	0.49	0.16
10	AP	-0.0	0.1	0.8	-0.0	0.1	*	0.16	0.38	0.80	0.16
11	MA	-0.2	-0.2	0.8	-0.3	-0.2	*.	0.17	0.37	0.76	0.17
12	JN	-0.3	-0.3	0.7	-0.4	-0.4	*.	0.17	0.35	0.71	0.17
13	JL	-0.4	-0.6	0.7	-0.6	-0.8	* .	0.17	0.31	0.57	0.17
14	AU	0.0	-0.1	0.6	0.1	-0.1	*.	0.17	0.39	0.80	0.17
15	SE	1.9	1.8	0.8	2.5	2.4	. *	0.17	0.18	0.01	0.15
16	OK	0.0	0.5	0.7	0.0	0.7	.*	0.17	0.32	0.75	0.17
17	NO	1.3	1.7	0.7	1.8	2.3	. *	0.17	0.18	0.06	0.17
18	DE	1.0	2.4	0.8	1.3	3.2	. *	0.17	0.14	0.15	0.18
19	JA	-0.3	0.3	0.7	-0.5	0.4	*	0.17	0.35	0.74	0.17
20	FE	-0.1	-0.1	0.7	-0.2	-0.1	*.	0.17	0.39	0.76	0.17
21	MR	-2.0	-2.0	0.8	-2.5	-2.6	* .	0.17	0.17	0.01	0.15
22	AP	-1.1	-2.9	0.8	-1.3	-3.5	* .	0.17	0.12	0.12	0.20
23	MA	-0.0	-0.7	0.7	-0.0	-0.9	* .	0.17	0.30	0.78	0.17
24	JN	-0.1	-0.3	0.7	-0.2	-0.4	*.	0.17	0.34	0.76	0.17
25	JL	0.1	0.0	0.6	0.1	0.0	*	0.17	0.40	0.79	0.17
26	AU	-1.8	-1.7	0.7	-2.4	-2.4	* .	0.17	0.18	0.01	0.16
27	SE	-0.5	-1.5	0.7	-0.7	-2.1	* .	0.17	0.20	0.41	0.17
28	OK	-2.5	-4.0	0.9	-2.8	-4.5	*******************	0.17	0.09	0.00	0.25
29	NO	2.1	-1.7	1.0	2.1	-1.6	* .	0.17	0.23	0.05	0.16
30	DE	-0.8	-1.5	1.0	-0.8	-1.5	* .	0.17	0.24	0.59	0.17
31	JA	-0.5	-1.1	0.9	-0.5	-1.1	* .	0.17	0.27	0.61	0.17
32	FE	-0.5	-0.9	0.9	-0.5	-1.0	* .	0.17	0.29	0.60	0.17
33	MR	-0.3	-0.6	0.8	-0.3	-0.7	* .	0.17	0.32	0.70	0.17
34	AP	-0.1	-0.2	0.8	-0.2	-0.3	*.	0.17	0.36	0.77	0.17
35	MA	1.3	1.0	0.8	1.5	1.3	. *	0.17	0.26	0.12	0.17
36	JN	0.5	1.0	0.8	0.6	1.3	. *	0.17	0.26	0.47	0.17
37	JL	1.1	1.9	0.8	1.3	2.4	. *	0.17	0.18	0.17	0.17
38	AU	-1.6	0.2	0.9	-1.8	0.2	*	0.17	0.38	0.07	0.17
39	SE	-15.0	-14.9	2.3	-6.5	-6.5	*******************	0.17	0.05	0.00	0.00
40	OK	4.9	-7.1	2.6	1.9	-2.8	* .	0.17	0.16	0.20	0.16
41	NO	-2.9	-7.4	2.6	-1.1	-2.9	* .	0.17	0.15	0.36	0.17

Tabelle 1–31

FEHLER DER SIMULIERTEN PROGNOSEN (ABWEICHUNG IN %)

PER.	MON.	IST-WERT	T-1	T-2	T-3	T-4	T-5	T-6
7	JA	21.20	0.05	-1.47	-3.36	5.06	-6.93	-8.06
8	FE	21.30	-0.30	-0.55	-2.19	-4.17	-6.03	-8.12
9	MR	19.70	3.70	3.31	2.96	1.21	-1.00	-3.30
10	AP	19.70	-0.11	1.39	0.92	0.60	-1.23	-3.75
11	MA	22.10	-0.88	-1.19	0.46	-0.00	-0.36	-2.50
12	JN	25.00	-1.05	-1.62	-2.01	-0.14	-0.64	-1.28
13	JL	23.30	-1.81	-2.44	-3.08	-3.47	-1.43	-2.21
14	AU	24.50	0.16	-0.82	-1.54	-2.19	-2.65	-0.63
15	SE	44.00	4.28	4.15	3.02	2.26	1.54	0.80
16	OK	61.20	0.00	2.61	2.44	1.30	0.50	-0.47
17	NO	60.80	2.16	1.25	4.60	4.47	3.22	2.14
18	DE	50.20	1.91	3.07	1.68	5.82	5.67	4.12
19	JA	31.90	-1.05	-0.92	0.45	-1.29	3.44	3.06
20	FE	33.80	-0.42	-0.42	-0.61	1.06	-1.11	4.12
21	MR	44.60	-4.40	-4.69	-4.46	-4.88	-3.03	-5.62
22	AP	45.20	-2.37	-1.69	-2.04	-1.51	-2.21	-0.21
23	MA	44.80	-0.04	-2.62	-0.64	-1.00	-0.21	-1.31
24	JN	47.40	-0.32	0.36	-3.15	0.09	-0.31	0.59
25	JL	36.50	0.22	-0.03	1.12	-3.28	1.12	0.56
26	AU	43.60	-4.04	-4.04	-4.31	-2.65	-7.79	-2.67
27	SE	73.20	-0.65	-2.12	-2.12	-2.35	-0.13	-6.47
28	OK	74.60	-3.31	-4.24	-5.61	-5.55	-5.77	-3.35
29	NO	61.00	3.48	-1.56	-2.87	-4.15	-4.06	-4.47
30	DE	66.60	-1.19	3.79	-3.21	-4.79	-5.97	-6.04
31	JA	53.40	-0.90	-1.83	5.44	-3.53	-5.45	-6.72
32	FE	57.80	-0.82	-1.36	-2.52	7.22	-3.87	-6.29
33	MR	62.60	-0.46	-0.95	-1.57	-2.90	9.34	-4.14
34	AP	42.00	-0.29	-0.62	-1.17	-1.79	-3.34	10.92
35	MA	44.80	2.79	2.54	2.15	1.60	0.91	-1.08
36	JN	64.80	0.78	4.34	4.05	3.68	3.09	2.14
37	JL	42.90	2.48	2.71	7.90	7.64	7.24	6.38
38	AU	57.90	-2.83	-1.71	-1.47	5.01	4.74	4.14
39	SE	117.80	-12.77	-13.97	-12.83	-12.56	-5.55	-5.97
40	OK	104.90	4.66	9.22	7.56	9.25	9.63	19.71
41	NO	109.90	-2.66	-3.63	2.72	1.07	2.87	3.08
42	DE	111.10	-8.38	-9.82	-12.12	-4.23	-5.90	-4.18
43	JA	61.30	3.56	-9.12	-10.83	-14.48	-4.66	-6.60
44	FE	78.50	0.76	10.34	-8.01	-10.00	-15.10	-3.29
45	MR	83.70	-12.22	-12.02	1.12	-19.97	-21.96	-27.62
46	AP	74.80	-1.98	-6.38	-6.16	13.78	-14.94	-17.42
47	MA	82.00	-1.05	-3.03	-7.48	-7.21	18.78	-16.32
48	JN	100.00	-3.34	-3.91	-6.51	-10.84	-10.54	19.64

Tabelle 1–32

TABELLE DER SAISONKOEFFIZIENTEN

PER.	MON.	JA	FE	MR	AP	MA	JN	JL	AU	SE	OK	NO	DE
1	JL	0.8678	0.9058	0.8251	0.7670	0.8115	0.8689	0.7616	0.7699	1.3648	1.4925	1.4423	1.1229
2	AU	0.8677	0.9057	0.8249	0.7669	0.8114	0.8688	0.7615	0.7716	1.3646	1.4923	1.4421	1.1227
3	SE	0.8669	0.9049	0.8242	0.7662	0.8107	0.8680	0.7609	0.7709	1.3735	1.4910	1.4409	1.1218
4	OK	0.8666	0.9046	0.8239	0.7659	0.8104	0.8677	0.7606	0.7707	1.3730	1.4948	1.4404	1.1214
5	NO	0.8662	0.9041	0.8235	0.7656	0.8100	0.8673	0.7602	0.7703	1.3723	1.4940	1.4457	1.1208
6	DE	0.8658	0.9038	0.8232	0.7652	0.8097	0.8669	0.7599	0.7700	1.3717	1.4934	1.4451	1.1254
7	JA	0.8655	0.9038	0.8232	0.7653	0.8097	0.8669	0.7599	0.7700	1.3718	1.4934	1.4451	1.1254
8	FE	0.8655	0.9041	0.8232	0.7652	0.8097	0.8669	0.7599	0.7700	1.3717	1.4934	1.4451	1.1254
9	MR	0.8659	0.9045	0.8180	0.7656	0.8100	0.8673	0.7602	0.7703	1.3724	1.4941	1.4458	1.1259
10	AP	0.8659	0.9045	0.8180	0.7655	0.8100	0.8673	0.7602	0.7703	1.3724	1.4941	1.4458	1.1259
11	MA	0.8658	0.9044	0.8179	0.7655	0.8114	0.8672	0.7602	0.7702	1.3722	1.4939	1.4456	1.1258
12	JN	0.8657	0.9043	0.8177	0.7653	0.8113	0.8688	0.7600	0.7701	1.3720	1.4937	1.4454	1.1256
13	JL	0.8655	0.9041	0.8176	0.7652	0.8111	0.8687	0.7623	0.7700	1.3717	1.4934	1.4451	1.1254
14	AU	0.8655	0.9042	0.8176	0.7652	0.8111	0.8687	0.7623	0.7696	1.3718	1.4934	1.4451	1.1254
15	SE	0.8659	0.9046	0.8180	0.7656	0.8115	0.8691	0.7627	0.7699	1.3670	1.4941	1.4458	1.1260
16	OK	0.8660	0.9047	0.8181	0.7657	0.8116	0.8692	0.7628	0.7700	1.3671	1.4927	1.4460	1.1261
17	NO	0.8662	0.9049	0.8183	0.7659	0.8118	0.8694	0.7630	0.7702	1.3675	1.4931	1.4433	1.1264
18	DE	0.8664	0.9051	0.8184	0.7660	0.8120	0.8696	0.7631	0.7704	1.3677	1.4934	1.4435	1.1245
19	JA	0.8687	0.9049	0.8183	0.7658	0.8118	0.8694	0.7629	0.7702	1.3675	1.4931	1.4432	1.1243
20	FE	0.8686	0.9056	0.8182	0.7658	0.8117	0.8693	0.7629	0.7701	1.3674	1.4930	1.4431	1.1242
21	MR	0.8682	0.9052	0.8232	0.7655	0.8114	0.8689	0.7625	0.7698	1.3668	1.4923	1.4425	1.1237
22	AP	0.8682	0.9051	0.8232	0.7662	0.8113	0.8689	0.7625	0.7698	1.3667	1.4922	1.4424	1.1236
23	MA	0.8681	0.9051	0.8231	0.7661	0.8120	0.8688	0.7625	0.7697	1.3666	1.4921	1.4423	1.1236
24	JN	0.8681	0.9050	0.8231	0.7661	0.8120	0.8693	0.7624	0.7697	1.3665	1.4920	1.4422	1.1235
25	JL	0.8681	0.9050	0.8231	0.7661	0.8120	0.8693	0.7620	0.7697	1.3666	1.4921	1.4423	1.1235
26	AU	0.8679	0.9048	0.8229	0.7659	0.8118	0.8691	0.7618	0.7732	1.3662	1.4916	1.4419	1.1232
27	SE	0.8678	0.9047	0.8229	0.7659	0.8117	0.8690	0.7618	0.7731	1.3665	1.4916	1.4418	1.1232
28	OK	0.8678	0.9047	0.8228	0.7658	0.8117	0.8690	0.7617	0.7731	1.3664	1.4923	1.4417	1.1231
29	NO	0.8679	0.9048	0.8230	0.7660	0.8118	0.8691	0.7619	0.7732	1.3667	1.4925	1.4398	1.1233
30	DE	0.8678	0.9047	0.8228	0.7659	0.8117	0.8690	0.7618	0.7731	1.3665	1.4923	1.4396	1.1247
31	JA	0.8689	0.9046	0.8228	0.7658	0.8116	0.8689	0.7617	0.7731	1.3663	1.4922	1.4395	1.1246
32	FE	0.8688	0.9057	0.8227	0.7657	0.8116	0.8689	0.7616	0.7730	1.3662	1.4921	1.4393	1.1245
33	MR	0.8688	0.9057	0.8233	0.7657	0.8115	0.8688	0.7616	0.7729	1.3661	1.4920	1.4392	1.1244
34	AP	0.8688	0.9056	0.8232	0.7660	0.8115	0.8688	0.7615	0.7729	1.3661	1.4919	1.4392	1.1244
35	MA	0.8689	0.9058	0.8234	0.7661	0.8101	0.8689	0.7616	0.7730	1.3663	1.4921	1.4394	1.1245
36	JN	0.8689	0.9058	0.8234	0.7662	0.8102	0.8679	0.7617	0.7731	1.3664	1.4922	1.4395	1.1246
37	JL	0.8691	0.9060	0.8236	0.7663	0.8103	0.8681	0.7599	0.7732	1.3666	1.4925	1.4397	1.1248
38	AU	0.8687	0.9056	0.8232	0.7660	0.8100	0.8677	0.7596	0.7777	1.3661	1.4919	1.4391	1.1243
39	SE	0.8679	0.9048	0.8225	0.7653	0.8092	0.8669	0.7589	0.7770	1.3756	1.4905	1.4379	1.1233
40	OK	0.8686	0.9055	0.8231	0.7659	0.8098	0.8676	0.7595	0.7776	1.3767	1.4826	1.4389	1.1242
41	NO	0.8684	0.9052	0.8229	0.7657	0.8096	0.8673	0.7593	0.7774	1.3763	1.4822	1.4418	1.1239
42	DE	0.8683	0.9052	0.8228	0.7656	0.8096	0.8673	0.7593	0.7774	1.3762	1.4820	1.4417	1.1247

Tabelle 1–33

TABELLE DER PROGNOSEN

PERIODE MONAT	PROGNOSE OHNE SONDERAKTIONEN	SAISON-KOEFFIZIENT	GLAETTUNGSKOEF. DER KALENDERGEW.	SONDERAKTIONEN SUMME IN %	SONDERAKTIONEN SUMME ABSOLUT	PROGNOSE MIT SONDERAKTIONEN
54 DE	129.96	1.1236		15.000	19.49	149.45
55 JA	102.00	0.8699		10.000	10.20	112.20
56 FE	107.43	0.9026		8.000	8.59	116.02
57 MR	100.73	0.8334		4.000	4.03	104.76
58 AP	94.08	0.7661				
59 MA	101.20	0.8102				
60 JN	110.49	0.8704				
61 JL	96.89	0.7545				
62 AU	100.51	0.7717				
63 SE	182.71	1.3703				
64 OK	202.49	1.4959				
65 NO	196.34	1.4313				
	1524.84				42.32	1567.15

TABELLE ZUR BEURTEILUNG DER PROGNOSESICHERHEIT

PERIODE	GEWICHTUNGS-KOEFFIZIENT	STANDARD-ABWEICHUNG	VARIATIONS-KOEFFIZIENT
1	1.00	3.71	0.033
2	1.00	4.52	0.040
3	1.00	4.46	0.039
4	1.00	5.87	0.052
5	1.00	6.31	0.056
6	1.00	7.03	0.062

MITTLERE GEWICHTETE STANDARDABWEICHUNG 5.44

(ALLE ANGABEN UEBER STANDARDABWEICHUNGEN GELTEN FUER DEN ZEITRAUM VON PERIODE 7 BIS PERIODE 53)

Tabelle 1–34

Tabelle 1–35

RETROSPEKTIVE ANALYSE DER SONDERAKTIONEN

KENNZEICHEN		WIRKUNG DER EINZELNEN SONDERAKTIONEN IN PROZENT																SUMME
PERIODE	MONAT	-1-	-2-	-3-	-4-	-5-	-6-	-7-	-8-	-9-	-10-	-11-	-12-	-13-	-14-	-15-	-16-	DER S.-A
1	JL																	
2	AU	46.0																46.0
3	SE	52.0																52.0
4	OK	80.0																80.0
5	NO	-5.0																-5.0
6	DE	-10.0																-10.0
7	JA	10.0																10.0
8	FE																	
9	MR																	
10	AP																	
11	MA																	
12	JN																	
13	JL																	
14	AU																	
15	SE																	
16	OK					20.0												20.0
17	NO					20.0												20.0
18	DE					23.0												23.0
19	JA					-5.0												-5.0
20	FE					-7.0												-7.0
21	MR		25.0															25.0
22	AP		34.0															34.0
23	MA		22.0															22.0
24	JN		17.0															17.0
25	JL																	
26	AU			10.0														10.0
27	SE			3.0														3.0
28	OK			-10.0														-10.0
29	NO			-25.0														-25.0
30	DE																	
31	JA																	
32	FE																	
33	MR				15.0													15.0
34	AP				-20.0													-20.0
35	MA				-20.0													-20.0
36	JN				6.0													6.0
37	JL				-20.0													-20.0
38	AU																	
39	SE																	
40	OK																	
41	NO																	
42	DE						18.0											18.0
43	JA						-18.0											-18.0
44	FE																	
45	MR																	
46	AP																	
47	MA																	
48	JN							7.0										7.0
49	JL							17.0										17.0
50	AU							11.0										11.0
51	SE							-28.0										-28.0
52	OK								-25.0									-25.0
53	NO								-10.0									-10.0
54	DE								15.0									15.0
55	JA								10.0									10.0
56	FE								8.0									8.0
57	MR								4.0									4.0

TABELLE DER ANALYSE DER SONDERAKTIONEN UND IHRER ANPASSUNG

(KOEFFIZIENT DER ANPASSUNG : 0.20)

TYP * 5* PERIODE	START-WERTE	KORREKTUREN IM LETZTEN DURCHLAUF 0	1	2	3	4	5
1	20.0	20.0	20.0				
2	20.0	20.0	19.5				
3	23.0	23.0	22.5				
4	-5.0	-5.0	-4.8				
5	-7.0	-7.0	-6.9				
6	0.0	0.0	0.0				

(HAENDLERWERBUNG FUER FUSSBALLWELT-MEISTERSCHAFT 1970)

TYP * 6* PERIODE	START-WERTE	KORREKTUREN IM LETZTEN DURCHLAUF 0	1	2	3	4	5
1	18.0	18.0	20.2				
2	-18.0	-18.0	-18.6				
3	0.0	0.0	0.0				
4	0.0	0.0	0.0				
5	0.0	0.0	0.0				
6	0.0	0.0	0.0				

SAPPORO-OLYMPIA

TYP * 7* PERIODE	START-WERTE	KORREKTUREN IM LETZTEN DURCHLAUF 0	1	2	3	4	5
1	7.0	7.0	7.7				
2	17.0	17.0	16.5				
3	11.0	11.0	9.6				
4	-28.0	-28.0	-28.4				
5	0.0	0.0	0.0				
6	0.0	0.0	0.0				

VERSTAERKTE KAEUFE DES HANDELS WEGEN OLYMPIA 1972

TYP * 8* PERIODE	START-WERTE	KORREKTUREN IM LETZTEN DURCHLAUF 0	1	2	3	4	5
1	-25.0	-25.0	-24.3				
2	-10.0	-10.0	-10.9				
3	15.0	15.0	0.0				
4	10.0	10.0	0.0				
5	8.0	8.0	0.0				
6	4.0	4.0	0.0				

PRODUKTIONSENGPAESSE IM OKTOBER UND NOVEMBER 1972 *LIEFERSCHWIERIGKEITEN*

**FORTRAN ** STOP

Tabelle 1–36

TABELLE DER ANALYSE DER SONDERAKTIONEN UND IHRER ANPASSUNG

(KOEFFIZIENT DER ANPASSUNG : 0.20)

TYP * 1* PERIODE	START-WERTE	KORREKTUREN IM LETZTEN DURCHLAUF 0	1	2	3	4	5
1	46.0	46.0	46.3				
2	52.0	52.0	53.5				
3	80.0	80.0	80.9				
4	-5.0	-5.0	-4.3				
5	-10.0	-10.0	-9.4				
6	10.0	10.0	10.0				

WERBEKOSTENZUSCHUESSE
OLYMPISCHE SPIELE 1968

TYP * 2* PERIODE	START-WERTE	KORREKTUREN IM LETZTEN DURCHLAUF 0	1	2	3	4	5
1	25.0	25.0	26.2				
2	34.0	34.0	34.7				
3	22.0	22.0	22.0				
4	17.0	17.0	17.1				
5	0.0	0.0	0.0				
6	0.0	0.0	0.0				

FUSSBALLWELTMEISTERSCHAFT 1970

TYP * 3* PERIODE	START-WERTE	KORREKTUREN IM LETZTEN DURCHLAUF 0	1	2	3	4	5
1	10.0	10.0	10.9				
2	3.0	3.0	3.1				
3	-10.0	-10.0	-9.4				
4	-25.0	-25.0	-25.5				
5	0.0	0.0	0.0				
6	0.0	0.0	0.0				

NEUFESTSETZUNG DER PREISBINDUNG
VERUNSICHERUNG DER KONSUMENTEN 1970

TYP * 4* PERIODE	START-WERTE	KORREKTUREN IM LETZTEN DURCHLAUF 0	1	2	3	4	5
1	15.0	15.0	15.1				
2	-20.0	-20.0	-20.0				
3	-20.0	-20.0	-20.4				
4	6.0	6.0	5.8				
5	-20.0	-20.0	-20.4				
6	0.0	0.0	0.0				

KURZARBEIT BEI TV-PRODUZENTEN 1971

Tabelle 1–37

B.1 Die numerische Bestimmung der Parameter von langfristigen Wachstumsfunktionen

Wie in 2.5 gezeigt wurde, können zwei Methoden zur numerischen Bestimmung der spezifischen Parameter langfristiger Wachstumsfunktionen angewandt werden:

1. Regressionsanalysen
2. Gradientverfahren

Die Anwendung von Regressionsanalysen ist jedoch nur dann möglich, wenn die Wachstumsfunktionen in lineare Funktionen transformiert werden können. Der Vorteil dieser Methode besteht in einem geringen Rechenaufwand sowie in der Anwendung statistischer Tests, insbesondere zur Bestimmung der Konfidenzintervalle der Parameter. Im Fall von komplexen Wachstumsprozessen können solche linearen Transformationen nicht durchgeführt werden. Die Anwendung linearer Regressionsanalysen ist im Fall der logistischen Funktion durch den sog. Logits möglich:

$$ln\left(\frac{P^*}{P_t} - 1\right) = a - b \cdot t$$

was die Schätzung der Parameter a und b gestattet, wobei das Sättigungsniveau P^* als bekannt vorausgesetzt wird.

Zur numerischen Schätzung des Sättigungsniveaus P^* können hier zwei Methoden angewandt werden:

1. die *Hotelling*-Methode
2. die *Tintner*-Methode

Die Hotelling-Methode

Diese Methode basiert auf folgender Formulierung der logistischen Funktion:

$$\frac{dP}{dt}\frac{1}{P} = b - \frac{1}{P^*} \cdot P_t \qquad (2.209)$$

wobei die Parameter b und P^* aufgrund der Linearität dieser Funktion bestimmt werden können. Parameter a erhält man durch Setzen von P^* in Gleichung (2.208).

Ein Sonderfall der *Hotelling*-Methode[2] liegt vor, wenn die zeitlichen Abstände zwischen den Istwerten von P_t gleich sind. *Rhodes*[3] schlug für diesen Fall folgende Methode vor:
Die Parameter b und P^* werden mit Hilfe der *Hotelling*-Methode bestimmt (Formel 2.209). Parameter a resultiert aus folgender Gleichung:

$$\ln a = b\,\frac{k+1}{2} + \frac{1}{k}\left\{\sum_{t=1}^{k} \ln\left(\frac{P^*}{P_t} - 1\right) - 1\right\} \tag{2.210}$$

Eine weitere Variante der *Hotelling*-Methode wurde von *Siebke* [2.122] angewandt. Statt von den jährlichen Zuwachsraten

$$\Delta B_t = \frac{B_t - B_{t-1}}{B_{t-1}}$$

auszugehen, definierte er die jährlichen Zuwachsraten zur Verbesserung ihrer Stabilität wie folgt:

$$\Delta B_t^* = \frac{B_{t+1} - B_{t-1}}{2 \cdot B_t}$$

Die Methode von Tintner

Zur Schätzung der Parameter einer logistischen Funktion geht diese Methode von den reziproken Werten von P_t aus. Für die Periode $t+1$ erhält man:

$$Z_{t+1} = \frac{1}{P_{t+1}} = \frac{1 + e^{a-bt-b}}{P^*} \tag{2.211}$$

und durch Substitution von e^{a-bt} in (Z_t) resultiert:

$$Z_{t+1} = \frac{1 - e^{-b}}{P^*} + e^{-b}\,\frac{1}{P_t} \tag{2.212}$$

Aufgrund der Linearität dieser Funktion können die Parameter b und P^* geschätzt werden.

Anwendung des Gradientenverfahrens zur Parameterbestimmung

Handelt es sich um komplexe Wachstumsprozesse, so können die Wachstumsfunktionen nicht immer in lineare Funktionen transformiert werden. Zur

[2] Vgl. Bibl. [2.66].
[3] Vgl. Bibl. [2.114].

Schätzung der spezifischen Parameter kann dann nur das Gradientverfahren angewandt werden.

Zwei verschiedene Methoden können unterschieden werden:

1. Weisen die partiellen Differentialableitungen der betreffenden Wachstumsfunktionen eine noch vertretbare Komplexität auf, so können diese zur Bestimmung des Gradienten dienen.
2. Liegen zu komplexe formale Ableitungen der Wachstumsfunktion vor, so ist die Bestimmung des Gradienten mittels numerischer Variationsmethoden durchzuführen (vgl. Punkt 2.5.1.). Obwohl diese Methoden gegenüber der Methode 1 etwas rechenintensiver sind, besitzen sie aufgrund ihrer generellen Anwendungsmöglichkeiten sowie ihrer programmtechnischen Vorteile eine allgemeine Verbreitung.

Zur Verdeutlichung der erstgenannten Methode soll im folgenden von der logistischen Funktion ausgegangen werden.
Das Minimum des Optimalitätskriteriums wird durch folgende Gleichungen definiert:

$$\sigma = \sum_{t=1}^{n} (P_t - P_t)^2 \qquad \text{wobei z. B.} \tag{2.213}$$

$$\hat{P}_t = P^*(1 - e^{a-bt})^{-1}$$

An jeder Stelle $\sigma(a, b)$ ist der Gradient definiert durch die folgenden partiellen Ableitungen:

$$\frac{\delta\sigma}{\delta a} = \sum_{t=1}^{n} \{2[P^*(1 - e^{a-bt})^{-1} - P_t][-P^* e^{a-bt}]\}$$

$$\frac{\delta\sigma}{\delta b} = \sum_{t=1}^{n} \{2[P^*(1 - e^{a-bt})^{-1} - P_t][P^* t e^{a-bt}]\}$$

Der aus diesen partiellen Ableitungen resultierende Gradient liegt in Richtung größer werdender Werte von σ. Der negative Gradient weist in Richtung des Minimums. Mit Hilfe eines iterativen Verfahrens kann das Minimum wie folgt bestimmt werden:

$$\begin{aligned} a_k &= a_{k-1} - \lambda_{k-1} \cdot \frac{\delta\sigma}{\delta a_{k-1}} \\ b_k &= b_{k-1} - \lambda_{k-1} \cdot \frac{\delta\sigma}{\delta b_{k-1}} \end{aligned} \tag{2.214}$$

wobei λ der Proportionalitätsfaktor der Schrittweite des Gradienten ist. Der neue Gradient an der Stelle $\sigma(a_k, b_k)$ gilt als Ausgangspunkt für die nächsten Iterationsschritte, bis das Minimum mit hinreichender Genauigkeit erreicht ist. Die Parameter a_{k+n} und b_{k+n} stellen die gesuchten optimalen Parameter der Funktion σ dar. Die Schwierigkeit dieses iterativen Verfahrens besteht in der Bestimmung der sinnvollen Schrittweite des Gradienten.

Die Bestimmung der Schrittweite

Die Anzahl der Iterationen wird durch die Güte der Schrittweite des Gradienten λ_k bestimmt, die dann als optimal zu betrachten ist, wenn gilt:

$$Z(\lambda_k) = \left(\frac{\delta\sigma}{\delta a_k}\,\frac{\delta\sigma}{\delta a_{k+1}}\right) + \left(\frac{\delta\sigma}{\delta b_k}\,\frac{\delta\sigma}{\delta b_{k+1}}\right) = 0 \tag{2.215}$$

Zur numerischen Bestimmung dieses Optimalitätskriteriums kann ein Intervallschachtelungsverfahren angewandt werden.

Bestimmung der Anfangsparameter des Gradientverfahrens

Um die Anfangsparameter des Gradientenverfahrens zu definieren, kann die *Methode der drei Punkte* angewandt werden. Im Fall der logistischen Funktion gilt für die Stellen $t = 0, j, 2j$:

① $t = 0 \Rightarrow ln\,P_0 - ln(P^* - P_0) = -a$

② $t = j \Rightarrow ln\,P_j - ln(P^* - P_j) = jb - a$

③ $t = 2j \Rightarrow ln\,P_{2j} - ln(P^* - P_{2j}) = 2jb - a$

Multipliziert man Formel ② mit 2 und werden die Formeln ① und ③ anschließend subtrahiert, erhält man:

$$ln\,\frac{P_j^2 \cdot (P^* - P_0)(P^* - P_{2j})}{P_0 P_{2j}(P^* - P_j)^2} = 0$$

Da $P^* = 0$ trivial ist, lautet die Lösung dieser Gleichung:

$$P^* = \frac{2P_0 P_j P_{2j} - P_{2j}(P_0 + P_{2j})}{P_0 P_{2j} - P_j^2}$$

Der Parameter a ist nach Gleichung ① definiert durch:

$$a = ln \frac{P^* - P_0}{P_0}$$

Parameter b kann mit Hilfe der Gleichung ② wie folgt bestimmt werden:

$$b = \frac{1}{j} ln \frac{P_j(P^* - P_0)}{P_0(P^* - P_j)}$$

Im Fall einer Exponentialfunktion sind die Parameter nach der Methode der drei Punkte für $t = 0, j, 2j$ durch die folgenden Gleichungen definiert:

$$P_t = P^*(1 - e^{a-bt})$$

$$P^* = \frac{P_0 \cdot P_{2j}}{P_0 - 2Pj + P_{2j}}$$

$$a = ln \frac{P^* - P_0}{P^*}$$

$$b = \frac{1}{j} ln \frac{P^* - P_j}{P^* - P_0}$$

Im Fall der *Gompertz*-Funktion lauten die Parameter:

$$P_t = P^* e^{ab}$$

$$P^* = \frac{P_j^2}{P_{2j} + P_0}$$

$$a = ln \frac{P_0}{P^*}$$

$$b = + \sqrt{ln} \frac{P_j - P_0}{p^*}$$

C. Wahrscheinlichkeitsverteilungsfunktionen von Ausfallprozessen

Im folgenden werden wir die bekanntesten Wahrscheinlichkeitsverteilungsfunktionen beschreiben, die der Analyse von Ausfallprozessen zugrunde gelegt werden können.

C. 1 Die exponentielle Sterblichkeitsfunktion

Die exponentielle Sterblichkeitsfunktion lautet:

$$F(t) = 1 - e^{-\frac{t}{\theta}} \qquad (t \geqq 0) \tag{3.27}$$

oder in anderer Form:

$$ln \frac{1}{1 - F(t)} = \frac{t}{\theta} \tag{3.28}$$

Diese Exponentialfunktion spielt eine äußerst wichtige Rolle für eine Vielzahl von Ausfallprozessen industrieller Produkte, insbesondere in der Elektrotechnik, und paßt sich im allgemeinen sehr gut an technologische Produkte mit verschiedenen, voneinander unabhängigen Ausfallursachen an.
Ein weiterer Vorteil dieser Funktion resultiert aus der Bestimmung eines einzigen Parameters.

Bestimmung des Parameters θ

Wenn wir von n Produkten, die in der Periode 0 in Betrieb genommen wurden, ausgehen und die verschiedenen Ausfälle chronologisch ordnen, d. h.:

$$t_1, t_2, t_3, \ldots . t_n$$

so kann aufgrund der Linearitätseigenschaft dieser Exponentialfunktion (Formel 3.28) die Bestimmung des Parameters θ graphisch durchgeführt werden mit Hilfe eines semi-logarithmischen Papiers. Jeder Ausfall i, der auf ein solches Papier eingetragen wird, ist definiert durch die folgenden Koordinaten:

$$t_i, \frac{n+1}{n+1-i}$$

Falls sich diese Punkte an eine durch den Ursprung führende Gerade annähern, kann die Hypothese einer exponentiellen Sterblichkeitsfunktion akzeptiert werden. Die Steigerung dieser Geraden gibt den Parameter θ dieser Verteilung an.

Anmerkung

Richten sich die Punkte zwar auf einer Geraden aus, die aber nicht durch den Ursprung führt, so ist es notwendig, die folgende erweiterte Exponentialfunktion anzuwenden:

$$F(t) = 1 - e^{-\frac{t-\gamma}{\theta}} \tag{3.29}$$

wobei

$\frac{1}{\theta}$ die Steigung der Geraden darstellt

und

$\frac{\gamma}{\theta}$ den Ursprungsordinatenabschnitt bezeichnet.

Im folgenden sind die verschiedenen Wahrscheinlichkeitsverteilungsfunktionen der Exponentialfunktion zusammengefaßt:

$$F(t) = 1 - e^{-\frac{1}{\theta}t} \tag{3.30}$$

$$f(t) = \frac{1}{\theta} e^{-\frac{1}{\theta}t} \tag{3.31}$$

$$R(t) = e^{-\frac{1}{\theta}t} \tag{3.32}$$

$$\lambda(t) = \frac{1}{\theta} \tag{3.33}$$

Beispiel

Zur Verdeutlichung dieses graphischen Verfahrens soll folgendes Beispiel dienen:
In der Periode 0 werden 30 Produkte in Betrieb genommen, deren verschiedene Ausfälle in nachstehenden Perioden zu verzeichnen sind:

t_i				
8	57	92	152	380
14	60	103	170	417
18	65	115	198	452
23	70	125	221	494
35	73	142	312	546
50	85	150	345	660

Abb. 3–21 zeigt eine diesen Ausfällen entsprechende Punktwolke, die sich, wie ersichtlich, gut an eine Gerade anpaßt. Die Steigung dieser Geraden $\frac{1}{\theta}$, kann

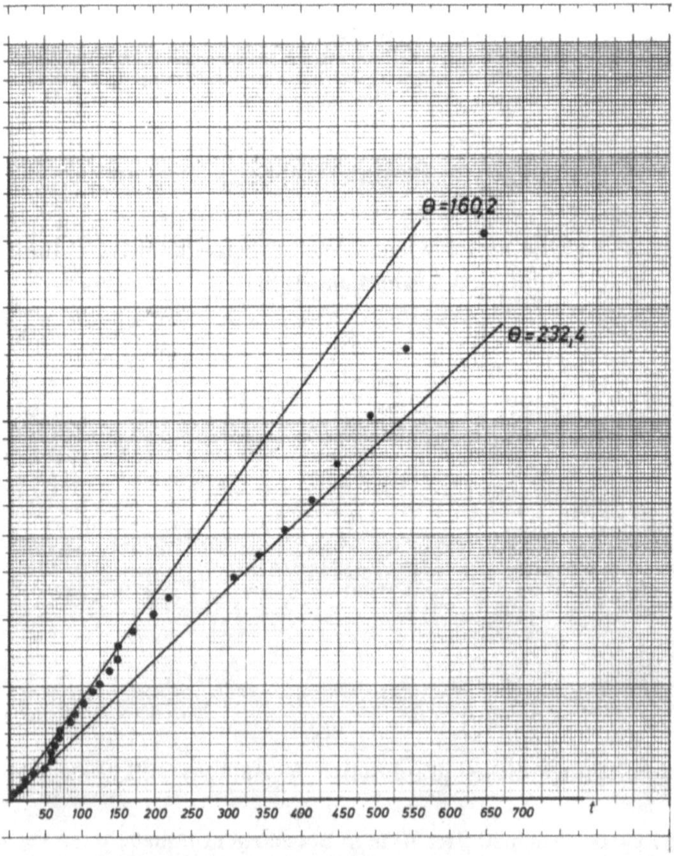

Abb. 3–21: Streubereich der Schätzungen des Parameters θ der Exponentialfunktion

nicht eindeutig durch ein graphisches Verfahren bestimmt werden. Wir erhalten für die Schätzung des Parameters θ im Fall von $i = 6$:

$$\theta_2 = \frac{50}{ln \frac{31}{31-6}} = \frac{50}{2{,}3 \log \frac{31}{25}} = 232{,}4$$

im Fall von $i = 19$:

$$\theta_1 = \frac{152}{ln \frac{31}{31-19}} = \frac{152}{2{,}3 \cdot \log \frac{31}{12}} = 160{,}2$$

Diese graphische Methode gibt die Möglichkeit, den Streubereich des Parameters θ einfach zu bestimmen, wobei der Mittelwert des Parameters durch folgende Gleichung bestimmt werden kann:

$$\theta = \frac{1}{n} \sum_{i=1}^{n} t_i \qquad (3.34)$$

was in unserem numerischen Beispiel führt zu:

$$\theta = \frac{1}{30} \sum_{i=1}^{n} t_i = \frac{5632}{30} = 187{,}7$$

C.2 Die Normalverteilungsfunktion

Die Dichte der *Gaußschen* Normalverteilungsfunktion ist definiert durch:

$$f(t) = \frac{1}{\sigma \sqrt{2\pi}} e^{-\frac{1}{2}\left(\frac{t-\mu}{\sigma}\right)^2}$$

Diese Funktion weist also zwei Parameter auf, den Mittelwert μ und die Standardabweichung σ.

Die Normalverteilungsfunktion kann für die Analyse von Ausfallprozessen einfacher Natur angewandt werden, d. h. in dem Fall, wo die Anzahl der Elemente dieses Prozesses, die Ausfälle verursachen können, beschränkt ist und darüber hinaus diese Ausfallursachen im Gegensatz zur Exponentialfunktion nicht unabhängig voneinander sind.

Schätzung der Parameter einer Normalverteilungsfunktion

Zur Schätzung der Parameter einer Normalverteilungsfunktion kann ein graphisches Verfahren unter Anwendung eines sog. *Gauß*schen Papiers angewandt werden. Trägt man in dieses Papier auf die Abszisse die Variable t und auf die Ordinate die Funktionswerte $F(t)$ ab, so erhält man eine Punktwolke, die sich an eine Gerade annähert. Diese Gerade kann zum Test der erstellten Hypothesen dienen. Den Mittelwert μ erhält man durch den Wert von t, der dem Wert $F(t) = 50\%$ entspricht. Die Standardabweichung σ wird durch die Differenz zwischen den Werten, die den Wahrscheinlichkeiten von 84,13% und 15,87% auf der y-Achse entsprechen, auf der x-Achse ermittelt. Die numerische Schätzung der Parameter μ und σ ist definiert durch:

$$\hat{\mu} = \frac{1}{n} \sum_{i=1}^{n} t_i \qquad \text{und}$$

$$\hat{\sigma}^2 = \frac{1}{n-1} \sum_{i=1}^{n} (t_i - \hat{\mu})^2. \tag{3.36}$$

C.3 Die Weibull-Funktion

Die Wahrscheinlichkeitsverteilungsfunktion nach *Weibull* wird für die Analyse einer Vielzahl von Ausfallprozessen angewandt. Die *Weibull*-Funktion ist definiert durch:

$$F(t) = 1 - e^{-\left(\frac{t-\theta}{\alpha}\right)^{\beta}} \qquad \text{mit} \begin{cases} t \geqq 0 \\ \alpha, \beta \geqq 0 \\ \theta \leqq t \end{cases} \tag{3.37}$$

Die drei Parameter dieser Funktion lauten:

- θ Lage- oder Ursprungsparameter
- α Maßstabsparameter
- β Formparameter

Die *Weibull*-Funktion ist insbesondere zur Beschreibung von Produkten mit verschiedenen, voneinander abhängigen Ausfallursachen geeignet und kann somit vor allem für komplexe Ausfallprozesse angewandt werden.

Für $\theta = 0$ und $\beta = 1$ erhält man:

$$F(t) = 1 - e^{-\frac{1}{\alpha}t}$$

was eine Exponentialfunktion darstellt.
Für $\beta \geq 3$ tendiert die *Weibull*sche Verteilungsfunktion gegen eine Normalverteilungsfunktion.
Für $\beta \geq 4$ sind diese zwei Funktionen fast identisch.
Die Dichte der *Weibull*-Funktion ist definiert durch:

$$f(t) = F'(t) = \frac{dF(t)}{dt} = \frac{\beta}{\alpha}\left(\frac{t-\theta}{\alpha}\right)^{\beta-1} e^{-\left(\frac{t-\theta}{\alpha}\right)^{\beta}} \tag{3.38}$$

Die Ausfallrate λ_t lautet:

$$\lambda(t) = \frac{f(t)}{1-F(t)} = \frac{\frac{\beta}{\alpha}\left(\frac{t-\theta}{\alpha}\right)^{\beta-1} e^{-\left(\frac{t-\theta}{\alpha}\right)^{\beta}}}{e^{-\left(\frac{t-\theta}{\alpha}\right)^{\beta}}} = \frac{\beta}{\alpha}\left(\frac{t-\theta}{\alpha}\right)^{\beta-1} \tag{3.39}$$

Abb. 3–22 zeigt die verschiedenen Funktionstypen der *Weibull*schen Verteilungsfunktion in Abhängigkeit von β. Wie anhand zahlreicher Beispiele gezeigt wurde, nimmt der Wert des Parameters β der *Weibull*-Funktion mit zunehmender technologischer Einfachheit zu, d. h. in den Fällen, wo nur eine beschränkte Anzahl technisch bedingter Ausfallursachen zu verzeichnen ist. Hier kann ein interessanter Vergleich zu der Exponentialfunktion ($\beta = 1$) ge-

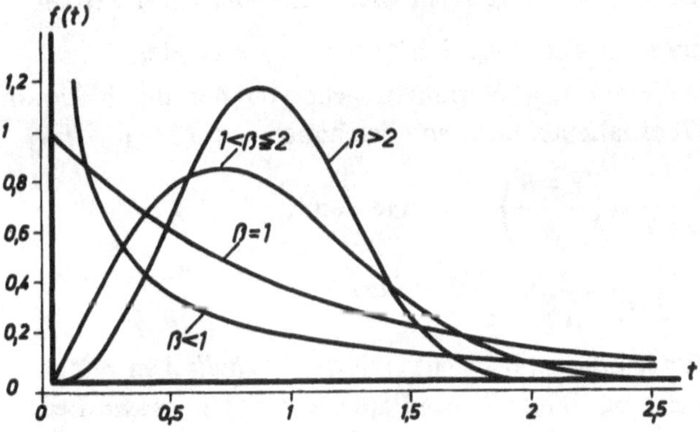

Abb. 3–22: Funktionstypen der Weibullschen Verteilungsfunktion in Abhängigkeit des Parameters β.

zogen werden. Die Exponentialfunktion ist zur Beschreibung komplexer Ausfallprozesse geeignet, wo die Anzahl der Ausfallursachen groß ist. Liegen große Werte für β vor ($\beta > 3$), tendiert die *Weibull*-Verteilung gegen eine Normalverteilung und ist somit zur Beschreibung von Ausfallprozessen mit geringer Anzahl von Ausfallursachen geeignet. Aus diesem Sachverhalt resultiert die allgemeine Anwendbarkeit der *Weibull*schen Verteilungsfunktion.
Bevor wir näher auf die Bestimmung der Parameter eingehen werden, sollen die verschiedenen Wahrscheinlichkeitsverteilungsfunktionen der *Weibull*schen Funktion zusammengefaßt werden:

$$F(t) = 1 - e^{-\left(\frac{t-\theta}{\alpha}\right)^{\beta}}$$

$$R(t) = e^{-\left(\frac{t-\theta}{\alpha}\right)^{\beta}}$$

$$f(t) = \frac{\beta}{\alpha}\left(\frac{t-\theta}{\alpha}\right)^{\beta-1} e^{-\left(\frac{t-\theta}{\alpha}\right)^{\beta}}$$

$$\lambda(t) = \frac{\beta}{\alpha}\left(\frac{t-\theta}{\alpha}\right)^{\beta-1}$$

Bestimmung der Parameter der Weibullschen Verteilungsfunktion

Aufgrund der allgemeinen Verbreitung der *Weibull*schen Verteilungsfunktion zur Beschreibung einer Vielzahl von Ausfallprozessen sollen hier die verschiedenen Parameter-Schätzungsmethoden näher analysiert werden.

a) Graphisches Verfahren zur Schätzung der Parameter.

Das folgende graphische Verfahren geht von der durch Umformung von Formel (3.37) erhaltenen linearen Gleichung aus für $t - \theta > 0$:

$$ln \frac{1}{1-F(t)} = \left(\frac{t-\theta}{\alpha}\right)^{\beta} \qquad \text{und damit:}$$

$$ln\, ln \frac{1}{1-F(t)} = \beta(ln(t-\theta) - ln\alpha)$$

Aufgrund dieser Linearitätseigenschaft der *Weibull*schen Funktion wurde von *Allain Plait* ein sog. *Weibull*sches Papier entworfen, dessen Benutzung wir im folgenden beschreiben werden (vgl. Abb. 3–23). Bei diesem Verfahren geht man in jedem Fall davon aus, daß Parameter $\theta = 0$ ist. Die empirischen kumulier-

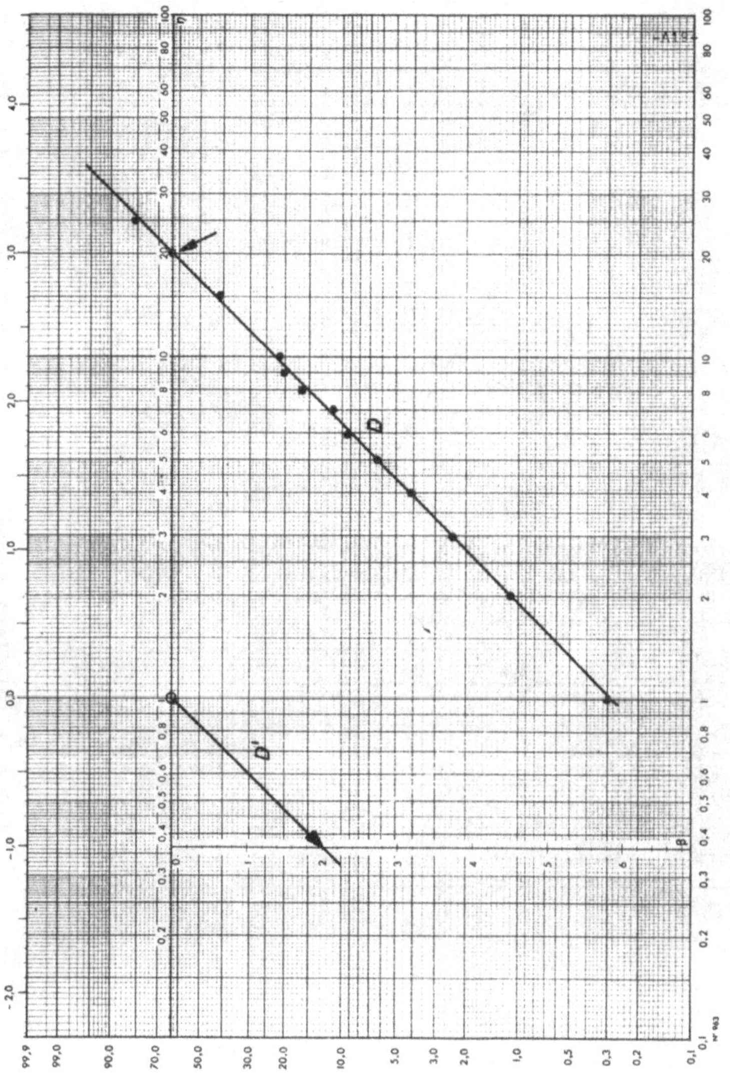

Abb. 3–23: Graphisches Verfahren zur Bestimmung der Parameter α und β der Weibullschen Verteilungsfunktion

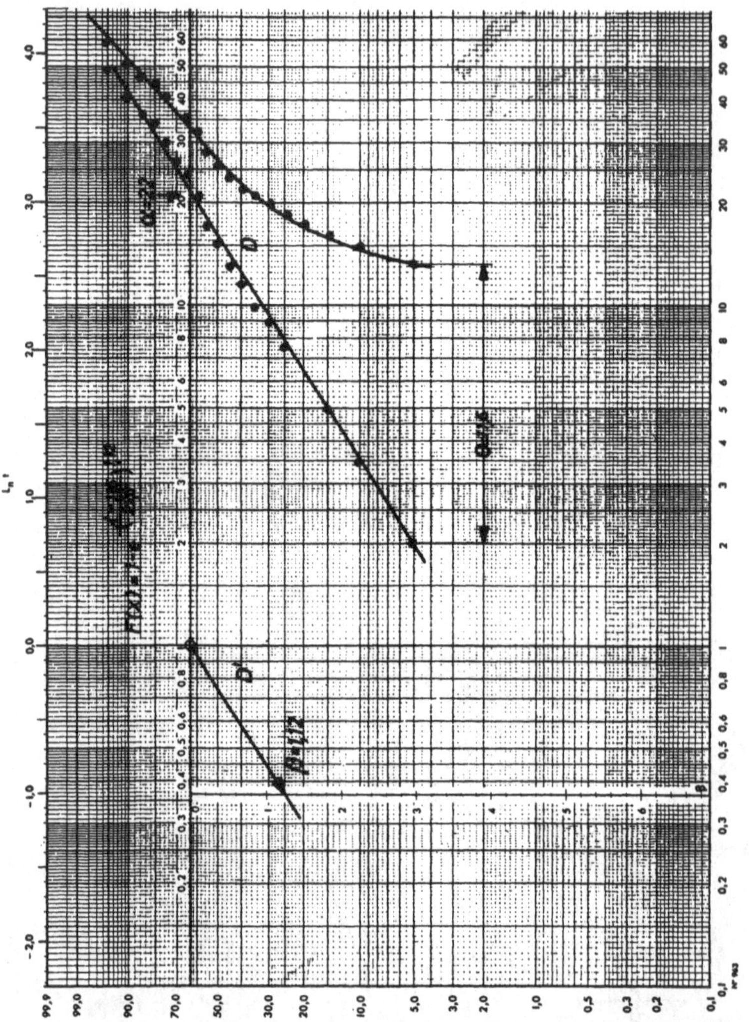

Abb. 3–24: Graphische Bestimmung der drei Parameter der Weibullschen Verteilungsfunktion: α β und θ

ten Wahrscheinlichkeiten, deren Koordinaten definiert sind durch:

$$[t_i/F^*(t_i)]$$

werden in das *Weibull*sche Papier eingetragen. Somit erhalten wir eine Punktwolke. Kann diese Punktwolke durch eine Gerade D approximiert werden, so kann die Hypothese $\theta = 0$ akzeptiert werden. Die Parameterwerte für α und β können einfach aus diesem *Weibull*schen Papier ermittelt werden: α ist definiert durch den Schnittpunkt der Geraden D mit der η-Achse. β erhält man durch den Schnittpunkt der Geraden D' mit der β-Achse, wobei D' die Parallele zu der Geraden D bezeichnet an der Stelle $\eta = 1$. In Abb. 3–23 lautet $\beta = 2$. Richtet sich die Punktwelle nicht auf eine Gerade aus (vgl. Abb. 3–24), so kann die Hypothese $\beta = 0$ nicht akzeptiert werden. In diesem Fall muß eine Verschiebung der Punkte in Richtung der Abszisse vorgenommen werden. θ ist in diesem Fall so zu bestimmen, daß die Gleichung

$$ln\, ln \frac{1}{1 - F(t)} = \beta(ln(t - \theta) - ln\alpha)$$

wieder zu einer Linearität zurückkehrt. Für die Bestimmung des Wertes von θ werden wir die einzelnen Punkte der Punktwolke soweit verschieben, bis sie sich auf eine Gerade ausrichten. Diese Verschiebung von t, die auf der x-Achse abzulesen ist, führt zur Schätzung des Parameters θ. In Abb. 3–24 erhalten wir für θ einen Wert von 11,5. Die Verschiebungsrichtung ist von θ abhängig, d.h. für $\theta > 0$ liegt eine Krümmung nach unten vor. Für $\theta < 0$ liegt eine Krümmung der Kurve nach oben vor.

Beispiel

Zur Verdeutlichung dieses graphischen Verfahrens dient das folgende numerische Beispiel:
Gehen wir von den folgenden verschiedenen Ausfallzeitpunkten eines Produktbestandes von 19 elektrischen Haushaltsgeräten aus:

13,5	23,0	38,2
14,9	24,6	41,3
16,5	26,4	45,2
17,7	28,7	47,6
18,9	32,5	51,3
20,3	35,8	60,7
21,5		

Trägt man die Punkte $[t_i/F(t_i)]$ auf ein *Weibull*sches Papier ein, so erhält man eine nach unten gekrümmte Kurve (vgl. Abb. 3–24). Es muß also zur Bestimmung des Parameters θ eine Verschiebung dieser Kurve durchgeführt werden. Für $\theta = 11{,}5$ erhalten wir die gesuchte Gerade. In diesem Fall gilt für die Parameter α und β:

$\alpha = 22$ (Schnittpunkt dieser Geraden mit der η-Achse)
$\beta = 1{,}12$

Damit lauten die Parameter der gesuchten Funktion:

$$\alpha = 22{,}0$$
$$\beta = 1{,}12$$
$$\theta = 11{,}5$$

und für die gesuchte Funktion $F(t)$ gilt somit:

$$F(t) = 1 - e^{-\left(\frac{t-11{,}5}{22{,}0}\right)^{1{,}12}}$$

Numerische Bestimmung des Mittelwerts und der Varianz der Wahrscheinlichkeitsverteilungsfunktion nach Weibull

Die numerische Bestimmung des Mittelwerts $\bar{t}$ und der Varianz ist im Fall dieser Funktion mit einigen Schwierigkeiten verbunden. Eine Vereinfachung dieser Bestimmung kann jedoch unter Benutzung spezifischer Tabellen erreicht werden.

Der Mittelwert der *Weibull*-Funktion ist durch folgende Gleichung definiert:

$$\bar{t} = \left[\int_0^\infty A^{\frac{1}{\beta}} e^{-A} dA\right] + \theta, \tag{3.40}$$

wobei gilt:

$$B = \alpha^{-\beta}$$
$$A = \left(\frac{t}{B}\right)^\beta$$

was eine *Euler*sche Funktion (Gamma-Funktion) darstellt.

Mittelwert t und Varianz σ^2 der *Weibull*-Funktion können mit Hilfe von Gamma-Funktionen wie folgt definiert werden:

$$\bar{t} = \alpha \frac{1}{\beta} \Gamma\left(\frac{1}{\beta}\right) + \theta$$

$$\sigma^2 = \alpha^2 \left\{ \Gamma\left(\frac{2}{\beta}+1\right) - \left(\Gamma\left(\frac{1}{\beta}+1\right)\right)^2 \right\}$$

oder in vereinfachter Form durch

$$\begin{aligned} \bar{t} &= \alpha x + \theta \qquad \text{und} \\ \sigma &= \alpha y \end{aligned} \tag{3.41}$$

wobei x und y Funktionen darstellen, die nur von β abhängig sind. Die Werte von x und y liegen in tabellierter Form vor.
Mit Hilfe dieser Tabellen können die Charakteristika der *Weibull*-Funktion einfach ermittelt werden.

Beispiel: Zur Verdeutlichung dieser Schätzungsmethode soll das zur grafischen Bestimmung der Parameter angeführte Beispiel dienen, das zu folgenden Werten der Parameter führte:

$\alpha = 22{,}00$

$\beta = 1{,}12$

$\theta = 11{,}50$

Die Werte von x und y sind aus Tabelle 3.25 zu entnehmen. Im Fall von $\beta = 1{,}12$ erhält man nach entsprechender Interpolation:

$x = 0{,}96$

$y = 0{,}86$

Tabelle 3–25: Tabelle der Werte von x und y in Abhängigkeit von β (der obere Wert ist x, der unter y).

β	0	1	2	3	4	5	6	7	8	9
0,	00	00	120	9,260	3,323	2,000	1,505	1,266	1,133	1,052
			1900	52,600	10,500	4,580	2,650	1,850	1,430	1,180
1,	1,000	0,965	0,941	0,924	0,911	0,903	0,897	0,892	0,889	0,887
	1,000	0,880	0,780	0,716	0,660	0,614	0,574	0,540	0,511	0,486
2,	0,886	0,886	0,886	0,886	0,887	0,887	0,888	0,889	0,890	0,892
	0,463	0,444	0,425	0,407	0,394	0,380	0,367	0,356	0,346	0,334
3,	0,893	0,894	0,896	0,897	0,898	0,900	0,901	0,902	0,904	0,905
	0,324	0,316	0,308	0,300	0,292	0,285	0,278	0,272	0,266	0,260
4,	0,906	0,908	0,909	0,910	0,911	0,913	0,914	0,915	0,916	0,917
	0,255	0,250	0,245	0,240	0,235	0,230	0,225	0,222	0,218	0,214
5,	0,918	0,919	0,920	0,921	0,922	0,923	0,924	0,925	0,926	0,927
	0,210	0,207	0,204	0,200	0,197	0,194	0,191	0,188	0,185	0,183

Tabelle 3–26: Tabelle der normierten *Weibull*schen Dichtefunktion $f^*(x, \beta)$

x \ β	0,1	0,2	0,3	0,4	0,5	0,6	0,7	0,8	0,9	1,0	1,2	1,4	1,6	1,8	2,0	2,2
0,1	0,3589	0,6714	0,9108	1,0694	1,1524	1,1723	1,1440	1,0820	0,9990	0,9048	0,7108	0,5335	0,3919	0,2807	0,1980	0,1379
0,2	0,1816	0,3511	0,4993	0,6213	0,7148	0,7805	0,8203	0,8376	0,8358	0,8187	0,7523	0,6620	0,5645	0,4700	0,3843	0,3097
0,3	0,1217	0,2387	0,3471	0,4440	0,5278	0,5976	0,6531	0,6948	0,7237	0,7408	0,7450	0,7185	0,6716	0,6126	0,5483	0,4833
0,4	0,0915	0,1810	0,2665	0,3465	0,4200	0,4860	0,5442	0,5943	0,6362	0,6703	0,7160	0,7354	0,7330	0,7136	0,6817	0,6412
0,5	0,0734	0,1458	0,2163	0,2841	0,3486	0,4092	0,4656	0,5174	0,5644	0,6065	0,6759	0,7263	0,7589	0,7757	0,7788	0,7703
0,6	0,0612	0,1220	0,1818	0,2405	0,2975	0,3525	0,4054	0,4558	0,5037	0,5488	0,6302	0,6997	0,7572	0,8028	0,8372	0,8610
0,7	0,0525	0,1048	0,1567	0,2081	0,2588	0,3086	0,3574	0,4051	0,4515	0,4965	0,5822	0,6615	0,7340	0,7994	0,8576	0,9086
0,8	0,0459	0,0918	0,1376	0,1832	0,2285	0,2735	0,3181	0,3623	0,4061	0,4493	0,5339	0,6160	0,6951	0,7710	0,8436	0,9126
0,9	0,0408	0,0817	0,1225	0,1633	0,2040	0,2447	0,2853	0,3258	0,3662	0,4065	0,4867	0,5663	0,6452	0,7234	0,8007	0,8771
1,0	0,0367	0,0735	0,1103	0,1471	0,1839	0,2207	0,2575	0,2943	0,3310	0,3678	0,4414	0,5150	0,5886	0,6621	0,7357	0,8093
1,1	0,0334	0,0668	0,1002	0,1336	0,1670	0,2003	0,2335	0,2667	0,2998	0,3328	0,3986	0,4638	0,5285	0,5926	0,6560	0,7185
1,2	0,0306	0,0612	0,0918	0,1222	0,1526	0,1828	0,2127	0,2425	0,2720	0,3011	0,3585	0,4142	0,4679	0,5195	0,5686	0,6149
1,3	0,0282	0,0565	0,0846	0,1125	0,1402	0,1675	0,1945	0,2210	0,2471	0,2725	0,3213	0,3669	0,4089	0,4466	0,4797	0,5077
1,4	0,0262	0,0524	0,0784	0,1041	0,1294	0,1542	0,1784	0,2020	0,2247	0,2465	0,2871	0,3228	0,3529	0,3770	0,3944	0,4048
1,5	0,0245	0,0488	0,0730	0,0967	0,1199	0,1424	0,1642	0,1850	0,2046	0,2231	0,2558	0,2821	0,3012	0,3126	0,3161	0,3119
1,6	0,0229	0,0457	0,0682	0,0902	0,1115	0,1320	0,1514	0,1697	0,1865	0,2018	0,2273	0,2450	0,2542	0,2549	0,2473	0,2322
1,7	0,0216	0,0430	0,0640	0,0844	0,1041	0,1227	0,1400	0,1559	0,1702	0,1826	0,2015	0,2115	0,2124	0,2045	0,1889	0,1672
1,8	0,0204	0,0405	0,0603	0,0793	0,0974	0,1143	0,1297	0,1435	0,1554	0,1652	0,1782	0,1816	0,1757	0,1615	0,1409	0,1164
1,9	0,0193	0,0383	0,0569	0,0747	0,0914	0,1067	0,1204	0,1323	0,1420	0,1495	0,1573	0,1552	0,1440	0,1257	0,1027	0,0784
2,0	0,0183	0,0364	0,0539	0,0705	0,0859	0,0998	0,1120	0,1221	0,1299	0,1353	0,1385	0,1319	0,1170	0,0963	0,0732	0,0510
2,1	0,0174	0,0346	0,0511	0,0667	0,0810	0,0936	0,1043	0,1128	0,1189	0,1224	0,1218	0,1116	0,0941	0,0727	0,0510	0,0321
2,2	0,0166	0,0330	0,0486	0,0632	0,0764	0,0879	0,0973	0,1043	0,1088	0,1108	0,1069	0,0940	0,0751	0,0541	0,0347	0,0196
2,3	0,0159	0,0315	0,0463	0,0601	0,0723	0,0827	0,0908	0,0966	0,0997	0,1002	0,0936	0,0788	0,0595	0,0397	0,0231	0,0115
2,4	0,0152	0,0301	0,0442	0,0572	0,0685	0,0779	0,0850	0,0895	0,0914	0,0907	0,0819	0,0658	0,0467	0,0288	0,0151	0,0065
2,5	0,0146	0,0289	0,0423	0,0545	0,0650	0,0735	0,0796	0,0830	0,0839	0,0820	0,0715	0,0548	0,0364	0,0205	0,0096	0,0036

(Fortsetzung Tab. 3–27)

Tabelle 3–27: Tabelle der normierten Weibullschen Dichtefunktion $f^*(x, \beta)$ (Fortsetzung)

x \ β	2,4	2,6	2,8	3,0	4,0	5,0	6,0	7,0	8,0	9,0	10,0
0,1	0,0951	0,0651	0,0443	0,0299	0,0039						
0,2	0,2469	0,1949	0,1528	0,1190	0,0319	0,0079	0,0019				
0,3	0,4207	0,3625	0,3097	0,2628	0,1071	0,0404	0,0145	0,0051	0,0017		
0,4	0,5955	0,5472	0,4982	0,4502	0,2495	0,1266	0,0611	0,0286	0,0130	0,0058	0,0026
0,5	0,7524	0,7272	0,6965	0,6618	0,4697	0,3028	0,1845	0,1085	0,0622	0,0350	0,0195
0,6	0,8753	0,8809	0,8788	0,8701	0,7589	0,5995	0,4452	0,3175	0,2202	0,1496	0,1001
0,7	0,9524	0,9892	1,0194	1,0431	1,0791	1,0147	0,8964	0,7584	0,6219	0,4983	0,3922
0,8	0,9779	1,0394	1,0970	1,1506	1,3596	1,4757	1,5127	1,4878	1,4185	1,3202	1,2055
0,9	0,9525	1,0269	1,1001	1,1722	1,5130	1,8175	2,0823	2,3058	2,4879	2,6298	2,7337
1,0	0,8829	0,9564	1,0300	1,1036	1,4715	1,8393	2,2072	2,5751	2,9430	3,3109	3,6787
1,1	0,7802	0,8409	0,9006	0,9590	1,2313	1,4625	1,6433	1,7665	1,8276	1,8253	1,7623
1,2	0,6582	0,6982	0,7346	0,7674	0,8690	0,8610	0,7538	0,5808	0,3890	0,2222	0,1055
1,3	0,5303	0,5472	0,5583	0,5634	0,5052	0,3485	0,1784	0,0636	0,0143	0,0018	
1,4	0,4082	0,4047	0,3944	0,3781	0,2355	0,0886	0,0173	0,0013			
1,5	0,3002	0,2821	0,2585	0,2309	0,0854	0,0127					
1,6	0,2109	0,1851	0,1567	0,1277	0,0233						
1,7	0,1415	0,1143	0,0877	0,0637	0,0046						
1,8	0,0906	0,0662	0,0451	0,0285							
1,9	0,0554	0,0360	0,0213	0,0113							
2,0	0,0323	0,0183	0,0092	0,0040							
2,1	0,0179	0,0087	0,0036	0,0012							
2,2	0,0095	0,0038	0,0012								
2,3	0,0047	0,0016									
2,4	0,0023										
2,5	0,0010										

Somit können Mittelwert $\bar{t}$ und Standardabweichung σ im vorliegenden Beispiel bestimmt werden:

$$\bar{t} = 22{,}0 \cdot 0{,}96 + 11{,}0 = 36{,}22$$

$$\sigma = 22{,}0 \cdot 0{,}86 = 18{,}92$$

Anwendung der Wahrscheinlichkeitstabellen der Weibullschen Verteilungsfunktion

Aus der Dichtefunktion der *Weibull*-Verteilung:

$$f(t) = \frac{\beta}{\alpha} \left(\frac{t-\theta}{\alpha}\right)^{\beta-1} e^{-\left(\frac{t-\theta}{\alpha}\right)^{\beta}}$$

resultiert, daß dem Parameter α die Bedeutung einer Normierung zukommt, so daß er auch als Maßstabsparameter bezeichnet werden kann.
Diese Eigenschaft des Patameters α gestattet die Erstellung numerischer Tabellen, deren Anwendung im folgenden kurz beschrieben wird.
Die Zeitvariable t der *Weibull*schen Verteilung wird zunächst mittels der folgenden Transformation normiert:

$$x = \frac{t - \theta}{\alpha}$$

Die Werte dieser normierten *Weibu*llschen Verteilungsfunktion können nun anhand des Parameters β und der normierten Zeitvariablen x aus den entsprechenden Tabellen abgelesen werden (vgl. Tabelle 3.26).
Die Werte der *Weibull*schen Dichtefunktion erhält man, indem man die normierten Werte f^* durch α dividiert.

Beispiel

Gesucht wird die Dichtefunktion in der Periode $t = 10$ einer *Weibull*schen-Verteilung mit folgenden Parametern:

$$\alpha = 4$$
$$\beta = 0{,}9$$
$$\theta = 1{,}2$$

Vorgehensweise:

1. Die Zeitvariable t wird normiert:

$$x = \frac{t - \theta}{\alpha} = \frac{10 - 1{,}2}{4}$$

2. Aus Tabelle 3.27 erhält man für $f^*(x, \beta)$:

$$f^*(2{,}2; 0{,}9) = 0{,}10889$$

3. Der gesuchte Wert der Dichtefunktion lautet:

$$f_t = \frac{f^*(x, \beta)}{\alpha} = \frac{0{,}10889}{4} = 0{,}027222$$

C.4 Die logistische Funktion

Die Ausfallraten zahlreicher Produkte können mit Hilfe einer logistischen Funktion definiert werden:

$$\lambda(t) = \frac{\beta}{1 + \frac{\delta}{1-\delta} e^{-\beta t}} \tag{3.42}$$

wobei gilt:

$$\beta > 0; \qquad \delta \leqq 1; \qquad t \geqq 0$$

Die logistische Funktion weist Ähnlichkeiten mit der *Weibull*-Funktion auf, deren Definition der Ausfallraten lautet:

$$\lambda(t) = \frac{\beta}{\alpha} \left(\frac{t-\gamma}{\alpha} \right)^{k-1}$$

Für verschiedene Werte von β erhalten wir die in Abb. 3–25 dargestellten Bildkurven.
In einer Vielzahl praktischer Fälle sind jedoch, vor allem bei einer zeitlichen Veränderung des Parameters β S-förmige Funktionen der Ausfallraten zu verzeichnen. Es scheint deshalb angebracht, den Ausfallraten eine logistische Funktion zugrundezulegen.

In diesem Fall ergeben sich folgende Definitionen der verschiedenen Wahrscheinlichkeitsverteilungsfunktionen:

$$F(t) = \frac{1 - e^{-\beta t}}{1 + \frac{\delta}{1-\delta} e^{-\beta t}} \tag{3.43}$$

$$f(t) = \frac{\beta(1-\delta)e^{-\beta t}}{\{1 - \delta(1 - e^{-\beta t})\}^2} \tag{3.44}$$

$$R(t) = \frac{e^{-\beta t}}{1 - \delta(1 - e^{-\beta t})} \tag{3.45}$$

$$\lambda(t) = \frac{\beta}{1 + \frac{\delta}{1-\delta} e^{-\beta t}} \tag{3.46}$$

Eine logistische Funktion wurde der Analyse und Prognose der Ersatznachfrage in der BRD mit Hilfe des Systems *Refors* zugrundegelegt (vgl. Abb. 3–15).

Literaturverzeichnis

Teil 1: Die Methoden der kurzfristigen Prognose

[1.1] *Anderson, T.W.:* Some Approaches to the Statistical Analysis of Time Series. Austral. J. of Statistics b (1964) 1.

[1.2] *Bachelet, D.* et *G.Morlat:* Modèle à deux aléas pour des chroniques économiques. Revue française de recherche opérationnelle, No. *40*, 275ff. (1966).

[1.3] *Bamber, D.J.*: A versatile Family of Forecasting Systems. Op. Res. Quart. *20*, 111ff. (1969).

[1.4] *Bank deutscher Länder*: Statistische Beihefte zu den Monatsberichten der Deutschen Bundesbank. Reihe 4, Saisonbereinigte Wirtschaftszahlen, April (1968).

[1.5] *Barbut, M.* et *C.Fourgeaud*: Eléments d'analyse mathématique des chroniques. Document ronetype; publication commune de l'Association Cournot et du Centre de Mathématique Sociale et de Statistique de l'Ecole Pratique des Hautes Etudes (6ᵉ section), Paris (1964).

[1.6] –: Eléments d'analyse mathématique des chroniques. Hachette, Paris (1971).

[1.7] *Bates, J.M.* et *Granger*: The Combination of Forecasts. Operat. Res. Quart. *20*, 451–468 (1969) 4 (dec.).

[1.8] *Batty, M.*: Monitoring an Exponential Smoothing Forecasting System. Operational Research Quarterly *20*, Nr. 3 (1969).

[1.9] *Bodart. F.*: La Méthode du lissage exponentiel et son exploitation sur calculateur électronique. Revue franc. du Marketing, Vol4 (1965).

[1.10] *Bongard, J.*: Bereinigung von Saisonschwankungen durch die Methode der gleitenden Modelle. Statistische Informationen *1* (1963).

[1.11] *Bossons, J.*: Some Evidence on the Validy of the Adaptive Expectations Hypotheses. Capital Markets Workshops Working Paper 13. Carnegie Institut of Technology, Febr. 1966.

[1.12] –: The Effects of Parameter Misspecification and Non-Stationarity on the Application of Adaptive Forecasting. Management Science, Vol. *12*, 9, 659–669 (1966).

[1.13] *Boutel, J.* et *Peguy*: Un système auto-adaptatif. Revue roumaine Math. pures & appl., vol. *13*, nr. 9, 1233 (1968).

[1.14] *Box, G.* et *G.Jenkins*: Time Series Analysis, Forecasting and Control. San Francisco – Cambridge – London – Amsterdam 1970.

[1.15] –: Some Statistical Aspects of Adaptive Optimization and Control. Journal and Control. Journal of the Royal Statistical Society, B. *24*, 297ff. (1962).

[1.16] *Brown, R.G.*: Statistical Forecasting for Inventory Control. McGraw-Hill, New York 1959.

[1.17] –: Smoothing, Forecasting and Prediction of Discrete Time Series. Prentice-Hall 1963.

[1.18] –: Less Risk in Inventory Estimates. Havard Business Review (July, Aug.) 1959.

[1.19] *Brown, R.G.* and *R.F.Meyer*: The Fundamental Theorem of Exponential Smooing. Operations Research, Vol. *9*, 673ff. (1961).

[1.20] *Brown, R.G.*: Exponential Smoothing for Prediction Demand ORSA (Op. Res. Soc. of America), Nov. *16*, 1956.

[1.21] –: Economical Safety Stocks. ORSA, May 10, 1957.

[1.22] –: An Example of Recorder Control. Am. Soc. of Mechanical Engineering April, *10*, 1958.

[1.23] *Brenner, D'Esposo* et *Fowler*: Difference Equations in Forecasting Formules. Man. Sci. Theory *15*, 141–159 (1968) 3 (No)

[1.24] *Burmann, J.P.*: Moving Seasonal Adjustement of Economic Time Series. J. Royal Stat. Soc. (series A), 1*28*, 534–558 (1965).

[1.25] *Bush, R.R.* and *F. Mosteller*: Stochastic Models for Learning. New York – London 1955.

[1.26] *Buys-Ballot, C.*: Les changements périodiques de température. Utrecht, 1847.

[1.27] *Charkevitsch, A.A.*: Signale und Störungen. Oldenbourg Verlag, München–Wien (1968), S. 167–171.

[1.28] *Chow, W.M.*: Adaptive Control of the Exponential Smoothing Constant. Journal of Industrial Engineering *16*, 314ff. (1965).

[1.29] *Churchman, C.W.*: Prediction and optimal decision. Prentice Hall 1961.

[1.30] *Colm, G.*: Economic Prognosis as a Basis of Economic Policy. In: Diagnosen und Prognosen als wirtschaftswissenschaftliche Methodenprobleme. Berlin 1962.

[1.31] *Couts, Grether* and *Nerlove*: Forecasting Nonstationary Economic Time Series. Man. Sci. *13*, 1–2 (1966) 1.

[1.32] *Cox, D.R.*: Prediction by Exponentially – Weighted Moving Averages and Related Models. J. of the Royal Stat. soc. (Series B) *23*, 414–422 (1961).

[1.33] *Cramer, H.* and *Leadbetter*: Stationary and related stochastic processes. Wiley, New York–London–Sydney 1967.

[1.34] *Crisp, R.D.*: Ziele und Methoden der Verkaufsvorhersage. In: Die Vorausberechnung des Absatzes. AMA-Reihe, Bd. 3 Düsseldorf 1959.

[1.35] *D'Amico, P.*: Forecasting System Uses Modified Smoothing Industrial Engineering *3*, 15ff. (1971) 6.

[1.35a] *Davis, O.L.*: Statistical Methods and Research in Production. Oliver und Boyd (1957).

[1.36] *Van Dobben de Bruyn, C.S.*: Prediction by Progressive Correction. Journal of the Royal Statistical Society, B *26*, 113ff. (1964).

[1.37] *Dobbie, J.M.*: Forecasting Periodic Trends by Exponential Smoothing. Operations Research (JORSA) *11*, 908–918, (1963).

[1.38] *D'Esposo, D.A.*: A Note of Forecasting by the Exponential Smoothing Operator. Operations Research, *9*, 686f. (1961).

[1.39] *Deutsche Bundesbank*: Experience in the Application of Regression Computing to the Seasonal Adjustment of Statistical Time Series. Monthly Reports, August 1961.

[1.40] *Durbin, J.* and *G.S. Watson*: Testing for serial correlation in least squares regression. Biometrika. Vol. *37*, 409–428 (1950); Vol *38*, 159–178 (1951).

[1.41] *Durbin, J.*: Trend elimination by moving-average and variate difference filters. Bulletin de l'Institut International de Statistique. 33[e] session, Paris (1963).

[1.42] –: Trend elimination for the purpose of estimating seasonal and periodic components of time-series. In: [(.136].

[1.43] –: Efficient Estimation of Parameters in Moving Average Models. Biometrica, *46*, 306–316 (Dez. 1969)

[1.44] –: The Fitting of Time Series Models. Revue de l'Institut International de Statistique (Dez. 1960) S. 233–243.

[1.45] *Edin*, R.: Wirkungsweise und Voraussetzungen der Prognose mittels Verweilzeitverteilungen. Zeitschrift für Betriebswirtschaft *38*, 743ff. (1968).

[1.46] *Edin, R.* und *H.J.Schmitt*: Verweilzeitverteilungen und Prognosen. Einige empirische Ergebnisse. Zeitschrift für betriebswirtschaftliche Forschung *21*, 484ff. (1969).

[1.47] –: Rechenprogramme zur Prognose mit Verweilzeitverteilungen im Mehrphasen-Betriebsmodell. Forschungsbericht 5, Berlin 1968.

[1.48] *Elina, P.* et *J.Guinet*: Un nouveau mode de calcul de prévisions: le lissage exponentiel. Rev. Gestion, no. *6*, 281ff. (1964).

[1.48a] *Ezekiel* and *Fox*: Methods of Correlation and Regression Analysis. Wiley (1969).

[1.49] *Ferignac, P.*: Elimination de la variation saisonnière dans les séries temporelles. L'activité économique, 4ᵉ année, 101ff. (1939).

[1.50] *Fishman, G.S.* and *Kiviat*: The Analysis of Simulation Generated Time Series.

[1.51] *Fischman, G.S.*: Spectral Methods in Econometrics. Santa Monica 1968.

[1.52] *Foote, R.* and *K.Fox*: Seasonal variation; methods of measurement and test of significance. Agriculture Handbook, Sept. 1952.

[1.52a] *Friedman, M.* and *S.Savage*: Selected Technics of Statistical Analysis. McGraw Hill, New York 1947.

[1.53] *Friend, I.* and *Taubman*: A short term forecasting model. The Review of Economics Statistics (1964).

[1.54] *Godfroid, J.*: Une méthode de prévision permanente: le lissage exponentiel. Revue belge de Stat. et de Recherche Opérationnelle *7*, 17–36 (1966) 2.

[1.55] *Green, G.* and *Segall*: The predictive Power of First – Quarter Earnings Reports. Journal of Business *40*, 44 (1967).

[1.56] *Grenander, U.* and *M.Rosenblatt*: Statistical Analysis of Stationary Time Series. J.Wiley, New York 1957.

[1.57] *Griese, J.*: Adaptive Verfahren im betrieblichen Entscheidungsprozeß. Physica Verlag, Würzburg–Wien (1972).

[1.58] *Gross, D.* and *J.Ray*: A General Purpose Forecast Simulator. Management Science *11* (1965) Nr. 6, S. B.119.

[1.59] *Hannan, E.J.*: The estimation of seasonal variation in Economic Time-Series. Journal of the American Statistical Association, march 1963.

[1.60] –: The estimation of a changing seasonal pattern. Journal of the American Statistical Association, Vol *59*, Nr. 308, 1063–1077 (1964).

[1.61] *Harris, B.* (ed): Advanced Seminar on Spectral Analysis of Time Series. Wiley, New York 1967, pp. 319.

[1.62] *Harrison, P.J.* and *O.Davies*: The Use of Cumulative Sum (Cusum) Techniques for the Control of Routine Forecasts of Product Demand. Operations Research (1964) Vol. *2*, 325–333, (March–April).

[1.63] *Harrison, P.J.* and *Scott*: A development system for use in shortterm sales forecasting investigations. Paper presented at the Annual Conference of the OR Soc. (Brit.) Shrivenham Sept. 1965.

[1.64] *Harrison, P.J.*: Short-term Sales Forecasting. Appl. Stat. *XIV*, 102–139 (1965).

[1.65] –: Exponential Smoothing and Short-term Sales Forecasting. Man. Sci. *13*, 821–842, (1967).

[1.66] *Hausman, W.H.*: Sequential decision problems: A model to exploit existing forecasters. Management Science *16*, Nr. 2 (1969).

[1.67] *Henshaw, R.C.*: Application of the general linear model to seasonal adjustment of economic timeseries. Econometrica. Vol. *34*, Nr. 2, 381–395 (1966).

[1.68] *Holt, Charles C.*: Forecasting Trends and Seasonals by Exponentially Weighted

Moving Averages. O.N.R. Memorandum Nr. 52, Carnegie Institute of Technology, April 1957.

[1.69] *Holt, Ch. C., Modigliani, Muth* and *Simon*: Planning Production, Inventories and Work Face. Englewood Cliffs, N.J., Prentice Hall 1960.

[1.70] *Hüttner, M.*: Das „Exponential Smoothing" und seine Anwendung. Der Betriebswirt Heft 3 (1968).

[1.71] *ICI Monography Nr. 2*: Short-term Forecasting. Oliver and Boyd, London (1964).

[1.72] *ICI Monography Nr. 3*: Cusum techniques. Oliver and Boyd, London (1964).

[1.73] *Ivakhnenko, A.G.* and *Lapa*: Cybernetics and Forecasting Techniques. Elsevier Publishing Comp. New York 1967. (Review in Man. Sci. App. *15* 571/572 (1969).

[1.74] *Jenkins, G.M.* and *Watts*: Spectral Analysis and its application Holden Day, San Francisco 1968.

[1.75] *Jones, R.H.*: Exponential Smoothing for Multivariate Time Series. J.R. Statist. Soc. *28*, 241–251 (1966).

[1.76] *Justin, J.*: Une méthode de lissage particulièrement adaptée au caclul en temps réel. Revue Franc. du traitement de l'Information „chiffres", *4*, 245–270 (1965).

[1.77] *Kaufman, H.* and *J.L. Groboillot*: La prévision économique à court terme: méthodes générales, lissage exponentiel. Collection Initiation aux Nouveautés de la Science Nr. *6*, 295 pages. Dunod, Paris 1968.

[1.78] *Kay, E.* and *Hampton*: An Experiment on Short-term Forecasting. In: Kreweras et Morlat (ed.): Proceedings of the 3th International Conference on O.R. Paris/London (1964), S. 882–895.

[1.79] *Kempster, J.H.*: Financial Analysis to Guide Capital Expenditures. National Ass. of Accountants (New York) 1967, 193 pp. 2.50.

[1.80] *Kockelkorn, G.*: Verweilzeitverteilungen und Prognosen im betrieblichen Produktionsbereich. Forschungsbericht *9*, Berlin 1970.

[1.81] –: Dynamische Optimierungsmodelle zur Prognose und Planung von Fertigungsströmen. Forschungsbericht *10*, Berlin 1971.

[1.82] *Kolb, F.* et *Brijatoff*: Planification et méthodes de prévision dans l'entreprise. Editions du Tambourinaire. Entreprise moderne d'édition, Paris (1969).

[1.83] *Kuratani, Y.* and *Chidambaram*: A Note on Comparison of „Extrensic" and „Intrensic" Forecasting Models. J. of the D.R. Soc. of Japan *9*, 64–68 (1967) 2 (April).

[1.84] Méthodes du traitement des chroniques, DUNOD, Paris 1972.

[1.85] *Landi, D.M.* and *Johnson*: Optimal Linear Inventory Control and First Order Exponential Smoothing. Operations Research *15*, 342–347 (1967) 2.

[1.86] *Langen, H.*: Die Prognosen von Zahlungseingängen. Die Abhängigkeit der Bareinnahmen von Umsätzen in dynamischer Sicht. Zeitschrift für Betriebswirtschaft *35*, 261 ff (1965).

[1.87] –: *Langen, H.*: Betriebliche Zahlungsströme und ihre Planung in dynamischer Sicht. Zeitschrift für Betriebswirtschaft *35*, 261 ff. (1965).

[1.88] *Langen, H., Edin, R.* und H.J. *Schmitt*: Die Prognose mit Verweilzeitverteilungen im Mehrphasen-Betriebsmodell. Empirische Untersuchung in einem Unternehmen des Maschinenbaus. Forschungsbericht *6*, Berlin 1968.

[1.89] *Lanzdorf, A.*: Lernende Prognoseverfahren. Diplomarbeit. Linz 1970.

[1.90] *Lauenstein, G.*: Statistische Probleme bei Saisonschwankungen. Verlag Anton Hain. Meisenheim am Glan (Dissertation 1969).

[1.91] *Leenders, C.T.*: Adaptive Forecasting under Simple Probabilistic Assumption, Mimeo, Jan. 1964.

[1.92] *Lewandowski, R.*: Modelle und Methoden der ökonomischen Vorhersage. Elektronische Datenverarbeitung *11*, 235ff. (1969).

[1.93] –: Prognosen und Informationssysteme im Marktbereich. Beiträge zur Marktforschung, Heft 4, Prognosen. Hamburg 1973.

[1.94] –: ein volladaptionsfähiges Modell zur kurzfristigen Prognose. AKOR-Tagung, Aachen 1969.

[1.95] –: Das Prognosesystem PROCOM. Absatzwirtschaft 6–7 (1971).

[1.96] –: „PROCOM" Altalàciok becslésére és marketing informàcios rendszerbe valo beépitésere. Proceeding der Marketingkonferenz Budapest (1970).

[1.97] –: Systèmes de prévision automatique à court et moyen terme: PROCOM et INCOM. ADETEM, Revue Française du Marketing, Nr. *39* (1970).

[1.97a] –: Prognosesysteme und ihre heutige Anwendungsmöglichkeiten in der Unternehmensführung. AGPLAN-Handbuch, Berlin 1974.

[1.98] *Lewandowski, R.* and *G. Maurer*: PROCOM, ein universelles kurzfristiges Analyse- und Prognosesystem. Angewandte Informatik *8*, 345ff. (1972).

[1.99] *Lorenz, P.*: Der zweiteilige Saisonindex. Berechnung und Diskussion. Jahrbücher für Nationalökonomie und Statistik, Vol. *179*, Nr. 2, 89ff. (1966).

[1.100] *Loutfoullah, R.*: Méthodes d'extrapolation à court terme des chroniques passées. Revue de Statistique Appliquée, Vol. *XI*, Nr. 2, 21ff. (1963).

[1.101] *Lovell, M.C.*: Seasonal adjustment of economic timeseries and multiple regression analysis. Journal of the Americal Statistical Association (9163).

[1.102] *Lüttgen, H.*: Exponential Smoothing für die Prognoserechnung bei exponential fallendem Trend. Ablauf- und Planungsforschung *6*, Heft 2, 323–335 (1965).

[1.103] *Magee, J.F.*: Production Planning and Inventory Control. McGraw Hill, New York 1958, 2. Aufl. 1967.

[1.104] *Martin, J.J.*: Bayesian Decision Problems and Markov Chains. London–New York –Sydney 1967.

[1.105] *Matt, G.*: Die schrittweise Regressionsanalyse und ihre Anwendungsmöglichkeit im kaufmännischen Bereich. Ablauf- und Planungsforschung *4*, 254ff. (1963).

[1.106] –: Bestimmung statistisch gesicherter Koeffizienten bei der exp. Angleichung. Unternehmensforschung *10*, Heft 1 (1966).

[1.107] –: Ein lernfähiges Modell zur Bestimmung von Zusammenhängen anhand beobachteter Daten. IBM Form 81, 545 (1967).

[1.108] *Maverick, L.A.*: Time-series Analysis: smoothing by stages. Southern Illinois University Press (1945).

[1.109] *Menderhausen, H.*: Methods of computing and eliminating changing reasonal fluctuation. Econometrica, 1937.

[1.110] Short term economic forecasting. Journal of the statistical and social inquity Society of Ireland (1964–1965).

[1.111] *Meraud, J.* and *A. Tymen*: Les variations saisonnières de l'activité économique. Etude et conjoncture. Nr. 4, avril 1960, Paris; et Revue de Statistique Appliquée, vol *VIII*, Nr. 4, p. 15 à 68 (4ᵉ trimestre 1960).

[1.112] *Mesnage, M.*: Elimination des variations saisonnières; la nouvelle méthode de l'OSCE. Dans Etudes et Enquêtes Statistiques, OSCE (Office Statistique des Communautés Européennes), Nr. *1*, 7ff. (1968).

[1.113] *Meyer, R.F.*: An Adaptive Method for Routine Short-Term Forecasting. Intern. Fed. of O.R. Societies (FORS). Oslo, Juli 1963, S. 882–895.

[1.114] *Montgomery, D.C.*: An Introduction to Short-Term Forecasting J. Industrial Engineering *19*, 500–504, Heft 10 (1968).

[1.115] *Morlat, G.*: Modèle probabiliste pour la prévision de la demande d'électricité. Bulletin de l'Institut Intern. de Statistique, 33. session, Paris 1961.

[1.116] –: Modèle pour des chroniques économiques mensuelles. Revue de Statistique Appliquée vol. *11*, Nr. 2 (1963).

[1.117] *Muir, A.*: Automatic Xales Forecasting. Brit. Comp. J., vol. *1*, nr. *3*, 116–116 (1958).

[1.118] *Muth, J.F.*: Optimal Properties of Exponentially Weighted Forecasts of Time Series with Permanent and Transistory Components. J. Am. Stat. Ass. *55*, 299–306 (June 60).

[1.119] *Nerlove, M.* and *S. Wage*: On the Optimality of Adaptive Forecasting. Management Science *10*, 207ff. (1964).

[1.120] *Nerlove, M.*: A comparison of a modified „HANNAN" method and the BLS seasonal adjustment filters. Journal of the American Statistical Association, Vol. *60*, 442 to 491 (1965).

[1.121] *Nettheim, N.F.*: Fourier Methods for Evolving Seasonal Patterns. Journal of the American Statistical Association. June 1965.

[1.122] *Nicolas, M.*: Neue Methoden der Saisonbereinigung. Vjh. Wirts. Forsch. Nr. *4*, 444–453 (1957).

[1.123] *Nullau, Heiler, Wäsche, Meisner* und *Filip*: Das „Berliner Verfahren". Ein Beitrag zur Zeitreihenanalyse. DIN-Beiträge zur Strukturforschung, Heft 7 (1969).

[1.124] *O.C.D.E.*: L'élimination des variations saisonières à l'aide des calculatrices électroniques. O.C.D.E., Paris 1962 (Compte rendu d'une conférence internationale, tenue à Paris en novembre 1960).

[1.125] *Offermann, N.* und *O. Hartmann*: EXFOR-Bedarfsvorhersage mittels exponentiell gewichteter, gleitender Mittelwerte. IBM Form 80 732–1.

[1.126] *Orcutt, G.H.* and *Winokur* jr.: First order Autoregression: Interference, Estimation, Prediction. Econometrica *37* (1969).

[1.127] *Packer, A.H.*: Simulation and Adaptive Forecasting as Applied to Inventory Control. Operations Research *15*, 660–679 (1967) 4.

[1.128] *Parzen*: Time Series Analysis Papers. Holden Day, San Francisco 1967.

[1.129] *Pearson, E.S.* and *H.O. Hartley*: Biometrica tables for statisticians. Vol. I. Cambridge University Press 1962.

[1.130] *Pegels, C.C.*: Exponential Forecasting: Some New Variations. Man. Sci. Theory *15*, 311–315 (1969) 5.

[1.131] *Pena Trapero*: Considerationes Econométricas sobre Autocorrelation. Estadist. Esp. (Spanien) Nr. *26*, 5–24 (1965).

[1.132] *Peterson, R.*: A Note on the Determination of Optimal Forecasting Strategy. Management Science *16* (1969). No. 5. Letters to the editor.

[1.132] *Prillwitz, H.*: Die Variante der Prognosen bei exponentieller Gewichtung der Zeitreihen. Metrika, Bd. *9*, 61–68 (1965).

[1.134] *Quenouille, M.H.*: The Analysis of Multiple Time-Series, Griffin's Statistical Monographs and Courses 1957.

[1.135] *Rochas, J.*: Variations saisonnières. Bulletin d'information de l'I.N.S.E.E. *9*, 13ff. (1956).

[1.136] *Rosenblatt, H.M.*: Spectral Evaluation of BLS and Census Revised Seasonal Adjustment Procedures J. Am. Stat. Ass. *63*, 472–501 (1968).

[1.137] *Schläger, W.*: Ein Vergleich der Verfahren von *Winters, Holt, Reif* und *Harrison* zur Prognose von Zeitreihen mit Saisonschwankungen. (Diplomarbeit), Nürnberg 1971.

[1.138] –: Prognoserechnung. Hrsg. v. *P. Mertens*. Physica-Verlag, (1973). S. 73–90.

[1.139] *Schorr, K.G.* and *Lamberts*: Neues Saisonbereinigungsverfahren. Ifo-Schnelldienst 19, Nr. *26*, 1–14 (1966).

[1.140] *Schröder, M.*: Prognoserechnung. Hrsg. v. *P. Mertens*, Physica-Verlag, Würzburg. (1973), S. 21–70.

[1.141] *Shiskin, J.* and *H. Eisenpress*: Seasonal adjustments by electronic computer methods. National Bureau of Economic Research Technical Paper 12 (1958) und Journal of the American Statistical Association. Vol. *52*, Nr. 280, 415–449 (1957).

[1.142] *Shiskin, H.* et *J. Eisenpress*: Bulletin d'Information de l'I.N.S.E.E., S. 15ff. (1958).

[1.143] *Shiskin, J.*: The use of electronic computers for the analysis of seasonal fluctuations. Bulletin de l'Institut Internation de Statistique, Tome XXXV, 71–88 (1957).

[1.144] –: The X-11 Variant of the Census Method II Seasonal Adjustment Program. US Departm. of Commerce. Bureau of the Census. Technical Paper No. 15, Washington 1965.

[1.145] *Siemens AG (Hrsg.)*: SAVOY – Ein Programmsystem für Bedarfsprognosen. Bestell-Nr. 2-2600-600.

[1.146] *Slutzki, E.*: The summation of random causes as the source of cyclic processes. Econometrica. Vol. *5*, 105–146.

[1.147] *Southworth*: Autocorrelation and spectral analysis Math. Methods for Digital Computers S. 213–220. Editors: *A. Ralson, WLF*, Wiley 1962.

[1.148] *Taylor, C.J.*: A Simple Graphical Method of Exponential Smoothing with a Linear Trend. Operational Research Quarterly *18*, No. 1 (1967.

[1.149] *Theil, H.*: Economic Forecasts and Policy. North Holland Publ. Compl. 1961.

[1.150] *Theil, H.* and *S. Wage*: Some Observations on Adaptive Forecasting. Management Science, Vol. *10*, 198–206 (1964).

[1.151] *Trigg. D'W.*: Monitoring a Forecasting System. Operational Research Quarterly *15*, (11ff. (1964).

[1.152] *Trigg, D.W.* and *A.G. Leach*: Exponential Smoothing with an Adpative Response Rate. Operational Research Quarterly *18*, 53ff. (1967).

[1.153] *Trux, W.*: Einkauf und Lagerdisposition mit Datenverarbeitung. München 1968.

[1.154] *Vigier, G.J.*: Prognose von Artikeln mit sprunghaftem Bedarf. Bürotechnik und Automation 12, 22ff. (1971) 1.

[1.155] *Wade, Roger C.*: A Technique for Initializing Exponential Smoothing Forecasts. Man. Sci. *13*, 601–602 (1967) 7 (March).

[1.156] *Ward, D.H.*: Comparison of Different Systems of Exponentially Weighted Prediction. The Statistician 13, 173ff. (1963).

[1.157] *Wedekind, H.*: Über einige praktische Anwendungen des optimalen adaptiven Vorhersagens. Ablauf- und Planungsforschung *7*, 175–186 (1966).

[1.158] –: Ein Vorhersagemodell für sporadische Nachfragemengen bei der Lagerhaltung Ablauf- und Planungsforschung 9, 1ff. (1968).

[1.159] *Weinhold, G.*: Einige Bemerkungen zur Frage der Saisonbereinigung wirtschaftsstatistischer Zeitreihen. Allgemeines Statistisches Archiv, Vol. *48*, Nr. 2, 117–122 (1964).

[1.160] *Welch, W.E.*: Scientific Inventory Control. Management Publishing Corporation. Greenwich, Conn. 1956.

[1.161] *Wetzel, W.*: Univariable mikroökonomische Prognosemodelle mit exponentieller Gewichtung der Beobachtungswerte. Metrika 6, 155–186. (1963).

[1.162] –: Exponentiell gewichtete, univariable Prognosemodelle. Jahrbücher für Nationalökonomie und Statistik *171*, H. I, 155–186 (1967).

[1.163] *Whitin, T.M.*: Theory of Inventory Management. Princeton University Press, Princeton, N.J. 1953.

[1.164] *Whittle, P.*: Estimation and Information in Stationary Time Series. Arkiv for Mathematics 2 (1853) Nr. 23.

[1.165] *Wiener, N.*: Extrapolation, Interpolation and Smoothing of Stationary Time Series. Wiley, New York 1949.

[1.166] *Wiese, K. H.*: Exponential Smoothing – eine Methode der statistischen Bedarfsvorhersage. IBM Form 78129.

[1.167] *Wiese, K.M.*: Mittelfristige Bedarfsvorhersage in der Konsumgüterindustrie. IBM Form 78170.

[1.168] *Wiezorke, B.*: Auswahlverfahren in der Regressionsanalyse. Rundschreiben Nr. 27 der Arbeitsgruppe Technische Statistik im Verein Deutscher Eisenhüttenleute, Düsseldorf 1964.

[1.169] *Winckler, K.*: Zur Anwendung gleitender Durchschnitte auf Zeitreihen mit trendabhängiger Saisonkomponente. Jahrbücher für Nationalökonomie und Statistik, Vol. *183*, 533–538 (1970).

[1.170] *Winters, P.R.*: Forecasting Sales by Exponential Weighted, Averages Moving. Management Science, Vol. *6*, 324ff. (1960).

[1.171] *Wolberg, J.R.*: Prediction Analysis. (Review in Man. Sci. App. *15*, 112–113 (1968); van Norstrand Co., Princeton N.J. 1967.

[1.172] *Wold, H.*: A Study in the Analysis of Stationary Time Series. Stockholm, Almquist und Wiksell 1938.

[1.173] *Young, A.H.*: Linear Approximations to the Census and BLS Seasonal Adjustment Methods. J. Am. Stat. Ass. *63*, 445–471 (1968).

[1.174] *Zajdeweber, D.*: La prévision à court terme. *Dunod*, Paris (1971).

Teil 2: Methoden der langfristigen Prognose

[2.1] *Aitchison, J.* and *J.A.C. Brown*: The Lognormal Distribution. University of Cambridge. Department of Applied Economics, Monograph Nr. 5, Cambridge 1957.

[2.2] *Alchian, A.A.*: Uncertainly, Evolution and Economic Theory. J.P.E., Juni 1950

[2.3] *Ayres, Robert U.*: Technological Forecasting and Long-Range Planing. McGraw-Hill. New York 1969, S. 122–125

[2.4] *Arndt, Klaus Dieter* und *Oskar de la Chavallerie*: Volkswirtschaftliche Gesamtrechnung für die Bundesrepublik 1950–1960. Sonderheft 59, Reihe A. Deutsches Institut für Wirtschaftsforschung, Berlin 1962.

[2.5] *Bailey, Norman T.*: A simple Stochastic Epidemic. Biometrica *37*, 193–202 (1950).

[2.6] –: Some Problems in the Statistical Analysis of Epidemic Data. Journal of the Royal Statistical Society, Series B, *17*, 35–58 (1955).

[2.7] –: The Mathematical Theory of Epidemics, London 1957.

[2.8] –: The simple Stochastic Epidemic. A Complete Solution in Terms of Known Functions. Biometrica *50*, 11ff (1963).

[2,9] –: The Elements of Stochastic Processes with Applications to the Natural Sciences. New York 1964.
[2.10] *Bain, A.D.*: The Growth of Television Ownership in the United Kingdom. International Economic Reviews *3*, 145–167 (1962).
[2.11] –: The Growth of Demand for New Commodities. Journal of the Royal Statistical Society, Series A, *126*, 285–299 (1963).
[2.12] –: The Growth of Television Ownership in the United Kingdom. A Longnormal Model. University of Cambridge, Department of Applied Economics, Monograph Nr. 12, Cambridge 1964.
[2.13] *Bain, J.S.*: Barriers to New Competition. Cambridge, Harward University Press, 1956.
[2.14] *Bartlett, M.S.*: Deterministic and Stochastic Models for Recurrent Epidemics. Proceedings of the Third Berkeley Symposium on Mathematical Statistics and Probability, Vol. IV, 81–109, Berkeley 1956.
[2.15] –: An Introduction to Stochastic Processes. 1955, Reprinted Cambridge 1962.
[2.16] *Berkson, Joseph*: Application of the Logistic Function to Bio-Assay. Journal of the American Statistical Association *39*, 357–367 (1944).
[2.17] *Bertalanffy, Ludwig*: General System Theory. G. Braziller, Inc., New York 1968.
[2.18] –: Theoretical Models in Biology and Psychology. Theoretical Models and Personality Theory. Ed. by *D. Krech* and *G. S. Klein*, Durham, Duke Univers. Press, 1952.
[2.19] –: Principles and Theory of Growth. Fundamental Aspects of Normal and Malignant Growth. Ed. by W. W. Nowinski, Amsterdam, Elsevier, 1960.
[2.20] –: Modern Theories of Development, New York, Harper Torchbooks, 1934.
[2.21] *Biernaux, Jean*: Le marché belge de la télévision. La vie économique et sociale *31*, 315–334, (1960).
[2.22] *Bliss, C.I.*: The Method of Probits. Science *79*, 38 ff.
[2.23] *Bliss, C.I.* and *Mc K. Cattel*: Biological Assay. Ann. Rev. Physiol. *5*, 479–549 (1943).
[2.24] *Boguslawski, E.* und *B. Schneider*: Die dritte Annäherung des Ertragsgesetzes. Zeitschrift Acker- und Pflanzenbau, Band *116*, Heft 2, 1962.
[2.25] *Bonus, H.*: Die Ausbreitung des Fernsehens. Diss. Bonn 1967.
[2.26] *Boulding, Kenneth E.*: A Reconstruction of Economics. Wiley, New York 1950.
[2.27] *Burns, A.F.*: ProductionTrends in the United States since 1870. National Bureau of Economic Research, 1934.
[2.28] *Chenery, B.*: Patterns of Industrial Growth. A.E.R., September 1960.
[2.29] *Chow, Gregory C.*: Demand for Automobiles in the United States. Amsterdam 1957.
[2.30] –: Statistical Demand Functions for Automobiles and their use for Forecasting. In: [2.64, S. 149–178).
[2.31] –: Technoligical Change and the Demand for Computers. Amer. Economic Review, Vol. *37*, 1.117 (1967).
[2.32] *Couse, Ronald H.*: The Development of the British Television Service. Land Economics *30*, S. 207–222 (1954).
[2.33] *Cohen, Morris*: Consumer Durables. The National Conference Board Business Record *11*, 432–442 (1954).
[2.34] –: How Big is the Automobile Market? The National Conference Board Business Record *13*, 7–12 (1956).
[2.35] *Coltov, J.A.*: Duurzame consumptiegoederen en hun. De Economist *100*, 535–540, (1955).

[2.36] *Cotta, A.*: Un modèle intersectoriel de croissance. Economie Appliquée, tome XV, 1962.

[2.37] –: Théorie générale du capital, de la croissance et des fluctuations. Dunod, Paris 1967.

[2.38] *Cramer, J.S.*: The Ownership of Major Consumer Durable. Cambridge Univ., Monograph Nr. 7, 1963.

[2.39] *Davis, Arnolt T.*: The Analysis of Economic Time Series. Cowles Commission Monograph 6, Bloomington (Ind.) 1941.

[2.40] *Dernburg, Thomas F.*: Consumer Response to Innovation. Television. In: Studies in Household Economic Behavior, Yale Studies in Economics *9*, 1–49, New Haven (1958).

[2.41] *Dean, B.* und *S. Sengupta*: On a Method for Determining Corporate Research an Development Budgets. In: Man. Sciences, Models and Techniques, 2. Tan Oxford-London, 1960, S. 210–226.

[2.42] *Dewey, Edward* and *Dakin*: Cycle, the Science of Prediction. Holt, New York 1947.

[2.43] *Dupriez, L.*: Les mouvements économiques généraux. Louvain 1951.

[2.44] *Duesenberrr, James S.*: Income, Saving and the Theory of Consumer Behavior. Cambridge (Mass.) 1952.

[2.45] *Eckert, Gerhard*: Television in Germany. Gazette *5*, 135–148 (1959).

[2.46] *Edwards*: Price Formation in Manufacturing Industry and Excess Capacity. Oxford Economic Papers, Febr. 1955.

[2.47] *Edwards* and *Townsend*: Business Entreprise. McMillan, London 1958.

[2.48] *Edwards, Edgar O.*: Studies on the Growth of the Individual Firm. John Hopkins Univ. Press, Baltimore 1951.

[2.49] *Erwe, Friedhelm*: Gewöhnliche Differentialgleichungen. Mannheim 1964.

[2.50] *Farell, J.M.*: The Demand for Motorcars in the United States. Journal of the Royal Statistical Society, Series A. *117*, 171–201 (1954).

[2.51] *Ferber, Robert*: Factors Influencing Durable Good Purchases. Illinois 1955.

[2.52] *Ferguson, C.*: The Relationship of Business Size to Stability: An Empirical Approach. J.I.E., November 1960.

[2.53] *Finney, D.J.*: Probit Analysis, Cambridge 1962.

[2.54] *Gaddum, J.H.*: Methods of Biological Assay Depending on a Quantal Response. Midical Research Counicl, Special Report Series Br. 183, 1933.

[2.55] *Gahse, S.*: Methode der langfristigen Bedarfsvorhersage bei vorhandener Sättigungsgrenze. Neue Betriebswirtschaft *12*, 147 ff. (1964).

[2.56] *Gaston, J. Frank*: Growth Patterns in Industry; 2nd reexamination. National Industrial Conference Board, 1962.

[2.57] *Gold, B.*: Industry Growth Patterns. Journal of Industrial Economics, November 1964.

[2.58] *Griliches, Zwi*: Hybrid Corn. An Exploration in the Economics of Technological Change. Econometrica *25*, 501–522 (1957).

[2.59] –: The Demand for a Durable Input: Farm Tractors in the United States, 1921–1957. In: [2.64, S. 181–207].

[2.60] *Grunfeld, Yehuda*: The Determinants of Corporate Investment. In: [2.64, S. 211–266].

[2.61] *Haire, M.*: Biological Models and Empirical Histories of the Growth of Organizations. Wiley, New York 1959.

[2.62] *Hart, P.E.* and *S.J. Prais*: 2nd Analysis of Business Concentration; A Statistical Approach. Journal of the Royal Statistical Society, 1956.

[2.63] *Haskey, H. W.*: A General Expression for the Mean in a simple Stachastic Epidemic. Biometrica *41*, 272–275 (1954).

[2.64] *Harberger, Arnold D.*: (ed.) The Demand for Durable Goods. Chicago 1960.

[2.65] *Hoffmann, W.G.*: The Growth of Industrial Economics. Manchester University Press, 1958.

[2.66] *Hotelling, H.*: Differential Equations Subject to Errors and Population Estimates. Journal of the American Statistical Association *22*, 283–314 (1927).

[2.67] *IFO-Institut*: Wachstumsgrenzen und Strukturveränderungen des Bestands an Personenkraftwagen. IFO-Schnelldienst No. 48, 1970.

[2.68] *Ismar, Heinz, Günter Lange* und *Hildur v. Schweinitz*: Die Konsum- und Investitionsfunktion. Köln und Opladen 1962.

[2.69] *Jantsch, E.*: Technological Forecasting in Perspective. Organisation for Economic Co-Operation and Development. Paris 1967.

[2.70] *Jones, Homer*: Some Aspects of Demand for Consumer Durable Goods. Journal of Finance *9*, 93–110 (1954).

[2.71] *Jungemann, H.*: Die Entwicklung des Computerbestandes – Analyse und Prognose für verschiedene Märkte. Forschungsbericht DV 72/01, Bundesministerium für Bildung und Wissenschaft, 1972.

[2.72] *Kendall, David B.*: Deterministic and Stochastic Epidemics in Closed Population. Proceedings of the Third Berkeley Symposium on Mathematical Statistics and Probability, Vol. IV, 149–165, Berkeley 1956.

[2.73] *Klaassen, L. H.*: Hektographiertes Vorlesungsmanuskript vom 1.2.1960.

[2.74] *Knaf, H. G.*: Interstate Differences in the Saturation of Wired Homes, Mechanical Refrigerators and Electrical Ranges, and Their Causes. Land Economics *22*, 386–396 (1946).

[2.75] *Koopman, J.*: The Future Development of Automobile Traffic and the Number of Automobiles in the Netherlands. Congrès International sur les transports. (Stresa) April 1956.

[2.76] *Koyck, L. M.*: Distributed Lags and Investment Analysis. Amsterdam 1954.

[2.77] *Krelle, Wilhelm*: Über Verfahren der Absatzprognose. Hektographiertes Manuskript. Bonn 1964.

[2.78] *Kuznets, Simon*: Secular Movements in Production and Prices. Boston, New York 1930.

[2.79] –: Concepts and Assumptions in Long Range Projections of National Production. Princeton University Press 1954.

[2.80] –: Quantitative Aspects of the Economic Growth of Nations: Levels and Variatibility of Rates of Growth. Economic Development and Cultural Change, Oct. 1956.

[2.81] *Lehbart, B.*: Die Nachfrage nach Personenkraftwagen in der Bundesrepublik Deutschland. Kieler Studien 60. Tübingen 1962.

[2.82] *Lewandowski, R.*: Systeme der langfristigen Prognose. Monographien zu den modernen Methoden des Management. Dortmund 1970.

[2.82a] –: Kritische Analyse der PKW-Entwicklung bis 1985. PLUS *1*, 53ff (1972).

[2.83] –: INCOM, un système universal pour la prévision économique à moyen et à long terme. 2nd Symposium. Data Processing systems applied in Economy. Bucarest 1970.

[2.84] –: INCOM, a General System for Medium and Long Range Forecasting. Industrial Marketing Management Journal *1* (1971).

[2.85] –: Systèmes de prévision automatique à court et à moyen terme: PROCOM et INCOM. Revue de l'ADETEM, Paris 1971.

[2.85a] –: Prognose für den europäischen Automobilmarkt. Marketing Systems, Essen 1973.
[2.86] *Lotka, Alfred*: Elements of Physical Biology. Baltimore 1925.
[2.86a] *Mahloudji, G.* and *H. Azarmahd*: Un modèle non linéaire pour les biens durables et son application à la prevision automobile. Université Paris Mémoire 10069. 1969.
[2.87] *Mansfield, Edwin* und *Carlton Hensley*: The Logistic Process. Tables of the Stochastic Epidemic Curve and Applications. Journal of the Royal Statistical Society, Series B, *22*, 332–337 (1960).
[2.88] *Mansfield, Edwin*: Entry, Innovation and the Growth of Firms. A.E.R., dec. 1962.
[2.89] *Mansfield, E.*: Size of Firm, Market Structure and Innovation. J.ù.E., 1965.
[2.90] –: Technical Change and the Rate of Initiation. Econometrica, Vol. *29*, 741–766 (1961).
[2.91] *Marshall, A.*: Principles of Economics. McMilland and Co., London 1947.
[2.92] *Massy, William F.*: Television Ownership in 1950: Results of a Factor Analytic Study. In: *Ronald E. Frank, Alfred Al Kuehn* and *William F. Massy*: Quantitative Techniques in Marketing Analysis, Homewood (III), 1962 a, S. 440–460.
[2.93] –: Statistical Analysis of Relations Between Variables. In: *Ronald E. Frank, Alfred A. Kuehn* and *William F. Massy*, a.a.O. (1962 b), S. 56–105.
[2.94] –: Television and Market Penetration. Dissertation (nicht publiziert), zitiert in [2.101]'
[2.95] *Mertens, P.*: Prognoserechnung. Herausgeber Physica-Verlag, Würzburg–Wien 1973.
[2.96] *Morice, Jeanine*: La demande d'automobiles en France. Cahiers de la fondation nationale des sciences politiques. 86, Paris 1957.
[2.97] *Muth, Richard*: The Demand for Non-Farm-Housing. In [2.64, 29–96].
[2.98] *Nerlove, Marc*: The Dynamics of Supply. Baltimore 1958.
[2.99] –: Distributed Lags and Demand Analysis for Agricultural and Other Commodities. Agriculture Handbook 141. United States Department of Agriculture. Washington, 1958.
[2.100] *Oliver, F.R.*: Aspects of Maximum Likelihood Estimation of the Logistic Growth Function. Journal of the American Statistical Association *61*, 697ff. (1966).
[2.101] *Pagny, F.*: La stratégie des produits dans l'entreprise. DUNOD, Paris 1971.
[2.102] *Pearl, Raymond* and *Lowell J. Reed*: On the Rate of Growth of the Population of the United States since 1970 and it's Mathematical Representation. Proceedings of the National Academy of Sciences *6*, 275–288 (1920).
[2.103] –: On the Summation of Logistic Curves. Journal of the Royal Statistical Society. New Series *90*, 729–746 (1927).
[2.104] *Pearl, Ryamond*: Studies in Human Biology, Baltimore 1924.
[2.105] *Penrose, E.T.*: The Theory of the Growth of the Firm. Wiley, New York 1959.
[2.106] –: Biological Analogies in the theory of the firm. A.E.R., vo.l XLII, Nr. 5.
[2.107] –: The Economics of the International Patent System. The Jones Hopkins Press, Baltimore 1951.
[2.108] *Prais, S.J.* and *H.S. Houthakker*: The Analysis of Family Budgets. University of Cambridge, Department of Applied Economics, Monograph Nr. 4, Cambridge 1955.
[2.109] *Prais, S.J.*: The Statistical Conditions for a Change in Concentration. R.E.S., August 1958.
[2.110] *Pütter, A.*: Studien über physiologische Ähnlichkeiten. VI Wachstumsähnlichkeiten. Pflügers Arch. Ges. Physio., 298ff. (1920).

[2.111] *Pyatt, Graham I.*: Priority Patterns and the Demand for Household durable Goods. University of Cambridge, Department of Applied Economics, Monograph Nr. 11, Cambridge 1964.

[2.112] *Reed, Lowell J.* und *J. Berkson*: The Application of the Logistic Function to Experimental Data. Journal of Physical Chemistry *33*, 760–779 (1929).

[2.113] *Read, Lowell, Pearl*: The Biology of Population Growth. Alfred A. Knopf, New York 1925.

[2.114] *Rhodes, E. C.*: Population Mathematics III. Journal of the Royal Statistical Society *103*, 362–387 (1940).

[2.115] *Robinson, Collin*: Some Principles of Forecasting in Business. J.I.E., November 1965.

[2.116] *Rodseth, Tor*: Mometer til ettersporselsteorien for varige forbruksvarer. Statsokonomisk Tidsskrift *75*, 91–112 (1961).

[2.117] *Roos, Charles F.* und Victor v. *Szelinski*: Factors Governing Changes in Domestic Automobile Demand. The Dynamics of Automobile Demand, 21–95 (ed. by General Motors Corporation), New York 1939.

[2.118] –: The Demand for Durable Goods. Econometrica *11*, 97–122 (1943).

[2.119] *Rostow, W. W.*: The Stages of Economic Growth, Cambridge University Press 1960.

[2.120] *Santorini, F.*: Un contributo allo studio previsionale della dinamica evolutiva della motorizzazione d'autovetture. Stituto di Strade e Transporti No. 69/63, Univers. Trieste 1971.

[2.121] Deutsche Shell AG: Verdoppelung des PKW-Bestandes bis 1965. Hamburg, Sept. 1959.

[2.122] *Siebke, Jürgen*: Die Automobil-Nachfrage. Die Nachfrage nach Personenkraftwagen in der Bundesrepublik Deutschland mit einer Prognose bis zum Jahre 1970. Köln/Opladen 1963.

[2.123] –: Die Nachfrage nach dauerhaften Konsumgütern und ihr Einfluß auf den Wirt- Disserattion Bonn 1964.

[2.124] *Stroermer, H.* und *R. Brand*: Das Wachstumsnetz, ein graphisches Hilfsmittel für Entwicklungsprognosen. Unternehmensforschung Band *10*, 237–246 (1966).

[2.125] *Stone, Richard* and *D. A. Rowe*: The Market Demand for Durable Goods. Econometrica *25*, 423–443 (1957).

[2.126] *Summers, Robert*: A capital intensive Approach to the Small Sample Properties of Various Simultaneous Equation Estimators. Econometrica *33* 1 ff. (1965).

[2.127] *Sturmey, S. G.*: The Economic Development of Radio. London 1958.

[2.128] *Tinter, Gerhard*: Handbuch der Ökonometrie. Berlin 1960.

[2.129] –: Eine Methode der Schätzung der logistischen Funktion. Biometrica. Vol. 1 (1958).

[2.130] *Weblus, B.*: Zur langfristigen Absatzprognose gehobener Gebrauchsgüter, z. B. von Fernsehgeräten u.a. m. Zeitschrift für Betriebswirtschaft *35*, 592 ff. (1965).

[2.131] *Weiss, H. K.*: The relation of proposal effort to sale. In: O.R. in R.&D.

[2.132] *Winter, S.* und *S. Klose*: Prognose über die Obstproduktion in der EWG mit Hilfe des Systems IBM 1130. IBM-Nachrichten *195*, 687 ff. (1969).

[2.133] *De Wolff, P.*: De vraag naar personenauto's in de Vereenigde Staen. De Nederlandsche Conjunctur, 1936.

[2.134] –: The Demand for Passenger Cars in the United States. Econometrica *6*, 113–129 (1938).

[2.135] *Yance, Joseph*: Investment Behavior in the Railroad Industry. Unpublished Ph. D. Thesis. Harvard University, Cambridge Mass. 1955.

Teil 3: Systeme zur Prognose des Ersatzbedarfs

Wahrscheinlichkeitstheorie und Zuverlässigkeitsanalyse

[3.1] *Bartlett, M.S.*: Stochastic Population Models in Ecology and Epidemiology. London 1960.
[3.2] *Calabro, S.R.*: Reliability principles and practices. New York, Toronto, London 1962.
[3.3] *Cox, P.R.*: Renewal Theory. London 1962.
[3.4] *Dombrowski, E.*: Einführung in die Zuverlässigkeit elektronischer Geräte und Systeme. AEG-Telefunken, Berlin 1970.
[3.5] *Gnedenko, B.W.* und *A.Chintschin*: Elementare Einführung in die Wahrscheinlichkeitsrechnung, VEB Deutscher Verlag der Wissenschaften, Berlin 1964.
[3.6] *Gnedenko, B.W., J.K.Bjelajew* und *A.D.Solowiew*: Mathematische Methoden in der Zuverlässigkeitstheorie, Moskau 1965 (russ.).
[3.7] *Harris, T.E.*: The Theory of Branching Processes. Berlin 1963.
[3.8] *Sachs, L.*: Statistische Auswertungsmethoden. Springer, Berlin, Heidelberg, New York 1968.
[3.9] *Sandler, G.H.*: System Reliability Engeneering. Englewoods Cliffs, N.Y. (tlomaczenie rosyjskie 1966).
[3.10] *Stempell, D.*: Programmierte Einführung in die Wahrscheinlichkeitsrechnung, Vieweg, Braunschweig 1968.
[3.11] *Storm, R.*: Wahrscheinlichkeitsrechnung, mathematische Statistik und Qualitätskontrolle. VEB Fachbuchverlag, Leipzig 1965.

Verteilungsfunktion

[3.12] *Charles, R.J.*: A Review of Glass Strength. Progress in Ceramic Science (J.E. Burke, ed.), 1–38, Pergamon Press, New York, (1961).
[3.13] *Chin Long Chinag*: A stochastic Study of the Life Table and its Application. Biometrics *17* (1961).
[3.14] *Cohen, A.C.* jr.: Maximum Likelihood Estimation in the Weibull Distribution Based on Complete and Cesnored Samples. Technometrics *7*, 597–588 (1965).
[3.15] –: Life Testing and Early Failure. Query 18, Technometrics *8*, 539–545 (1966).
[3.16] *Gottfried, P.* and *H.R.Roberts*: Some Pitfalls of the Weibull Distribution. Proceedings of the 9th National Symposium ob Reliability and Quality Control in Elektronics, 372–379 (1963).
[3.17] *Hahn, G.J.* and *J.T.Godfrey*: Estimation of Weibull Distribution Parameters With Differing Test Times for Unfailed Units. From a paper presented at the 1963 Annual Convention of the American Statistical Association, Cleveland, Ohio (September 1963), and an abstract in Technometrics *6*, 118 (1964).
[3.18] *Hahn, G.J.* and *S.S.Shapiro*: Statistical Models in Engeneering. Wiley, New York (1967).
[3.19] *Kao, J.H.K.*: A New Life Quality Measure for Electron Tubes. Inst. of Radio Engrs. Transactions on Reliability Quality Control. Vol. *7*, 1 (1956).
[3.20] –: A Summary of Some New Techniques on Failure Analysis. In: Proceedings of the 6th National Symposium on Reliability Quality Control in Electronics, 190–201 (1960).

[3.21] *Leiblein, J.* and *MlZelen*: Statistical Investigation of the Fatigue Life of Deep-groove Ball Bearings" J. of Research of the NBS, Vol. *57*, 273 (1956).

[3.22] *Mood, A.M.* and *F.A.Graybill*: Introduction to the Theory of Statistics. McGraw Hill, New York (1963).

[3.23] *Nelson, W.B.*: Hazard Plotting for Incomplete Failure Data. Journal of Quality Technology *1*, 27–52 (1969).

[3.24] *Perry, J.N.*: Semiconductor Burn-in and Weibull Statistics. Semiconductor Reliability, Vol. *2*, 80–90. Engineering Publishers, Elizabeth, New Jersey (1962).

[3.25] *Plait, A.*: The Weibull Distribution with Tables. Industrial Quality Control, November 1962.

[3.26] *Pawlowski, Z.*: Schätzung der „Sterbe"-wahrscheinlichkeit für langlebige Konsumgüter. Statistische Übersicht 1/1963 (poln.)

[3.27] *Pollard, A.* et *C. Rivoire*: Méthode de Weibull. Mémoire d'études, École Nationale Supérieure d'Arts et Métiers, juin 1968.

[3.28] *Procassini, A.* and *A. Romano*: Weibull Distribution Function in Reliability Analysis, Semiconductor Reliability, Col. *2*, 29–34. Engineering Publishers, Elizabeth, New Jersey (1962).

[3.29] *Rao, C.R.*: Linear Statistical Inference and Its Applications. Wiley, New York 1965.

[3.30] *Smith, W.L.*: Renewal theory and its ramifications. Journal of the Royal Statistical Society, B 20/1958.

[3.31] *Weibull, W.*: A Statistical Distribution Function of Wide Applicability. Journal of Applied Mechanics, Vol *18*, 293 (1951).

[3.32] *General Electric*: Reliability Analysis by the Weibull Distribution. User's Guide, Mark *VI* (1971).

Anwendungen der Ersatzbedarfstheorie

[3.33] *Boiteux, M.*: L'amortissement: dépréciation des automobiles. Revue de statistique appliquée vol. *IV*, 4 (1956).

[3.34] *Cramer, W.J.*: The depreciation and Mortality of Motorcars, Journal of the Royal Society, ser. A, vol. *121* (1958).

[3.35] *Kao, J.H.K.*: A graphical Estimation of Mixed Weibull Parameters in Life. Testing of Electron Tubes. Technometrics, November 1959.

[3.36] *Kuhlmann, G.* und *B. Bode*: Die Bestimmung der Nutzungsdauer von Grundmitteln. Finanzen und Buchführung *10* (1963).

[3.37] *Lehman, E.H.*: Shapes, moments and estimators of the Weibull-Distribution. IEEE Transactions on reliability, September 1962.

[3.38] *Ludwiniak, J.*: Untersuchung des Verschleißes von Taxis des städtischen Taxibetriebes (MPT) auf der Grundlage der Erneuerungstheorie. Magisterarbeit, Warschau 1965. Manuskript (poln.)

[3.39] *Mayer, R.R.*: Problems in the Application of Replacement Theory, Management Science *6* (1960).

[3.40] *Menon, M.V.*: Estimation of the shape and scale parameters of the Weibull distribution. Technometrics, vol. *5*, 175, 182 (1963).

[3.41] *Rohde, H.*: Sterbetafeln für Personen- und Kombi-Wagen – Berechnung und Anwendung. Schriftenreihe des RWI für Wirtschaftsforschung, Essen 1969.

[3.42] *Tomaszewski, M.*: Anwendung der Erneuerungstheorie bei der Untersuchung des

Kraftwagenparks der Warschauer Bautransportbetriebe. Magisterarbeit, Warschau 1966. Manuskript (poln.)

[3.43] *Zadulova, A.H.*: Applications à l'industrie Automobile. Revue de Statistique appliquée, vol. *XII*, no. 4, 75–98 (1965).

Sachverzeichnis

Namenverzeichnis

Kolibri 360 GmbH
Ferdinand-Jühlke-Straße 7
99095 Erfurt, Deutschland
produktsicherheit@kolibri360.de